现代光学工程精品译丛

激光相干合成

Coherent Laser Beam Combining

[法] 阿尔诺·布里尼翁(Arnaud Brignon) 等著

付小会 王 雷 黄鸿耀 杨 红 译

王 雷 李旭东 审校

国防工業出版社

·北京·

著作权合同登记 图字:军-2017-027 号

图书在版编目(CIP)数据

激光相干合成/(法)阿尔诺·布里尼翁(Arnaud Brignon)等著;付小会等译. —北京:国防工业出版社,2018.9

书名原文:Coherent Laser Beam Combining

ISBN 978-7-118-11597-0

Ⅰ.①激… Ⅱ.①阿… ②付… Ⅲ.①激光器-相干光-研究 Ⅳ.①TN248

中国版本图书馆 CIP 数据核字(2018)第 190995 号

※

国防工业出版社出版发行
(北京市海淀区紫竹院南路 23 号 邮政编码 100048)
三河市腾飞印务有限公司印刷
新华书店经售

*

开本 710×1000 1/16 印张 27½ 字数 520 千字
2018 年 9 月第 1 版第 1 次印刷 印数 1—2000 册 定价 138.00 元

(本书如有印装错误,我社负责调换)

国防书店:(010)88540777 发行邮购:(010)88540776
发行传真:(010)88540755 发行业务:(010)88540717

译者序

本书是法国泰勒斯公司著名光学专家 Arnaud Brignon 博士联合国际知名光纤激光相干合成技术研究机构推出的一本力作，涵盖了美、英、法、俄、中等多个国家的最新科研成果。书中详细介绍了实现高功率光纤激光相干合成的各种新方法和实验验证最新成果，能使读者系统地了解和掌握实现激光相干合成的科学途径，为实现高功率激光系统提供了充分的理论基础。本书内容丰富全面，是目前为数不多的关于激光相干合成技术的力作。

本书由西安应用光学研究所的以下同志翻译：付小会副研究员（第 1、2、3、4、5、6 章）、王雷研究员（第 7、8 章）、于东钰副研究员（第 9 章）、阴宏卫副研究员（第 10 章）、杨红副研究员（第 11～13 章）、黄鸿耀研究员（第 14、15 章）。参加本书校对的有李旭东研究员（第 1、2、4～8 章）、王雷（第 10、13 章）、付小会（第 9、14、15 章）、黄鸿耀（第 3、11、12 章）。王雷研究员对整书进行了详尽的技术审校。

在本书的基金申请和译校组织过程中，得到了西安应用光学研究所闫杰副所长，情报研究室田民强主任、邵新征副主任，人力资源处赵琳处长的大力关怀和帮助，在此谨对以上同志表示衷心感谢。

本译著获装备科技译著出版基金项目资助。立项过程中承蒙长春理工大学姜会林院士和国防科技大学范大鹏教授推荐，出版过程中国防工业出版社编辑提供了支持与帮助，在此表示感谢。

希望通过本书的翻译和出版，为国内从事激光合成技术的科研工作者和工程技术人员提供详实的基础理论和实用的科学方法，使读者深入了解和掌握激光相干合成的关键技术和手段，为进行高功率激光器和激光武器技术的研究和开发提供帮助。

由于译者水平有限，译著中难免有错误和不妥之处，敬请读者批评指正。

译者

2018 年 5 月

前　言

与传统的单一激光器相比,激光光束合成技术能够大幅提高激光功率,而且能保持激光辐射独特的光谱和空间特性。这种合束激光器因其在工业、环境、国防和科学研究等领域的多种应用而引起极大关注。近来,相干光束合成激光器取得重大进展,总输出功率已达到100kW。分析表明,采用现有最先进激光器进一步提高光束质量和输出功率是可行的。激光相干合成技术对下一代高功率激光器的设计至关重要。本书旨在介绍世界领先团队在激光相干合成领域取得的最新研究成果。

目前,采用高功率激光二极管实现高效率固态激光器已经获得广泛共识。新的二极管泵浦技术能够提高激光效率,通过放大连续波或脉冲激光获得更高能量。但是,由此产生的热负荷会降低光源强度,使光束空间包络质量下降。最近研发的双包层光纤激光器能够通过单模或大模场面积光纤解决上述缺陷,并能保持优良的光束质量。但是光纤的输出功率会受到固有限制,因其损伤阈值或寄生非线性效应会破坏激光辐射。相干激光合成能够克服上述所有缺陷。其方法是将单个激光源或放大器的功率进行相干累加,每一模块都在低于总寄生效应的阈值以下的功率或能量工作。

激光相干合成的关键在于根据要求和应用领域确定最高效的体系结构和技术。因此,本书的主题是综述该领域最先进的成果,旨在为激光及相关领域的科学家和工程师提供指导。激光相干合成技术涉及激光物理学、自适应光学、电子学、光电子学、影像学以及非线性光学等多个学科领域,因此,本书也值得这些相关领域的人员关注。书中详细介绍了每一项技术,重点强调其实际应用,因此,涉及科研和工程应用两个方面。

第一部分中,第1章到第7章详细综述了最具前景的基于主动相位控制的激光相干合成技术。这些技术与自适应光学密切相关,包括外差相位检测技术、随机并行梯度下降(SPGD)算法锁相技术,多抖动技术与单频率抖动技术、成像技术以及干涉测量技术。主动相控相干合成还有其独特的功能,如非机械光束控制和大气湍流补偿。第5章和第6章就这些方面展开讨论。第8章和第9章介绍激光相干合成技术在脉冲和超快激光领域的应用。

第二部分主要介绍多重增益介质的被动相位锁定技术。第10章到第14章主要讨论通过激光辐射的自组织实现相干合成,第 15 章介绍通过非线性相互作用实现相干合成。这些最先进的方法无需电子控制,能够实现自适应相位锁定。第 11 章和第 12 章给出这些技术在光纤激光器中的应用。第 13 章详细说明中红外量子级联激光器的合成。

本书是业内众多学者共同努力的成果,在此对本书策划和编写过程中所有作者非常可贵的付出与合作表示诚挚的谢意!

Arnaud Brignon 于法国帕莱索

2013 年 5 月

缩 略 语

2D	two-dimensional	二维
AC	alternating current	交流电
AO	adaptive optics	自适应光学
AOM	acousto-optic modulator	声光调制器
AR	antireflection	减反射
ASE	amplified spontaneous emission	放大自发发射
BC	beam combiner	合束器
BCM	back-seeding concave mirrors	后凹镜
BEFWM	Brillouin-enhanced four-wave mixing	布里渊增强四波混频
BGS	Brillouin gain spectrum	布里渊增益谱
BQ	beam quality	光束质量
BS	beam splitter	光束分束器
CBC	coherent beam combining	相干光束合成
CCD	charge-coupled device	电荷耦合器件
CCEPS	conduction-cooled, end-pumped slab	传导冷却端面泵浦板条
CMOS	complementary metal oxide semiconductor	互补金属氧化物半导体
COMD	catastrophic optical mirror damage	灾变光学镜损伤
CPA	chirped-pulse amplifier	啁啾脉冲放大器
CPBC	coherent polarization beam combining	相干偏振光束合成
CW	continuous wave	连续波
DC	direct current	直流电

DF-SPGD	delayed-feedback stochastic parallel gradient descent	时滞反馈随机并行梯度下降法
DFB	distributed feedback	分布式反馈
DG	Dammann grating	达曼光栅
DL	diffraction limited	衍射限
DM	deformable mirror	可变形反射镜
DOE	diffractive optical element	衍射光学元件
DPA	divided pulse amplification	分脉冲放大
DSP	digital signal processor	数字信号处理器
DXRL	deep X-ray lithography	硬 X 射线光刻
EDF	erbium-doped fiber	掺铒光纤
EDFA	erbium-doped fiber amplifier	掺铒光纤放大器
EOM	electro-optic modulator	光电调制器
EYDF	erbium/ytterbium-doped fiber	铒/镱掺杂光纤
FA	fiber amplifier	光纤放大器
FBG	fiber Bragg grating	光纤布拉格光栅
FC	fiber coupler	光纤耦合器
FF	far field	远场
FPA	focal plane array	焦平面阵列
FPGA	field-programmable gate array	现场可编程门阵列
FR	Faraday rotator	法拉第旋转器
FROG	frequency-resolved optical gating	频率分辨光学开关法
FSM	fast steering mirror	快速转向镜
FWHM	full width at half maximum	半高宽
FWM	four wave mixing	四波混频
GEV	generalized extreme value	广义极值

GRIN	gradient index	梯度指数
HR	high-reflection	高反射
HWP	half-wave plate	半波板
ICP	inductively coupled plasma	感应耦合等离子体
IEC	individual external cavity	单个外腔
IR	infrared	红外
JHPSSL	Joint High Power Solid State Laser	联合高能固态激光器
LC	liquid crystal	液晶
LIDAR	light detection and ranging	光探测和测距
LMA	large mode area	大模场面积
LOCSET	locking of optical coherence by single-detector electronic-frequency tagging	单探测器电子频率标记相干锁相
LP	low-pass	低通
MFD	mode field diameter	模场直径
MIR	mid-infrared	中红外
MO	master oscillator	主振荡器
MOCVD	metalorganic chemical vapor deposition	金属有机化学气相沉积
MOPA	master oscillator power amplifier	主振荡功率放大器
MOPFA	master oscillator power fiber amplifier	主控振荡功率光纤放大器
NA	numerical aperture	数值孔径
NF	near field	近场
NPC	nonphase conjugate	非相位共轭
NPRO	nonplanar ring oscillator	非平面环形振荡器
NRTE	nonreciprocal transmission element	非互易传输元
OC	output coupler	输出耦合器
OHD	optical heterodyne detection	光外差检测

OPCPA	optical parametric chirped pulse amplification	光参量啁啾脉冲放大
OPD	optical path difference	光程差
OPO	optical parametric oscillator	光参量振荡器
OTDM	optical time division multiplexing	时分复用
PBS	polarizing beam splitter	偏振分束器
PC	personal computer	个人计算机
PCF	photonic crystal fiber	光子晶体光纤
PCM	phase conjugate mirror	相位共轭镜
PCSOCBC	phase conjugate self-organized coherent beam combination	相位共轭自组织相干光束合成
PD	photodiode	光电二极管
PI	proportional integrator	比例积分
PIB	power-in-the-bucket	桶中功率
PLC	planar lightwave circuit	平面光波电路
PLZT	Lanthanum-doped lead zirconate titanate	锆钛酸铅镧
PM	polarization-maintaining	保偏
PMMA	polymethylmethacrylate	聚甲基丙烯酸甲酯,有机玻璃
PoD	polarizability difference	极化率差异
POL	polarizer	偏振镜
PRF	pulse repetition frequency	脉冲重复频率
PSD	power spectral density	功率谱密度
PV	peak-to-valley	峰谷
PZT	piezoelectric translator	压电转换器
QCL	quantum cascade laser	量子级联激光器

QCW	quasi-continuous wave	准连续波
QW	quantum well	量子阱
QWLSI	quadri-wave lateral shearing interferometer	四波横向剪切干涉仪
QWP	quarter-wave plate	四分之一波片
RCWA	rigorous coupled wave analysis	严格耦合波分析
RF	radio frequency	射频
RIC	refractive index change	折射率变化
RIN	relative intensity noise	相对强度噪声
RMS	root-mean-square	均方根
RT	room temperature	室温
RWG	ridge waveguide	脊波导
SBC	spectral beam combining	光谱合束
SBS	stimulatedBrillion scattering	受激布里渊散射
SBS-PCM	stimulatedBrillion scattering phase conjugate mirror	受激布里渊散射相位共轭镜
SCOW	slab-coupled optical waveguide	平板耦合光波导
SCOWA	slab-coupled optical waveguide amplifiers	平板耦合光波导放大器
SCOWL	slab-coupled optical waveguide laser	平板耦合光波导激光器
SCSFD	sine-cosine single-frequency dithering	正弦-余弦单频抖动
SEM	scanning electron microscope	扫描电子显微镜
SESAM	semiconductor saturable absorber mirror	半导体可饱和吸收镜
SF	single frequency	单频
SFD	single-frequency dithering	单频抖动
SLM	spatial light modulator	空间光调制器

SM	single mode	单模
SMPL	speckle metric optimization - based phase locking	散斑计量优化基锁相
SOCBC	self-organized coherent beam combining	自组织相干合束
SPGD	stochastic parallel gradient descent	随机平行梯度下降法
SPIDER	spectral phase interferometry for direct electric field reconstruction	光谱位干涉测量仪
SPM	self-phase modulation	自相位调制
SR	Strehl ratio	斯特尔比
SRS	stimulated Raman scattering	受激喇曼散射
SSL	solid-state laser	固态激光器
SWaP	size, weight, and power	尺寸、重量和功率
TBP	time-bandwidth product	时间带宽积
TDFA	Tm-doped fiber amplifier	掺铥光纤放大器
TIL	target-in-the-loop	目标在环路
TIR	total internal reflection	全内反射
UV	ultraviolet	紫外线
VBG	volume Bragg grating	体布拉格光栅
VBQ	vertical beam quality	垂直光束质量
VDL	variable delay line	可变延迟线
WDM	wavelength-division multiplexer	波分复用器
WFS	wavefront sensor	波前传感器
YDF	ytterbium-doped fiber	掺镱光纤
YDFA	ytterbium-doped fiber amplifier	掺镱光纤放大器

目　录

第一部分　基于主动相位控制的相干合成

第1章　相干合成高功率激光系统工程

第2章　基于LOCSET的光纤放大器相干合束

第3章　用单频抖动技术实现高功率光纤放大器千瓦级相干合束

第4章　用爬山算法实现光纤和半导体放大器的主动相干合成

第5章 光纤放大器光束相干合成综合技术

第6章 用自适应光纤阵列系统进行相干光束合成和大气补偿

第7章 稀土掺杂光纤的折射率变化现象及其在全光纤相干光束合成中的应用

第8章 长脉冲(纳米到微秒)光纤放大器相干光束合成

第9章 飞秒脉冲光束的相干合成

第二部分 被动相位锁定和自组织相位锁定

第10章 基于外腔光束合成的耦合谐振器理论模型

第11章 光纤光束的自组织合成

第12章 光纤激光器的相干合成和相位锁定

第13章 量子级联激光器的腔内合成

第14章 相位共轭自组织相干光束合成

第15章 使用相位控制受激布里渊散射相位共轭镜的相干光束合成

第一部分　基于主动相位控制的相干合成

第1章

相干合成高功率激光系统工程

Gregory D. Goodno,Joshua E. Rothenberg

1.1 引　　言

最近几年,为了把电子激光器的连续波合成功率提高到 100kW 以上,研究人员做了大量工作[1]。其中的关键挑战是怎样保持近衍射限光束质量,确保激光束能紧密聚焦到远距离目标上。虽然二极管泵浦激光放大器技术(例如 Z 字形光路板条激光放大器[2]或光纤激光放大器[3])已经成熟,但由于热效应或光学非线性,目前单个激光器的近衍射限输出仍限于约 10kW 的低功率量级。

主动锁相相干合束(CBC)技术是一种可以工程化的光束合成方法。这种方法将共用主振荡器的种子激光分成 N 束,经 N 个激光放大器放大,再对放大后的光进行相干合束,从而提高激光亮度 B(这里简单定义为 $B = W/BQ^2$),使之超过目前单个激光器的亮度极限。在理想情况下,合成后的输出就像一个激光器发出的光束,与一个未调相阵列相比,亮度 B 会提高到 N 倍,与一个激光器相比,亮度 B 会提高到 N^2 倍[4]。

与输出功率相同的单孔径激光器相比,相干合束系统在结构上有很大优势,即:任意一个激光器出现故障,都不会对系统响应造成太大影响。这个特点可以通过亮度 B 的变化量为N^2 倍来说明,即,如果一个激光器出现故障,亮度的相对变化速度仅为 $1/B(dB/dN) = 2/N$,因此,大阵列激光器的亮度是逐渐下降的。比如,如果在 $N = 100$ 个激光器中有一个出现故障,相干合束系统还能以原来亮度的98%继续工作。

针对超高通道数量和超高功率激光增益单元,基于伺服锁相的主动相干合束技术可以直接实现工程化。最近,诺斯罗普·格鲁曼公司宇航系统分部就利用主动锁相法,对 7 个输出功率为 15kW 的 Nd:YAG 板条放大器进行合束,成功验证了世界上第一台 100kW 电子激光器,获得了创纪录的亮度[5]。在撰写本文时,该工作仍在继续,研究人员希望利用这一技术,通过对光纤激光器阵列进行相干合束,获得同样功率,同时提高光束质量和合成效率,降低系统尺寸和重量[6,7]。

图 1.1 是相干合束激光器阵列的系统组成图。主振荡器输出被分到 N 个通道。每个通道都有一个活塞相位激励器(至少能施加一个相位波)和一个相干保持激光放大器(或一个放大器链),把每个通道的功率放大到极限。所有 N 通道的高输出功率经过几何合成后,经过一个或多个分束器或者经过并列拼接传输。通过对合成的输出光采样,形成供伺服锁相利用的相位误差校正信号,从而锁定所有 N 通道光的相位。

从图 1.1 我们可以确定,要构建一个主动锁相相干合束高功率激光系统,必须具备三个关键技术:

(1) 激光放大器:保持共用主振荡器的相干特性,提供高增益和高输出功率;

(2) 光学系统:使放大后的光束在远场实现几何叠加,有些方法是在近场叠加;

(3) 主动控制系统:通过闭环反馈回路,使放大后的输出光相位一致。

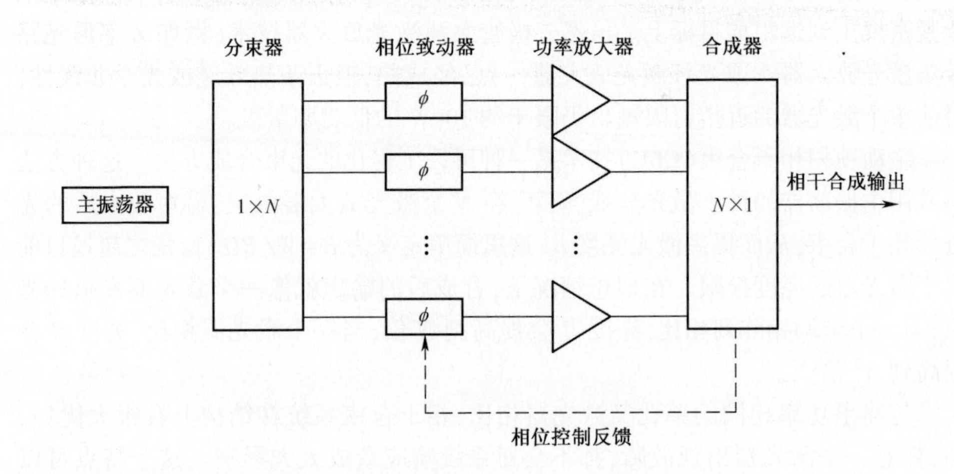

图 1.1 主动锁相相干合束 MOPA 阵列的系统组成图

在本章的其余部分,我们回顾这三类技术领域的最新进展。首先,我们推导工程上对激光源均匀性的要求,这是评估相干合成技术能否实现高通道数量和高功率的基础。然后介绍利用外差相位检测法进行主动活塞相位控制,利用拼接孔径结构或衍射光学元件(DOE)进行几何光束合成。最后,我们讨论两种固态激光放大器技术(Z 字形光路的 Nd:YAG 板条激光放大器和 Yb:SiO_2光纤激光放大器)的工程挑战,并给出相关设计和相干合束测试结果。这些激光技术由于它们的可扩展性、高增益、高效率和突出的时-空相干性,特别符合 100kW 级相干合束的要求。

1.2　相干合束系统的技术要求

实现高效相干合束的主要要求是,被合成光必须在空间和时间上相互相干,从而实现完全相长相干。这意味着激光必须空间模态匹配、相互准直、功率均衡、偏振态一致、光程匹配、高精度锁相。不能充分满足这些要求,合成效率就会降低。对大通道数的相干合束阵列,相干性要求可以用激光阵列元之间的统计均匀性允差精确量化[8]。

我们考虑一个 N 束输入光的大阵列,用合束器在填充孔径结构中合成。这个合束器是一个反向使用的分束器。合束器可以是一个光纤熔锥耦合器、一个衍射光学元件,或者一个层叠的自由空间或波导分束器。在 $n=1\sim N$ 个通道中,合束器的先验功率分配比 D_n^2 并不相等,其中归一化值 $\sum\limits_{n-1}^{\infty} D_n^2=1$ 考虑了合束器固有的进入 $n>N$ 个通道的耦合损失概率(图1.2)。合束器和分束器的效率一致,即 $\eta_{\text{split}}=\sum D_n^2$,只在 N 个感兴趣的光路上求和。

作为 $N\times 1$ 合束器工作时,空间分辨的、时间平均合成效率 $\eta'(x)$ 等于输出功率与总输入功率之比,可直接用下式表示[9]:

$$\eta'(x)=\left\langle \left| \sum D_n E_n(x,t) \right|^2 \right\rangle / \left\langle \sum \left| E_n(x,t)^2 \right| \right\rangle \tag{1.1}$$

式中:尖括号表示时间平均,$E_n(x,t)$ 是输入光束的空间和时间不均匀电场。式(1.1)的简单图解见图1.3,图中用50/50分束器合成了 $N=2$ 束光,分束器有一个小小的指向偏差。由于光束之间存在波前倾斜,不能在整个孔径上形成相长干涉,导致合成效率 $\eta'(x)$ 在空间上有变化。

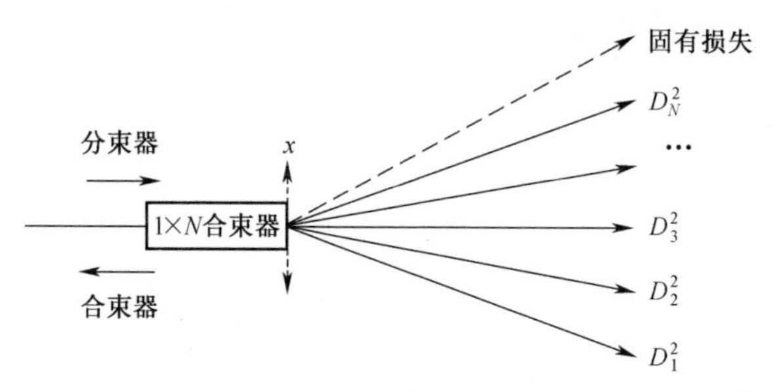

图1.2　1×N 分束器/合束器的功率分配比率

总合成效率 η 是合成孔径上的光强加权平均值 $\eta'(x)$:

$$\eta=\frac{1}{P_{\text{in}}}\int \eta'(x)\left\langle \sum \left|E_n(x,t)\right|^2 \right\rangle \mathrm{d}x=\frac{1}{P_{\text{in}}}\int \left\langle \left| \sum D_n E_n(x,t) \right|^2 \right\rangle \mathrm{d}x \tag{1.2}$$

式中:$P_{\text{in}}=\int\sum \left|E_n(x,t)\right|^2 \mathrm{d}x$ 为总输入功率(接近常数)。假设光束从一个共用

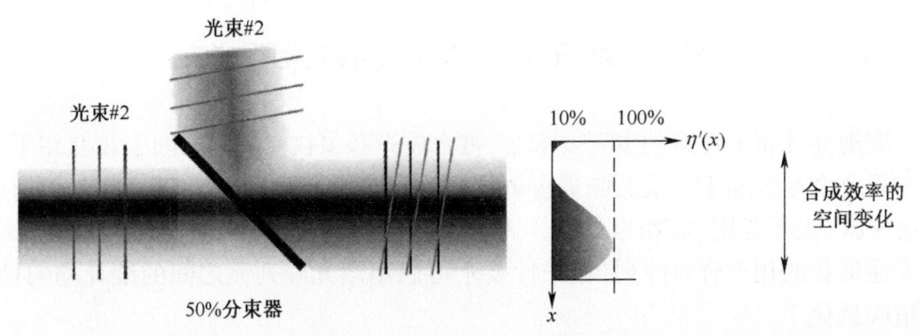

图 1.3 用50%分束器合成两束不准直光,导致合成效率在空间上有变化

单模连续波主振荡器出射,并假设主振荡器是载频为 ω_0、缓慢时变相位调制为 $\psi(t)$ 的准单色振荡器。这样,电场可用与空间有关的振幅 $A_n(x)$ 和波前 $\phi_n(x)$ 表示为:$E_n(x,t)=A_n(x)\cos(\chi_n)\exp[\mathrm{i}\omega_0 t+\mathrm{i}\psi(t)+\mathrm{i}\phi_n(x)]$,其中 χ_n 是阵列平均值中第 n 个电场的消偏角。

我们的目的是判断输入光束存在相对小的不准直和像差时的影响,因此把施加扰动后的每个电场写为

$$E_n(x,t)=[A(x)+\delta A_n(x)](1-\delta\chi_n^2/2)\exp\{\mathrm{i}\omega_0(t+\delta\tau_n)+\mathrm{i}\psi(t)+\mathrm{i}\Delta\omega(t)(t+\delta\tau_n)+\mathrm{i}[\varphi(x)+\delta\varphi_n(x)]\} \tag{1.3}$$

式中:$\delta A_n(x)$ 和 $\delta\varphi_n(x)$ ①分别是第 n 个电场的小振幅偏差和它们各自阵列平均值的波前分布函数,我们假设小群延迟失配 $\delta\tau_n$ 可用泰勒展开 $\psi(t+\delta\tau_n)\approx\psi(t)+\Delta\omega(t)(t+\delta\tau_n)$ 替代,其中 $\Delta\omega(t)\mathrm{d}\psi(t)/\mathrm{d}t$ 是一个小的微分时变频率扰动。我们还假设"准均匀"合束器的分束比为 $D_n=(\eta_{\text{split}}/N)^{1/2}+D_n$,其中振幅分束扰动为 $\delta D_n\ll N^{-1/2}$。

有了上述这些近似值,通过扩展指数、取模数平方和忽略二阶以上的扰动项就可对方程式(1.2)进行计算。为书写方便,将简化后的表达式表示为在 N 束光阵列上的统计参数波动:

$$\eta=\eta_{\text{split}}\left[1-(N/P_{\text{in}})\int(\sigma_{A(x)}^2+A(x)^2\sigma_{\varphi(x)}^2-2\sqrt{N/\eta_{\text{BC}}}A(x)\sigma_{A(x),D})\mathrm{d}x-\langle\Delta\omega(t)^2\rangle\sigma_\tau^2-\sigma_\chi^2-N\sigma_D^2/\eta_{\text{BC}}\right] \tag{1.4}$$

式中:σ_u^2 为整个阵列上参数 $u=\{A(x),\phi(x),\tau,D,\chi\}$ 的均方差,$\sigma_{A(x),D}$ 为与相应分束振幅 D_n 的输入电场振幅 $A_n(x)$ 的协方差。

如果使用均匀无损的合束器,在完美准直的单色平面波极限内,等式(1.4)缩简为

$$\eta=1-(\sigma_A/A)^2-\sigma_\varphi^2 \tag{1.5}$$

式(1.5)就是光束之间有振幅不均衡和活塞相位误差效应的 Marechal 逼

① 译者注:原文有误,已更正。

近[9,10-12]。应该注意到,由于通道功率 $P = A^2$,相对光强噪声(RIN)协方差为 $(\sigma_P/P)^2 = 4(\sigma_A/A)^2$。因此,光束之间光功率密度不均衡造成的合成损失为 $(\sigma_P/P)^2/4$[11,12]。

从式(1.4)可以明显看出,当非相关不准直很小时,可以单独评估多种物理效应的影响,如波前相位差、光功率密度不均匀和群延时失配。图 1.4 给出了在使用无损耗合束器,且输入光功率与合束器分光比率之间不相关的简单情况下,Marechal 逼近的有效限。如果在整个阵列上振幅的归一化标准偏差小于平均值的 20%,则合成效率计算误差为<1%,相当于输入光功率均匀性和合束器光功率分配比值的变化量<40%。因此,尽管式(1.4)是近似公式,但它却能得到适用于大多数实际情况(即准直良好、结构类似的激光器阵列)且很准确可靠的 η 边界下限。

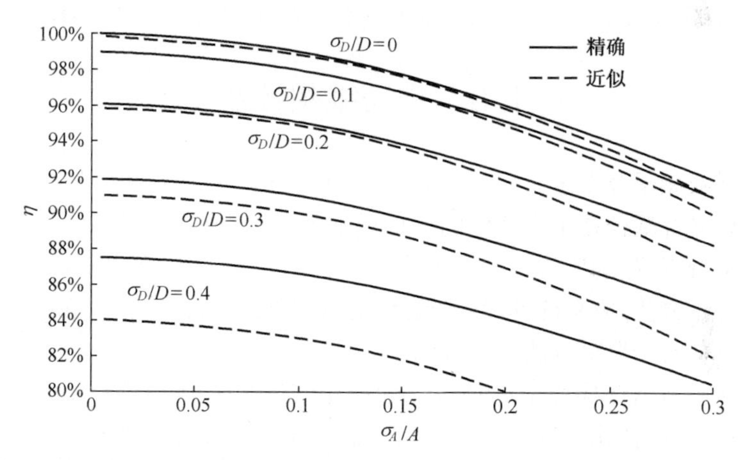

图 1.4　激光振幅和合束器分光系数的归一化标准偏差为 σ_A/A 和 σ_D/D 时,大阵列($N = 10^3$)合成效率近似值(式(1.4))和精确值(式(1.2),蒙特卡罗模型)的对比。

用式(1.4)独立评估各种不准直的方法,在指导相干合束激光阵列设计中十分有用,它能让系统设计人员准确预估使光束准直的各子系统和元件产生的误差。特别是对光功率服从高斯分布的光束(比如那些从单模光纤激光放大器出射的光束),用表 1.1 的高斯光束参数,式(1.4)可得出相干合束损耗的简易解析表达式。正如以下几节将详细讨论的,已经在很大程度上确认,由表达式得到的这些合成效率值与实验测量得到的合成效率值有很好的一致性,也与光纤阵列的准直均匀性吻合。一般来说,激光束必须经过空间准直,且模匹配要小于其高斯光斑尺寸的 10%或相干长度,才能保证合成效率损耗低于 1%。

可以看出,式(1.4)中的损失项完全由光束非共用光路(不相关)之间的偏差造成。给所有光束增加一个共用光路波前并不改变均方差值 $\sigma^2_{\phi(x)}$。由于共用光路波前误差不会改变光束之间的相长干涉,因此共用光路波前误差不会影响合成效率,但由于共用光路波前误差会通过合束器转变为合成输出,因此会使合束后的光束质量下降。

由于式(1.4)的损失项完全由光束之间的非相关像差造成,相干合束过程可被视作一个有效的“相干滤波”的过程。不管多少总输入功率被成功合成到输出光束,都会大幅降低波前像差、光束抖动、相位或频率噪声。从物理上可以认为,通过相干合束,式(1.4)的损失项捕捉到的非相关像差(即指向抖动、高阶波前误差和不均匀色散)基本被消除。在实验中清楚地观察到了这个结果:用空间滤波器滤除了衍射限主瓣外的未合成光后,合成光束的远场指向抖动和光束质量都比输入光束有所提高[2, 13]。这其实类似于物理学的法布里-帕罗腔的光学模式滤波器[14],滤波器外形轮廓由平均输入电场 $A(x)\ \mathrm{e}^{\mathrm{i}\phi(x)+\mathrm{i}\psi(t)}$ 确定,而不是由谐振腔的模式确定。由于这种相干滤波效应,对要求极高光束质量和功率的应用(比如探测引力波的干涉仪[15],或谐振腔增强的高次谐波产生[16]),相干合束技术就成为一种前景广阔的技术。

1.3 主动锁相控制

绝大多数相干合束研究的重点都是:如何将发射激光的相位锁定在 2π 的整数倍。随着以光纤耦合技术为基础的相位激励器、吉赫兹带宽及多波长斯托克斯光的波导光电调制器、现代射频电子元件和新型设计工具的出现,已经形成了许多可行的相位控制方法,使系统设计人员能够进行有意义的折中研究,为特定相干合束系统选择最佳相干合束方法奠定基础。

能在实验室以外环境中成功工作的锁相方法必须具备多千赫的有效控制带宽,以抑制声学耦合相位噪声,保持通道之间的均方根相位稳定性在 $\ll 1\mathrm{rad}$ 以内(表 1.1)。因此,选择相位控制方法的主要要求是,对适当的光路数量 N,能实现高速、高保真锁相。表 1.2 列出了三大类最成功的锁相方法。以下几节我们将讨论这三类方法,重点介绍多通道光学外差探测法(OHD)。对同步多抖动法和爬山法的详细描述见第 2、4、6 和 8 章。

1.3.1 光学外差探测法(OHD)

在 OHD 法中,从主振荡器发出的参考光,经过声光调制器被移频 $\Delta\omega$ 后,通过一个分束器与光束阵列中的低功率采样光相干合束在一起(图 1.5)。在每一个单独的光点内,平方律光电探测器都能探测到信号光和参考光的叠加电场,并实时产生时变电压

$$V(t) = |E_{\mathrm{sig}}|^2 + |E_{\mathrm{ref}}|^2 + 2|E_{\mathrm{sig}}E_{\mathrm{ref}}|\cos[\Delta\omega(t) + \phi(t)] \tag{1.6}$$

式中:E_{sig} 和 E_{ref} 分别是信号光和参考光的电场,$\phi(t)$ 是信号光与参考光之间的时变光学相位抖动。还可以通过在信号光和参考光之间施加一个倾斜(空间频移)量,实施外差探测法,但这会导致出现类似于式(1.6)的空间干涉条纹[22]。

表 1.1　空间和光谱准直高斯光束的准直和均匀性公差，每种结果的合成损失容差均为 1%。

均方根参数变量	合成损耗 $1-\eta$	1%损耗的值	图　示	备　注
活塞相位 σ_{ϕ}	σ_{ϕ}^{2}	$\sigma_{\phi} = 0.1\mathrm{rad}$	$\delta\phi$	也用于非共光程，光强加权波前像差
功率比 σ_{P}/P	$\frac{1}{4}(\sigma_{P}/P)^{2}$	$\sigma_{P}/P = 20\%$	δP	P 为 A^{2}，所以 δP 为 $2\delta A$，所以 $\sigma_{P}/P = 2\sigma_{A}/A$
光程失配 $c\sigma_{\tau}$	$\frac{\pi^{2}}{2\ln(2)}\Delta f_{\mathrm{FWHM}}^{2}\sigma_{\tau}^{2}$	$\Delta f_{\mathrm{FWHM}}^{2} = 11\mathrm{GHz}$ $c\sigma_{\tau} = 1\mathrm{mm}$	$c\delta\tau$	光束间出现相移引入的损耗
偏振角 σ_{χ}	σ_{χ}^{2}	$\sigma_{\chi} = 0.1\mathrm{rad}$	E_x　E　$\delta\chi$	等于消偏功率损耗
光斑偏移比 σ_{x}/w	$(\sigma_{x}/w)^{2}$	$\sigma_{x}/w = 10\%$	δx	δx = 光束位置误差，w = 高斯光束半径（$1/e^{2}$强度）

（续）

均方根参数变量	合成损耗 $1-\eta$	1%损耗的值	图　示	备　注
光斑尺寸比 σ_w/w	$1/2\ (\sigma_w/w)^2$	$\sigma_w/w = 14\%$	δW	δW = 光束半径误差，w = 高斯光束半径（$1/e^2$强度）
指向比 σ_θ/θ	$(\sigma_\theta/\theta)^2$	$\sigma_\theta/\theta = 10\%$	$\delta\theta$	δW= 光束指向误差，θ = 高斯光束半束散角（$1/e^2$强度）
光束发散比 σ_Θ/θ	$1/2\ (\sigma_\Theta/\theta)^2$	$\sigma_\Theta/\theta = 14\%$	δ_Θ	δ_Θ = 发散度误差，θ = 高斯光束半束散角（$1/e^2$强度）
这里假设合束器无损耗且均匀（$\eta_{split}=1$ 和 $D_n=N^{-1/2}$）				

表 1.2 三种主动相干合成相位控制环路的对比

方法	OHD	LOCSET	爬山法
光路数量的限制 N	没有限制,完全并行系统	实现过 N = 32[17];还可以更多[18]	N = 10,对应于 10 kHz 的控制带宽
需要的探测器数量	N	1	1
控制带宽	>10 kHz	>10 kHz	与 N^{-1} 的比例相当[19]
锁定点设置	人工	自动	自动
是否需要射频电子器件	是	是	否
是否需要参考光	是	否	否
均方根相位误差	$\lambda/80$[20]	$\lambda/70(N = 32)$[17]	$\lambda/40(N = 8)$[21]
阴影框表示缺点,不是系统过于复杂,就是扩展能力有限			

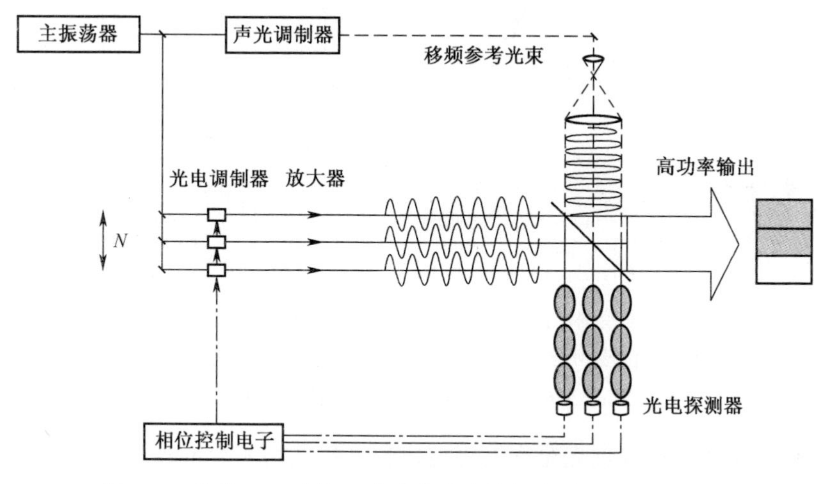

图 1.5 采用 OHD 法的 N 束激光主动锁相阵列(图中 N = 3)

从式(1.6)可看出,由于信号光和背景光之间的干涉,探测器输出电压由不同频率调制的直流背景电压组成。让信号光通过饱和放大器,使正弦拍频波形变成方波,然后将这个方波与从调制器射频驱动电压获得的类似时钟波形进行比较。这两个波形边沿的时延或相位差就相当于信号光和参考光之间的相位差 $\phi(t)$ 。如图 1.6 所示,通过在时钟信号与外差波形信号之间运行 OR 函数,会得到一个面积正比于 $\phi(t)$ 的输出信号。将这个误差信号反馈给光电调制器,将输入光相位控制在 2π 整数倍的相位处。这个光电调制器放在相应放大器链低功率前端的尾部。按上述方式,每束光都单独与参考光锁相,从而间接实现彼此锁相。

曾经在多个光纤和板条激光器阵列上成功运用 OHD 锁相法验证过相干光束

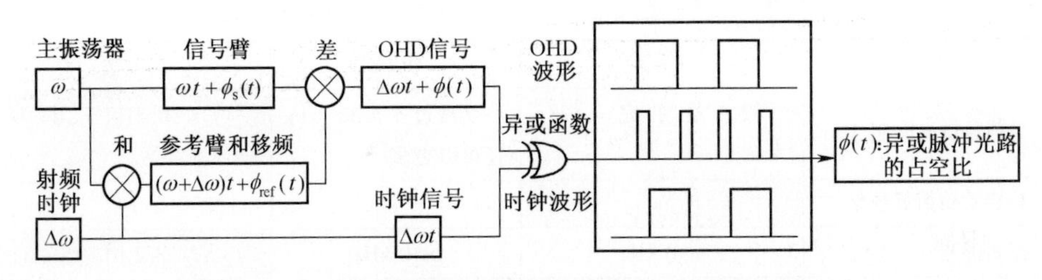

图 1.6 为 OHD 相位控制环路生成误差信号的异或逻辑图

合成[2, 5, 13, 20]。如图 1.7 所示,用这个方法容易让控制带宽达到 10kHz 以上,在相位偏移超过 10^4rad/s 时,均方根相位残差 $\sigma_\phi < 0.1$rad。从式(1.5)可以推断,由于相位控制不完善,最终的相干合束损耗将为 $\sigma_\phi^2 < 1\%$ 。

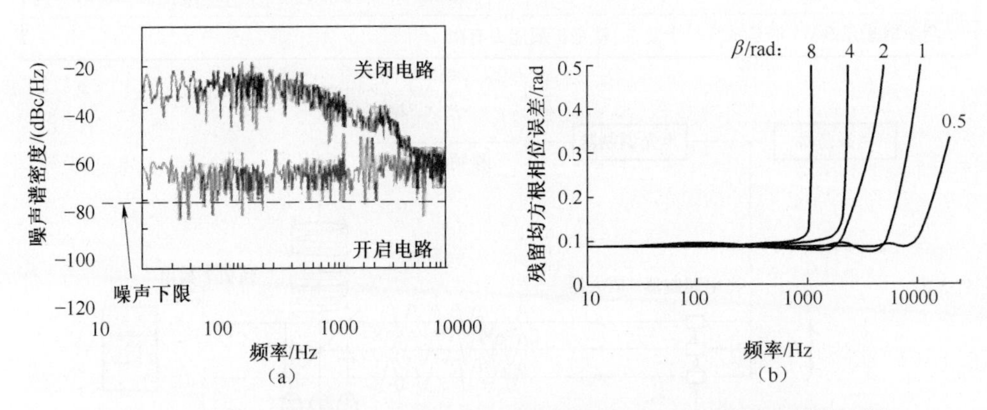

图 1.7 OHD 相位控制环路的性能。(a)用 10kW Nd:YAG 板条放大器链降低 OHD 环路的噪声[2];(b)均方根相位残留是施加的正弦相位噪声 $\beta\sin(2\pi ft)$ 的函数,随频率 f 和幅度 β 而变。

OHD 调相法的主要优点是它能将通道数量扩展到大数量 N。所有光束都直接与参考光锁相,而不是彼此互锁,因此每束光的锁相过程与其他光束没有关系。从原理上讲,OHD 调相法对可成功合成的光束数量没有物理限制。

OHD 法要求每个光路都有一个光电探测器,因此该方法最适合拼接结构的合束器,它可以直接把一束经过放大的参考光与合成输出光的一束采样光叠加在一起。OHD 法也可以与填充孔径合束器一起使用,但它需要对合束器前的共光路采样光再次成像[13]。

OHD 法的一个缺点是,它不能保证 N 束光直接相互锁相。如果参考光与信号光之间不准直、射频电子器件存在相位漂移,或与采样光相比主输出光存在静态透射相移,即使探测到的射频相位 $\phi(t)$ 没发生变化,光束之间的锁相点也会发生变化。这样的不准直不会影响动态相位稳定性,但会引入光束之间的静态相位误差,这些误差必须通过手动或自动调整相位锁定点才能消除。

1.3.2　同步多抖动法

同步多抖动法是一种与 OHD 法类似的锁相方法，它也是利用外差拍频信号[17, 18, 23-27]。20 世纪 70 年代，在激光大气传输研究中，提出了用同步多抖动法控制高功率激光阵列相位的概念[23]，当时由于缺乏高速调制器和探测元件，性能受到严重限制。最近在参考文献[18]中也证明多抖动控制法可应用于高功率光纤放大器锁相。在多抖动调相系统中，通过在相位控制器上叠加控制电压，用小相位抖动频率（ $\ll 1\text{rad}$ ）“标记”每个通道。一个值得注意的变化是，在光通道之间共享一个调制频率，会同时缩窄控制带宽[26, 27]。由于各光束之间相互干涉，因此对合成输出光束进行采样的单个探测器会产生彼此重叠的拍频信号。采用标准射频解调技术提出每个光路与阵列中其余光路之间相位误差信号。用这些信号驱动伺服环路，促使光束同相。

多抖动法的优点是，它利用一个探测器检测整个阵列的相位误差，避免了 OHD 法固有的锁相点模糊的问题。实际上，合成光束差频信号最小化就相当于所有光束同相的条件。多抖动法的主要缺点是电路复杂，成本较高。尽管从信噪比考虑，该方法明显具备合成数百通道的潜力[18]，但目前只验证到 32 个通道[17]。

1.3.3　爬山法

让激光束实现同相的最简单方法是爬山法[18, 19]。在这类方法中，使用最广泛的是随机并行梯度下降法（SPGD）[29]。这些方法需要整个阵列中各光束的相位同步改变一个统计学上不相关的量，然后检测远场功率（或合成效率）的相应变化。随检测到的功率变化正比更新相位设定点，最终使所有光束同相，使合成功率达到最高。

用这类方法的许多衍生方法都能优化系统性能[30, 31]，但由于每增加一个光路，就必须多抖动一个相位空间维度，使闭环带宽成比例地下降到 $1/N$ [19, 21]，所以爬山法的扩展潜力有限。尽管存在这个限制，由于系统中没有高速射频电子元件，这种方法的成本相对较低，也便于实现计算机编程，因此，对不需要高速相位控制、通道数量少（ $N \ll 100$ ）或相位噪声低的放大系统，爬山法不失为一种有效途径[28]。如果不考虑成本和复杂性，使用嵌套环路的爬山法似乎能绕过通道扩展的限制[31, 32]。

1.4　几何光束合成

除了实现高保真同相外，还必须让放大后的光束形成几何重叠，如单束光一样传输。虽然具体光学合束结构多种多样，但合束器一般分为两类：拼接（多）孔径合束器和填充(单)孔径合束器[4]。

1.4.1 拼接孔径合束器

在拼接孔径合束器中,放大光束在近场紧密排列,以免由于过裁剪造成功率损耗。光束平行指向同一方向,因此在远场重叠成一个复合光束。该方法的优点是合成简单、成本低,而且对大阵列排布,这种方法预计还能实现纯电控制每个子光束的相对相位,不再需要笨重的万向架光束导引镜。由于光束的光点在光学面上的重叠很小,如果一个光束出现激光诱导损伤,可以简单关闭这个问题光束,使系统继续工作(虽然效率略有降低)。在高功率光学件上没有单点故障,这一点对超高功率系统十分有吸引力。

从原理上讲,光束并排拼接的缺点是,由于光束之间有拼接间隙使近场光强不均匀,会导致合成后的光束在远场出现旁瓣。若待合成的光束数量 N 很大,由于式(1.4)中的振幅不均匀,远场主瓣的功率比值可以用相干合束损耗表达式表示。

$$1 - P_{\text{side lobes}} = 1 - \frac{N}{P_{\text{in}}}\int \sigma_{A(x)}^{2}\,\mathrm{d}x \tag{1.7}$$

虽然该参量是为填充孔径光束导出的,但对拼接孔径项 $\int \sigma_{A(x)}^{2}\,\mathrm{d}x$,它可以简单理解为整个合成光束近场的场振幅变化。对平顶近场光束这一简化的情况,式(1.7)可简化为合成光束在近场的填充因子。因此,填充因子等于 Strehl 比 S 或归一化远场峰值光强[4]。随着光束之间的拼接间隙增大,会让更多的合成远场光功率从衍射限光斑中心向旁瓣转移,从而使 S 降低,使光束质量退化。

如果每一束放大光束的光强服从近平顶分布,就像板条激光器阵列输出的(参见 1.5.1 节)一样,就可以通过减小光束之间的拼接间隙,使占空比对光束质量的影响很小[2]。由于单模光纤激光器输出的光场类似高斯分布,拼接阵列的光束质量损失会很大。图 1.8 展示了这种影响,其中,对一个 2×2 光纤激光阵列进行合束后,衍射限远场主瓣中只有 63%的功率[20]。要降低远场旁瓣中的功率,只能裁剪近场高斯光束的下降沿,缩小光束之间的距离,这不可避免地会降低总合成效率。虽然可以用折射或衍射光学元件把高斯光束整形为平顶光束,但这种整形方法的效率有限,还会导致光束波前退化,同样使相干合束效率下降。

1.4.2 使用衍射光学元件的填充孔径合束器

填充孔径合束器采用一个或多个倒置的分束器,在近场重叠子光束,从而避免了填充因子带来的限制。这种元件的例子如图 1.9 所示,其中可以使用一系列菲涅尔分束器[33]或偏振分光镜组[34, 35]、光纤熔锥耦合器(多通道的[36]或串联双通道的[37])、塔尔伯特成像波导[38, 39]、衍射光学元件(DOE)[9, 13, 40]和体布拉格光栅(VBG)[41]。如图 1.9 所示,填充孔径合束器可以大体分为自由空间或光波导合束

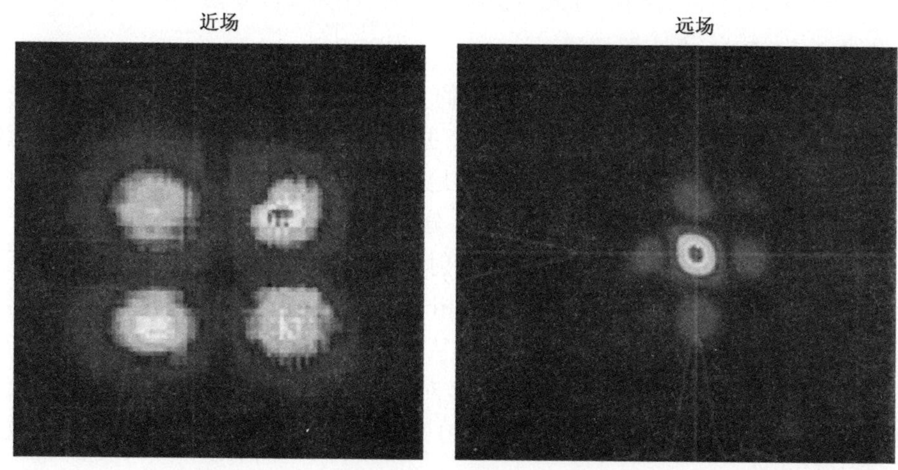

图 1.8　一个紧密排布的 2×2 单模光纤激光器阵列经过相干合束后的近场和远场图像

器，也可以分为二元光束端口的或多光束端口的合束器。由于与输入光纤耦合的光波导合束器对光束准直性不敏感，它对中等功率的合束应用很有吸引力。但光波导对高功率光强传输有限制，要用它将合成功率提高到极高功率（$\gg$ 10kW）似乎很难。双端口合成元件需要并联起来才能合成两束以上的光，因此，这种方法会引入两种光能损耗，即光束通过每级合束器时产生的直接传输损耗，以及光路中合成元件累积的波前误差带来的相干合束损耗。

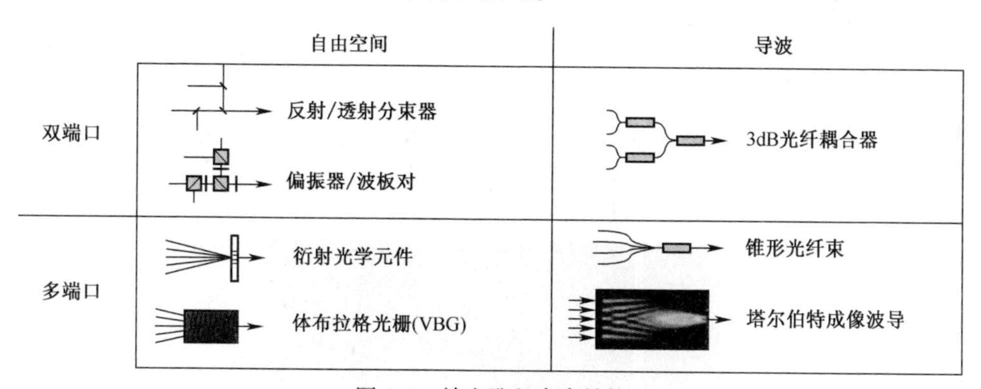

图 1.9　填充孔径合束结构

从图 1.9 可以看出，衍射元件特别适合高功率、多光路相干合束的要求。由于它具备多端口和自由空间特征，与所有其他涉及多个光学元件和/或导波互作用的填充孔径法相比，衍射元件有更高的合成效率和更好的功率容量。在图 1.9 所示的两种衍射、自由空间多端口方法中，用体布拉格光栅提高合成光功率会受热效应限制，因为在厚玻璃媒介中，光路在 1μm 激光波长处的吸收在 100ppm/cm 量级[42]（ppm 表示 10^{-6}），会导致热效应。相比之下，DOE 只有一个低损耗光学面，它的吸收要低一个量级，它的背面还有大面积散热装置，能为前面降温。

1.4.2.1 DOE 合束器概述

作为分束器时，DOE 按图 1.10 所示的 m 级衍射结构将入射光分成多束输出光，并按对应的角度输出。如果能在 DOE 主周期 Λ 内正确设计相位结构，就能精确控制所有 m 级衍射的强度，让功率高效地在想要的阶次近平均地分布[43]。由于光的传输路径是可逆的，因此同一个 DOE 分束器也可用作合束器。如果互相干光束以衍射阶次对应的角度入射到 DOE，入射光束的相位就能按照 DOE 的设计正确地锁定到 2π 整数倍，这些光束就能形成相长干涉，产生单一的输出光[9, 44]，因此合成光束有着与单束光一样的光强分布，从而消除了在拼接结构中经见的远场旁瓣（图 1.8 所示）。图 1.11 给出了用 DOE 对 5 束低功率光纤阵列进行相干合束后的输出阶[13]。中心 DOE 输出阶包含了 91% 的总输入功率，其余的输出功率散射在更高的输出阶。

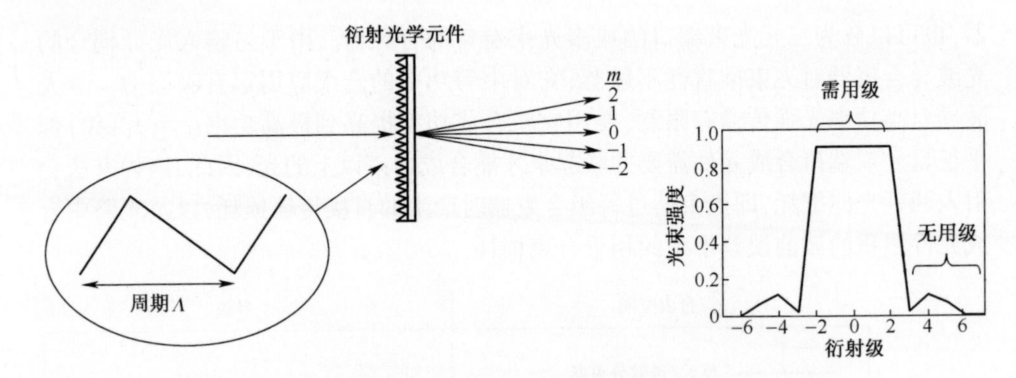

图 1.10 DOE 的周期性表面排布会产生多阶衍射，可用作分束器。每个周期内的形状确定了两衍射阶次之间的功率分布。

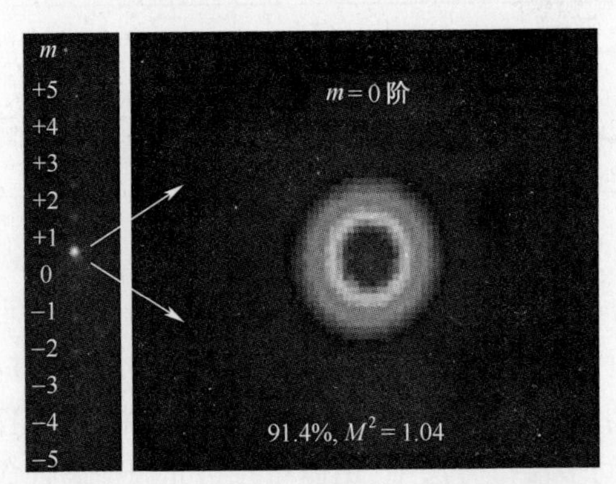

图 1.11 用 DOE 合成 5 束锁相光纤阵列的远场分布

1.4.2.2　DOE 设计和制造

与传统全息衍射光栅一样,用于相干合束的 DOE 也是通过在衬底表面用光刻工艺蚀刻台阶制作的,衬底材料通常是硅或熔融硅。可以设计各种各样的 DOE,提供大数量通道和需要的角范围。对周期为 Λ 的台阶结构和一束近法线入射光,第 m 阶的衍射角 θ_m 由衍射方程给出:

$$\sin(\theta_m) = m\lambda/\Lambda \tag{1.8}$$

对于典型 DOE 周期 $\Lambda \approx 1\text{mm}$ 和波长 $\lambda = 1\mu\text{m}$ 的激光,两阶之间的角间距为 $\lambda/\Lambda = 1\text{mrad}$ 。

从图 1.12 可看出,DOE 表面结构的周期 Λ 通常比光谱光束合成(SBC)用的高色散衍射光栅的周期 Λ 大 两个数量级[45, 46],因此,光刻 DOE 的表面纵深比小,更光滑。这使得表面角度起伏小,容易镀制高质量光学薄膜,用标准方法清洗就能使表面平整,并且具有耐热效应。减反射膜(AR)和高反射膜(HR)都能达到超低吸收。使用反射率为 0.1%(减反射膜)和 99.99%(高反射膜)的多层介电膜制造的 DOE,没有测量到对其衍射性能的影响,这表明镀制介电膜并没有改变 DOE 的性能。制造 DOE 表面结构的照相平板印制法可直接用于衬底直径 10~15cm 的 DOE,以扩大光斑,低损伤风险提高功率。

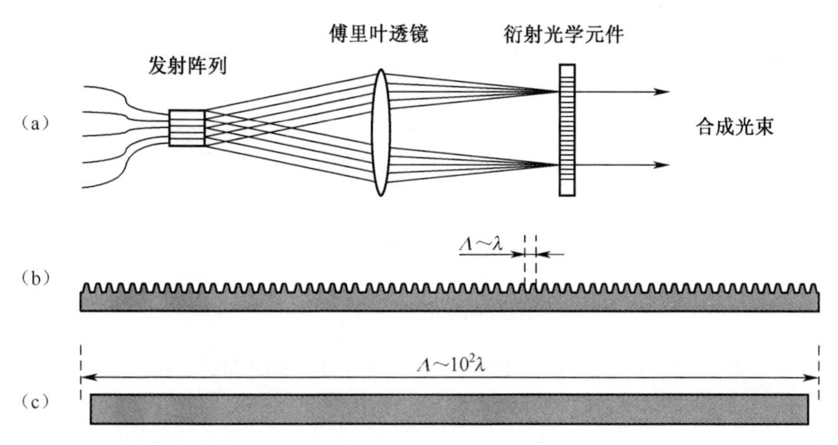

图 1.12　(a)光谱合成或相干合成的傅里叶光学结构;(b)进行光谱合成的衍射光栅的典型表面形态;(c)用于相干合成的 DOE 典型表面形态。

分束器的固有分束效率 η_{split} 由 DOE 的设计形状和制造公差决定。在分束器表面形状制造能力限度内,最大光路数量 N 可以是任意值。为了尽可能扩大合成光路的数量,已经设计制造了许多一维和二维 DOE,产生的光路数量从 $N = 3$ 到 $N = 81$,对 $N = 9$ 的 DOE,分束效率理论设计值达到 $\eta_{split} = 99.4\%$ (见表 1.3)。如图 1.13所示,制造公差可能使实际分光效率降低百分之几。通过测试制备的 DOE 用作分束器时的性能,我们证实了成品 DOE 的能力与期望的合成效率一致。

表 1.3 不同分束数量的 DOE 设计示例。给出了在输入光束完美准直和功率均衡情况下,DOE 用作分束器和用作合束器的设计效率,以及实际合束效率

DOE 光路数量	衍射光束图样 $N_x \times N_y = N$	设计的分束器效率 η_{split} /%	设计的合束器效率 $(\eta_{split} = N\sigma_D{}^2)$ /%	实际合束效率 /%
3	1x3	94.9	93.8	93
5	1x5	98.0	96.3	95.8
9	1x9	99.4	99.3	99.0
15	3x5	93.0	90.3	87.8
25	1x25	99.4	99.2	98.0
81	1x81	99.3	99.2	97
81	9x9	98.7	98.6	96

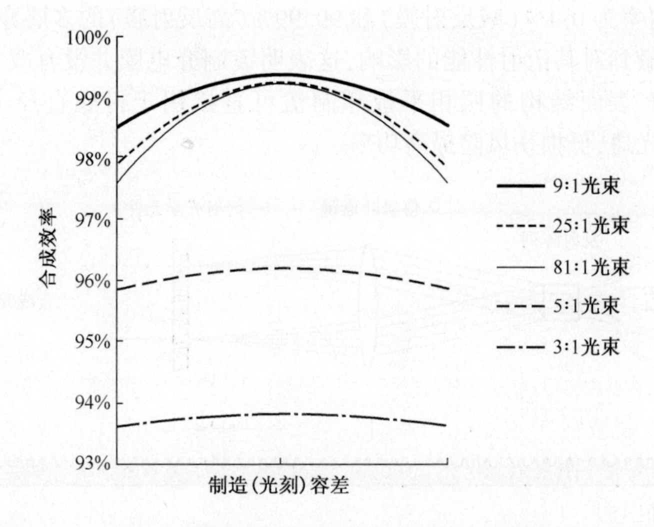

图 1.13 DOE 分束器效率与表面蚀刻深度制造公差的关系曲线。整个功率提高范围与典型制造公差相对应。

通过放宽对 N 个感兴趣通道之间均等分配功率的要求,可以优化 DOE 合束器的设计。在光功率分束比 $|D_n|^2$ 不等时,振幅传输系数的均方根变化量 σ_D 不为零。从式(1.4)可以看出,DOE 用作合束器时的合束效率取决于各光路之间的功率均衡程度。最理想情况是各光路间的输入场振幅与 DOE 传输效率完美相关($A_n \propto D_n$)。在这种情况下,式(1.4)中与协方差 $\sigma_{A(x),D}$ 成比例的损失项,恰好可抵消与输入功率和分束器非均匀性成比例的损失项 $\sigma_{A(x)}^2$ 和 σ_D^2。在光束完全准直时,DOE 的合束效率与分束效率 η_{split} 相等。

一个更典型的情况是用 DOE 合成名义功率相等的光束(如由相同激光器组成

的阵列发出的光束)。在这种情况下,$\sigma_{A(x)}=\sigma_{A(x),D}=0$,合束器效率可从其作为分束器时的极限值下降到

$$\eta=\eta_{\text{split}}-N\sigma_D^2=\frac{1}{N}\left(\sum_n |D_n|\right)^2 \tag{1.9}$$

表 1.3 给出了在输入光束功率相等情况下,对不同数量的光路,DOE 分别用作合束器和分束器的设计效率。可以看出,即便通道间的均方根功率分配有 20%的不均衡度,用式(1.9)预测的合成效率仅降低了 1%(见图 1.4)。这确实能证明,相干合束对光路之间的功率不均衡不敏感[8, 11]。

1.4.2.3　DOE 的热敏度及光谱灵敏度

由于角发散与槽密度有关,因此大 DOE 周期会使 DOE 合束器对热畸变或对输入激光线宽的灵敏度大大降低。对典型的小衍射角,衍射角 θ_m 随 DOE 温度的变化关系可由下式近似给出

$$\frac{d\theta_m}{dT}=-\alpha\tan(\theta_m)\approx -m\alpha\frac{\lambda}{\Lambda} \tag{1.10}$$

式中:α 是 DOE 衬底的热膨胀系数。对典型的最大衍射角 $\theta_{N/2}=\pm 25\text{mrad}$(例如,在一维按 $\lambda/\Lambda=1\text{mrad}$ 分为 $N=50$ 路,或在二维分为 $50^2=2500$ 路),可以发现,对 $\alpha=0.5\text{ppm}/℃$ ($1\text{ppm}=1\times10^6$) 的 SiO_2 衬底,温度变化为 80℃,最大热致角偏移量为 1μrad。这个偏移量不到直径 10cm 的衍射限光束自然发散角 Θ 的 10%。造成的合成效率下降远远小于 1%,如表 1.1 所列。

为了评估合束器的激光功率,在功率 3.6kW,波长 1064nm 的激光照射下,测量了镀有高反膜的 81 路 DOE 合束器的表面温度。照射区域的面积可变,没有损伤时,合束器能承受大于 20kW/cm^2 的功率密度。这说明对直径<10cm 的合成光束,用 DOE 合束法合成的激光功率可达兆瓦级。未经致冷的 DOE 在光照射后温度稳定升高了 3℃,由此可推导出其表面吸收率为 17±5ppm。通过对背部致冷的、厚度 5mm 的硅衬底 DOE 进行简单一维热分析表明,在吸收率为 20ppm、辐照为 10kW/cm^2 的条件下,DOE 的表面温度仅上升 7℃。与热像差明显影响 10cm 直径光束的合成效率相比,温度变化低了一个数量级还多,这表明,要用 DOE 法将合成功率扩展到兆瓦级,热问题应该不是个限制因素。

DOE 的光谱色散也很小,可由下式近似给出

$$\frac{d\theta_m}{df}=-\frac{\lambda}{c}\tan(\theta_m)\approx -m\frac{\lambda^2}{c\Lambda} \tag{1.11}$$

式中:对 $\theta_{N/2}=\pm 25\mu\text{rad}$ 的最大衍射角,可得到 $d\theta_{N/2}/df=0.09\mu\text{rad/GHz}$。根据式(1.4)和式(1.11)的计算表明,对直径 10cm 的光束,激光带宽为 20GHz 的色散对合成效率的影响不到 1%。这使 DOE 合束器可以应用于大于 1kW 的光纤激光器,但需要进行几吉赫兹扩频以降低受激布理渊散射(SBS)造成的功率限制[3, 47, 48]。

1.5 高功率相干合束验证

本节讨论相干保持高功率激光放大器的设计和性能特点,这些激光器适合前几节描述的相位控制和几何光束合成技术。对这类放大器的总体要求如下:

(1) 高功率:对于连续波激光系统,降低 CBC 相位控制和光束合成几何结构的成本和复杂性,仅对突破目前放大器技术的功率极限有工程意义。正如随后会讨论的,目前可合成的连续波光纤和自由空间激光放大器的功率极限分别在 1kW 和 10kW 量级。

(2) 高增益:低噪声主振荡器的输出功率通常不到 1W。由于调制和分光会造成衰减,每个放大光路能获得的种子功率更低,通常为 1~10mW。因此,通常需要放大器增益超过 50dB 才能实现千瓦级输出功率。由于这么高的放大水平用单级放大器无法实现,因此需要多级主振荡功率放大(MOPA)结构,各增益级用法拉第隔离器隔开。

(3) 高空间相干性:从式(1.4)可以看出,如果光强加权的残留波前像差超过 0.1rad($\lambda/60$),相干合束效率就会下降超过 1%。因此,每个放大器的输出必须有近完美的光束质量和很低的指向抖动,才能形成低像差波前。

(4) 高时间相干性:每个放大器的热、声、增益或非线性动态变化效应都会使相位随着时间变化。相位控制系统伺服带宽(通常不到 1~10kHz)内的低频相位变化可通过高保真设计得以修正,不会影响相干合束。同时必须将高频相位变化限制在较低水平(约小于 0.1rad RMS)以免影响相干合束效率。

(5) 偏振性:放大器输出的激光偏振方向必须相同才能形成相长干涉。由放大器引入的双折射必须保持在低水平或者得到主动补偿。

在下面的 1.5.1 节和 1.5.2 节,我们讨论 Z 字形板条激光器和光纤激光器放大技术。这两种激光放大技术都经过验证,能满足通过相干合束提高亮度的上述要求。我们将描述这些放大器在高功率相干合束验证实验中的集成设计。

1.5.1 Z 字形板条激光器相干光束合成

2009 年,在美国陆海空三军的联合高功率固态激光器(JHPSSL)项目中,诺斯罗普·格鲁曼公司宇航系统分部通过对 7 个 Z 字形固态 Nd:YAG 板条放大器阵列进行相干合束,获得了创纪录的亮度,使连续功率输出达到了 105kW[5]。Nd:YAG 板条激光器的高受激辐射截面使得可用相对低的光强获得高效激光提取能力和高放大增益。其低非线性使放大后的光束具有出色的时间相干性。这次实验的关键难题是,由于存在热致波前畸变,各放大器之间的激光难以保持高空间相干性,但可通过板条放大器设计和使用自适应光学元件降低波前畸变。

Z字形板条放大器的结构见图1.14,它从原理上避免了热光程差(OPD)造成的波前畸变[49]。在这种放大器方案中,可用两侧的大面积表面对又高又薄、均匀泵浦的板条进行致冷[50]。致冷表面的多次全内反射(TIR)会限制并引导激光束沿板条长度方向传输。由于激光束传输方向相对主温度梯度方向有一个角度,因此消除了热透镜效应。与其他笨重的增益结构相比,Z字形板条对热消偏振效应不太敏感[51]。

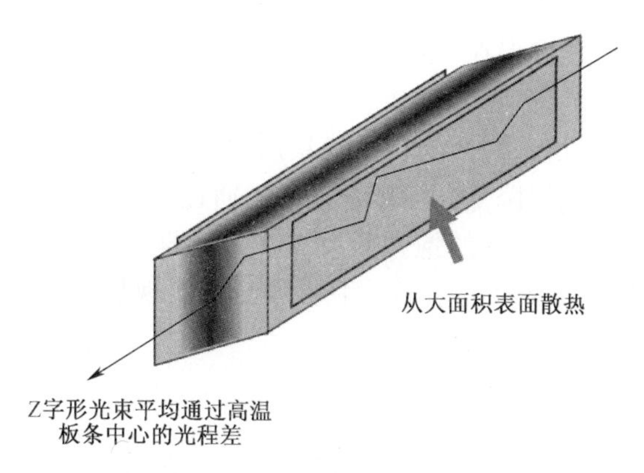

图1.14 Z字形板条放大器概念图

实际上,板条泵浦分布的非均匀性和表面热传导系数,以及边沿和末端效应,都会造成很大的热光程差(OPD)。图1.15是一个能把这些影响降至最低、功率为

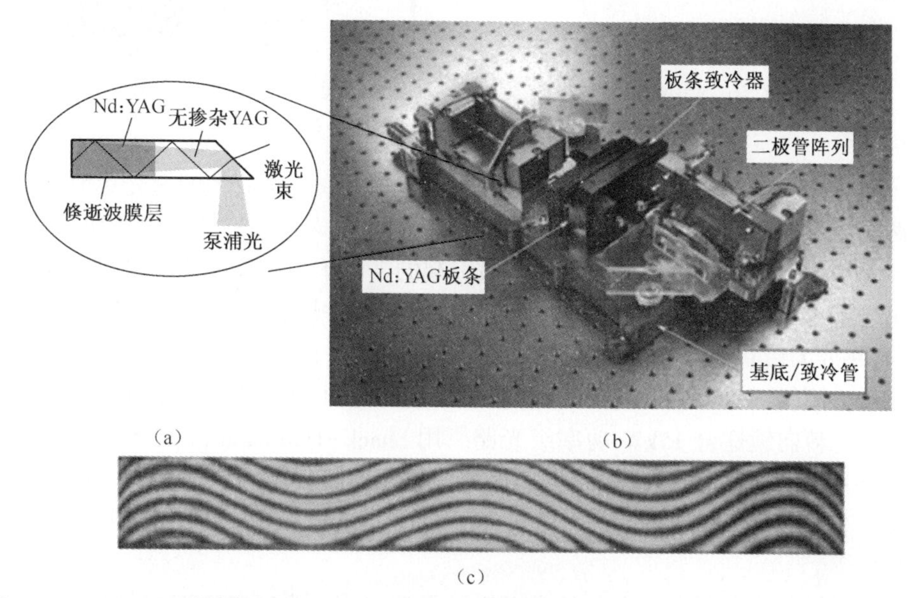

图1.15 (a)CCEPS激光器概念。(b)4kW CCEPS增益模块的照片。(c)用658nm Mach-Zehnder干涉仪测量的典型4kW板条的光程差。Z字形轴线为垂直轴,非Z字形轴为水平轴。

几千瓦级、传导冷却、端面泵浦的板条(CCEPS)增益模块[52, 23]。从板条端头注入二极管泵浦光,板条就会像一个均质波导一样使泵浦光以全内反射沿着板条长度方向传输,相当于提供了均匀的泵浦激励,将容积热产生的非均匀性降到最低。用微通道铜管致冷器制作低热阻抗传导接触面,能高效均匀地散热。板条致冷表面2μm~3μm 厚的 SiO_2涂层内的热倏逝场,可确保泵浦光和高功率光束沿着板条进行几乎无损的 Z 字形传输。板条可由突出到致冷器外面的无掺杂、分散粘接的45°切割的端帽接收汇聚的二极管泵浦光。这里,高功率光束以与输入面法线呈 20°~30°的角度注入板条,能确保在 YAG-SiO_2界面上形成全内反射。

如图 1.16 所示,为了达到 15kW 级合成功率,光纤放大器链输出的 200W 光束入 4 个 CCEPS 增益模块。4 个 CCEPS 模块以双通串联方式排布[54, 55]。光束从一个板条传向另一个板条以降低几何耦合损失。通过角分复用技术使光束双向通过每个板条放大器,能获得良好的饱和度及 30%的光学提取效率。在光束每次通过板条时直接选择不同整数的 Z 字形反射次数直接实现板条的角分复用[56]。通过全部 8 次放大后,光束被放大到 15kW。

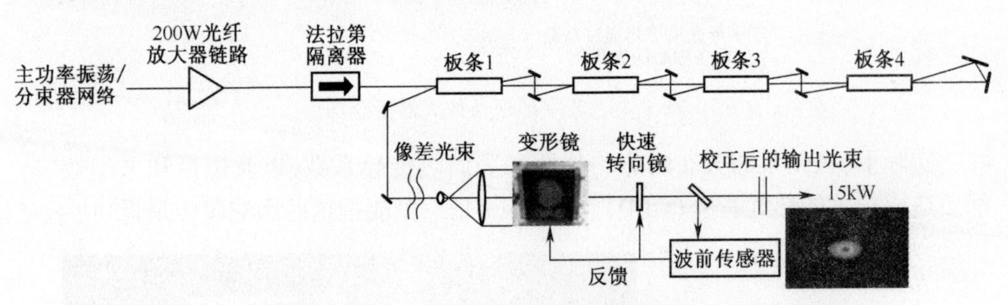

图 1.16　15kW Z 字形板条放大器链和自适应光学波前校正示意图,
显示了全功率时的远场光强分布。

尽管 CCEPS 结构能将热像差降到最小,但在提取每次放大的激光束时都会产生两个或两个以上波的光程差(图 1.15(c))。这个光程差通常是由残留泵浦光/致冷非均匀性以及全内反射表面的褶皱引起的。由于存在这些波前像差,15kW 的输出光不再适合于相干合束,需要用自适应光学元件恢复近平面波前。如图 1.16 所示,将放大后有像差的高功率光束充满变形镜(DM)的工作区。让快速转向反射镜(FSM)倾斜以保持变形镜摆动,并提供高速稳定抖动。镀有高反射介电膜层的变形镜和转向镜适合 15kW 功率级光路。用 Shack-Hartmann 波前传感器(WFS)对输出光进行采样,让传感器产生的误差信号驱动闭环结构中的两个自适应光学元件。输出光经过校正后,其波前接近平面,光束质量接近衍射限(DL)的 1.3 倍[55]。

由于板条放大器本身产生的是近矩形平顶光束(图 1.17(a)),因此十分适合填充因子高、远场旁瓣功率相对较低的拼接孔径相干合束。从主振荡功率放大器

(MOPA)链出射的 $N=7$ 光束,借助刮镜(scraper mirror)密集拼接成一个阵列,用OHD调相技术锁定相位[20](图1.5),形成一束不到衍射限3倍的105kW复合输出光。图1.17(b)和(c)给出的远场光束剖面图,能说明相干合成光束的特征[5,54]。启动激光器链,N 数增加,相位控制器不工作,远场峰值强度仅呈线性增强;相位控制器工作时,理论上会把远场光强提高 N 倍。但由于存在残余波前像差,放大器链之间有抖动,空间相干性不完美,因此观察到的远场亮度仅提高到3.8倍,比理想结果差。

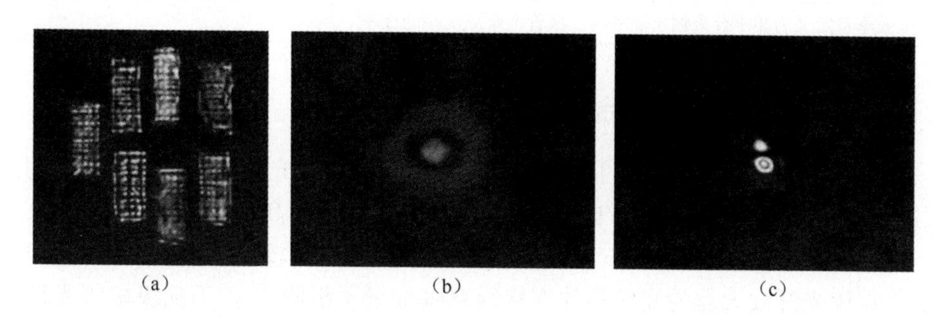

图1.17　由7个Z字形板条MOPA链相干合成的100kW光束。
(a)拼接近场;(b)相位控制不工作时的远场;(c)相位控制工作时的远场。

整个JHPSSL激光器头由7个板条MOPA链与合束器组成,装在一个 $10m^3$ 的封装里(图1.18(a))。该装置可连续工作300s,没有热退化现象(图1.18(b)),能连续工作的关键是采用了平行相干合束结构,这可以让多个放大器之间有间距,快速散热。表1.4给出了合成系统的性能参数[5]。由于采用了完全平行的光束拼接和OHD相位控制结构,因此从原理上讲,可以通过增加放大器链让亮度无限提高。据我们所知,这是目前验证过的可连续工作的、亮度最高的激光系统。

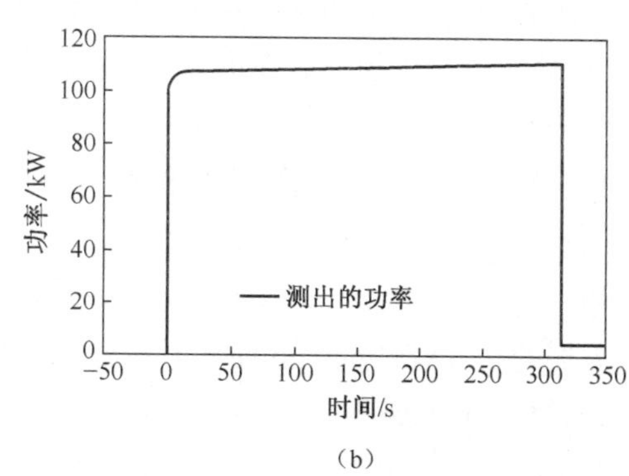

(a)　　(b)

图1.18　(a)100kW JHPSSL激光头,由7个板条激光器和1个拼接合束器组成;
(b)连续工作5min期间的输出功率。

表 1.4 测量的 100kW 相干合束 JHPSSL 板条激光器系统的性能

参 数	测量值
功率/kW	105.5
光束质量	2.9 × DL(衍射限)
运行时间/s	313
开机时间/s	0.6
电效率/%	19.3
电效率被定义为相干合束输出功率与二极管电泵浦功率的比率	

1.5.2 光纤激光器相干合束

由板条激光器阵列构成的 JHPSSL 系统,代表固态激光器在功率提升方面的巨大进步,而掺镱光纤放大器(YDFA)相干合束阵列则在提高合成效率、合成光束质量和便于封装方面很有潜力。大体积增益介质获得的光转换效率小于 50%,相比之下,掺镱光纤放大器的光转换效率接近 90%的量子极限[47]。千瓦级多级光纤放大器能产生近单模高斯光束,光束质量 M^2 接近 1,大大降低了空间波前像差和光束抖动造成的相干合束损失。光纤增益介质在机械装配上的灵活性使得能实现高水平紧凑封装。从理想上说,在相干合束光纤系统中,只有自由空间元件能放在合束器里,但功率水平会妨碍导波传输。

与板条相干合束相比,光纤激光器相干合束会导致截然不同的工程难题。首先,即便用最先进的相干保持光纤放大器获得的功率,也比用板条激光器获得的合束功率低一个数量级,因而要获得同样量级的功率输出,需要把光路数量增加 10 倍。其次,与非保偏光纤相比,对数十微米的典型光纤模场直径(MFD),保偏光纤的波导不对称性会使获得单模输出更难,因此可能需要进行主动偏振控制。最后,光纤的小芯径、长放大器长度和千瓦级功率会导致种子光出现很大的非线性光学畸变,造成时域相干损失。在本节的其余部分,我们介绍在光纤相干合束极限探索中进行的实验和分析结果,回顾最近进行的高功率光纤相干合束验证工作。

1.5.2.1 非线性光纤放大器锁相

用高功率掺镱光纤放大器进行相干合束的主要问题是,如何保持主振荡器的时间相干性(而不是空间相干性),让放大输出能够实现完全相长干涉?千瓦级光纤放大器的高非线性是避免种子激光器出现快速相对光强噪声(RIN)(即幅度调制)的关键。在出现 RIN 时,Kerr 非线性效应(用硅光纤的非线性折射率表示,$n_2 \approx 3 \times 10^{-20}\ m^2/W$)[57]会诱发无法用伺服环路校正的自相位调制(SPM),使时间相干性和相干合束效率退化[58]。由于这个原因,经常用低 RIN 单频主振荡器实现光纤激光器的主动锁相相干合束。虽然这样能避免 Kerr 非线性效应,但由于布理渊散射，每路光纤的功率被限制在 150W[20]。一种既能避免 Kerr 非线性效应，又能避免布理渊散射的方法是通过调制相位加宽主振荡器的线宽。这已经成为高功率光纤激光器相干合束实验采用的标准方法[21, 59, 60]。典型调制带宽在 1 到几百吉赫范围内。

通过对商用高功率掺镱光纤放大器链进行主动相位控制，我们探索了非线性时间退相干对相干合束的影响（图 1.19）[59]。首先用光电调制器对波长 $\lambda=1064$nm 的单频光纤主振荡器（NP 光子公司制造）进行相位调制，将其线宽展宽到 25GHz 来抑制布理渊散射。然后在光电调制器之后，把主振荡器输出放大到 100mW 并分成 3 路，其中一路经过 55MHz 声光调制器移频后用作外差检测参考光。其他两路的每个通道都有一个进行活塞相位激励的光电调制器，一个可手动调整的、使光程匹配的可变延迟线（VDL）和多级掺镱光纤放大器。低功率光路上有两个保偏放大器，提供 1W 输出功率。高功率光路上有一个光纤偏振控制器（General Photonics 公司制造的 POS-104 型），其后是一个能把功率放大到 1.43kW 的三级非保偏掺镱光纤放大器（IPG Photonics 公司制造）链[48]。最后一级功率放大器由高亮度 1018nm 光纤激光器串联泵浦[3, 48]。高低功率放大器通道的输出都经过准直和并排拼接。对高功率光束进行衰减使其振幅与低功率光束的振幅相等，并对其进行偏振滤波，以便为偏振控制器提供反馈信号。最后经过移频的参考光与 2×1 拼接光束相干合束。每个光路上的光电探测器都检测 55MHz OHD 拍频的相位，以 RMS 相位保真度 $\lambda/80$ 为每束光与参考光锁相提供误差信号，从而使两个光束之间的调相误差为 $\Delta\phi_0=2^{1/2}(\lambda/80)=0.11\text{rad}$。

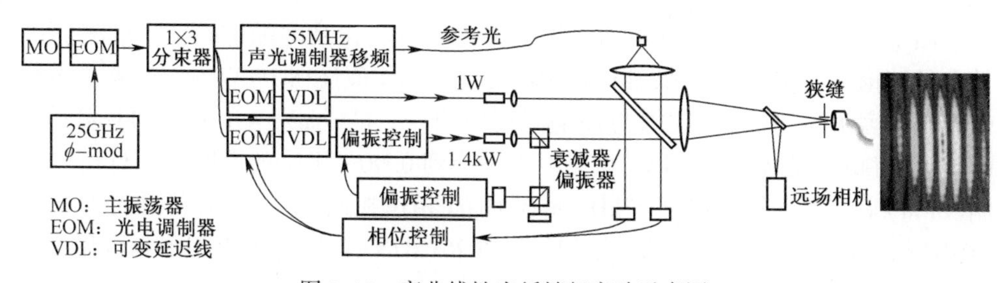

图 1.19　高非线性光纤锁相实验示意图

通过用 50%的低功率对主振荡器种子光进行部分调幅产生 100ns“暗脉冲”，可直接测量光纤非线性相移（或 B 积分）（图 1.20）。这个暗脉冲能迅速通过整个放大器链又不受激光动态影响，因此输出功率 ΔP 会出现瞬间大幅度下降，从而检测到自相位调制造成的非线性相移 ΔB：

$$\Delta B=\left(\frac{2\pi n_2}{\lambda}\frac{L_{\text{eff}}}{A_{\text{eff}}}\right)\Delta P \tag{1.12}$$

式中：L_{eff} 和 A_{eff} 分别是有效功率加权的光纤长度和模场面积。式（1.12）括号里的项等于 $\Delta B/\Delta P$，可以从图 1.20 的数据（在 114W 暗脉冲期间，55MHz 外差拍频的相移 1.07rad）确定为 9.4±1.7rad/kW。因此，满功率时的 B 积分为 $B=(\Delta B/\Delta P)\times 1.43\text{kW}=13.4\pm2.4\text{rad}$。

通过把拼接光束的低功率采样光聚焦到远场相机上产生静态条纹干涉图量化锁相效率（图 1.19）。用一个宽度为条纹周期 5%的狭缝通过可见度衡量两束光的互干涉度[61]：

$$V=(I_{\max}-I_{\min})/(I_{\max}+I_{\min}) \tag{1.13}$$

式中：$I_{\max}$ 和$I_{\min}$ 分别是透过狭缝的远场干涉条纹峰值和 0 值时的光强，通过给一个光路的相位控制器先后施加 π 相移能测出来。如果两个锁相光路之间的振幅相等，可见度 V 等于两个光束之间的互干涉度，代表准直光束的相干合束效率。

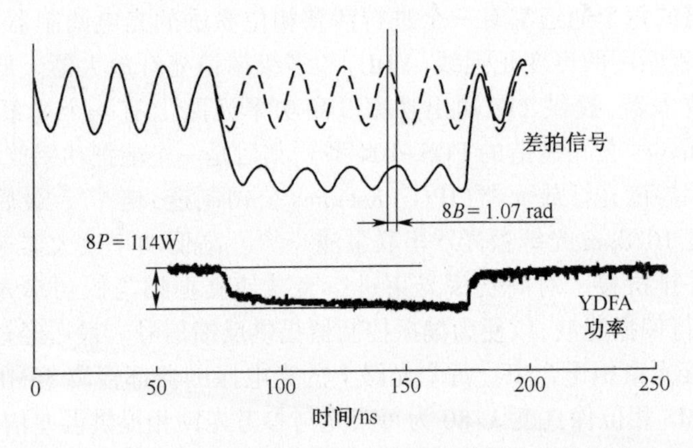

图 1.20　高功率光纤放大器中自相位调制的外差测量结果

图 1.21(a)显示，锁相光束的对比度 V 是光纤输出功率的函数。通过测量拼接孔径结构和填充孔径结构，其锁相对比度结果的相似性在 1%以内。如果主动相位控制精度很高，低功率数据与预期限度吻合[8]，$1-\Delta\phi_0^2=1-(0.11\text{rad})^2=0.988$。将功率提高到 1.43kW，可见度 V 下降到 0.90。下降的原因在于自相位调制（SPM）退相干。只要快于 10kHz 闭环 OHD 相位控制带宽，任何相对光强噪声（RIN）都会导致无法校正的均方根相位噪声 $B\cdot\text{RIN}$，最终造成退相干和可见度 V 下降：

$$V=(1-\Delta\varphi_0^2)[1-(B\cdot\text{RIN})^2/2] \tag{1.14}$$

式(1.14)中因子 2 是因为两个光路中只对一个光路进行了自相位调制，所以单个高功率光路的相位噪声变化量 $(B\cdot\text{RIN})^2$ 是 2 路阵列总相位噪声的 2 倍。用检测带宽 10kHz~2GHz 测得的相对光强噪声只有百分之几（图 1.21(b)）。根据测得的相对光强噪声，式(1.14)的预测值与在传输不确定度内观察到的退相干值吻合（图 1.21(a)，虚线）。

为了提高这些功率级的相干合束效率，必须降低相对光强噪声和/或 B。将标准降噪法用于主振荡器和泵浦件降噪，应该能把相对光强噪声降低到百分之几。

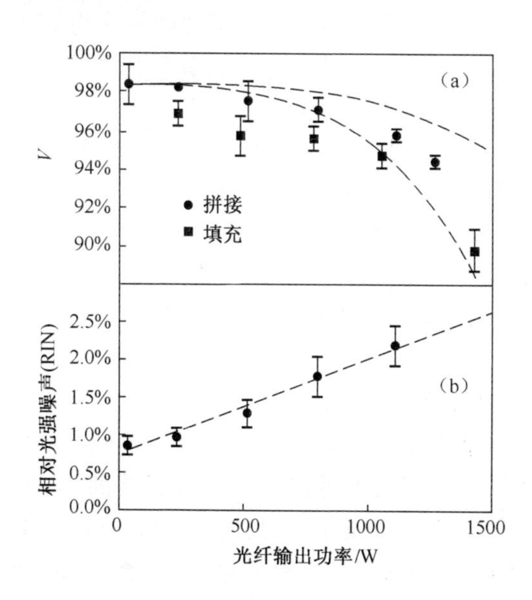

图1.21　(a)可见度测量值和用式(1.14)由 B 积分和 RIN 测量值计算的传输不确定性极限内自相位调制的影响(虚线);(b)测量的 RIN 和线性拟合(虚线)为(a)中自相位调制计算提供了数值。

通过把光纤放大器由串联泵浦改为直接二极管泵浦,提高 A_{eff} 和降低 L_{eff},能大大降低光纤非线性。

值得注意的是,由于光纤放大器有高峰值光强,最近还用 $B = 38$rad 的脉冲光纤放大器链验证了相干合束的高效性[62]。这个非线性比 1.4kW 连续波放大器的非线性高了大约3倍,接近受激拉曼散射的阈值[57]。两束重频为 25 kHz、脉宽为 1ns 的脉冲放大光被合为一束后,脉冲能量为 0.42mJ,合成效率为 79%。脉冲时域光强分布与放大器 B 积分精确匹配对获得这个结果很重要。这个结果证明,在相干合束系统中,尽管是以非线性机制工作,但主动相位控制和光纤非线性造成的退相干是可控的。

1.5.2.2　光程与宽线宽匹配

由于抑制 1.4kW 光纤放大器的受激布理渊散射要求相当宽的线宽,$\Delta f = 25$GHz,因此每个放大通道的光程都必须等于相干长度 $L_{coh} = c/\Delta f$ 的一部分,以防由于相移造成大的合成损失[8]。在实际工程应用中,千瓦级光纤大阵列的一个关键问题是:热膨胀引起的光纤光程变化和启动时引起的光纤反射率变化是否会造成大的移相损失?经过实验确认,1.4kW 放大器的光程变化大约为 1.5mm[59]。从表1.1可以算出,对 25GHz 线宽,光程匹配精度必须达到±0.5mm 才能保证相干合束损失低于 1%。这大约是启动瞬态的 1/3,因此说明,对这类放大器阵列进行高效相干合束应该是可行的,不用太在意放大器之间的热均匀性。

对更宽的线宽,比如在更高功率抑制布理渊散射或进行超短脉冲相干合束所要求的线宽[25,63],可保证通过主动控制在伺服环路自动进行光程匹配。图1.22给出一个在相干阵列中实现主动光程匹配的特别简单的方案[64]。由于光程失配光束之间积累的相位误差会随着频率变化,对合成输出光束进行光谱滤波,就等于把群延迟误差转变为与频率有关的活塞相位误差。然后在闭环相位检测电路控制下,使转换的活塞误差等于0,从而使光束准直。值得注意的是,这个傅里叶频域滤波方案也能用在空域中进行主动相干光束准直[65]。

通过选择相位传感器和延迟传感器前面的光谱滤波器宽度和间隔,能使锁相范围和精度适合任何激光线宽,甚至是多个相干长度的线宽。图1.23总结用线宽10.5nm(2.8THz)的主振荡器在3路光纤相干合束阵列中同时进行相位锁定和群延迟锁定的测试结果。在相位传感器和延迟传感器前端,可单独调节的RWHM 1nm光谱滤波器(图1.23(a))把探测光的L_{coh}从100μm提高到1mm(图1.23(b))。开始时光纤光程很不匹配,以致光束相位完全不同,但在闭环后仅200ms内,光纤就自动准直,绝对准直精度达到±6μm(图1.23(c))。如图1.23(c)所示,在80s时开环,由于光纤热漂移,使相干合束功率下降到非相干极限;在130s再次闭环,合成功率重新恢复到原有水平。只要失配不超过被滤波光(通过减小窄光谱滤波器带宽可任意提高)的相干长度,即便相干合束输出光束似乎完全退相干,闭环也会在它的控制范围内工作。

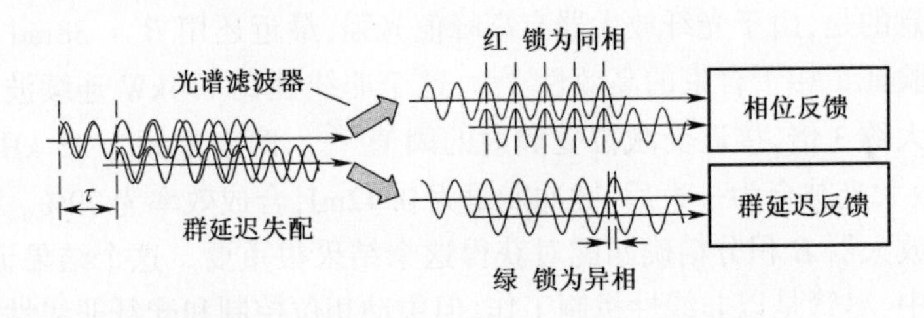

图1.22 傅里叶域值滤波概念,用于相干探测和控制相干光束合成光束之间的群延迟误差

1.5.2.3 用高功率光纤进行衍射相干合束

前面介绍1.4kW调相验证工作是为了说明对单个光纤放大器相干合束的非线性限制,要进行实际光束合成需要多个高功率光纤通道。在这一节,我们介绍最近进行的两次验证实验,证明高功率和多通道数的填充孔径DOE合束器对光纤激光相干合成具有扩展潜力。这两次验证还可以为利用表1.1的扰动模型确定和量化相干合束损失源提供具体实例。

1)将一维光纤阵列相干合成为1.9kW的光束

迄今为止,由诺斯罗普·格鲁曼公司与麻省理工大学林肯实验室联合进行的

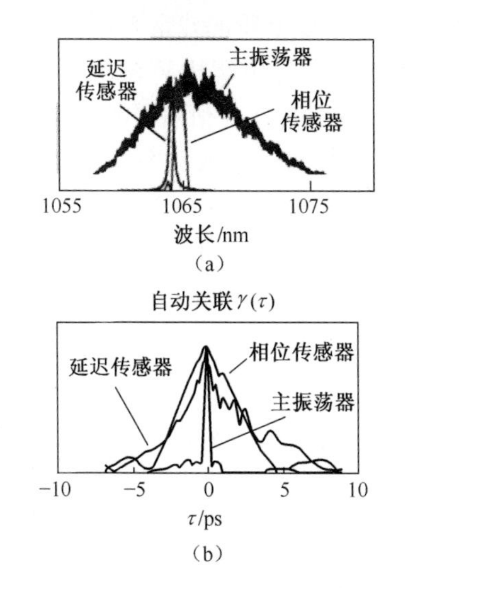

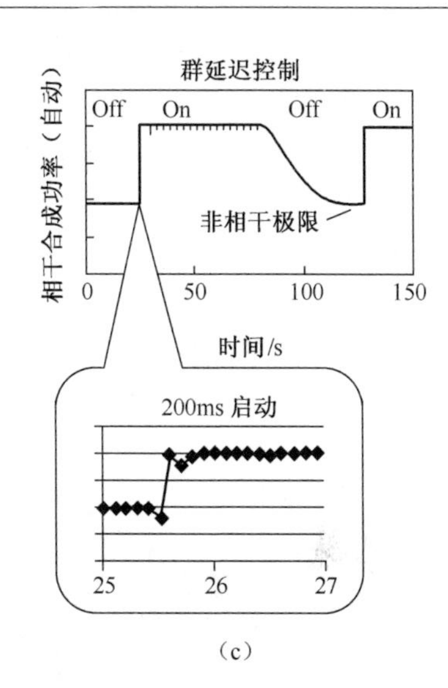

图 1.23　验证 3 光纤相干阵列同时实现主动锁相和群延迟锁相。
(a)输入光谱和滤波后光谱;(b)线性场自相关包络显示延长了滤波光
的相干时间;(c)主动控制光程后,闭环优化了相干合束效率。

填充孔径合束实验获得的功率最高[66]。实验中将一个 10GHz 线宽的调相主振荡器用作种子光源,相干激光阵列由 5 个 500W 保偏光纤放大器链构成[21]。每个激光放大链上都有一个光电调制器和一个可变延迟线,前者用于进行活塞相位控制,后者用于把光程匹配精确到小于 1mm。每个光路的光纤都连接一个直径 1mm 的端帽,光纤用环氧树脂胶合在间距 1.5mm 的 V 形硅槽阵列里(图 1.24)。阵列中的 5 个相邻光束都按图 1.12(a)所示的傅里叶几何光学结构射入 5 路 DOE。在端帽切面附近增加一个整块微透镜阵列,对每束光进行部分准直,并调节 DOE 上的光束尺寸。DOE 上的准直高斯光束直径大约为 3.3mm。DOE 在 SiO_2基片上制备,镀有高反膜,光束之间的轴线夹角为 8.87mrad。

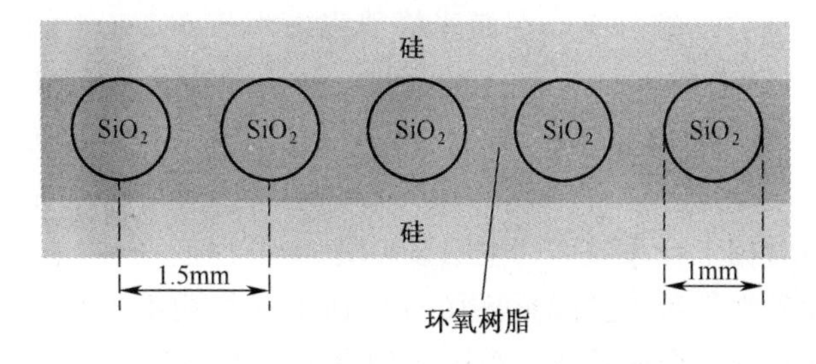

图 1.24　V 形硅槽出口阵列的端面示意图

DOE 把大多数入射功率耦合在 $m = 0$ 衍射阶,未耦合进的功率衍射在 $|m| > 0$ 的高阶。DOE 稍微倾斜,使合成光反射到衍射面之外,从而使合成光与入射光在几

何上分离。DOE 后边设计了一个小光阑,过滤掉 $|m|>0$ 阶的残余光束。然后,采样器从合成光中取一束光,发送到诊断系统和探测器,用爬山算法保持光束同相[21]。这样在 DOE 输入端就自动锁定了每束光的相位,实现衍射限相位共轭。

图 1.25 显示了随着输入功率提高,中心 $m=0$ 输出的合成功率。从图中可以看出,在低功率时总合成效率为 90%。这比用集成方式制备的 DOE 合成效率 96% 低,原因是光纤在 V 形槽里有横向和旋转安装误差,以及一小部分输出功率在高阶模光纤里[8, 21]。当输入功率提高到 2.5kW,合成效率以近二次方速度下降到 79%。

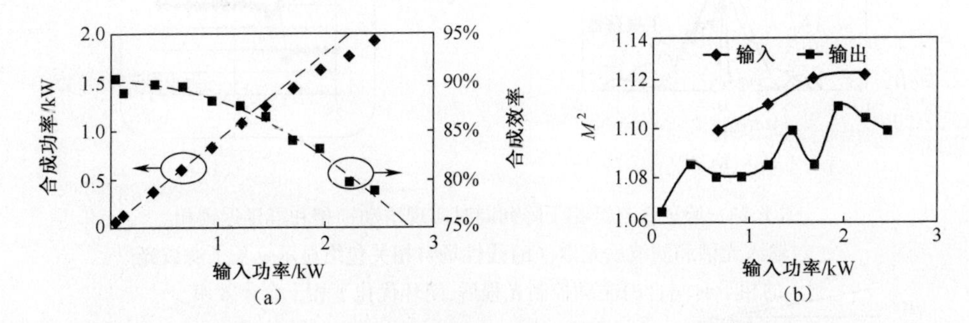

图 1.25 用 2.5kW 光纤 DOE 合成的功率曲线。(a)合成功率和效率,虚线是对 90%倾斜效率和式(1.16)的拟合;(b)光束质量 M^2 的测量结果。

$m=0$ 输出光束基本属于衍射限输出,$M^2=1.1$(图 1.25(b))。与输入光束相比,由于进行了相干空间滤波,光束质量有改善。和式(1.4)中一样,入射光束的异常像差导致合成功率下降,相当于 $|m|>0$ 阶次的功率增加。有效滤除振幅像差 $\delta A_n(x)$ 和波前像差 $\delta\phi_n(x)$ 后,形成了近衍射限 $m=0$ 的输出光束。由于时空对称性,在对非单频激光相干合束时,用同样的滤波过程也能改善输出光束的时间相干性(即降低时变相位噪声)。

为了诊断高功率合束时合成效率下降的原因,在 2.5kW 稳态照射下,记录了自由空间光学元件的热像分布。在激光峰值强度大于 30kW/cm² 时,DOE 的温度升高了 $\Delta T<3$℃,这与 1.2 节描述的、独立测量的表面吸收 17ppm 一致。用式(1.10)可计算出,DOE 热膨胀会导致 $m=\pm2$ 衍射阶的最大指向偏移 $(\mathrm{d}\theta_m/\mathrm{d}T)\Delta T=\pm30$mrad。这比直径 3.3mm 光束的衍射限束散角低了 4 个量级。因此,DOE 的功率容量不会对相干合束效率产生明显影响。

经过傅里叶光学件后,光纤的间距(x)与 DOE 入射角不再匹配,因此 V 形槽光纤阵列的热膨胀会降低合成效率。在输入功率 $P=2.5$kW 时,在光纤附近观察到最大表面温度上升了 $\Delta T=45$℃。这说明光纤和端面的热系数为 $\mathrm{d}T/\mathrm{d}P=0.018$℃/W。从图 1.24 可以看出,由于小小的 V 形硅槽只轻微限制了光纤的位置,因此光纤倾斜 $\mathrm{d}x/\mathrm{d}P=\alpha t(\mathrm{d}T/\mathrm{d}P)$ 随功率产生的变化主要是由粘接端帽的厚

度为 $t=500\mu m$ 的环氧树脂造成的,环氧树脂的热膨胀系数为 $\alpha=110ppm/℃$。对小倾斜误差 $\delta x=(dx/dP)P$,由表1.1计算的相干合束损失为 $L=(\sigma_x/w)^2$,其中,$w=10\mu m$ 是光纤的模场半径,σ_x^2 是阵列中光纤末端误差均匀分布的均方差 $\{0,1,\cdots,N-1\}\cdot\delta_x$[67]:

$$\sigma_x=\sqrt{\frac{N^2-1}{12}}\delta x \tag{1.15}$$

这导致相干合束效率 $\eta(P)$ 会随输入功率呈二次方下降:

$$\eta(P)=\eta_0(1-L)=\eta_0\left[1-\frac{N^2-1}{12}\right]\left(\frac{\alpha t}{w}\frac{dT}{dP}\right)^2P^2 \tag{1.16}$$

式中:η_0 为低功率时的合成效率。将式(1.16)绘成图1.25(a),可以看出,它与观察到的二次方功率曲线吻合,满功率时相干合束效率最后下降了11%,相当于倾斜增加了 $\delta_x=2.4\mu m$。

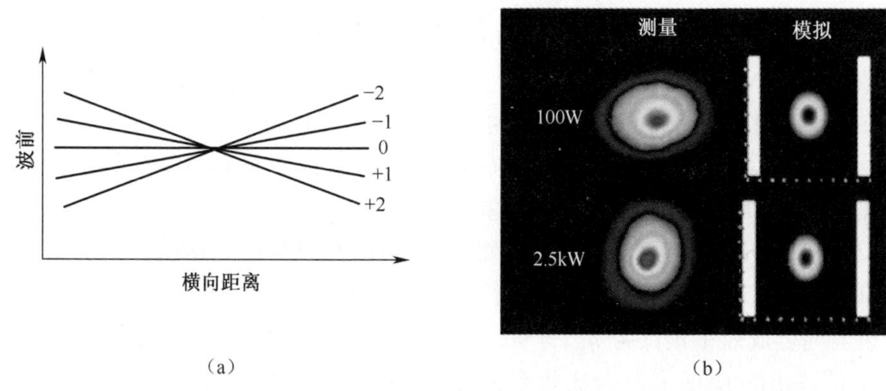

(a) (b)

图1.26 (a)由于出射阵列发生热膨胀,整个DOE孔径的波前出现倾斜;(b)测量和计算的DOE相干合束的光强分布。

从DOE合成光束的近场分布可以推断,V形槽阵列的温度提高是导致合成效率下降的又一证据(图1.26)。随着功率增大,光纤阵列会倾斜更大,傅里叶透镜会把光纤的位置误差转变成DOE上的波前倾斜。如图1.26(a)所示,离光束中心越远,波前倾斜造成的相位误差越大,因此光束只能在DOE近场中心形成完全的相长相干,最终造成的结果是,合成输出光束的近场光束光斑会随着衍射轴上的功率(图1.26(b)的水平方向)变化。测量的和模拟的光束剖面都与计算得到的光纤阵列增加值一致。

从这些结果可以清楚地看出,基于DOE的相干合束在2kW功率水平是稳定的,有出色的合成效率和几近完美的输出光束质量,而且没有达到DOE的功率限制。观察到的合成效率随着功率升高而下降,是由于光纤阵列出现热膨胀,这在更稳定的工程设计中应该是经得起检验的。

2)将二维光纤阵列合成为 0.6kW 单束光

多阶 DOE 结构使光在二维衍射,能让输入光束的数量在线性阵列的基础上增加 1~2 个数量级,为进一步应用 DOE 结构开辟了前景。另外,对给定数量的输入光束,与一维元件相比,二维 DOE 能降低衍射阶的角度范围,能增强抗热畸变的稳定性,降低角发散造成的像差,能进行宽输入线宽的相干合束。二维 DOE 的另一个实用优点是,可以利用更紧凑、像差更低的光学系统,把一个大光纤阵列的光转换到 DOE 上。

通过将两个一维 $1 \times M$ 和 $1 \times N$ DOE 分束器的相位台阶正交叠加,同时在两个轴上产生线性图形,形成一个二维 $M \times N$ 栅格图。对形成的二维 DOE,将单束光分为 $m \times n$ 束光的功率分配效率为 $D_{m,n}^2 = D_m^2 D_n^2$,其中 $m = 1,2,\cdots,M; n = 1,2,\cdots,N$, D_m^2 和 D_n^2 是一维分布时的功率分配效率。式(1.9)可以直接表明,二维 DOE 的合成效率 η_{MN} 是每个轴上的分束效率的乘积:

$$\eta_{MN} = \eta_M \eta_N = \frac{1}{MN} \left(\sum_{m=1}^{M} D_m \right)^2 \left(\sum_{n=1}^{n} D_n \right)^2 \tag{1.17}$$

在 $M=3$、$N=5$ 的一维 DOE 基础上,设计了一个 15 光束二维 DOE 分束器。在完成 SiO_2 衬底制备后,镀了 1064nm 的低吸收多层介电高反膜。首先将制备好的 DOE 当作分束器进行测试,确定其固有效率,然后形成一个 3×5 矩形栅格,相邻光束中心轴之间的夹角为 8.87mrad。把 DOE 当作分束器测得的衍射分布图见图 1.27(a),对中间 15 束光进行过度曝光,显示出有 10%的入射功率衍射到高阶。理想 1×3 和 1×5 DOE 的预期合成效率分别为 $\eta_M = 93.8\%$ 和 $\eta_N = 96.3\%$,因而 3×5 分束器的合成效率预计为 $\eta_{MN} = 90.3\%$ 。根据式(1.17),由所有 15 束光的 $D_{m,n}^2$ 测量值计算出的 DOE 实际合成效率为 $\eta_{MN} = 87.8\%$,比设计值低了 2.5%。这是因为存在制造公差内的变化,在 DOE 上形成的表面形状与设计不完全相符,如图 1.13所示。

在新墨西哥空军研究实验室的先进高功率光纤激光器测试台上,对这个二维 DOE 进行了测试,并对相干合束效率进行了验证[68]。该实验室的测试台由一个共用主振荡器和几个 16W~100W 单频掺镱光纤放大器组成[17],用 LOSCSET 方法锁相[18]。每个放大器的输出经过准直后,都穿过法拉第隔离器传输,用独立转向镜定向到 DOE 上。由于设备布局,几个放大器与 DOE 的距离不相等,导致 DOE 的光束尺寸出现 20%的均方根误差。放大器波动把功率测量精度限制在±10%。由于受热后光束偏转和在法拉第转子中的聚焦效应,在每次测量中间必须重新对 15 束光逐一进行准直和校准。DOE 表面温度的热像温度分布显示,即便在全功率时,都测不出温度升幅。

合成光束的近场和远场图像如图 1.27(b)所示,在全功率时测到的合成光束质量 $M^2 = 1.1$,由于采取了相干滤波,这个 M^2 值比整个热致像差输入光束的 M^2

(在 1.1~1.4 范围,平均值 1.26)有了大幅提高。

表 1.5 给出的是所有光束在三个不同输入功率级(最高 885W)的相干合束结果。测量到的合束效率为 68% ~ 75%,比理想光束的预期合束效率低了 15% ~ 23%。为了更好地量化损失源,在每次测量合成效率后,都用 Shack-Hartmann 波前传感器检验了每束光衍射到 DOE 输出端的波前 $\phi_{n,m}(x,y)$ 和振幅分布 $|A_{n,m}(x,y)|$。利用这些测得的电场数据可以直接通过式(1.2)计算预期的合成效率。计算的预测值也列在表 1.5 中,与输入功率 52W 和 684W 时的测量效率匹配度上升了 2%。对 885W 输入功率,测量效率与预测效率之间有 6%的差异,在该功率级观察到光束发生了更大的热转向,因为不能同步获得波前传感器数据和效率测量数据,动态变化的不准直会导致估算的合成效率有误差。

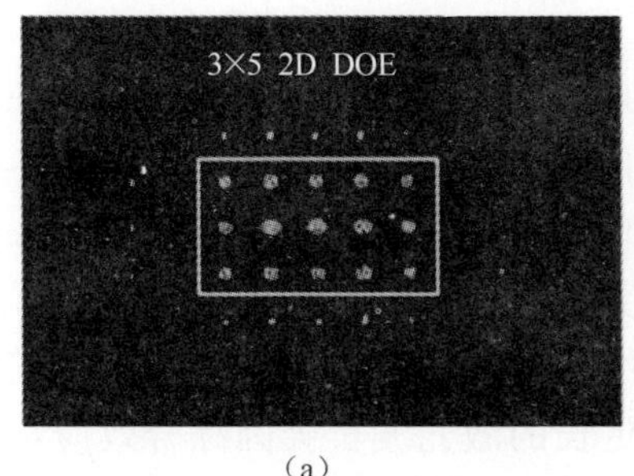

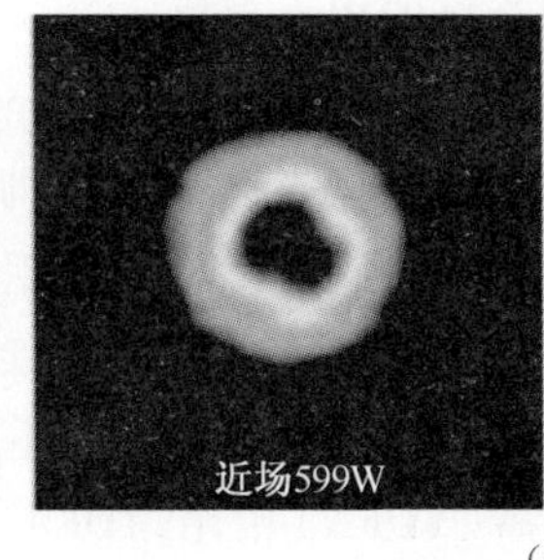

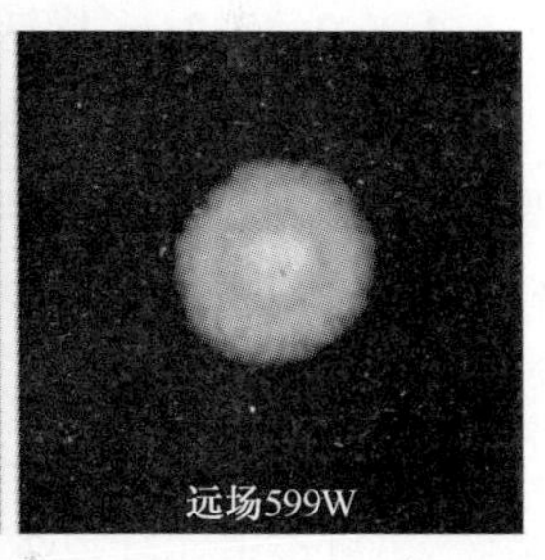

(a)　(b)

图 1.27　(a)把 3 × 5 二维 DOE 用作分束器产生的衍射图;
(b)把二维 DOE 用作合束器形成的输出光束剖面图。

表 1.5　3 × 5 二维 DOE 合成结果和分析

输入/W	输出/W	测得的 η_{MN} /%	波前传感器预测的 η_{MN} /%
52	38.7	74.5	75.6
684	485	71.0	72.3
885	599	67.7	73.7

结合 LOCSET 伺服精度[69]和输入偏振消光比的测量结果,进一步分析输入功率 684W 时波前传感器的数据表明,扰动分析(表 1.6)得出的结论正确。从数值中消除近场和远场质心重叠误差后,预测效率从 72.3%提高到 79.6%,这表明在该功率级,光束质心重叠误差和其余未校正误差(光束尺寸变化和光束质量)会导致合成效率降低 9%。通过用集成傅里叶合束器降低自由空间光学件导致的像差(图 1.12(a)),有望让合成效率进一步接近 DOE 的固有极限 88%。应该指出,对更多数量的光束,二维 DOE 应该比这里验证的 3×5 装置更有效。例如 $M \times N = 9 \times 9$ 的 81 束二维 DOE,其理想合成效率能达到 98.6%,仅比线性 1×81 DOE(表 1.3)的效率 99.2%降低了 0.6%。

表 1.6 输入功率为 684W 时对合成效率 η_{MN} 的贡献

影 响	效率/%	计算基础
固有 DOE 效率	87.8	DOE 分光比
光束尺寸和质量	90.8	波前传感器数据
近场和远场光束重叠	90.7	波前传感器数据
偏振	98.0	测量值
活塞相位调整	>99.5	估算值
计算的总合成效率 η_{MN}	70.5	
测量的合成效率 η_{MN}	71.0	

1.5.2.4 2μm 掺铥光纤的相干合束

为了人眼安全,需要开发波长大于 1.4μm 的“视网膜安全”激光源,该波长在聚焦到视网膜以前会被吸收。最新研究进展表明,使用 2μm 掺铥光纤放大器(TDFA)是提高功率的一条潜在途径。已经证明,用现有的 790nm 泵浦二极管和 2μm 波长的高功率光纤耦合元件,能让“全光纤”掺铥光纤放大器输出 1kW 的功率[70]。

为了通过相干合束技术进一步提高功率,还用一个 600W 纯单频 TDFA 做过实验[71]。与掺镱光纤放大器(YDFA)相比,TDFA 更长的激光波长会因综合效应提高它的受激布理渊散射阈值[72],不用扩频就能实现高相干单频输出。TDFA 的相位噪声特征用图 1.28 所示的自外差装置量化。将 600W 放大器的部分输入与输出叠加后投射到快速光电二极管上,产生的电信号经过低通滤波器滤波。手动调整参考光纤,使其光程慢慢变化几个波长,记录滤波后的信号 $I_{\max}$ 和 $I_{\min}$ 值,用式(1.13)计算条纹对比度 V。特定截止频率的低条纹对比度 V 表明,在高频存在积分均方根相位噪声 σ_ϕ,根据 Marechal 判据, $V=\sigma_\phi^2/2$。这里的因子 2 是假设的最差情况,即所有相位噪声都是在 TDFA 中而不是在参考臂上产生的。正如从图 1.28(b)看到的,在 1kHz 以上, $V>95\%$,表明 $\sigma_\phi<0.3\text{rad}$ 高于这个频率。从图 1.28(b)还可以看到,相位噪声与功率的关系不大。关闭致冷循环泵浦,低频相位噪声便急剧降低,这说明噪声主要是光纤振动造成的。

这些数据表明,控制带宽大于千赫级的活塞锁相系统,应该能通过多光纤相干合束进一步扩展。通过在图 1.28(a)的参考臂安装一个声光调制移频器和一个压电光纤展延器证明,用 OHD 技术能对高功率 TDFA 输出锁相。图 1.29(a)给出在 430W 输出功率开环和闭环工作时形成的相位噪声谱(由于一个二极管泵浦模块出现故障,实验中的输出功率受到限制)。低频时的降噪峰值为 30dB,噪声被降低到 10kHz。残留相位噪声 RMS 值 $\sigma_\phi\approx0.18\text{rad}$,基本与放大器功率无关(图 1.29(b))。从这样的性能可以预测,该类放大器锁相阵列的相干合束效率为 $1-\sigma_\phi^2=97\%$。注意,为了确保能形成相长干涉,需要采用保偏光纤或者主动偏振控制,这

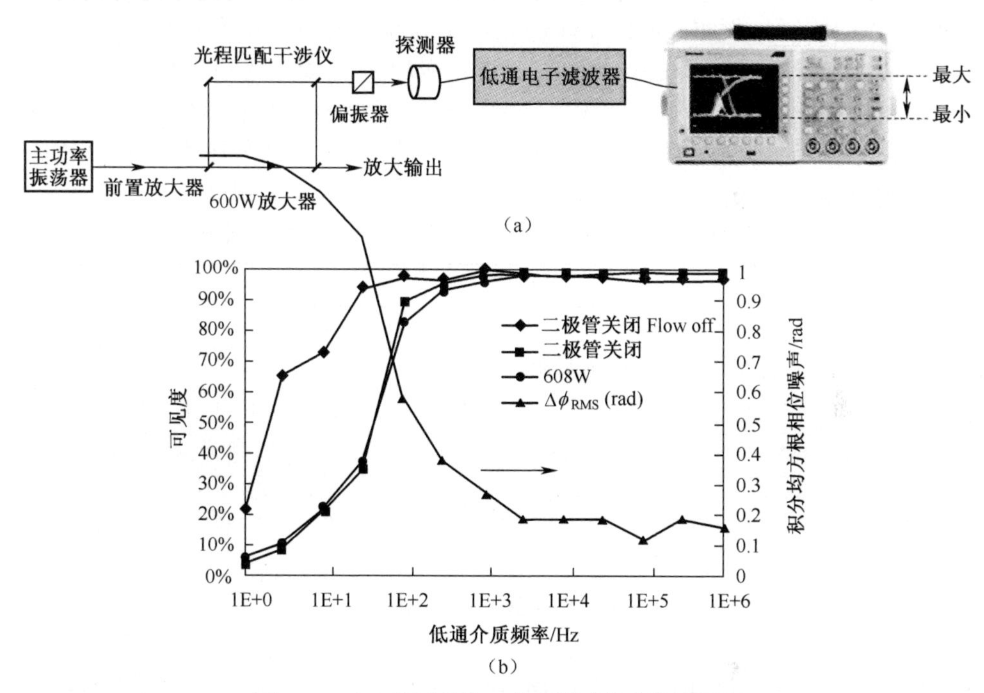

图 1.28　(a)零频条纹对比度测试实验装置原理；
(b)测到的对比度和预测的积分 RMS 相位噪声。

两种方法对掺铥光纤都很容易。最近在毫瓦级功率上所做的工作表明,对两路掺铥光纤激光,用主动和被动两种相位稳定法都可实现相干合束[73]。

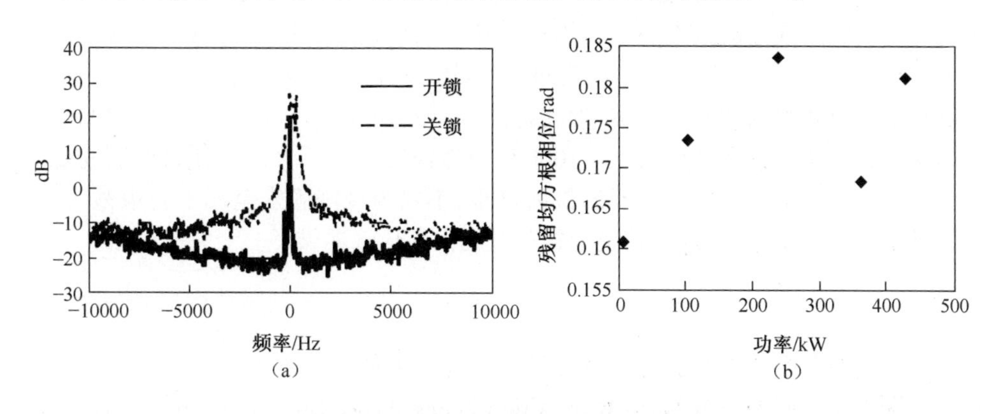

图 1.29　(a)430W 输出功率时的相位噪声谱；
(b)伺服环路工作时的残余 RMS 相位误差。

从工程上来讲,通过波长 λ 评价光纤相干合束的允差,可以对比用 YDFA 和 TDFA 进行相干合束的相对难度。这两种放大器的波长大约相差 1 倍。毫无疑问,

把波长 λ 增加 1 倍可以直接放宽相干叠加光束所要求的允差(见表 1.7)。提高与波长 λ 成正比的时-空相干性以及降低光纤非线性 B 都有益于相干合束,因为增加 λ 会增大光纤横向波导尺寸,扩大有效模场面积 A_{eff} (参见式(1.12))。由于铥玻璃材料和光纤拉丝技术还不够成熟,扩大光纤有效模场面积 A_{eff} 的全部优点还没有体现出来,但是即便材料技术没有进步,微结构掺铥光子晶体光纤取得的进展[74]也能为相干合束提供一个技术途径。

表 1.7 波长扩大 2 倍后,掺铥光纤和掺镱光纤相干合成的允差比较。

参 数	Tm 与 Yb 的比较	比 例
自相位调制(非线性相移 B)	>8×更好(未实现的潜力)	2~3×,由于增益长度较短,B 较低
		4×,由于 A_{eff} 较大,B 较低
		2×,由于波长,B 较低
声致相位噪声	2×更好	光纤长度变化时,相移一半
空间光束准直	2×更好	2×,更大的衍射限使不准直容差增加了 1 倍

1.6 结 论

随着主动相位控制、用衍射光学元件进行几何光束合成和高相干、高功率激光放大器等技术的进步,已经能够通过相干合束技术获得前所未有的高亮度激光,并得到实验验证。相干合束让激光开发者能够打破传统工程的复杂性和成本限制,超越提升激光功率的物理约束。到目前为止,Z 字形光路板条激光器相干合束的合成功率已经超过 100kW,这不仅是现有相干合束技术获得的最高功率,也是迄今为止亮度最高的连续波激光源。利用填充孔径结构进行光纤激光器相干合束,获得了接近 2kW 的合成功率。目前,通过光纤激光器相干合束获得的功率比板条激光器相干合束获得的功率低得多,但光纤激光器系统却在尺寸、重量、效率和封装方面有很大优势。正在进行的 10~100kW 级掺镱光纤相干合束验证会顺利完成。千瓦级高相干性掺铥光纤放大器的最新进步,不仅为视网膜安全相干合束激光系统提供了一个技术途径,也为系统配置和激光大气传输提供了一个关键思路。

致谢

本章主要介绍了诺斯罗普·格鲁曼公司许多工作人员过去十年的工作成果。我们特别感谢我们的同事 Lewis Book、Eric Cheung、James Ho、Hagop Injeyan、Hiroshi Komine、Stuart McNaught、C. C. Shih、Peter Thielen、MarkWeber、BenWeiss 和 MichaelWickham,他们为本工作做出了许多贡献。我们还要感谢在高功率光纤合成试验中的合作者们,他们是 Angel Flores、Benjamin Pulford、空军研究实验室的 Anthony Sanchez、林肯实验室的 Steve Augst、T. Y. Fan、Shawn Redmond、Dan Ripin

和 Charles Yu。最后，我们还要感谢支持这一工作的组织机构，它们是高能激光联合技术办公室、美国陆军空间导弹防御司令部/陆军战略司令部，以及美国空军、美国先进研究项目局（DARPA）和美国海军。

参考文献

[1] Hecht, J. (July 2009) Ray guns get real. IEEE Spectrum, 46, 28-33.

[2] Goodno, G. D., Asman, C. P., Anderegg, J., Brosnan, S., Cheung, E. C., Hammons, D., Injeyan, H., Komine, H., Long, W., McClellan, M., McNaught, S. J., Redmond, S., Simpson, R., Sollee, J., Weber, M., Weiss, S. B., and Wickham, M. (2007). Brightness-scaling potential of actively phase-locked solid state laser arrays. IEEE J. Select. Top. Quantum Electron., 13, 460-472.

[3] O' Connor, M. and Shiner, B. (2011) High power fiber lasers for industry and defense, in High Power Laser Handbook (eds H. Injeyan and G. D. Goodno), McGraw-Hill Professional, New York, pp. 517-532.

[4] Fan, T. Y. (2005) Laser beam combining for high-power, high-radiance sources. IEEE J. Select. Top. Quantum Electron., 11, 567-577.

[5] McNaught, S., Asman, C., Injeyan, H., Jankevics, A., Johnson, A., Jones, G., Komine, H., Machan, J., Marmo, J., McClellan, M., Simpson, R., Sollee, J., Valley, M., Weber, M., and Weiss, S. (2009) 100-kW coherently combined Nd: YAG MOPA laser array. Frontiers in Optics, San Jose, CA October 11, 2009, Paper FThD2.

[6] http://www.as.northropgrumman.com/products/reli/assets/RELI_datasheet.pdf, (accessed May 14, 2012).

[7] Wacks, M. (2011) Northrop Grumman coherently combined high-power fiber laser for the RELI program. 2nd Annual Advanced High-Power Laser Review, Santa Fe, NM.

[8] Goodno, G. D., Shih, C. C., and Rothenberg, J. E. (2010) Perturbative analysis of coherent combining efficiency with mismatched lasers. Opt. Express, 18, 25403-25414.

[9] Leger, J. R., Swanson, G. J., and Veldkamp, W. B. (1987) Coherent laser addition using binary phase gratings. Appl. Opt., 26, 4391-4399.

[10] Nabors, C. D. (1994) Effect of phase errors on coherent emitter arrays. Appl. Opt., 33, 2284-2289.

[11] Fan, T. Y. (2009) The effect of amplitude (power) variations on beam combining efficiency for phased arrays. IEEE J. Select. Top. Quantum Electron., 15, 291-293.

[12] 12 Liang, W., Satyan, N., Aflatouni, F., Yariv, A., Kewitsch, A., Rakuljic, G., and Hashemi, H. (2007) Coherent beam combining with multilevel optical phase locked loops. J. Opt. Soc. Am. B, 24, 2930-2939.

[13] Cheung, E. C., Ho, J. G., Goodno, G. D., Rice, R. R., Rothenberg, J., Thielen, P., Weber, M., and Wickham, M. (2008) Diffractive optics-based beam combination of a phase-locked fiber laser array. Opt. Lett., 33, 354-356.

[14] Willke, B., Uehara, N., Gustafson, E. K., Byer, R. L., King, P. J., Seel, S. U., and Savage, R. L. Jr. (1998) Spatial and temporal filtering of a 10-W Nd:YAG laser with a Fabry-Perot ring-cavity premode cleaner. Opt. Lett., 23, 1704-1706.

[15] Tünnermann, H., Pöld, J. H., Neumann, J., Kracht, D., Willke, B., and Weßels, P. (2011) Beam quality and noise properties of coherently combined ytterbium doped single frequency fiber amplifiers. Opt. Express, 19, 19600-19606.

[16] Pupeza, I., Eidam, T., Rauschenberger, J., Bernhardt, B., Ozawa, A., Fill, E., Apolonski, A.,

Udem, T., Limpert, J., Alahmed, Z. A., Azzeer, A. M., Tünnermann, A., Hänsch, T. W., and Krausz, F. (2010) Power scaling of a high repetition- rate enhancement cavity. Opt. Lett., 35, 2052-2054.

[17] Wagner, T. J. (2012) Fiber laser beam combining and power scaling progress: Air Force Research Laboratory Laser Division. Proc. SPIE, 8237, 823718.

[18] Shay, T. M. (2006) Theory of electronically phased coherent beam combination without a reference beam. Opt. Express, 14, 12188-12195.

[19] Zhou, P., Liu, Z., Wang, X., Ma, Y., Ma, H., Xu, X., and Guo, S. (2009) Coherent beam combining of fiber amplifiers using stochastic parallel gradient descent algorithm and its application. IEEE J. Select. Top. Quantum Electron., 15, 248-256.

[20] Anderegg, J., Brosnan, S., Cheung, E., Epp, P., Hammons, D., Komine, H., Weber, M., and Wickham, M. (2006) Coherently coupled high-power fiber arrays, in Fiber Lasers III: Technology, Systems, and Applications, Proceedings of SPIE (eds A. J. Brown, J. Nilsson, D. J. Harter, and A. Tünnermann), Society of Photo Optical, p. 61020U-1.

[21] Yu, C. X., Augst, S. J., Redmond, S. M., Goldizen, K. C., Murphy, D. V., Sanchez, A., and Fan, T. Y. (2011) Coherent combining of a 4kW, eight-element fiber amplifier array. Opt. Lett., 36, 2686-2688.

[22] Yu, C. X., Kansky, J. E., Shaw, S. E. J., Murphy, D. V., and Higgs, C. (2006) Coherent beam combining of large number of PM fibres in 2-D fibre array. Electron. Lett., 42, 1024-1025.

[23] O'Meara, T. R. (1977) The multidither principle in adaptive optics. J. Opt. Soc. Am., 67, 306-314.

[24] Bourdon, P., Jolivet, V., Bennai, B., Lombard, L., Goular, D., Canat, G., and Vasseur, O. (2009) Theoretical analysis and quantitative measurements of fiber amplifier coherent combining on a remote surface through turbulence. Proc. SPIE, 7195, 719527.

[25] Daniault, L., Hanna, M., Lombard, L., Zaouter, Y., Mottay, E., Goular, D., Bourdon, P., Druon, F., and Georges, P. (2011) Coherent beam combining of two femto second fiber chirped-pulse amplifiers. Opt. Lett., 36, 621-623.

[26] Ma, Y., Zhou, P., Wang, X., Ma, H., Xu, X., Si, L., Liu, Z., and Zhao, Y. (2010) Coherent beam combination with single frequency dithering technique. Opt. Lett., 35, 1308-1310.

[27] Ma, Y., Zhou, P., Wang, X., Ma, H., Xu, X., Si, L., Liu, Z., and Zhao, Y. (2011) Active phase locking of fiber amplifiers using sine-cosine single-frequency dithering technique. Appl. Opt., 50, 3330-3336.

[28] Levy, J. and Roh, K. (1995) Coherent array of 900 semiconductor laser amplifiers. Proc. SPIE, 2382, 58-69.

[29] Vorontsov, M. A. and Sivokon, V. P. (1998) Stochastic parallel-gradient-descent technique for high-resolution wave-front phase-distortion correction. J. Opt. Soc. Am. A, 15, 2745-2758.

[30] Weyrauch, T., Vorontsov, M. A., Carhart, G. W., Beresnev, L. A., Rostov, A. P., Polnau, E. E., and Liu, J. J. (2011) Experimental demonstration of coherent beam combining over a 7km propagation path. Opt. Lett., 36, 4455-4457.

[31] Redmond, S. M., Creedon, K. J., Kansky, J. E., Augst, S. J., Missaggia, L. J., Connors, M. K., Huang, R. K., Chann, B., Fan, T. Y., Turner, G. W., and Sanchez-Rubio, A. (2011) Active coherent beam combining of diode lasers. Opt. Lett., 36, 999-1001.

[32] Redmond, S. M. (2011) Active coherent combination of >200 semiconductor amplifiers using a SPGD algorithm. CLEO:2011 - Laser Applications to Photonic Applications, Paper CTuV1.

[33] Andrews, J. R. (1989) Interferometric power amplifiers. Opt. Lett., 14, 33-35.

[34] Dong, H., Li, X., Wei, C., He, H., Zhao, Y., Shao, J., and Fan, Z. (2009) Coaxial combination of coherent laser beams. Chin. Opt. Lett., 7, 1012-1014.

[35] Uberna, R., Bratcher, A., and Tiemann, B. G. (2010) Coherent polarization beam combination. IEEE J. Quantum Electron., 46, 1191-1196.

[36] Nelson, B. E., Shakir, S. A., Culver, W. R., Starcher, Y. S., Hedrick, J. W., and Bates, G. M. (2010) System and method for combining multiple fiber amplifiers or multiple fiber lasers. U. S. Patent Appl. 2010/0195195.

[37] Bruesselbach, H., Jones, D. C., Mangir, M. S., Minden, M., and Rogers, J. L. (2005) Self-organized coherence infiber laser arrays. Opt. Lett., 30, 1339-1341.

[38] Christensen, S. E. and Koski, O. (2007) 2 Dimensional waveguide coherent beam combiner. Advanced Solid-State Photonics, Paper WC1.

[39] Uberna, R., Bratcher, A., Alley, T. G., Sanchez, A. D., Flores, A. S., and Pulford, B. (2010) Coherent combination of high power fiber amplifiers in a two dimensional re-imaging waveguide. Opt. Express, 18, 13547-13553.

[40] Leger, J., Swanson, G. J., and Veldkamp, W. B. (1986) Coherent beam addition of GaAlAs lasers by binary phase gratings. Appl. Phys. Lett., 48, 888.

[41] Jain, A., Andrusyak, O., Venus, G., Smirnov, V., and Glebov, L. (2010) Passive coherent locking of fiber lasers using volume Bragg gratings. Proc. SPIE, 7580, 75801S-1-75801S-9.

[42] Lumeau, J., Glebova, L., and Glebov, L. B. (2011) Near-IR absorption in high-purity photothermorefractive glass and holographic optical elements: measurement and application for high-energy lasers. Appl. Opt., 50, 5905-5911.

[43] Dammann, H. and Gortler, K. (1971) Highefficiency in-line multiple imaging by means of multiple phase holograms. Opt. Commun., 3, 312-315.

[44] Hergenhan, G., Lücke, B., and Brauch, U. (2003) Coherent coupling of vertical-cavity surface-emitting laser arrays and efficient beam combining by diffractive optical elements: concept and experimental verification. Appl. Opt., 42, 1667-1680.

[45] Madasamy, P., Jander, D., Brooks, C., Loftus, T., Thomas, A., Jones, P., and Honea, E. (2009) Dual-grating spectral beam combination of high-power fiber lasers. IEEE J. Select. Top. Quantum Electron., 15, 337-343.

[46] Augst, S. J., Lawrence, R. C., Fan, T. Y., Murphy, D. V., and Sanchez, A. (2008) Characterization of diffraction gratings foruse in wavelength beam combining at high average power. Frontiers in Optics 2008, Rochester, NY, October 19, 2008, Paper FWG2.

[47] Khitrov, V., Farley, K., Leveille, R., Galipeau, J., Majid, I., Christensen, S., Samson, B., and Tankala, K. (2010) kW level narrow linewidth Yb fiber amplifiers for beam combining. Proc. SPIE, 7686, 76860.

[48] Shkurikhin, O., Gapontsev, V., and Platonov, N. (2009) Narrow-linewidth kilowatt-class cw diffraction-limited fiber lasers and amplifiers. 22nd Annual Solid State and Diode Laser Technology Review, Newton, MA.

[49] Injeyan, H. and Goodno, G. D. (2011) Zigzag slab lasers, in High Power Laser Handbook (eds H. Injeyan and G. D. Goodno), McGraw-Hill Professional, New York, pp. 187- 205.

[50] Martin, W. S. and Chernoch, J. P. (1972) Multiple internal reflection face-pumped laser. U. S. Patent No.

3,633,126.

[51] Ying, C. , Bin, C. , Patel, M. K. R. , and Bass, M. (2004) Calculation of thermal-gradientinduced stress birefringence in slab lasers- I. IEEE J. Quantum Electron. , 40, 909-916.

[52] Goodno, G. D. , Palese, S. , Harkenrider, J. , and Injeyan, H. (2001) Yb:YAG power oscillator with high brightness and linear polarization. Opt. Lett. , 26, 1672-1674.

[53] Injeyan, H. and Hoefer, C. S. (2000) End pumped zig zag slab laser gain medium. U. S. Patent No. 6, 094,297.

[54] Goodno, G. D. , Komine, H. , McNaught, S. J. , Weiss, S. B. , Redmond, S. , Long, W. , Simpson, R. , Cheung, E. C. , Howland,D. , Epp, P. , Weber, M. , McClellan, M. , Sollee, J. , and Injeyan, H. (2006) Coherent combination of high-power, zigzag slab lasers. Opt. Lett. , 31, 1247-1249.

[55] Redmond, S. , McNaught, S. , Zamel, J. , Iwaki, L. , Bammert, S. , Simpson, R. , Weiss, S. B. , Szot, J. , Flegal, B. , Lee, T. , Komine, H. , and Injeyan, H. (2007) 15 kW Near-diffraction-limited single frequency Nd:YAG laser. Conference on Lasers and Electro-Optics/Quantum Electronics and Laser Science, Paper CTuHH5.

[56] Kane, T. J. , Kozlovsky, W. J. , and Byer, R. L. (1986) 62-dB-Gain multiple-pass slab geometry Nd:YAG amplifier. Opt. Lett. , 11, 216-218.

[57] Agarwal, G. P. (2007) Nonlinear Fiber Optics, 4th edn, Academic Press, New York.

[58] Goodno, G. D. and Rothenberg, J. E. (2008) Advances and limitations in fiber beam combination. OSA Annual Meeting, Paper FTuW1.

[59] Goodno, G. D. , McNaught, S. J. , Rothenberg, J. E. , McComb, T. , Thielen, P. A. , Wickham, M. G. , and Weber, M. E. (2010) Active phase and polarization locking of a 1. 4-kW fiber amplifier. Opt. Lett. , 35, 1542-1544.

[60] Jones, D. C. and Scott, A. M. (2007) Characterisation and stabilising dynamic phase fluctuations in large mode area fibres. Proc. SPIE, 6453, 64530Q. 1- 64530Q. 10.

[61] Goodman, J. W. (2000) Statistical Optics, Wiley-Interscience, pp. 163 -165.

[62] Palese, S. , Cheung, E. , Goodno, G. , Shih, C. , DiTeodoro, F. , McComb, T. , and Weber,M. (2012) Coherent combining of pulsed fiber amplifiers in the nonlinear chirp regime with intra-pulse phase control. Opt. Express, 20, 7422-7435.

[63] Klenke, A. , Seise, E. , Demmler, S. , Rothhardt, J. , Breitkopf, S. , Limpert, J. , and Tünnermann, A. (2011) Coherently combined two channel femtosecond fiber CPA system producing 3mJ pulse energy. Opt. Express, 19, 24280-24285.

[64] Weiss, S. B. , Weber, M. E. , and Goodno, G. D. (2012) Group delay locking of coherently combined broadband lasers. Opt. Lett. , 37, 455-457.

[65] Goodno, G. D. and Weiss, S. B. (2012) Automated co-alignment of coherent fiber laser arrays via active phase-locking. Opt. Express, 20, 14945-14953.

[66] Redmond, S. M. , Fan, T. Y. , Ripin, D. J. , Yu, C. X. , Augst, S. J. , Thielen, P. A. , Rothenberg, J. E. , and Goodno, G. D. (2012) Diffractive coherent combining of a 2. 5-kW fiber laser array into a 1. 9kW Gaussian beam. Opt. Lett. , 37, 2832-2834.

[67] Weisstein, E. W. (2012) Uniform Distribution. From MathWorld, AWolfram Web Resource, http://mathworld. wolfram. com/Uniform Distribution. html.

[68] Thielen, P. A. , Ho, J. G. , Burchman, D. A. , Goodno, G. D. , Rothenberg, J. E. , Wickham, M. G. , Flores, A. , Lu, C. A. , Pulford, B. , Hult, D. , Rowland, K. B. , and Robin, C. (2012) Two-dimensional

diffractive coherent beam combining. Advanced Solid State Photonics, Paper AM3A. 2.

[69] Pulford, B. N. (2011) LOCSET phase locking: operation, diagnostics, and applications, Ph. D. dissertation, University of New Mexico.

[70] Ehrenreich, T., Leveille, R., Majid, I., Tankala, K., Rines, G., and Moulton, P. (2010) 1 kW all-glass Tm:fiber laser. Photonics West, Session 16, Jan 28, 2010.

[71] Goodno, G. D., Book, L. D., and Rothenberg, J. E. (2009) Low-phase-noise, single-frequency, single-mode 608W thulium fiber amplifier. Opt. Lett., 34, 1204-1206.

[72] Goodno, G. D., Book, L. D., Rothenberg, J. E., Weber, M. E., and Weiss, S. B. (2011) Narrow line-width power scaling and phase stabilization of 2μm thulium fiber lasers. Opt. Eng., 50, 111608.

[73] Zhou, P., Wang, X., Ma, Y., Ma, H., Han, K., Xu, X., and Liu, Z. (2010) Active and passive coherent beam combining of thulium-doped fiber lasers. Proc. SPIE, 7843, 784307.

[74] Modsching, N., Kadwani, P., Sims, R. A., Leick, L., Broeng, J., Shah, L., and Richardson, M. (2011) Lasing in thulium doped polarizing photonic crystal fiber. Opt. Lett., 36, 3873-3875.

第2章

基于 LOCSET 的光纤放大器相干合束

Angel Flores, Benjamin Pulford, Craig Robin, Chunte A. Lu, Thomas M. Shay

2.1 引　言

过去十年,光纤激光器在工业[1]、医学[2]和军事[3]应用等方面取得了快速发展。总体来说,光纤激光器相比传统固体激光器和化学激光器有多种优点,包括结构紧凑、近衍射限的光束质量、优异的热-光特性和高光-光转换效率。虽然有这些优势且发展迅速,光纤激光器的总输出功率却低于化学激光器和固态激光器。目前,单模光纤的光强和功率主要受光学表面损伤、热载荷和非线性光学效应等因素限制。

单模光纤激光器的芯径小、放大器长度长、功率高,因此会受受激布里渊散射(SBS)[4,5]和模态不稳定[6,7]等有害效应限制。受激布里渊散射是声子与光场光子以及后向散射斯托克斯光相干散射后三阶相位匹配的非线性相互作用。因此,光场的光功率转换成斯托克斯光,会降低信号光的放大倍率,还可能因脉冲效应损坏光纤放大器。除非线性效应外,还有一个限制大模场光纤放大器功率提升的现象是模态不稳定性,或基模(LP_{01})向下一高阶模(LP_{11})的模式"跳变"。大模场光纤的主要问题是它们是固有多模光纤。据报道,高于某些模态不稳定阈值,光束质量会突然出现大幅度下降[7]。由于上述制约,单模光纤激光器无法满足未来远距离定向能武器应用的要求。为了提高总功率和亮度,一直在积极研究将多束激光高效合成一束输出光,同时保持高光束质量(和亮度)的光束合成技术。

2.1.1 光束合成架构

光束合成技术大体分为非相干合束法[8]和相干合束法[9]。表2.1列出了一些主要合束方法。非相干合束法不要求控制不同元的相关光谱或相位,就可以实现阵列激光在远场叠加。这种合束法曾在1.2km获得3kW [10]功率。光谱光束合成是单独一类非相干合束法,能使不同波长的非相干光束在空间(近场)叠加,形成一束多色光。光谱合成法的优点是不要求主动相位控制或单束光彼此时域相干。虽然已经报道过用光谱合成法实现了 8kW(M^2 = 4)合成功率[11]，但有限增益带宽、合成光栅的光束质量(取决于线宽)灵敏度限制着它的通道扩展能力[12]。

表 2.1　光束合成主要结构和技术一览图

<table>
<tr><th></th><th>光束合成技术</th><th>优点</th><th>缺点</th><th>合成功率</th></tr>
<tr><td rowspan="3">1</td><td rowspan="3">相干光束合成(拼接孔径)</td><td>可进行大气补偿</td><td>要求主动相位控制</td><td>1.4kW，16 元，单频(美国空军研究实验室)[13]</td></tr>
<tr><td>精确的电子光束转向控制</td><td>低阵列填充因子会限制桶中功率(PIB)(50%～70%)，限制量会随阵列子孔径数量、子孔径封装方式和单个阵列子孔径的光学填充量的变化而变化</td><td>4kW，8 元，10GHz(麻省理工学院林肯实验室)[14]</td></tr>
<tr><td>N^2倍的辐射放大</td><td></td><td></td></tr>
<tr><td rowspan="2">2</td><td rowspan="2">相干光束合成(填充孔径，DOE)</td><td>优良的光束质量</td><td>要求主动相位控制</td><td rowspan="2">2kW，5 元，10GHz 线宽(麻省理工学院林肯实验室)[15]</td></tr>
<tr><td>功率集中在主瓣上</td><td>合成元的功率容量</td></tr>
<tr><td>3</td><td>被动光束合成</td><td>不要求主动相位控制</td><td>放大能力有限</td><td>0.7kW，4 元(Lockheed-Aculight)[16]</td></tr>
<tr><td rowspan="3">4</td><td rowspan="3">光谱光束合成</td><td>不要求主动相位控制</td><td>放大能力受激光增益带宽影响</td><td>8kW，4 元(Friedrich-Schiller 大学)[11]</td></tr>
<tr><td>优良的光束质量</td><td>光束质量对激光线宽敏感</td><td></td></tr>
<tr><td>功率集中在主瓣上</td><td></td><td></td></tr>
<tr><td rowspan="2">5</td><td rowspan="2">非相干光束合成</td><td>用单个放大器就能实现较高功率输出(没有 SBS 或线宽限制)</td><td>每束光都需要转向控制元件</td><td>3kW，4 元(美国海军研究实验室)[10]</td></tr>
<tr><td>设计简单</td><td>传播距离有限
需要大平台</td><td></td></tr>
</table>

2.1.2　主动和被动相干光束合成

相干合束法要求具备合适的相位、频率和偏振关系才能进行有效合成。相干合束分为主动或被动控制技术，强制所有阵列元之间实现相干。主动相干合束利用电子反馈技术，补偿和控制每个激光阵列元的光学相位；被动相干合束是通过被动耦合机制(如光纤环[17]和自傅里叶腔[18])，依靠自锁相技术合成多路激光。虽然被动合成技术避免了主动相干合束需要的复杂相位控制技术，但最大合成通道数量只有 $N_{max}=10\sim12$ 路[19]。

相比而言，主动相干合束的通道数量据报道已扩展到 64 路[20]，甚至有望达到

100路[21]。主动相干技术可进一步分为拼接孔径和填充孔径两种合成结构。拼接阵列结构的各阵列元在远场合成(干涉)。拼接阵列系统有多个优点,比如能精确控制光束转向[22]、有提高到N^2倍辐射的潜力[23]、热负荷分布在最后的光学元件上以及大气湍流补偿等[24]。更重要的是,正在研究将拼接阵列系统用于光纤调相阵列平台和远距离目标锁相。但拼接阵列系统也受填充因子不均匀限制,会造成远场旁瓣,限制主瓣功率。一般来说,对高斯填充的最佳密排六边形阵列,预计的桶中功率为75%[23]。据报道,用拼接孔径合成的单频光纤阵列和窄线宽光纤阵列的功率已经分别达到了1.45kW[13]和4kW[14]。

与拼接阵列不同,填充阵列技术以对激光阵列元进行近场合束为基础。和逆向使用分束镜一样,填充孔径合束需要用光束合成器使激光在近场重叠。其优点是,能保持光纤激光器的近衍射限光束质量,所有功率都聚集在一束相干光中。但填充阵列系统需要一个能管理总合成功率的合成单元。据报道,到目前为止,填充阵列系统合成的最高功率为2kW[15]。不管采用哪种相干合束技术,都要对阵列元进行主动相位控制,因此已经开发出多种电子相位控制方法。本章将详细描述用单探测器电频标记(LOCSET)锁相技术实现光纤放大器相干合束[13, 21, 25, 26, 27]。LOCSET是一种新的电子锁相方法,不需要参考光,仅需要一个探测器进行全部相位校正和光束合成。在此,我们讨论LOCSET工作原理,介绍32路低功率LOCSET合束实验,其平均残余相位误差为$\lambda/71$。详细介绍利用LOCSET锁相法,用常规硅光纤和光子晶体光纤(PCF)放大器都实现了高功率千瓦级相干合束。介绍用拼接阵列结构将16路单频100W激光合成为千瓦级(1.4kW)输出的成功案例。本章还详细介绍以填充孔径结构,用新的抑制受激布里渊散射的PCF放大器实现千瓦级相干合束。

2.2 单探测器电频标记(LOCSET)相干锁相法

为实现多束激光相干合束,需要精确控制相位。较先进的主动相位控制法包括外差法[28, 29]、随机并行梯度下降法(SPGD)[30, 31]和LOCSET法[13, 21, 25, 26, 27]等锁相技术。

在外差法中,每个通道的相位都与一个共用移频参考光束的相位锁定。该方法的优点是简单、有优良的相位误差性能。据报道,2路光束合成的残余相位波动为$\lambda/80$[32]。缺点是探测器阵列复杂(合成N路光束就需要N个探测器),且需要参考光,没有参考光就无法进行相干合束。

相比之下,SPGD法相干合束只需要一个探测器。在工作过程中,给每个相位控制光束并行施加一个随机相位抖动,然后用基于光强的评价函数算法,在近场或远场相干合成光束。SPGD可用于高阶波前控制,已经验证过48路锁相,残余相位

误差为 $\lambda/30$[33]。但是,SPGD 可能受 SPGD 控制环路带宽(BW_{SPGD})与合成光束数量 N($BW_{SPGD} \propto 1/N$)之间的反比关系限制[27]。

与 SPGD 一样,LOCSET 只需要一个光电探测器进行主动锁相。但 LOCSET 不是随机的、基于光强的过程。LOCSET 的电子控制装置能根据相干射频解调独立确定一个误差信号,该误差信号与被测光束和阵列中其他各光束之间的相位差成正比。虽然 LOCSET 只能进行活塞相位校正,但对大通道数量(和高带宽)具有优良的相位误差性能,因此对主动相干合束很有吸引力。

LOCSET 系统(见图 2. 1)通常使用 MOPA 结构。其中,窄线宽激光被分为 N 路,经过光纤放大器阵列放大。在放大前,N 路光中的每一路都通过相位调制器,让 LOCSET 控制电路给每路光施加活塞相位校正。每路光都经过放大和准直后,从系统的出射孔径出射。取样光进入光电探测器。探测器输出反馈给 LOCSET 电子控制装置。为实现最佳光束合成,给 N 束光中的每一束都标记一个射频唯一的小振幅相位抖动。然后,用光电探测器测量这些相位抖动,得到的光强干涉拍频含有相干合束需要的相位信息。下一节,我们研究 LOCSET 理论和工作原理。

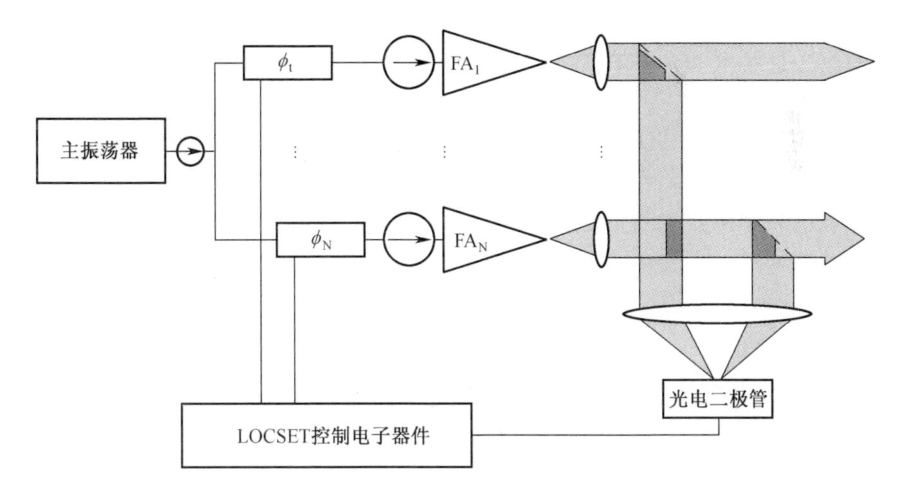

图 2. 1　通用 LOCSET 主动相干合束示意图。FA:光纤放大器。

2. 2. 1　LOCSET 理论

LOCSET 有两种工作方式:自参考锁相和自同步锁相[25, 27]。在自参考锁相中,给 $N-1$ 束光都标记射频唯一的相位抖动,然后解调出每束光相对系统中所有其他光束的相位差。其余的一束未调制光用做每束射频相位调制光的参考光,以最小化与参考光之间的相位差。需要重点注意的是,LOCSET 不需要参考光。如果把未调制参考光的振幅设为 0,相位误差信号的表达式依然有效。这个技术称为自同步 LOCSET,会确定参考光与所有其他光束之间的相位差并施加适当的相位校正。由于每个通道都在缩小自己与所有其他光束之间的相位差,所有光束之间的相位差会收敛为 0,从而建立最佳光束合成。

2.2.2 自参考 LOCSET

在自参考 LOCSET 中,有 $N-1$ 束相位调制光 $E_i(t)$ 和一束未调制参考光 $E_u(t)$,分别表达为

$$E_u(t)=E_{u_0}\cos(\omega_L t+\phi_u(t)) \tag{2.1}$$

$$E_i(t)=E_{i_0}\cos(\omega_L t+\phi_i(t)+\beta_i\sin(\omega_i t)) \tag{2.2}$$

式中:E_{u_0} 和 E_{i_0} 分别为未调制光束与相位调制光束的光场振幅,ω_L 为激光角频率,$\phi_u(t)$ 和 $\phi_i(t)$ 分别为未调制光束和相位调制光束的实时相位。注意,由于 $\phi_u(t)$ 和 $\phi_i(t)$ 比激光频率和射频调制频率变化慢得多,它们将作为常数。对相位调制光束,增加的第三项($\beta_i\sin(\omega_i t)$)代表应用了振幅为 β_i,射频调制频率为 ω_i 的正弦相位调制。在实践中,为了降低残余相位误差,射频调制幅度保持在辐射的 1/10,或者近似光波长的 1/60。

2.2.2.1 光电流信号

图 2.2 是基本 LOCSET 信号处理流程图,光电探测器上的叠加电流产生一个合成电场 $E_T(t)$:

$$E_T(t)=E_u(t)+\sum_{i=1}^{N-1}E_i(t) \tag{2.3}$$

单个场分别用式(2.1)和式(2.2)表达。因此,电场在探测器处产生一个光电流($i_{PD}(t)$):

$$i_{PD}(t)=R_{PD}\cdot A\cdot\frac{1}{2}\left(\frac{\varepsilon_0}{\mu_0}\right)^{1/2}\cdot E_T^2(t) \tag{2.4}$$

式中:R_{PD} 是光电探测器的响应度,A 是光电探测器的有效面积。用任意求和指数 j 和 k,把方程式(2.3)代入式(2.4)会得到

$$i_{PD}(t)=R_{PD}\cdot A\cdot\frac{1}{2}\left(\frac{\varepsilon_0}{\mu_0}\right)^{1/2}\cdot\left(E_u^2(t)+2E_u(t)\cdot\sum_{j=1}^{N-1}E_j(t)+\left(\sum_{j=1}^{N-1}E_j(t)\right)\left(\sum_{j=1}^{N-1}E_k(t)\right)\right) \tag{2.5}$$

这里注意,式(2.5)中的光电流分为三个部分:由于未调制参考光而产生的光电流($i_u(t)$)、由于未调制参考光与相位调制光相干涉而产生的光电流($i_{u_j}(t)$,和由每个相位调制光与所有其他相位调制光相干涉产生的光电流($i_{jk}(t)$)或者

$$i_{PD}(t)=i_u(t)+i_{u_j}(t)+i_{jk}(t) \tag{2.6}$$

把式(2.1)和式(2.2)代入式(2.5),可求出产生的总光电流的完整表达式。这个表达式可分为三个光电流部分。比如,未调制参考光产生的光电流为:

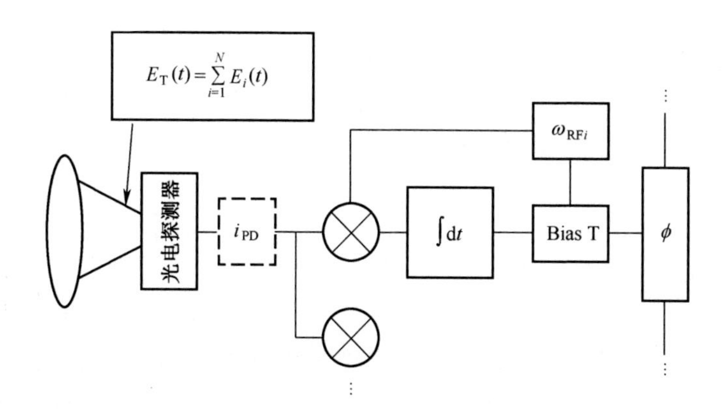

图 2.2　LOCSET 基本信号处理流程图

$$i_u(t)=\frac{R_{PD}\cdot P_u}{2}(1+\cos(2\omega_L t+2\phi_u))\approx\frac{R_{PD}\cdot P_u}{2} \tag{2.7}$$

式中:P_u 是未调制光的功率,在激光频率振荡的项被忽略(光电探测器分辨不出来)。因此,此光电流相当于总电流中的一个直流项。同样,由未调制光与相位调制光相干涉产生的光电流为

$$\begin{aligned} i_{u_j}(t) &= R_{PD}\cdot P_u^{1/2}\cdot\sum_{j=1}^{N-1}P_j^{1/2}\cdot(\cos(\phi_u-\phi_j)\cos(\beta_j\sin(\omega_j t)) \\ &\quad+\sin(\phi_u-\phi_j)\sin(\beta_j\sin(\omega_j t))) \end{aligned} \tag{2.8}$$

通过傅里叶级数展开可简化为:

$$\begin{aligned} i_{u_j}(t) = R_{PD}\cdot P_u^{1/2}\cdot\sum_{j=1}^{N-1}P_j^{1/2}\cdot\Big(&\cos((\phi_u-\phi_j)(J_0(\beta_j)+2\sum_{n=1}^{\infty}J_{2n}(\beta_j)\cos(2n\cdot\omega_j t)\Big) \\ &+\sin(\phi_u-\phi_j)\Big(2\sum_{n=1}^{\infty}J_{2n-1}(\beta_j)\cdot\sin((2n-1)\cdot\omega_j t))\Big) \end{aligned} \tag{2.9}$$

式中:J_n 是 n 阶第一类贝塞尔函数。我们注意到,式(2.9)中第二项与未调制和已调制参考光之间的相位差的正弦值($\sin(\phi_u-\phi_j)$)成正比。显然,该项是典型误差信号,其中,最小化正弦相位差等于最佳锁相时的单独相位。

最后一个光电流项量化每个调制光与其他调制光之间的干涉。利用几个三角恒等式和傅里叶级数展开,并忽略激光振荡频率后,光电流被表达为[27]

$$i_{jk}(t)=\frac{R_{\mathrm{PD}}}{2}\cdot\sum_{k=1}^{N-1}P_k^{1/2}\cdot\sum_{j=1}^{N-1}P_j^{1/2}$$

$$\cdot\left(\begin{array}{l}\left(\begin{array}{l}\cos(\phi_k-\phi_j)\left(J_0(\beta_k)+2\sum\limits_{n_k=1}^{\infty}J_{2n_k}(\beta_k)\cos(2n_k\cdot\omega_k t)\right)\\ \cdot\left(J_0(\beta_j)+2\sum\limits_{n_j=1}^{\infty}J_{2n_j}(\beta_j)\cdot\cos(2n_j\cdot\omega_j t)\right)\end{array}\right)\\ -\left(\begin{array}{l}\sin(\phi_k-\phi_j)\left(2\sum\limits_{n_k=1}^{\infty}J_{2n_k-1}(\beta_k)\cdot\sin((2n_k-1)\cdot\omega_k t)\right)\\ \cdot\left(J_0(\beta_j)+2\sum\limits_{n_j=1}^{\infty}J_{2n_j}(\beta_j)\cdot\cos(2n_j\cdot\omega_j t)\right)\end{array}\right)\\ +\left(\begin{array}{l}\sin(\phi_k-\phi_j)\left(J_0(\beta_k)+2\sum\limits_{n_k=1}^{\infty}J_{2n_k}(\beta_k)\cdot\cos(2n_k\cdot\omega_k t)\right)\\ \cdot\left(2\sum\limits_{n_j=1}^{\infty}J_{2n_j-1}(\beta_j)\cdot\sin((2n_j-1)\cdot\omega_j t)\right)\end{array}\right)\\ +\left(\begin{array}{l}\cos(\phi_k-\phi_j)\left(2\sum\limits_{n_k=1}^{\infty}J_{2n_k-1}(\beta_k)\cdot\cos((2n_k-1)\cdot\omega_k t)\right)\\ \cdot\left(2\sum\limits_{n_j=1}^{\infty}J_{2n_j-1}(\beta_j)\cdot\cos((2n_j-1)\cdot\omega_j t)\right)\end{array}\right)\end{array}\right) \tag{2.10}$$

再次发现,特征相位误差信号与第 k 束和第 j 束调制光之间的正弦相位差成正比,产生 $\sin(\phi_k-\phi_j)$,从而进行理想的相位优化。

2.2.2.2 LOCSET 解调

一旦合成的干涉信号进入光电探测器,就会对每个调制光的相位误差信号进行解调,如图 2.2 所示。根据图示,这是通过作用于每个相位调制通道的独立控制回路实现的。尽管对每个通道进行同样操作,但每个通道都因其有独特的射频调制频率 ω_i 而相互有别。为实现解调,相干解调过程可表示为包括一个射频解调信号的 $\sin(\omega_c t)$ 与采样光电流的乘积,并在时间 τ 内积分。后续射频解调可表达为

$$S_x=\frac{1}{\tau}\int_0^{\tau}i_{\mathrm{PD}}(t)\cdot\sin(\omega_c t)\,\mathrm{d}t \tag{2.11}$$

式中:ω_c 为第 x 个 LOCSET 通道的解调频率,S_x 是第 x 个调制光的相位误差校正信

号。特别是,选择的每个通道的解调频率都等于特定通道的射频相位抖动频率($\omega_c = \omega_i = \omega_x$)。此外,要选择适当的积分时间,让LOCSET控制环路能隔离所有调制光束(j和k)的相位误差信号,同时,选定的积分时间要足够短,以有效消除系统的相位干扰:

$$\tau \gg \frac{2\pi}{|\omega_j - \omega_k|} \tag{2.12}$$

与光电流信号一样,误差信号也可分为三部分,即未调制光束之间的互作用、未调制光束与所有已调制光束的互作用,以及每个调制光束与所有其他调制光束的干涉,可用下式表达:

$$S_x = S_u + S_{x_u} + S_{xj} \tag{2.13}$$

因此,为计算自参考LOCSET相位误差信号,可把式(2.7)、式(2.9)和式(2.10)代入式(2.11)和式(2.13)。由于存在未调制光束,在没有式(2.7)中干涉项的情况下,第一项$S_u = 0$:

$$S_u = \frac{R_{PD} \cdot P_u}{2\tau}\int_0^{\tau}\sin(\omega_x \cdot t)\,dt = \frac{R_{PD} \cdot P_u}{2}\left(\frac{1}{\omega_x \cdot \tau} - \frac{\cos\omega_x}{\omega_x \cdot \tau}\right) \approx 0 \tag{2.14}$$

由于存在未调制光束,随时间变化的贡献可以忽略。下一步,将式(2.9)代入式(2.11),由于未调制光束与第x束调制光束相干涉,第二项可表达为:

$$S_{x_u} = R_{PD} \cdot P_u^{1/2} \cdot P_x^{1/2} \cdot J_1(\beta_x) \cdot \sin(\phi_u - \phi_x) \tag{2.15}$$

由于上述较长的积分时间τ,残留的正弦相位差项(这些积分收敛为0)[27]可以忽略。另外,由于LOCSET中引入的调制深度β较小,二阶以上的贝塞尔函数几乎接近0,因而可以忽略[27]。

因此,最后一个信号项$_j$可以从第x个调制光束与所有其他调制光束($j \neq x$)的干涉S_x导出。把式(2.10)插入式(2.11),同时忽略二阶以上的贝塞尔函数。然而,由于有光束矩阵的互作用,会产生一个复杂解。文献[27]中有关于得此误差信号的完整分析过程:

$$S_{xj} = R_{PD} \cdot P_x^{1/2} \cdot J_1(\beta_x) \cdot \frac{1}{2}\sum_{\substack{j=1 \\ j \neq x}}^{N-1} P_j^{1/2} J_0(\beta_j)\sin(\phi_j - \phi_x) \tag{2.16}$$

这里要注意到,S_{xj}增加了LOCSET系统的整体可靠性。与相位误差信号受每个相位控制光束与共用参考光束的独立互作用控制的方案不同,LOCSET增加了一个测量信号,该测量信号与每束光与系统中所有其他光束的相位差之和成正比。因此,如果没有参考光,LOCSET系统仍能继续对其余光束锁相,但其锁相性能会逐渐下降。在推导出各个相位误差项之后,可以根据式(2.13)~式(2.15),得到自参考LOCSET相位误差信号的完整表达式[27]:

$$S_{SR_x}=R_{PD}\cdot P_x^{1/2}\cdot J_1(\beta_x)\cdot\left(P_u^{1/2}\sin(\phi_u-\phi_x)+\frac{1}{2}\sum_{\substack{j=1\\j\neq x}}^{N-1}P_j^{1/2}J_0(\beta_j)\sin(\phi_j-\phi_x)\right)\tag{2.17}$$

相位误差信号会随着合成光束光学相位的缓慢变化而变化。由于与每个合成光束之间相位差的正弦项为0，S_{SR_x} 也为0。如果第 x 束光漂移出了系统中其余光束的相位，相位差信号就不再为零，并带有表示相移方向的符号(±)。然后，通过外部相位调制器给第 x 束光施加一个误差校正信号，让 S_{SR_x} 逐步最小化，使系统返回最佳锁相状态。同样，每个增加的相位调制元的独立 LOCSET 控制环路都会确保所有激光阵列元的锁相不变。

2.2.3 自同步 LOCSET

这里重点注意，LOCSET 方法不需要未调制参考光。参见自参考 LOCSET 和式(2.17)，受未调制参考光影响的只有圆括号内的第一项($P_u^{1/2}$)。通过设未调制参考光为0($P_u=0$)，获得自同步 LOCSET 的相位误差表达式如下：

$$S_{SS_x}=R_{PD}\cdot P_x^{1/2}\cdot J_1(\beta_x)\cdot\frac{1}{2}\sum_{\substack{j=1\\j\neq x}}^{N-1}P_j^{1/2}J_0(\beta_j)\sin(\phi_j-\phi_x)\tag{2.18}$$

显然，LOCSET 能在没有参考光的情况下工作。由于测量的是单束光相对系统中其他每束光的相对相位误差，而相对所有其他光束，被选定光束的相位信息是已知的，因此不需要参考光。同样，通过让单个误差信号 S_{SS_x} 最小化，独立 LOCSET 控制环路会确保锁相不变。

2.3 LOCSET 相位误差和通道数量可扩展性

任何主动相干合束系统的关键参数都是高通道数扩展能力和出色的相位误差性能。LOCSET 已表现出良好的相位误差性能，在扩展到高通道数时，几乎不会因残留相位误差造成性能下降。对相位误差会导致合成效率 η_ϕ 下降的相干合束系统，这个性能至关重要[34]：

$$\eta_\phi\approx 1-\Delta\overline{\phi}_{rms}^2\tag{2.19}$$

例如，残余相位误差 $\Delta\phi_{rms}=\lambda/15$ 会导致合成效率下降18%，而相位误差 $\lambda/60$ 导致的效率损失小于1%可忽略不计。因此，为了表征 LOCSET 的光束合成特性，对2、16和32路激光的低功率多通道相干合束和相位误差进行了详细分析[27]。

2.3.1 LOCSET 光束合成和相位误差分析

图2.3是 LOCSET 光束合成实验的总体布局图，其中包括相位误差诊断分析

(同相(I)和正交(Q)处理)[9, 27, 35]。该实验以 MOPA 结构为基础,主振荡器输出被分为 $N+1$ 个通道,其中包括 N(或 $N-1$)个相位调制光束,其余的一束(图 2.3 上方)耦合到声光调制器经过固定频移($v_{RF}=80$MHz),该频移光束用作稳相参考光,以便测量相位误差。用 10%的光楔对合成输出光取样,取样光入射到光电探测器,为 LOCSET 控制系统提供反馈信号。经过另一个取样器(用于监测光强)后,其余光束耦合到一个 2×2 光纤分束镜/合束镜与频移参考光相干。

合成输出(因光束的频率和相位不同而引起一个拍频)入射到另一个光电探测器,其输出进入 I 和 Q 数据处理模块。经过相干射频解调产生的 I 和 Q 信号是时间的函数。在开始光束合成实验前,要测量外部扰动造成的系统背景相位特征。通过选择一个不大于 1ms 的数据采样窗口,在相对相干合束系统中任何光束进行测量时,将频移参考光稳定在 不大于 $\lambda/450$。这样就确定了相位误差测量分辨率为 $\lambda/450$(0.04rad),这比分析 LOCSET 相位误差性能需要的相位误差的允差大得多。

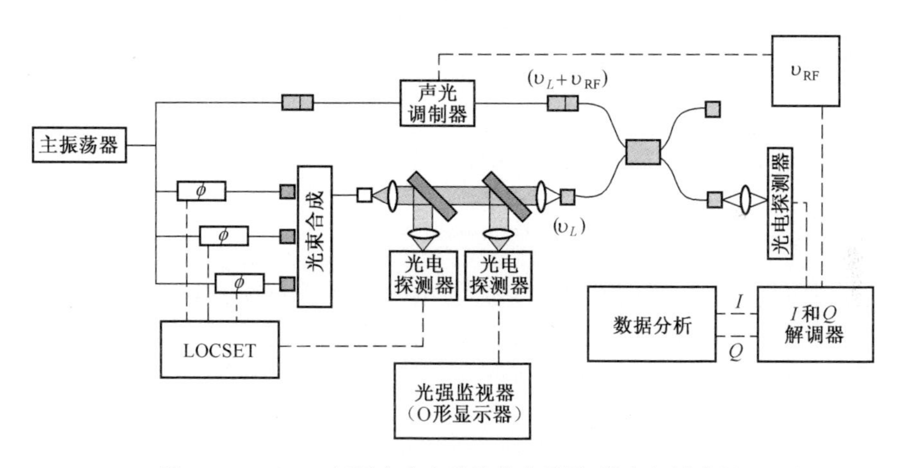

图 2.3　LOCSET 相干合束实验整体布局图,其中包括进行相位误差分析的同相(I)和正交(Q)解调部分。

2.3.2　同相和正交相位误差分析

I 和 Q 相位误差分析以稳相参考光束与合成光束之间的相位差 $\Delta\phi$ 为基础。如图 2.3 所示,干涉激光产生的交流光电流可表达为:

$$i_{AC}(t)=\chi\cdot\cos(\Delta\omega\cdot t+\Delta\phi) \tag{2.20}$$

式中:$\chi=R_{PD}\cdot A\cdot 2\cdot \mathrm{Int}_0$ 是与光强(Int_0)、探测响应度和有效面积相关的常数项。$\Delta\omega$ 与合成输出光和频移参考光之间的频率差成正比。因此,经三角函数展开,I 和 Q 的相位分量可表达为

$$i_{AC}(t)=I(\Delta\phi)\cos(\Delta\omega\cdot t)-Q(\Delta\phi)\sin(\Delta\omega\cdot t) \tag{2.21}$$

式中:

$$I(\Delta\phi)=\chi\cos(\Delta\phi) \tag{2.22}$$

$$Q(\Delta\phi)=\chi\sin(\Delta\phi) \tag{2.23}$$

以下的目的是通过相干解调,从式(2.21)中提取 $I(\Delta\phi)$ 和 $Q(\Delta\phi)$ 。注意,$I(\Delta\phi)$ 和 $Q(\Delta\phi)$ 分别是频率 $\Delta\omega$ 处傅里叶函数的余弦和正弦系数 $i_{AC}(t)$,这两项通过在频率 $\Delta\omega$ 处用正弦或余弦解调信号对 $i_{AC}(t)$ 进行混频,可以隔离。傅里叶余弦分量 α_c 可表达为

$$\alpha_c=\frac{1}{T}\int_0^T i_{AC}(t)\cos(\Delta\omega\cdot t)\,dt \tag{2.24}$$

把式(2.21)代入式(2.24),并经过长时间积分,可得到:

$$\alpha_c=\frac{I(\Delta\phi)}{T}\int_0^T\cos^2(\Delta\omega\cdot t)\,dt\approx\frac{I(\Delta\phi)}{2} \tag{2.25}$$

同样,可以提取出傅里叶正弦分量 α_s,并表达为

$$\alpha_s=-\frac{Q(\Delta\phi)}{2} \tag{2.26}$$

式(2.25)和式(2.26)提供了可测量的量,这些量与参考电场 E_R 和关注电场 E_i 之间的相位差 $\Delta\phi$ 成正比。把 α_c 和 α_s 比值与式(2.23)和式(2.24)关联起来,得到一个与正切相位差成正比的表达式:

$$\Delta\phi=\arctan\left(-\frac{\alpha_s}{\alpha_c}\right) \tag{2.27}$$

因此,通过测量 $I(\Delta\phi)$ 和 $Q(\Delta\phi)$ (或者更准确的 α_c 和 α_s) ,提取到的相位差是一个随时间缓慢变化的函数。注意,由于反正切项的渐近特征,需要展开和处理更多的 I 和 Q 相位数据[27] 。尽管如此,同相和正交相位分析仍然为评估 LOCSET 光束合成性能提供了一个适当的工具。

2.3.3 两路光束合成

为了说明 LOCSET 的通道可扩展性和优良的相位误差特性,进行了 2、16 和 32 通道的多通道 LOCSET 合成。最初的 2 通道实验沿用图 2.3 的总体布局,用自参考 LOCSET 结构和 2×2 光纤合束镜(叠加孔径结构)合成了两束低功率(2mW)光,同时检测光强和相位特征性能。

2 通道相干合束系统的光强特征见图 2.4。在数据采集的最初 2.5s,关闭了 LOCSET 电子器件,让光强随环境扰动而变化。然后启动 LOCSET 电子器件,进行两束光的相干合束。从图 2.4 可以观察到满意的光束合成效果,但从光强数据中难以推断相位特征。对于小相位误差($<\lambda/25$),相位特征被测量噪声湮没,用于推断相位误差的通用干涉表达式不再有效 [$\mathrm{Int}(\Delta\phi)/\mathrm{Int}_0=2(1+\cos(\Delta\phi))$]。因而进行了同相和正交相位分析。

注意,除了合成光束的相位噪声,LOCSET 电子还贡献了一些用 I 和 Q 系统测

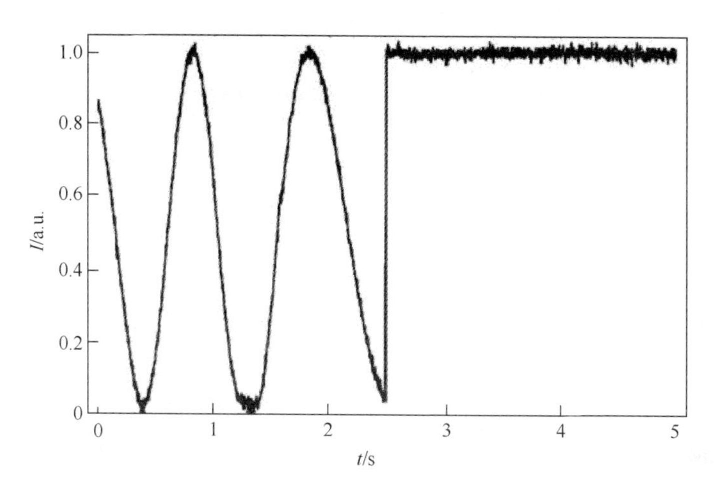

图 2.4　随着时间变化的两通道 LOCSET 合束系统的强度。
在 2.5s 数据采集期间，LOCSET 电子关闭[27]。

量不到的相位误差，这是作用于每个光束的调制深度为 β_i 的射频相位抖动造成的。在本实验中，给相位调制器施加的是调制深度为 0.094rad（$\lambda/67$）的 100MHz 射频相位抖动。因此，为了获得整个相干合束系统的 RMS 相位误差，必须确定每个光束的射频正弦抖动相位误差（$\Delta\phi_{RF}$），并把它与提取的 I 和 Q 相位误差（$\Delta\phi$）相结合。正弦相位抖动贡献的均方根相位误差可以量化为

$$\Delta\phi_{RF} = \frac{\sqrt{2}}{2}\beta_{P-P} \tag{2.28}$$

式中：β_{P-P} 为随着时间变化的正弦信号的峰-峰振幅。因此，对相位调制深度 0.094rad（$\lambda/67$），形成的均方根射频相位误差为 0.067rad。由于正弦射频相位调制是确定的，而相干合成光束的相位误差是随机变化（因为环境扰动）的，所以这两个信号完全不相关。正因为两个信号不相关，我们可计算总 RMS 相位误差信号为[27]

$$\Delta\phi_{RMS} = \sqrt{\Delta\phi^2 + \Delta\phi_{RF}^2} \tag{2.29}$$

测量到的 2 通道光束合成的平均 RMS 相位误差为 $\Delta\phi_{RMS} \approx \lambda/66$（0.095rad），如图 2.5 中的多组数据显示。显然，这样的相位误差性能导致合束效率下降不到 1%。虽然图 2.5 的数据采集时间只有 5min，但在数小时期间，反复观察到这样的合束性能和稳定性。

2.3.4　16 路光束合成

第二个 LOCSET 合束实验用自参考 LOCSET 结构合成了 16 路低功率光束。实验布局见图 2.6。图中，主振荡器的种子激光被分光后进入 3 个光纤通道，其中

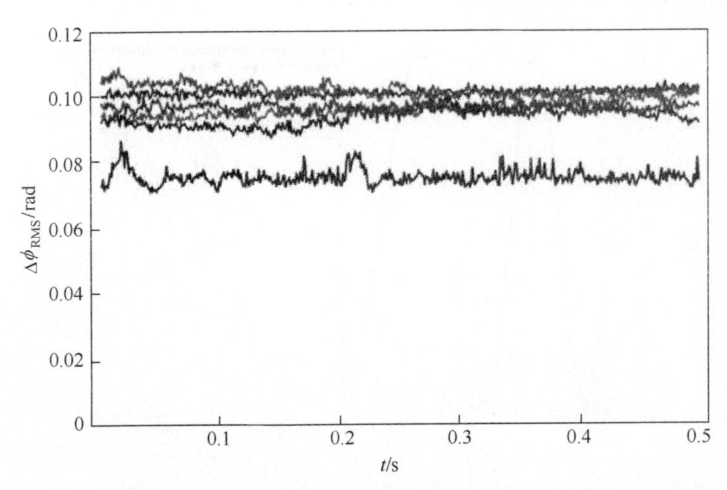

图 2.5 2 通道 LOCSET 相干合束系统的 RMS 相位误差随时间的函数。在两路系统运行期间采集的多组数据证明了合束性能的连续性。观察到的平均 RMS 相位误差为 $\lambda/66$[27]。

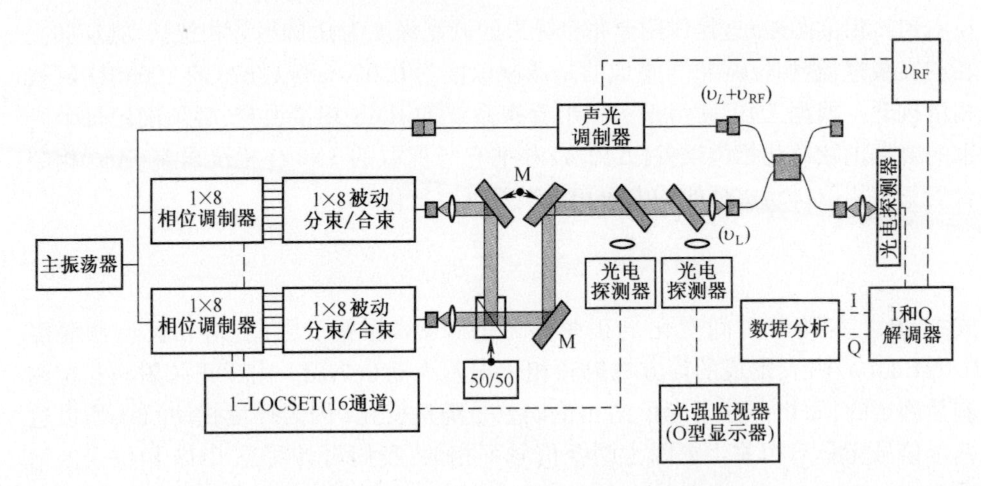

图 2.6 填充孔径 16 通道 LOCSET 相干合束系统的实验布局。
M:反射镜; 50/50:50%的反射/透射分束镜。

两路进一步分光为 16 个通道,16 束光进入两个 1×8 $LiNbO_3$ 相位调制器。经过两个被动 1×8 $LiNbO_3$ 光纤分束镜/合束镜合束,获得 2 束光在自由空间传播,再以叠加孔径结构用 50/50 分束镜合成两束光。前边剩下的一束光经过声光调制器频移后用作参考光。用快速光电二极管测量最后合成的光束的光强,如图 2.7 所示。

图 2.7 说明,光电探测器关闭和开启时,16 路 LOCSET 系统的光强不一致。关闭 LOCSET 探测器,由于 15 路相位调制光束的相位有振荡特征,合成光束的光强在波动。开启 LOCSET 探测器,光强则稳定在峰值强度(最佳合成光束)。随后进行同相和正交相位误差分析,量化 RMS 相位特征。图 2.8 给出的数据表明,16 路

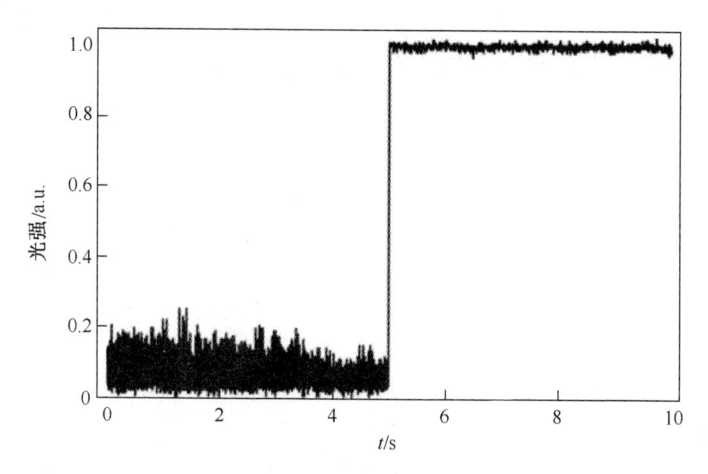

图 2.7　16 路 LOCSET 相干合束系统随时间变化的光强。在整个数据采集期间，LOCSET 电子控制模块保持开通。前 5s 关闭 LOCSET 光电探测器，5s 后打开，让系统进行锁相[27]。

LOCSET 系统的 RMS 相位误差是时间的函数。由于 2π 相位重置电压，能观察到相位在快速波动。为了防止相位调制器过压，相位以 $2N\pi$（本实验的 $N=1$）为间隔连续展开。根据工作环境和热/振动干扰，15 个相位调制器随机重置或展开，但 16 路 LOCSET 相干合束实验的平均 RMS 相位误差仍表现出 $\lambda/62$（0.1rad）的优良性能。

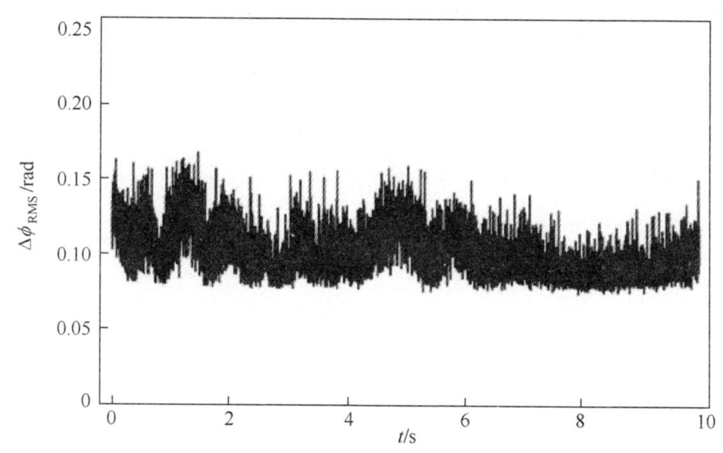

图 2.8　对 16 路 LOCSET 相干合束实验，RMS 相位误差随时间的函数。计算了 1ms 期间的 RMS 值，平均 RMS 相位误差为 $\lambda/62$(0.1rad)[27]。

2.3.5　32 路光束合成

第三个低功率合束实验是个 32 路自参考 LOCSET 验证实验，如图 2.9 所示。实验布局与 16 路光束合成的布局一样，只是把主振荡器的光束分成了 5 路，其中 4

路用 1×8 $LiNbO_3$相位调制器进一步分成 32 路,把第 5 路用作移频参考光。然后将 $LiNbO_3$模块的输出用被动 $LiNbO_3$光纤分束镜合并,形成 4 路合成光束(其中每路都含 8 个已调制相位的光束)在自由空间传播,再通过二叉树以叠加孔径结构合为一束。二叉树由三个 50/50 分束镜组成,能把 4 束自由空间光合成一束相干光。这束光经过同样的光学处理和测量,能提供 LOCSET 的误差信号和光束合成性能。

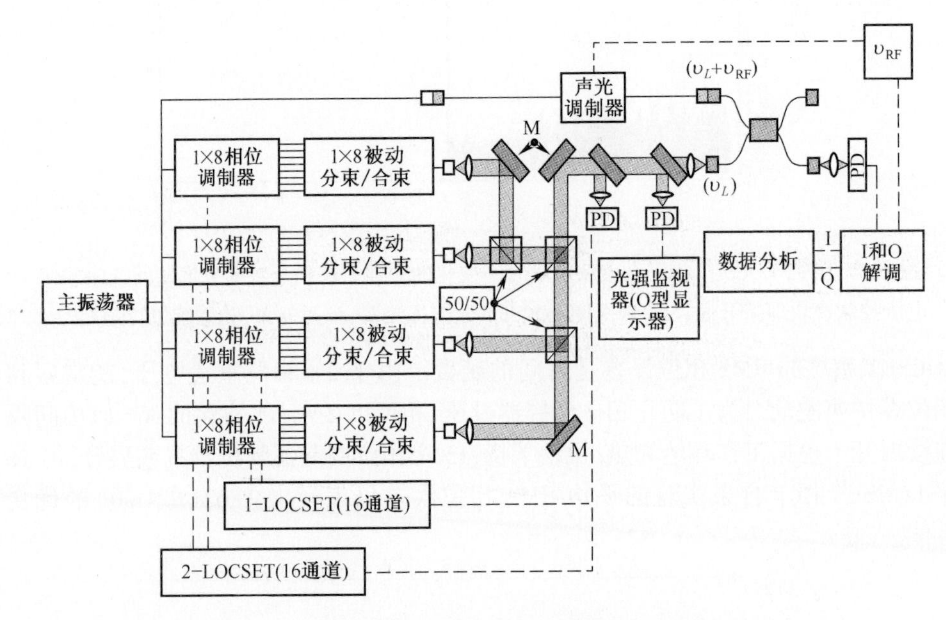

图 2.9 32 路 LOCSET 相干合束系统的实验布局[27]。
PD:光电探测器。

图 2.10 给出的是 32 路 LOCSET 合束系统的光强随着时间变化的情况。再一

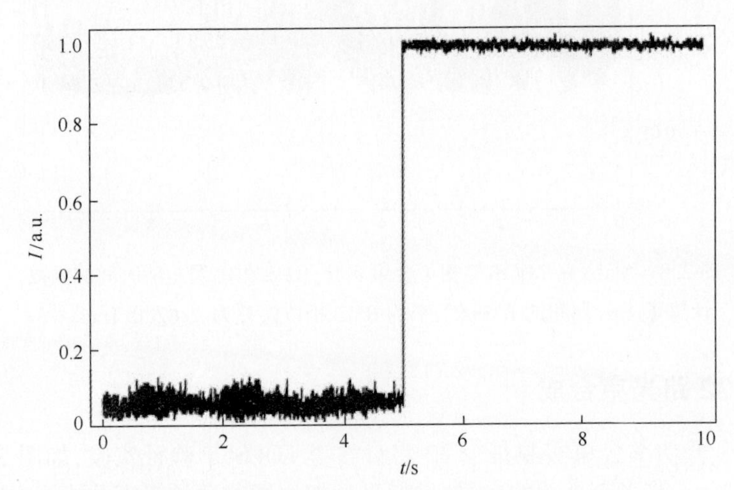

图 2.10 32 路 LOCSET 相干合束系统的光强随着时间的变化[27]

次观察到了稳定的峰值光强。图 2.11 的 I 和 Q 相位误差数据表示,32 路合成光束的 RMS 相位误差是时间的函数。但是 31 路相位受控光束又一次出现了随机 2π 相位重置,因而造成相位误差波动。不过,虽然有这些波动,32 路相干合成光束的平均 RMS 相位误差大约只有 $\lambda/71$(0.09rad),这是一个有潜力的结果,更重要的是,从 2 路扩展到 32 路,都没有监测到相位误差退化,这与以前模拟的结果一样[21]。由于 RMS 相位误差与系统的阵列元数量没有关系,LOCSET 合束系统似乎可以稳定扩展到 100 路以上。

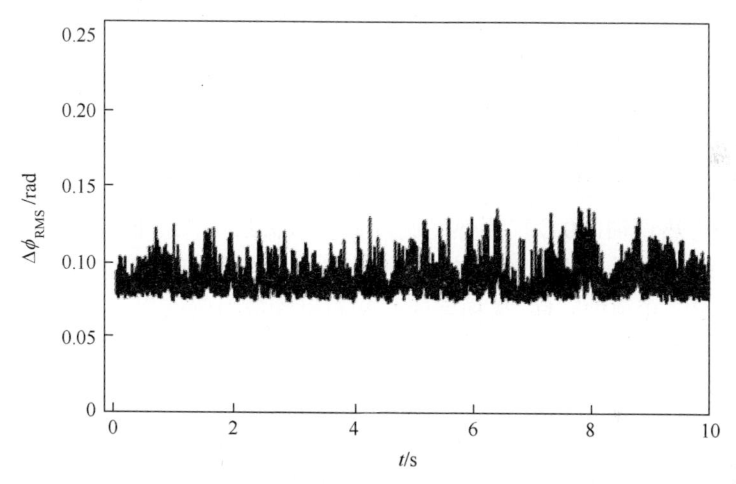

图 2.11　对 32 路 LOCSET 相干合束系统,RMS 相位误差是时间的函数。计算了 1ms 期间的 RMS 值,平均 RMS 相位误差大约为 $\lambda/71$(0.09rad)[27]。

2.4　LOCSET 高功率光束合成

LOCSET 是一项成熟技术,已经验证过 32 路低功率光纤的相干合束,更重要的是,LOCSET 合束系统具有仅用一个光电探测器就可扩展到几百路的能力。通过电路反馈控制单个光纤放大器的相位,我们实现了 $\lambda/71$ 的平均 RMS 相位稳定性。除用于光纤激光器相干合束以外,还可用 LOCSET 方法进行其他光束合成,例如偏振光束合成[36]、2D 波导光束合成[37]、远距离目标锁相[38]和 DOE 光束合成(1D 和 2D)[39, 40]。最近,为了进一步验证高功率光束合成能力,曾利用 LOCSET 技术将光纤放大器光束合成功率提高到了千瓦级。

2.4.1　光纤激光器千瓦级相干光束合成

通过 LOCSET 方法,我们研究了 16 个 100W 单频光纤放大器的相干合束。基于主振荡功率放大器(MOPA)结构,采用单频非平面环形腔振荡器(NPRO)作为

16个保偏光纤放大器的种子光源。每个放大器链都有三级光纤放大器,产生100W近衍射限的输出功率($M^2 = 1.1 \sim 1.2$)。图2.12(a)是一个完整的集成电路光纤放大器结构图。图2.12(b)是Nufern公司生产的共泵浦100W主放大器示意图。首先用中间放大器将8~10W、1064nm的输出注入功率放大器,然后,让6束50W(976nm)光纤耦合二极管泵浦激光(LIMO)进入6×1×1泵浦耦合器,确保其输出耦合进5m长的双包层保偏掺镱硅增益光纤。用976nm光对增益光纤进行包层泵浦。前置放大器和中间放大器分别使用6(芯)/125μm(包层)和10/125μm直径的增益光纤,功率放大器使用Nufern公司的25/400μm大模场光纤抑制受激布里渊散射。

为了进一步降低受激布里渊散射,给功率放大器施加了两级热梯度,如图2.12(b)所示。通过在光纤输出端[41]急剧的温度梯度或能产生布里渊频移的外部热梯度,能抑制受激布里渊散射。在此,增益光纤被平分为两个独立卷轴,一个冷卷轴(17℃)和一个热卷轴(80℃),用热电制冷器保持温度不变。图2.12(c)是使用温度梯度(点线)和没使用温度梯度(虚线)时主放大器后向功率反射率与信号输出功率的对比图。和预期一样,热梯度使受激布里渊散射阈值提高了几乎2倍,获得了100W的单频功率。缩短光纤长度可获得超过100W的功率,但随之而来的是未吸收泵浦功率增高和光-光效率降低。为保持衍射限光束质量,将光纤绕成圈来抑制高阶模[42]。还用包层模消除器消除未吸收(游离)的包层泵浦光。这里需注意,虽然泵浦功率达到了300W,但由于受激布里渊散射限制,仅输出了100W的单频光。但是可以通过展宽泵浦光谱线宽抑制受激布里渊散射,因此,我们最近用正弦相位调制展宽激光线宽技术[43],在窄线宽(200MHz)实现了大于200W的泵浦限功率。

在放大器光纤输出上增加一个端帽。输出光发散到准直器被准直为直径3mm的光束。16路输出光直接进入功率隔离器,以防光返回。但由于在高功率情况下隔离器引起的热透镜效应和像散像差,输出激光的光束质量会略有下降($M^2 = 1.2 \sim 1.3$)。图2.13(a)是千瓦级光束合成的主振荡功率放大器总体布局。如图所示,16个激光器按4×4拼接阵列排布,其中每束光都通过转向镜指向远场聚焦透镜。采用自参考LOCSET结构,对1路光不作相位调制,用作参考光,其余15路光经过相位调制以实现同相位。16路光在远场合成,用0.1%的采样光楔对远场合成光束取样,让取样光直接进入锁相和光束诊断系统。合成的光束叠加(干涉)在LOCSET光电探测器上,经过进一步取样,进入成像系统。用再成像(放大)系统放大焦面(即合成面),优化16束光的空间重叠。最后,用快速光电二极管监测输出光强,估算均方根相位误差。

16路激光合成后输出了1.45kW的高功率,残余相位涨落$\lambda/25$。最后的锁相和未锁相光束剖面如图2.13(b)和(c)所示。但由于转折镜(turning mirror)尺寸

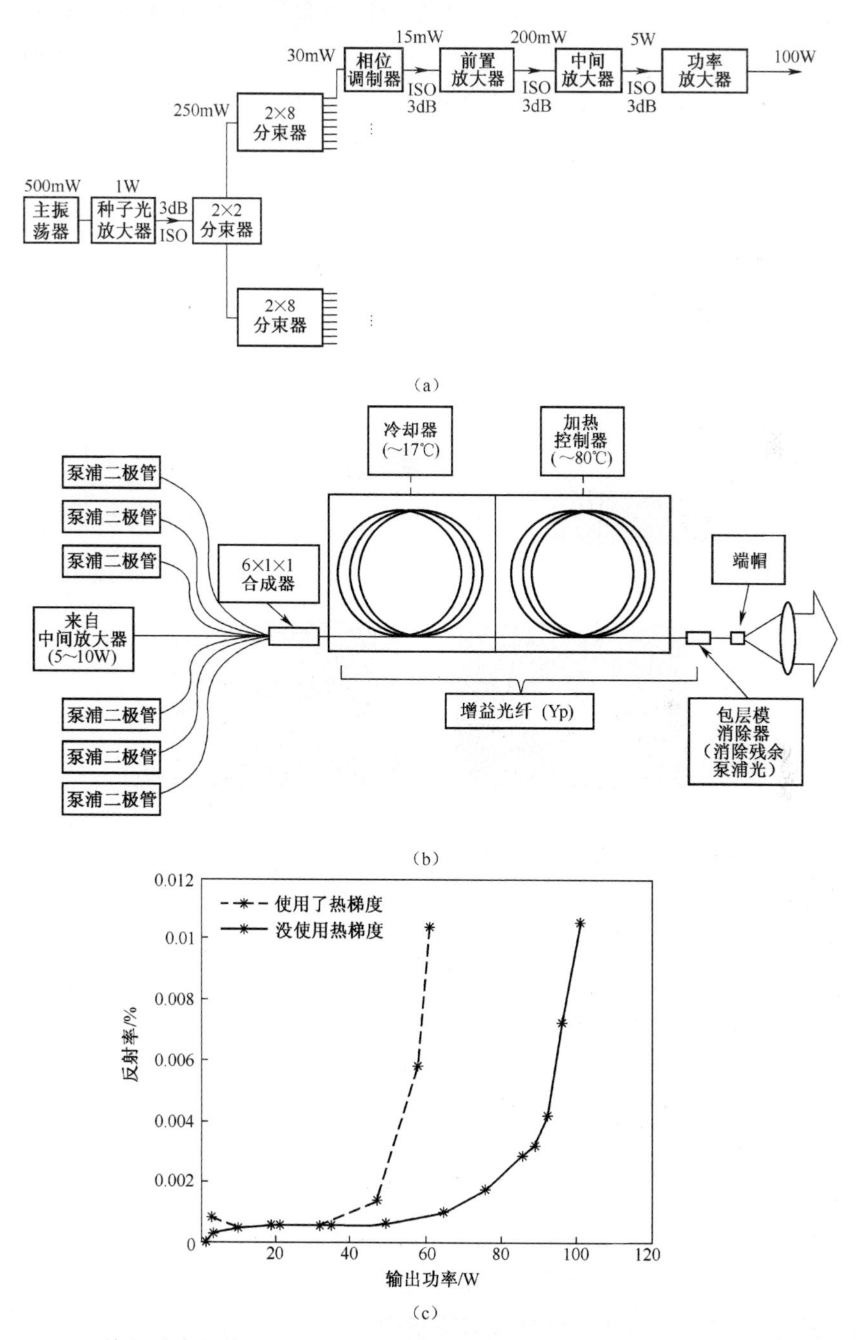

图 2.12　(a)单光纤放大器链框图。(b)Nufern 公司搭建的共泵浦 100W 光纤放大器示意图；通过给冷热光纤卷轴的增益光纤引入温度梯度实现受激布里渊散射抑制。(c)使用了温度梯度(点线)和没使用温度梯度(虚线)时,反射率(%)与主放大器信号功率的对比。图中显示,功率随着温度梯度增强。

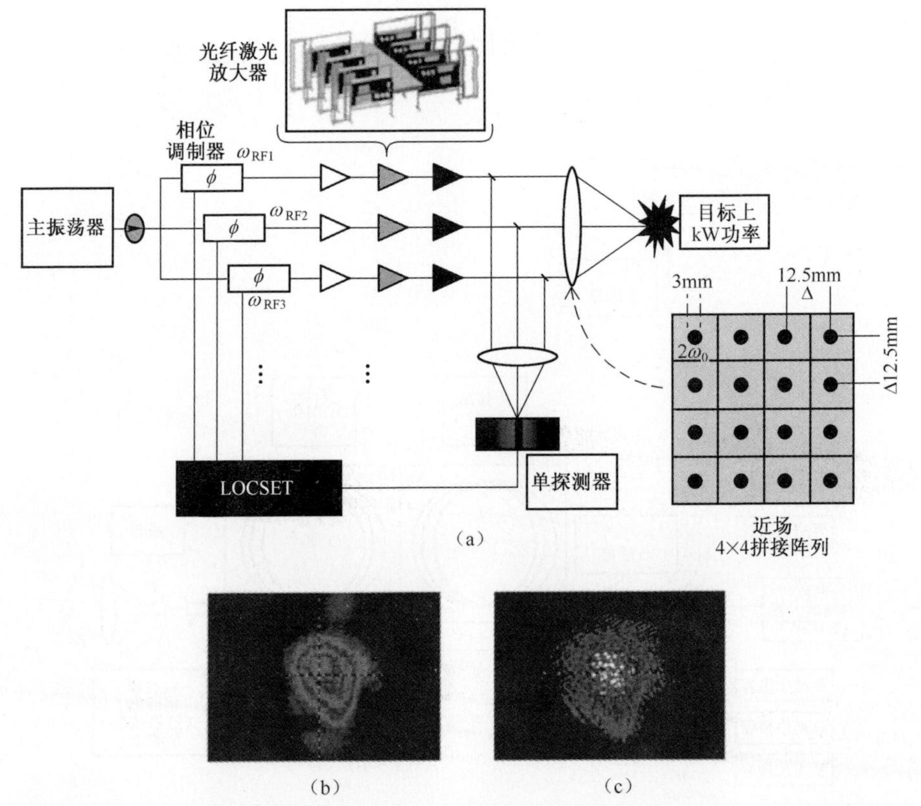

图 2.13 (a)用 4×4 拼接激光阵列对 16 路 100W 光纤进行 LOCSET 相干合束的实验布局($2\omega_0/\Delta = 0.24$)。我们注意到填充因子受转向棱镜尺寸限制,导致旁瓣中有大量功率。(b)形成的未锁相光束剖面。(c)锁相光束剖面。

(D=12.5mm)限制,填充因子只有 $2\omega_0/\Delta = 0.24$,导致旁瓣中的功率很大,这可在后续实验中,通过插入焦距更长的准直透镜扩大光束,使最佳子孔径填充因子 $2\omega_0/D$ 达到 0.89[23]。锁相光束的剖面图显示,干涉条纹稳定,强度提高,因此可以确认,用 16 路光纤激光实现了单频千瓦级相干合束。

2.4.2 光子晶体光纤放大器的千瓦级相干光束合成

值得注意的是,基于 LOCSET 方法,用光子晶体光纤(PCF)放大器也实现了千瓦级光束合成。在 PCF 放大器中,光纤包层中微米大小的气孔能精确控制折射率,这导致更大的芯径直径,同时又保持单模工作。双包层 PCF 放大器的另一个显著优点是,用子波长硅桥网能获得泵浦光高的数值孔径。最近还验证了新的能抑制受激布里渊散射的 PCF 放大器,可实现 494W 单频[44]输出和 994W 窄线宽(调制在 300MHz)[45]输出功率。PCF 的设计基础是,纤芯声学折射率分区分布,通过掺杂让芯径的各部分在光学上均匀,但在声学上是不均匀的[44]。经过声学修正的 PCF 放大器会形成多个布里渊增益谱峰值,能帮助抑制单频窄线宽光纤激光器中的受激布里渊散射。

如图 2.14(a)所示,设计声控纤芯的目的是为了获得两个截然不同的布里渊峰值。声速 v_1 引起的布里渊频移位于中间六边形区,声速 v_2 引起的布里渊频移位于外围的 6 个六边形区。该结构利用氟、铝、锗掺杂化合物使中心区和外围区的声速折射率不同,同时保持光学折射率均匀。为了利用热源或光致热梯度进一步抑制受激布里渊散射,设计实现了两个布理渊散射峰值间距大于 200MHz。布里渊频移约为 2MHz/℃[46],因此在 100℃ 的温度变化范围内,布里渊增益带宽不会重叠[44]。

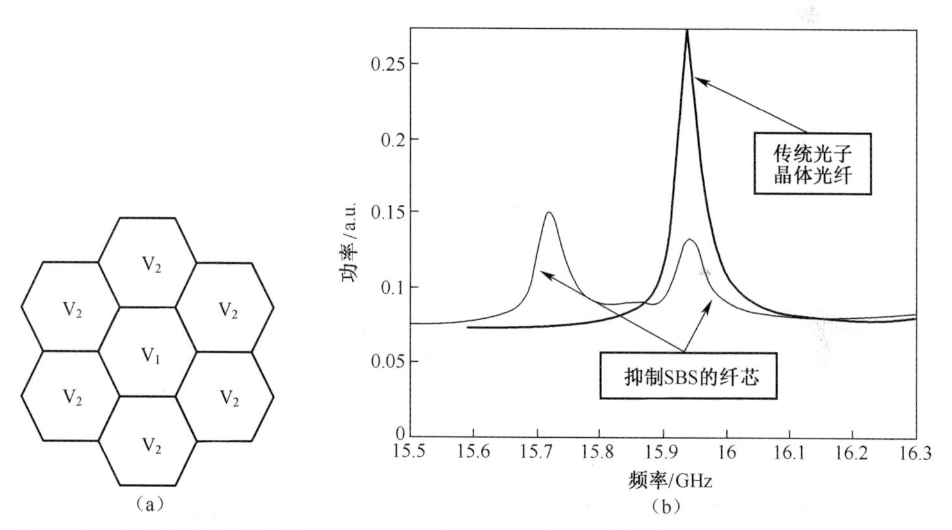

图 2.14　通过声速分区设计的光纤芯。中间 6 边形的布里渊频移与外围 6 个六边形的不同。这样设计的光纤布里渊增益谱确定,存在两个主峰值。为了便于比较,还给出了供参考的 PCF 的布里渊增益谱[44]。

基于声学分区设计原理,NKT Photonics 公司制造了芯径 40μm、模场直径 30μm 的大模场 PCF。光纤内包层 300μm,额定数值孔径 0.55~0.6。976nm 波长处的泵浦吸收估算为 4dB/m。用泵浦探测技术研究布里渊增益谱,产生的布里渊谱与预计的一样,图 2.14(b)显示,在大约 16GHz 频移处存在间隔 220MHz 的两个峰值,因此可以确认,用声学分区 PCF 能抑制受激布里渊散射。图中还显示了一个有同样泵浦值和探测值的参考 PCF 的布里渊增益谱。参考光纤是一根常规 PCF,芯径和包层尺寸一样,但没有声学分区设计。

随后,围绕分区设计的 PCF 放大器,设计制造了一个高功率光纤放大器。图 2.15是反向泵浦 PCF 放大器的实验布局图。我们仍然把非平面环形振荡器用作主振荡器,经过三级放大系统将种子激光放大到 30W。将前置放大器的输出耦合进 PCF 放大器 10m 长的增益光纤纤芯里,由最大输出功率为 1.5kW 的 976nm 激光二极管泵浦。在没有出现激布里渊散射的情况下,实现了高达 500W 的单频输出[44]。但是由于模态突然变得不稳定,我们没能全面研究该放大器的受激布里渊散射抑制特性[7]。最近我们设计了一个能同时抑制受激布里渊散射和模态不稳定的 PCF,通过使用同时增益和声学定制技术改进设计,开发了一个 994W 窄线宽(调制在 300MHz)近衍射限(M^2 < 1.3)的 PCF 放大器[45]。

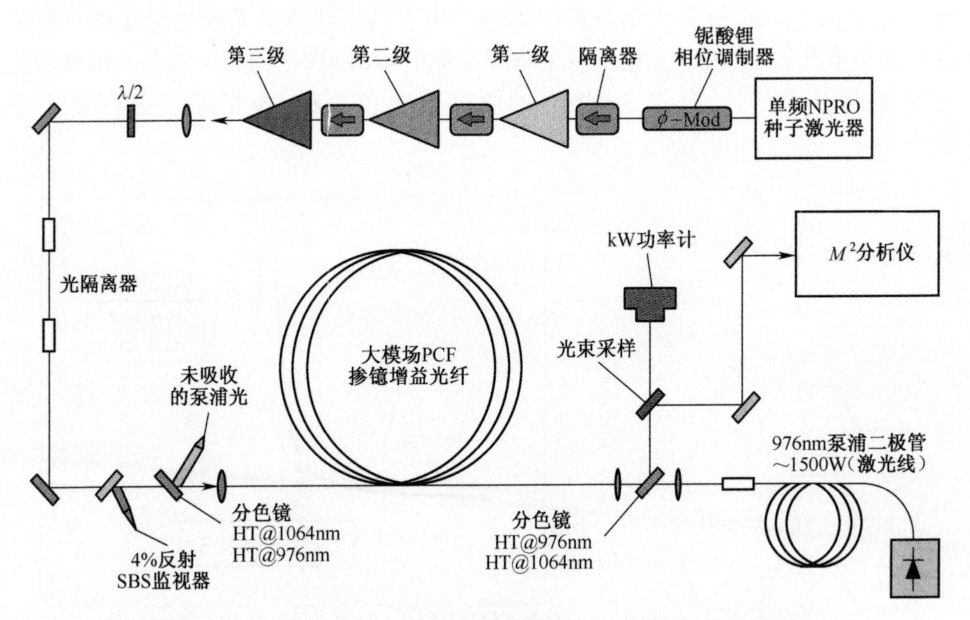

图 2.15 反向泵浦 PCF 放大器的实验布局。三级放大系统提供大约 30W 的种子功率。前放种子功率和泵浦功率都耦合到 PCF 放大器中。

此外,我们还分析了抑制受激布里渊散射的放大器的光束质量。用 Spiricon 光束分析仪进行测量,在全功率时获得的 M^2 <1.3。据此可以推断,分区六边形之间的光干涉变化最小。在这个实验中,制作了 3 个 400W 的分区式光纤激光器,按填充孔径结构排列。如图 2.16 所示,光束通过分束镜和 LOCSET 相位控制系统进行相干合成。实验结果显示,3 路激光经过合成,获得了 1.04kW 的输出功率,而残余相位波动为 $\lambda/18$。图 2.17(a)和(b)分别展示了光强和光束分布的测量结果。可以看出,按填充孔径结构排布,获得了 1kW 的主瓣功率和近衍射极限的光束质量。因此证明,通过 LOCSET 技术,用传统的硅 PCF 激光器和新的受激布里渊散射抑制 PCF 激光器都能实现单频千瓦级光束合成。

由于在相干合束、引力波探测[47]和非线性频率转换[48]中有广泛应用,十分需要高功率高光束质量的单频激光源。就相干合束而言,单频光束合成避免了合成窄线宽高功率光纤激光需要的光程匹配技术。这里的单频激光器指的是线宽小于

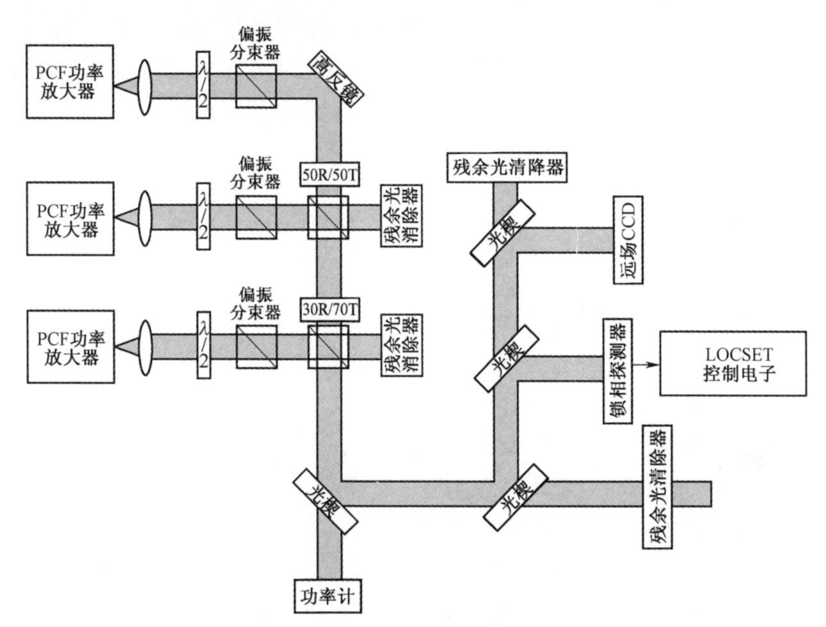

图 2.16　用 LOCSET 锁相法,以填充孔径结构对 3 个 400W PCF 放大器进行单频相干合成,获得了 1kW 的功率。

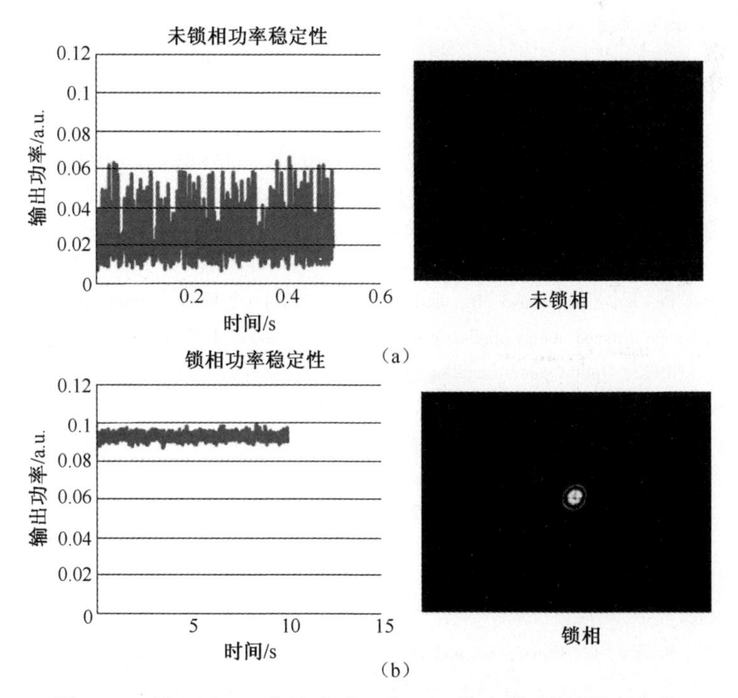

图 2.17　用 LOCSET 方法合成 3 个 PCF 放大器,随时间变化的未锁相(a)和锁相(b)后光强(左)和光束截面(右)。

布里渊线宽(60MHz)的激光器,窄线宽光纤激光器指的是有吉赫兹大光谱宽度的激光器。不管怎样,只要能满足光程匹配条件,LOCSET 光束合成技术都能稳定用于窄线宽光束合成。因此,我们最近用正弦相位调制技术验证了 LOCSET 的窄线宽合束[43]。

2.5 结 论

与传统固体激光器和化学激光器相比,光纤激光器有出色的光束质量、尺寸、重量和效率优势。虽然功率受单根光纤功率放大极限的限制,但对多个光纤激光器进行光束合成能克服这些缺点。LOCSET 是实现这一目标较为成熟的技术,已经用在光纤激光器相干合束中。值得注意的是,最近用拼接孔径(传统的硅光纤)结构和叠加孔径(光子晶体光纤)结构进行的高功率实验,都确认了用 LOCSET 技术进行千瓦级合成的可行性,并相干合成了 16 路高功率激光(100W)。此外,通过对 2、16 和 32 路激光分别进行低功率多通道 LOCSET 相干合束,分析了 LOCSET 的通道数量扩展能力和相位误差性能。据报道,32 路 LOCSET 光束合成获得了出色的 RMS 相位误差($\lambda/71$)[27]。更重要的是,从 2 路扩展到 32 路,相位误差并没有退化,而是与模拟结果一致[21]。由于 LOCSET 的工作带宽高和相位误差低,LOCSET 似乎能轻松扩展,可有效合成 100 多束激光。

参 考 文 献

[1] Quintino, L. , Costa, A. , Miranda, R. , Yapp, D. , Kumar, V. , and Kong, C. J. (2007) Welding with high power fiber lasers: a preliminary study. Mater. Design, 28, 1231-1237.

[2] Jackson, S. D. and Lauto, A. (2002) Diod epumped fiber lasers: a new clinical tool? Laser Surg. Med. , 30, 184-190.

[3] Sprangle, P. , Pe~nano, J. , Hafizi, B. , and Ting, A. (2007) Incoherent combining of high-power fiber lasers for long-range directed energy applications. J. Directed Energy, 2, 273-284.

[4] Smith, R. G. (1972) Optical power handling capacity of low loss optical fibers as determined by stimulated Raman and Brillouin scattering. Appl. Opt. , 11, 2489- 2494.

[5] Lichtman, E. , Waarts, R. G. , and Friesem, A. A. (1989) Stimulated Brillouin scattering excited by a modulated pump wave in single-mode fibers. J. Lightwave Technol. , 7, 171-173.

[6] Ward, B. , Robin, C. , and Dajani, I. (2012) Origin of thermal modal instabilities in large mode area fiber amplifiers. Opt. Express, 20, 11407-11422.

[7] Smith, A. V. and Smith, J. J. (2011) Mode instability in high power fiber amplifiers. Opt. Express, 19, 10180-10192.

[8] Sprangle, P. , Peñano, J. , Hafizi, B. , and Ting, A. (2007) Incoherent combining of high-power fiber lasers for long-range directed energy applications. J. Directed Energy, 2, 273-284.

[9] Augst, S. J. and Fan, T. Y. (2004) Coherent beam combining and phase noise measurements of ytterbium fiber amplifiers. Opt. Lett. , 29, 474-476.

[10] Sprangle, P., Ting, A., Penano, J., Fischer, R., and Hafizi, B. (2009) Incoherent combining and atmospheric propagation of high-power fiber lasers for directed energy applications. IEEE J. Quantum Electron., 45, 138-148.

[11] Wirth, C., Schmidt, O., Tsybin, I., Schreiber, T., Eberhardt, R., Limpert, J., Tünnermann, A., Ludewigt, K., Gowin, M., ten Have, E., and Jung, M. (2011) High average power spectral beam combining of four fiber amplifiers to 8.2kW. Opt. Lett., 36, 3118-3120.

[12] Madasamy, P., Jander, D. R., Brooks, C. D., Loftus, T. H., Thomas, A. M., Jones, P., and Honea, E. C. (2009) Dual-grating spectral beam combination of high-power fiber lasers. IEEE J. Sel. Top. Quantum Electron., 15, 337-343.

[13] Flores, A., Shay, T. M., Lu, C. A., Robin, C. A., Pulford, B., Sanchez, A. D., Hult, D., and Rowland, K. (2011) Coherent beam combining of fiber amplifiers in a kW regime. Conference on Lasers and Electro- Optics 2011, Baltimore, MD, Paper CFE3.

[14] Yu, C. X., Augst, S. J., Redmond, S. M., Goldizen, K. C., Murphy, D. V., Sanchez, A., and Fan, T. Y. (2011) Coherent combining of a 4kW, eight-element fiber amplifier array. Opt. Lett., 36, 2686-2688.

[15] Redmond, S. M., Fan, T. Y., Ripin, D., Thielen, P., Rothenberg, J., and Goodno, G. (2012) Diffractive beam combining of a 2.5kW fiber laser array. Lasers, Sources, and Related Photonic Devices, Paper AM3A1.

[16] Loftus, T. H., Thomas, A. M., Norsen, M., Minelly, J., Jones, P., Honea, E., Shakir, S. A., Hendow, S., Culver, W., Nelson, B., and Fitelson, M. (2008). Four-channel, high power passively phase locked fiber array. Advanced Solid-State Photonics, Paper WA4.

[17] Bochove, E. J. and Shakir, S. A. (2009) Analysis of a spatial-filtering passive fiber laser beam combining system. IEEE J. Sel. Top. Quantum Electron., 15, 320-327.

[18] Corcoran, C. J., Durville, F., Pasch, K. A., and Bochove, E. J. (2007) Spatial filtering of large mode area fiber lasers using a self- Fourier cavity for high power applications. J. Opt. A, 9, 128-133.

[19] Rothenberg, J. (2008) Passive coherent phasing of fiber laser arrays. Proc. SPIE, 6873, 687315.

[20] Bourderionnet, J., Bellanger, C., Primot, J., and Brignon, A. (2011) Collective coherent phase combining of 64 fibers. Opt. Express, 19, 17053-17058.

[21] Shay, T. M. (2006) Theory of electronically phased coherent beam combination without a reference beam. Opt. Express, 14, 12188-12195.

[22] Jones, D. C., Scott, A. M., Clark, S., Stace, C., and Clarke, R. G. (2004) Beam steering of a fibre bundle laser output using phased array techniques. Proc. SPIE, 5335, 125-131.

[23] Vorontsov, M. A. and Lachinova, S. L. (2008) Laser beam projection with adaptive array of fiber collimators: I. Basic considerations for analysis. J. Opt. Soc. Am. A, 25, 1949-1959.

[24] Bruesselbach, H., Wang, S., Minden, M., Jones, D. C., and Mangir, M. (2005) Powerscalable phase-compensating fiber-array transceiver for laser communications through atmosphere. J. Opt. Soc. Am. B, 22, 347-353.

[25] Shay, T. M., Benham, V., Baker, J. T., Sanchez, A. D., Pilkington, D., and Lu, C. A. (2007) Self-synchronous and selfreferenced coherent beam combination for large optical arrays. IEEE J. Sel. Top. Quantum Electron., 13, 480-486.

[26] Shay, T. M., Baker, J. T., Sancheza, A. D., Robin, C. A., Vergien, C. L., Flores, A., Zerinque, C., Gallant, D., Lu, C. A., Pulford, B., Bronder, T. J., and Lucero, A. (2010) Phasing of high power fiber

amplifier arrays. Advanced Solid-State Photonics, Paper AMA1.

[27] Pulford, B. (2011) LOCSETphase locking: operation, diagnostics, and applications, Dissertation, University of New Mexico.

[28] Goodno, G. D., Asman, C. P., Anderegg, J., Brosnan, S., Cheung, E. C., Hammons, D., Injeyan, H., Komine, H., Long, W. H., McClellan, M., McNaught, S. J., Redmond, S., Simpson, R., Sollee, J., Weber, M., Weiss, S. B., and Wickham, M. (2007). Brightness-scaling potential of actively phase-locked solid-state laser arrays. IEEE J. Sel. Top. Quantum Electron., 13, 460-472.

[29] Anderegg, J., Brosnan, S., Cheung, E., Epp, P., Hammons, D., Komine, H., Weber, M., and Wickham, M. (2006) Coherently coupled high-power fiber arrays. Proc. SPIE, 6102, 61020.

[30] Vorontsov, M. A., Carhart, G. W., and Ricklin, J. C. (1997) Adaptive phasedistortion correction based on parallel gradient-descent optimization. Opt. Lett., 22, 907-909.

[31] Liu, L., Vorontsov, M. A., Polnau, E., Weyrauch, T., and Beresnev, L. A. (2007) Adaptive phase-locked fiber array with wavefront phase tip/tilt compensation using piezoelectric fiber positioners. Proc. SPIE, 6708, 67080.

[32] Goodno, G., McNaught, S., Rothenberg, J., McComb, T., Thielen, P., Wickham, M., and Weber, M. (2010) Active phase and polarization locking of a 1.4kW fiber amplifier. Opt. Lett., 35, 1542-1544.

[33] Yu, C. X., Kansky, J. E., Shaw, S. E. J., Murphy, D. V., and Higgs, C. (2006) Coherent beam combining of large number of PM fibers in 2-D fiber array. Electron. Lett., 42, 1024-1025.

[34] Goodno, G. D., Shih, C., and Rothenberg, J. E. (2010) Perturbative analysis of coherent combining efficiency with mismatched lasers. Opt. Express, 18, 25403-25414.

[35] Jones, D. C., Stacey, C. D., and Scott, A. M. (2007) Phase stabilization of a large-modearea ytterbium-doped fiber amplifier. Opt. Lett., 32, 466-468.

[36] Uberna, R., Bratcher, A., Tiemann, B. G., Alley, T. G., Sanchez, A. D., Flores, A., and Pulford, B. (2010) Coherent polarization beam combination with active phase and polarization control. Solid State and Diode Laser Technology Review Technical Digest, 12-16.

[37] Uberna, R., Bratcher, A., Alley, T. G., Sanchez, A. D., Flores, A., and Pulford, B. (2010) Coherent combination of high power fiber amplifiers in a twodimensional reimaging waveguide. Opt. Express, 18, 13547-13553.

[38] Jolivet, V., Bourdon, P., Bennai, B., Lombard, L., Goular, D., Pourtal, E., Canat, G., Jaoeun, Y., Moreau, B., and Vassuer, O. (2009) Beam shaping of single-mode and multimode fiber amplifier arrays for propagation through atmospheric turbulence. IEEE J. Sel. Top. Quantum Electron., 15, 257-268.

[39] Wickham, M., Thielen, P., Jo, J., Goodno, G., Rice, R., Cheung, E., Rothenberg, J., Gallant, D., Baker, J., Lucero, A., Sanchez, A., Shay, T., Robin, C., Vergien, C., and Zeringue, C. (2008) High efficiency coherent fiber beam combiner. 2008 Annual Directed Energy Symposium Proceedings.

[40] Thielen, P., Ho, J., Burchman, D., Goodno, G., Rothenberg, J., Wickham, M., Flores, A., Lu, C., Pulford, B., Robin, C., Sanchez, A., Hult, D., and Rowland, K. (2012) Two dimensional diffractive coherent beam combining. Advanced Solid-State and Photonics, Paper AM3A2.

[41] Jeong, Y., Nilsson, J., Sahu, J. K., Payne, D. N., Horley, R., Hickey, L. M. B., and Turner, P. W. (2007) Power scaling of single frequency ytterbium-doped fiber master oscillator power amplifier sources up to 500W. IEEE J. Sel. Top. Quantum Electron., 13, 546-551.

[42] Koplaw, J. P., Kliner, D., and Goldberg, L. (2000) Single-mode operation of a coiled multimode fiber amplifier. Opt. Lett., 25, 442-444.

[43] Flores, A., Lu, C., Robin, C., and Dajani, I. (2012) Experimental and theoretical studies of phase modulation in Yb-doped fiber amplifiers. Proc. SPIE, 8281, 83811.

[44] Robin, C. and Dajani, I. (2011) Acoustically segmented photonic crystal fiber for single frequency high-power laser applications. Opt. Lett., 36, 2641-2643.

[45] Robin, C., Dajani, I., Zeringue, C., Ward, B., and Lanari, A. (2012) Gain-tailored SBS suppressing photonic crystal fibers for high power applications. Proc. SPIE, 8237, 82371.

[46] Hildebrandt, M., Büesche, S., Weßels, P., Frede, M., and Kracht, D. (2008) Brillouin scattering spectra in high-power single frequency ytterbium doped fiber amplifiers. Opt. Express, 16, 15970-15979.

[47] Kracht, D., Wilhelm, R., Frede, M., Fallnich, C., Seifert, F., Willke, B., and Danzmann, K. (2006) High power single frequency laser for gravitational wave detection. Advanced Solid - State Photonics, Paper WE1.

[48] Kontur, F. J., Dajani, I., Lu, Y., and Knize, R. J. (2007) Frequency-doubling of a CW fiber laser using PPKTP, PPMgSLT, and PPMgLN. Opt. Express, 15, 12882-12889.

第3章

用单频抖动技术实现高功率光纤放大器千瓦级相干合束

刘泽金，周朴，王小林，马阎星，许晓军

3.1 引 言

高能激光广泛应用在工业、医疗、生物和天文等各个领域。自从 Maiman 首次发现激光后，对高能激光的需求就不断增长。由于存在激光介质损伤、热-光效应和非线性等不良效应，无法简单通过施加更高泵浦功率，随意提高激光功率，同时又保持光束质量[1]。

为了获得高功率激光又不降低原单束激光的光束质量，对多束激光进行相干合成提供了一个建设性方案。在相干合束技术系统中，所有激光单元都以同样光谱和相位工作，通过电场矢量叠加，在远场可以获得相长干涉。叠加 N 束高质量激光束，会把激光功率提高 N 倍。

在此，我们简单介绍相干合束技术的历史和现状。目前可以发现，在任何工作机制和辐射光谱条件下，相干合束都能提高激光亮度。因此，相干合束为世界需求提供了一个有效的功率提升方案。

3.1.1 相干合束简史

1965 年，在第一个固体激光器出现之后不久，通过对两束 He-Ne 激光有效锁相，在远场形成了相长叠加[2]。20 世纪 70 年代以后，由于材料加工和军事应用潜力，对高功率 CO_2激光进行相干合成引起世界激光科学家的广泛关注[3,4]。后来，化学激光器因为具有前所未有的高输出功率，便被认为是激光技术中最有效的高功率辐射源，因此对化学激光器相干合成也进行过详细研究[5]。20 世纪 90 年代，由于半导体技术的革命性发展，又对大数量半导体激光器进行相干合成研究，因此曾经用 900 个半导体激光放大器进行过相干合束实验[6]。

但是，由于主动光学元件（如相位调制器）的性能不佳，这些早期实验在有扰动时都不稳定，因此，相干合束技术只是一种概念验证实验，仅仅停留在实验室阶段。

3.1.2 相干合束的技术现状

21世纪以来,由于在提高固体激光器输出功率中取得的巨大进步,对相干合束技术的研究也处在最活跃的阶段。这方面的一个重要里程碑是,2009年用7个板条激光器进行相干合束,获得了高达100kW的功率,这是迄今为止最亮的固体激光器[7,8]。不仅如此,这种构架还提供了一个研究方向,即通过增加更多模块,可以把亮度提高到100kW以上。

相干合束技术的快速进步,使之已经以更高的费效比应用在许多研究领域。例如,在天文成像中,高功率589nm单线辐射激光器可用作高亮度激光导引星。固体系统中的和频振荡(SFG)经常用于产生589nm的单线辐射。最近有研究表明,通过对1178nm光纤激光系统进行倍频,获得了高功率辐射,这种系统由3束相干合成的光纤激光组成。对未来激光引导星系统,这被认为是最合适、最灵活和最可靠的技术[9]。

相干合束技术还可直接扩展到以各种机制工作的激光器。2010年,对两个中心波长约为2μm的掺铥光纤激光器进行相干合束[10];随后对5个4.65μm的量子层叠激光器成功进行了相干合成(见第13章)[11],这无疑提升了中红外激光系统的功率。相干合束还应用在以皮秒或飞秒脉冲工作的超快激光系统中[12],以抑制在高峰值功率工作时不可避免的非线性效应。甚至还可以扩展到太赫兹波段,例如,用相同激光束对多个太赫兹振荡器锁相,可以大大提高远距离太赫兹主动成像的空间分辨率[13]。

需要指出的是,相干合束不仅能提高激光发射器的输出功率,还能控制光束的空间分布,提供一定程度的光束转向和跟踪。径向矢量激光束的中心没有衍射,当严格聚焦时,可用于激光加工、粒子加速反应和产生纵向电场。这种激光束通常是在自由空间激光腔里用锥镜或旋转三棱镜(axicon)形成的。最近还有研究表明,通过相干合成高斯光束,能有效产生径向偏振光束,其优点是简单,能直接控制模态产生[14]。

3.1.3 相干合束的关键技术

要成功提升功率,有三个重要因素:第一,新开发的尾纤相位调制器有200mW的功率容量和吉赫兹带宽,这意味着有足够的控制带宽,能稳定每个激光模块的相位。第二,采用了基于FPGA、DSP和工业计算机的快速相位伺服系统。由于集成电路的发展,这些器件获得了巨大进步。第三,单个激光模块的小型化和鲁棒性,使整个相干合成系统既紧凑又轻便。作为一种固体激光器,光纤激光器特别适用于相干合束结构,因为它是模块式,容易形成密排阵列。到目前为止,10kW的单模光纤激光器像冰箱一样大;2011年,通过对8个模块进行相干合束,证明连续波光纤激光器的输出功率达到了 4kW[15]。

本章重点讨论进行相干合束的相位伺服系统。用 MOPA 结构对光纤激光器/放大器进行相干合束,是获得高亮度激光的一个有前景的途径。这个技术的关键是主动调相。已经提出过许多方法:外差检测相位控制技术、多抖动技术和 SPGD 算法相位控制技术(见第 1、2 和 4 章)。用外差检测相位控制技术进行相干合束需要一束参考光和一个光电探测器阵列,这个阵列的单元数要和整个 MOPA 系统的子光束数量一致。在子光束很多时,系统会变得很复杂。SPGD 算法只需要一个光电探测器,但随着激光器数量增加,执行算法的速度和控制带宽会降低。多抖动技术需要一个光电探测器,而且可以高速进行相位控制,但阵列中的每个单元都需要一个单独的相位调制频率和相应的相位控制模块。因此,在激光器数量增大时,调制频率会累积到相当高的量值,实际实施起来会很困难。除此之外,在对大量光束进行相干合成时,控制系统的难度和成本也会迅速增加。本章我们介绍单频抖动(SFD)技术,该技术以广泛应用在光学通信领域的时分复用技术为基础,能够减少上述困难。下面我们将说明,基于 SFD 的相位控制有很大潜力,用一个简单、效费比高的相位控制系统,就可对大量激光束进行稳定的相干合束。

3.2 单频抖动技术

3.2.1 单频抖动技术理论

参考文献[16]介绍了进行相干合束的单频抖动技术。单频抖动技术以在通信领域广泛应用的时分复用技术为基础。图 3.1 是采用单频抖动技术进行相干合束的示意图。种子激光器的光束被分成 N 路(图 3.1 显示了 4 路),并耦合到 N 或 $N-1$ 个光学相位调制器。相位调制器的输出光束经过 N 个光纤放大器放大后,经准直器进入自由空间。相位调制器用于施加相位调制信号和相位控制信号。准直器输出的阵列光束,在位于透镜焦面上的光电探测器中聚焦。光电探测器发出的电信号,送给信号处理器,生成合适的相位控制信号。当把相位控制信号施加到合适的相位调制器时,就会锁定所有激光束的相位。

单频抖动的优点是只需要一个调制频率和一个相位控制模块。用单频抖动技术进行相干合束的步骤 i 简单描述如下。

我们假设 t 表示时间,锁相系统在 t_0 开始工作。当 $t_0 < t < t_1$ 时,通道 1 的相位调制器施加相位调制信号。求出通道 1 相位与其他通道相位平均值之间的相位差,再转换成合适的相位控制信号应用到通道 1 的相位调制器。在这第一步,不给其他通道施加相位调制信号和控制信号。

当 $t_1 < t < t_2$ 时,给通道 2 的相位调制器施加相位调制信号和相应的相位控制

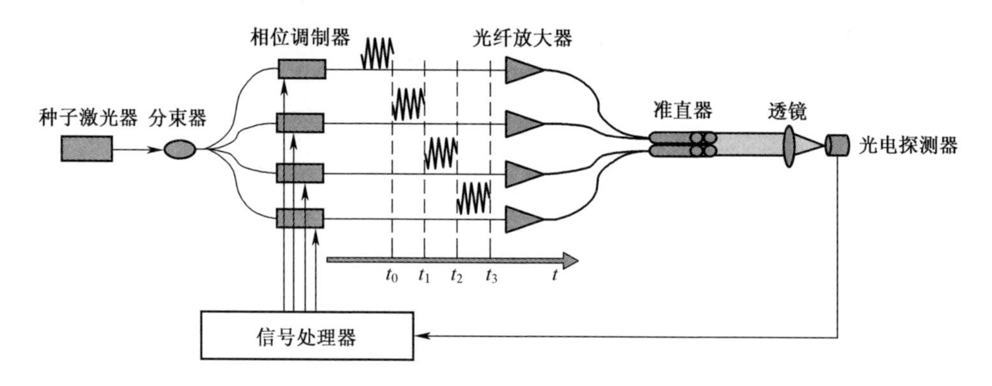

图 3.1　用单频抖动技术进行相干合束的示意图

信号。通道 1 的调制信号变为 0,控制信号仍保持其最终值 $t = t_1$ 。施加到其余通道的相位调制信号和相应控制信号仍保持为 0。

当 $t_{i-1} < t \leqslant t_i(i \leqslant N)$ 时,给通道 i 的相位调制器施加相位调制信号和控制信号。其他光路的相位控制信号保持在 $t = t_{i-1}$ 时产生的值,而相位调制信号变为 0。当 $i > N$ 时,我们引入符号 $m = i \bmod N$。给通道 m 施加相位调制信号和控制信号。其他通道保持原来的相位控制信号。

如果一个循环时间 $T = t_{i+N} - t_i$ 足够短,既能让所有通道有微弱的相位波动,又足以使抖动过程有效,在上述控制过程的迭代操作后,不同通道之间的相位差会得到补偿。

下面介绍 SFD 的数学原理。假设偏振态相同的 M 个高斯光束位于一个激光源平面上($z = 0$),并在笛卡儿坐标系中沿 z 轴传播。根据高斯光束公式,第 j 个高斯光束的光场可表达为

$$u_j(x,y,0,t) = \exp\left[\frac{(x-a_j)^2+(y-b_j)^2}{\omega_0^2}\right] \times \exp[\mathrm{i}\varphi_{j_\mathrm{f}}(t)] \tag{3.1}$$

式中: ω_0 表示初始束腰宽度,(a_j 和 b_j)表示第 j 个光束的中心位置, $\varphi_{j_\mathrm{f}}(t)$ 表示 $z =$ 0 平面上第 j 个光束的相位。由于光纤激光器经受的环境变化, $\varphi_{j_\mathrm{f}}(t)$ 会随着时间而连续变化。

当给通道 p 施加了调制信号后,其光场可表示为

$$u_p(x,y,0,t) = \exp\left[\frac{(x-a_p)^2+(y-b_p)^2}{\omega_0^2}\right] \times \exp[\mathrm{i}\varphi_{p_\mathrm{f}}(\varphi_\mathrm{m})] \tag{3.2}$$

式中: φ_m 是相位调制信号,频率为 ω_m 、振幅为 α_m ,表达式为

$$\varphi_\mathrm{m} = \alpha_\mathrm{m}\sin(\omega_\mathrm{m}t) \tag{3.3}$$

因此,在接收平面 $(z = L)$ 上,第 p 个光束的光场可表示为

$$u_p(x,y,L,t)=\frac{\omega_0}{\omega(L)}\exp\left[-\frac{(x-a_p)^2+(y-b_p)^2}{\omega^2(L)}\right]$$
$$\times\exp\left\{-\mathrm{i}\left\{k\left[\frac{(x-a_p)^2+(y-b_p)^2}{2R(L)}+L\right]-\Psi-\varphi_{p_\mathrm{f}}-\varphi_{p_\mathrm{t}}-\varphi_\mathrm{m}\right\}\right\} \tag{3.4}$$

式中：φ_{p_t} 表示大气湍流给第 p 个光束造成的相位变化，$Z_0=(\pi\omega_0^2)/\lambda$，$\omega(L)=\omega_0\sqrt{1+(L/Z_0)^2}$，$R(L)=Z_0((L/Z_0)+(Z_0/L))$，且 $\psi=\arctan(L/Z_0)$。为简化起见，令 $\varphi_{pL}=k\left[\frac{(x-a_p)^2+(y-b_p)^2}{2R(L)}+L\right]-\psi$，$\varphi_{pN}=\varphi_{p_\mathrm{f}}+\varphi_{p_\mathrm{t}}$，且 $A_p=\frac{\omega_0}{\omega(L)}\exp\left[-\frac{(x-a_p)^2+(y-b_p)^2}{\omega^2(L)}\right]$。

则式(3.4)可表达为

$$u_p(x,y,L,t)=A_p\exp[-\mathrm{i}(\varphi_{pL}-\varphi_{pN}-\varphi_\mathrm{m})] \tag{3.5}$$

因此，$z=L$ 平面上的所有光束的光强可表达为

$$I(x,y,L,t)=\sum_{j=1}^{M}u_j^2+\sum_{j=1}^{M}\sum_{\substack{l=1\\l\neq j}}^{M}u_ju_l^* \tag{3.6}$$

在式(3.6)中，$u_j u_l^*=u_l u_j^*$，那么 $u_j u_l^*+u_l u_j^*=2\mathrm{Re}(u_j u_l^*)$。所以式(3.6)可表达为

$$\begin{aligned}I(x,y,L,t)&=\sum_{j=1}^{M}u_j^2+2\sum_{\substack{j=1\\j\neq p}}^{M}\sum_{\substack{l=j+1\\l\neq p}}^{M}A_jA_l\cos(-\varphi_{jL}+\varphi_{jN}+\varphi_{lL}-\varphi_{lN})\\&\quad+2\sum_{\substack{j=1\\j\neq p}}^{M}A_pA_j\cos(-\varphi_{pL}+\varphi_{pN}+\varphi_\mathrm{m}+\varphi_{jL}-\varphi_{jN})\\&=\sum_{j=1}^{M}u_j^2+2\sum_{\substack{j=1\\j\neq p}}^{M}\sum_{\substack{l=j+1\\l\neq p}}^{M}A_jA_l\cos(\Phi_{jLN}+\Phi_{lJN})\\&\quad+2\sum_{\substack{j=1\\j\neq p}}^{M}A_pA_j\cos(\Phi_{pjN}+\Phi_{jpL}+\varphi_\mathrm{m})\end{aligned} \tag{3.7}$$

式中：$\Phi_{jlN}=\varphi_{jN}-\varphi_{lN}$，$\Phi_{ljL}=\varphi_{lL}-\varphi_{jL}$，$\Phi_{pjN}=\varphi_{pN}-\varphi_{jN}$，$\Phi_{jpL}=\varphi_{jL}-\varphi_{pL}$。当其中一个光电探测器位于接收器平面上时，光强会转变成电流信号，其表达式为：

$$\begin{aligned}i_p(t)&=R_\mathrm{PD}\int_S I(x,y,L,t)\,\mathrm{d}s\\&=R_\mathrm{PD}\left[\sum_{j=1}^{M}\int_S u_j^2\mathrm{d}s+2\sum_{\substack{j=1\\j\neq p}}^{M}\sum_{\substack{l=j+1\\l\neq p}}^{M}\int_S A_jA_l\cos(\Phi_{jlN}+\Phi_{ljL})\mathrm{d}s\right.\\&\quad\left.+2\sum_{\substack{j=1\\j\neq p}}^{M}\int_S A_pA_j\cos(\Phi_{pjN}+\Phi_{jpL}+\varphi_\mathrm{m})\mathrm{d}s\right]\end{aligned} \tag{3.8}$$

式中：R_{PD} 为光电探测器的响应度，S 为光电探测器的面积。在式(3.8)中，括号里的第一项和第二项不包括相位调制信号，在后边分析中将被忽略。第三项用 $J_p(t)$ 表示，展开如下：

$$
\begin{aligned}
J_p(t) &= 2\sum_{\substack{j=1\\j\neq p}}^{M}\int_S A_pA_j\cos(\varphi_{pjN}+\varphi_{jpL}+\varphi_{\mathrm{m}})\mathrm{d}s \\
&= 2\sum_{\substack{j=1\\j\neq p}}^{M}\cos[\Phi_{pjN}+\alpha_{\mathrm{m}}\sin(\omega_{\mathrm{m}}t)]\int_S A_pA_j\cos\Phi_{jpL}\mathrm{d}s \\
&\quad +\sin[\Phi_{pjN}+\alpha_{\mathrm{m}}\sin(\omega_{\mathrm{m}}t)]\int_S A_pA_j\sin\Phi_{jpL}\mathrm{d}s
\end{aligned}
\tag{3.9}
$$

式(3.9)中，$\alpha_{\mathrm{m}}\sin(\omega_{\mathrm{m}}t)$ 的余弦和正弦的傅里叶级数展开 $\cos[\Phi_{pjN}+\alpha_{\mathrm{m}}\sin(\omega_{\mathrm{m}}t)]$ 和 $\sin[\Phi_{pjN}+\alpha_{\mathrm{m}}\sin(\omega_{\mathrm{m}}t)]$ 可表达如下：

$$
\begin{aligned}
&\cos[\Phi_{pjN}+\alpha_{\mathrm{m}}\sin(\omega_{\mathrm{m}}t)] \\
&=\cos(\Phi_{pjN})\cos[\alpha_{\mathrm{m}}\sin(\omega_{\mathrm{m}}t)]-\sin(\Phi_{pjN})\sin[\alpha_{\mathrm{m}}\sin(\omega_{\mathrm{m}}t)] \\
&=\cos(\Phi_{pjN})[J_0(\alpha_{\mathrm{m}})+2\sum_{i=1}^{\infty}J_{2i}(\alpha_{\mathrm{m}})\cos(2i\omega_{\mathrm{m}}t)] \\
&\quad -\sin(\Phi_{pjN})[2\sum_{i=1}^{\infty}J_{2i-1}(\alpha_{\mathrm{m}})\sin(2i-1)\omega_{\mathrm{m}}t]
\end{aligned}
\tag{3.10}
$$

$$
\begin{aligned}
&\sin[\Phi_{pjN}+\alpha_{\mathrm{m}}\sin(\omega_{\mathrm{m}}t)] \\
&=\sin(\Phi_{pjN})\cos[\alpha_{\mathrm{m}}\sin(\omega_{\mathrm{m}}t)]+\cos(\Phi_{pjN})\sin[\alpha_{\mathrm{m}}\sin(\omega_{\mathrm{m}}t)] \\
&=\sin(\Phi_{pjN})[J_0(\alpha_{\mathrm{m}})+2\sum_{i=1}^{\infty}J_{2i}(\alpha_{\mathrm{m}})\cos(2i\omega_{\mathrm{m}}t)] \\
&\quad +\cos(\Phi_{pjN})\left[2\sum_{i=1}^{\infty}J_{2i-1}(\alpha_{\mathrm{m}})\sin(2i-1)\omega_{\mathrm{m}}t\right]
\end{aligned}
\tag{3.11}
$$

显然，相位误差信号可以通过解调，从式(3.10)和式(3.11)中提取。当光电流乘以 $\alpha\sin(\omega_{\mathrm{m}}t)$ 倍，并集成在一周期的相位调制信号上后，我们获得第 p 束光的相位差信号如下：

$$
\begin{aligned}
S_{np} &= \int_0^{1/\omega_{\mathrm{m}}} i_p(t)\times\alpha\sin(\omega_{\mathrm{m}}t)\mathrm{d}t \\
&= \alpha R_{\mathrm{PD}}J_1(\alpha_{\mathrm{m}})\sum_{\substack{j=1\\j\neq p}}^{M}\cos(\Phi_{pjN})\int_S A_pA_j\sin\Phi_{jpL}\mathrm{d}s-\sin\Phi_{pjN}-\int_S A_pA_j\cos\Phi_{jpL}\mathrm{d}s \\
&= \alpha R_{\mathrm{PD}}J_1(\alpha_{\mathrm{m}})\sum_{\substack{j=1\\j\neq p}}^{M}\cos(\Phi_{pjN})Q_{Cpj}-\sin(\Phi_{pjN})Q_{Spj}
\end{aligned}
\tag{3.12}
$$

式中：$Q_{Cpj}=\int_S A_P A_j\sin\Phi_{jpL}\mathrm{d}s$，$Q_{Spj}=\int_S A_P A_j\cos\Phi_{jpL}\mathrm{d}s$。然后通过 S_{np} 就能获得相位控制信号，这样就最终实现了激光束阵列的相干合束。

重要的是要注意到，$Q_{C_{pj}}$ 和 $Q_{S_{pj}}$ 强烈影响着 S_{np} 值。当所有光束在近场（填充孔径结构）合并时，$a_p = a_j$ 和 $b_p = b_j$。于是，$Q_{Spj} = 0$，$Q_{Cpj} = \int_S A_P A_j \mathrm{d}s$，则式(3.12)可表达为

$$S_{np} = -\alpha R_{\mathrm{PD}} J_1(\alpha_{\mathrm{m}}) \sum_{\substack{j=1 \\ j \neq p}}^{M} \sin(\Phi_{pjN}) \int_S A_p A_j \mathrm{d}s \tag{3.13}$$

从式(3.13)可以看出，只有当光电探测器的积分面积 S 大得足以适合信号积分时，才能获得正确的 S_{np} 值。在填充孔径结构中，光电探测器的面积对 S_{np} 的影响不大。但在拼接孔径结构中，$Q_{C_{pj}}$ 和 $Q_{S_{pj}}$ 强烈影响着 S_{np}。由于无法获得 $Q_{C_{pj}}$ 和 $Q_{S_{pj}}$ 的解析式，我们只能进行数值分析。由于不失一般性，我们只研究由4个高斯光束组成的方阵，其近场光束布局见图3.2(a)。光源平面上的激光束半径 $\omega_0 = 3\mathrm{cm}$，外接圆直径 $D = 30\mathrm{cm}$，填充因子约为35%。填充因子的定义为光束宽度除以相邻子光束之间的距离。在理想情况下，在 $L = k D^2/8$ 处获得的光强分布见图3.2(b)。

当积分面积 S 是圆形，且其圆心位于远场主瓣的中心（图3.2(b)的坐标(0, 0)）时，$Q_{C_{pj}}$ 和 $Q_{S_{pj}}$ 与积分面积 S 的半径之比的变化见图3.3，其中的不同曲线对应不同的 p 和 j 值。从图3.3可以发现，$Q_{S_{pj}}$ 值远小于 $Q_{C_{pj}}$ 值，因而可以忽略 $Q_{S_{pj}}$，而 S 的半径对 $Q_{C_{pj}}$ 值影响很大。当 S 的半径大于1.2m时，$Q_{C_{pj}}$ 接近0，这也导致 S_{np} 变为0。这就是为什么用抖动技术进行相干合束时，要把硬孔径放在光电探测器之前的原因。不同的 S 半径决定着 $Q_{C_{pj}}$ 的大小和正负，进而最终决定 S_{np} 的大小和正负。因此，不同的孔径半径会导致相反的结果。

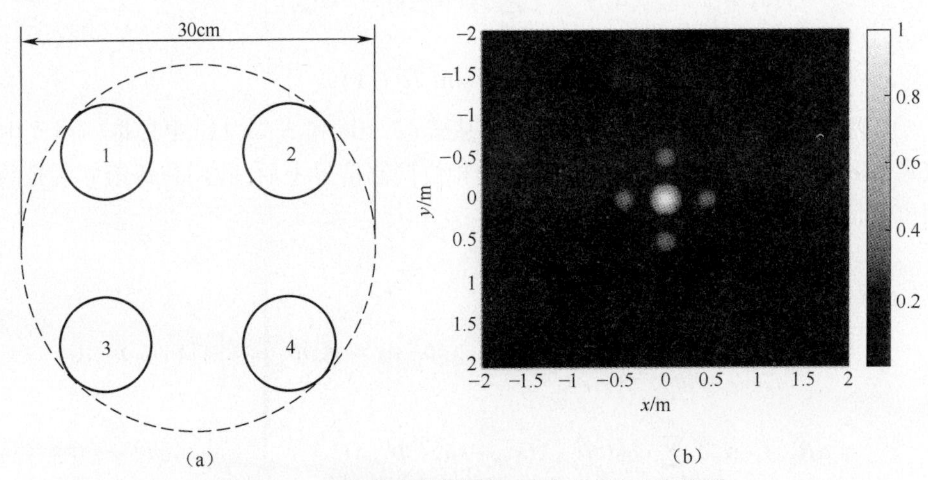

图3.2 4个高斯光束的近场(a)和远场(b)光强图

如果 S 的中心移到其他位置，就不能忽略 $Q_{S_{pj}}$。图3.4所示是图3.2(b)中 S 中心位于(0, 0.5m)时的 $Q_{C_{pj}}$ 和 $Q_{S_{pj}}$ 曲线。这两个结果表明，硬孔径在接收平面上

的位置也影响着 S_{np} 值。

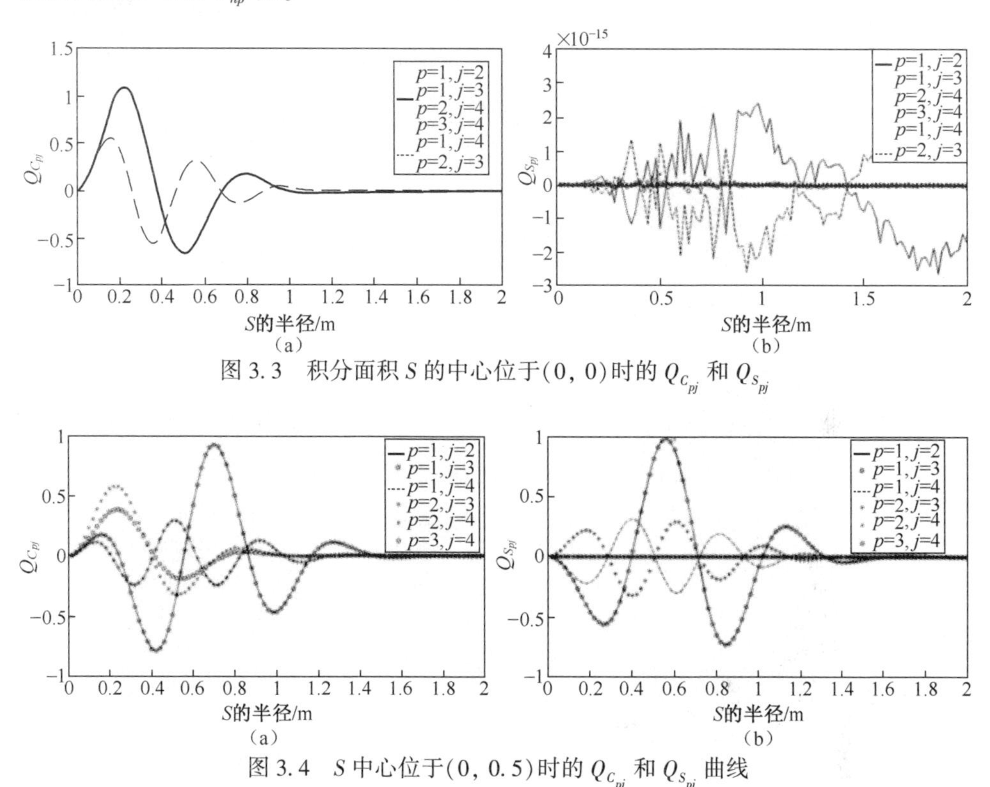

图 3.3　积分面积 S 的中心位于(0, 0)时的 $Q_{C_{pj}}$ 和 $Q_{S_{pj}}$

图 3.4　S 中心位于(0, 0.5)时的 $Q_{C_{pj}}$ 和 $Q_{S_{pj}}$ 曲线

用抖动技术进行相干合束时,相位控制信号是基于 S_{np} 产生的。因此,S_{np} 值不同会导致相位控制信号不同,最终在远场形成形状不同的光强分布,如表 3.1 所列,其中 R 表示半径,X 和 Y 表示积分面积 S 的位置。在计算时,锁相前的激光束原相位是随机产生的,远场的原光强分布见图 3.5。从表 3.1 可以看到,S 位置保

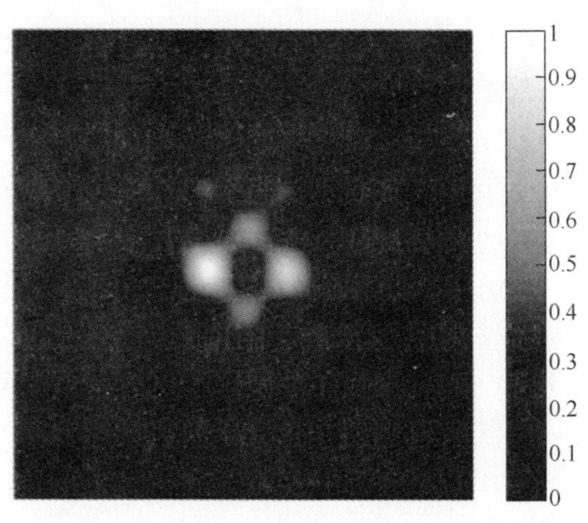

图 3.5　激光束之间存在随机活塞相位误差时的远场光强分布

表 3.1 积分面积 S 的大小和位置对远场光强分布的影响

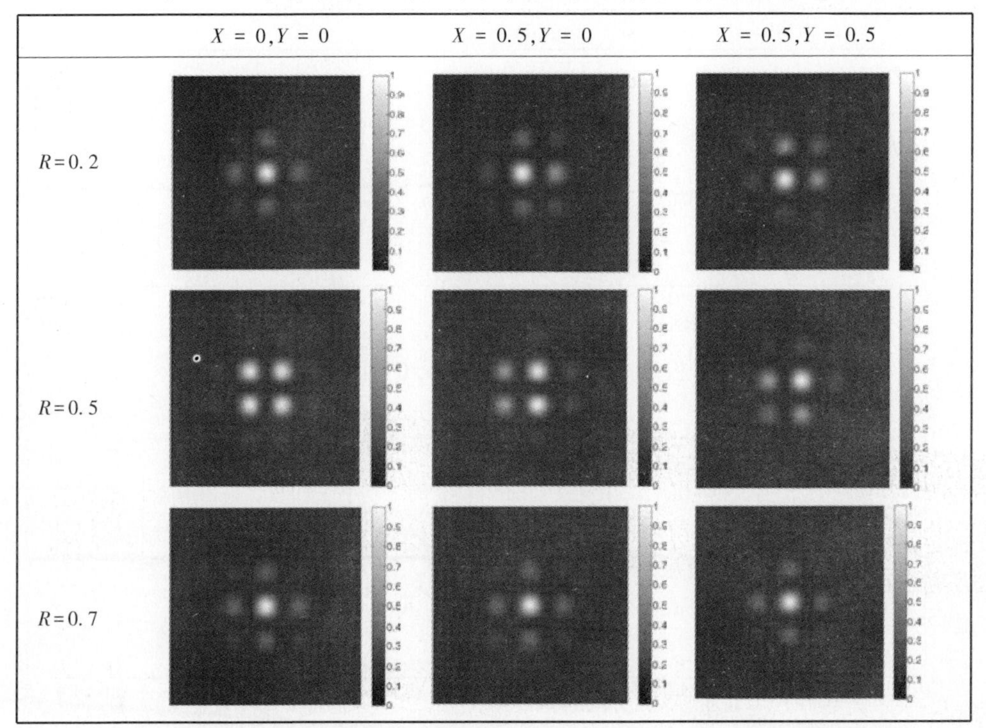

持不变,随着半径 R 的增加(即 $R = 0.2$ 和 $R = 0.5$),得到的锁相结果却相反,这是由 $Q_{C_{pj}}$ 和 $Q_{S_{pj}}$ 的正负号决定的。此外,积分面积 S 的位置和大小都影响着各波瓣间的光强分布。因此在实验中,改变硬孔径的大小和位置,会获得不同的远场光强分布。

3.2.2 用单频抖动技术实现高功率光纤放大器的千瓦级相干合束

实验装置如图 3.6 所示[17]。种子激光器是 NP Photonics 公司制造的分布式反馈(DFB)保偏掺镱光纤激光器,波长 1064nm,线宽 20kHz。种子激光功率经光学隔离后为 30mW,被前置放大为 300mW。然后光束被分为 9 路,分别耦合进 9 个铌酸锂($LiNbO_3$)相位调制器。这些相位调制器(Photline 技术公司产品)的带宽均为 100MHz,工作波长为 1060nm。相位调制器输出的功率大于 10mW,耦合到三级全光纤放大器(自制)中。第一级把激光功率从 10mW 放大到 100mW,第二级从 100mW 放大到 10W,第三级从 10W 放大到 100W。经过三级放大后的最大输出功率分别为 120.5W、119.2W、121.2W、120.6W、117.3W、121.6W、118.4W、121.2W 和 122W。最大总输出功率接近 1080W。各光纤放大器输出功率不同的原因有:光纤分光器的分光比不等,相位调制器、隔离器的插入损耗不同,以及三级放大器用的泵浦二极管不同等。

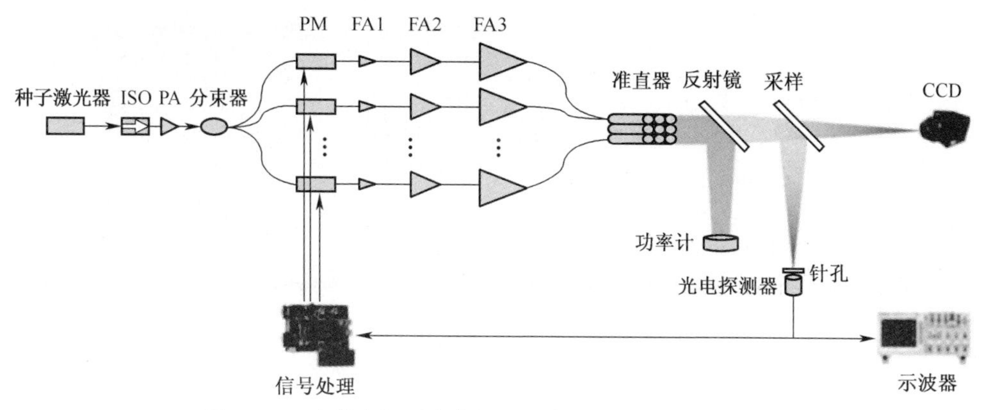

图 3.6　9 束激光相干合束的实验布置。ISO:隔离器;PA:前置放大器;PM:相位调制器;FA:光纤放大器。

通过 9 个准直器对三级放大后的激光束进行空间耦合。每个准直器输出的光束直径都是 5mm。用自空间反射镜把 9 束光按 40%的填充因子排成 3×3 的阵列。用 99%的反射镜对准直后的激光束进行采样,将反射光送入功率计进行总功率测量。采样光束传播 10m 后到达 CCD 相机,以诊断光束质量。采样器反射的光通过一个硬孔径耦合,孔径后紧贴一个光电探测器。用这个直径 300μm 的硬孔径收集合成光束远场干涉图中的主瓣功率,为相位控制算法提供相位差信息。光电探测器是一个 PDA10CS 铟钾砷(InGaAs)放大探测器(THORLABS 公司产品),在增益为 10dB 时,响应光谱为 700~1800nm,带宽为 8.5MHz。光电探测器发出的电信号进入 FPGA 信号处理器(Altera 公司的 Cyclone III FPGA),在此进行单频抖动算法运算。信号处理器(自制)的主频为 50MHz,能为 12 个通道提供相位控制信号,在本实验中只用了 9 个通道。信号处理器产生的相位控制信号被送入相位调制器,补偿各单元之间的相位误差。

在本实验中,控制系统为开环时,不进行单频抖动运算。由于每个通道都会因放大器温度变化、风扇变热和机械振动而产生相位波动,激光束的相位也在随机波动,观察面上的光强分布图案也会不断变化。曝光 2s 的远场光强分布如图 3.7(a)所示,其条纹对比度约为 0。条纹对比度定义由公式 $(I_{\max}-I_{\min})/(I_{\max}+I_{\min})$ 给出,其中 $I_{\max}$ 和 $I_{\min}$ 分别是光强分布图中的最大光强和相邻的最小光强。

在相位控制系统为闭环时,执行相位控制算法,信号处理器将相位调制信号和控制信号加给每个通道的调制器,以补偿相位误差。观察面上的光强分布是稳定的,计算的条纹对比度大于 85%。曝光 2s 的远场光强分布见图 3.7(b)。理想定相的 9 激光束阵列,按上述真实数据排列,计算的理论远场分布见图 3.7(c)。可以发现,实验结果与理论计算一致。

利用硬孔径收集的时序信号和能量谱密度(见图 3.8 和图 3.9),可进一步研

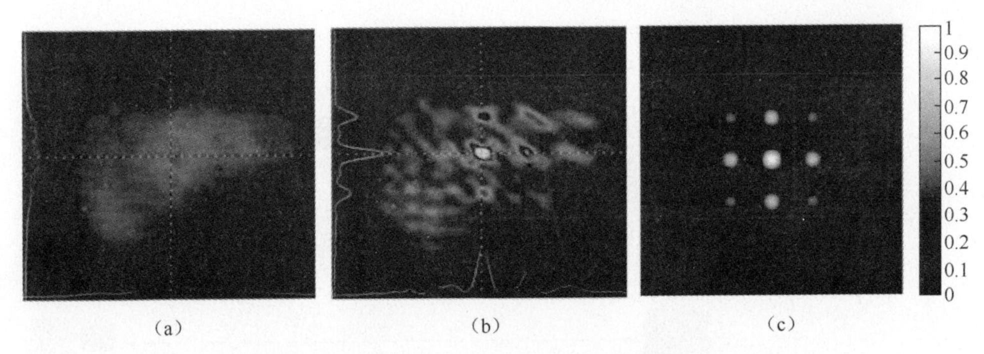

图 3.7　长曝光的合成激光束远场光强分布。
(a)开环实验结果;(b)闭环实验结果;(c)闭环理论光强分布。

究相干合束的保真度和相位波动的抑制。控制环路为开环时,用硬孔径收集的归一化能量在 0 和 0.5 之间随机波动。控制环路为闭环时,硬孔径收集的能量在大多数时间稳定在 0.8 以上,残留相位误差不到 $\lambda/15$。从图 3.9 可以看到,低于 400Hz 的相位噪声得到了补偿,这说明主瓣中的能量大幅度提高。

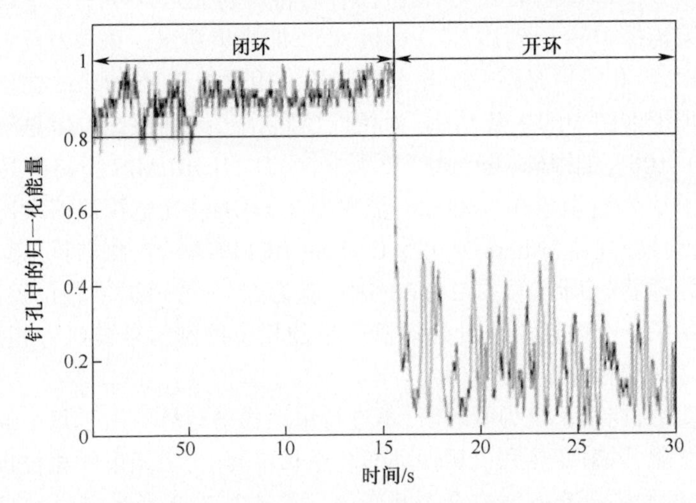

图 3.8　在开环(右)和闭环(左)时用硬孔径收集的能量的时序信号

3.2.3　用单频抖动技术实现 4 路高功率光纤放大器的相干偏振合束

单频抖动算法也可以用在相干偏振合束(CPBC)中。参考文献[18]曾报道用 4 个保偏高功率光纤放大器验证过 CPBC,总输出功率达到 60W,实验装置见图 3.10。种子激光器是个线偏单频光纤激光器,中心波长 1064.4nm。种子激光功率经过隔离器后约为 30mW,经过一个放大器变为 120mW 的输出,然后分为 4 路,分别耦合到 4 个铌酸锂($LiNbO_3$)相位调制器,调制带宽大于 100MHz。每个调制器

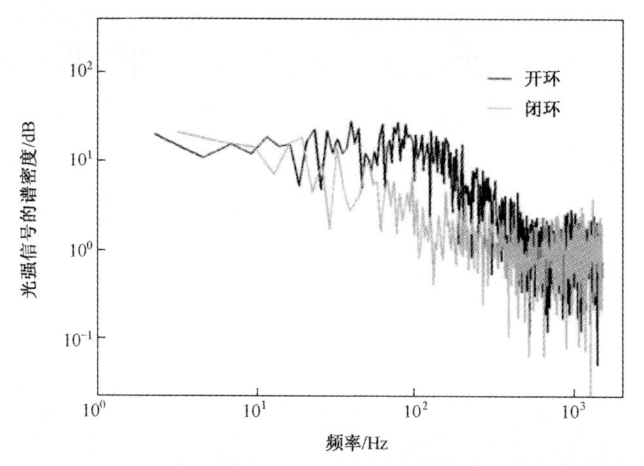

图3.9 在开环(右)和闭环(左)时用硬孔径收集的能量谱密度

的输出功率大于20mW,激光功率损失是由调制器的插入损耗造成的。然后,每路光都进入一个两级全光纤保偏放大器(自制)。两级放大器的输出功率约为25W。由于插入损耗不同,经过准直器后,4路的功率分别为16.7、18.7、11.4和19.7W,功率比为1.46∶1.64∶1∶1.73。通过转动半波片(HWP)调整4束光使其同轴,用偏振合束器(PBC)将其合为一束。M_1是个全反射镜,M_2是个高反镜。经过M_2后,一小部分光进入光电探测器;另一部分光进入红外相机,以诊断合成光束的分布。光电探测器是个InGaAs放大探测器,响应光谱700~1800nm,在增益为10dB时,带宽为8.5MHz。

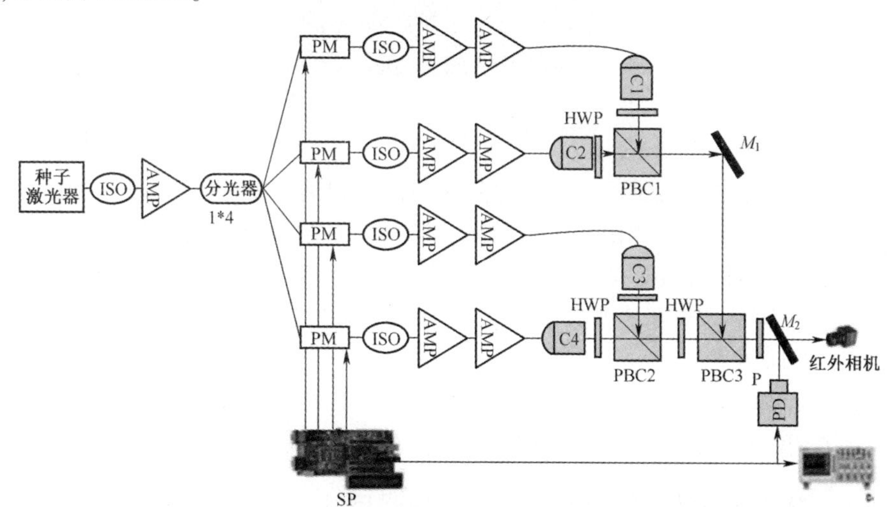

图3.10 对4路光纤放大器的CPBC实验装置。ISO:隔离器;AMP:放大器;PM:相位调制器;C1-C4:准直器;HWP:半波片;PBCi(i=1~3):偏振合束器;P:偏振器;M1:全反射镜;M2:高反镜;PD:光电探测器;SP:信号处理。

要注意,每个激光束的倾斜误差都要通过仔细调整 4 个准直器严格进行补偿[19]。在该实验中,当 CPBC 系统为开环时,一些激光功率透过 PBC3 泄漏,相机上的光强分布一直在变化;因为每束光都有相位差,合成后的输出功率不稳定。图 3.11(a)显示系统为开环时,在 t_1、t_2 和t_3 三个瞬间拍摄的光强分布图。在执行单频抖动算法且系统为闭环时,光强分布和合成输出功率是稳定的。闭环光强分布见图 3.11(b)。在输出端 M_2测到的合成输出功率为 60W。计算出的合成效率 $\eta=90\%$, η 定义为 $\eta = P_{out}/ P_{in}$,其中 P_{out} 为合成的输出功率, P_{in} 为经过准直器后的总功率。在实际系统中,一些因素,如重叠误差、倾斜误差、残留相位误差、准直器的半径误差和振幅不平衡等,都会影响系统的合成效率。

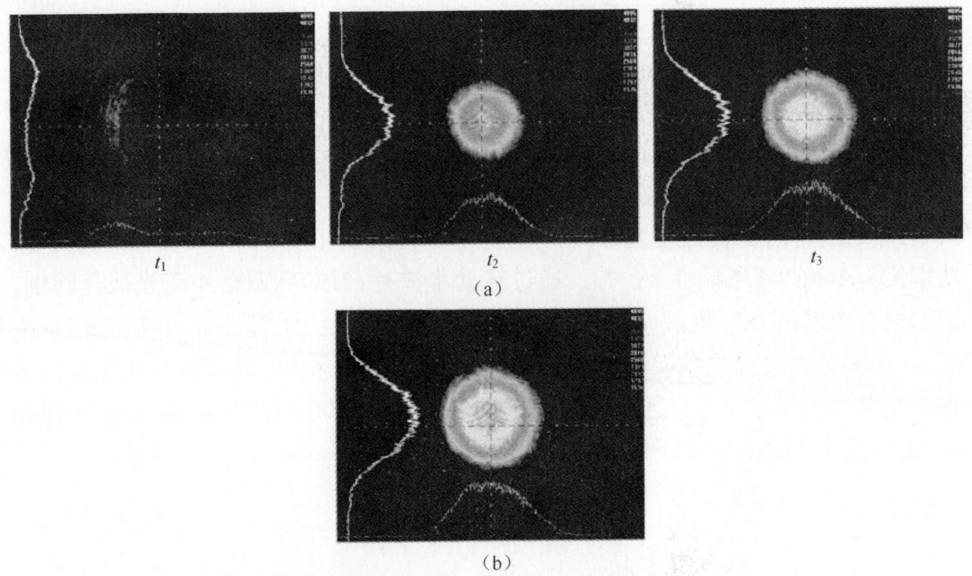

图 3.11 系统在开环(a)和闭环(b)时的光强分布

通过光电探测器收集的能量的时间序列信号和谱密度(见图 3.12),可以进一步研究 CPBC 的保真度和相位噪声抑制。当控制系统为开环时,光电探测器收集的归一化能量随机波动。当系统为闭环时,归一化功率稳定(见图 3.12(a)),在 200Hz 以下,功率谱密度比开环时低了约 20dB(见图 3.12(b)),这说明相位噪声得到了有效抑制。

总之,用单频抖动技术验证了光纤放大器的相干偏振合束(CPBC)。当系统为闭环时,输出功率为 60W,整个系统的合成效率高达 90%。

3.2.4 基于单频抖动技术的光纤激光器目标在回路相干合束

许多团队都研究过基于合作目标的光纤激光器相干合束,而且获得了很大进步,最高输出功率达到 4kW,激光束数量最多达 64 束[15, 20–25]。但几乎没有人

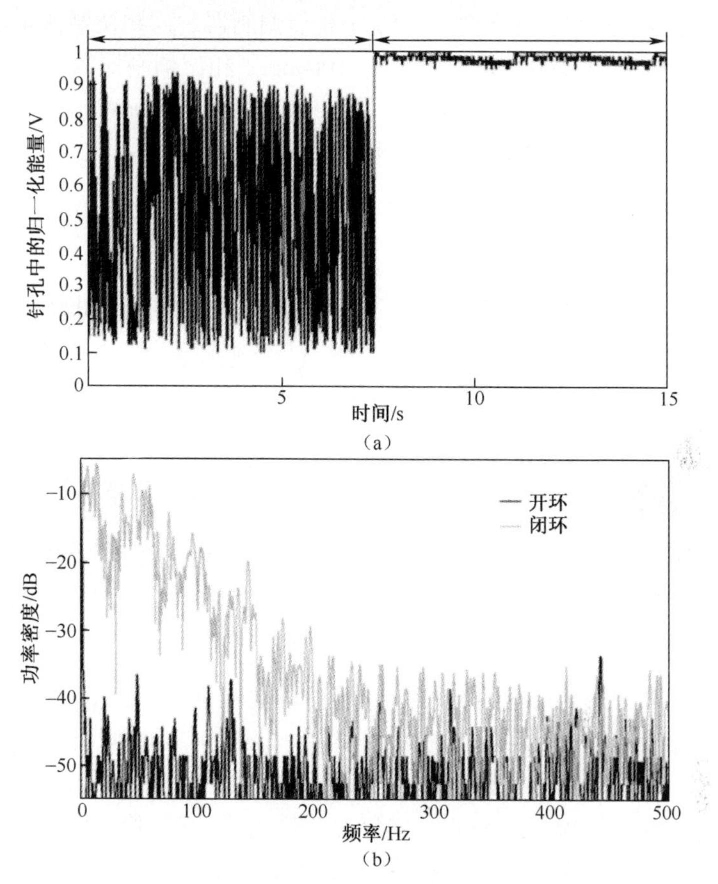

图3.12　在系统为开环和闭环时,光电探测器收集的能量的时序信号和谱密度。
(a)时序信号;(b)谱密度。

研究过基于散射面的相干合束,尽管这个技术对在真实环境中进行相干合束的系统很重要。2008年,Bourdon等人运用多抖动技术锁定相位第一次研究了基于散射表面的相干合束[26,27]。在他们的实验中,用三个光纤放大器进行相干合成,每个光纤激光器的输出功率不到2W。最近,Weyrauch等人在超过7km的传输路径上,验证了基于非合作目标的相干合束,合成功率为12mW,但目标是个半合作角反射镜,而不是非合作散射表面[28]。我们也详细研究过基于非合作目标的相干合束,验证了基于散射表面两束激光的相干合束[29]。本章介绍基于散射表面,对9个10W级光纤放大器进行的相干合束,总输出功率超过100W。就我们所知,这是目前进行过的基于非合作目标,且光纤数量最多、输出功率最高的相干合束实验。

该实验布局见图3.13。种子激光器是个分布式反馈(DFB)保偏掺镱光纤激光器,波长1064nm,线宽20kHz。种子激光功率经光学隔离后为30mW,被前置放大为300mW,然后分成9路,分别耦合到9个相位调制器。这些调制器是铌酸锂相位调制器,调制带宽大于100MHz,工作波长1060nm。相位调制器大于10mW的输出功率耦合到两级全光纤放大器(自制)。第一级把功率从10mW放大到100mW,第二级从100mW放大到10W,总输出功率超过100W。

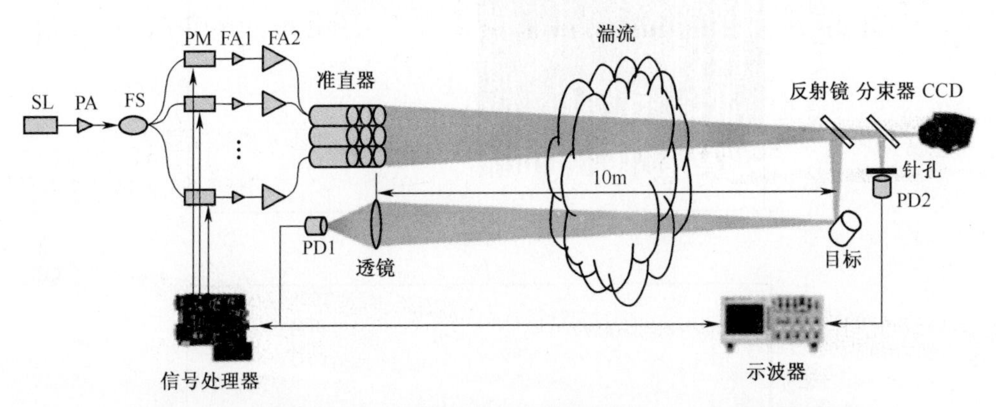

图3.13 基于散射表面,9束激光相干合成的实验装置。SL:种子激光器;PA:前置放大器;PM:相位调制器;FA:光纤放大器;PD:光电探测器。

主放大器输出的光束通过9个准直器进行空间耦合。准直器输出光束的直径为5mm。用自由空间反射镜把9束激光排成3×3阵列,近场填充因子为40%。准直器的输出光束在自由空间传输10m,然后经一个反射率为99%的反射镜采样。反射光是表面粗糙的铝柱目标的散射光。一部分光进入CCD相机,以诊断散射表面的光强分布。另一部分光经过硬孔径进入光电探测器PD2,以诊断锁相结果。光电探测器PD1处在发射平面上,用透镜收集目标散射进PD1的光功率。这个光电探测器是一个PDA10CS InGaAs放大探测器。与以前基于合作目标的相干合束系统相反[20, 21-25],相位控制信号不是从孔径获得的,而是从散射表面闪烁的光功率散射获得的。电信号经PD1转换,进入信号处理器,进行单频抖动算法运算。

在这个实验中,当控制系统开环时,不进行单频抖动运算,激光束的相位随机波动,如图3.14(a)所示。

当相位控制系统是闭环时,运行相位控制算法运算,相位噪声得到补偿。散射表面的光强分布清晰稳定。曝光2s的远场光强分布见图3.14(b)~(d),计算的条纹对比度大于85%。铝柱目标转动时,得到的光强分布不同,见图3.14(b)~(d),但激光阵列的相位稳定地锁在目标表面,不受光强分布影响。

用PD1和PD2生成的电压信号,见图3.15,可以进一步研究相干合束的保真度和相位波动抑制。当控制环路为开环,PD2的电压信号在0和2V之间随机波动,这表明散射表面的光强分布在变化。PD1的电压信号在4和10V之间随机波

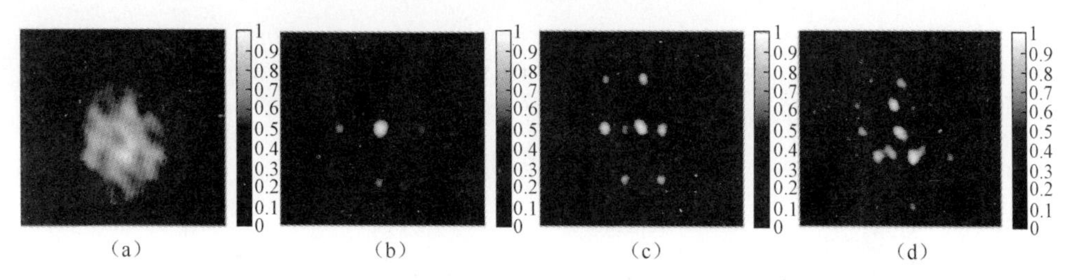

图3.14　曝光2s合成激光束的远场光强分布。
(a)开环实验结果;(b)~(d)散射表面不同位置的闭环实验结果。

动。PD1接收到的光功率包含闪烁光和散射面的反射光。前者造成随机波动,后者导致4V偏置。当控制环路为闭环时,PD1和PD2的电压信号都在其最高电压稳稳地锁走。注意,PD1的电压信号有低频微扰,这是后向传输中由湍流引起的。但目标表面的光强分布稳定,并不受湍流干扰。

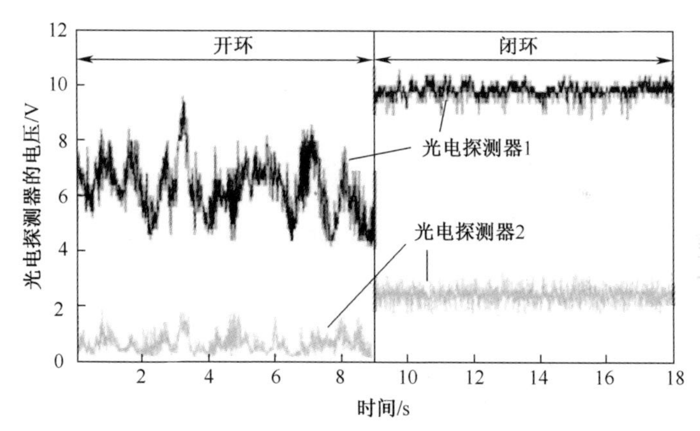

图3.15　孔径在开环(左)和闭环(右)时收集的能量的时序信号

我们还进行了另一个实验,来研究后向传输时,湍流对激光阵列在目标表面锁相的影响。在这个实验中,采用一个热风机分别在前、后光路上引入强湍流。当风机在前向光路上以最大功率工作时,因风机造成的强相位波动,无法有效锁定激光阵列的相位(图3.16)。当在后向光路上有同样湍流时,实现了有效相位锁定(图3.17)。这些实验结果表明,后向光路上的湍流对激光阵列锁相的影响不大。这再一次证明,采用单频抖动技术对非合作目标进行相干合束的可行性。

小结,我们介绍了通过单频抖动技术,用9个10W级光纤放大器在散射目标上进行相干合束的实验。验证了用单频抖动技术在非合作目标上进行相干合束的可行性。对于目标面上长曝光的相干合成光束,其条纹对比度在开环时为0,闭环时则提高到85%。此外,还就后向光路上的湍流对相干合束的影响进行了研究。实验结果表明,后向光路上的湍流对相干合成的影响不大。

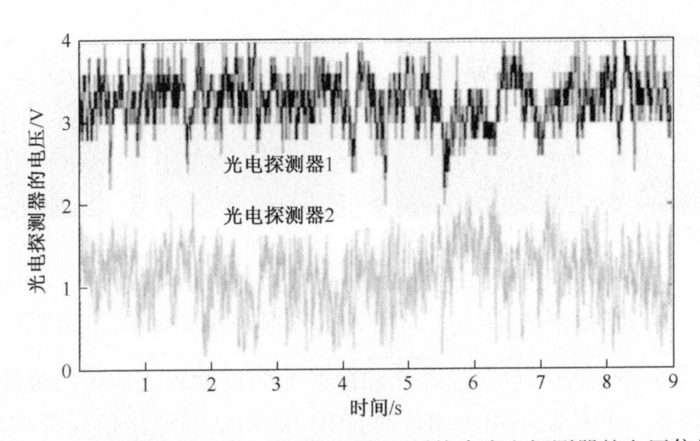

图 3.16 在前向光路上引入强湍流时闭环系统中光电探测器的电压信号

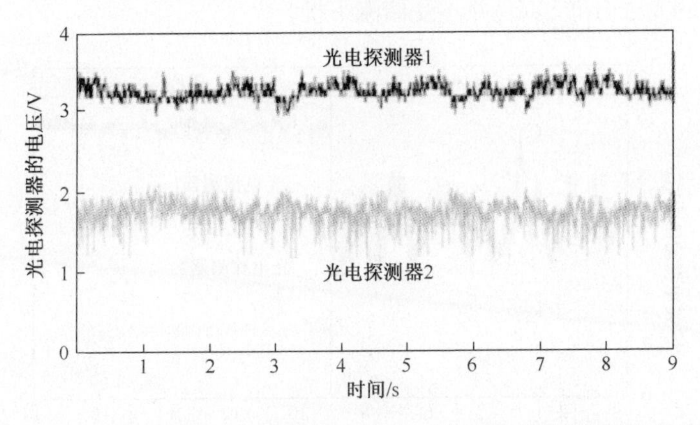

图 3.17 在后向光路上引入强湍流时闭环系统中光电探测器的电压信号

3.3 正弦-余弦单频抖动技术

3.3.1 正弦-余弦单频抖动技术理论

由于是串行工作模式,随着激光束数量增加,单频抖动(SFD)算法的执行速度会下降。本节介绍正-余弦单频抖动技术(SCSFD),并说明 SCSFD 的执行速度比 SFD 快 2 倍[30]。

这里的 SCSFD 基于正交调制和解调原理。对于一对正交信号,调制和解调一个信号不会影响另一个信号,因此可以同时用两个同频正交信号进行调制和解调。在正-余弦技术中,都是用同频的一对正弦和余弦信号,对阵列中的每一对激光束先后进行相位调制,然后解调这些信号,获得相应的相位控制信号。

图3.18是SCSFD技术示意图。种子激光被分成N束(图3.18给出了6束),耦合到N或$N-1$个相位调制器。相位调制器的输出光,由N个光纤放大器放大,再经准直器进入自由空间。相位调制器用于执行相位调制信号和控制信号。准直器发出的激光束阵列,经过一个透镜汇聚到焦面上的光电探测器。光电探测器输出的电信号被送入信号处理器,生成相位控制信号。当相位控制信号应用到相位调制器后,整个激光阵列就处于锁相状态。

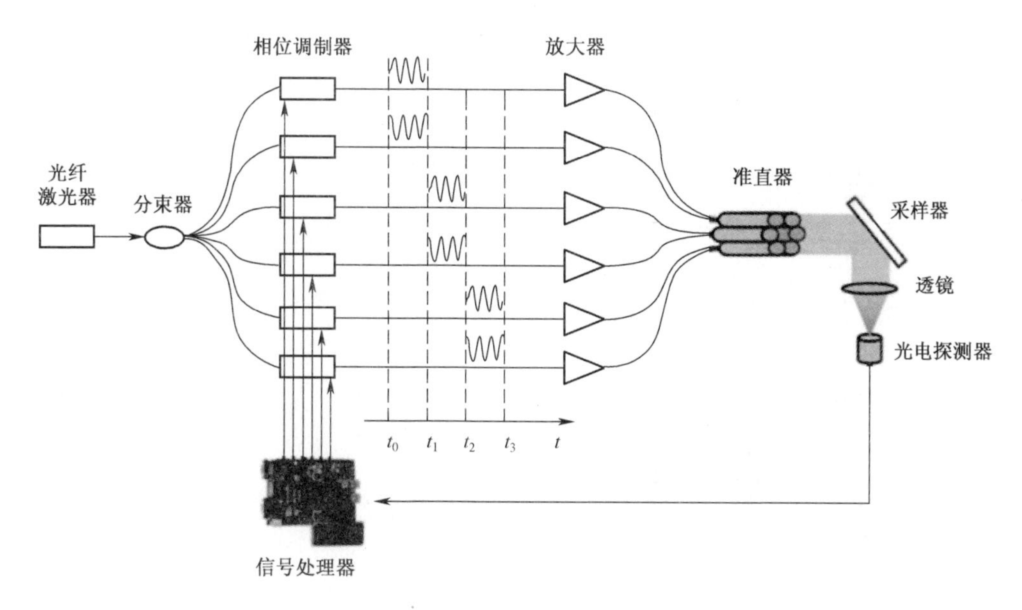

图3.18　用于相干合束的正-余弦单频抖动技术示意图

SCSFD的步骤简述如下。假设t表示时间,信号处理器在t_0开始工作。当$t_0<t<t_1$时,将正弦和余弦相位调制信号分别施加到通道1和通道2的相位调制器,然后解出通道1和2的相位控制信号,并分别施加给通道1和通道2的相位调制器。第一步,不给其余通道施加相位调制信号和控制信号。

当$t_1<t<t_2$时,给通道3和4的相位调制器分别施加正弦和余弦相位调制信号和相应的相位控制信号。通道1和2的调制信号变为0,控制信号保持$t=t_1$的最终值。施加到其余通道的相位调制信号和相应控制信号仍然为0。

当$t_{i-1}<t\leqslant t_i(i\leqslant N)$时,分别给通道$2i-1$和$2i$的相位调制器施加相位调制信号和控制信号。其他通道的相位控制信号保持$t=t_{i-1}$时产生的值,而相位调制信号变为0。

SCSFD技术的数学原理简述如下。与SFD技术一样,假设激光源平面上有M个偏振态相同的高斯光束($z=0$),沿着笛卡儿坐标系的z轴传播。当给通道$2p-1$和$2p$施加相位调制信号后,它们的光场可表达为

$$u_{(2p-1)}(x,y,0,t)=\exp\left[-\frac{(x-a_{(2p-1)})^2+(y-b_{(2p-1)})^2}{\omega_0^2}\right]\times\exp[\mathrm{i}(\varphi_{(2p-1)\mathrm{f}}+\varphi_{s_\mathrm{m}})] \tag{3.14}$$

$$u_{(2p)}(x,y,0,t)=\exp\left[-\frac{(x-a_{(2p)})^2+(y-b_{(2p)})^2}{\omega_0^2}\right]\times\exp[\mathrm{i}(\varphi_{(2p)\mathrm{f}}+\varphi_{c_\mathrm{m}})] \tag{3.15}$$

式中：φ_{S_m} 和 φ_{C_m} 分别是正弦和余弦相位调制信号，可表达为

$$\varphi_{s_\mathrm{m}}=\alpha_\mathrm{m}\sin(\omega_\mathrm{m}t) \tag{3.16}$$

$$\varphi_{c_\mathrm{m}}=\alpha_\mathrm{m}\cos(\omega_\mathrm{m}t) \tag{3.17}$$

与 SFD 技术的步骤一样，可获得通道 $2p-1$ 和 $2p$ 的相位控制信号如下：

$$\begin{aligned}S_{np}&=\int_0^{1/\omega_\mathrm{m}}i_p(t)\times\alpha\sin(\omega_\mathrm{m}t)\mathrm{d}t\\&=\alpha R_\mathrm{PD}J_1(\alpha_\mathrm{m})\sum_{\substack{j=1\\j\neq p}}^{M}\cos(\Phi_{pjN})\int_S A_pA_j\sin\Phi_{jpL}\mathrm{d}s-\sin(\Phi_{pjN})\int_S A_pA_j\cos\Phi_{jpL}\mathrm{d}s\\&=\alpha R_\mathrm{PD}J_1(\alpha_\mathrm{m})\sum_{\substack{j=1\\j\neq p}}^{M}\cos(\Phi_{pjN})Q_{Cpj}-\sin(\Phi_{pjN})Q_{Spj}\end{aligned} \tag{3.18}$$

$$S_{n(2p-1)}=\alpha R_\mathrm{PD}J_1(\alpha_\mathrm{m})\sum_{\substack{j=1\\j\neq 2p-1}}^{M}\cos(\Phi_{(2p-1)jN})Q_{C(2p-1)j}-\sin(\Phi_{(2p-1)jN})Q_{S(2p-1)j} \tag{3.19}$$

$$S_{n(2p)}=\alpha R_\mathrm{PD}J_1(\alpha_\mathrm{m})\sum_{\substack{j=2\\j\neq 2p}}^{M}\cos(\Phi_{(2p)jN})Q_{C(2p)j}-\sin(\Phi_{(2p)jN})Q_{S(2p)j} \tag{3.20}$$

SCSFD 算法同时用两个相位控制信号补偿光束之间的相位误差，所以比 SFD 算法快 2 倍。

3.3.2 用正弦-余弦单频抖动技术实现 9 路光束相干合成

为了验证 SCSFD 的可行性，我们做了 9 路光束的主动锁相实验，实验布局如图 3.19 所示。种子激光器是个分布式反馈（DFB）保偏掺镱光纤激光器，波长 1064nm，线宽 20kHz。种子激光束通过光学隔离器后被分成 9 路，分别耦合进 9 个铌酸锂（$LiNbO_3$）相位调制器，其中 8 个相位调制器补偿相位误差。激光束从相位调制器输出，通过隔离器进入 9 个光纤放大器，输出功率被放大到 10W 以上，这些放大后的光束经 9 个排成正方形的准直器阵列进入自由空间。每个光束的半径都是 2.5mm，光束之间的距离约 15mm（见图 3.19）。准直器的瑞利距离超过 10m。准直器的输出光束经过 10m 光程后，经一个立方体分束器采样。分光后的光束一部分经过一个焦距为 1m 的透镜进入半径 30μm 的针孔（自制），针孔后边紧贴一个

光电探测器;另一部分经过一个透镜,汇聚到红外 CCD 相机的靶面上,以诊断合成光束的远场分布。

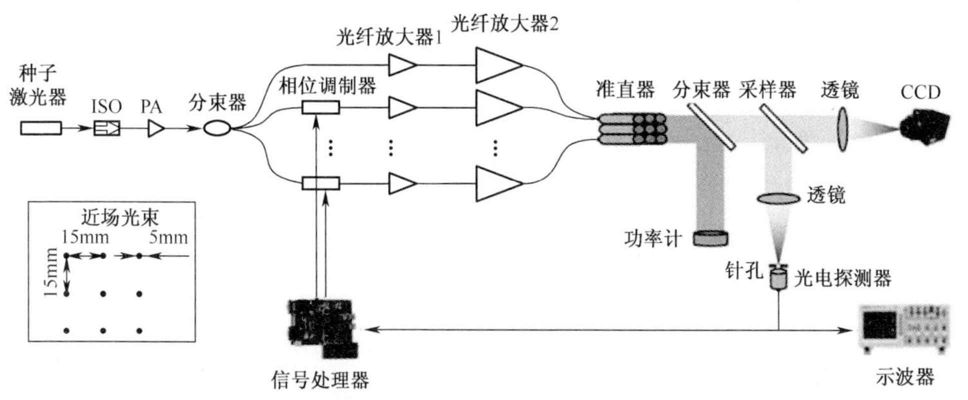

图 3.19　9 束激光相干合束的实验布局。ISO:隔离器;PA:前置放大器。

在此实验中,当相位控制系统为开环时,SCSFD 不工作,由于每个光纤放大器的相位都在波动,激光束的相位也在随机波动。曝光 2s 的远场光强分布见图 3.20(a),条纹对比度约为 21%。当相位控制系统为闭环时,运行相位控制算法,由信号处理器把相位调制信号和控制信号施加到每个通道的调制器,使相位误差得到有效补偿。观察面上的光强分布稳定。曝光 2s 的远场光强分布见图 3.20(b),计算出的条纹对比度大于 90%。按照上述真实数据排布 9 光束阵列,经过计算,理想调相后的理论远场分布见图 3.20(c)。可以发现,实验结果和理论计算一致。

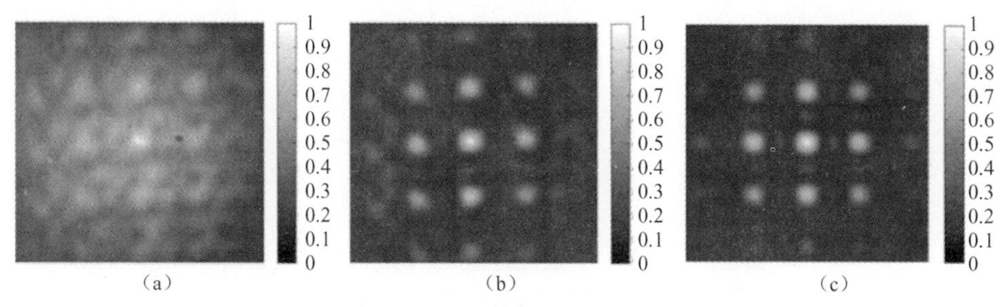

图 3.20　长曝光 2s 合成激光束的远场光强分布。
(a)开环图形;(b)闭环图形;(c)理论图形。

利用孔径收集的能量时序信号可以进一步研究锁相保真度和相位波动抑制,结果如图 3.21 所示。当控制环路为开路时,孔径收集的归一化能量在 0 和 1 之间随机波动。当控制环路为闭环时,孔径收集的归一化能量,大多时间稳定在 90%以上。残余相位误差不到 $\lambda/20$,这说明主瓣中的能量大幅度提高。对波动不到 $\lambda/20$ 的相位误差不做补偿,因为它低于所用相位控制系统的噪声限。

为了比较 SCSFD 和 SFD 技术,图 3.22 给出了从算法启动直到放大器相位锁

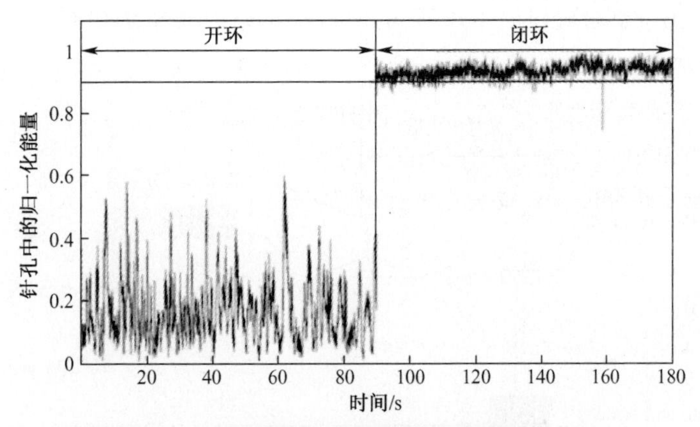

图 3.21　开环和闭环时孔径收集的能量时序信号

定的时间演变。为了便于讨论,算法启动时间用 T_t 表示。在同样实验条件下,用 SFD 技术 的T_t ≈2ms(见图 3.22(a)),用 SCSFD 技术的 T_t ≈1ms(见图 3.22(b))。而且,图 3.22(a)的残余相位误差比图 3.22(b)的大。这些结果表明,SCSFD 算法比 SFD 算法的的执行速度快。但是,SCSFD 算法的控制带宽会随着激光器数量增加而降低。因此,提高调制信号的频率对解决这个难题仍然是个有效方法。

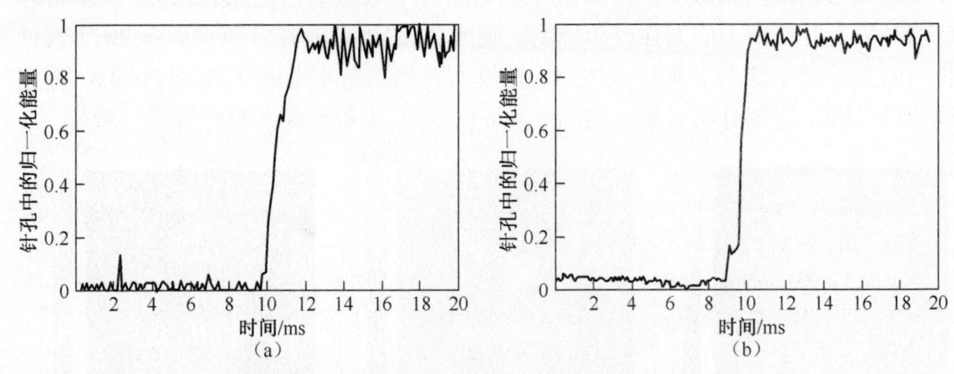

图 3.22　从算法启动直到放大器锁相的时间演变

(a)单频抖动技术;(b)正-余弦单频抖动技术。

3.4　总　　结

本章系统研究了 SFD 和 SCSFD 技术。对每一种技术,都基于高斯光束阵列开发了理论模型。结果表明,当激光束由不同子孔径(拼接结构)出射时,在光电探测器前面的硬孔径的大小和位置对相干合束有强烈影响。在实验中,首先用 SFD 技术对 9 个 100W 级光纤放大器进行相干合束,当激光束由不同子孔径(拼接结构)出射时,总输出功率大于 1kW。第二,用 SFD 技术对 4 个光纤放大器进行

CPBC合成,获得了良好结果。第三,用SFD技术对光纤激光器进行了目标在回路相干合束验证。最后,用SCSFD技术对9个10W光纤放大器进行相干合束可行性实验。实验结果表明,正-余弦技术的相位控制速度比单频抖动技术快2倍。本章说明,SFD和SCSFD技术很有潜力,其相位控制系统具有简单、紧凑、效费比高的优点,能把基于抖动的相位控制相干合束扩展到大数量光纤激光器的应用中。

参考文献

[1] Fan, T. Y. (2005) Laser beam combining for high-power, high-radiance sources. IEEE J. Sel. Top. Quantum Electron., 11, 567-577.

[2] Enloe, L. H. and Rodda, J. L. (1965) Laser phase-locked loop. Proc. IEEE, 54, 165-166.

[3] Buczek, C. J. and Freiberg, R. J. (1972) Hybrid injection locking of high power CO2 laser. IEEE J. Quantum Electron., 8, 641-650.

[4] Lebedev, F. V. and Napartovich, A. P. (eds) (1993) High-Power Multibeam Lasers and Their Phase Locking, SPIE Proceedings Series, vol. 2109, Society of Photo Optical.

[5] Coffer, G., Bernard, J. M., Chodzko, R. A., Turner, E. B., Gross, R. W. F., and Warren, W. R. (1983) Experiments with active phase matching of parallel-amplified multiline HF laser beams by a phase-locked Mach-Zehnder interferometer. Appl. Opt., 22, 142-148.

[6] Levy, J. and Roh, K. (1995) Coherent arrayof 900 semiconductor laser amplifiers. Proc. SPIE, 2382, 58-69.

[7] Goodno, G. D., Asman, C. P., Anderegg, J., Brosnan, S., Cheung, E. C., Hammons, D., Injeyan, H., Komine, H., Long, W., McClellan, M., McNaught, S. J., Redmond, S., Simpson, R., Sollee, J., Weber, M., Weiss, S. B., and Wickham, M. (2007) Brightness-scaling potential of actively phase-locked solid state laser arrays. IEEE J. Sel. Top. Quantum Electron., 13, 460-472.

[8] McNaught, S., Komine, H., Weiss, S., Simpson, R., Johnson, A., Machan, J., Asman, C., Weber, M., Jones, G., Valley, M., Jankevics, A., Burchman, D., McClellan, M., Sollee, J., Marmo, J., and Injeyan, H. (2009) 100kW coherently combined slab MOPAs. Conference on Lasers and Electro-Optics, Baltimore, MD, May 31, 2009, Paper CThA1.

[9] Taylor, L. R., Feng, Y., and Calia, D. B. (2010) 50W CW visible laser source at 589nm obtained via frequency doubling of three coherently combined narrow-band Raman fibre amplifiers. Opt. Express, 18, 8540-8555.

[10] Zhou, P., Ma, Y., Wang, X., Xiao, H., Leng, J., Xu, X., and Liu, Z. (2011) Coherent beam combination of thulium-doped fiber lasers. SPIE Newsroom. doi: 10.1117/2.1201101.003488

[11] Bloom, G., Larat, C., Lallier, E., Lehoucq, G., Bansropun, S., Lee-Bouhours, M. S. L., Loiseaux, B., Carras, M., Marcadet, X., Lucas-Leclin, G., and Georges, P. (2011) Passive coherent beam combining of quantum-cascade lasers with a Dammann grating. Opt. Lett., 36, 3810-3812.

[12] Seise, E., Klenke, A., Breitkopf, S., Limpert, J., and Tünnermann, A. (2011) 88W 0.5mJ femtosecond laser pulses from two coherently combined fiber amplifiers. Opt. Lett., 36, 3858-3860.

[13] Preu, S., Malzer, S., Döhler, G. H., Zhao, Q. Z., Hanson, M., Zimmerman, J. D., Gossard, A. C., and Wang, L. J. (2008) Interference between two coherently driven monochromatic terahertz sources. Appl. Phys. Lett., 92, 221107.

[14] Kurti, R. S. , Halterman1, K. , Shori, R. K. ,and Wardlaw, M. J. (2009) Discrete cylindrical vector beam generation from an array of optical fibers. Opt. Express, 17, 13982-13988.

[15] Yu, C. X. , Augst, S. J. , Redmond, S. M. ,Goldizen, K. C. , Murphy, D. V. , Sanchez, A. , and Fan, T. Y. (2011) Coherent combining of a 4kW, eight-element fiber amplifier array. Opt. Lett. , 36, 2686-2688.

[16] Ma, Y. , Zhou, P. , Wang, X. , Ma, H. , Xu, X. ,Si, L. , Liu, Z. , and Zhao, Y. (2010) Coherent beam combination with single frequency dithering technique. Opt. Lett. , 35, 1308-1310.

[17] Ma, Y. , Wang, X. , Leng, J. , Xiao, H. , Dong,X. , Zhu, J. , Du,W. , Zhou, P. , Xu, X. , Si, L. , Liu, Z. , and Zhao, Y. (2011) Coherent beam combination of 1. 08kW fiber amplifier array using single frequency dithering technique. Opt. Lett. , 36, 951-953.

[18] Ma, P. , Zhou, P. , Ma, Y. , Su, R. , and Liu, Z. (2012) Coherent polarization beam combining of four high power fiber amplifiers using single-frequency dithering technique. IEEE Photonics Technol. Lett. , 24, 1024-1026.

[19] Vorontsov, M. A. , Weyrauch, T. , Beresnev,L. A. , Carhart, G. W. , Liu, L. , and Aschenbach, K. (2009) Adaptive array of phase-locked fiber collimators: analysis and experimental demonstration. IEEE J. Sel. Top. Quantum Electron. , 15, 269-280.

[20] Anderegg, J. , Brosnan, S. J. , Cheung, E. ,Epp, P. , Hammons, D. , Komine, H. , Weber, M. E. , and Wickham, M. (2006) Coherently coupled high power fiber arrays. Proc. SPIE, 6102, 202-206.

[21] Xiao, R. , Hou, J. , Liu, M. , and Jiang, Z. F. (2008) Coherent combining technology of master oscillator power amplifier fiber arrays. Opt. Express, 16, 2015-2022.

[22] Liu, L. , Vorontsov, M. A. , Polnau, E. ,Weyrauch, T. , and Beresnev, L. A. (2007) Adaptive phase-locked fiber array with wavefront phase tip-tilt compensation using piezoelectric fiber positioners. Proc. SPIE, 6708, 67080K.

[23] Shay, T. M. , Baker, J. T. , Sanchez, A. D. ,Robin, C. A. , Vergien, C. L. , Zeringue, C. , Gallant, D. , Chunte, L. A. , Pulford, B. , Bronder, T. J. , and Lucero, A. (2009) High power phase locking of a fiber amplifier array. Proc. SPIE, 7195, 71951M.

[24] Shay, T. M. and Benham, V. (2004) First experimental demonstration of phase locking of optical fiber arrays by RF phase modulation. Proc. SPIE, 5550, 313.

[25] Bourderionnet, J. , Bellanger, C. , Primot, J. ,and Brignon, A. (2011) Collective coherent phase combining of 64 fibers. Opt. Express, 19, 17053-17058.

[26] Bourdon, P. , Jolivet, V. , Bennai, B. ,Lombard, L. , Canat, G. , Pourtal, E. , Jaouen, Y. , and Vasseur, O. (2008) Coherent beam combining of fiber amplifier arrays and application to laser beam propagation through turbulent atmosphere. Proc. SPIE, 6873, 687316.

[27] Jolivet, V. , Bourdon, P. , Bennaï, B. ,Lombard, L. , Goular, D. , Pourtal, E. , Canat, G. , Jaouën, Y. , Moreau, B. , and Vasseur, O. (2009) Beam shaping of single-mode and multimode fiber amplifier arrays for propagation through atmospheric turbulence. IEEE J. Sel. Top. Quantum Electron. , 15, 257-268.

[28] Weyrauch, T. , Vorontsov, M. A. , Carhart, G. W. , Beresnev, L. A. , Rostov, A. P. , Polnau, E. E. , and Liu, J. J. (2011) Experimental demonstration of coherent beam combining over a 7km propagation path. Opt. Lett. , 36, 4455-4457.

[29] Tao, R. , Ma, Y. , Si, L. , Dong, X. , Zhou, P. ,and Liu, Z. (2011) Target-in-the-loop high power adaptive phase-locked fiber laser array using single-frequency dithering technique. Appl. Phys. B, 105, 285-291.

[30] Ma, Y. , Zhou, P. , Wang, X. , Ma, H. , Xu, X. ,Si, L. , Liu, Z. , and Zhao, Y. (2011) Active phase locking of fiber amplifiers using sine-cosine single-frequency dithering technique. Appl. Opt. , 50, 3330-3336

第4章

用爬山算法实现光纤和半导体放大器的主动相干合成

Shawn Redmond, Kevin Creedon, Tso Y. Fan, Antonio Sanchez-Rubio, Charles Yu, Joseph Donnelly

4.1 用于主动相位控制的爬山控制算法介绍

已经表明,主动相干合成法能有效合成多路激光。任何主动相干合成结构的目的都是有效控制和校正待合成光束的相位。根据应用目的不同,可能需要合成几十束甚至上千束激光,因此需要透彻了解控制算法的应用范围和光束合成结构。主动相位控制算法大体分为两类:相位感应法和评价函数感应法。相位感应法直接探测相位误差,并将它稳定在零误差状态,这可通过射频外差法和干涉测量基方法实现[1-3]。评价函数感应法直接探测评价函数或信号并优化它,但不能直接获得需要校正的真实误差。

能应对这一挑战性控制问题的新型评价函数感应方法是随机梯度下降算法(SPGD),该算法由 Vorontsov 等人[4]于 1997 年提出,并在主动相位校正中得到验证。SPGD 算法实施起来简单,因而它很有吸引力,也是本章其余内容的基础。SPGD 是一种无模型算法,这意味着它不受控制变量之间的函数关系影响,能解决大多数优化问题。它仅用一个光电探测器提供各个激光器的相位评价函数,大大简化了系统结构,能降低成本、减小体积、减轻重量、降低功耗。了解 SPGD 算法在动态环境的扩展特性和性能,可帮助我们确定算法的适用性。

本章首先介绍利用 SPGD 算法进行激光主动相干合成,介绍随着合成激光器(或元)数量增加,系统收敛的能力。然后介绍传统 SPGD 控制算法的两种变化算法。通过优化相关元的抖动关系或引入多个能提供更多信息的探测器,这两种算法能减少无关元的数量,加快系统收敛速度。

接着介绍 SPGD 算法在半导体放大器和光纤放大器主动相干合成中的应用。半导体放大器的合成以板条耦合光波导(SCOW)方案为基础,该方案由 MIT 林肯实验室 Walpole 等人[5]在 2002 年提出,通过使用直径 4~5μm 的近圆形输出和 1W

级功率输出,实现了比常规半导体激光器 1μm 高散光输出更灵活的光束合成结构。总结了由拼接光束结构获得的主动相干合成结果,以及用衍射光学元件(DOE)合成一束输出光的结果。用掺镱光纤放大器实现了千瓦级输出功率。讨论光纤放大器的重要特性,最后总结用商用 500W 光纤放大器获得的拼接光束和单光束主动相干合成结果。

4.1.1 用于主动相位控制的传统 SPGD 控制算法

SPGD 算法是一种优化技术,当用于主动相位控制时,它优化或降低被合成激光之间的相对相位误差。根据光束合成结构不同,优化的评价函数是合成功率或轴上光强。通过减小相对相位误差可最大化合成功率或 Strehl 比,因而可以简单地把功率计用作探测器,不再需要进行外差检测的参考光、其他干涉测量法以及单频调制和解调。但使用这种简单探测法也有代价,SPGD 算法优化的是评价函数(本章指的是合成功率),并不直接测量相位,所以它不能提供相位误差。它的收敛时间还与阵列大小有关。

为了说明 SPGD 算法的工作原理,图 4.1 给出一个 2 元阵列的例子,在相对相位误差为 0 时,它的 Strehl 值(或者信号评价函数)最大。SPGD 算法通过给当前系统状态施加一个小幅抖动来工作,这里的相位误差为 x_0。沿抖动振幅方向测量到的评价函数提供了斜率估计值,并作为相位误差信号。一个迭代周期包括沿上一次迭代校正方向施加的正抖动和负抖动。系统收敛于最大信号值处,因为只有在这个位置,测量的梯度才会为 0。另外,为了能精确定位在最大信号峰值处,必须施加一个等量的反向抖动,以确保系统在最大值时才能测量到零梯度值。当扩展到 N 元时,抖动变成 N 元矢量,每个元都有不同抖动幅度。抖动矢量会改变每次迭代以提供必要的信息,确保在 N 维空间也能收敛在峰值处。

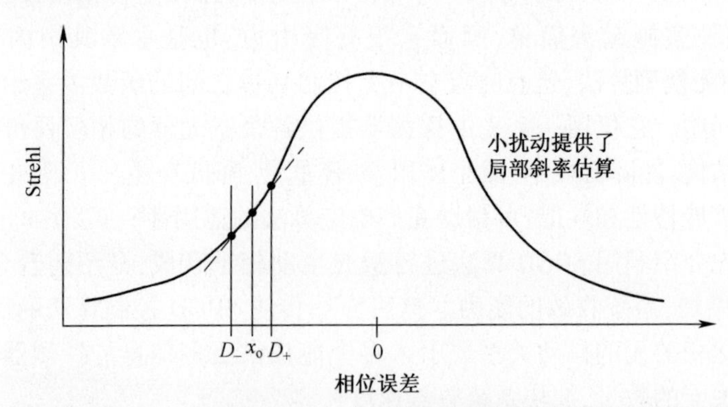

图 4.1 利用 SPGD 算法的 2 元阵列示例。当系统的相位误差为 x_0 时,在两个方向都施加了一个小幅抖动来估算局部斜率,为评价函数的最大化提供了误差信号。

应用软件通常采用的标准控制方程[3]可概括为:

$$A_{k+1} = g_{\text{leakage}} A_k + g\left(\frac{1}{2\sigma^2_{\text{rad,rms}}}\right)\left(\frac{S_+ - S_-}{S_+ + S_-}\right) D_k \tag{4.1}$$

式中：A_k 为元 A 的第 k 次迭代；g_{leakage} 是增益值，用于“漏”掉累积的全部活塞相位误差，其典型值几乎等于 1；g 是控制增益；σ 是抖动矢量的标准偏差（单位为弧度）；D_k 是元 A 的抖动振幅，S_+ 和 S_- 分别是增加或减小抖动时探测器的功率测量结果。抖动阵列由多个矢量组成，或者沿行排列或者沿列排列，以便在后续迭代中使用，传统上抖动阵列由随机量和统计自变量构成。此外，每个抖动矢量都有相等变量，从而能提供相等增益和无偏差校正。对大数量元而言，要保持同一个可探测响应，使用能同步作用于所有元的抖动矢量就很重要。当给所有元都施加小相位抖动时，整个阵列（由抖动产生）的均方根相位差保持不变，与元数无关，因而抖动信号与总信号之比是一个定值。为了向大元数扩展，这个不随元数变化的信噪比值就变成这个算法很有用的特征。模拟和实验都已证实，收敛时间为：

$$t_{\text{convergence}} = \frac{\alpha \cdot 2 \cdot N_{\text{channels}}}{f_{\text{dither}}} \tag{4.2}$$

式中：α 是随抖动变化的常数，f_{dither} 是每个抖动的频率。

4.1.2　正交抖动控制算法

由于收敛时间与元数量呈线性关系，使线性系数 α 尽可能小是为了缩短收敛时间。模拟与实验测量值都证实，对于随机抖动的常规 SPGD，根据确定的收敛时间，线性系数通常取 4~8。为了评估该线性系数能否进一步减小，我们首先推导 SPGD 算法本身。按照 Vorontsov 和 Sivokon 的推导方法[6]，信号评价函数可展开为关于不同激光元相位的泰勒级数近似。Vorontsov 的研究表明，对于统计学上的独立抖动集，该算法通常会随着每次更新而收敛，但由于使用统计学上的独立抖动会存在小误差。进一步研究发现，用于主动相位控制的 SPGD 算法并不需要只是统计独立的抖动集，而是要用正交抖动集，因为这样算法会执行快得多。

正交抖动集是由 $(N-1)N$ 元抖动矢量构成的阵列，其中每个抖动矢量都归一化为标准偏差 1，且所有抖动矢量都彼此正交。可用数学表达式表示为 $\langle D_i, D_k \rangle = \delta_{ik}$，其中，$\delta_{ik}$ 为克罗内克函数符号。对 N 元主动调相系统，只需 $(N-1)$ 个抖动矢量，因为只有 $(N-1)$ 个相对相位差。当用正交抖动时，原来对独立抖动为近似值的几个表达式都变成了准确值，这导致消除了梯度估算中的所有误差项，因而系统收敛起来更快。

该正交抖动法曾在模拟和实验中实施过。图 4.2 是用 21 个半导体放大器所做的实验对比。可以发现，利用正交抖动，线性系数为 2，比用独立抖动快了约 2~4 倍。线性系数为 2 意味着正交集收敛到稳态进行了 2 次迭代。如果 SPGD 算法有梯度下降特征，那么，收敛时间这么短就让人觉得奇怪。可以参考的一点是，线性系数的最小可能值为 1,这是检测到并应用了精确误差的情况。为了研究收敛时间这么快的原因,用另一种推导法可以更直观地理解系统的收敛性。这也揭示了,在以现在的控制方程用正交抖动进行主动相位控制时,算法并非真正的 SPGD 或梯度下降算法,而是基于级数的“相位感应”算法。

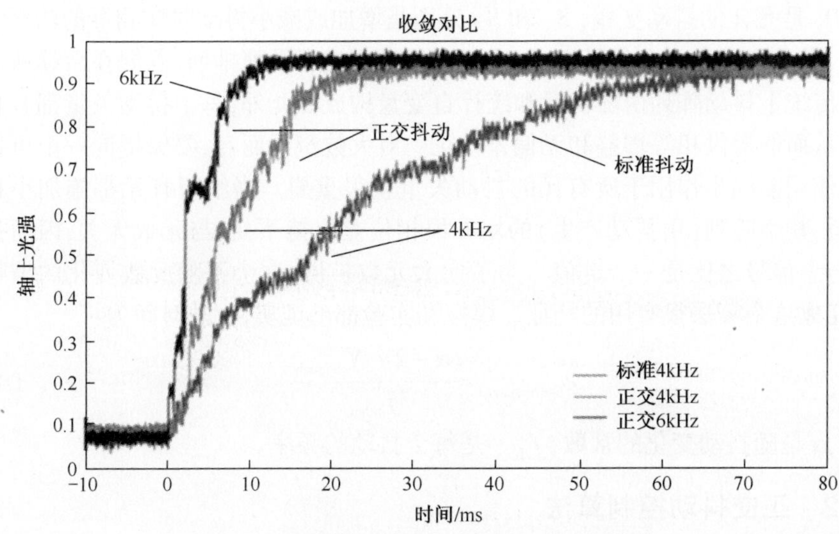

图 4.2 正交抖动法和标准抖动法的实验比较

假设有一个彼此锁相的 N 元激光阵列。整个阵列的 RMS 相位误差可表达为

$$\varphi_{\mathrm{rms}} = \sqrt{\frac{\sum_{N}^{i=1} (\varphi_i - \bar{\varphi})^2}{N}} \tag{4.3}$$

式中:$\bar{\varphi}$ 是平均相位。

从本质上讲,该值是各个元误差相对于平均误差的和。锁相时相位的绝对值并不重要,所以相对于第一个元的阵列相位误差可用下式表达

$$\varphi_{\mathrm{error,rms}} = \sqrt{\frac{\sum_{N}^{i=1} (\varphi_i)^2}{N-1}} \tag{4.4}$$

式中:φ_i 设为 0。

该表达式意味着,要把相位误差降到最低,就要让每个元的相位误差最小。在主动相位控制应用中,所用的评价函数是 Strehl 比。根据 Maréchal 近似,它与相位误差的均方根有关。

$$S \approx \mathrm{e}^{-\varphi_{\mathrm{rad,rms}}^2} \tag{4.5}$$

替换阵列相位误差表达式,得到

$$S \approx (\mathrm{e}^{-(\varphi_2^2/N-1)}) \times (\mathrm{e}^{-(\varphi_3^2/N-1)}) \cdots (\mathrm{e}^{-(\varphi_N^2/N-1)}) \tag{4.6}$$

该式是独立高斯项的乘积。为了让 Strehl 值最大或相位误差值最小,就要使

$N-1$ 个独立误差最小,而高斯项取决于评价函数。对于高斯分布项 $e^{-\alpha(x-x_0)^2}$,当评估 SPGD 控制方程式中使用的归一化因子时,评价函数就简化为实际误差项,这就说明了方程快速收敛的原因:

$$\left(\frac{S_+-S_-}{S_++S_-}\right)\left(\frac{1}{2\Delta x}\right)=\left(\frac{e^{-a(x+\Delta x-x_0)^2}-e^{-a(x-\Delta x-x_0)^2}}{e^{-a(x+\Delta x-x_0)^2}+e^{-a(x-\Delta x-x_0)^2}}\right)\left(\frac{1}{2\Delta x}\right)=\frac{-\sinh(2a\Delta x(x-x_0))}{2\cdot\Delta x\cdot\cosh(2a\Delta x(x-x_0))} \tag{4.7}$$

式中:Δx 为抖动振幅。对于小 Δx,有

$$\left(\frac{S_+-S_-}{S_++S_-}\right)\left(\frac{1}{2\Delta x}\right)\approx -a(x-x_0) \tag{4.8}$$

这仅可应用于高斯分布,而且也能表明,对任意一组非相关激光元,$a\approx 1$。这是解释快速收敛的关键,因为每次抖动都能提供几乎精确的误差测量值。换句话说,如果对所有相位误差,Strehl 比都精确服从高斯分布,那么一次抖动一个元,系统应该在第 $N-1$ 步收敛。这可以概括为:生成由所有元组成的完全正交基础集,从而使每个抖动矢量实际上都由所有激光元的一些部分组成。这也是让我们产生迷惑的原因之一,即虽然此时所有元都同步抖动,但并不意味着会比一次抖动一个元能使系统收敛得更快。

综合上述结果,控制方程也可用另一种形式表达:

$$A_{k+1}=g_{\text{leakage}}A_k+g\left(\frac{1}{2D_{k,\text{amp}}}\right)\left(\frac{S_+-S_-}{S_++S_-}\right)\left(\frac{D_k}{D_{k,\text{amp}}}\right) \tag{4.9}$$

式中:$D_{k,\text{amp}}$ 是抖动矢量的均方根振幅,校正项是高斯函数乘以归一化抖动矢量的精确误差。对用相等抖动表示的基于 Strehl 比的评价函数,这就变为

$$D_{k,\text{amp}}=\sigma_{\text{rms}} \tag{4.10}$$

$$A_{k+1}=g_{\text{leakage}}A_k+g\left(\frac{1}{2\sigma_{\text{rms}}^2}\right)\left(\frac{S_+-S_-}{S_++S_-}\right)(D_k) \tag{4.11}$$

该推导也意味着,对于小相位误差,抖动集的收敛应该接近为一个时间,$a=1$,这是可能达到的最快收敛。

如前所述,非相关激光元有非常接近高斯分布的 Strehl 比。这个特点是采用正交抖动进行主动相位控制,SPGD 算法收敛得如此快的关键原因。为了提供一些逼近程度的示例,图 4.3~图 4.6 给出了各种线性调相阵列的 Strehl 比与随机相位误差之间的关系,同时给出了用高斯函数($e^{-\sigma^2}$)拟合的结果。其中,每个数据点都是随机生成元相位时,线性阵列的模拟输出。计算了每次随机过程中的 RMS 相位误差和 Strehl 比并绘制成图。这些图表明,Strehl 比非常逼近高斯函数,对合成元数量大于 2 时的小相位误差尤其如此。这意味着控制方程式(4.11)的确能提供近乎精确的相位误差测量值。图 4.7 给出的是 2 元阵列的情况,确切来说它服从 $\cos^2$ 函数关系,但也给出了高斯拟合结果。后边将以此说明山形变化对收敛时间的

影响。

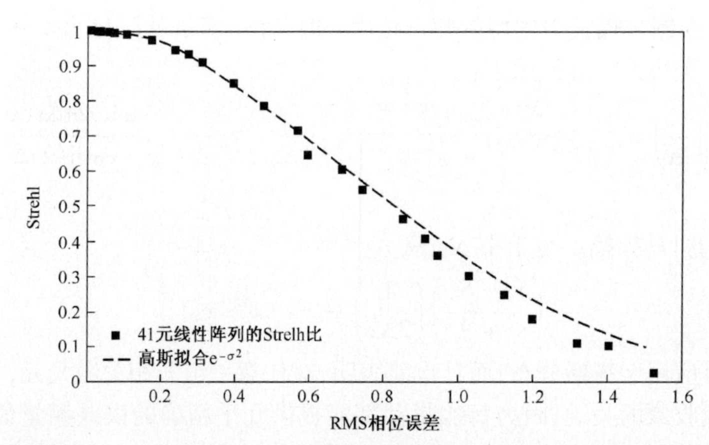

图 4.3 随机生成单个元的相位后,41 元线性阵列的模拟 Strehl 比与 RMS 相位误差的关系

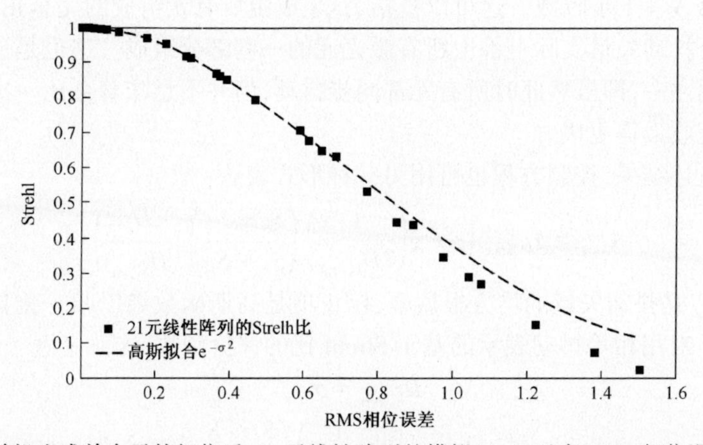

图 4.4 随机生成单个元的相位后,21 元线性阵列的模拟 Strehl 比与 RMS 相位误差的关系

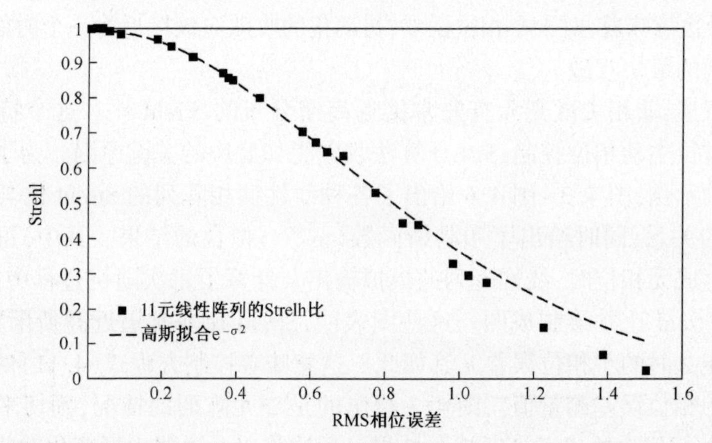

图 4.5 随机生成单个元的相位后,11 元线性阵列的模拟 Strehl 比与 RMS 相位误差的关系

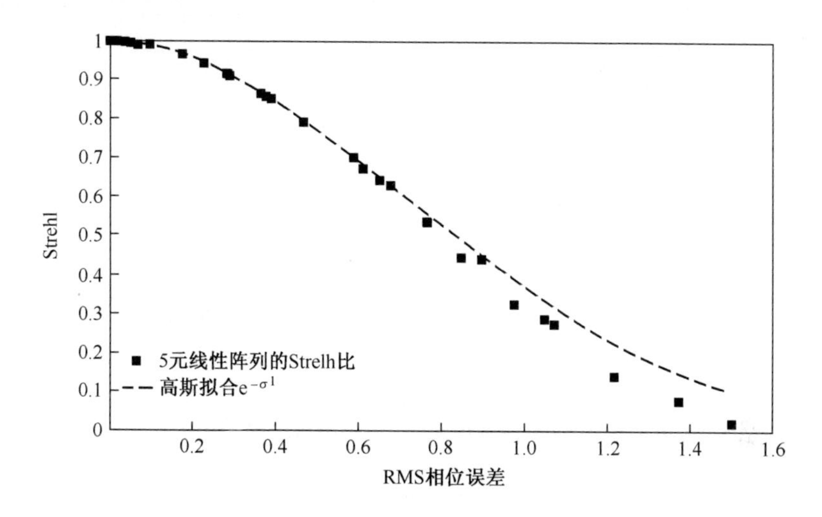

图 4.6 随机生成单个元的相位后,5 元线性阵列的模拟 Strehl 比与 RMS 相位误差的关系

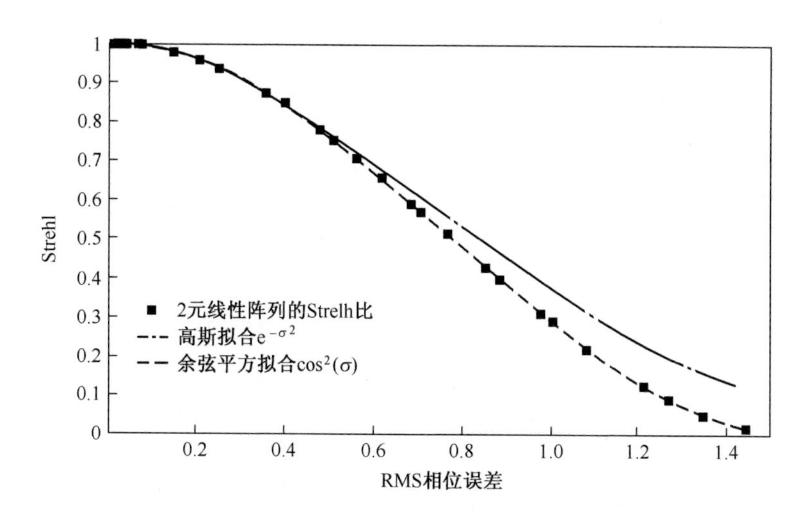

图 4.7 随机生成单个元的相位后,2 元线性阵列的模拟 Strehl 比与 RMS 相位误差的关系

为了从不同角度进行说明,我们假定 Strehl 值服从高斯函数关系或 $\cos^2$ 函数关系,图 4.8~图 4.9 绘制了 Strehl 值和误差项的关系。从图中可看出,对于小抖动振幅,SPGD 算法估算的误差值极其精确。虽然在高斯函数情况下有误差,但在 $\cos^2$ 函数情况下偏离峰值更远。图 4.10~图 4.12 说明的是,使用标准控制方程式(4.11)时,作为整个抖动集迭代次数的函数将如何影响调相阵列的收敛性。整体上说,两个情况下的收敛都很快,但当元数大于 2 时,由于用近高斯函数关系估算的相位误差几乎是精确的,因此阵列收敛地更快。

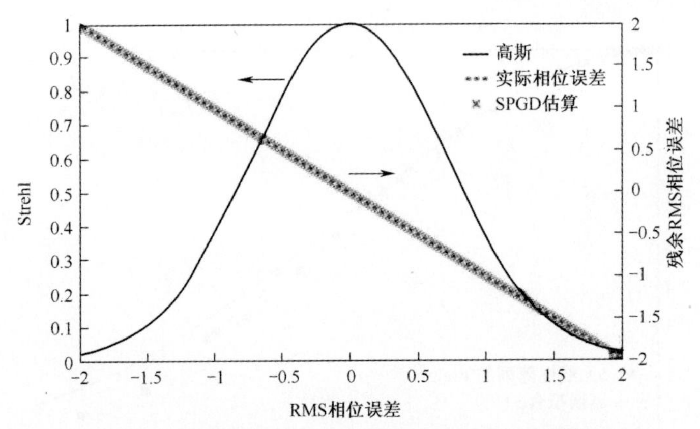

图 4.8 高斯函数关系的实际误差与 SPGD 估算值的对比

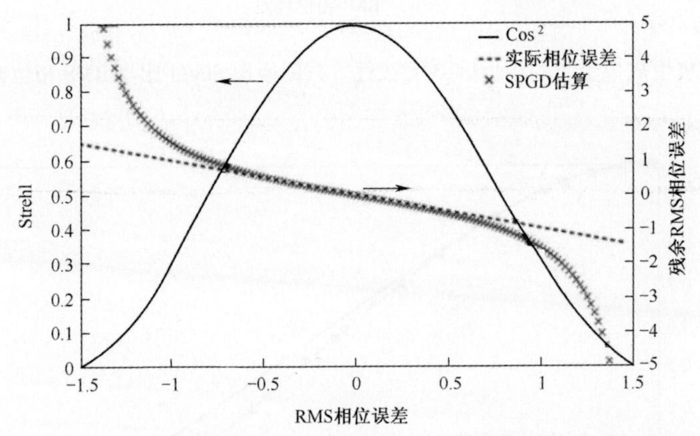

图 4.9 在对 2 元阵列调相时，SPGD 估算值与 $\cos^2$ 函数关系的实际误差的对比

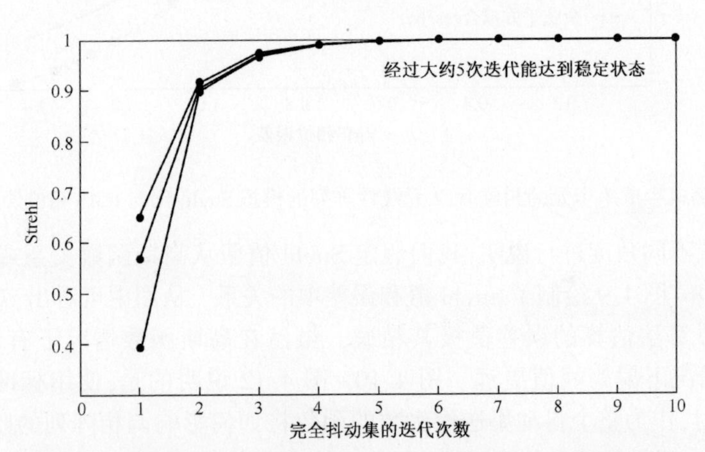

图 4.10 采用正交抖动 SPGD 算法并有三个随机初始相位误差时，2 元阵列的收敛情况。2 元阵列与相位误差之间是 $\cos^2$ 函数关系。

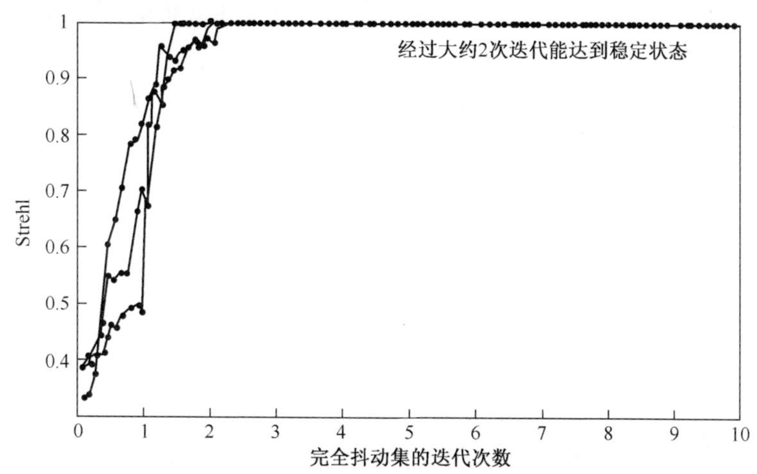

图 4.11　采用正交抖动 SPGD 算法，并有三个随机初始相位误差时，11 元阵列的收敛情况。11 元阵列与相位误差之间有近高斯函数关系。这也说明用正交抖动时线性系数为 2。

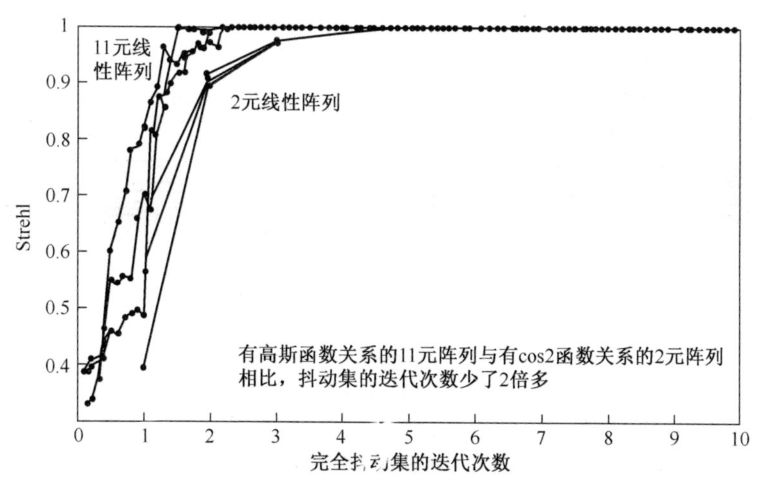

图 4.12　2 元阵列和 11 元阵列的 SPGD 收敛对比，这说明不服从高斯函数关系时收敛较慢

4.1.3　基于多探测器的控制算法

迄今为止，进行主动相位控制的常规 SPGD 算法一直依靠一个评价函数或一个功率计。由于收敛时间与元数量成线性关系，需要考虑用多个评价函数时的影响。为了了解潜在的影响，假定要主动合成一个如图 4.13 所示的 2D 阵列。如果考虑先沿一维然后再沿另一维调相的方法，那么收敛时间应与每维的元数之和而不是每维的元数之积成正比。这将导致收敛提高的速度等于总元数除以每维元数之和。但实际上，这会减少系统中“有效”元的数量。为了实现这一点，每个子组和整个阵列就各需要一个探测器。通过实验测试了该方案，示意图如图 4.14 所示。

虽然图 4.13 显示收敛有顺序特征，但实际上是同步实现的。所用的控制方程式为

$$A_{k+1} = g_{\text{leakage}} A_k + g\left(\frac{1}{2\sigma_{\text{rms}}^2}\right)\begin{pmatrix} \dfrac{S_{\text{global}+} - S_{\text{global}-}}{S_{\text{global}+} + S_{\text{global}-}} \cdot D_{\text{piston}} + \dfrac{S_{\text{group1}+} - S_{\text{group1}-}}{S_{\text{group1}+} + S_{\text{group1}-}} \cdot D_{\text{group}} \\ + \cdots + \dfrac{S_{\text{group}\,N+} - S_{\text{group}\,N-}}{S_{\text{group}\,N+} + S_{\text{group}\,N-}} \cdot D_{\text{group}} \end{pmatrix} \tag{4.12}$$

式中：每次迭代都使用所有功率探测器的测量值计算相应子组和整个阵列的修正值。此时，每个元的抖动都包含两个分量：

$$D_{\text{mult}} = D_{\text{piston}} + D_{\text{group}} \tag{4.13}$$

式中：D_{group} 是子组的 0 平均值抖动数据集，D_{piston} 是所有子组的抖动数据集。为了避免耦合环路造成不稳定性，让每个子组的抖动数据集的平均值为 0 就变得非常重要，从而不产生使设定的 D_{piston} 恶化的“活塞”误差。

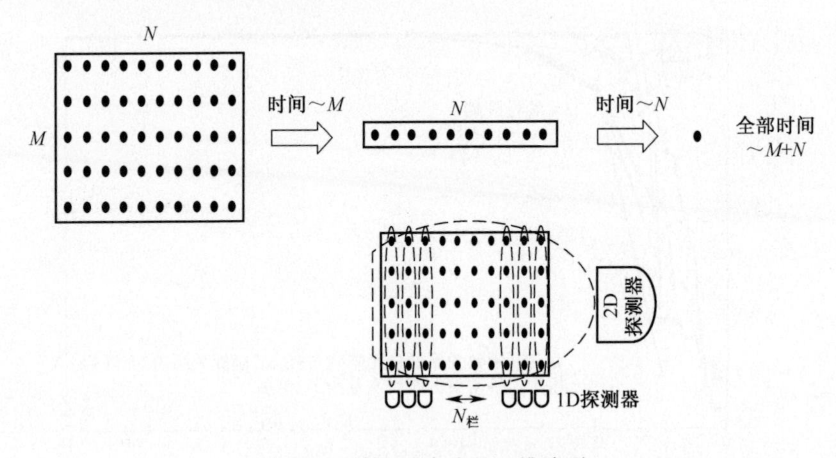

图 4.13 待主动合成的二维阵列

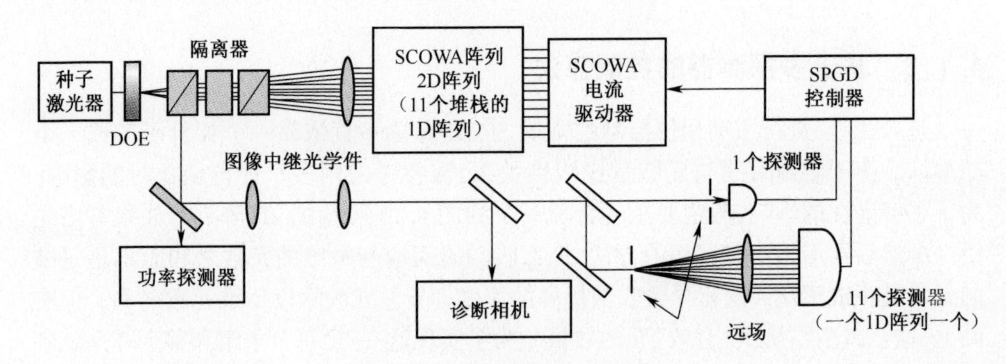

图 4.14 多探测器法工作原理

图 4.15 是实验得到的 11×21 阵列的收敛时间比较(在 4.2.1.2 节还将进一步

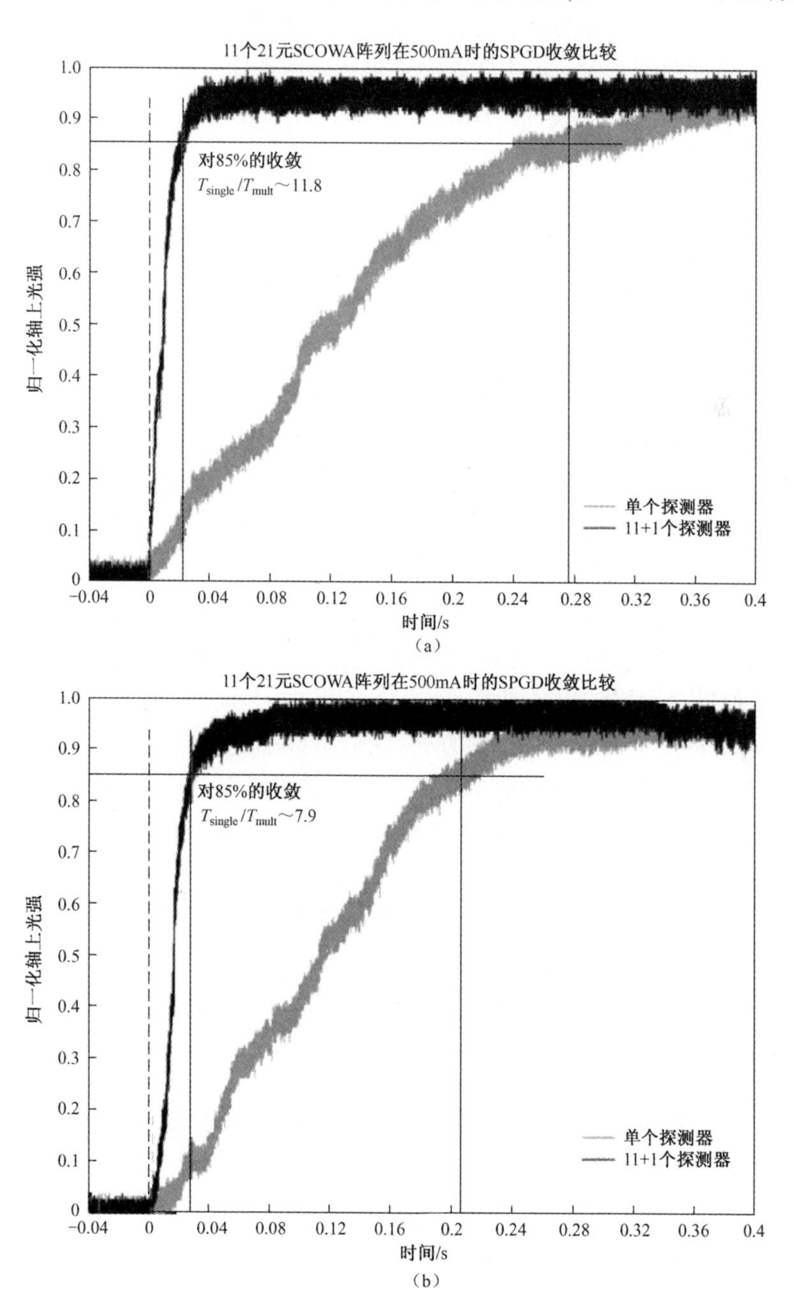

图 4.15　用 11+1 个探测器与用 1 个探测器时的收敛时间对比。显示的是不同初始相位条件下,两种方法测量的收敛时间,从中可以捕捉到用 SPGD 算法时观察到的一些变化。结果显示,速度提高了 7.9~11.8 倍。

详细叙述),结果表明,当用 11+1(子组和整个阵列)个探测器时,收敛时间提高了一个数量级以上。表 4.1 给出了几种配置及一些模拟结果,以便能给出一些收敛时间变化的统计数据。表 4.1 中还有简单逼近的收敛速度提高估计值。由于采用了同步实施法,因此平均收敛时间比简单逼近的收敛速度快,这与观察到的最慢的收敛时间十分吻合。

表 4.1 几种配置的模拟结果一览图

21 元阵列的数量	探测器数量	"简单"逼近	模拟中提高的速度	实验测量中提高的速度
6	7	4.7	4~6	4.3~6.0
10	11	6.8	9~12	8.4~10.5
11	12	7.2	7~12	7.9~11.8

在讨论将 SPGD 算法用于主动调相以前,需要先简要讨论一下如何用本节讨论的知识设计一个主动相干合成系统。通常会问的第一个问题是,主动控制系统的控制带宽应该设计为多少?以及,如何比较控制带宽和待校正的相位噪声谱?由于收敛时间比较容易测量,因此以前几节讨论的速度评价函数都是收敛时间。虽然由收敛时间不能直接给出控制带宽,但收敛时间与控制带宽成反比,该比例常数取决于所定义的控制带宽。如果采用的定义是相位噪声振幅低于 3dB 时的频率,那么根据从本章描述的模拟和实验获得的经验,比例常数就为 4($B = 4/t_{\text{convergence}}$)。根据与噪声谱对比的方式,我们可以确定应该使用一个探测器还是多个探测器。由于不是所有光学布局都可以使用多个探测器,因此初步设计时就要决定是否需要这一能力。最后,算法如何在硬件中实现也很重要,因为这会决定抖动频率是与收敛时间成线性正比关系,还是与控制带宽成反比关系。下一节将重点讨论硬件的实现过程,参与验证的硬件包括最大抖动频率为 6kHz 的半导体放大器,以及最大抖动频率为 300kHz 的光纤放大器。有了上述这些信息,根据预选的探测器数量和匹配的合成结构,我们就可以确定能合成多少路激光,以及如何设定控制算法硬件的速度要求。

4.2 基于爬山控制算法的主动相位控制技术应用

本节介绍 SPGD 算法以及正交与多探测器变化算法的硬件实施。这些算法用于以拼接光束结构和单光束结构相干合成半导体放大器和光纤放大器。通过对 200 个半导体放大器进行相干合成,获得了 40W 的合成输出功率,通过对 8 个光纤放大器进行相干合成,获得了千瓦级合成输出功率。由于两种放大器对控制带宽的要求差异很大(半导体放大器的大约为赫兹级,光纤放大器的为千赫级),因此对两种放大器的算法实现方法也不一样。

4.2.1　半导体放大器主动相干合成

与其他半导体泵浦型激光介质相比,对半导体放大器进行相干合成能有效提高效率和减小体积,因而很有吸引力。为了这些潜在优点,科研人员曾做过大量研究工作[7]。由于单模半导体激光器的输出功率低,需要对大量激光器进行光束合成,但到目前为止还没有真正实现过。设计多瓦级、近衍射限的半导体二极管激光器极具挑战性。这些挑战包括:怎样设计半导体激光器结构,使其在快慢轴上都有良好的光束质量? 怎样设计合理的电光转换效率,使热传导不至于限制输出功率的提高? 过去曾经尝试过许多方法,其中,脊波导(RWG)激光器普遍用作高功率单空间模式激光器。经过验证,低阈值、低模损耗的脊波导激光器能达到 1W 级功率输出[8]。限制脊波导激光器输出功率的主要因素包括沿着窄脊的散热、高阶横模的不稳定性和灾难性光学元件损伤(COMD)等。锥形激光器[9]有横向单模尺寸大的优势,这虽然有助于解决散热及光学元件损伤等问题,但大横模在高功率时会导致杂散光输出和单模不稳定。

4.2.1.1　SCOWA 半导体波导和相位控制介绍

板条耦合型光波导激光器(SCOWL)是一种新型平面激光器,在设计上与脊波导激光器或锥形激光器有很大区别。其主要区别在于,锥形激光器与脊波导激光器都需要设计外延层,而 SCOWL 设计以多模波导为基础。多模波导能通过把具有高传播损耗的高阶波导模耦合进板条,将高阶多模光束转变成单模光束。另一方面,脊波导激光器具有波导固有的优点,即单模。与脊波导激光器(模尺寸约 $1\times\lambda$)相比,板条耦合型波导的优点是模尺寸可以设计地相当大(大约是工作波长 λ 的 4~5 倍)。从光学镜面损伤的角度来看,由于板条耦合型波导模可在器件端面上展开,降低了端面上的光强,因此 SCOWL 的优势相当明显。另一个优点是 SCOWL 的模式几乎是对称的,这大大改善了向单模光纤耦合的效率。

参考文献[10-12]曾介绍过一种 980nm SCOWL 激光器。图 4.16 是一种典型 980nm SCOWL 激光器的结构。该结构由 $Al_{0.3}Ga_{0.7}As$ 涂覆层和一个 5μm 厚的低掺杂 $n-Al_{0.3}Ga_{0.7}As$ 波导($n=5\times10^{16}cm^{-3}$)组成。工作区由三个压缩的 70Å 厚的 $In_{0.17}Ga_{0.83}As$量子阱和一个 70Å 厚的可伸缩 $GaAs_{0.92}P_{0.08}$势垒及边界层组成。

该设计的关键点在于使多量子阱工作区偏离光波模峰值,而光波模的峰值处在波导结构内,如图 4.16 中的圆形虚线所示。这种设计能得到主要由低损耗波导限定的大模式尺寸(大约 5μm),也会导致约束因子较低($\Gamma\approx0.003\sim0.005$)。该约束因子会降低激光器的模式增益,因而要求波导的损耗低。典型 SCOWL 的设计损耗为 $\alpha\approx0.5cm^{-1}$。大波导能让光波模扩展到大尺寸,通常能达到 5μm×5μm,大模式尺寸有利于降低光学镜面损伤。此外,低损耗低增益设计能得到相当长的腔长(达 1cm),这有助于沿长度方向分散激光器的热负荷。

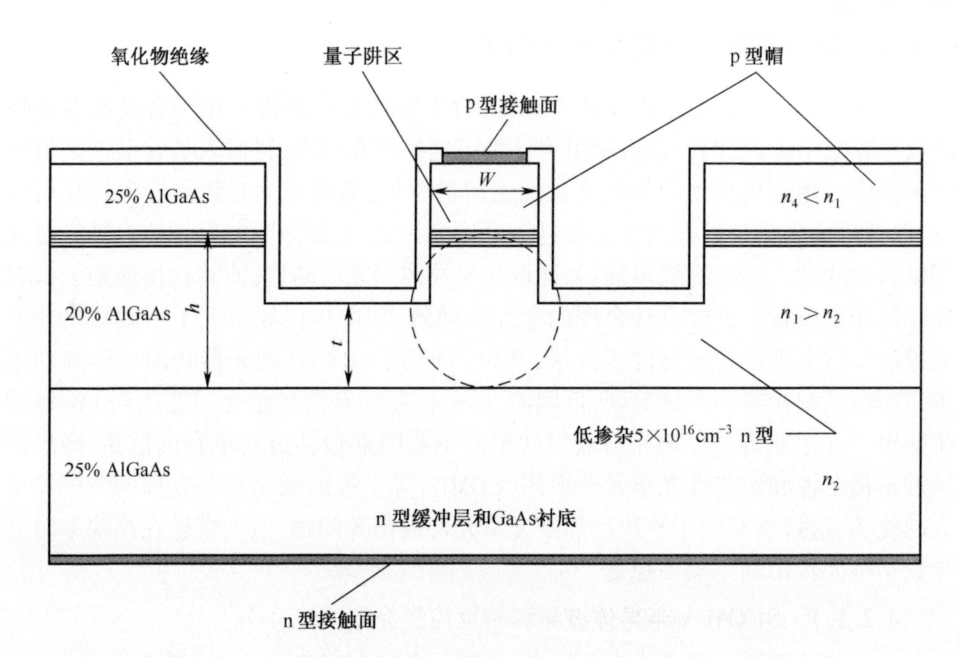

图 4.16　980nm SCOWL 的结构和装置示意图。在这个结构中，w = 5.7μm，h = 5.0μm，t = 4.5μm（w 为脊宽，h 为波导高，t 为板条厚度）。

波导设计是借助复指数模态解算器完成的。整个结构包括脊波导、板条区和未蚀刻区。保留未蚀刻区是为了帮助辨识更高阶模式。Marcatili 曾介绍过被动波导中的板条耦合物理机制[13]，最近，在 SCOWL 中又增加了一个增益区[5, 10]。其基本原理是，用一个板条耦合多模波导，能建立一个任意大的单模波导，板条就相当于一个针对高阶模的模式过滤器。板条耦合方案也可以转换为类似于 SCOWL 的脊波导结构，其中的关键尺寸是脊宽（w）、波导高度（h）和板条厚度（t），在图 4.16 的 SCOWL 结构中标出了这些尺寸。根据 Marcatili 给出的关于一阶耦合模的分析，复合板条波导系统的单模特性是由 T/H 和 T/W 的比值决定的（通过倏逝场长度增加 t、h 和 w，使 T、H 和 W 与 t、h 和 w 之间关联起来）。因此，虽然单个 T、H 和 W 值相对 λ 值可能较大，但它们的比值仍会满足单模标准。

当然，这些基本概念有一定的应用限制。例如，实际上，由于“临界”高阶模的数量会随着 h 增加而增加，并且需要滤除所有高阶模，因此波导高度要超过 $h \approx 6 \times \lambda$ 相当困难。到目前为止，对 $\lambda = 980$nm，已经验证过且能稳定工作的 SCOWL 的波导高度达 $6\times\lambda$ 。用一个 2D 复模态解算器对图 4.16 所示结构进行分析。模式解算结果如图 4.17 所示，从图中可清楚看出，由于模型中选择的人工边界都有损耗，因此，只有最低阶 SCOWL 模态有增益，且所有其他模态都是离散的。

已经证实，980nm SCOWL 激光器能输出>1W 的连续激光功率。图 4.18 给出

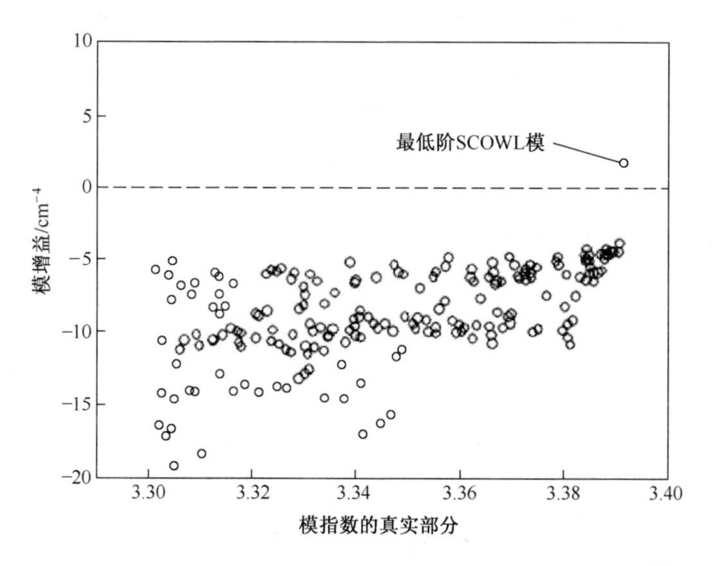

图 4.17　980nm SCOWL 激光器离散模的复指数图。由于板条耦合，只有最低阶 SCOWL 模有增益，所有高阶模都有损耗。

了“结侧朝下”结构的 SCOWL 激光器的典型 $L-I$ 特性，及各工作点的近场和远场分布剖面图。在整个工作范围，水平和垂直方向的光束质量因子 M^2 都近乎理想，$M_{x,y}^2=1.1$。测量到的模式尺寸是典型的 4×5μm(在光强为 $1/e^2$ 时测量)。该模态尺寸与普通单模光纤匹配良好，已验证的直接耦合效率约为 84%[10]。

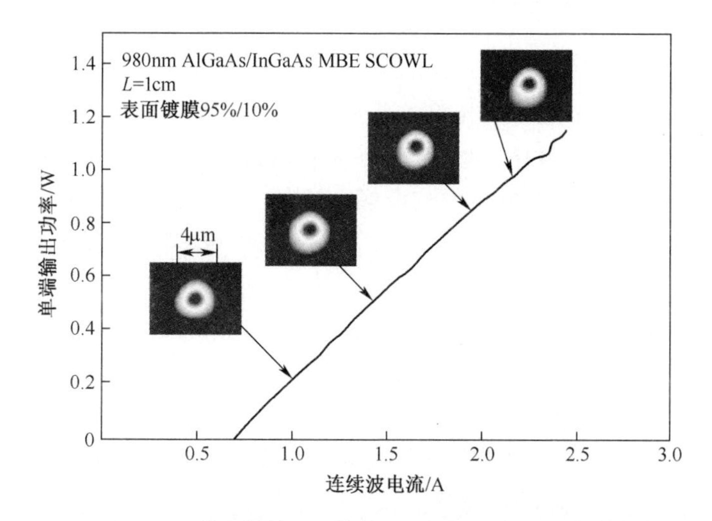

图 4.18　980nm SCOWL 激光器的 $L-I$ 特性。还显示了各电流水平的近场分布图

新型的 SCOWL 设计不再需要通过量子阱进行蚀刻，而且已经展现出更高功率和更高可靠性[14-18]，工作波长已能扩展到 1.06μm。

4.2.1.2 拼接阵列光束合成

本节按拼接光束结构对板条耦合型光波导放大器(SCOWA)阵列进行了主动相干合成[19]。图4.19是基于标准MOPA配置的系统架构示意图。图中窄线宽种子激光通过衍射光学元件后被分为多束,所设计的衍射光学元件要与放大器阵列的元数量匹配。衍射光学元件位于变换透镜的焦面上,这里需要确定阵列元的间隔以及模态匹配度,以便激光经过最佳耦合后进入双通SCOWA阵列。进入变换透镜前,用一个隔离器把输入和输出光束分开。基于GaAs材料的960nm SCOWA阵列由间距为200μm的21个激光元组成,阵列安装在低剖面单条微通道致冷器上,并以"结侧朝下"方式安装在印有图案的AlN托板上,让阵列元具备独立电寻址能力。SCOWA阵列的背面镀有高反射膜(HR),前面镀有减反射膜(AR),以防产生激光振荡,用500μm焦长的GaP微透镜阵列准直。

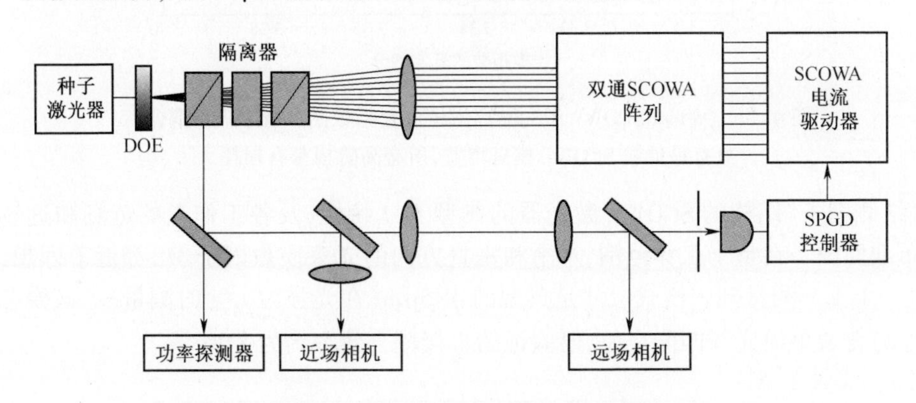

图4.19 主动相干合束概念的示意图

相位激励是通过向SCOWA施加驱动电流实现的。其物理机制是:在SPGD控制器的更新频率(<10kHz)处,折射率会随着温度发生剧烈变化。SCOWA微米级的尺寸使得可以在诱导相位响应幅值降低之前,把驱动电流频率调制到几百千赫。电流改变时引起的相位变化可通过两个SCOWA元的干涉来表征,如图4.20所示。

相位响应度测量过程如下,首先调整电流,让光束在远场具有同相模式,然后固定一个激光元的驱动电流,同时改变另一个元的驱动电流,再测量此时的轴上光强。对多个初始驱动电流都重复该过程,最后产生一个随驱动电流变化的相位-电流响应函数。由于放大器的非线性提取效率问题,相位响应与电流是非线性关系。通常,10mA会引入2π的相位变化。虽然通过改变驱动电流来引入相位变化会导致各光束的功率略有差异,但光功率振幅变化对合成效率的影响并不大[20]。相位噪声动态关系到主动控制系统所需带宽,也需要做进一步了解。单通SCOWA元的相位噪声可用参考文献[21]给出的外差探测法测量;相位噪声谱密度和积分相

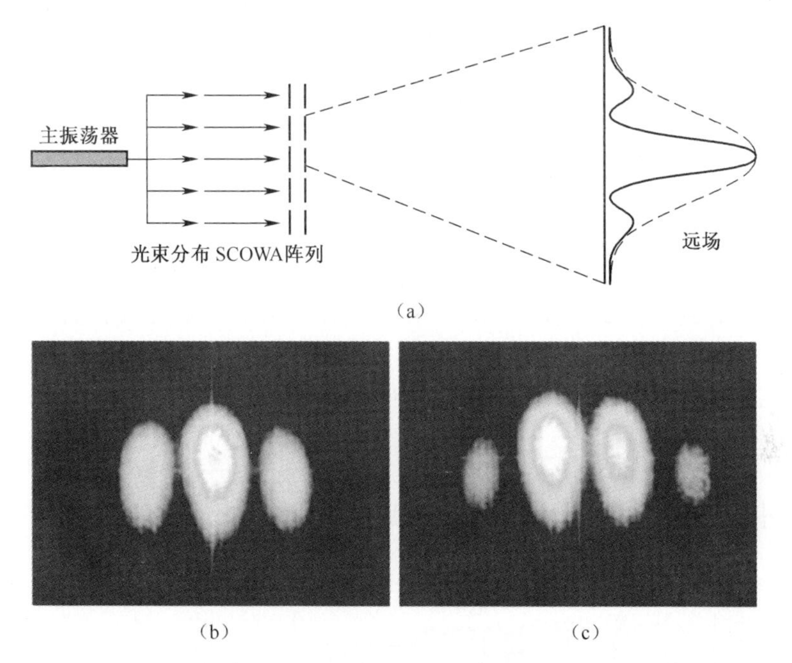

图4.20　(a)“相位→电流”示意图；(b)两个同相元的远场实验结果；(c)两个异相元的远场实验结果。

位噪声如图4.21所示，图中结果证明，仅需要几赫兹的控制器带宽就可使相位处于稳定状态。

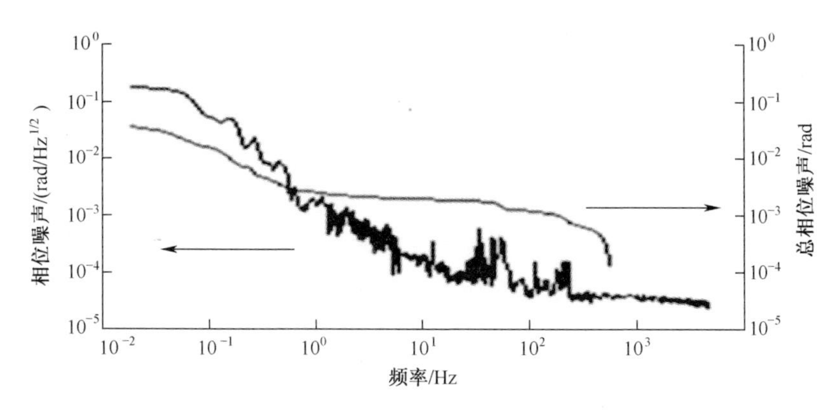

图4.21　一元、单通 SCOWA 的相位噪声谱密度和积分相位噪声

SPGD 控制器是一台计算机，能实时运行 Linux 操作系统，控制 231 个元，且抖动频率大于 6kHz。这里所用的抖动与典型抖动振幅呈正交关系，相当于 $\lambda/50$ 相位变化，会贡献小于 2%的合成损耗。

图4.22是实验装置布局图。如图所示，首先，种子激光经 SCOWA 放大后，被

第一个一维 21 路衍射光学元件分光，形成 21 路的 SCOWA 阵列。然后，用第二个一维 11 路衍射光学元件对 21 路 SCOWA 阵列的输出光再进一步分光，生成 11 个 21 路 SCOWA 阵列，并把光图像传输至最后一级。这里，第二个一维衍射光学元件需要与傅里叶平面上的阵列轴线进行正交准直。最后一级 21 路 SCOWA 阵列是单独安装的，以便对光束进行精确定位和定向。用一组高反镀膜棱镜在空间上将光束分成 11 个阵列。组合后的 2D 阵列的最终尺寸为 2.6mm×200μm。二维 SCOWA 阵列中的远场光经过输出隔离器后传输给诊断相机、功率计和 SPGD 控制器。这里，SPGD 控制器用的输入信号是远场轴上光强，它是由一根连接到硅探测器上的多模光纤进行部分采样后产生的。

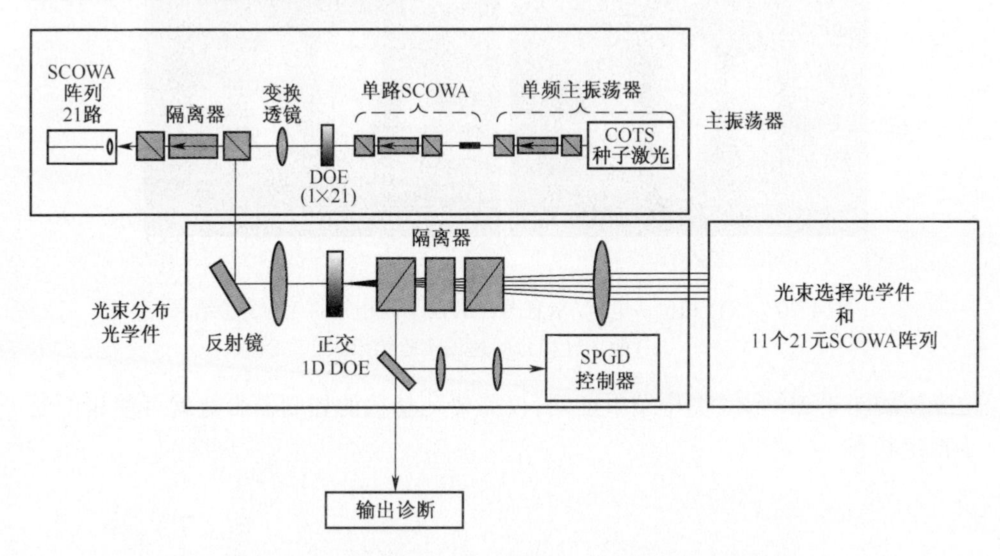

图 4.22 多 SCOWA 阵列主动相干合成的实验布置图

图 4.23~图 4.25 分别给出了 2、6 和 11 个 21 路 SCOWA 阵列的远场相干合成图。这些图是用一个分辨率为 10bit 的 CMOS 相机记录的，峰值光强接近饱和。两个强度较高的波瓣之间存在有光强较低的区域，既表明有高相干性也表明有良好的合成效率。当平均工作电流为 500mA 时，2、6 和 11 个 21 路阵列结构的连续激光合成输出功率分别为 8.2W、20.7W 和 38.5W。因为近场填充因子较低（21 元阵列的轴向和正交方向上的近场填充因子分别为 40% 和 6%），远场出现了多个旁瓣。在合成 2~11 个阵列时，通过对生成的远场光进行比较可以发现，远场能保持很高的相干性，因此该方法的扩展能力显而易见。

为了量化提高的亮度，我们使用了两种技术。第一种技术是用摄像机测量并计算远场主瓣与总功率的比率，把测量到的比值与理想的、无相位误差时的模拟比值数据进行比较。用该技术对 6 路和 11 路 SCOWA 阵列合成，获得的测量值是理想模拟值的 60%。但是，由于亮区与暗区的大小差异很大，摄像机的背景噪声往往

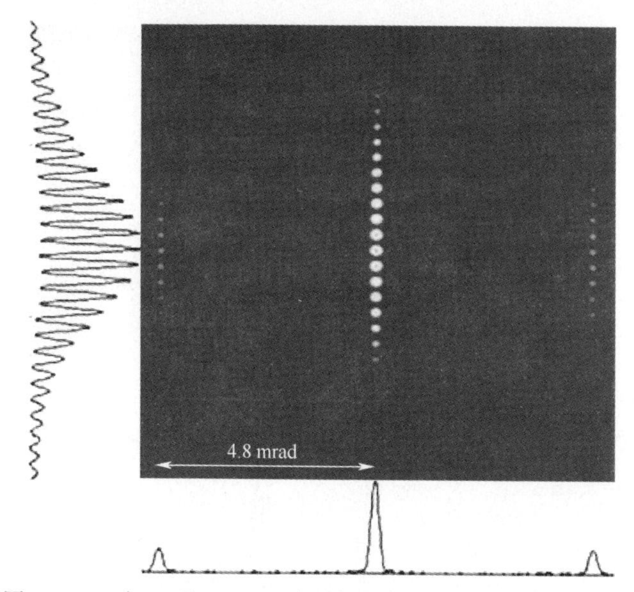

图 4.23　2 个 21 元 SCOWA 阵列相干合成的远场光斑实验结果

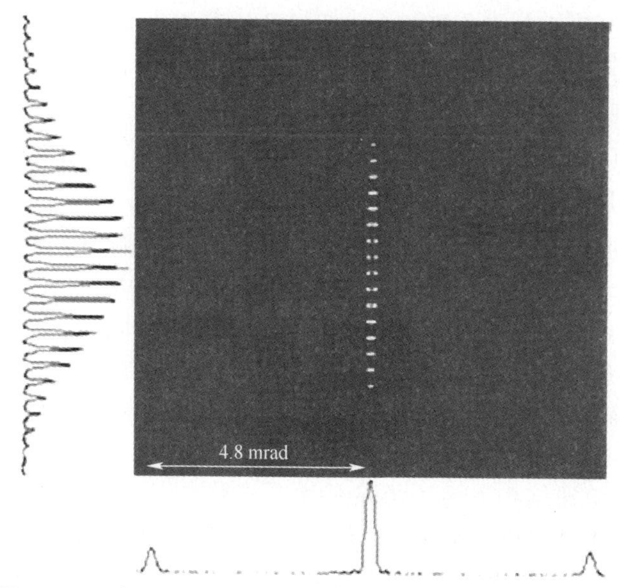

图 4.24　6 个 21 元 SCOWA 阵列相干合成的远场光斑实验结果

会限制测量值的准确性，因此 60% 的数值可能偏小。第二种技术是将轴上光强作为 SPGD 控制器的输入信号，以便确定所有未调相信号和已调相元的信号之间的比值。在理想调相条件下，亮度应该提高 N 倍，其中 N 是有效元的数量。用该技术给出的 6 路和 11 路 SCOWA 阵列合成的实验值是理想模拟值的 80%。由于 SCOWA 的相干干涉是波动的，因此需要用多次实验的平均值对未调相信号进行估

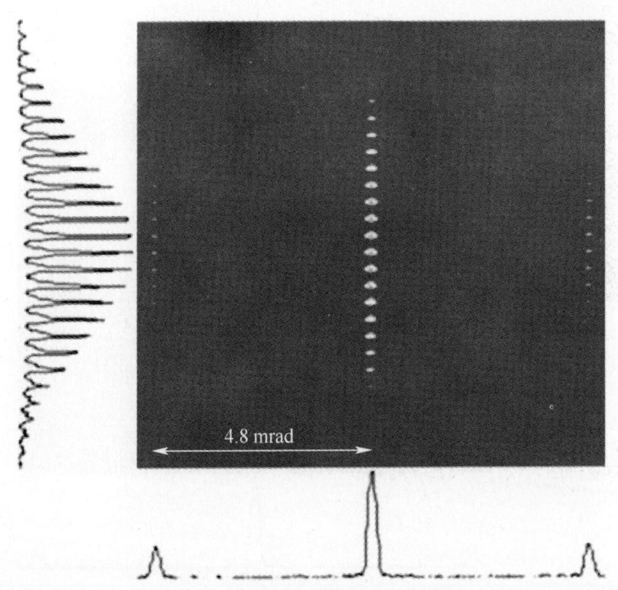

图 4.25　11 个 21 路 SCOWA 阵列相干合成的远场光斑实验结果

算。经过比较,用两种技术估算的合成质量是相似的。经过分析认为,SCOWA 阵列的位置偏差和微透镜的准直偏差可能是导致合成质量比理想值低的最大原因。然而,在合成 11 个阵列时,由于 SPGD 控制带宽外的高频机械抖动,阵列间的尺寸可能会出现较小恶化,这一点可从波瓣图像的模糊状态看出来。

4.2.1.3　用衍射光学元件进行单光束主动相干合成

作为一种拼接光束结构的备选方案,可以在相干合成结构中使用衍射光学元件(DOE),产生单光束输出。Leger 等人首次验证过这种方法[22]。该方法可与半导体放大器结合起来使用,用一个衍射光学元件对半导体放大器的输出光进行主动相干合成,形成单束光[23]。以前使用 SCOWA 的双通结构[19]通常会遭受寄生在芯片上的受激辐射限制和外部耦合隔离器的功率容量限制。寄生在芯片上的受激辐射可能会限制半导体进行相干合成时的输出功率。为了解决这个问题,采用了图 4.26 所示的单通结构。为了消除芯片上的模,让 5mm 长的波导穿过 47 元、1.16cm 的巴条,并让该巴条与晶片切割面呈 3.4°角。通过给波导两端面涂覆减反射膜,可抑制芯片上的受激辐射,每个元驱动电流至少 2.3A,从而形成一个高保真单通功率放大器阵列。为了充分利用商用光纤元件和硅端面钝化处理技术,设计的 SCOWA 通常在 1064nm 工作。该阵列以“节侧朝下”形式锡焊在印有图案的多层 AlN 托板上,形成独立寻址能力,然后粘接到微型制冷器上。

光纤耦合主振荡器的输出经由单频掺镱光纤放大器放大后,用定制的高功率 1×6 硅光纤分束镜进行分光,再进一步用 6×1×8 的平面光波电路(PLC)分束镜阵列(直接耦合在 SCOWA 阵列上)进行分光。这里,每个 SCOWA 能产生 1W 输出功

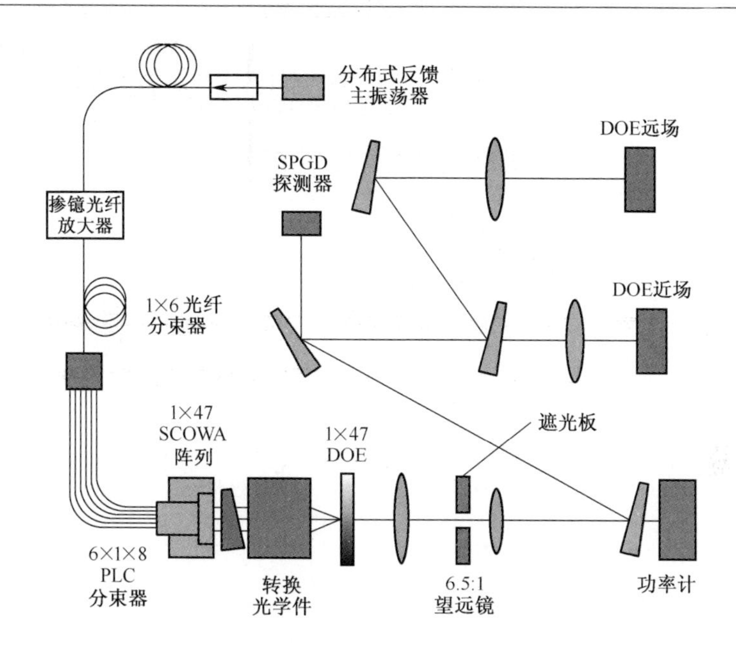

图 4.26　相干合成布局。单频激光源经过放大后被分为 48 束,其中 47 束耦合到一个有 47 个放大器的阵列中。用一个单透镜和衍射光学元件合成光束,把输出送到诊断系统。为简明起见,仅显示了三个元。

率,电流为 1.4A 时电-光转换效率为 37%。各个 SCOWA 阵列的近高斯输出模式经过准直后,由一个通用全熔融硅光学系统(该光学系统由一个棱镜和一个 f = 100mm 的 4 元扫描透镜组成)以一定角度映射在 1×47 衍射光学元件合成器上。除了让衍射光学元件的 2.5mrad 分束角与该阵列的标准 252μm 阵列间距匹配以外,还设计了光学系统来减小像差,修正因没用微透镜时 SCOWA 斜面造成的倾斜场。这是用模场相对大(4μm×6μm)的 SCOWA 实现的,能形成一个紧凑的相干光束合成模块。

由于光学系统的一些小残留畸变以及对非线性分光角的依赖性,SCOWA 的阵列间距是根据透镜光线追踪模型通过在平版印制的掩膜中调整的。每个激光发射体的位置精度是通过单独启动每个元,并且测量衍射光学元件远场摄像机上的轴上光束位置偏差量来确定的。如图 4.27 所示,该阵列在每个放大器电流为 1.4A 时,实现了 40W 的功率合成,合成效率接近 90%,该合成效率是信号光功率与衍射光学元件上的总功率之比。该阵列的位置误差的均方根值为 0.25μm(慢轴)×0.36μm(快轴),导致估算的合成效率损失了 4%。用灰度光刻法制成的 47 路衍射光学元件在分光效率大于 99%时(该分光效率等于第 47 阶的效率除以总功率),实现了 99%的合成效率。SCOWA 的偏振消光比为 2%,自发放大辐射损耗<1%。SPGD 抖动电路中的相位波动也会造成<1%的损耗。其余损耗应该是转换光器件

的光程差造成的。

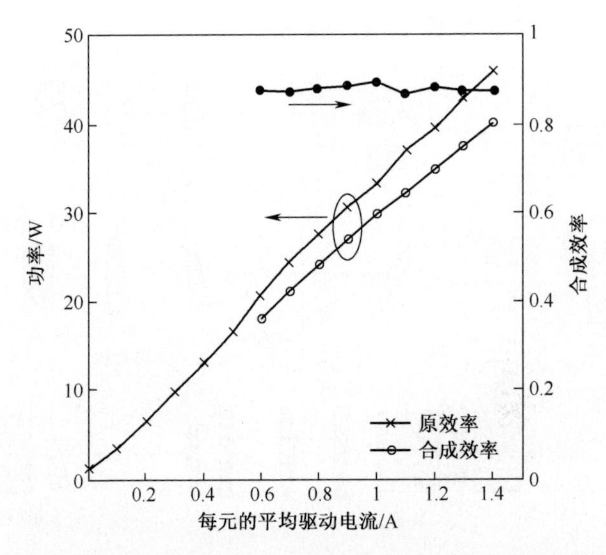

图 4.27 用功率计测量相干合成功率。原功率指的是在开环控制时在衍射光学元件处测量的功率。这里的驱动电流是阵列上所有发光元的平均值。

SPGD 控制器是在实时计算机上实现的,抖动速率达到 6kHz。对单通 SCOWA 来说,全波相位延迟相当于 100~300mA 的电流变化量,具体取决于入射的种子激光功率和输入的直流电流值。当给半导体激光器施加驱动电流、运用 SPGD 算法使相位产生变化时,需要设定限制条件,即要保持整个阵列平均驱动电流不变,这样做的目的是为了阻止系统通过持续提高驱动电流的方式来提高功率。

图 4.28 中的合成光束质量因子 $M^2=1.2\times1.3$,优于单光束的光束质量因子 1.3×1.7。对于衍射光学元件相干合束,这种改善是可能的,因为只有共用波前才能产生相长干涉,而且将损失过滤到了衍射光学元件的高阶。

4.2.2 光纤放大器主动相干合成

20 世纪 90 年代后期出现的包层泵浦光纤放大器,为该类放大器的低亮度泵浦开辟了一条新途径[24-27]。由于高功率低亮度泵浦二极管比较容易获得,光纤放大器的输出功率提高得很快。现在掺镱光纤放大器能实现接近衍射限的千瓦级输出。由于它们的波导性,光纤激光器的输出本质上就具有衍射限的特性,因此,光纤激光器是通过光束合成提高总亮度的最佳选择。

4.2.2.1 光纤放大器主动光束合成结构介绍

尽管用掺镱光纤激光器已经获得千瓦级的输出功率[28],但它并不满足相干合成光束的技术指标要求。相干合成后光束的关键技术指标包括光束质量、光谱保

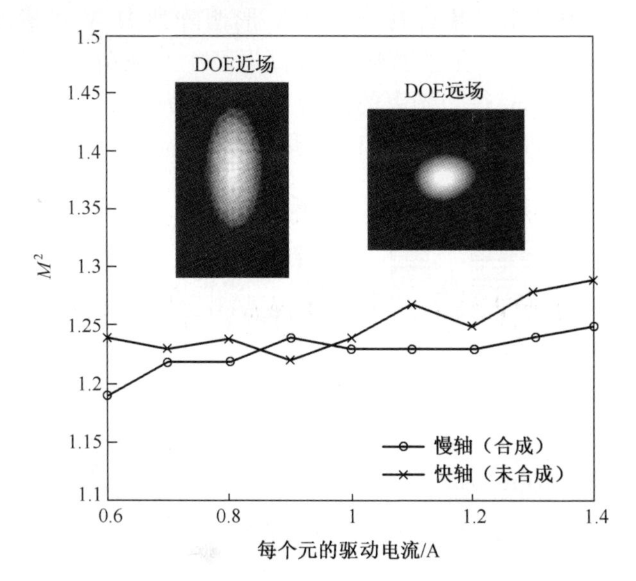

图 4.28　合成光束的光束质量随着平均驱动电流的变化。每个元的 M^2 = 1.3(慢轴和合成方向)×1.7(快轴)。插入的模式分布图是在 600mA 时记录的。

持性、极化纯度、相干性和相位噪声。掺镱光纤放大器合成光束的典型性能是:千瓦级功率、偏振消光比为 20dB、M^2 为 1.1、光谱带宽大约为几百吉赫兹。最近用掺镱非保偏光纤放大器验证了 1.4kW 的光束合成能力,其中采用 25GHz 线宽抑制受激布理渊散射效应[29]。

需要重点指出的是,尽管使用单频放大器比较方便,但它不是进行相干合成的必要条件。因为合成光纤的输出功率受受激布理渊散射的限制,提高带宽便会提高受激布理渊散射的阈值,因此用大线宽光纤放大器能使每根光纤获得更高功率,但这要求光纤放大器的光程长与相干长度匹配[30]。

尽管利用光纤激光器相干合成得到的功率还没有超过单个光纤激光器的功率,但未来几年这种现状一定会发生改变。

4.2.2.2　拼接阵列光束合成

图 4.29 给出的是以线性阵列拼接光束布局对 8 个商用 500W 保偏光纤放大器进行合成的示意图[31]。图中主振荡器输出经过分束镜后,被送入 8 个相位调制器进行相位调制,通过可调延时线进行光程匹配,再用作高功率光纤放大器的输入。为了提高填充因子,用微透镜阵列对经过光纤放大器放大后的输出进行准直,然后再对微透镜阵列输出的光束进行采样,采样光束经过一个透镜转换后到达远场。最后,借助狭缝和二极管查看轴上光强,并把二极管的电信号发送到 FPGA 里的 SPGD 控制系统。每个光纤输出都是自由空间传播、1mm 直径、融合到输出尾纤的 6mm 长的端帽终端。这些端帽有 3°的抛光角并涂覆减反射膜,以减少后向反射进

入放大器。8 个端帽输出被集合在一个硅 V 形槽阵列中,V 形槽阵列的间距为 1.5mm。微透镜阵列需进行孔径填充,以提高远场中心波瓣的功率百分比。微透镜阵列的焦距为 17.5mm,每个光束的高斯光束半径为 0.5mm。光纤放大器的光程经过匹配后优于 1mm,以适应 10GHz 的系统线宽。

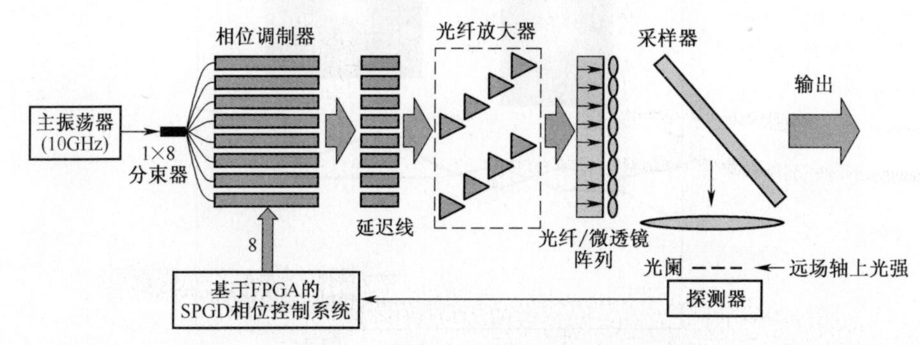

图 4.29 线性阵列拼接光束布局图

为了验证保偏光纤放大器用于相干合成的能力,测量了它们的相干性和相位噪声。图 4.30(a)给出的是一个光纤放大器的相干性测量结果。将 5mW、10GHz 的相位调制光源作为 500W 放大器的种子光。为确保光波模式匹配,输入和输出放大器端均有一个光纤耦合器。由于存在机械漂移和热漂移,能观察到有振荡现象。96%的对比度表明,两端放大器保持了同样的频谱和信号相干性,由于功率不均衡,造成了 4%的差距。

为了验证这种光纤放大器进行相干合成的潜力,还必须测量它们的相位噪声,确定控制电子需要的带宽。放大器相位噪声可用外差测量值表征[21]。图 4.30(b)给出了在 15W 和 500W 时测得的相位噪声。在 200Hz 频率左右,相位积分噪声急

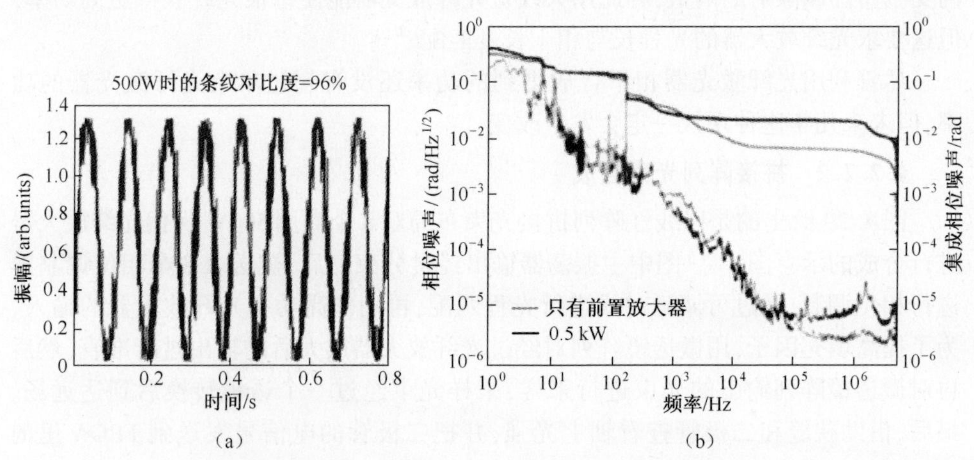

图 4.30 (a)光纤放大器输出的条纹;(b)500W 光纤放大器在低功率(15W)和全功率(500W)时的相位噪声功率谱密度和积分相位噪声。

剧下降,因而这种放大器的锁相需要反馈电子装置具备千赫兹级带宽。在噪声频率低于 200Hz 时,两个功率之间的相位噪声几乎相同。因此,高于几赫兹的相位噪声不是由光纤放大器的非线性或者热效应引起的,而是由机械振动造成的。

图 4. 31(a)是合成 8 路光纤的远场光强图,每路光纤的功率都不同。填充因子小于 1,导致出现旁瓣。在最高功率处,即每路光纤 500W 时,主瓣功率占总功率的 58%;在每路光纤功率为 125W 时,主瓣功率占总功率的 57%。这与用均匀相位和实验近场光强图计算的输出的主瓣功率 68%形成对比。图 4. 31(b)给出了只有

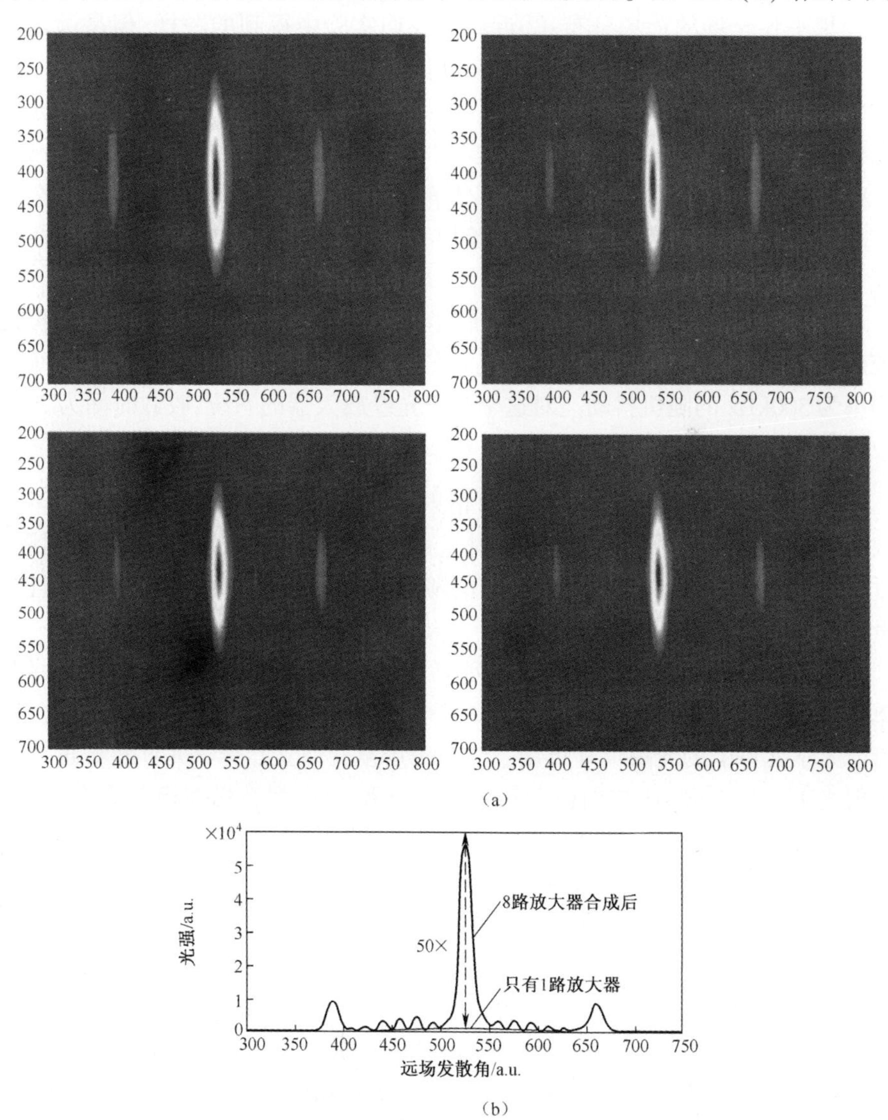

图 4. 31　(a)8 路放大器阵列在不同输出功率的远场光强图;(b)在 4kW 级,1 路放大器和 8 路放大器阵列的远场光强。8 路放大器阵列的轴上光强是 1 路放大器的 50 倍。

一路光纤工作时和所有 8 路光纤都工作时光束合成方向的远场光强图。在理想情况下,轴上远场光强应该增加到 N^2 倍,其中 N 为元的数量。实验中观察到的提高倍数是 50 倍,合成效率为 78%。导致合成效率不理想的原因包括极化纯度不够、输出阵列中光纤位置有误差、透镜阵列的焦距差异造成的准直差异、端帽长度差异造成的准直差异、残留相位误差和高阶模式成分等。

另一种评价光束是否理想的方法,是将部分光功率作为远场衍射角的函数,如图 4.32(a)所示,三条曲线代表的分别是:①方形孔径(均匀光强和相位)中,针对理想平顶光场的远场分布;②近场和我们实验中得到的一样,但是远场相位均匀;③实验测量得到的远场数据。在高能激光系统中,一种通用的测量光束质量的方法是测量桶中功率(PIB)垂直光束质量(VBQ)[32]。这个参数与远场发散角内的功率与理想参考光束(在这种情况下是理想平顶)的功率之比有关。PIB VBQ 定义为远场发散角为 $1.22\lambda/D$ 时 $(c/a)^{-1/2}$ 的值(图 4.32(a)),在我们的实验中,VBQ 被确定为 1.25。近场填充因子是衍射限的 1.10 倍时得到的 VBQ 最好。

最后测量的性能值是相位控制系统的动态响应,如图 4.32(b)所示,相位控制系统启动后,动态响应可用远场轴上光强的收敛时间表征。在该实验中,SPGD 抖动频率为 300kHz 的随机抖动。对这个 8 个光纤放大器的系统,收敛时间为 240μs。

4.2.2.3 用衍射光学元件进行单光束主动相干合成

在这一节,我们把 5 路光束的反射衍射光学元件与上一节介绍的小型调相光纤放大器阵列的一部分相结合,将衍射光束合成推广到高功率光纤放大器阵列。经过验证,用这种结构能得到 1.93kW 的输出功率,占输入功率的 79%,而且光束质量比入射光束更高[33]。

如图 4.33 所示,把光纤放大器阵列中 5 路毗邻光束聚焦在衍射光学元件上。用单片微透镜阵列中的对应微透镜将每个光纤的出射光束先进行部分调直,使落在衍射光学元件上的光束尺寸可调。然后再用复合傅立叶光学元件将微透镜阵列的出射光束完全准直,让它们以和衍射级次匹配的角度叠加在衍射光学元件上。衍射光学元件上的准直高斯光束直径大约为 3.3mm。

衍射光学元件把大多数入射功率合成到 $m=0$ 的衍射级次上,把未合成功率衍射限制到更高阶($|m|>0$)级次上。衍射光学元件稍微有倾斜,以便让合成光束能从衍射面反射出去,从而在几何上与入射光分开。在衍射光学元件后边,用可变光阑孔径消除 $|m|>0$ 阶的残余功率。再用采样器从合成光束中提取一个低功率采样,送到诊断系统和一个用 FPGA SPGD 控制器锁定光束的探测器中。这就自动锁定了衍射光学元件上输入的每束光,从而与衍射光形成的相位构成共轭相位,而不是像用拼接光束结构时形成同相相位。采用抖动频率为 300kHz 的随机抖动,SPGD 得到的典型收敛时间为 130μs。

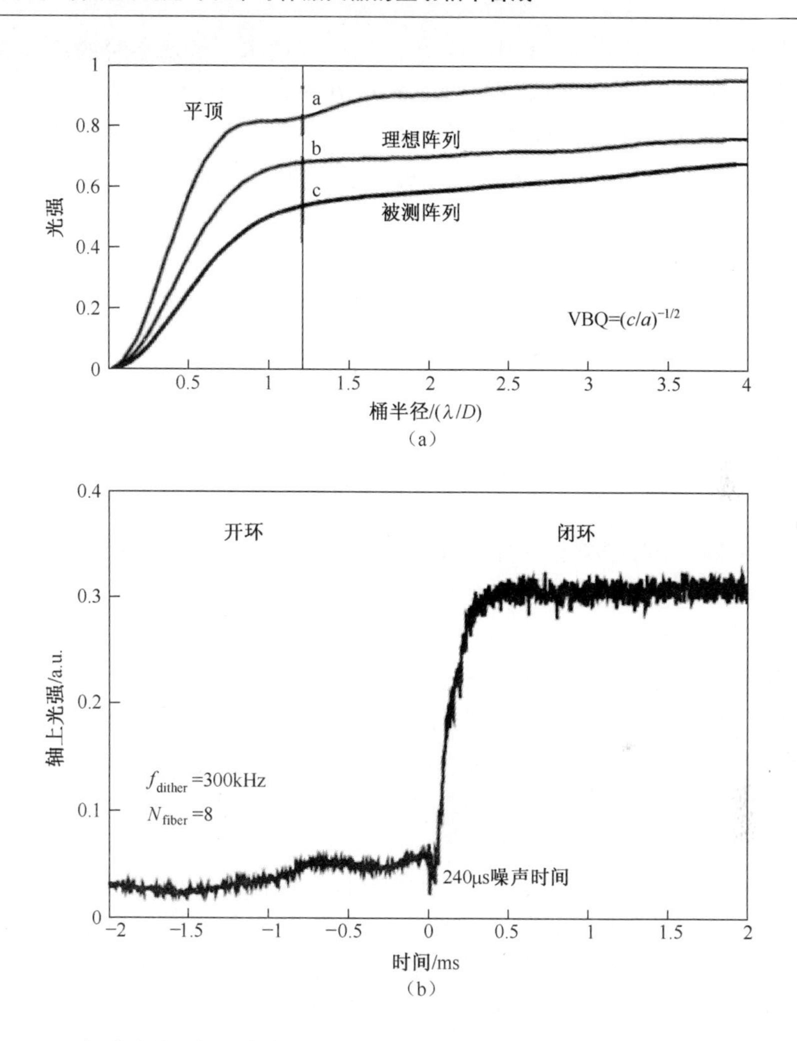

图 4.32　(a)远场功率是远场衍射角的函数,垂直线在 1.22λ = D 处。平顶曲线是光束有均匀相位和强度的情况,理想曲线是有均匀相位和有与实验相似的近场的情况,被测量的阵列是实验数据的情况;(b)当相位控制器工作时,轴上光强随时间的函数。

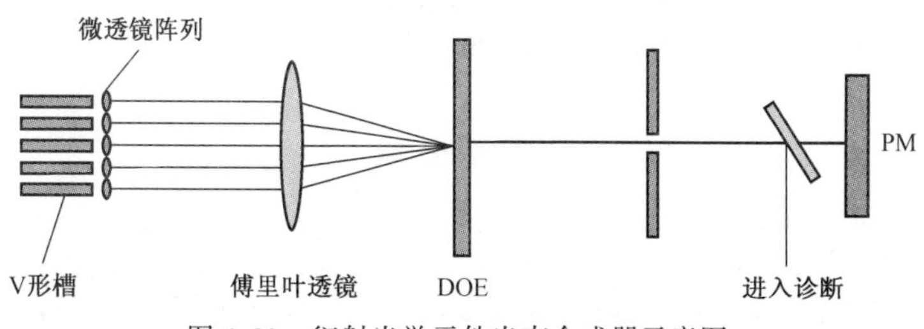

图 4.33　衍射光学元件光束合成器示意图

图 1.26(a)给出了 $m=0$ 中心阶输出的合成功率。低功率时的总合成效率为 90%,低于理想衍射光学元件 96%的合成效率,造成了约 6% 的效率损失。测量结果表明,这部分损失几乎都是由光纤阵列中的光纤位置误差、光纤高阶模和光纤在阵列中的旋转方向误差导致的偏振失配造成的[30]。当输入功率 P 提高到 2.5kW 时,由于光纤阵列在高功率时的展宽,合成效率则会下降到 79%(第 1 章描述过)。虽然 M^2 值随着功率变大而小幅升高,但合成输出和输入光束都很接近衍射极限(如图 1.26(b)所示)。在全功率处,合成光束比输入光束的 M^2 因子略有改善。如前所述,合成光束 M^2 因子改善的原因是:在衍射光学元件的表面进行相干合成,可在空间上有效滤除光束之间的不同畸变[30, 34]。

4.3 总　　结

本章讲述了 SPGD 算法在主动相干合成中的应用。给出了该算法随着合成光束数量变化的线性扩展性能。我们讨论了为什么通过提供几乎精确的相位误差估算,在合成两路以上光束时 SPGD 算法对主动相位控制非常有效的原因。介绍了 SPGD 算法的变化算法:正交算法和多探测器算法。在模拟和实验中都表明,当采用 11+1 个探测器时,这两种算法把计算速度分别提高了 2 倍和 10 倍以上。然后用这两种变化算法对半导体放大器和高功率光纤放大器进行了相干合成,结果表明,200 个半导体放大器相干合成时,合成输出功率可达 40W, 8 个光纤放大器相干合成时,输出功率可达千瓦级。

已经证实,SPGD 控制算法是相干合成的一种有效途径,实施起来相对简单。尽管对该算法的基本扩展特性了解地非常清楚,但仍需要进一步深入了解该算法收敛时间与光谱相位噪声抑制能力之间的关系。另外,虽然施加抖动与抖动效应探测之间具有一个长“飞行时间”,但通过进一步调整,有望进一步提高“有效”抖动频率。

免责声明

本文表达的是作者的观点,并不代表官方政策或美国政府或国防部的立场。这符合 2009 年元月 8 日的 DoDI 5230.29。

参考文献

[1] Primot, J. (1993) Three-wave lateral shearing interferometer. Appl. Opt., 32, 6242-6249.

[2] Barchers, J. D., Fried, D. L., Link, D. J., Tyler, G. A., Moretti, W., Brennan, T. J., and Fugate, R. Q. (2003) Performance of wavefront sensors in strong scintillation. Proc. SPIE, 4839, 217-227.

[3] Kansky, J. E., Yu, C. X., Murphy, D. V., Shaw, S. E. J., Lawrence, R. C., and Higgs, C. (2006) Beam control of a 2D polarization maintaining fiber optic phased array with high-fiber count. Proc. SPIE,

6306, 63060.

[4] Vorontsov, M. A. , Carhart, G. W. , and Ricklin, J. C. (1997) Adaptive phasedistortion correction based on parallel gradient-descent optimization. Opt. Lett. , 22, 907-909.

[5] Walpole, J. N. , Donnelly, J. P. , Taylor, P. J. , Missaggia, L. J. , Harris, C. T. , Bailey, R. J. , Napoleone, A. , Groves, S. H. , Chinn, S. R. , Huang, R. , and Plant, J. (2002) Slabcoupled 1. 3-mm semiconductor laser with single-spatial large-diameter mode. IEEE Photon. Technol. Lett. , 14, 756-758.

[6] Vorontsov, M. and Sivokon, V. (1998) Stochastic parallel-gradient-descent technique for high-resolution wave-front, phase distortion correction. J. Opt. Soc. Am. A, 15, 2745-2758.

[7] Levy, J. and Roh, K. (1995) Coherent array of 900 semiconductor laser amplifiers. Proc. SPIE, 2382, 58-69.

[8] Schmidt, B. , Lichtenstein, N. , Sverdlov, B. , Matuschek, N. , Mohrdiek, S. , Pliska, T. , Müller, J. , Pawlik, S. , Arlt, S. , Pfeiffer, H. -U. , Fily, A. , and Harder, C. (2003) Further development of high power pump laser diodes. Proc. SPIE, 5248, 42-54.

[9] Walpole, J. N. (1996) Semiconductor amplifiers and lasers with tapered gain regions. Opt. Quantum Electron. , 28, 623-645.

[10] Donnelly, J. P. , Huang, R. K. , Walpole, J. N. , Missaggia, L. J. , Harris, C. T. , Plant, J. , Bailey, R. J. , Mull, D. E. , Goodhue,W. D. , and Turner, G. W. (2003) AlGaAs/InGaAs slab-coupled optical waveguide lasers. IEEE J. Quantum Electron. , 39, 289-298.

[11] Huang, R. K. , Donnelly, J. P. , Missaggia, L. J. , Harris, C. T. , Plant, J. , Bailey, R. J. , Mull, D. E. , and Goodhue,W. D. (2003) High power, nearly diffraction limited AlGaAs- InGaAs semiconductor slab-coupled optical waveguide laser. IEEE Photon. Technol. Lett. , 15, 900-902.

[12] Huang, R. K. , Missaggia, L. J. , Donnelly, J. P. , Harris, C. T. , and Turner, G. W. (2005) High-brightness slab-coupled optical laser arrays. IEEE Photon. Technol. Lett. , 17, 959- 961.

[13] Marcatili, E. A. J. (1974) Slab-coupled waveguides. Bell Syst. Tech. J. , 53, 645-674.

[14] Huang, R. K. , Donnelly, J. P. , Missaggia, L. J. , Harris, C. T. , Chann, B. , Goyal, A. K. , Sanchez-Rubio, A. , Fan, T. Y. , and Turner, G. W. (2007) High-brightness slab-coupled optical waveguide lasers. Proc. SPIE, 6485, 64850F-1-9.

[15] Huang, R. K. , Chann, B. , Missagia, L. J. , Augst, S. J. , Connors, M. K. , Turner, G. W. , Sanchez-Rubio, A. , Donnelly, J. P. ,

[16] Hostetler, J. L. , Miester, C. , and Dorsch, F. (2009) Coherent combination of slab coupled optical waveguidelasers. Proc. SPIE, 7230, 72301G-1-12. Smith, G. M. , Huang, R. K. , Donnelly, J. P. , Missaggia, L. J. , Connors, M. K. , Turner, G. W. , and Juodawlkis, P. W. (2010) High power slab-coupled optical waveguide lasers. 23rd Annual Meeting of the IEEE Photonics Society, pp. 479-480.

[17] Smith, G. M. , Duerr, E. K. , Siegel, A. M. , Donnelly, J. P. , Missaggia, L. J. , Connors, M. K. , Mathewson, D. C. , Turner, G. W. , and Juodawlkis, P. W. (2011) Directly modulated high-power slab-coupled optical waveguide lasers. 24th Annual Meeting of the IEEE Photonics Society, pp. 288-289.

[18] Donnelly, J. P. , Juodawlkis, P. W. , Huang, R. , Plant, J. J. , Smith, G. M. , Missaggia, L. J. , Loh, W. , Redmond, S. M. , Chann, B. , Connors, M. K. , Swint, R. B. , and Turner, G. W. (2012) High-power slab-coupled optical waveguide lasers and amplifiers, in Advances in Semiconductor Lasers, Semiconductor and Semimetals Series, vol. 86 (eds J. J. Coleman, A. C. Bryce, and C. Jagadish), Academic Press, Amsterdam, pp. 1-47.

[19] Redmond, S. M. , Creedon, K. J. , Kansky, J. E. , Augst, S. J. , Missaggia, L. J. , Connors, M. K. , Huang,

R. K. , Chann, B. , Fan, T. Y. , Turner, G. W. , and Sanchez- Rubio, A. (2011) Active coherent beam combining of diode lasers. Opt. Lett. , 36, 999-1001.

[20] Fan, T. Y. (2009) The effect of amplitude (power) variations on beam-combining efficiency for phased arrays. IEEE J. Sel. Top. Quantum Electron. , 15, 291-293.

[21] Augst, S. J. , Fan, T. Y. , and Sanchez-Rubio, A. (2004) Coherent beam combining and phase noise measurements of ytterbium fiber amplifiers. Opt. Lett. , 29, 474-476.

[22] Leger, J. R. , Swanson, G. J. , and Veldkamp, W. B. (1986) Coherent beam addition of GaAlAs laser by binary phase gratings. Appl. Phys. Lett. , 48, 888-890.

[23] Creedon, K. J. , Redmond, S. M. , Smith, G. M. , Missaggia, L. J. , Connors, M. K. , Kansky, J. E. , Fan, T. Y. , Turner, G. W. , and Sanchez- Rubio, A. (2012) High efficiency coherent beam combining of semiconductor optical amplifiers. Opt. Lett. , 37, 5006-5008.

[24] Dominic, V. , MacCormack, S. , Waarts, R. , Sanders, S. , Bicknese, S. , Dohle, R. , Wolak, E. , Yeh, P. S. , and Zucker, E. (1999) 110 W fiber laser. Conference on Lasers and Electro-Optics, Baltimore, MD, Paper CPD11.

[25] Limpert, J. , Liem, A. , Höfer, S. , Zellmer, H. , and Tünnermann, A. 150W Nd/Yb codoped fiber laser at 1. 1 mm. Conf. Lasers Electro Optics, 73, 590-591.

[26] Platonov, N. S. , Gapontsev, D. V. , Gapontsev, V. P. , and Shumilin, V. (2002) 135 Wcw fiber laser with perfect single mode output. Conference on Lasers and Electro-Optics, Long Beach, USA, Paper CPDC3.

[27] Ueda, K. I. , Sekiguchi, H. , and Kan, H. (2002) 1kW cw output from fiber embedded lasers. Conference on Lasers and Electro-Optics, Long Beach, CA, Paper CPDC4.

[28] Yeong, Y. , Sahu, J. K. , Payne, D. , and Nilsson, J. (2004) Ytterbium-doped largecore fiber laser with 1. 36kW cw output power. Opt. Exp. , 12, 6088-6092.

[29] Goodno, G. D. , McNaught, S. J. , Rothenberg, J. E. , McComb, T. S. , Thielen, P. A. , Wickham, M. G. , and Weber, M. E. (2010) Active phase and polarization locking of a 1. 4 kW fiber amplifier. Opt. Lett. , 35, 1542-1544.

[30] Goodno, G. D. , Shih, C. -C. , and Rothenberg, J. E. (2010) Perturbative analysis of coherent combining efficiency with mismatched lasers. Opt. Express, 18, 25403-25414.

[31] Yu, C. X. , Augst, S. J. , Redmond, S. M. , Goldizen, K. C. , Murphy, D. V. , Sanchez, A. , and Fan, T. Y. (2011) Coherent combining of a 4kW, eight-element fiber amplifier array. Opt. Lett. , 36, 2686-2688.

[32] Slater, J. M. and Edwards, B. (2010) Characterization of high-power lasers. Proc. SPIE, 7686, 76860.

[33] Redmond, S. M. , Ripin, D. J. , Yu, C. X. , Augst, S. J. , Fan, T. Y. , Thielen, P. A. , Rothenberg, J. E. , and Goodno, G. D. (2012) Diffractive coherent combining of a 2. 5kW fiber laser array into a 1. 9kW Gaussian beam. Opt. Lett. , 37, 2832-2834.

[34] Cheung, E. C. , Ho, J. G. , Goodno, G. D. , Rice, R. R. , Rothenberg, J. , Thielen, P. , Weber, M. , and Wickham,M. (2008) Diffractive-optics-based combination of a phase-locked fiber laser array. Opt. Lett. , 33, 354-356.

第5章

光纤放大器光束相干合成综合技术

Arnaud Brignon, Jérome Bourderionnet, Cindy Bellanger, Jérome Primot

5.1 引　　言

光纤激光器具有结构紧凑、性能可靠、功效高和光束质量好等多种优点,越来越成为高功率固态激光器的优先选项。随着激光泵浦源向高亮度半导体二极管方向发展以及大模场光纤的出现,光纤激光器系统的输出功率得到快速提高。尽管有这些优点,人们还是希望能在单模光纤激光器的基础上,进一步提高系统功率或能量水平。这对需要窄线宽偏振辐射源的应用领域特别有吸引力。的确,在这种情况下,单路常规光纤的性能经常被寄生的非线性效应(如受激布理渊散射)破坏,因此对多个光纤放大器进行相干合成是一种绕过单路光纤激光器 MOPA 通道限制的最直接的方法。

实现相干合束的方法主要分两大类:主动锁相法(本书第一部分介绍)和被动锁相法(本书第二部分介绍)。在被动锁相法的例子中,已经验证过在单环腔内的全光反馈环路,还提出了基于受激布理渊散射相位共轭镜技术,以补偿光纤发射器之间的相位差。主动锁相法主要涉及相位监测和对相位误差的主动补偿[1-7]。通过对不同光纤放大器输出进行适当锁相,可以用叠加孔径结构或拼接孔径结构对光束进行相干合成。在叠加孔径结构中,光束在近场叠加,这可用一组分束镜或偏振器,或者一个衍射光学元件(DOE)实现。在拼接孔径结构中,光束在近场并排排列,通过传播和修正近场光强分布后,大部分总功率能在远场汇聚到主瓣中。虽然一部分总功率损失在旁瓣里,但拼接孔径结构还有更多其他功能,比如光束转向控制和整形。这在校正因通过大气传播引起的波前畸变、跟踪目标或者自由空间通信的光电接收器方面很有用[8-10]。

在前面几章,已经用中等数量的光纤验证了光纤放大器的相干合成技术。本章将专门介绍大数量光纤的相干合束、相关技术和系统配置。对大数量光纤(通常大于 50 路)进行锁相在各种实际应用中非常有用。例如,在高功率应用方面,为了避免控制高功率光纤激光器时存在的困难,采用数量大但功率相对低的激光器就更有吸引力。对需要灵活控制光束的应用,使用大量光纤就有可能实现光束转向控制和光束整形。这些功能的精度会随着光纤数量增加而提高。一组大数量的、能独立控制相位的光纤,表现出来的特性会像光学相控阵天线的特性一样。

合成大数量光纤时存在的困难是系统复杂、成本高、相位校正环路带宽的降低。为了克服这些限制,可以用基于探测器阵列(换句话说,就是基于一个相机)的波前传感器测量光束之间的相位误差。用这种方法,仅需一次光束采样就能获得相位误差。

本章的主要目的是介绍一些技术示例,从而为大数量光纤合束提供一些实用的解决方案。这些技术包括波前传感器相机、相位调制器阵列和准直光纤阵列。利用这些关键技术,用连续波(CW)光源对提出的方案进行了实验验证。

5.2 拼接结构

正如在本书其他章节(如图 8.1 和图 8.2)介绍的那样,为了在相干合成系统中合成大量光束,有两种基本结构可供选择,即拼接孔径结构和叠加孔径结构。在叠加孔径结构中,可用偏振器、分束镜或衍射光学元件在近场合成光束。在第 1 章和第 4 章都介绍过,衍射光学元件对大数量光纤合成特别有用,但对超大数量光纤(>100)合成,衍射光学元件设计的复杂性和合成效率就令人担忧。在这种情况下,拼接孔径结构有可能成为最简单的解决方案,光纤输出光束在近场并行排列,在远场主瓣中合成。要让主瓣中的功率最大化,必须满足严格的条件。本节的目的就是介绍拼接孔径相干合成模型,以便推导出影响合成效率的主要参数。这有助于拟定光纤准直阵列的技术条件,进行合理设计。

5.2.1 远场光强计算

为了计算光纤阵列的远场光强分布,我们首先从高斯分布光场 u 在保偏光纤末端的传播开始计算,用圆柱坐标系(r,z)来分析:

$$u(\boldsymbol{r},z)=E_0\frac{w_0}{w(z)}\cdot\exp\left(\frac{-\boldsymbol{r}^2}{w^2(z)}\right)\cdot\exp\left(\mathrm{i}k\frac{-\boldsymbol{r}^2}{2R(z)}\right)\cdot\exp(\mathrm{i}(kz-\varphi(z)))\tag{5.1}$$

式中:E_0 是光场最大振幅,w_0 是高斯光束束腰,并有

$$\begin{cases} w(z) = w_0 \sqrt{1 + \dfrac{z^2}{z_R^2}} \\ R(z) = z\left(1 + \dfrac{z_R^2}{z^2}\right) \\ z_R = \dfrac{\pi w_0^2}{\lambda} \\ \varphi(z) = \arctan\left(\dfrac{z}{z_R}\right) \\ k = \dfrac{2\pi}{\lambda} \end{cases} \tag{5.2}$$

式中：λ 是波长，z_R 是瑞利距离。然后用直径为 $2R$ 的透镜对每束光准直。光纤端面位于 $z=0$ 处，与透镜间的距离为 f，f 为焦距，如图5.1所示。对一路光纤，光场函数可写为

$$u_l(\boldsymbol{r},f) = u(\boldsymbol{r},f) \cdot \exp\left(i\pi \frac{\boldsymbol{r}^2}{\lambda f}\right) \cdot \text{disk}(|\boldsymbol{r}|) \tag{5.3}$$

式中：$x \leqslant R$ 时，$\text{disk}(x)=1$；$x > R$ 时，$\text{disk}(x)=0$。

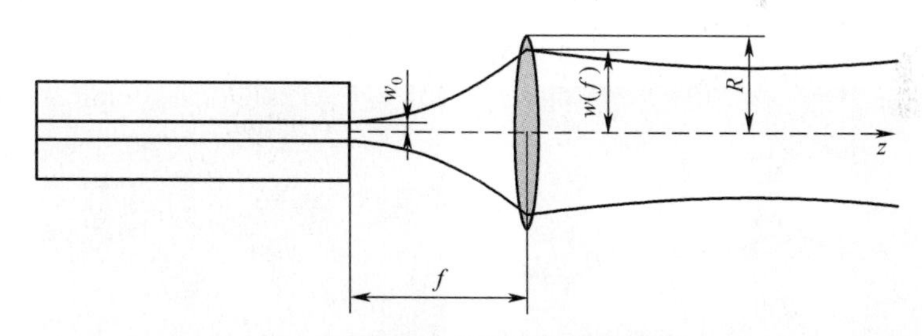

图5.1　准直光纤输出的光场分布

光纤及其对应准直透镜都排列成一个矩阵。为简明起见，将矩阵假想为一个 $N_x \times N_y$ 的矩形点阵，其中，N_x、d_x、N_y 和 d_y 分别是 x 和 y 方向的光纤数量和阵列间距。在透镜阵列面上形成的总光场函数 U 可由下式给出：

$$U(x,y) = \text{Rect}\left(\frac{x}{N_x d_x}, \frac{y}{N_y d_y}\right) \times \left(u_l(x,y) \otimes \text{Comb}\left(\frac{x}{d_x}, \frac{y}{d_y}\right)\right) \tag{5.4}$$

式中：$\otimes$ 是卷积算子，

$$\begin{cases} x = |\boldsymbol{r}|\cos(\arg(\boldsymbol{r})) \\ y = |\boldsymbol{r}|\sin(\arg(\boldsymbol{r})) \end{cases} \tag{5.5}$$

Comb 表示狄拉克梳齿函数：

$$\text{Comb}\left(\frac{x}{d_x}, \frac{y}{d_y}\right) = \sum_j \sum_k \delta(x - jd_x, y - kd_y) \tag{5.6}$$

Rect 是孔径函数,若 $|x| \leqslant 1/2$ 且 $|y| \leqslant 1/2$, $\mathrm{Rec}(x,y)=1$,否则 $\mathrm{Rec}(x,y)=0$。

对近场分布 U 做傅里叶变换得出远场分布 $\widetilde{U}$。最终的远场光强由下式给出:

$$I(x',y') = \widetilde{U}(x',y') \cdot \widetilde{U}(x',y')^* \tag{5.7}$$

式中:$\widetilde{U}(x',y') = \widetilde{u}_l(x',y') \times [\mathrm{sinc}(x'N_x d_x, y'N_y d_y) \otimes \mathrm{Comb}(x'd_x, y'd_y)]$

图 5.2 所示是典型的近场和远场的光强图。在近场,透镜之间的间距为 d_x,总光瞳为 $D_x = N_x \times d_x$,其中 N_x 是 x 轴方向的发光单元数量。远场由一系列角间隔为 λ/d_x、发散角为 λ/D_x 的光栅瓣组成。每个远场光栅瓣的空间图形都呈正弦分布,该分布根据等式(5.4)~式(5.7),由近场光强图的整个孔径的傅里叶变换函数给出。远场的光栅瓣梳状函数由包络函数调制,其包络函数由基本光瞳光场函数 u_l 的傅里叶变换给出。对于高斯光束照射的微透镜阵列,可以获得发散角为 $1/\mathrm{e}^2 = \lambda/\pi w(f)$ 的高斯包络,其中 $w(f)$ 是各个光束在近场的束腰。

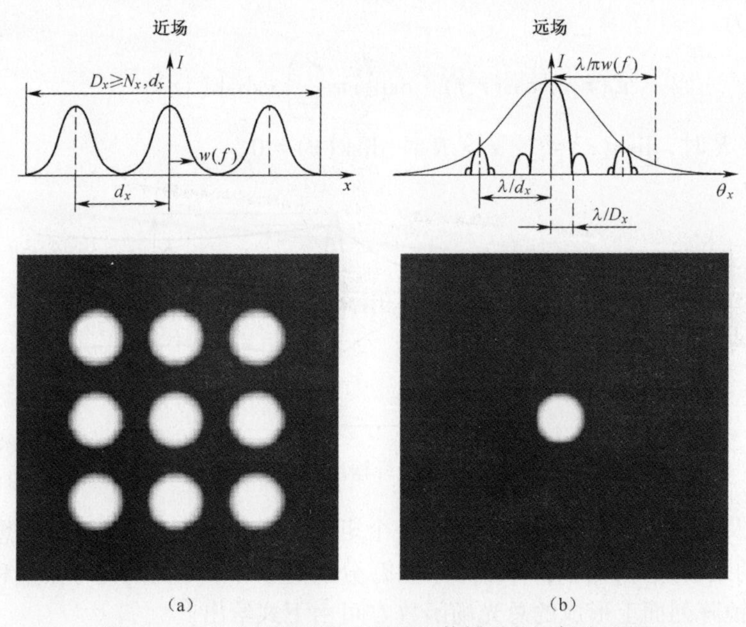

(a) (b)

图 5.2 9 个光纤的近场光强图和传播后的远场光强图

另一方面,在与微透镜完美匹配且均匀照明的理想情况下,包络函数会变成正弦函数,其 0 值恰好在远场光栅瓣的位置上。最后这句注释强调通过每个光束,优化叠加近场光瞳对系统设计的重要性。近场光瞳的填充因子表达如下:

$$\mathrm{FF} = \frac{\pi\omega^2(f)}{\oint_{\text{lattice cell}} \mathrm{d}S} \tag{5.8}$$

相当于一个光束在微透镜表面上占用的等效面积与光纤点阵的一个基本元占用的

面积之间的比值。

为了评估相干合成的光束质量,本章有选择地计算远场主瓣(即由正弦波瓣函数的第一个 0 点定义的圆面积)内的能量。然后用在微透镜阵列前获得的总近场能量,即用式(5.3)的圆盘函数滤波前的能量对该能量归一化。合成效率由下式给出:

$$\eta = \frac{\oiint_{r' \leqslant \lambda/D} I(x', y')\,\mathrm{d}x'\mathrm{d}y'}{N_x \times N_y \times \oiint uu \cdot (x, y)\,\mathrm{d}x\mathrm{d}y} \tag{5.9}$$

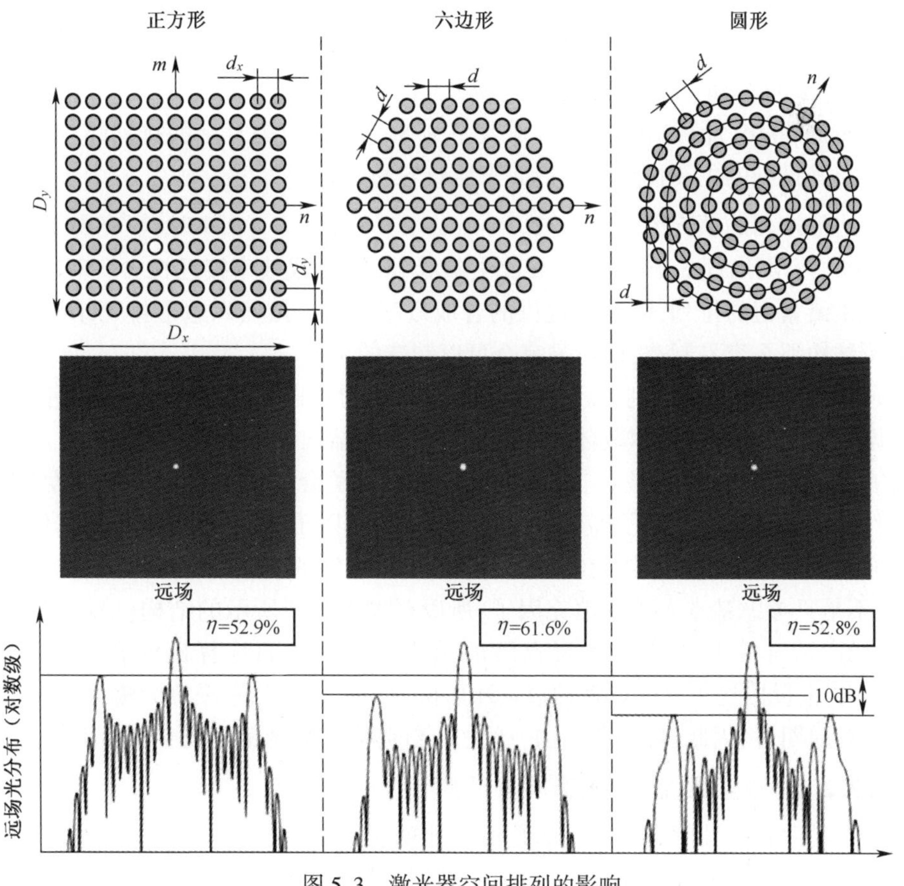

图 5.3　激光器空间排列的影响

5.2.2　设计参数对合成效率的影响

由于能获得的输出功率取决于相干合成系统的光纤数量,所以光纤数量是系统设计的一个重要参数。另外,对于给定的近场间距,更多的光纤会产生更大的合成孔径,因此会使光源的发散度更低。但是,正如式(5.9)所定义的,光纤数量并不影响合成效率。包络函数以及远场主次光栅瓣之间的比值不受光纤数量影响。因此,由有限的多个光纤(通常为 100 束)计算的结果可以扩展到任意数量的光纤。

5.2.2.1 近场排列结构的影响

准直光纤可以排列成不同的形状结构。一般来说,排列结构的影响有两个方面:第一,式(5.8)和式(5.9)表明,排列结构越紧密,近场光束入瞳填充因子越高,因此合成效率越高;第二,近场光纤排列结构的对称性和周期性决定着能量在远场的分布方式。图 5.3 分别给出了正方形、六边形和环形等三种紧密排列结构的远场计算结果。

对于所有情况,计算中都考虑了子光束与微透镜半径之间的比值 $\omega(f)/R = 0.9$。用对数刻度显示了每种结构的远场分布,每种分布都用近场总能量归一化。

由式(5.8)可知,正方形排列的近场填充因子为 64%[$=\pi/4(\omega/R)^2$]。4 个旁瓣比主瓣低 10dB,计算出的远场合成效率为 52.9%。与更复杂的排列结构相比,正方形点阵排列的主要优点是制造起来比较容易。

六边形排列的填充因子是 $\pi/2\sqrt{3} \times (\omega/R)^2$,当 $\omega/R = 0.9$ 时,填充因子等于 73%,此时,远场出现 6 个旁瓣,旁瓣比主瓣低 14dB,合成效率接近 62%。六边形结构能提供最紧密的排列,因此能提供的合成效率最高。虽然六边形排列结构不如正方形结构那么容易制造,但还是完全可以制造的。

环形排列(即圆形排列)更原始,因为它的结构不再有周期性。因此,远场旁瓣急剧降低,围绕主瓣的弥散环为 -20dB。由于该结构的非周期性,式(5.8)定义的填充因子不再适用。特别是这种图形的填充因子会随着所考虑的环数发生变化:对第一环来说,填充因子等于六边形排列的填充因子,但对远离中心的其他环,其填充因子趋近于正方形排列的填充因子。由于确定的是整个近场入瞳的填充因子,而不是只考虑基本入瞳的填充因子,所以对如图 5.3 所示的结构,获得的填充因子为 63%,非常接近于正方形点阵的填充因子。我们计算出的合成效率为 52.8%,这也很接近正方形点阵的值。环形排列的优点是几乎没有旁瓣,但由于该结构没有周期性,因此,要制造结构一致的光纤阵列和微透镜阵列会更加困难。

5.2.2.2 准直系统设计的影响与误差

光束尺寸和与其对应的透镜的孔径之比的影响如图 5.4 所示。在本示例中,我们把圆形透镜排列成正方形、六边形和环形,如图 5.3 所示。对于小光束直径,光束不能覆盖整个透镜,所以总填充因子会降低,合成效率也会降低。数值计算结果表明,对于所有近场几何结构,当光束直径与透镜直径之间的比值 ρ 约为 90% 时,合成效率最大。若高于该值,则一部分功率会被透镜孔径裁剪掉,使合成效率降低。普通光纤的数值孔径为 0.1,这就决定了透镜阵列的 f 数应为 4.5。

在以下模拟中,假定各种近场点阵的间距均为 1.5mm。光束直径与透镜直径之间的比值为 90%,这意味着准直微透镜的焦距应为 6.8mm。

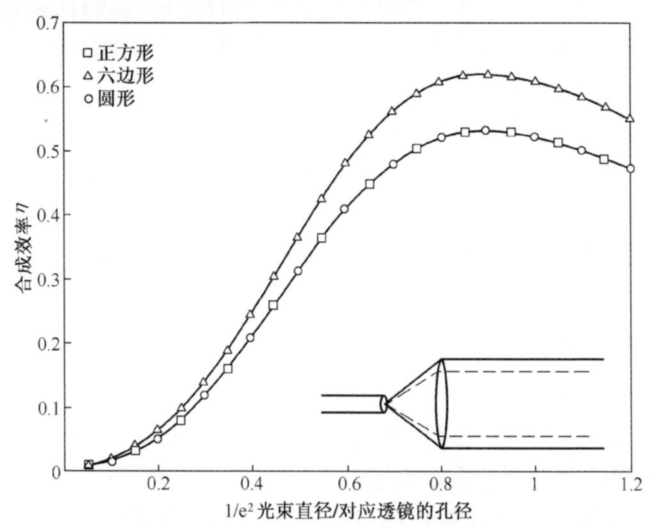

图 5.4　计算的合成效率是每个光束在其对应透镜孔径中的束腰的函数。分别用方框、三角框和圆圈表示正方形、六边形和环形排列的结果。

图 5.5 给出了其他两个关键参数对合成效率的影响。光纤轴和与其对应的透镜轴之间的偏差也会造成合成效率显著下降。离轴光束经过透镜后会发生倾斜,会使远场光束的重叠效果变差。为了获得图 5.5(a)的结果,我们假定光纤排列图服从高斯随机倾斜分布,那么横坐标就是随机分布的峰-谷振幅。为了保证合成效率损失低于 5%,倾斜角分布振幅就必须低于 0.3mrad。对焦距为 6.8mm 的透镜,这会造成小于 2μm 的偏差。在倾斜角大约为 1.1mrad 时,合成效率损失达到 50%,这相当于用同样透镜时偏差了 7.5μm。另一方面,光纤倾斜会转变为在透镜后的偏离,该效应对第一阶光斑的远场合成效率下降并没有产生贡献。

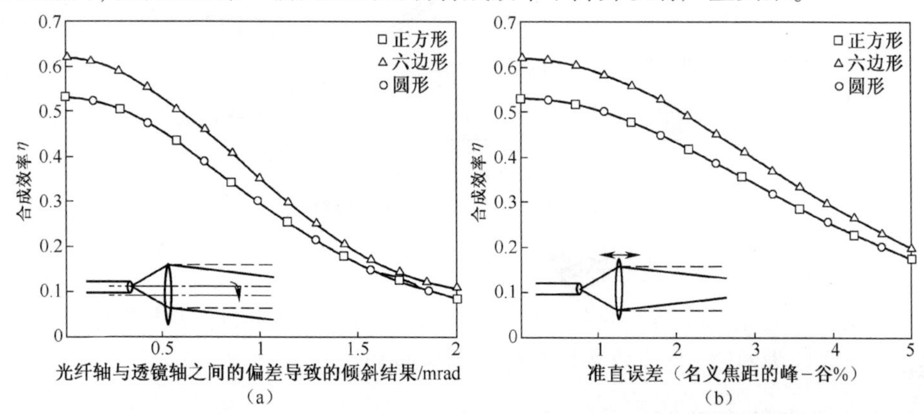

图 5.5　(a)合成效率是光纤轴和校准透镜轴之间未准直导致的倾斜误差的函数;(b)合成效率是校准透镜的相对焦距变化的函数。在这两个图中,分别用方框、三角框和圆圈表示正方形、六边形和环形图。

准直透镜的焦距精度是另一个重要参数。我们看到,倾斜误差会使所有光束在远场发生分散,导致远场合成效果变差。同样,准直误差也会使光束的远场分布发生扩散,使合成效果变差(使远场光斑的重叠性退化)。从图5.5可以看出,要让合成效率损失低于5%,必须把焦距精度控制在优于1%。当焦距峰谷变化为3.7%时,合成效率会下降50%。

如图5.4和图5.5所示,由于对所研究的三种几何图形使用的是同样的合成效率参数分析法,因此可以得出这样的结论:对未准直误差来讲,不存在哪一种几何排列法比另一种更稳定的问题。

5.2.2.3 相位误差的影响

图5.6给出了针对随机相位误差分布在不同峰谷振幅下的合成效率计算结果(用高斯分布统计)。该结果表明,合成效率对光纤的相位一致性非常敏感,也就是说,对光纤之间的残余相位误差敏感。可以看出,每路光纤的相位精度都必须控制在至少$\lambda/10$,才能保证合成效率超过95%。当相位误差约为$\lambda/2$时,合成效率会下降50%。对典型光纤放大器噪声的测量结果表明,千赫级的频率修正足以保证高效率的光束合成。

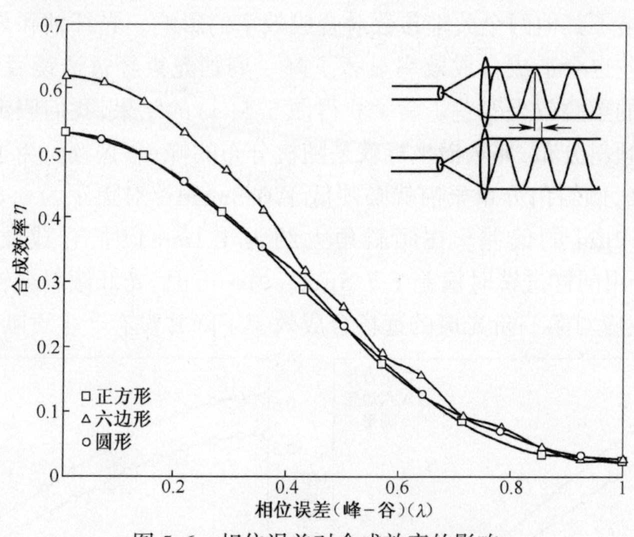

图5.6 相位误差对合成效率的影响

5.2.2.4 功率分散性的影响

合成效率对光纤阵列上的功率分散性不太敏感。实际上,计算结果也表明,即便功率分散性为60%,合成效率依然能达到90%以上。

5.2.3 光束转向控制

如上所述,对六边形排列来说,拼接孔径合成法能提供60%的合成效率。该方法还有另一个特点，即具备控制总输出光瞳的相位分布的能力。这就使得可以用相位分布预先补偿传播失真（如在大气中的传播），或者通过施加一个相位斜坡来控制光束方向。转向控制系统由系统的分辨率或扫描区内能分辨出的点数（或方向）而定。分辨率则由总扫描角除以输出光束的 FWHM 发散角得出。图 5.7 给出的是用图 5.3 的正方形光束点阵获得的合成光瞳的情况。合成光束的发散角为 $\lambda/(N_{x,y} \times d_{x,y})$，其中，$N_x$ 是每行的（N_y 是每列的）光纤数，$d_{x,y}$ 分别是 x 和 y 方向的点阵间距。扫描角由两个相邻光栅瓣之间的角距离（即 $\lambda/d_{x,y}$）给出。那么作为一个转向控制系统的相干合束系统的分辨率可直接由待合成的总光纤数（$N_x \times N_y$）给出。图 5.7 用灰度图显示了当施加的相位斜坡的斜率在 $-\pi/d_{x,y} \sim +\pi/d_{x,y}$ 之间变化时的各种远场图，因此覆盖了两个相邻波瓣之间的整个角空间。

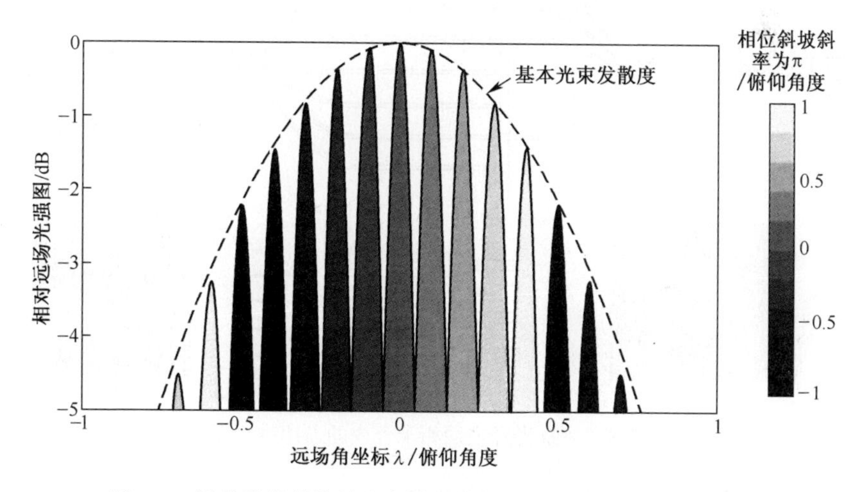

图 5.7　拼接孔径结构的光束转向控制能力。远场图是按施加了相位斜坡的各种斜率值绘制的，这些值能覆盖两个相邻波瓣之间的角空间。

但是必须注意到，由于相位活塞只能用在光纤中，因此在合成光瞳上只能用台阶式相位斜坡。这样一来，只有梳齿光栅瓣在远场受到控制，总能量包络（与基元光束发散度相对应）将不受影响。因此，控制合成光束的转向会系统性地伴随着功率下降。在图 5.7 的特定情况下，整个扫描角（$-\lambda/2d_{x,y} \sim +\lambda/2d_{x,y}$）内的功率变化都会超过 2dB。已经提出过一些方案，总能在控制方向获得最大能量。在这种情况下，为了同步控制能量包络和梳齿光栅瓣，必须相对光纤阵列平移微透镜阵列[11]。

5.3　主动相干合成大量光纤时的关键元件

图 5.8 是光纤相干合成的通用结构图。主振荡器提供一个分配给 N 路单模保

偏(PM)光纤放大器的信号。根据具体应用要求的功率或能量等级,可能需要一个或多个前置放大器来获得合适的功率。把 N 个光纤输出排列成一个矩阵,并用透镜阵列进行准直。为了测量 N 束光纤激光之间的活塞相位误差,必须对一小部分光束输出进行采样,并发送给相位传感器。利用获得的相位信息驱动放置在放大器前面的相位调制器以补偿相位误差。当合成数量较大的光纤激光(通常 $N>50$)时,相干合束的关键元件有准直光纤阵列、相位测量设备和相位调制器。以下几节我们分析这三种元件,提出潜在的新技术,并提供一些实用的实现手段。

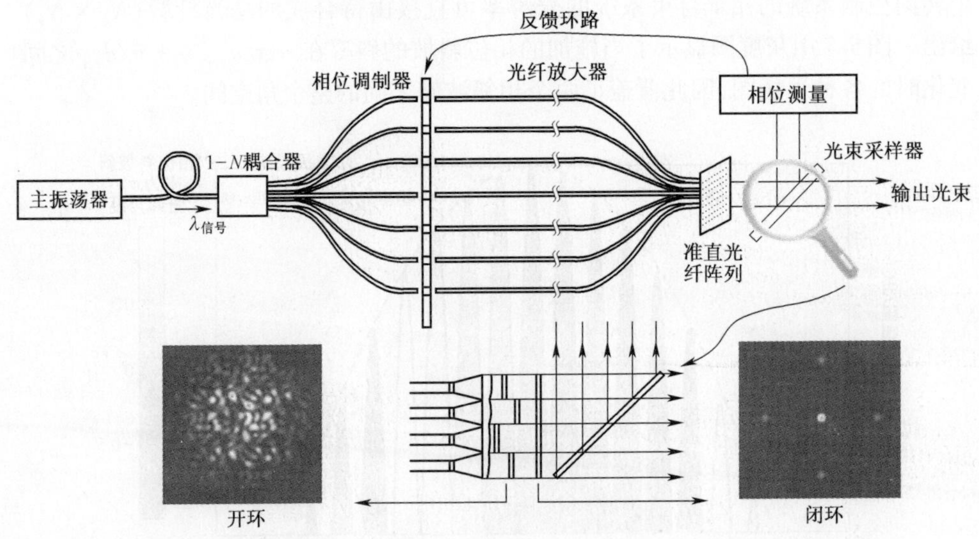

图 5.8 大量光纤主动相干合成的通用结构图

5.3.1 准直光纤阵列

为了在远场主瓣中获得最大功率或能量,准直光纤阵列必须有严格的技术要求,见 5.2.2 节。典型要求见表 5.1[12]。假定一个正方形准直光纤阵列由 64(8×8)路光纤组成,且所用光纤都为标准保偏光纤,总发散度为 0.1rad。为了和光纤发散度匹配,要求单个透镜的填充因子达到 90%,因此选用的单个微透镜的 f 数应为 4.5。为了尽可能接近这一标准,选择了间距为 1500μm、单个透镜焦距为 5.77~1550μm、f 数为 3.8 的硅微透镜阵列。对于 1μm 左右的工作波段,应该选用硅微透镜阵列以减小材料对光波的吸收。

图 5.9 给出一种典型的用于准直光纤的典型微透镜阵列。为了获得高精度,采用光刻制造工艺[12]。将 64 个平-凸球面的圆形透镜按 8×8 的正方形排列。测量这些透镜后表明:间距完美、焦距规整,测量的主像差为球差,约为 0.7rad ($\lambda/9$)。这些值与我们对平-凸球面透镜的期望值吻合,也与光束合成的要求相匹配。

有多种技术能保证 64 路保偏光纤的光纤间距精确。例如,可利用多个水平 V

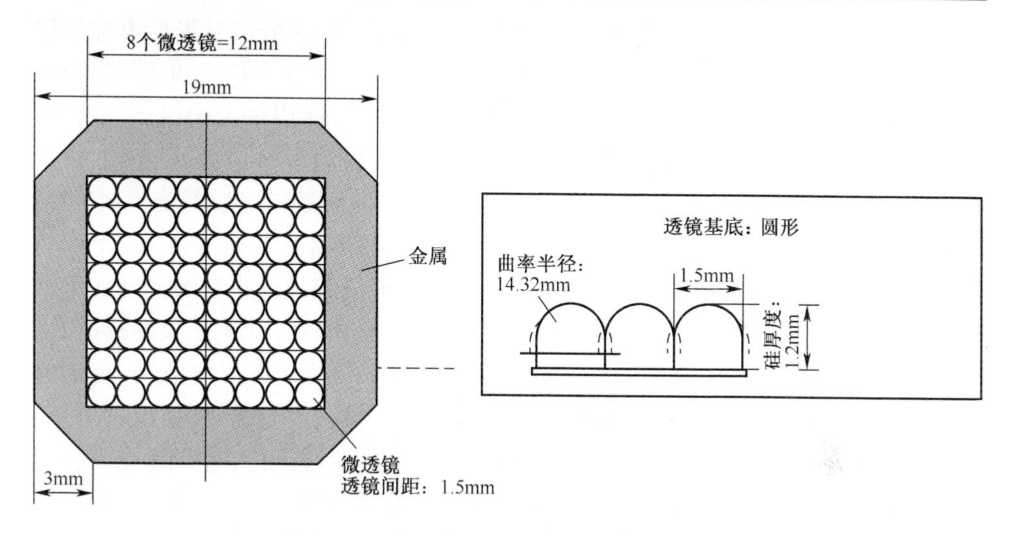

图5.9 用于准直光纤的微透镜阵列示例图

型槽确保每条线上的光纤之间有合适的间距，然后再将多条线堆栈起来形成一个2D排列。采用这种技术时的最关键问题是要精确控制不同线之间的位置。另一种技术是制备一个专用的2D孔阵列定位板。通过在一个板上钻64个直径125μm、间距1500μm的孔，在每个孔里插入一根光纤，调整偏振方向，然后胶合并抛光，就可以制作这样一个定位板。为了防止光纤偏移误差导致合成效率剧烈降低，要特别注意孔间距和孔直径的规整性。因此，必须采用平板光刻工艺。

表5.1 能实现光束合成且合成效率大于80%的准直光纤阵列的要求一览表

参　数	要　求　值
相位误差(峰-谷)	$<\lambda/10$
准直透镜f数	$\rho/(2\times ON)$ = 4.5(对标准单模光纤)
指向误差(峰-谷)	<0.6mrad
焦距误差(峰-谷)	<1%
ρ是单光束直径与透镜直径之间的比值；ON是光纤的数值孔径(对标准单模光纤，ON=0.1)	

可以用同步辐射深度X射线平板光刻(DXRL)技术制造高精度光纤定位板，该技术可以满足高精度制造要求，即满足光纤孔直径和两路光纤之间的定位精度均达到1μm。DXRL的理论精度主要与同步辐射源的水平和垂直发散度有关。同步辐射源的发散角小于0.1mrad，远远优于所要求的容差。光纤定位板常选用聚乙烯(甲基丙烯酸甲酯，PMMA)材料，该材料是标准DXRL光刻胶，不仅能提供合适的机械质量，还能牢固地固定光纤矩阵。为了制造DXRL掩膜板，需要用紫外光刻法制备母板进行复制。我们使用的是标准铬掩膜板，它能保证孔尺寸和孔的相对位置精度优于1μm。紫外光刻在300μm厚的石墨基底(Poco Graphite公司的

SFG-2.3)上进行,在基底顶上溅射了一层 25μm 厚的 SU-8 胶。显影后再镀一层金,厚度 20μm。通过铬掩膜来制造 DXRL 掩膜能保持孔的直径精度和孔间定位精度都在 1μm 以内。为了制造高精度光纤定位板,让 1mm 厚的 PMMA 光刻胶在 110℃温度下烘烤 1h 以去除前期加工(如切割和铣削)累积的应力,然后在 II 代 LIGA 站的 ANKA 同步辐射光源下曝光。用镀有 200nm 镍膜的硅反射镜控制 LIGA 的光束,以便消除高能电子(高于 12keV),并将截止角控制在 4.85mrad。在 PMMA 光刻胶下面用的辐射剂量控制在 $3kJ/cm^3$。PMMA 光刻胶和掩膜在曝光期间都保持 20℃,以免因吸收高光子流而被加热。曝光过后,把 PMMA 光刻胶放到标准 GG 池[13]里显影 24h,再在水里漂洗 20min,然后在室温下干燥。可以注意到,我们的制造工艺以掩膜技术为基础,制备的光纤定位板适合排列大量光纤,精度相同,能满足高功率光束合成应用,如参考文献[14]所述。也可以选用比 PMMA 光刻胶更好的其他材料(如金属板)固定更高功率的光纤放大器,实现更好的温度控制。

图 5.10 是固定 64 路光纤的光纤阵列在不同加工步骤的照片。图 5.10(a)是制造的 PMMA 定位板的详图。将 64 路保偏光纤插入定位板中(图 5.10(b)),保偏光纤的慢轴全都平行排列,然后用环氧树脂胶把光纤胶合到 PMMA 定位板上,再用一个管状夹具固定住整个光纤阵列以便进行抛光处理,最终形成如图 5.10(c)和(d)所示的光纤阵列。

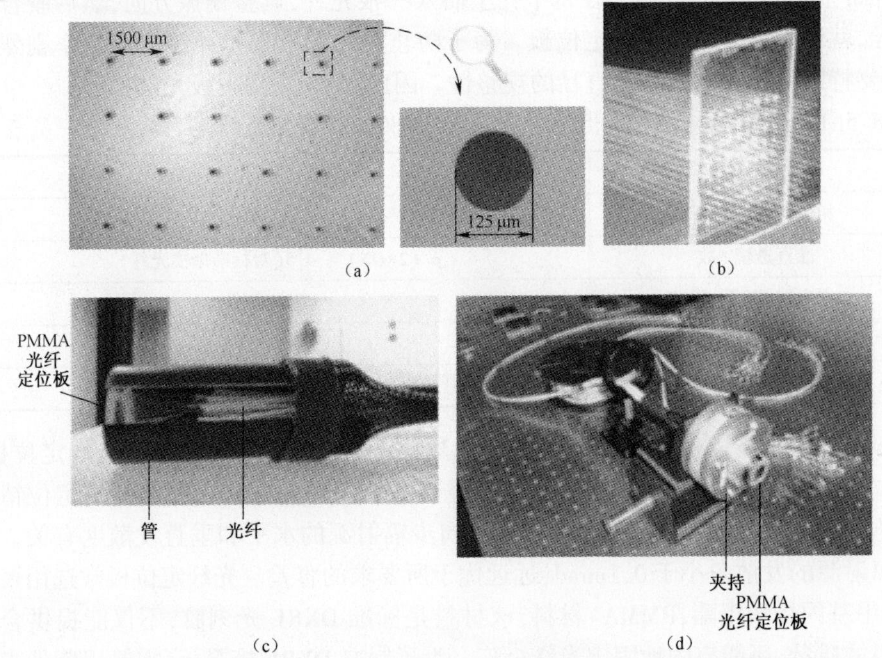

图 5.10 光纤定位板的照片(a)钻有直径 125μm、间距 1500μm 孔的 PMMA 板详图;(b)在光纤定位板上插入了 64 路保偏光纤;(c)经过准直、胶合和抛光后的光纤零件;(d)光纤阵列总貌。

将微透镜阵列与光纤阵列对准就能获得完全准直的光纤阵列。首先,调整微透镜阵列,让每路光纤发出的光都处在对应准直透镜的中心。为了测量光纤的位置精度,我们在远场平面描绘出每束光的质心位置。如图5.11所示,再用一个焦距为200mm的透镜和一个恰好放在透镜焦点上的相机进行测量。这些数据能让我们检测到每路光纤和它的对应透镜轴之间的偏差量。图中的虚线圆表示实现光束高效合成的偏差极限。在我们的准直系统中测量到的最大准直误差为0.52mrad,平均误差为0.2mrad。因此,该系统能满足光束合成的要求。

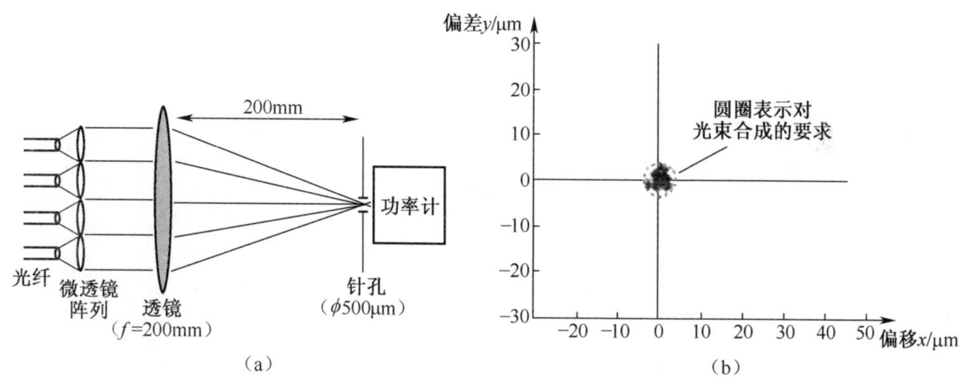

图5.11　(a)准直性测试的实验布局图;(b)每个光束在透镜焦面上的效果。

5.3.2　全相位测量技术

如前所述,为了让远场主瓣有最大的功率或能量,相干合成技术力求让光纤放大器之间的相位差保持最小。前面几章介绍过多种合成技术,这些技术主要以间接锁相为基础。在这种情况下,控制环路都是通过桶中功率几何中的一个针孔优化光强的。通常采用的两种锁相方法是:随机并行梯度下降法(SPGD)(见第4和6章)[15]和单探测器电频标记法(LOCSET)(见第2和3章)[3,4]。由于这两种技术都只需要一个探测器,因此实施起来相对简单。但是随着待合成光纤数量增加,这些技术的复杂性也会提高(见8.2节)。要合成数量很多的光纤,直接测量相位的方法就变得很有吸引力。在这种情况下就要使用一个探测器阵列,即一个相机,而不是一个探测器。该方案是用相机记录光束彼此之间,或者光束与一个平面相位参考光之间形成的干涉图。仅通过一次采集,就能同时计算所有光纤之间的相位误差。现在,用线宽约1μm硅工艺技术或线宽约1.5μm的InGaAs技术制造的带宽大于1kHz的高速相机已经可以获得,并已在此派上用场。

本节介绍一种自参考全相位法以测量大周期光束阵列的相位误差。下面我们选用正方形阵列进行描述,结果也可以扩展到六边形阵列。

5.3.2.1　测量原理

在近场复原光纤阵列的相位是为了分析复杂的拼接波前,复杂拼接波前由并列的子波前构成。已经证明，基于衍射光栅的四波横向剪切干涉法(QWLSI)[16,17]，对分析复杂跃变波前是一种有效的自参考方法[18-20]。这一方案已经在周期性光纤阵列测量中得到应用[21]。

基本原理是，让正方形光纤阵列的四个相同波前相互干涉，并分析其干涉图。这里并不需要外部参考波，因此利用2D衍射光栅把准直光纤的入射波前平分成4个拼接的横向剪切波前，如图5.12所示。光栅方向相对光束拼接图形的轴线旋转45°。选择横向剪切是为了确保相同的相邻光束之间能完美重叠。

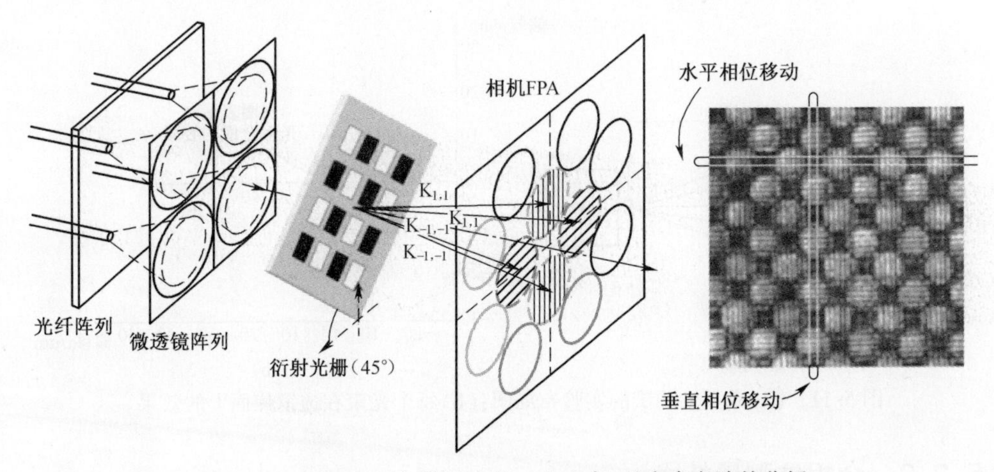

图5.12 QWLSI(正方形图中的4个光束)基自参考波前分析技术的原理。右：实验记录的部分干涉图。

在每个重叠区，我们都获得一组2波正弦条纹，其相移与所考虑子波前之间的相位跃变有直接关系。通过测量水平条纹的面积，就可测量每个光束与其相临的垂直方向的光束之间的相位跃变。同样，垂直条纹也能提供水平方向的同样信息。因此，相机记录的一组水平和垂直条纹就代表两个互不相关方向的光纤之间的跃变，最终就能重构整个拼接波前。该重构的速度很快，可合成高功率光纤放大器。就六边形排列来说，需要三个而不是四个相同的波前，光栅相对图形轴的角度为30°而不再是45°。该方法还可应用到脉冲激光领域。还可用该技术的双色模式复原高于2π的相移。

5.3.2.2 实验装置布局

在实验装置中，可用QWLSI法测量64路光纤阵列的相位关系。实验中的QWLSI由一个InGaAs相机和一个周期为240μm的2D衍射光栅组成。为了在实验中进行测量，让一小部分输出光束以2∶1的放大倍率在相机上成像，以免由于高斯光束的发散出现寄生重叠现象。选择这一比例是因为光纤阵列尺寸必须适合相机焦平面阵列的尺寸，因此我们制作了一个间距为750μm的光束阵列。为了让相同波前完美重叠,把衍射光栅放在焦平面阵列前面 40mm 的位置,并相对激光头的轴线旋转 45°。

对正方形阵列中的 64 路光束,我们获得了 7×8 个水平条纹和 8×7 个垂直条纹,如图 5.13 所示。在实验期间,开环产生了相位跃变,我们在相机上观察到条纹在滚动。经过校准后,实验装置测量到的相位复原均方根误差为 0.11rad($\lambda/60$)。

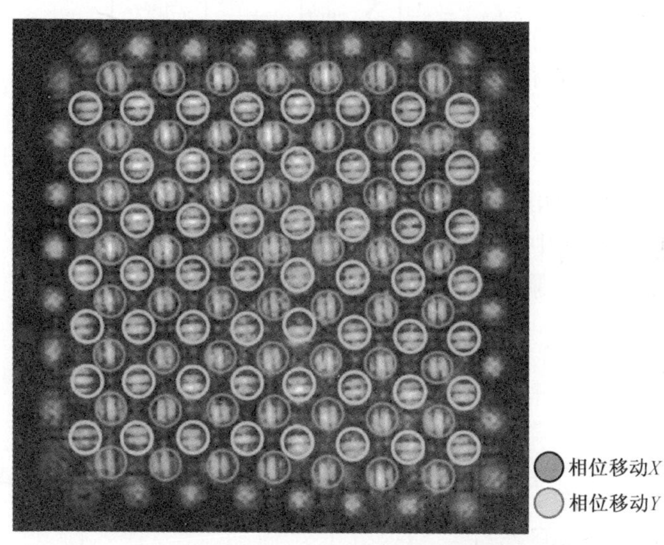

图 5.13　用 QWSLI 和激光头获得的实验干涉图。图中水平(X)相移和垂直(Y)相移的条纹不同。

5.3.2.3　相位复原技术

可以用各种方法通过干涉图重建阵列的相位图。本节选择介绍其中的两种方法。

1) 傅里叶变换法

图中垂直条纹线中某一条线的光强方程可以近似地写为

$$I(x) = \sum_{n} \mathrm{rect}\left(\frac{x - nd}{a}\right) \times \cos(\Omega x + \Delta\varphi_{n}) \tag{5.10}$$

式中:α 是光瞳宽度,d 是间距, Ω 是条纹频率, $\Delta\varphi_n$ 表示光纤 n 和 $n+1$ 之间的相移。首先 $I(x)$ 做傅里叶变换:

$$\tilde{I}(u) = \frac{1}{2}\left[\sum_{n} \mathrm{FT}\left(\mathrm{rect}\left(\frac{x - nd}{a}\right)\right) \cdot \delta(u - \Omega) \times \mathrm{e}^{i\Delta\varphi_{n}}\right] + \sum_{n} \mathrm{FT}\left(\mathrm{rect}\left(\frac{x - nd}{a}\right)\right) \cdot \delta(u + \Omega) \times \mathrm{e}^{-i\Delta\varphi_{n}} \tag{5.11}$$

式中:“~”和 FT 表示傅里叶变换算子, δ 是狄拉克函数。然后, $\tilde{I}(u)$ 选择频谱大

约为 Ω 且以 0 频率为中心的频谱对 $\tilde{I}(u)$ 做数值滤波。这意味着仅需考虑上述等式左侧项的和,并用 $\delta(u)$ 替代 $\delta(u-\Omega)$。最后再进行逆傅里叶变换:

$$\begin{cases} \tilde{I}_{\text{filtered}}(u) = \dfrac{1}{2}\left[\sum_n \text{FT}\left(\text{rect}\left(\dfrac{x-nd}{a}\right)\right) \cdot \delta(u) \times \text{e}^{\text{i}\Delta\varphi_n}\right] \\ \text{FT}^{-1}(\tilde{I}_{\text{filtered}})(x) = \dfrac{1}{2}\left[\sum_n \text{rect}\left(\dfrac{x-nd}{a}\right) \times \text{e}^{\text{i}\Delta\varphi_n}\right] \end{cases} \tag{5.12}$$

根据上述表达式,最终获得相位图。

2) 解调法

由于干涉图仅由正弦条纹组成,所以用一个简单的解调过程就可以复原某一路光纤与其相邻光纤的相位差。该技术不涉及傅里叶变换,因而在计算速度方面具有优势。垂直条纹线中某一条线的光强图可以用式(5.10)近似给出。通过用频率 Ω 处的载波 C_P 和 C_q 乘以 $I(x)$,有

$$\begin{cases} C_p(x) = \cos(\Omega x) \\ C_q(x) = \sin(\Omega x) \end{cases} \tag{5.13}$$

我们获得下面表达式:

$$\begin{cases} I(x) \cdot C_p(x) = \sum_n \text{rect}\left(\dfrac{x-nd}{a}\right) \times \left(\dfrac{1}{2}\cos(2\Omega x + \Delta\varphi_n) + \dfrac{1}{2}\cos(\Delta\varphi_n)\right) \\ I(x) \cdot C_q(x) = \sum_n \text{rect}\left(\dfrac{x-nd}{a}\right) \times \left(\dfrac{1}{2}\sin(2\Omega x + \Delta\varphi_n) + \dfrac{1}{2}\sin(\Delta\varphi_n)\right) \end{cases} \tag{5.14}$$

用数字低通滤波器,可以提取到 $\cos(\Delta\varphi_n)$ 和 $\sin(\Delta\varphi_n)$ 项。某一路光纤与其相邻光纤之间的相移就由下式给出:

$$\Delta\varphi_n = \arctan\left(\frac{\sin(\Delta\varphi_n)}{\cos(\Delta\varphi_n)}\right) \tag{5.15}$$

然后,通过从某一路光纤到另一路光纤传递相移(垂直和水平方向),可以导出整个相位图。使用数据冗余会增强结果的稳定性。

5.3.3 相位调制器

相位调制器是控制每路光纤光束相位的关键元件。用于此目的的方案有多种,最常用的技术是在每个光纤放大器前面放置光纤耦合光电调制器(EOM)。$LiNbO_3$是使用最广泛的光电调制器材料。这种调制器的连续波功率处理能力通常为 100mW,带宽大于 100MHz,因此十分适合用于相干合束。在每个光纤臂上都安置有离散光电调制器的主要缺点是,当要对大量光纤锁相时,总成本和尺寸比较大。其他可选方案包括压电光纤展延器[5]和直接泵浦电流调制。压电光纤展延器的优点是能控制光纤放大器以外的相位,相位控制范围大于 10π,但带宽限制约在

1~10kHz。直接泵浦电流调制的优点是不需要其他设备控制相位,但附加的相对光强噪声(RIN)会是个问题。

对大数量光纤来说,一种有吸引力的技术可能要依赖集成光子学技术,如在 1.5μm 波段工作的硅光子技术。另一种可供选择的技术是使用小型紧凑光电陶瓷调制器阵列。为实现此目的,最近开发出了基于 PLZT 的 4 通道相位调制器[22]。

图 5.14(a)是陶瓷调制器示意图。用超声加工技术在光电陶瓷(PLZT)里蚀刻梳齿电极图。让输入和输出保偏光纤的偏振轴与施加的电场平行,以提供由电压控制的相移。如图 5.2(a)所示①,在所有 4 个通道,在 240V 偏压和 1.55μm 波长下获得了 2π 相移。设备的响应时间在 1-10μs 范围内。PLZT 陶瓷在较大光谱范围内都是透明的,也可设计在 1μm 波长处工作。

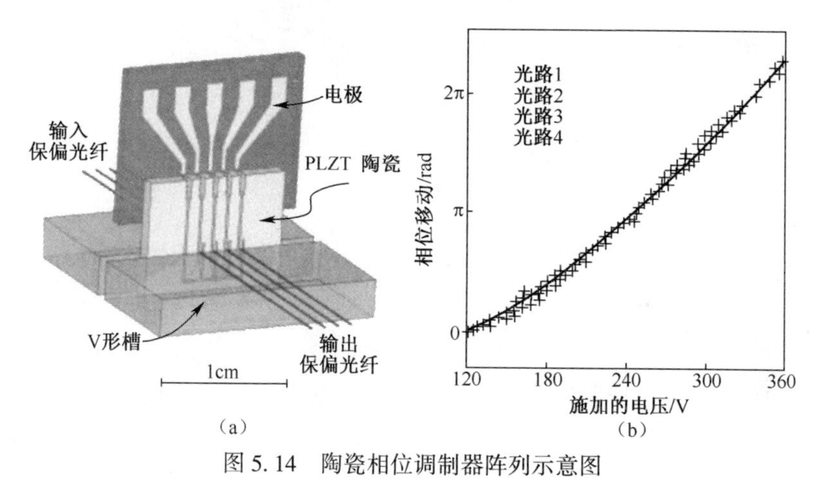

图 5.14　陶瓷相位调制器阵列示意图

5.4　用主动相位控制法合成 64 路光纤

本节介绍用主动相位控制法对 64 路光纤进行光束合成的实验[22]。实验装置由激光头(由准直光纤阵列组成)、光电陶瓷调制器阵列和测量相位的 QWLSI 相机组成。

实验装置如图 5.15 所示。波长为 1.55μm 的连续波分布式反馈激光经由第一个保偏掺铒光纤放大器放大到 1W,然后把输出光束分为 4 束,再送入 4 个 1W 的保偏掺镱光纤放大器。把输出的 4 束光进一步分为 16 束光,最后形成 64 路放大光纤输出。在连接到输出激光头前,插入 16 个基于 PLZT 的 4 通道光电相位调制模块(如图 5.14 所示)对相位进行反馈控制。为了在 QWLSI 相机上进行近场成

① 译者注:原文有误,已改正。

像,对输出光束进行第一次采样,以便通过相位调制器进行相位测量和校正。然后,在控制相机上进行远场成像并对光束进行合成诊断,再对主激光输出进行第二次采样。

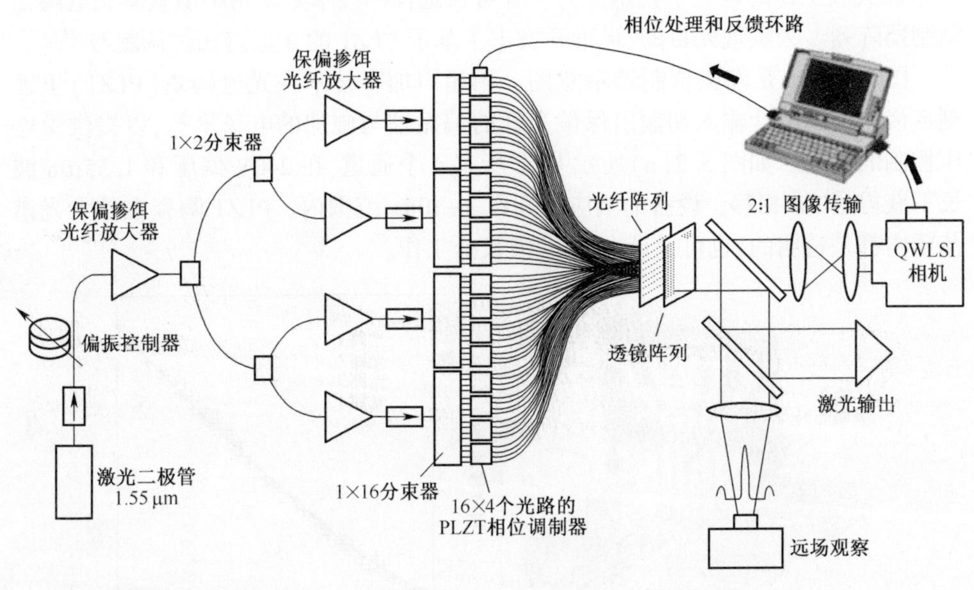

图 5.15 实验设备图

图 5.16 给出了当控制环路工作时在实验中获得的远场光斑。图中,虚线表示理论计算值,对应于按正方形阵列排布的 64 路理想同相相干光束的总和。从图中可看出,实验值和理论计算值的远场图很接近,只有很小偏差,相当于合成效率下

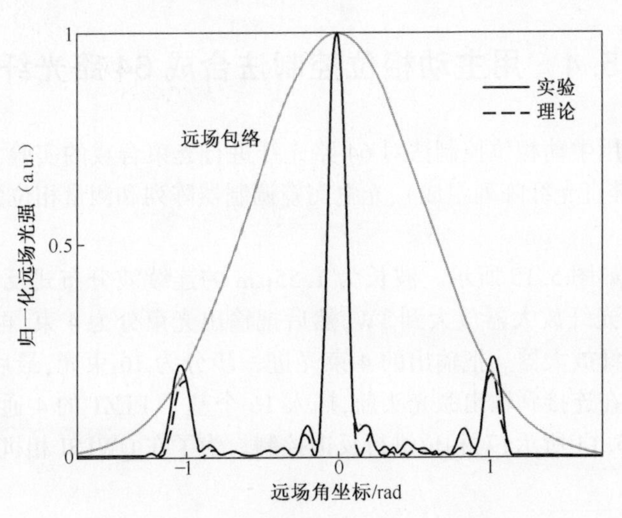

图 5.16 实验(实线)和理论(虚线)远场光强图。灰色曲线为单个输出光瞳的傅里叶变换。

降了64%。这意味着实验得到的远场主瓣峰值能量是理论计算值的64%。该值与测量到的$\lambda/10$均方根相位误差或$\lambda/3$峰-谷比一致。在理论上,$\lambda/3$峰-谷比会使Strehl比下降80%,另一个80%的下降可能是由输出光束的指向误差和准直误差引起的。

为了进一步量化系统的光束合成效率,我们评估了远场主瓣的能量与总辐射能量之间的比率。主瓣宽度由图5.16中理论远场图的第一个0点确定。在实验中,我们从主瓣中测量到的能量占总辐射能量的34%,相比之下,完美的正方形光纤阵列合成比值为44%。

图5.17给出了用红外监测相机记录到的远场光强图。在开环和未做相位校正时,64路光束的远场干涉图中都有相位波动,导致图像呈散斑状,整个包络的发散角相当于单个近场光束的傅里叶变换,而每个散斑的发散角度相当于整个近场光瞳的傅里叶变换。另一方面,当相位环路为闭环时,我们观察到所有64路光束形成相长干涉,导致出现一个强主瓣,其发散角为总输出光瞳尺寸的倒数。系统以20Hz工作,由于计算时间不到100μs,且调制器响应时间在微秒级,因此系统带宽仅受QWLSI相机采集速度限制。但是,该带宽足以使64路光纤同相,也能够满足连续波4个掺铒光纤放大器的相对相位波动补偿。最近的研究工作用同样技术验证了1kHz带宽锁相。

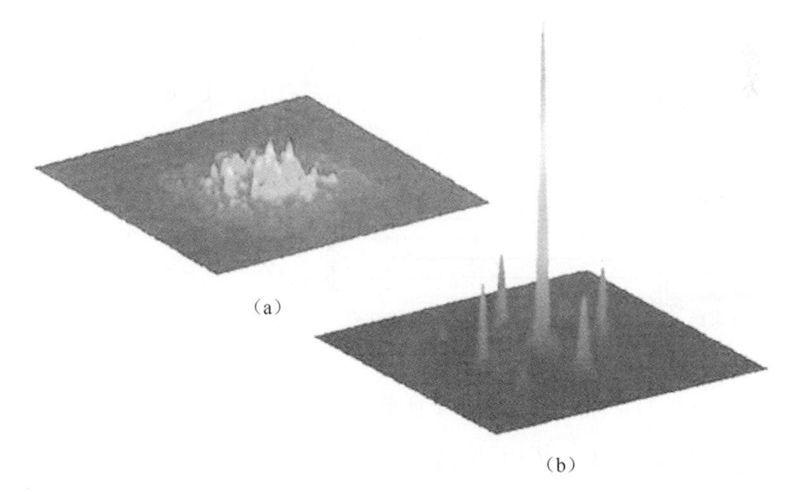

图5.17　64路光纤的远场光强图。
(a)为锁相环路打开;(b)为环路闭合。

5.5　数字全息光束合成

在这一节,我们提出一种可供选择的光束合成方法,即基于自适应数字全息的光束合成方法[23-26]。该方法是一种“被动”方法，它把反馈环路缩减得只剩一个电连接，也能方便地用于数量较大的光纤的相干合成。

5.5.1 原理

数字全息光纤光束合成原理如图 5.18 所示。光束合成用的是一个 2D 光纤放大器阵列，每一维阵列都用轴线平行的透镜阵列在其最远点准直。波长为 λ 的低功率参考平面波 Φ_{R1} 通过光纤阵列传播。用 CCD 相机记录波前 $\Phi_{(x,y)}$ 与参考平面波 Φ_{R2} 之间的干涉图。两个波互相倾斜一个小角度 α 并彼此相干。对每路光纤 i，记录的干涉图都由一系列线性条纹组成，条纹的位置由阵列中的光纤 i 与参考波 Φ_{R2} 之间的相对相移 φ_i 给出。随着相移的实时变化，会在 CCD 上记录到条纹滚动。选择的角 α 要足够小，以保证条纹间隔 d 比 CCD 像素尺寸大几倍，确保有足够的相位校正精度。然后用 CCD 相机信号来驱动纯位相空间光调制器(SLM)，该调制器既能显示记录的条纹图，也发挥着动态数字全息的作用。然后以拉曼-奈斯衍射形式把参考平面波 Φ_{R3} 衍射到空间光调制器。在 -1 衍射级，相对于 Φ_{R3} 以角 $-\alpha$ 传播，得到相位共轭的拼接波前 $-\Phi_{(x,y)}$。

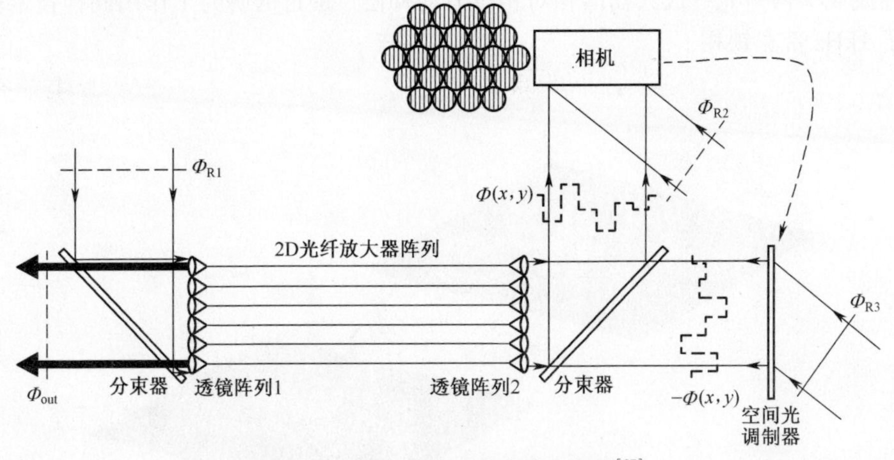

图 5.18 数字全息光束合成示意图[27]

把该波前重新注入光纤阵列，则所有相移项都能得到补偿，产生的输出光束为锁相光束，具有共用平面相位 Φ_{out}。该方案是通过共轭波前形成的过程进行相干合成的。

在这种技术中，相位校正精度取决于相机像素数和空间光调制器对条纹图的采样效果。由于商用 1.06μm 波段的空间光调制器的像素数已经达到 1920×1080，因此即使对 200 路的光纤阵列，也有望获得 $\lambda/10$ 的精度。在准直光纤阵列的输出端(图 5.18 中的透镜阵列 1)，准直度必须达到 5.2.2 节所述的要求。这样就能使参考平面波 Φ_{R1} 耦合到光纤阵列中，确保输出端各校正光束能够高效合成。由于我们实现了相位共轭,因此,传感器端(图 5.18 中的透镜阵列 2)光纤束的准直精度并不严格。事实上,如图 5.19 所述,微小的未对准或离焦都会导致所记录的条纹图出现变形。在读取空间光调制器上的全息图时,衍射波会通过相位共轭校正准直误差。获得正确修正的唯一要求是 CCD 相机上的每个条纹都有足够像素数,以便达到所要求的相位校正精度。相机记录的图像与空间光调制器显示的图像之间的放大比率应该等于 1,以便把 -1 阶衍射 $-\Phi(x,y)$ 耦合到光纤阵列中。

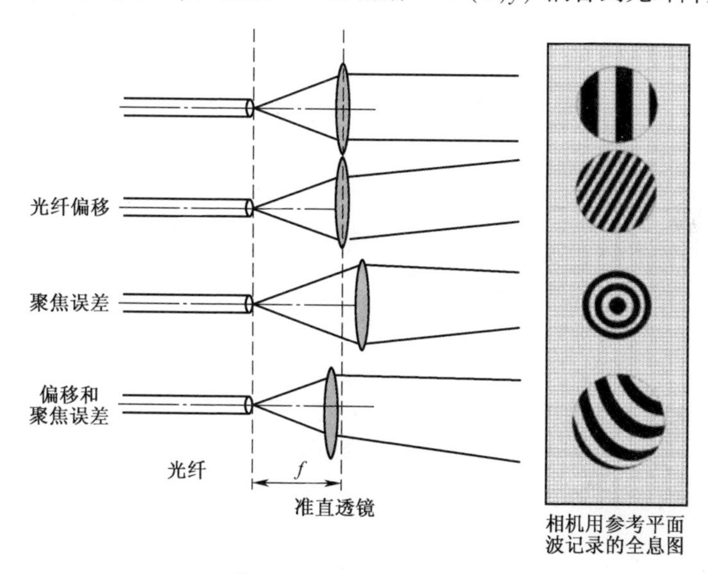

图 5.19　校准误差对干涉图条纹形状的影响示意图

记录的干涉图来自每个准直光纤光束与共用大参考波之间的干涉。因此,我们能获得每路光纤高斯分布场和平面分布场之间的干涉图,干涉图上相应调制区域代表与类高斯形分布的自然对比度(见图 5.20(a))。由于衍射效率与条纹对比度成正比,因此读取时没有优化衍射效率。

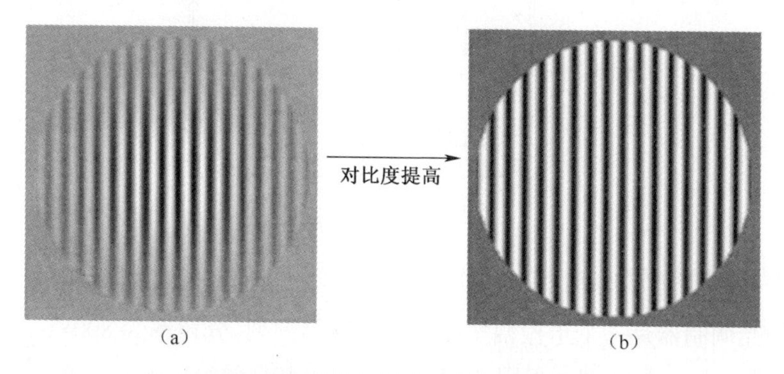

图 5.20　为提高全息图的衍射效率而改善对比度

如图 5.20 所示,为了克服这个限制,可在记录干涉图时,对对比度做简单改善。由于光纤和参考波之间的相位关系是通过条纹相对位置编码,而不是通过干涉图的对比度编码的,因此,这样操作会大大改善衍射效率(每个调制面积都能从 10%提高到 33%),且对光束的相位校正也没有影响。事实上,黑白二元值图像足以保证全息功能,也可以用一个快速铁电介质类二元空间光调制器补偿光纤放大器的典型相位波动。

5.5.2 实验验证

用数字全息法进行相干合束的验证实验原理图如图 5.21 所示[27]。主振荡器是一个非平面环形振荡器(NPRO)Nd:YAG 激光器,线宽为 10kHz,能确保有足够长的相干长度。隔离器可防止 NPRO 受到可能出现的反向传播光束的损害。激光器的光束经过扩束后,形成直径 15mm 的平面参考波光束。我们用第一个低反射率分束镜 BS1 使少量光束生成平面波 Φ_{R1},并注入保偏光纤。借助第二个分束镜 BS2,使含有拼接波前 $\Phi(x,y)$ 的光纤光束与有平面相位 Φ_{R2} 的参考光束相干涉。两个光束之间的夹角 α 为 5mrad,导致产生 200μm 的光栅周期。我们用分辨率为 720×576 的单色 CCD 相机(图 5.21 中的 CCD1)记录干涉图。然后通过采集卡将视频信号发送给计算机,同时借助显卡的复制模式,使视频显示在计算机上和空间光调制器上。计算机是个可选择设备,在本实验中仅用于观察干涉图。

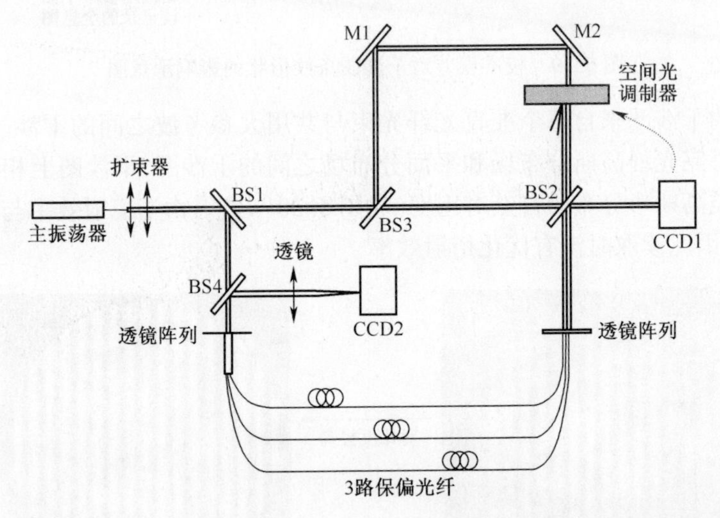

图 5.21 数字全息合成的实验布局图。BS:分束镜;M:反射镜;SLM:空间光调制器。

空间光调制器是一个单振幅扭曲向列型液晶阵列,分辨率为 800×600,像素尺寸与 CCD1 一样。在这种配置中,CCD1 的一个像素直接转换为空间光调制器中的一个像素。不能使用无法由 CCD 选址的空间光调制器像素线。我们用另一个分束镜BS3提取一部分参考光,产生一个平面波Φ_{R3}并读取空间光调制器上的数字全息图。通过调节反射镜M2,把空间光调制器衍射的-1阶波前耦合进光纤。在-1阶测量到的衍射效率仅为1%,这是由于我们选用了扭曲向列型空间光调制器,它与振幅全息图有同样的作用。使用纯相位空间光调制器可使该衍射效率进一步大幅提高,-1阶的衍射效率可达到近33%。最后通过第二个相机CCD2,我们能在透镜焦面上观察到远场锁相光束。

图5.22和图5.23给出了用数字全息法合成光束的实验结果。通过用一盏灯加热光纤,获得多个光束间大约2Hz带宽的时变相移。用CCD1记录条纹的移动,然后在空间光调制器上显示生成的数字全息图。图5.22(a)给出了CCD1记录的典型干涉图,可以观察到三个截然不同的区,分别对应于三路光纤的输出$\Phi(x,y)$与平面参考波Φ_{R2}之间的干涉。由于光线准直条件不完善,造成栅格的周期和方向不同,但经过相位共轭处理后能得到充分补偿。用CCD2观察到了波前为Φ_{out}的远场锁相输出光束。图5.22(b)给出了稳定的时间光强衍射图。锁相精度由CCD1记录的每个条纹的像素数给出,并显示在空间光调制器上。在我们的实验中,每个条纹大约占用30个像素,锁相精度高于$\lambda/10$,从而可确保获得合适的相位误差补偿。为了便于比较,图5.22(c)显示了没有校正相位时获得的模糊的远场光强图。在这种情况下,空间光调制器显示的是一个静态干涉图,避免了相位误差的动态补偿。图5.22(b)和(c)都是在15s的积分时间基础上获得的。

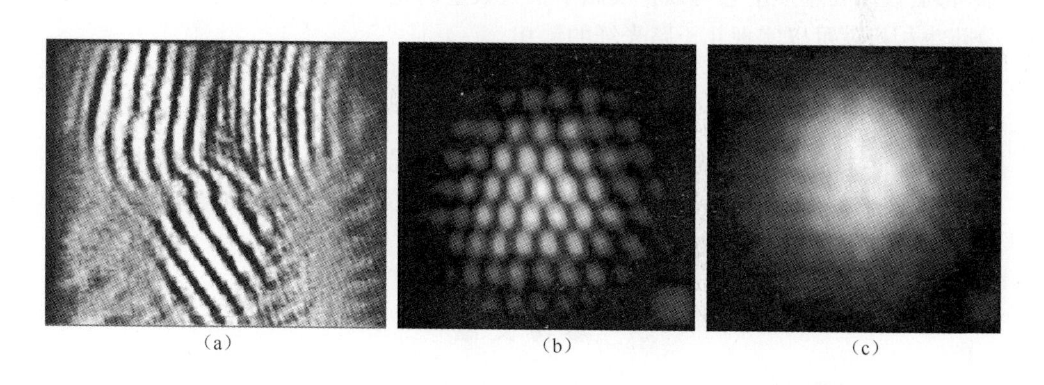

图5.22　(a)三路被动光纤的全息图;(b)积分为15s时,三个锁相光束的远场光强图;(c)积分时间15s时,三个未锁相光束的远场光强图。

我们还通过在远场图的主瓣位置上放一个光电二极管测量了锁相系统的动态性能。图5.23显示的是主瓣光强稳定性与时间的关系曲线。停止锁相后,观察到光强出现强烈波动。目前的实验设备以视频帧速工作,但是就像已经提到的,可以利用千赫兹相机(记录全息图)和快速空间光调制器实现更高速度的工作。

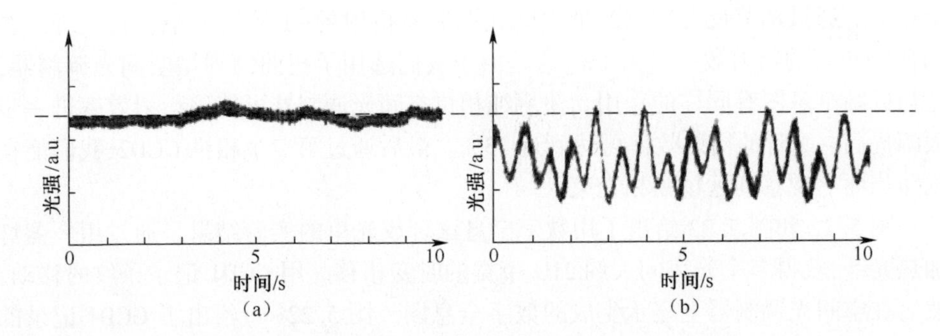

图 5.23 在三路光纤(a)锁相和(b)未锁相时,远场主瓣的光强随时间变化的情况。

5.6 结 论

本章介绍了大数量光纤放大器的各种相干合束技术。在各种关键元件中,重点强调需要研制能准确定位光纤的准直光纤阵列。提出并验证了基于干涉测量的全相位测量技术。该技术仅需要一次采集就能测量所有光纤之间的相位误差。

还验证了 64 路光纤放大器的相干相位合成。介绍的方案还涉及到小型调制器阵列,说明在本质上它可以扩展用于很大数量的光纤。据推测,利用商用高速高分辨率相机就可以实现几千路光纤的锁相。

致谢

感谢 Gérard Mourou 先生领导的法国国家研究局(ANR)“相干放大组网”项目对本工作的部分资助。感谢 Unité Mixte de CNRS/泰勒斯公司的 Fayçal Bouamrane、Thierry Bouvet 和 Sephan Megtert 先生。

参 考 文 献

[1] Fan,T. Y. (2005) Laser beam combining for high-power,high-radiance sources. IEEE J. Sel. Top. Quantum Electron.,11,567-577.

[2] Labaune,C.,Hulin,D.,Galvanauskas,A.,and Mourou,G. (2008) On the feasibility of a fiber-based inertial fusion laser driver. Opt. Commun.,281,4075-4080.

[3] Shay,T. M.,Benham,V.,Baker,J. T.,Ward,C. B.,Sanchez,A. D.,Culpepper,M. A.,Pilkington,D.,Spring,J.,Nelson,D. J.,and Lu,C. A. (2006) First experimental demonstration of self synchronous phase locking of an optical array. Opt. Express,14,12015-12021.

[4] Bennai,B.,Lombard,L.,Jolivet,V.,Delezoide,C.,Pourtal,E.,Bourdon,P.,Canat,G.,Vasseur,O.,and Jaouen,Y. (2008) Brightness scaling based on 1.55 mm fiber amplifiers coherent combining. Fiber Intergr. Opt.,27,355-369.

[5] Yu, C. X., Klansky, J. E., Shaw, S. E., Murphy, D. V., and Higgs, C. (2006) Coherent beam combining of a large number of PM fibers in 2-D fiber array. Electron. Lett., 42, 1024- 1025.

[6] Demoustier, S., Bellanger, C., Brignon, A., and Huignard, J. P. (2008) Coherent beam combining of 1.5 mm Er-Yb doped fiber amplifiers. Fiber Integr. Opt., 27, 392-406.

[7] Bellanger, C., Brignon, A., Colineau, J., and Huignard, J. P. (2008) Coherent fiber combining by digital holography. Opt. Lett., 33, 2937-2939.

[8] Brusselback, H., Wang, S., Minden, M., Jones, D. C., and Mangir, M. (2005) Power scalable phase-compensating fiber array transceiver for laser communications through the atmosphere. J. Opt. Soc. Am. B, 22, 347-353.

[9] Neubert, W. M., Kudielka, K. H., Leeb, W. R., and Scholtz, A. L. (1994) Experimental demonstration of an optical phased array antenna for laser space communications. Appl. Opt., 33, 3820-3830.

[10] Stace, C., Harisson, C. J. C., Clarke, R. G., Jones, D. C., and Scott, A. M. (2004) Fiber bundle lasers and their applications. 1st Electro Magnetic Remote Sensing Defence Technical Conference, Edinburgh, UK, Paper B21.

[11] Bourderionnet, J., Rungenhagen, M., Dolfi, D., and Tholl, H. D. (2008) Continuous laser beam steering with micro-optical arrays: experimental results. Proc. SPIE, 7113, 71130Z.

[12] Bellanger, C., Brignon, A., Toulon, B., Primot, J., Bouamrane, F., Bouvet, T., Megtert, S., Qu_etel, L., and Allain, T. (2011) Design of a fiber-collimated array for beam combining. Opt. Eng., 50, 025005.

[13] Glashauser, W. and Ghica, G. V. (1980) Verfahren für die spannungsfreie Entwicklung von bestrahlten Polymethylmetacrylatschichten, Siemens Patent, Germany, German Patent No. 3039110.

[14] Jones, D., Turner, A., Scott, A., Stone, S., Clark, R., Stace, C., and Stacey, C. (2010) A multi-channel phase locked fibre bundle laser. Proc. SPIE, 7580, 75801V-1.

[15] Liu, L., Vorontsov, M. A., Polnau, E., Weyrauch, T., and Beresnev, L. A. (2007) Adaptive phase-locked fiber array with wavefront tip-tilt compensation. Proc. SPIE, 6708, 67080.

[16] Primot, J. and Sogno, L. (1995) Achromatic three-wave (or more) lateral shearing interferometer. J. Opt. Soc. Am. A, 12, 2679-2685.

[17] Velghe, S., Primot, J., Guerineau, N., Cohen, M., and Wattellier, B. (2005) Wavefront reconstruction from multidirectional phase derivatives generated by multilateral shearing interferometers. Opt. Lett., 30, 245-247.

[18] Toulon, B., Primot, J., Gu_erineau, N., Haïdar, R., Velghe, S., and Mercier, R. (2007) Step-selective measurement by grating-based lateral shearing interferometry for segmented telescopes. Opt. Commun., 279, 240.

[19] Toulon, B., Vincent, G., Haïdar, R., Gu_erineau, N., Collin, S., Pelouard, J. L., and Primot, J. (2008) Holistic characterization of complex transmittances generated by infrared sub-wavelength gratings. Opt. Express, 16, 7060.

[20] Mousset, S., Rouyer, C., Marre, G., Blanchot, N., Montant, S., and Wattellier, B. (2006) Piston measurement by quadriwave lateral shearing interferometry. Opt. Lett., 31, 2634.

[21] Bellanger, C., Toulon, B., Primot, J., Lombard, L., Bourderionnet, J., and Brignon, A. (2010) Collective phase measurement of an array of fiber lasers by quadriwave lateral shearing interferometry for coherent beam combining. Opt. Lett., 35, 3931-3933.

[22] Bourderionnet, J., Bellanger, C., Primot, J., and Brignon, A. (2011) Collective coherent phase combining of 64 fibers. Opt. Express, 19, 17053-17058.

[23] Stappaerts, E. A. (1995) Holographic system for interactive target acquisition and tracking. U. S. Patent No. 5,378,888, January 3.

[24] Schnars, U. and Jueptner, W. (2005) Digital Holography: Digital Hologram Recording, Numerical Reconstruction, and Related Techniques, Springer.

[25] Cuche, E., Marquet, P., and Depeursinge, C. (1999) Simultaneous amplitude-contrastand quantitative phase-contrast microscopy by numerical reconstruction of Fresnel offaxis holograms. Appl. Opt., 38, 6994-7001.

[26] Gross, M. and Atlan, M. (2007) Digital holography with ultimate sensitivity. Opt. Lett., 32, 909-911.

[27] Bellanger, C., Brignon, A., Colineau, J., and Huignard, J. P. (2008) Coherentfiber combining by digital holography. Opt. Lett., 33, 2937-2939.

第6章

用自适应光纤阵列系统进行相干光束合成和大气补偿

Mikhail Vorontsov, Thomas Weyrauch, Svetlana Lachinova, Thomas Ryan, Andrew Deck, Micah Gatz, Vladimir Paramonov, Gary Carhart

6.1 引　言

相干光束合成取得的最新进展使它成为最有前景的技术之一,该技术可能会大大改变传统激光发射系统(光束定向器)的光束发射模式。在这种技术中,合成光束首先在 MOPA 光纤系统中形成,然后经过一个 MOPA 光纤准直器阵列出射[1-7]。在本章考虑的定向能(光束投射)应用中,相干合束意味着通过在光纤准直器子孔径中控制光束的活塞相位,对透过大气投射到远距离目标上的激光束进行调相。与不使用光束调相的非相干合束技术相比,相干合成技术通过使 N_{sub} 束光在目标面上的相位理想化,让光束形成相长干涉,从而使合成光束在目标面上的峰值光强提高 N_{sub} 倍[3-6]。要实现相干合束,需要具备以下条件:输出光束是准单色光、有同样(或几乎一样的)偏振态和有同样空间模式结构[1,4]。由窄线宽种子激光器、保偏单模光纤元件和子系统组成的相干光纤阵列系统可以满足这些要求。图 6.1 是一个基于相干光纤阵列的激光束投射系统概念图。在该系统中,使用"目标在环路"的光电反馈系统控制光纤阵列光瞳面上的活塞相位[7-9]。该控制系统包括一个收发分置接收机、一个评价函数处理器和一个锁相控制器。接收机把接收到的目标回波功率转换成电信号 J_{PIB}(即桶中功率(PIB)评价函数);评价函数处理器计算锁相控制评价函数 J;锁相控制器利用该评价函数信号计算控制电压 $\{u_j\}$, $j=1,2,\cdots,N$。集成在 MOPA 系统中的移相器把控制电压 $\{u_j\}$ 变成光波时间延迟,从而可以控制光纤准直器子孔径面积上的平均输出光相位,这被称为活塞相位。被发射光束在目标上形成合成光束时,大气湍流造成的折射率不均匀性往往会导致被照射目标面积内(目标命中点)的合成光束强度闪烁和平均功率密度(目标命中点亮度)下降。

定向能应用的最终目标是在指定目标瞄准点附近获得最小的(理想上为衍射极限)命中点。为了实现这个目标,要求发射的光束能够精确叠加(也称为合成光

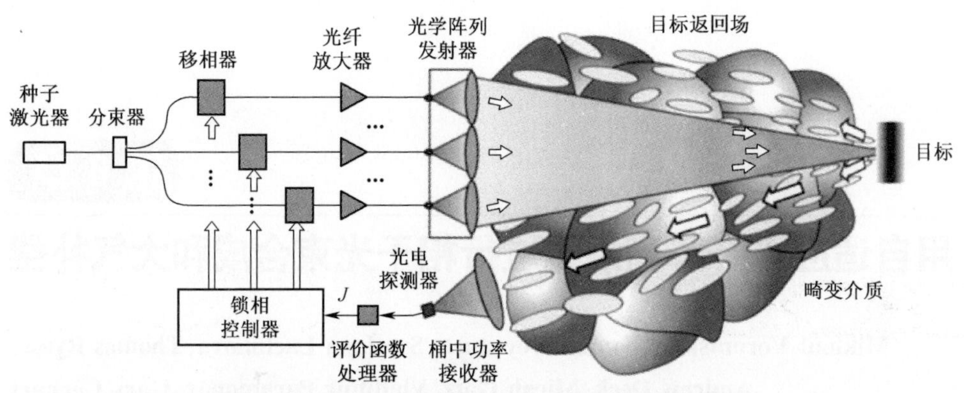

图 6.1 基于相干光纤阵列的激光束投射系统概念图

束聚焦)、合成光束有精确的定向性和稳定性、MOPA 系统引起的随机相移和大气湍流造成的相位像差都能得到实时补偿。在本章中,我们介绍光纤阵列系统领域的最新研究成果,重点介绍光纤阵列结构、自适应光学系统与光束控制能力的集成、相干光束合成和大气补偿技术,目的是提高点目标(点源)或面目标(远距离目标或散斑)上的投射光束功率密度。

6.2 光纤阵列工程

影响光纤准直器阵列基光束定向器设计的因素有多种。

首先,在大多数应用中,目标或光束定向器的平台是运动的(或着两者都是运动的),因而目标的空间位置是动态变化的,这要求在光束传播方向和距离都变化的条件下,光束定向器仍然能为合成光束提供定向稳定能力和目标命中点稳定能力。所以需要把跟踪、光束定向、光束聚焦功能都集成在光纤阵列光束定向器中。和基于激光收发望远镜(使用单块集成反射镜)的常规光束定向器一样,通过把光纤阵列系统集成在万向架平台上,可实现目标跟踪和光束粗定向。但是,光束精定向和命中稳定精度要求比万向架能提供的精度要高得多。在常规光束定向器中,是用尺寸相对小的转向镜控制输出光束的倾斜相位来实现所要求的稳定精度的,转向镜通常位于最末端扩束发射器望远镜之前。而对光纤阵列系统,只能通过把倾斜波前的相位控制集成在每个光纤准直器中来实现精确光束定向。

其次,在传统光束合成系统中,通过移动发射器望远镜的二次反射镜完成光束聚焦,输出光束的波前相位为抛物线形(球面)。由于光纤阵列系统没有外部光束整形元件,因此,只能用直接集成在光纤准直器中的相位整形元件完成合成光束聚焦。

我们考虑以下两种能将波前整形元件集成在光纤准直器阵列中的方法,用这两种方法都能让合成光束精确转向和聚焦。如图 6.2(a)所示,最简单的聚焦方法

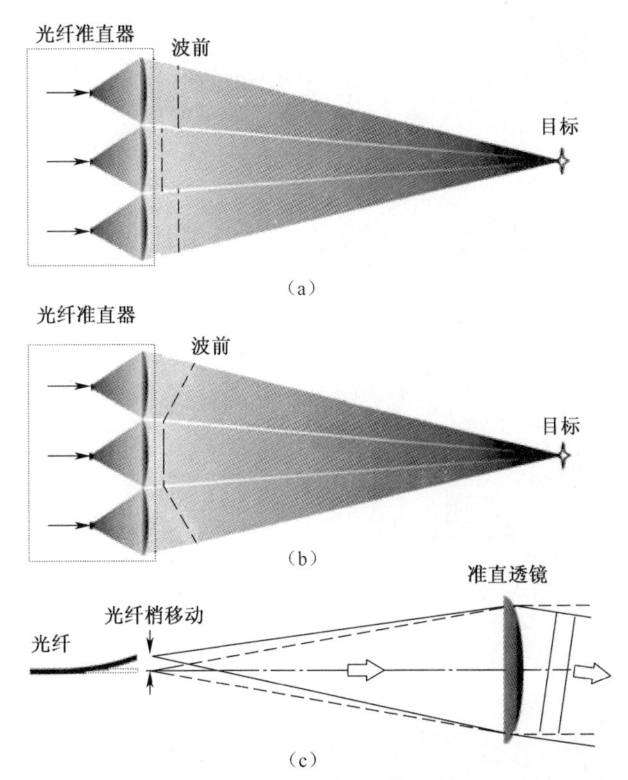

图 6.2　(a)采用阶梯模(即活塞相位控制)的合成光束聚焦;(b)采用活塞和倾斜相位控制逼近球面波前的合成光束聚焦。(b)中每个准直器子孔径的倾斜控制可以通过移动光纤头完成,见(c)所示[7,10]。

是把倾斜逼近法与使用子孔径平均(活塞)相位的抛物线相位函数关联起来。这种波前逼近法也叫做阶梯模逼近法,可以用 MOPA 系统中的光纤集成移相器来实现。除活塞相位控制法以外,还可以通过控制每个光纤准直器子孔径内的相位倾斜元件,获得更准确的合成光束相位逼近(图 6.2(b)[4]。如图 6.2(c)所示,通过在 x 和 y 方向移动处于准直透镜焦点上的光纤头可实现输出光束相位的倾斜控制。在专门为此研制的光纤头定位器中,用压电激励器移动光纤头实现相位的倾斜控制[7,10]。

图 6.3 给出了一种由本章作者开发的光纤阵列激光发射器,它具有在每个光纤准直器孔径上进行活塞和倾斜相位控制的能力。这些光纤阵列有相同的子孔径直径 d 、子孔径填充因子 $f_{\text{sub}} = d_0/d$ 和光纤阵列填充因子 f_{c} ($f_{\text{c}} = l/d$),其中 d_0 是光纤准直器出射口的高斯光束直径,l 是光束轴线之间的距离[4]。如图 6.3(a)所示,光纤阵列系统(这里称之为光纤阵列束)由 7 个密集排列的光纤准直器组成[11]。该光纤阵列束就像一个积木,可以把由多个阵列束组成的阵列系统组合在一起,扩展阵列中子孔径的数量,如图 6.3(b)所示。图 6.3(c)给出了另一种扩展光纤阵列系统的方法。通过把外环的另外 12 个光纤准直器增加到光纤阵列束中,

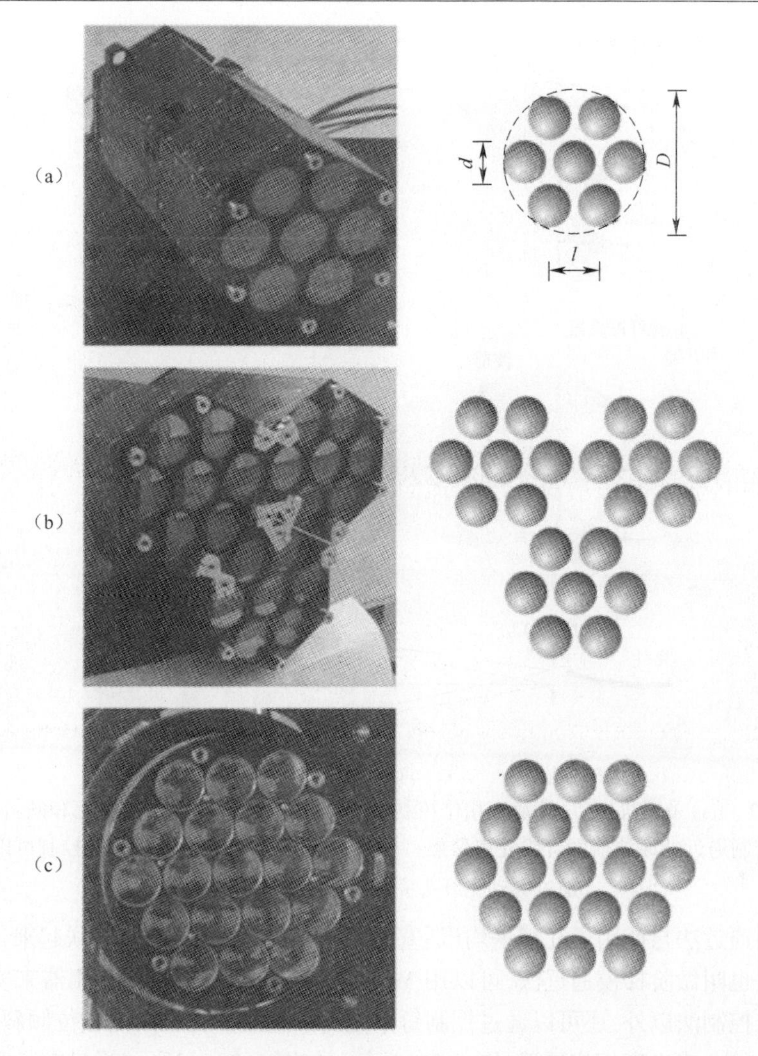

图6.3 含7个(a)、21个(b)和19(c)个子孔径的相干光纤阵列系统。在所有系统中，$d = 33\text{mm}$, $I = 37\text{mm}$, $f_{\text{sub}} = 0.89$。右侧的灰度图显示子孔径内的高斯强度分布。(a)和(b)中的光纤阵列由Optonicus公司开发[11]；(c)中的光纤阵列由美国陆军研究实验室开发。

使得子孔径数量从7个增加到了19个。

为了估计在单个光纤准直器内进行波前相位倾斜控制的潜在优点，我们考虑在真空中，对图6.3的相干光纤阵列仅用活塞(阶梯模)控制法或者兼用活塞和倾斜相位控制法，在每个光纤准直器子孔径中进行理想的目标面调相。投射在2km和7km目标面上的合成光束功率的空间分布，用图6.4所示的轴上圆面积(桶)内的总功率J_{PIB}(通常称为目标面PIB评价函数)与桶直径d_{T}的函数关系以及图6.4右侧的灰度图像对应的目标面强度表征。为了便于比较，在图6.4(a)中，用点线

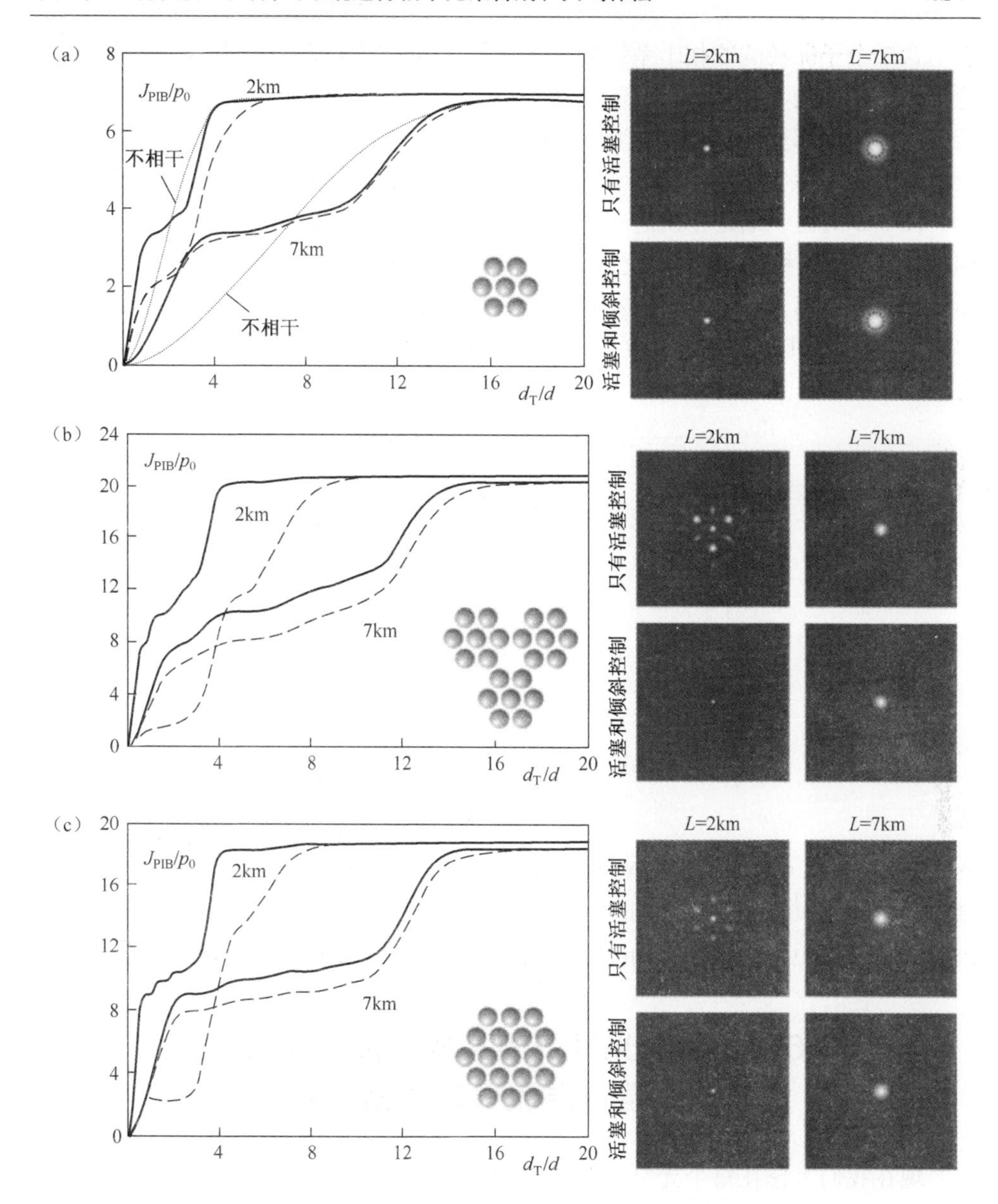

图6.4　对图6.3中的光纤阵列,在对输出光束相位采取了活塞和倾斜控制(实线)以及仅采取活塞控制(虚线)后,输出光束在真空中传播2km和7km后,目标面上的相干合成效率。合成光束的PIB评价函数J_{PIB}用单光纤阵列子孔径发出的功率p_0归一化;轴上桶直径d_T用光纤准直器子孔径直径d归一化。当仅有活塞控制时,倾斜相位分量假设为0。相应目标面光强分布用灰度图像表示。(a)中的虚线圆圈表示目标面接收器的直径,分别为$d_T = 2.5$cm(对$L=2$km)和$d_T = 5$cm(对$L=7$km)。(a)中的点线对应于含7个子孔径的非相干光纤阵列系统。

表示含7个子孔径的非相干系统的PIB评价函数。用菲涅尔(抛物线)逼近衍射理论计算目标面的光强数值 $I_{\mathrm{T}}(r)$ [12,13]。图6.4所示的结果说明,通过倾斜控制,能把旁瓣中的部分能量再次定向到与目标命中点相关的主瓣(轴上)中。在光束投射距离相对短和子孔径数量 N_{sub} 增多的情况下,倾斜控制法的优点最为明显。

图6.5对这一结论作出进一步详细说明。该图说明,对图6.3的光纤阵列结构(N_{sub} = 7、19和21个子孔径),轴上目标面光强值 I_{T}^{0} 是传播距离 L 的函数。从图6.5可以看出,与活塞+倾斜相位逼近(实线)相比,抛物线相位的阶梯模式逼近(虚线)会导致目标面峰值强度整体下降。正如所料,传播距离越远,强度值降低得越少。

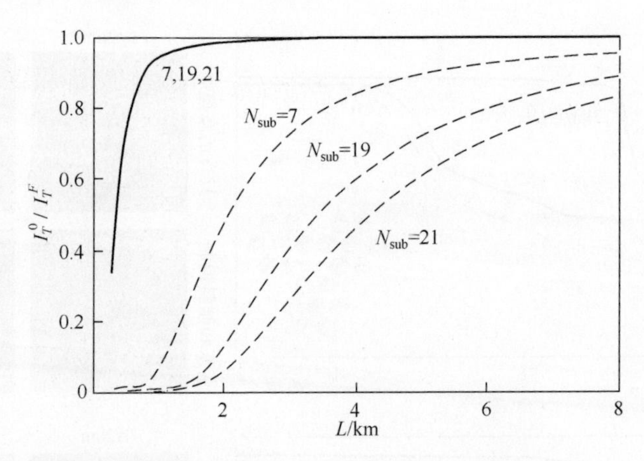

图6.5 对图6.3中的光纤阵列,在对输出光束相位采取活塞和倾斜控制(实线)以及仅用活塞控制(虚线)时,光束在真空中投射到远距离(L)目标上的情况。目标面轴上光强 $I_{\mathrm{T}}^{0} = I_{\mathrm{T}}^{0}(r = 0)$,用每个子孔径面积内通过抛物线相位获得的轴上目标面光强的对应值 $I_{\mathrm{T}}^{F} = I_{\mathrm{T}}^{F}(r = 0)$ 归一化。

6.3 用与光纤阵列集成的活塞和倾斜控制补偿由湍流引起的相位像差

现在我们考虑在每个光纤阵列子孔径上,用波前倾斜控制法降低大气湍流效应的影响。为简单起见,我们假定在距离 L 处有个点源目标,传输介质为不均匀的各项同性随机介质,折射指数波动功率谱满足Kolmogorov湍流模型[14]。在此通用模型中,大气湍流强度与折射率结构参数 C_n^2 有关。大气湍流在光纤阵列光瞳面上引起的相位波动的特有空间范围可用弗里德(Fried)参数 r_0 描述[15]。对于球面目标回波,弗里德参数可以表示为 $r_0 = 3.02\ (k^2\ C_n^2 L)^{-3/5}$,其中 $k = 2\pi/\lambda$,λ 是光波长,C_n^2 假设为传播光路上的常数(对均匀湍流模型)。为了估计将倾斜控制集成在光纤准直器里的潜在优点,我们假定输出光束相位控制以测量到的本地(子孔径平均的）活塞和倾斜相位分量的理想共轭为基础——这种控制方法称为相位共轭像差预补偿法[5,16,17]。在本节介绍的数值仿真中，通过计算从目标面上一个单色相干小尺寸光源发出的目标回波相位，实现合成光束相位共轭控制。光源光波经由光纤阵列系统孔径附近的“薄”湍流层（Kolmogorov 相位屏）传播。由湍流引入的局部活塞和倾斜相位分量，可用 Zernike 多项式分解相位屏在每个子孔径内的相位像差来计算[18]。获得的相位分量是共轭的，用于产生通过同一相位屏传输到目标面的合成光束。补偿效率是用目标面 PIB 评价函数 J_{PIB} 估算的。为获得统计学上的 PIB 评价函数平均值，需要用 100 个独立相位屏来实现重复计算，获得的评价函数是平均值。

图 6.6 给出的是在对数坐标下，以目标面 PIB 评价函数条形图的形式总结出的系统性能分析结果。图 6.6 中比较了采用相干和非相干光束合成，以及集成或未集成倾斜波前控制方法时的光纤阵列的大气湍流平均评价函数值 $\langle J_{PIB}\rangle$。图 6.6是在两种光纤阵列（$N_{sub}=7$ 和 19）和三种大气湍流条件下（相当于弱湍流 $C_n^2=1\times10^{-15}\ m^{-2/3}$、中等湍流 $C_n^2=1.7\times10^{-14}\ m^{-2/3}$ 和强湍流 $C_n^2=6\times10^{-14}\ m^{-2/3}$）获得的测量结果。在 $L=2$km 和 7km 时计算到的 d/r_0值分别为 $d/r_0=0.15$（$L=2$km，弱湍流）和 $d/r_0=3.7$（$L=7$km，强湍流）。

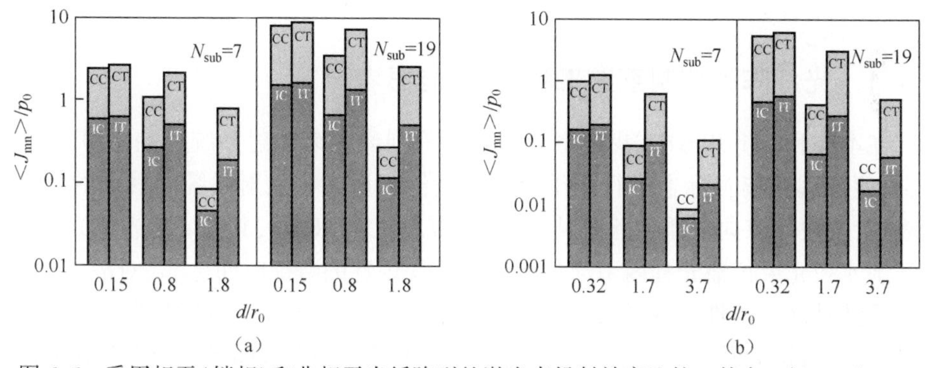

图 6.6　采用相干（锁相）和非相干光纤阵列的激光束投射效率比较。其中，对 2km 和 7km 传输距离、有 7 个和 19 个子孔径的光纤阵列，用大气湍流平均目标面 PIB 评价函数 $\langle J_{PIB}\rangle$ 对大气湍流引起的活塞和活塞+倾斜相位像差进行了自适应光学预补偿。这些结果是针对下列光纤阵列工作模式获得的：未采用（IC）和采用（IT）倾斜控制的非相干合成；未采用（CC）和采用（CT）倾斜控制的相干合成。评价函数值 $\langle J_{PIB}\rangle$ 以通过单光纤阵列子孔径传输的功率 p_0 归一化。桶尺寸 d_T 等于含 7 个子孔径的相干光纤阵列光束的衍射极限目标面光斑中主瓣大小的一半（对 $L=2$km，$d_T=0.75d$，对 $L=7$km，$d_T=1.5d$，图 6.4(a)用虚线圆圈表示）。每组条形图对应于不同的 d/r_0 比率。

图 6.6 的结果清楚地表明，对经过检验的系统配置，用相干锁相自适应光纤阵列获得的评价函数值比用非相干系统获得的最佳值高得多（对比深色线条 IC 与浅色线条 CC）。采用锁相控制的增益随着 N_{sub} 的增多而提高。对比相应的 CC/IC

和 CT/IT 线条可以发现,对相对弱的湍流,集成倾斜控制后 PIB 评价函数的增益似乎提高得并不多,但增益会随 d/r_0 提高而提高,在 $d/r_0>1$ 时,则变得相当高。从本分析可以得出一个最重要的结论,即在强湍流条件下,通过给每个光纤阵列子孔径增加倾斜波前像差补偿,可使相干和非相干光束投射系统的效率都大幅提高[5]。这种集成会减少所需要的子孔径数量,能更有效地补偿湍流效应,提高目标命中点处的亮度,即便通过合成光束定向器发出的功率较小。

需要重点指出的是,在激光束于分布式湍流中传播的多次模拟实验中,都获得了类似结果。计算中,用 Kolmogorov 统计学评价光波通过沿传播路径等距分布的 10 个相位屏,获得湍流引起的活塞和倾斜相位控制分量。为了准确估算回波的活塞和倾斜相位分量,需要将回波场相位展开,以便消除 2π 相位的不连续性。合成光束经过相位校正后,通过同一组相位屏照射到目标,计算了目标面上的 PIB 评价参数值。但是,要注意到,激光束在分布式湍流介质中传播,不仅会引起接收波出现光强闪烁,还会造成相位奇点(分叉点)[19,20]。这两种效应都让局部活塞和倾斜相位分量的计算变得更加复杂。

6.4 相干光纤阵列在点目标面上锁相

6.4.1 光纤阵列控制系统工程:问题与思考

在本节和以下几节中,我们将考虑光纤阵列激光束投射系统的控制算法和系统,以便在远距离目标上进行相干合成。我们假设激光发射系统到目标的距离 L 相对短,以便使双向传播的延迟时间 $\tau_{2L}=2L/c$(来回时间,其中 c 是光速)不超过大气湍流在光束传播光程内引起的折射率不均匀性的特征时间 τ_{at}。对战术距离,通常要满足这一条件。在该作用距离上,可以运用“目标在环路”控制技术,对输出光束进行目标面调相,补偿大气湍流引起的像差。在“目标在环路”调相控制概念中,目标被视作控制环路的一部分,输出光束相位的再整形控制量会随光纤阵列面上的后向散射波(目标回波)测量结果而变化。相应地,后向散射的测量结果也会随着目标特征(尺寸、形状、表面粗糙度等)的变化而变化。后向散射波与目标特性之间的这个依赖关系让研发“目标在环路”控制技术变得十分复杂。为了简化分析,我们在本节假定相对于光纤阵列形成的衍射限目标面的主瓣尺寸,目标(点源目标)很小。在 6.5 节,我们将从这一假设出发,讨论更普遍的、有随机表面粗糙度的远距离(面源目标)目标的情况,这类目标一般被称为散斑目标。

对点源目标和面源目标,我们考虑用迭代控制算法(即 SPGD:随机并行梯度下降法)对目标面光纤阵列进行调相[21-23]。这里,SPGD 控制以优化随控制变量(即电压)变化的被测信号(PIB 评价函数)为基础。这里的控制变量是施加到

MOPA 系统(活塞相位控制)移相器上的电压,或者是施加到倾斜控制系统(活塞和光纤倾斜控制)移相器与压电致动器上的电压。当对基于 SPGD 的评价函数进行优化控制时,只有当测量到的评价函数随投射光束(目标命中点)质量单调变化的条件下,才会促成对合成光束的调相,而投射光束质量通常用功率密度或命中点尺寸来估算。在点源目标情况下,可以把从收发双置接收器孔径里测量到的目标回波功率用作 SPGD 锁相控制的评价函数[24]。控制系统可用图 6.1 进行说明。事实上,由于可通过光束调相和降低大气湍流效应使能量更好地集中到未分辨目标上,因此测到的目标回波功率 PIB 会随着目标面上的透射光斑大小而单调变化。因此,测量到的 PIB 信号就可用作 SPGD 基光束锁相效果的评价函数。注意,用 SPGD 控制法优化 PIB 评价函数,会自动补偿 MOPA 系统和大气湍流引起的相移。由于评价函数优化过程需要许多次迭代 N_{it} (从几十到几百次)[25],每次 SPGD 迭代都需要一些时间 τ_{it} ,所以 SPGD 过程的收敛时间 $\tau_{SPGD} = N_{it}\tau_{it}$ 不能超过大气湍流引入的典型时间 τ_{at} 。当光纤阵列系统中的光纤集成移相器以几个吉赫的带宽运行时,条件 $\tau_{SPGD} < \tau_{at}$ 可在这种阵列系统中直接实现。对相对短的传播距离,双向传播时延 $\tau_{2L} < \tau_{it} \ll \tau_{at}$,因此可以忽略条件 $\tau_{SPGD} < \tau_{at}$ 。注意,由于光纤头定位装置的频率带宽通常低得多(几千赫级),这会让补偿湍流引起的局部光纤头倾斜相位像差变得更加困难[7]。

6.4.2 基于 SPGD 的相干光束合成:往返传播的时间问题

为简便起见,假定点目标到光纤阵列基光束投射系统的距离相对较近($L < c\tau_{it}/2 \ll c\tau_{at}/2$),可考虑用 SPGD 评价函数优化技术控制光纤阵列局部活塞和倾斜相位。用传统 SPGD 算法对光束活塞相位的控制过程如下[7,23,24]。在每个迭代周期 $n(n=1, 2,3\cdots)$,SPGD 控制器都产生一组与活塞相位控制信号 $\{u_j^{(n)}\}$ 重合的小振幅随机控制电压扰动 $\{\delta u_j^{(n)}\}$,其中 $j=1,2,\cdots,N_{sub}$。在执行最简 SPGD 算法时,扰动在统计学上代表着具有相同幅度但正负值随机的数值,即对正负值有同样的概率。把信号 $\{u_j^{(n)} + \delta u_j^{(n)}\}$ 施加到移相器,然后测量 PIB 评价函数值 $J_+^{(n)}$ 。在同样的第 n 次 SPGD 迭代周期内测量出评价函数 $J_+^{(n)}$ 后,把反向扰动 $\{u_j^{(n)} - \delta u_j^{(n)}\}$ 控制施加到移相器,然后再测量相应的评价函数 $J_-^{(n)}$,其中 $J_{\pm}^{(n)} = J(u_1^{(n)} \pm \delta u_1^{(n)},\cdots,u_j^{(n)} \pm \delta u_j^{(n)},\cdots,u_{N_{sub}}^{(n)} \pm \delta u_{N_{sub}}^{(n)})$ 。用计算出的评价函数变化量 $\delta J^{(n)} = J_+^{(n)} - J_-^{(n)}$ ①和施加的控制电压扰动 $\{\delta u_j^{(n)}\}$ 产生新的控制信号,并用于下一次迭代,即第 $(n+1)$ 次迭代

$$u_j^{(n+1)} = u_j^{(n)} + \gamma\delta J^{(n)}\delta u_j^{(n)} \tag{6.1}$$

① (译者注:正文有误,已改正)。

该控制算法中有两个重要控制参数需要优化：更新增益系数 γ 和扰动幅度 $|\delta u_j^{(n)}| = \xi =$ 常数 。这里需注意，在更先进的SPGD控制算法中，增益 γ 和扰动幅度 ξ 都是根据当前工作条件而自动调整[26,27]的。

除了控制活塞相位外，还可以用类似于式(6.1)的SPGD迭代程序，通过给图6.2(c)中光纤定位器的第 x 和 y 个激励器施加电压 $\{v_{j,x}^{(n)}, v_{j,y}^{(n)}\}$($j = 1,2,\cdots, N_{\text{sub}}$)，可实现对输出光束波前倾斜的控制。由于活塞和倾斜控制通道的响应时间差别很大(分别为 $\leqslant 10^{-9}$ 和 $\leqslant 10^{-4}$)，因此活塞和倾斜SPGD控制器会以很不同的迭代运算速度运行，但活塞和倾斜SPGD控制器实际上彼此之间互不影响[28-30]。

SPGD过程要求在施加控制和测量评价函数之间要有足够精确的时间同步性，这就要求考虑与评价函数传感器、移相器及倾斜激励器等的有限响应时间相关的各种延迟，以及控制计算所需时间和往复传播的时间延迟 τ_{2L}。因此，SPGD控制器就需延迟(暂停)一段时间再进行运算，即

$$\tau_{\text{delay}} \geqslant \tau_{\text{sys}} + \tau_{2L} \tag{6.2}$$

延迟时间为从开始施加控制信号到恢复评价函数测量之间的时间。在此，响应时间(τ_{sys})包括上述提到的所有控制系统的时延。由于在每个SPGD周期内控制电压变化两次，因此典型SPGD迭代时间 τ_{SPGD} 至少需要比 $\tau_{2L} + \tau_{\text{sys}}$ 长2倍。

要在1km以上的距离进行相干合成，传播延迟 τ_{2L} 会成为影响SPGD迭代速度提高的主要因素，因此也会成为限制锁相控制收敛性改善的主要因素。例如，对 $L=10\text{km}$ 的目标，往复传播延迟为 $\tau_{2L} = 66.7\mu\text{s}$，这比典型的控制系统响应时间 $\tau_{\text{sys}} \geqslant 2\mu\text{s}$ 长很多。因此，在本章的示例中，往复传播延迟会将活塞相位SPGD迭代速度 $f_{\text{SPGD}} = 1/\tau_{\text{SPGD}}$ 限制到大约7kHz，要比商用多通道SPGD控制器的速度低30倍。

传播延迟问题可以用一个改进型SPGD算法解决，即延迟反馈SPGD算法(DF-SPGD)[24,31]。用该算法时，在测量评价函数信号前，控制器不再需要停顿 $\tau_{\text{delay}} \geqslant \tau_{\text{sys}} + \tau_{2\text{L}}$ 时间。事实上，如果延时与扰动 $\{\delta u_j^{(n-\Delta n)}\}$ 不相关，那么，可以利用测量到的评价函数值 J_+^n 和 J_-^n 更新控制参数。扰动项 $\{\delta u_j^{(n-\Delta n)}\}$ 是预先施加的 Δn 次迭代，并存储在控制器内存中。

$$u_j^{(n+1)} = u_j^{(n)} + \gamma[J_+^n - J_-^n]\delta u_j^{(n-\Delta n)} \tag{6.3}$$

式(6.3)的DF-SPGD控制要求对参数做些调整，以使待施加扰动 $\{\pm\delta u_j^{(n-\Delta n)}\}$ 与对应的评价函数 $J_\pm^n$ 测量之间的时间 Δt 至少为 $\tau_{\text{sys}} + \tau_{2\text{L}}$，且近似于 $\tau_{\text{DP-SPGD}}\Delta n$，如图6.7所示。相应地，数字 Δn 和单次迭代时长 $\tau_{\text{DP-SPGD}}$ 两个参数的选择必须合理。通过改变DF-SPGD控制器迭代速度和扰动时长可使这两个参数都得到修正。值得注意的是，一般来说，可以选择不同的 Δn 和 $\tau_{\text{DP-SPGD}}$ 组合来满足条件 $\Delta t \approx \tau_{\text{DF-SPGD}}\Delta n$ 。但是，我们总是希望保持尽可能高的迭代速度，这相当于使用更大的

Δn 。为了确定适当的 Δn 和 $\tau_{\mathrm{DF-SPGD}}$ 参数序列,需要知道到目标的距离 L,这可以用目标测距系统给出。另一种方法是,用监测控制环路连续调整 Δn 和 $\tau_{\mathrm{DF-SPGD}}$ 来优化系统性能,该方法可专用于目标距离不断变化的场景中。

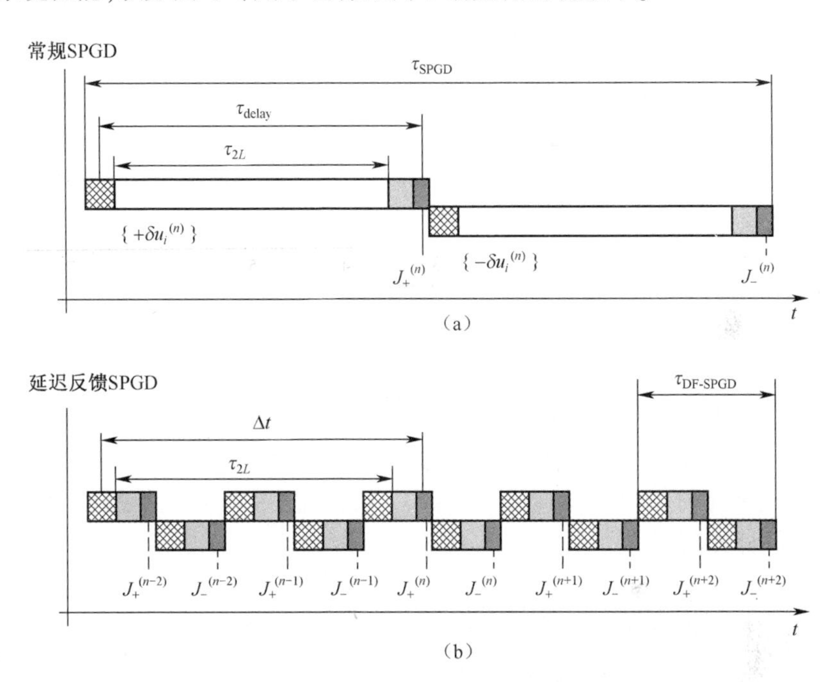

图 6.7　$\Delta n = 2$ 时,(a)常规 SPGD 控制和(b)延迟反馈 SPGD 控制的时序图。常规 SPGD 控制的单次迭代表明了正负扰动。在本示例子中,利用延迟反馈 SPGD 控制把迭代速度提高了 5 倍。

6.4.3　在 7km 点目标上的相干合成

这一节我们讨论与在"战术距离"的大气传输路径上实施"目标在环路"相干合成实验有关的实际问题。实验在 Dayton 大学户外测试靶场进行。图 6.3(a)中的光纤阵列发射器和 PIB 接收器放在紧靠智能光学实验室窗户的位置。点目标(直径 50mm 的角反射器)放在距离光纤阵列发射器 $L=7$km 的 Dayton 医学中心屋顶上的棚子里。光束传播路径图如图 6.8 所示。光学传输路径上需要安装一个边界层闪烁仪,用于连续记录光路的平均折射指数结构常数 C_n^2 。

图 6.9 给出的实验布局示意图中,光纤耦合激光器发射的激光波长为 $\lambda = 1064$nm、带宽为 $\Delta v = 5$kHz ,光束被 1×8 分束镜(和移相器集成在一起)分为 8 路。将 7 路保偏输出光纤按图 6.3(a)所示连接到一个光纤准直器阵列上。每个准直器都装有一个压电激励光纤定位系统,用于把横向光纤倾斜位置控制在大约 ±35μm范围内。对焦距 $f = 174$mm 的非球面准直透镜来说,这相当于大约 ±0.2mrad的倾斜范围,会在目标面上造成±1.4m 的光束横向移动。准直器阵列和

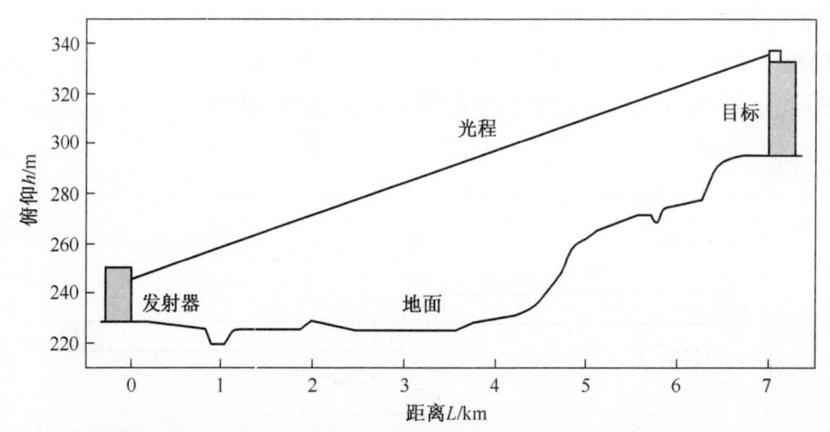

图 6.8 合成激光束传播路径。光纤阵列发射器(位于 Dayton 大学智能光学实验室)和角反射器(位于医学中心屋顶上的棚子里)之间的距离为 7km。

一个共轴小型望远镜一起安装在万向架上,望远镜用于使光束指向目标。需要注意的是,发射器旁边的窗户玻璃在阵列孔径上会造成大约一个波长峰-谷的波前像差,在单个子孔径上引入 $\lambda/4$ 的峰-谷像差。我们用子孔径倾斜控制系统对这些像差进行了部分补偿。

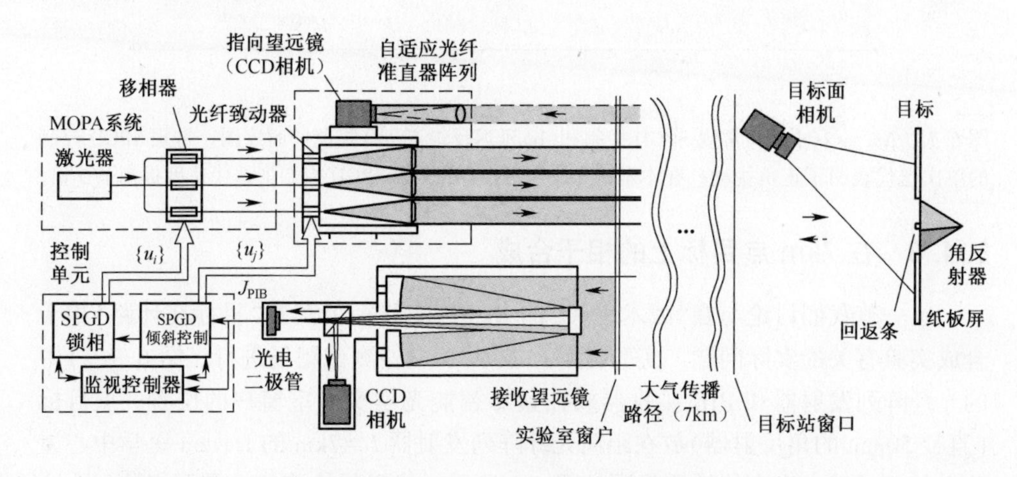

图 6.9 对 7km 大气传播路径的点目标进行“目标在环路”锁相的实验布局示意图

角反射器反射的一部分光返回 PIB 接收器(基于 20cm 孔径的施密特-卡赛格林望远镜)。窄视场 CCD 相机用于准直接收器望远镜。接收器望远镜放在离准直器阵列最近的位置。用光电探测器测量接收到的光功率,其输出值用作 SPGD 基活塞和倾斜控制的评价函数(PIB 评价函数 J_{PIB})(图 6.9)。用 SPGD 多通道优化控制器(Optonicus 公司制造)[11]控制活塞相位(相位锁定)。由于光纤激励器的响应带宽会把倾斜控制的迭代速度限制在几千赫,相应控制是用个人计算机实现的。

两个控制器可并行工作,不需要迭代周期同步。通过监控器(即个人计算机)触发活塞和倾斜控制器即可开始或停止实验工作,也能数字化并记录评价函数数据。

为了评估相干合成效率,光纤阵列控制系统需要按顺序反复进行以下三个阶段的实验:

第 1 阶段:关闭反馈。给移相器施加随机、静态、控制电压,将倾斜控制电压设为前期控制周期获得的平均值。按平均值衡量,这一工作条件相当于非相干光束合成。

第 2 阶段:仅进行活塞控制:通过给光纤集成移相器施加电压,SPGD 控制器对接收到的 PIB 信号进行优化。对一个点目标,这相当于让角反射器内的功率最大化。这时,倾斜控制保持关闭。

第 3 阶段:活塞和倾斜相位控制:活塞和倾斜 SPGD 控制系统并行工作。

每个控制阶段的工作时长都约为 1.75s,实验重复了 50 次。以大约 10kHz 的采样频率采集了所有周期的评价函数值 J_{PIB}(接收到的 PIB 功率)。从这些评价函数数据可以分别计算出每个阶段的 PIB 评价函数平均值 (J_{PIB}) 和概率分布 $\rho(J_{PIB})$ 。

实验是用常规 SPGD($\tau_{SPGD}=130\mu s$)控制算法或延迟反馈 SPGD($\Delta n=7$ 和 $\tau_{SPGD}=7\mu s$)控制算法进行的。图 6.10 给出的是应用了 SPGD 和延迟反馈 SPGD 控制器的活塞控制(阶段 2)曲线 $\rho(J_{PIB})$ 与关闭反馈控制系统(阶段 1)后获得的相应曲线的对比图。采用无延迟(常规)SPGD 控制的相干合成(锁相)导致观察到的评价函数值大幅上升;但是,如图 6.10 所示,采用延迟反馈 SPGD 控制后,系统性能显著提高。在图 6.10 所示的插图中,给出了评价函数平均值 $\langle J_{PIB}\rangle$ 的对比情况。此处,所有评价函数值都归一化为反馈关闭期间测量到的平均值,即 $\langle J_{PIB}\rangle_{feedbackoff}\equiv 1$。与无控制阶段相比,采用常规 SPGD 活塞相位控制后,评价函数平均值提高了 3.7,采用 DF-SPGD 控制后提高了 5.6,后者大约相当于真空传播(用虚线表示)期望值 6.1 的 90%。

从图 6.10 所示的概率密度 $\rho(J_{PIB})$ 可以看出,PIB 评价函数 J_{PIB} 波动很大。但是,采用活塞相位控制后,波动水平降低,这也使评价函数平均值得以提高。

在所讨论的锁相实验中,我们发现,使用和未使用子孔径倾斜控制时获得的评价函数值 $\langle J_{PIB}\rangle$ 之间的差异可以忽略。这与 6.3 节的讨论一致,它表明,对于相对弱的湍流条件,倾斜控制的影响不大(见图 6.6(b))。此外,更快的活塞相位控制迭代速度(在延迟反馈 SPGD 情况下接近 50 倍)使得可以通过阶梯模逼近法快速补偿总倾斜。

为了验证 PIB 评价函数 J_{PIB} 最大时确实对应于目标上的较高峰值辐射,直接检测了目标面上的辐射分布。如图 6.9 显示,把直径 50mm 的角反射器放在纸板屏中一个同样尺寸的孔后边。再在角反射器的玻璃盖中间贴一小片回射带(直径

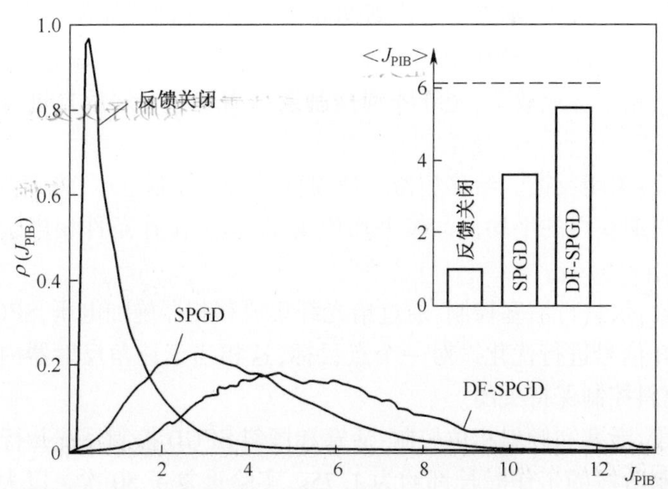

图 6.10　用图 6.3(a)中的光纤阵列,对 7km 的点目标进行相干合成实验的结果。采用常规 SPGD 或 DF-SPGD 算法后,在用和未用活塞相位控制时测量的 PIB 评价函数 J_{PIB} 的概率密度 $\rho(J_{PIB})$。右侧插图为对应的评价函数平均值 $\langle J_{PIB}\rangle$。实验结果是在大气扰动条件相当于 $C_n^2 = 6\times10^{-16}\ \mathrm{m}^{-2/3}$ 下获得的。

6mm)。在纸板屏前大约 1m 且离瞄准线约 20cm 的旁边放一个广角相机,以 30 帧/s 的速度记录纸板屏上的光束轨迹。目标面上的光束展示出很大的闪烁,这和在 Rytov 变量接近或等于 1 时的大气湍流条件下的情况一样,因此需要很多帧的平均值来评价目标上的辐射。图 6.11(a)和(b)给出的是分别在活塞相位控制关闭和开启时,用 270 帧数据平均值记录的目标面辐射分布的中心部分。该分布清楚地表明,采用"目标在环路"锁相后,角反射器的辐射度提高很多。

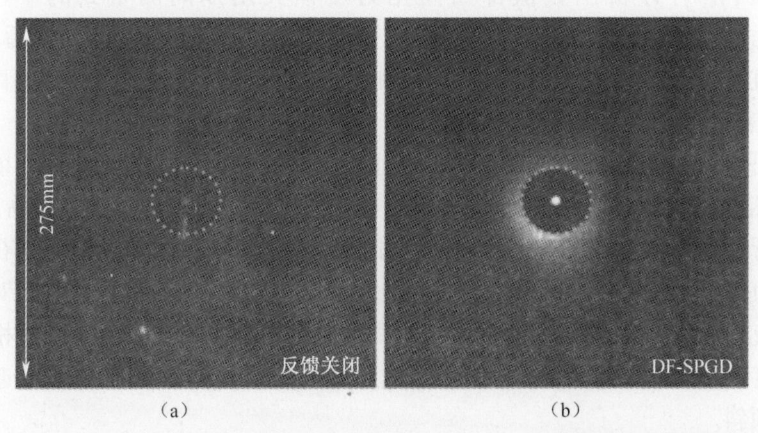

图 6.11　(a)未采用活塞相位控制(即反馈关闭)和(b)采用延迟反馈 SPGD 控制后,角反射器面上的长曝光目标面辐射分布实验结果。中心较亮的斑点对应于一小片回射带,它贴在角反射器的玻璃盖上。虚线圆圈代表角反射镜。

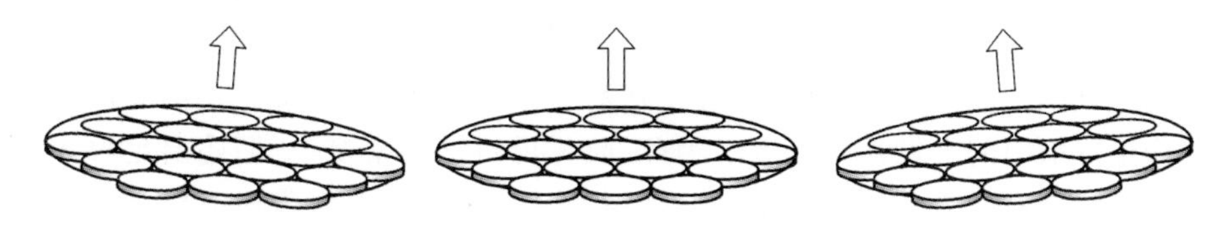

图 6.12　用子孔径活塞相位(阶梯模逼近波前倾斜像差)进行波前相位倾斜控制

6.5　对面目标的目标面相位锁定

本节我们考虑激光束投射到远距离面目标上的情况,该目标有随机表面粗糙度。由目标粗糙表面散射的相干光束会导致在接收器面上出现强列的散斑调制,这是我们长期面临的一个重要难题(20 世纪 70 年代后期就已发现自适应光学中的散斑现象)[32-34]。我们利用一个基于散斑评价函数的锁相技术(SMPL)来解决这个问题。据我们所知,这是第一次用这个技术成功验证了将"目标在环路"激光束投射在有任意表面粗糙度的远距离目标面上。

6.5.1　基于散斑评价函数的相位锁定

在本节描述的 SMPL 技术中,我们通过优化目标回波散斑场的散斑平均特征(这里称之为散斑评价函数)来控制输出光束的相位[35-37]。术语"散斑平均值"是指一定时间周期 τ_J 内的平均回波特征 $J(t)$,时间周期 τ_J 大大超过在接收器孔径内实现散斑场更新所需要的典型时间 τ_{sp}。如果能满足以下条件,测量到的特征值 $J_{sp}=\langle J\rangle_{sp}$ (其中 $\langle\cdots\rangle_{sp}$ 表示散斑平均值)就可作为性能测量数据(散斑评价函数)用于进行锁相控制:(i) J_{sp} 随着目标面上的光束质量评价函数 J_T 的变化而变化。目标面上的光束质量评价函数 J_T 表征目标命中点的功率密度分布。(ii)可以在比湍流典型时间 τ_{at} 和闭环相位控制典型时间 τ_{AO} 短很多的时间 τ 内测量到 J_{sp}。由条件(ii)又引出一个实施 SMPL 控制需要的典型时间范围:

$$\tau_{sp} \ll \tau_J \ll \tau_{AO} \leqslant \tau_{at} \tag{6.4}$$

为了估算实现散斑更新的典型时间上限 τ_{sp} ,假设在式(6.4)中, $\tau_{sp} \approx 10^{-2}\tau_J \approx 10^{-4}\tau_{at}$ 。用典型大气时间估算值 $\tau_{at}=1\text{ms}$,我们得到 $\tau_{sp}=0.1\mu\text{s}$。可见,只有极快地旋转目标才能满足这一条件。因此,在这里描述的 SMPL 技术中,测量散斑评价函数所需要的快速散斑场更新,是通过人为地使命中点抖动、通过调制输出合成光束的波前倾斜来实现的。由于命中点抖动频率 $\omega_{dither} \sim 1/\tau_{sp}$ 在 10MHz 范围内,无法用常规光机转向镜实现倾斜相位调制,所以在 SMPL 方法中,需要的高频命中点抖动是用输出光束波前倾斜的活塞(阶梯模)逼近获得的,如图

6.12 所示。由于该抖动可以用带宽在吉赫范围的光纤集成移相器实现,因此,式(6.4)中 τ_{sp} 的条件很容易满足。

请注意,抖动输出光束也会造成投射光束的长曝光命中点面积不必要的增加,并相应地降低时间平均功率密度。因此,阶梯模抖动振幅要小,但还要足够大,以便在统计学上有代表性,从而能构成不相关散斑场(或至少为弱相关)以便评估散斑评价函数。小幅抖动对缓解非等晕效应也很重要[38]。正如分析和实验表明,命中点抖动幅度为衍射极限光束尺寸的 75%~100%,代表上述各因素之间可接受的折中结果[38]。

6.5.2 散斑评价函数

本节我们将证明,对接收望远镜(PIB 接收器)测量到的 PIB 信号 $J_{PIB}(t)$ 进行处理后,可以获得散斑评价函数 J_{sp},该值可用在图 6.1 光束投射系统的散斑评价函数锁相(SMPL)中。这里的散斑评价函数是通过分析被测 PIB 信号 $J_{PIB}(t)$ 的时变分量 $\delta J_{PIB}(t)$ 的时间相关性函数推导出来的:$\Gamma_{PIB}(\tau) \equiv \langle \delta J_{PIB}(t)\delta J_{PIB}(t+\tau) \rangle_{sp}$。

假设激光束通过光学均匀介质投射到一个表面粗糙度随机分布的平面目标上,且粗糙度相关距离 l_s 和粗糙度均方根振幅 σ_s 大大小于命中点尺寸 b_s,但大于发射光束的波长 λ。当命中点在目标面上以速度 v_s 抖动时,我们可获得相关函数 $\Gamma_{PIB}(\tau)$ 与目标面光强分布函数 $I_T(\boldsymbol{r})$ 之间的关系如下[35,37]:

$$\Gamma_{PIB}(\tau) = C\int I_T(\boldsymbol{r})I_T(\boldsymbol{r}+\boldsymbol{v}_s\tau)\,\mathrm{d}^2\boldsymbol{r} \tag{6.5}$$

式中:C 是常数。在此,我们假定 $\sigma_s \geqslant l_s$(很粗糙的表面),接收器孔径 D_R 大于典型散斑尺寸 α_{sp}。用式(6.5)描述的关系可推导出一组不同的散斑评价函数的参数。首先把 $\tau = 0$ 代入式(6.5),可获得 PIB 信号波动方差:

$$\sigma_{PIB}^2 = \Gamma_{PIB}(0) = \langle \delta J_{PIB}^2 \rangle = C\int I_T^2(\boldsymbol{r})\,\mathrm{d}^2\boldsymbol{r} \tag{6.6}$$

从式(6.6)可知,σ_{PIB}^2 与锐度函数 $J_2 = \int I_T^2(\boldsymbol{r})\,\mathrm{d}^2\boldsymbol{r}$ 成正比。锐度函数就是广泛用于表征图像和命中点质量的目标面评价函数[39]。式(6.6)表明,可将 σ_{PIB}^2 视作一个散斑评价函数,取其最大值会使 J_2 值增大。

PIB 波动功率谱函数 $G_{PIB}(\omega)$ 为确定散斑评价函数提供另一种可能性[35,40]。用维纳-辛钦定理,从式(6.5)我们得到:

$$G_{PIB}(\omega) = \frac{C}{\pi}\int_0^{\infty}\int\cos(\omega\tau)I_T(\boldsymbol{r})I_T(\boldsymbol{r}+v_s\tau)\,\mathrm{d}^2\boldsymbol{r}\mathrm{d}\tau \tag{6.7}$$

对于宽度为 b_s 的高斯光束 $I_T(\boldsymbol{r})$,可从式(6.7)获得 $G_{PIB}(\omega)$ 的分析表达式:

$$G_{PIB}(\omega) = G_{PIB}(0)\exp(-\omega^2/\omega_{PIB}^2) \tag{6.8}$$

式中,$\omega_{PIB} = |v_s|/b_s$ 是 PIB 信号波动的典型频率带宽[35,40,41]。该带宽随命中点

尺寸 b_s 缩小而单调提高。PIB 信号功率谱对命中点尺寸的依赖性表明,改变命中点尺寸会影响到功率谱分量,命中点尺寸的变化可通过对 PIB 信号进行带通滤波来评估。相应信号为:

$$P(\omega_j,\Delta_j) = \int_{\omega_j - \Delta_j/2}^{\omega_j + \Delta_j/2} G_{\mathrm{PIB}}(\omega)\,\mathrm{d}\omega \tag{6.9}$$

或者也可用它们的各种组合来确定散斑评价函数:

$$J_{\mathrm{SP}} = \sum_{j=1}^{N} \beta_j P(\omega_j,\Delta_j) \tag{6.10}$$

式中:$j = 1,2,\cdots,N$ 表示中心频率为 $\{\omega_j\}$ 和带宽为 $\{\Delta_j\}$ 的多个带通滤波器,$\{\beta_j\}$ 是加权系数[35,37,40]。与式(6.6)的散斑评价函数 σ^2_{PIB} 不同的是,低于 $\omega_1 - \Delta_{1/2}$ 和高于 $\omega_N - \Delta_N/2$ 的功率谱频率分量都不会对光谱散斑评价函数有贡献,这和用式(6.9)和式(6.10)确定的一样。通过控制式(6.10)中的参数 $\{\omega_j\}$、$\{\Delta_j\}$ 和 $\{\beta_j\}$,可以优化散斑评价函数对目标命中点光强分布的依赖性。

散斑评价函数值 σ^2_{PIB} 与目标面评价函数值 J_2 直接相关。与此相反的是,并没有一种能把式(6.6)确定的散斑评价函数与有物理意义的目标面评价函数联系起来的类似表达式。但是,多次实验和数值模拟都表明,如果正确选择式(6.10)中的参数,获得的 PIB 信号特征值就能用作散斑评价函数,其中,全局最大值相当于无失真命中点上的光束强度分布[42,43]。

需要注意的是,即便式(6.6)和式(6.10)确定的散斑评价函数是从真空传播的散斑场获得的,但在弱强度及中等强度的大气湍流条件下,湍流对散斑场统计特征的影响都相当小,散斑评价函数与目标命中点尺寸之间的依赖关系实际上并没有改变[43]。散斑场的这种性质就是将 SMPL 用于在大气湍流条件下工作的光束投射系统的物理基础。

6.5.3　基于散斑评价函数的锁相实验评估

为了通过实验验证散斑评价函数探测和基于散斑评价函数的相干光束合成,我们用含 7 个子孔径的光纤准直器阵列做了一系列实验,实验设备的布局图如图 6.13所示。用一个透镜聚焦光纤阵列系统发出的准直光束,分束镜将会聚的合成光束分为 2 路。将远距离目标放在第一路光束的焦面上,在第二路光束中放一个 CCD 相机(相机带有显微目镜),用于记录与目标表面共轭的平面上的辐射分布。部分散射光(散斑场)被 PIB 接收器接收。PIB 接收器由一个透镜和一个光电探测器组成,光电探测器位于接收器透镜形成的目标命中点的图像的位置。光电探测器的输出信号,即 PIB 评价函数 $J_{\mathrm{PIB}}(t)$,与入射到 PIB 接收器孔径的散射波功率成正比。散斑评价函数处理器计算 PIB 评价函数的标准偏差 σ_{PIB},所用模拟电路的积分时间为 $\tau_{\mathrm{J}} \approx 1\mu\mathrm{m}$,信号 $J_{\mathrm{sp}} = \sigma_{\mathrm{PIB}}$ 被 SPGD 控制器用作散斑评价函数[44]。

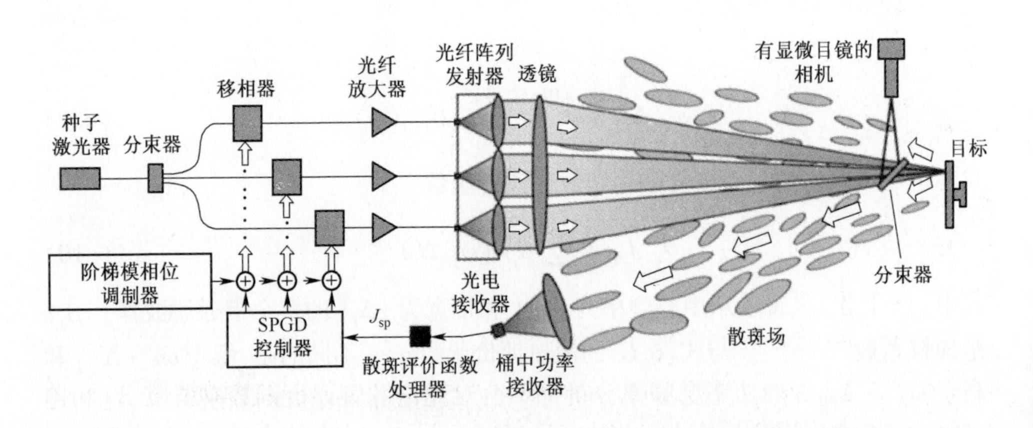

图 6.13　评估在远距离目标上进行基于散斑评价函数的相干合成实验概念示意图

如图 6.13 所示，在每个控制通道都混合 SPGD 控制器的输出信号和频率为 50MHz 的阶梯模调制信号。设定了调制信号的振幅和相位，以便给输出合成光束提供线性倾斜抖动（阶梯模转向）。目标命中点的线性位移振幅大约为 20μm，与光纤准直器阵列远场辐射图主瓣的衍射极限尺寸大致相当。

图 6.14 给出了目标面辐亮度分布图，这是用 CCD 相机记录的相干合成系统在各种工作条件下的辐亮度分布图。在关闭阶梯模抖动和 SPGD 控制器后，随机活塞相位形成了图 6.14(a) 所示的辐亮度分布图。PIB 评价函数 J_{PIB}（传统意义上、用于在点目标上合成光束的设定值）经 SPGD 优化后形成了如图 6.14(b) 所示的辐亮度图，该图能清楚地表明光束的随机相对相位。图 6.14(c) 是光束相位未受控制，但在移相器上施加了阶梯模调制信号时的目标面辐亮度图案。抖动会造成干涉图的对比度下降。图 6.14(d) 给出的是用最大 SPGD 散斑评价函数 $J_{sp}=\sigma_{PIB}$ 和阶梯模光束转向后形成的辐亮度分布图。与 PIB 评价函数相比，采用 SPGD 优化的 SMPL 会提高远距离目标上的投射光束功率密度，使平均命中点峰值辐亮度提高了约两倍。

该实验布局图还可用于评估无命中点抖动时的 SMPL，但目标要以约 100r/s 的速度旋转。在此情况下，散斑图的动态慢得多，为了能进行相位控制，测量散斑评价函数的积分时间 τ_J 和 SPGD 控制器的迭代时间 τ_{iter} 都必须提高三个量级以上。这仍然足以补偿 MOPA 和光纤系统固有的随机活塞相位。最后形成的目标面光强图（图 6.14(e)）与用 PIB 评价函数和点目标观察到的图形接近（图 6.14(f)，用于进行比较）。这些结果清楚地表明，SMPL 技术的确能为“目标在环路”锁相技术提供一个途径，从而把激光束投射到有随机粗糙面的远距离目标上。

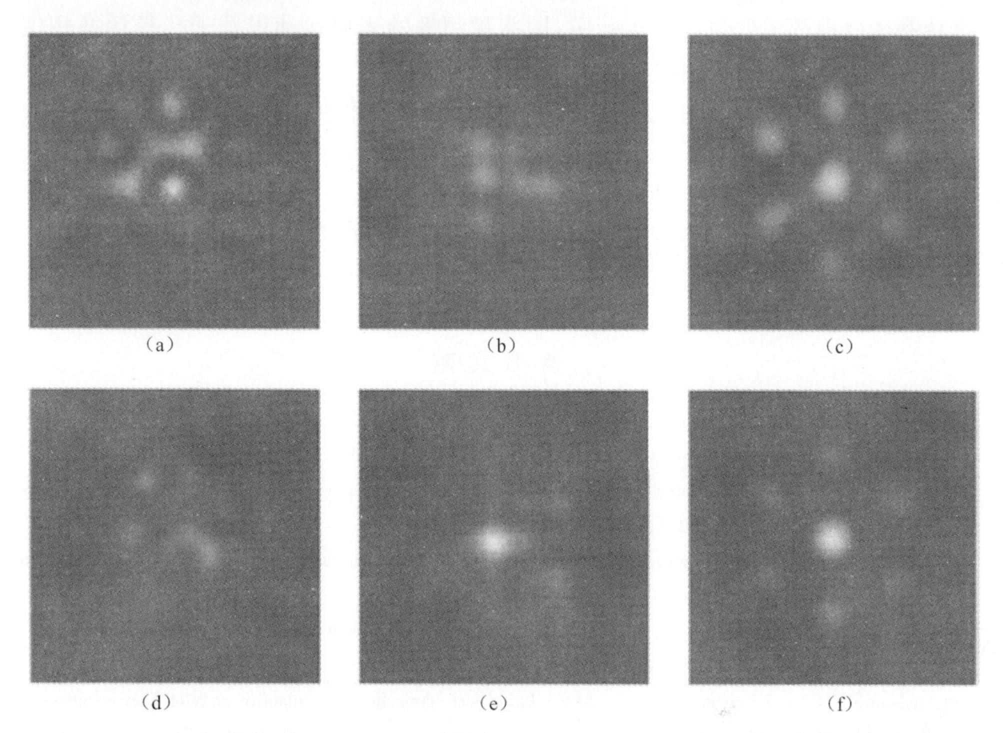

图 6.14　目标随机粗糙表面(见图 6.13① 的实验布置)上的光强图。(a)无相位控制;(b)用 PIB 性能评价函数对面目标进行 TIL SPGD 相位控制;(c)阶梯模光束抖动且没有控制相位;(d)用命中点抖动对面目标进行 TIL SMPL;(e)在没有抖动时,对旋转的面目标进行 TIL SMPL;(f)对点分辨目标进行 SPGD 锁相。每个板的侧边长度相当于 170μm 左右。

6.6　结　　论

在本章中,我们研究了用集成有活塞和倾斜相位控制能力的各种配置的光纤阵列激光发射器进行相干光束合成。活塞和倾斜相位控制在光纤阵列激光发射器的每个光纤准直器孔径中实现。在 7km 大气传播路径上的“目标在环路”实验中,证明了通过在每个光纤准直器里进行基于 SPGD 的自适应活塞和倾斜相位控制,可使合成光束自动聚焦到点目标上,并提前补偿大气湍流引起的相位像差。通过采用考虑了来回传播延迟的延迟反馈 SPGD 控制,使系统性能得到大大提高。

本章描述了一种新的、能在远距离(散斑)目标上进行相干光束合成的自适应光学控制技术。该控制技术以 SPGD 优化目标回波散斑场的统计特征(即散斑评价函数)为基础。散斑评价函数的典型特征是它们随着目标命中点内的高能激光

① 译者注:原文有误,已改正。

束功率密度单调地变化。在实验中,用兆赫频率的光束抖动以及子孔径活塞相位输出合成光束的波前倾斜阶梯模逼近来实现散斑评价函数探测。光纤集成移相器既用在阶梯模光束抖动中,也用在采用 SPGD 控制技术进行的散斑评价函数中。

致谢

本章部分工作受到美国陆军研究实验室(ARL)和 Dayton 大学之间的合作协议,以及陆军研究实验室与 Optonicus 公司之间的合作协议支持。

参考文献

[1] Leger,J. R. ,Nilsson,J. ,Huignard,J. -P. ,Napartovich,A. P. ,Shay,T. M. ,and Shirakawa,A. (2009) Special issue on laser beam combining and fiber laser systems. IEEE J. Sel. Top. Quantum Electron. ,15,237-470.

[2] Wagner,T. J. (2012) Fiber laser beam combining and power scaling progress: Air Force Research Laboratory Laser Division. Proc. SPIE,8237,823718-1-1823718-9.

[3] Fan,T. Y. (2005) Laser beam combining for high-power,high-radiance sources. IEEE J. Sel. Top. Quantum Electron. ,11 ,567-577.

[4] Vorontsov,M. A. and Lachinova,S. L. (2008) Laser beam projection with adaptive array of fiber collimators: I. Basic considerations for analysis. J. Opt. Soc. Am. A,25,1949-1959.

[5] Lachinova,S. L. and Vorontsov,M. A. (2008) Laser beam projection with adaptive array of fiber collimators: II. Analysis of atmospheric compensation ef ficiency. J. Opt. Soc. Am. A ,25,1960-1973.

[6] Sprangle,P. ,Ting,A. ,Penano,J. ,Fischer,R. ,and Hafi zi,B. (2009) Incoherent combining and atmospheric propagation of high-power fiber lasers for directed energy applications. IEEE J. Quantum Electron. ,45,138-148.

[7] Vorontsov, M. A. , Weyrauch, T. , Beresnev, L. A. , Carhart, G. W. , Liu, L. , and Aschenbach, K. (2009) Adaptive array of phase-locked fiber collimators: analysis and experimental demonstration. IEEE J. Sel. Top. Quantum Electron. ,15,269-280.

[8] Vorontsov, M. A. and Kolosov, V. V. (2005) Target - in - the - loop beam control: basic considerations for analysis and wave-front sensing. J. Opt. Soc. Am. A ,22,126-141.

[9] Valley,M. T. and Vorontsov,M. A. (eds) (2004) Target-in-the-Loop: Atmospheric Tracking,Imaging,and Compensation,Proceedings of SPIE,vol. 5552,Society of Photo Optical,Bellingham,WA.

[10] Beresnev,L. A. and Vorontsov,M. A. (2005) Design of adaptive fiber optics collimator for free-space communication laser transceiver. Proc. SPIE,5895,58950R-1-58950R-7.

[11] 11 Optonicus (2012)http://www. optonicus . com,August 17.

[12] Born,M. and Wolf,E. (1980) Principles of Optics,6th edn,Pergamon Press,New York.

[13] Goodman,J. W. (1996) Introduction to Fourier Optics,2nd edn,McGraw-Hill,New York.

[14] Kolmogorov,A. N. (1941) The local structure of turbulence in incompressible viscousfluid for very large Reynolds numbers. Dokl. Akad. Nauk SSSR,30,299-303 (English translation in Turbulence: Classic Papers on Statistical Theory,eds S. K. Friedlander and L. Topper,Interscience,New York,1961,pp. 151-155).

[15] Fried,D. L. (1966) Optical resolution through a randomly inhomogeneous medium for very long and very short exposures. J. Opt. Soc. Am. ,56,1372- 1379.

[16] Tyson,R. K. (1997) Principles of Adaptive Optics,2nd edn,Academic Press,Boston,MA.

[17] Vorontsov, M. A., Kolosov, V. V., and Kohnle, A. (2007) Adaptive laser beam projection on an extended target: phase- and field conjugate precompensation. J. Opt. Soc. Am. A, 24, 1975-1993.

[18] Noll, R. J. (1976) Zernike polynomials and atmospheric turbulence. J. Opt. Soc. Am., 66, 207-211.

[19] Fried, D. L. and Vaughn, J. L. (1992) Branch cuts in the phase function. Appl. Opt., 31, 2865-2882.

[20] Fried, D. L. (1998) Branch point problem in adaptive optics. J. Opt. Soc. Am. A, 15, 2759-2768.

[21] Vorontsov, M. A. and Sivokon, V. P. (1998) Stochastic parallel-gradient-descent technique for high-resolution wave-front phase-distortion correction. J. Opt. Soc. Am. A, 15, 2745-2758.

[22] Vorontsov, M. A., Carhart, G. W., and Ricklin, J. C. (1997) Adaptive phase distortion correction based on parallel gradient-descent optimization. Opt. Lett., 22, 907-909.

[23] Vorontsov, M. A., Carhart, G. W., Cohen, M., and Cauwenberghs, G. (2000) Adaptive optics based on analog parallel stochastic optimization: analysis and experimental demonstration. J. Opt. Soc. Am. A, 17, 1440-1453.

[24] Weyrauch, T., Vorontsov, M. A., Carhart, G. W., Beresnev, L. A., Rostov, A. P., Polnau, E. E., and Liu, J. J. (2011) Experimental demonstration of coherent beam combining over a 7km propagation path. Opt. Lett., 36, 4455-4457.

[25] Liu, L., Vorontsov, M. A., Polnau, E., Weyrauch, T., and Beresnev, L. A. (2007) Adaptive phase-locked fiber array with wavefront phase tip-tilt compensation using piezoelectric fiber positioners. Proc. SPIE, 6708, 67080K-1-67080K-12.

[26] Vorontsov, M. A., Riker, J., Carhart, G. W., Gudimetla, V. S. R., Beresnev, L. A., Weyrauch, T., and Roberts, L. C. (2009) Deep turbulence effects compensation experiments with a cascaded adaptive optics system using a 3.63m telescope. Appl. Opt., 48, A47-A57.

[27] Weyrauch, T. and Vorontsov, M. A. (2005) Atmospheric compensation with a speckle beacon in strong scintillation conditions: directed energy and laser communication applications. Appl. Opt., 44, 6388-6401.

[28] Vorontsov, M. A. and Carhart, G. W. (2006) Adaptive wavefront control with asynchronous stochastic parallel gradient descent clusters. J. Opt. Soc. Am. A, 23, 2613-2622.

[29] Weyrauch, T. and Vorontsov, M. A. (2004) Free-space laser communications with adaptive optics: atmospheric compensation experiments. J. Opt. Fiber Commun. Rep., 1, 355-379.

[30] Weyrauch, T., Liu, L., Vorontsov, M. A., and Beresnev, L. A. (2004) Atmospheric compensation over a 2.3 km propagation path with a multi-conjugate (piston- MEMS/modal DM) adaptive system. Proc. SPIE, 5552, 73-84.

[31] Vorontsov, M. A. and Carhart, G. W. (2011) Iteration Rate Improvement for SPGD Procedure, Invention Disclosure, U. S. Army Research Laboratory.

[32] Pearson, J. E., Kokorowski, S. A., and Pedinoff, M. E. (1976) Effects of speckle in adaptive optical systems. J. Opt. Soc. Am., 66, 1261-1267.

[33] Vorontsov, M. A., Karnaukhov, V. N., Kuz'minskii, A. L., and Shmal'gauzen, V. I. (1984) Speckle effects in adaptive optical systems. Kvant. Elektron., 11, 1128-1137 (English translation in Sov. J. Quantum Electron. (1984) 14, 761-766).

[34] Piatrou, P. and Roggemann, M. (2007) Beaconless stochastic parallel gradient descent laser beam control: numerical experiments. Appl. Opt., 46, 6831-6842.

[35] Vorontsov, M. A. and Shmal'hauzen, V. I. (1985) Principles of Adaptive Optics, Nauka, Moscow.

[36] Vorontsov, M. A. and Carhart, G. W. (2002) Adaptive phase distortion correction in strong speckle-modulation conditions. Opt. Lett., 27, 2155-2157.

[37] Vorontsov, M. A. (2004) Target in the loop propagation in random media. Technical Report 2004/22, FGAN FOM, Germany.

[38] Vorontsov, M. A., Kolosov, V. V., and Polnau, E. (2009) Target-in-the-loop wavefront sensing and control with a Collett-Wolf beacon: speckle-average phase conjugation. Appl. Opt., 48, A13-A19.

[39] Muller, R. A. and Buffington, A. (1974) Real-time correction of atmospherically degraded telescope images through image sharpening. J. Opt. Soc. Am., 64, 1200-1210.

[40] Vorontsov, M. A., Carhart, G. W., Pruidze, D. V., Ricklin, J. C., and Voelz, D. G. (1996) Image quality criteria for an adaptive imaging system based on statistical analysis of the speckle field. J. Opt. Soc. Am. A, 13, 1456-1466.

[41] Goldfischer, L. I. (1965) Autocorrelation function and power spectral density of laser-produced speckle patterns. J. Opt. Soc. Am., 55, 247-253.

[42] Deng, Y., Cauwenberghs, G., Polnau, E., Carhart, G., and Vorontsov, M. (2005) Integrated analog filter bank for adaptive optics speckle field statistical analysis. Proc. SPIE, 5895, 58950L-1-58950L-9.

[43] Dudorov, V. V., Vorontsov, M. A., and Kolosov, V. V. (2006) Speckle-field propagation in "frozen" turbulence: brightness function approach. J. Opt. Soc. Am. A, 23, 1924-1936.

[44] Vorontsov, M., Weyrauch, T., Lachinova, S., Gatz, M., and Carhart, G. (2012) Speckle metric- optimization-based adaptive optics for laser beam projection and coherent beam combining. Opt. Lett., 37, 2802-2804.

第7章

稀土掺杂光纤的折射率变化现象及其在全光纤相干光束合成中的应用

Andrei Fotiadi, Oleg Antipov, Maxim Kuznetsov, Patrice Mégret

7.1 引　　言

光纤激光器现已成为一种广泛使用的设备,在基础科学、工程技术以及大量高功率激光应用等领域[1]都有十分重要的作用。由于非线性效应会显著降低光纤激光器的功率水平,因此单模光纤放大器进行相干光束合成就成为突破这一限制的有效方法之一。这种方法的一般思想是,首先将一束相干光分成多个光束,然后再用一个由多个性能相近的功率放大器组构成的平行阵列放大器对光束进行放大,最后再合束成一个接近衍射极限的单一光束。要使所有通道的功率合成至一束单模光功率输出,就必须将光纤放大器相位锁定在一起。在过去几年中,为了达到这一目的,虽然众多学者对非线性光学相位共轭镜开展了大量研究[2,3],但目前其他相干合束技术早已经成为强度增强最主要的方法。通常来说,大容量固态系统的主要缺点是,由于系统既需要多通道,也需要控制回路与驱动器,会使系统变得非常复杂。使系统简化的最明显方法是采用全光纤结构,这种结构对输出光束的模式匹配无要求,并有可能降低系统对环境噪声的灵敏度。当然,由于光纤元件的功率处理能力往往不如自由空间光学元件的处理能力好,这也带来了新的挑战。例如,可用压电光纤展延器代替机械安装的镜片,但这要求光纤长度相对较长,由于光纤的非线性,较长的光纤会导致一些新问题的出现。共振泵浦诱导的稀土掺杂光纤中的折射率变化效应(从本质上说,是粒子数反转的一个侧面效应)为全光纤强激光相干光束合成,且能产生远离稀土离子共振频率的任意波长的红外激光,提供了一种有效的解决方案。例如,镱光纤放大器可用作铒波长的相位驱动器,反之亦然。这种方法的本质是附加放大器或工作光纤放大器中热负载以及电子效应(可以用 K-K 关系来描述)导致的折射率变化现象,该方法既不依赖任何机械部件,也无需任何高压电源。因为这是一种真正的插入损耗低的全光纤方法,因此采用该方法可以获得很高的功率水平。

在本章中,我们以镱掺杂光纤为例,描述了折射率变化效应,探讨了这种效应在掺铒光纤激光系统相干光束合成中的应用。作为特例,我们研究了单独用一个低功率 980nm 激光二极管或两个 980nm 与 1060nm 激光二极管的组合的方法提供动态相位控制,两个工作波长为 1550nm 的铒放大器的相干光束合成问题,两种控制方法都会激发掺镱光纤中的电子跃迁。为了提高相位控制回路的响应时间,给出了双波长组合的动态相位控制过程。本章包含了大量的原始实验研究、理论模型和验证结果。7.2 节为背景材料,清晰阐释了导致折射率变化效应的电子学和热物理学机理,并给出了重要的计算公式,以帮助读者清楚了解这些效应的科学机理和实际现象。本章主体为实验研究工作[4,5],7.3 节和 7.4 节展开描述了新的实验观察结果。7.3 节主要论述了以 980nm 波长二极管泵浦、用 1060nm 波长信号放大时,掺镱光纤的折射率的灵敏度。7.4 节重点介绍了折射率变化效应在全光纤相干光束合成中的潜在应用。

7.2 镱掺杂光纤中折射率变化效应的理论描述

7.2.1 前言:折射率变化的热学与电子学机理

当光束以共振频率通过稀土掺杂光纤时,会引起光纤纤芯折射率的变化。泵浦或者信号光会在稀土光纤内引起折射率发生变化,对这一现象形成机理的讨论目前主要集中在两个方面,其一是被广泛熟知的由于受激稀土粒子[1,6-8]基质吸收和由量子缺陷加热导致的材料内部折射率随温度发生变化量 Δn^{T},其二是由不同极化率的[9]受激离子能级上的粒子数变化导致的无热折射率变化量 Δn^{e}(也称为电子或 K-K 效应)。由于克尔效应依赖于粒子数反转,且要求有更高的光束强度,因此我们应当将电子效应导致的折射率变化效应从通常所说的克尔效应导致的非线性效应中区分出来。在许多实验中,并不直接对电效应导致的折射率变化和热效应导致的折射率变化加以区分。在下一节,我们将对由温度和电子效应导致的相干光束合成中光纤放大器折射率的变化现象进行分析处理和比较评估。

7.2.2 掺镱光纤的光谱特性描述

石英玻璃是一种最常见的光纤制备材料,也是一种很好的镱离子基底材料。图 7.1 对镱离子的光谱与其他稀土粒子的光谱进行了简单比较[11]。对于光放大而言,只有 4f 壳层内部能级之间的跃迁才是有效跃迁,通常用一个简化的二能级模型(由四能级系统导出)就可正确地描述这一现象,如图 7.1(a)所示。为了完整起见,将 5d 壳层和电子迁移带也包括在图中,这是因为这些能级之间产生的紫外跃迁也是允许存在的。事实上,对于光谱范围的放大,只有 2 个能级是重要的:基态能级($^2F_{7/2}$)和激发态能级($^2F_{5/2}$)。这两个能级各自又包含四个和三个子能级，强烈的均匀和非均匀展宽会使子能级之间的跃迁非常平滑。因此，掺镱光纤能够在非常宽的波长范围(975~1200nm)内提供光学增益，峰值波长在975~1030nm之间。对于泵浦波长，图7.1(b)表明泵浦光能够克服850~1000nm的范围内的光谱辐射，最佳值为915nm。在远离这些共振波段的红外光谱范围(>1200nm)，掺镱光纤(图7.1(c))是光学透明的，因此可认为其仅受折射率变化效应的影响。

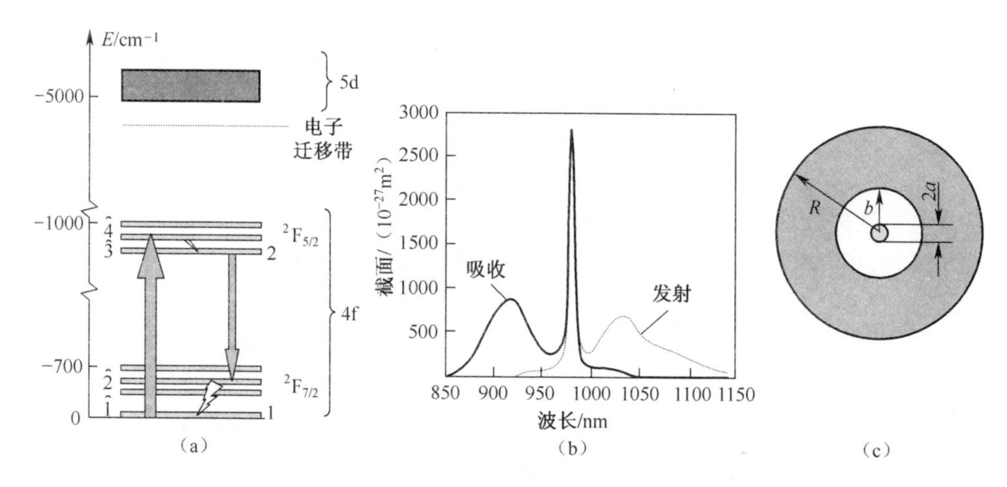

图7.1　(a)原子能级系统[10]。(b)石英基质中的镱离子发射和吸收截面[11]。(c)典型的光纤横截面分布。1、2以及$\hat{1}$、$\hat{2}$、$\hat{3}$、$\hat{4}$分别表示激光二能级和四能级模型；a为Yb^{3+}离子掺杂光纤的纤芯半径、b为玻璃包层半径，灰色区域代表塑料层，其半径为R。

7.2.3　折射率变化的电子学形成机理描述

当粒子跃迁使能级上的粒子数产生变化量δN时，会伴随着折射率产生变化量δn^e，这一现象可用著名的电极化率的实部和虚部之间的K-K关系进行描述。

对于经过掺杂的玻璃或晶体等固体激光材料，此关系可改写为如下形式。

$$\delta n^e(\lambda)=\frac{\delta N}{2\pi^2}P\int_0^\infty\frac{\lambda^2\Delta\sigma(\lambda')}{\lambda'^2-\lambda^2}d\lambda' \tag{7.1}$$

式中：$P\int_0^\infty$代表柯西主值，并有

$$\Delta\sigma(\lambda)=\sigma_{gsa}(\lambda)-\sigma_{esa}(\lambda)+\sigma_e(\lambda) \tag{7.2}$$

其中：$\sigma_{gsa}(\lambda)$是波长为λ处的基态吸收截面，$\sigma_{esa}(\lambda)$是激发态吸收截面，$\sigma(\lambda)$是发射截面。

电子数的变化可由术语极化率微分形式来描述，让我们首先回顾一下电极化率的定义。电极化率定义为离子中的偶极矩与产生这一偶极矩的电场之比。因此，对于给定的测试光频率ν_T，镱离子在某一电子能级q上的极化率可由该能级向

其他电子能级 $i(i \neq q)$ 跃迁的所有可能跃迁态的概率来决定,可用离散跃迁的加和形式来表示:

$$p_q(\nu_{\mathrm{T}}) = \frac{e^2}{4\pi^2 m} \sum_i \frac{f_{qi}(\nu_{qi}^2 - \nu_{\mathrm{T}}^2)}{(\nu_{qi}^2 - \nu_{\mathrm{T}}^2)^2 + (\nu_{\mathrm{T}} \Delta\nu_{qi})^2} \tag{7.3}$$

式中:e 和 m 分别是电子的电荷和质量,f_{qi} 是能级 q 与能级 i 之间跃迁的振子强度,ν_{qi} 和 $\Delta\nu_{qi}$ 分别是共振频率和线宽。

保留激光两能级结构近似,如果我们只考虑 $p_1(\nu)$ 和 $p_2(\nu)$,则镱离子的极化率分别与基态($^2F_{7/2}$)和激发态($^2F_{5/2}$)相关。根据式(7.3),极化率产生的主要原因是由于共振频率与测试频率 ν_{T} 很接近而导致的共振跃迁,和/或由于非常大的振子强度而导致的非共振跃迁。

在掺镱材料中,常用振子强度来表征大量存在于5d电子壳层内部的紫外跃迁以及电荷迁移跃迁,该振子强度比在4f电子壳层内部的光学跃迁强度高几个数量级。因此,在红外光谱波段,按照式(7.3)得出的极化率差 $\Delta p(\nu) = p_2 - p_1$ 是近共振跃迁(在基态和激发态之间)和非共振紫外跃迁共同作用的结果。但在远离谐振波段处,即在掺镱光纤的红外透明波段($\lambda_{\mathrm{T}} > 1.2\mu\mathrm{m}$),只有紫外跃迁起主要作用,极化率差可以用两项与测试波长 λ_{T} 有不同依赖关系的参数来表示,即

$$\Delta p(\lambda_{\mathrm{T}}) \approx \frac{e^2}{4\pi^2 c^2 m} \left\{ A\left[\frac{1}{1 - \lambda_{\mathrm{R}}^2/\lambda_{\mathrm{T}}^2} + o\left(\frac{\lambda_{\mathrm{R}}^2}{\lambda_{\mathrm{T}}^2}\right)\right] + B\left[1 + o\left(\frac{\lambda_{\mathrm{UR}}^2}{\lambda_{\mathrm{T}}^2}\right)\right]\right\} \tag{7.4}$$

式中:$A \equiv \sum_{\mathrm{I} \in \mathrm{R}} f_{2\mathrm{I}}\lambda_{2\mathrm{I}}^2 - f_{1\mathrm{I}}\lambda_{1\mathrm{I}}^2$,$B \equiv (f_{2\mathrm{U}}\lambda_{2\mathrm{U}}^2 - f_{1\mathrm{U}}\lambda_{1\mathrm{U}}^2)$,$\lambda_{\mathrm{R}}$ 是典型的共振跃迁波长,$\lambda_{\mathrm{R}} \sim 1\mu\mathrm{m}$;$f_{1\mathrm{U}}$、$\lambda_{1\mathrm{U}}$、$f_{2\mathrm{U}}$、$\lambda_{2\mathrm{U}}$ 分别表示大量存在的从基态与激发态到5d电子壳层的电荷迁移跃迁时的振子强度与波长,o 是小写 o 符号。自由空间波长 $\lambda_{1\mathrm{U}}$、$\lambda_{2\mathrm{U}}$ 位于UV波段,波长约为0.1μm。很显然 $\lambda_{1\mathrm{U}} \neq \lambda_{2\mathrm{U}}$,所以,非共振诱导的极化率差(即第二项 B)可以简单归结为测试波长 λ_{T} 处,由基态和激发态向5d电子壳层的跃迁几率差或电荷迁移的跃迁几率差。

在两能级近似中,可以根据能级间的极化率差(对于泵浦和未泵浦介质),将掺杂光纤中折射率变化效应的K-K关系式(7.1)改写为:

$$\delta n^{\mathrm{e}} = \frac{2\pi F_{\mathrm{L}}^2}{n_0} \Delta p \delta N_2 \tag{7.5}$$

式中:δN_2 为受激粒子数的变化量,n_0 为基质玻璃的折射率,$F_L = (n_0^2 + 2)/3$ 为洛仑兹因子。

在测试波长为 λ_{T}、光纤长度为 L 的条件下,探测到的电致折射率变化效应所对应的相移,由式(7.5)与其权重函数 $\rho_{\mathrm{T}}(r)$ 的乘积并在整个光纤体内的积分来确定:

$$\delta\varphi = \frac{4\pi^2}{\lambda_{\mathrm{T}}} \int_0^L \int_0^\infty \delta n^{\mathrm{e}}(z,r) \rho_{\mathrm{T}}(r) r\mathrm{d}r\mathrm{d}z \approx \frac{\overline{\eta}\rho_{\mathrm{T}}(0)}{\lambda_{\mathrm{T}}} \left[4\pi^2 \frac{F_L^2}{n_0} \Delta p\right] \delta N_2^{\Sigma} \tag{7.6}$$

式中：$\delta N_2^{\Sigma} = 2\pi\int_0^L\int_0^{\infty}\delta N_2(z,r)r\mathrm{d}r\mathrm{d}z$，表示整个光纤内泵浦诱导的受激 Yb^{3+} 数量的变化量，$\rho_T(r)$ 是探测光功率径向的归一化分布函数，r 是光纤横截面上的极坐标半径，z 是光纤长度方向的线性坐标。

因子 $\bar{\eta}\rho_T(0)$ 近似等于探测模场对光纤掺杂区域中诱导的粒子数变化量 $\delta N_2(r)$ 的作用效率。在此，我们有意将因子 $\rho_T(0)$ 与 $\bar{\eta}$ 分离开来，是因为它们可分别代表影响 $\bar{\eta}\rho_T(0)$ 的两项最主要因素，即测试波长 λ_T 和镱离子密度分布。

参数 $\rho_T(0)$ 和 $\bar{\eta}$ 可由阶跃-折射率光纤分析法[12]进行评估。假设测试波长 λ_T 位于光纤的红外透明波段，则功率模场分布 $\rho_T(r)$ 可以表示为：

$$\rho_T(r) = \begin{cases} \dfrac{1}{2\pi a^2}\left(\dfrac{J_0(ur/a)}{J_0(u)}\right)^2 & r < a \\ \dfrac{1}{2\pi a^2}\left(\dfrac{K_0(\nu r/a)}{K_0(\nu)}\right)^2 & r > a \end{cases} \tag{7.7}$$

式中：a 是阶跃光纤纤芯半径，J_n 与 K_n 分别代表贝塞尔函数和修正的贝塞尔函数，模式参数 u 和 ν 定义为：

$$\begin{cases} u^2 = a^2(n_0^2k_0^2 - \beta^2) \\ \nu^2 = a^2(\beta^2 - n_0^2k_0^2) \\ V^2 = u^2 + \nu^2 = k_0^2a^2(n_0^2 - n_1^2) \end{cases} \tag{7.8}$$

这些参数满足以下关系：

$$u\frac{J_1(u)}{J_0(u)} = \nu\frac{K_1(\nu)}{K_0(\nu)} \tag{7.9}$$

当光纤折射率分布不服从阶跃分布时，以上关系式仍可使用，但需要将光纤纤芯的实际半径替换为有效半径[13]。有效半径由以下公式来确定：

$$\bar{a} = w\left[1.3 + 0.864\,(\lambda_S/\lambda_c)^{3/2} + 0.0298\,(\lambda_S/\lambda_c)^6\right]^{-1} \tag{7.10}$$

式中：$V = 2.05\lambda_S/\lambda_c$，表示无量纲的光纤模场参数；$w$ 是模场直径，通常是指 $\lambda_S \approx 1.06\mu m$ 处的数值；λ_c 是光纤截止波长。

图7.2解释了参数 $\rho_T(0)$ 对 λ_T，以及 $\bar{\eta}$ 对镱离子密度分布的之间的依赖关系。从图中可以看出，如果信号功率以及掺杂光纤纤芯区域重叠较小，则较长的测试波长对应较宽的分布 $\rho_T(r)$。因此，参数 $\rho_T(0)$ 随测试波长的增加而降低。尽管我们假定粒子数变化 $\delta N_2(r)$ 仅仅在光纤光轴附近产生，但因子 $\bar{\eta}\to 1$。然而，Yb 离子分布函数 $n_{Yb}(r)$ 较宽时，会使信号功率与光纤纤芯区域之间的重叠区域降低，导致 $\bar{\eta} < 1$。

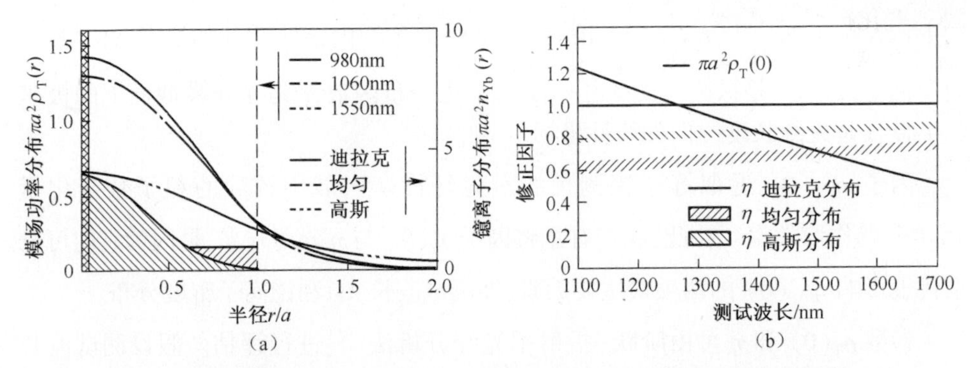

图 7.2 不同波长的归一化模场功率分布函数及其与镱离子分布函数比较。(a)狄拉克分布 $n_{Yb}(r)=\delta(r)/\pi a^2$、均匀分布 $n_{Yb}(r)=1/\pi a^2$ 以及高斯分布 $n_{Yb}(r)=4\exp[-(2r/a)^2]/\pi a^2$；(b)式(7.6)中对于不同分布的系数 $\rho_T(0)$ 及其修正系数 $\bar{\eta}$。

从式(7.6)中可以估计出，因子 $\bar{\eta}$ 介于光纤横截面中过泵浦和待泵浦离子两边界之间，分别对应于高、低泵浦功率能级的极限情况：

$$\int_0^\infty n_{Yb}(r)\rho_T(r)r\mathrm{d}r < \rho_T(0)\bar{\eta} < \frac{\int_0^\infty n_{Yb}(r)\rho_P(r)\rho_T(r)r\mathrm{d}r}{\int_0^\infty n_{Yb}(r)\rho_P(r)r\mathrm{d}r} \tag{7.11}$$

式中：$\rho_P(r)$ 表示泵浦波长 λ_P 处的径向模场功率归一化分布函数；$n_{Yb}(r)=N(r)/2\pi\int_0^\infty N(r)r\mathrm{d}r$，表示镱离子在光纤芯径内的归一化分布函数。

对于镱离子掺杂分布满足均匀分布以及高斯分布的两种情况，修正因子的典型值分别为 $\bar{\eta}=0.7$ 以及 $\bar{\eta}=0.85$。不等式(7.11)得出的因子 $\bar{\eta}$ 的典型误差为约10%(图7.2(b))。

式(7.6)表明，相移量与泵浦或信号光诱导的光纤内激发离子总数的变化量成正比，其动态特征由速率方程决定(假定不存在强泵浦或者信号二氧化硅本征吸收)，可以改写成以下形式：

$$\frac{\mathrm{d}\delta N_2^\Sigma}{\mathrm{d}t}=\frac{P_P^{in}-P_P^{out}}{h\nu_P}-\frac{P_S^{in}-P_S^{out}}{h\nu_S}-\frac{P_{ASE}}{h\nu_{ASE}}-\frac{\delta N_2^\Sigma}{\tau_{sp}}$$

$$\frac{\mathrm{d}\delta\varphi}{\mathrm{d}t}=K\left[P_{in}-P_{out}-\frac{\nu_P}{\nu_S}(P_S^{in}-P_S^{out})-\frac{\nu_P}{\nu_{ASE}}P_{ASE}\right]-\frac{\delta\varphi}{\tau_{sp}} \tag{7.12}$$

式中：$K\equiv(\lambda_P/\lambda_T)[\bar{\eta}\rho_T(0)/hc][4\pi^2(F_L^2/n_0)\Delta p]$，$h$ 是普朗克常数，ν_P、ν_S 以及 ν_{ASE} 分别是平均泵浦频率、平均放大信号频率以及平均自发放大辐射(ASE)频率，τ_{sp} 是激发态寿命，P_P^{in} 和 P_P^{out} 分别是泵浦输入与输出(残余)功率，P_S^{in} 和 P_S^{out} 分别是信号输入与输出功率、P_{ASE} 是自发放大辐射功率。为了能够自洽描述折射率的

动态变化机理,还应为式(7.12)补充光纤内泵浦光功率、信号光功率以及自发放大辐射功率方程,它们可由以下公式给出(忽略纤芯内受激粒子和 Yb^{3+} 总离子分布的差异):

$$\frac{dP_P(z)}{dz}=\eta_P\rho_P(0)\left[\left(\sigma_{21}^{(p)}+\sigma_{12}^{(p)}\right)N_2(z)-\sigma_{12}^{(p)}N\right]P_P(z) \tag{7.13}$$

$$\frac{dP_S(z)}{dz}=\eta_S\rho_S(0)\left[\left(\sigma_{21}^{(s)}+\sigma_{12}^{(s)}\right)N_2(z)-\sigma_{12}^{(s)}N\right]P_S(z) \tag{7.14}$$

$$\frac{dP_{ASE}(z)}{dz}=\eta_{ASE}\rho_{ASE}(0)\left[\left(\sigma_{21}^{(ASE)}+\sigma_{12}^{(ASE)}\right)N_2(z)-\sigma_{12}^{(ASE)}N\right]P_{ASE}(z)+N_2\xi \tag{7.15}$$

式中:N_2是单位长度受激 Yb^{3+} 离子个数,N 是单位长度 Yb^{3+} 离子总数,$\sigma_{21}^{(\ )}$ 和 $\sigma_{12}^{(\ )}$ 是 ν_P 、ν_S 和 ν_{ASE} 处的发射截面和吸收截面,其中 ξ 是描述全谱线发光的有效 Langevin 源,用下式来表示。

$$\xi=\frac{h\nu_{ASE}}{4\pi\tau_{sp}}\left(\frac{2a}{L}\right)^2 \tag{7.16}$$

7.2.4 折射率变化的热机理描述

前面所述的电子诱导的折射率变化现象由反转粒子数来决定,但该现象并不是导致掺镱光纤内产生相移的唯一因素。事实上,泵浦功率的热效应会使光纤内部温度升高,导致光纤介质中产生热致折射率变化现象。此外,光纤纤芯沿其长度方向和径向的热膨胀也会引起相位调制。然而,我们可以看出,与体材料温度梯度导致的相移相比,单模光纤纤芯横向和纵向热膨胀产生的热致相移很小。

由于温度上升 δT 导致的折射率的变化可以用以下公式来表示:

$$\delta n^{T}=\left(\frac{\partial n}{\partial T}\right)\partial T+\delta n_{ph}=\left[\left(\frac{\partial n}{\partial T}\right)+2n_0^3\alpha^T C'\right]\delta T \tag{7.17}$$

式中:$\partial n/\partial T$ 是热光系数,δn_{ph} 表示光弹效应,C' 表示在整个极化过程中光弹系数的平均值,α^{T} 是纵向热膨胀系数。

为了简便起见,用一个四能级系统来描述掺镱光纤内部由于热效应导致的折射率变化机理(图7.1(a))。热负载分别来自于$^2F_{5/2}$态子能级之间的无辐射跃迁、$^2F_{7/2}$基态子能级之间的跃迁以及二氧化硅的本征吸收。光纤内温度分布 $T(r,z,t)$ 相应的热传导方程为:

$$\frac{\partial T}{\partial t}-d_i^2\Delta T=Q(z,r,t) \tag{7.18}$$

式中:$d_i^2=\kappa_i/(\rho_i C_{pi})$ 是热扩散率,κ_i 是热导率,ρ_i 是密度,C_{pi} 是比热容。公式中所有的指标都针对石英玻璃($i=1$)和塑料($i=2$)材料,$Q(z,r,t)$ 表示热源。

当用波长约980nm的光泵浦(处在$^2F_{5/2}$态的最低子能级),并忽略石英微小的本征吸收时,热源可以用以下求和公式来描述。

$$Q(z,r,t)=\frac{h\nu_{B1}\delta N_2(r,z)}{\rho_1 C_{p1}\tau_{sp}}+\frac{\nu_{B3}\delta N_2(r,z)P_S\rho_S(r)\sigma_e(\nu_A)}{\rho_1 C_{p1}\nu_S}+\frac{\nu_{BL}\delta N_2(r,z)P_{ASE}\rho_{ASE}(r)\sigma_e(\nu_{ASE})}{\rho_1 C_{p1}\nu_{ASE}} \tag{7.19}$$

式中:ν_{B1}是$^2F_{7/2}$基态子能级之间无辐射跃迁的频率,$\nu_{B3}\equiv\nu_P-\nu_S$,$\nu_{BL}\equiv\nu_P-\nu_{ASE}$。式(7.19)中的三个分量分别对应于泵浦热、放大信号和发光强度。

热量从光纤纤芯沿横向向其涂覆层扩散,最后将热量释放到空气中(自然对流)。与空气相接触的塑料表面的温度分布用牛顿公式表示:

$$\kappa\left.\frac{\partial T}{\partial r}\right|_{r=R}+H(T-T_0)\big|_{r=R}=0 \tag{7.20}$$

式中:T_0是光纤外表面的温度,H是纤芯、包层以及塑料各自的换热系数。

为了计算光纤内热致折射率变化效应,需要结合冷的表面边界条件(式(7.20)),以便获得非稳态换热方程(式(7.18)和式(7.19))的数值解。由式(7.18)可以分析得到光纤的温度分布函数(包层内部以及纤芯区域),并用以下公式来表示[28]:

$$T(z,r,t)=\sum_{n=1}^{\infty}\frac{1}{Z_n}\frac{\kappa_1}{d_1^2}\int_0^a J_0\left(\frac{\mu_n r'}{d_1}\right)\int_0^t \exp[-\mu_n^2(t-t')]Q(z,r',t')\mathrm{d}t'r'\mathrm{d}r'J_0\left(\frac{\mu_n r}{d_1}\right) \tag{7.21}$$

式中:J_0表示零阶贝塞尔函数,Z_n按照以下公式计算:

$$\begin{aligned}Z_n=&\kappa_1 b^2/2d_1^2[J_0^2(\psi_{n,1,1})+J_1^2(\psi_{n,1,1})]+\kappa_2/d_2^2\{0.5R^2C_2^2(\mu_n)[J_0^2(\psi_{n,2,2})\\&+J_1^2(\psi_{n,2,2})]+R^2C_2^2(\mu_n)D_2(\mu_n)[J_0(\psi_{n,2,2})Y_0(\psi_{n,2,2})\\&+J_1(\psi_{n,2,2})Y_1(\psi_{n,2,2})]+0.5R^2D_2(\mu_n)[Y_0^2(\psi_{n,2,2})+Y_1^2(\psi_{n,2,2})]\\&-0.5b^2C_2^2(\mu_n)[J_0^2(\psi_{n,1,2})+J_1^2(\psi_{n,1,2})]-0.5b^2C_2(\mu_n)D_2(\mu_n)\\&\cdot[J_0(\psi_{n,1,2})Y_0(\psi_{n,1,2})+J_1(\psi_{n,1,2})Y_1(\psi_{n,1,2})]\\&-0.5b^2D_2^2(\mu_n)([Y_0^2(\psi_{n,1,2})+Y_1^2(\psi_{n,1,2})]\}\end{aligned} \tag{7.22}$$

式中:$\psi_{n,2,j}=\mu_{n,2,j}R/d_j$,$\psi_{n,2,j}=\mu_{n,2,j}R/d_j$,有

$$D_2(\mu_n)=\frac{(\kappa_1 d_2/\kappa_2 d_2)J_0(\psi_{n,1,2})J_1(\psi_{n,1,1})-J_1(\psi_{n,1,2})J_0(\psi_{n,1,1})}{J_0(\psi_{n,1,2})Y_1(\psi_{n,1,2})-J_1(\psi_{n,1,2})Y_0(\psi_{n,1,2})} \tag{7.23}$$

$$C_2(\mu_n)=[J_0(\psi_{n,1,1})-D_2(\mu_n)Y_0(\psi_{n,1,2})]/J_0(\psi_{n,1,2}) \tag{7.24}$$

μ_n是式(7.25)的n次正根。

$$C_2(\mu)\left[J_0(\psi_{n,2,2})-\frac{\mu\kappa_2}{d_2 H}J_1(\psi_{n,2,2})\right]+D_2(\mu)\left[Y_0(\psi_{n,2,2})-\frac{\mu\kappa_2}{d_2 H}Y_1(\psi_{n,2,2})\right]=0 \tag{7.25}$$

Y_0和Y_1分别是零阶和一阶纽曼函数。

电效应和热效应对泵浦诱导相移的作用比较根据前面章节中报道的基本关系式(式(7.12)~式(7.20)),我们可以对二极管泵浦的掺镱光纤内电致折射率变化和热致折射率变化的贡献大小进行比较。为了进一步量化计算结果,采用了典型的铝酸硅光纤,其基本参数和泵浦条件如表7.1示例。

表7.1 计算使用的光纤的基本参数

参　数	磷酸硅	铝酸盐	参考及注释
玻璃密度ρ_1(g/cm^3)	2.2		[14]
玻璃比热容C_{p1}[cal/(g·K)(1cal=41868J)]	0.188		[14]
玻璃导热系数κ_1[W/(cm·K)]	0.014		[1,14]
塑料密度(g/cm^3)	1.19		[14]
塑料比热容C_{p2}[cal/(g·K)]	0.3		[15]
塑料导热系数κ_2[W/(cm·K)]	0.002		[15]
上能级$^2F_{5/2}$产生的热能(cm^{-1})	0	0	低能级泵浦
下能级$^2F_{7/2}$产生的热能(cm^{-1})	740	1210	[16]
泵浦量子能量(cm^{-1})	10260	10245	[16]
发光量子效能量(cm^{-1})	990	990	[16]
掺杂浓度(cm^{-1})	8.56×10^{19}		[16]
$^2F_{5/2}$能级寿命τ_{sp}(ms)	1.276	0.83	[16]
泵浦吸收截面$\sigma_{gsm}(\nu_p)$(pm^2)	1.38	2.69	[16]
泵浦发射截面$\sigma_e(\nu_p)$(pm^2)	1.46	2.97	[16]
发光截面$\sigma_e(\nu_L)$(pm^2)	0.485	0.495	[16]
发光吸收截面$\sigma_{gsa}(\nu_L)$(pm^2)	0.068	0.086	[16]
纤芯半径a(μm)	1.8		
玻璃半径b(μm)	62.5		
外部塑料半径R(μm)	125		
光纤长度l(m)	2		
换热系数H[cal/cm^2·s·K]	0.000118		[17]
波长为1550nm处极化率差 $\Delta p\times10^{26}$(cm^3)	0.9±0.2	1.2±0.3 2.6±0.4	[18] [19]
玻璃折射率n_0	1.5		[14]

（续）

参　　数	磷酸硅	铝酸盐	参考及注释
玻璃折射率温度系数 $\partial n/\partial T$ (K^{-1})	1.2×10^{-5}		[20]
探测光波长 λ (μm)	1.55		[18]
有效发光波长 λ_L (μm)	1.02	1.01	[16]
泵浦光功率 I_p (mW)	145		
石英玻璃的热膨胀系数 d_T (K^{-1})	5.1×10^{-7}		[14]
泊松系数 ν	0.164		[14]
放大光束的波长(μm)	1.064		
放大光束的吸收截面 $\sigma_{gsm}(\nu_A)$ (pm^2)	0.0016	0.0046	[16]
放大光束的横截面 $\sigma_e(\nu_A)$ (pm^2)	0.13	0.3	[16]

模拟结果见图 7.3。我们可以看出，在短脉冲泵浦激励下，电致相移的贡献要比热致相移的贡献高出一个数量级。随着脉冲持续时间的增加，情况发生了变化，即存在某一脉冲时间阈值，在该阈值下，电子的贡献逐步降低而热机理的贡献持续上升。当脉冲持续时间超过几百毫秒时，热对相移的贡献成为主导。

周期脉冲泵浦且存在信号放大时的相移对周期性脉冲泵浦系统也进行了模拟。图 7.4 展示了周期性脉冲功率诱导的高掺杂的含镱光纤内相移的动态变化示例，其中，脉冲周期为 50μs，最大值和最小值分别为 15mW 和 105mW。我们可以看到，在长脉冲连续波(CW)激励下，电致相移与热致相移以相同的模式增加。上升时间和稳态水平由平均泵浦功率的大小来确定。在整个模拟过程中，热效应对于相移的影响低于电效应对相移的影响。

图 7.5 展示了 1060nm 短信号脉冲对 980nm 长泵浦脉冲诱导的光纤相移的影响。时长 20ms 的信号脉冲会使 Yb 离子从激发态跃迁到基态，能量主要消耗在信号放大与加热方面。这将导致电效应对折射率变化的影响力减少，而热效应对于折射率变化的影响力增加。虽然短期内相移仍会继续上升，但最终总相移将会减少。当信号关闭时，粒子数以及电效应对折射率变化的影响效应再次开始增长。此时，热效应开始减少（虽然发出的热量处于弛豫状态），然后再次开始增加。

7.2.5 总结

我们给出了掺镱光纤内部电致折射率变化效应以及热致折射率变化效应的理论分析结果。阐明了它们共同作用下的粒子数反转特性，解释了两种机制的主要区别。我们得出的动态变化效应的关键方程将大量应用于后续章节。需要强调的

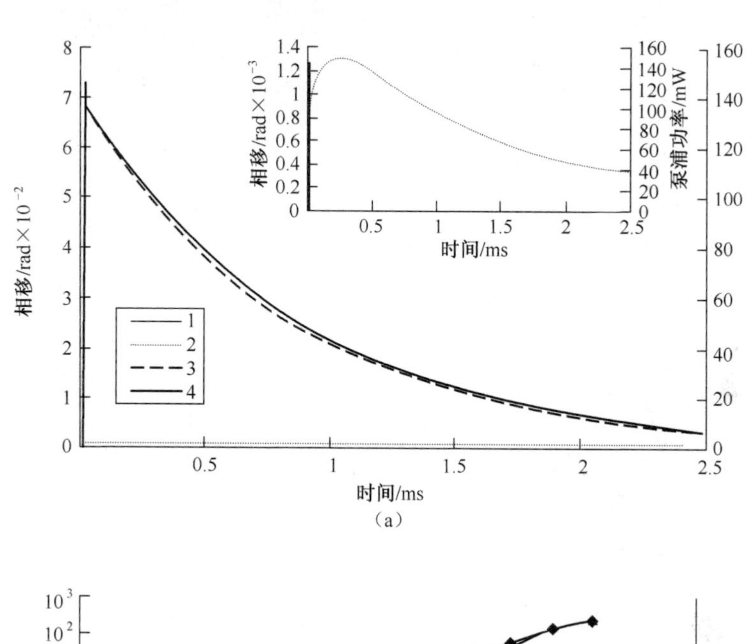

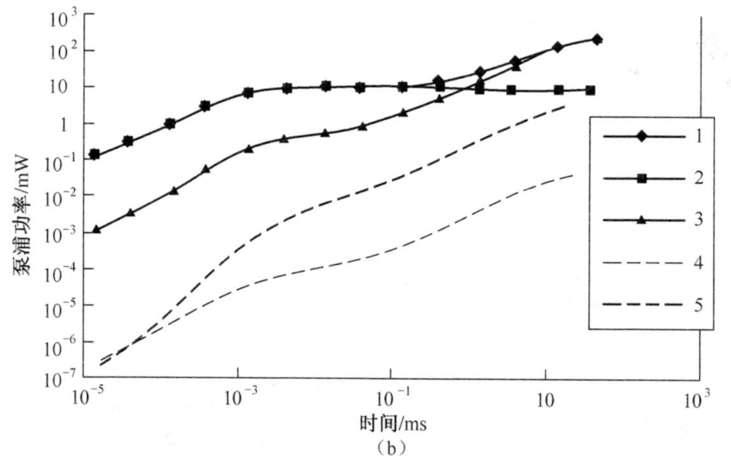

图 7.3 电效应以及热效应对泵浦诱导的相移的贡献

(a)强度为 145mW 的 20μs 泵浦脉冲诱导的相移随时间的变化曲线(脉冲能量 3μJ):总相移(1),热致相移(2),电致相移(3),泵浦脉冲(4)。

(b)相移随脉冲宽度的变化关系:电致相移(2),热致相移(3),总相移(1),与光纤长度相关的热致相移(4)。与光纤展宽相关的热致相移(5)。

是,在后续章节中的全光纤低功耗实验中,掺镱光纤中热致折射率变化效应将忽略不计。

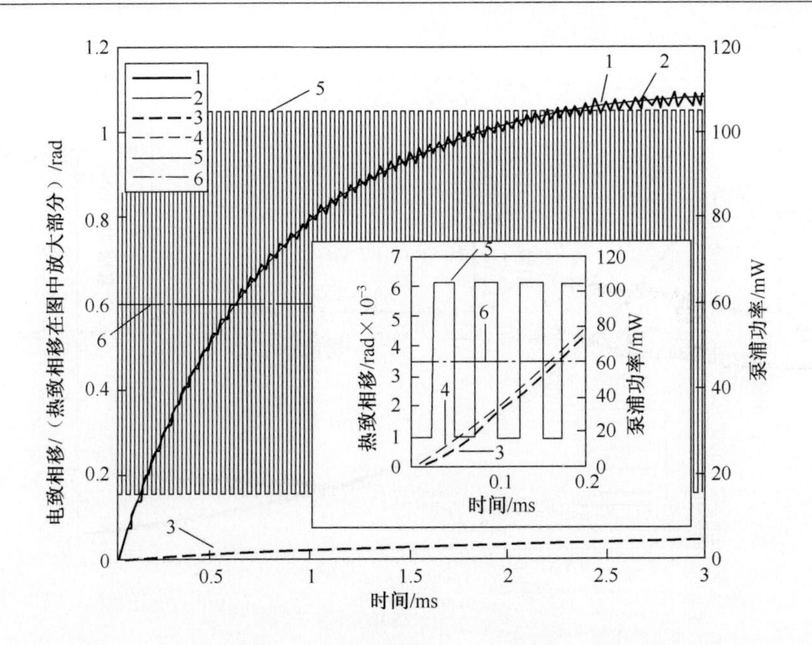

图 7.4　在周期脉冲(5)以及连续波脉冲(6)泵浦下的电致相移以及热致相移动力学机理。1,2—电致相移;3,4—热致相移。

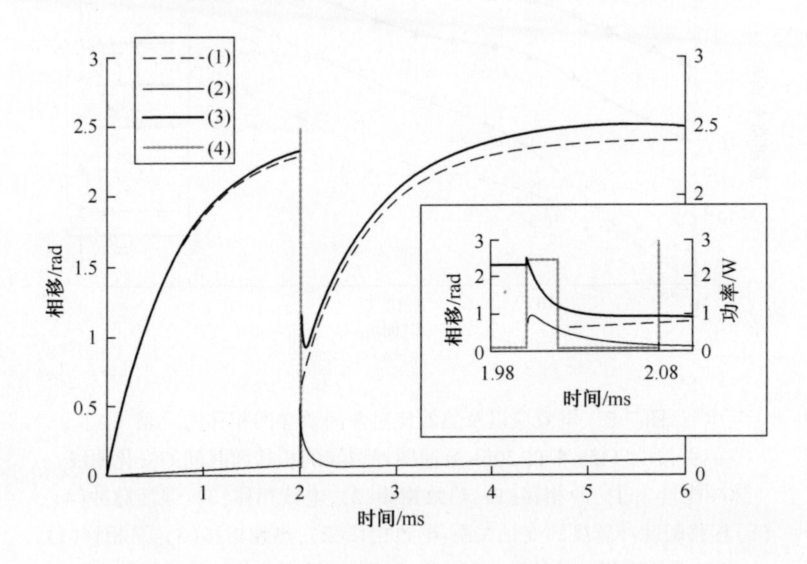

图 7.5　980nm 长泵浦脉冲以及 1060nm 信号脉冲各自诱导的相移的动力学特征。在 $t=0$ 时,泵浦脉冲打开,然后在 $t=2$ms 时,接通振幅为 2.48W、脉宽为 20μs 的方波信号脉冲。(1)电子作用;(2)热作用;(3)总相移;(4)1060nm 信号功率。

7.3　掺镱光纤中折射率变化效应的实验研究

7.3.1　激光光纤折射率变化效应的前期观测结果

正确认识掺镱光纤内部的电子数变化现象[21]对于很多光纤应用领域都非常重要。泵浦诱导的折射率变化效应对光纤激光器的性能有显著的影响。增强后的非线性相移技术可应用于本节讨论的相干合束以及光开关[22]和全光纤自适应干涉测量[23]等领域。泵浦诱导的热致与电致折射率变化效应会使波导发生变化,这对极大模场(LMA)光纤有非常重要的意义。该效应会使光纤的模场直径减少,但同时会改善光束质量[8]。极大模场光纤内电效应和热效应诱导的长周期折射率光栅可能会影响高功率大模场光纤激光输出的模场结构和模式的稳定性[24]。

同样,我们对稀土离子的极化率差的特性也有广泛的讨论。一些作者认为,式(7.4)中极化率差的主要贡献来自于第一项,即近共振红外跃迁[25-28]。而另一种模型则表明主要贡献来自于第二项,即位于远离共振区域的强紫外跃迁[9],类似于在激光晶体中观察到的现象[10,29-31]。

在下面的章节中,我们将讨论商用单模掺镱光纤在980nm激光二极管泵浦以及1060nm信号放大条件下,观测到的折射率变化的实验结果。实验中的探测波长远离Yb^{3+}离子共振吸收与发射波长,主要目标是表征折射率变化的动态变化特性,并揭示标准掺镱铝酸硅和磷酸硅光纤在1460nm~1620nm光谱范围下的极化率差值。

7.3.2　泵浦/信号诱导的折射率变化效应的测量方法

实验装置如图7.6所示。全光纤马赫-曾德尔拼接干涉仪由两个臂组成,其中一个臂放置待测掺镱光纤,另一臂放置长度接近的康宁HI1060平衡光纤。用激光二极管发射的相干长度约为10m的连续波激光作为探测信号。信号波长λ_T在1450nm~1620nm之间连续可调。用一个快速响应的光电二极管在干涉仪的输出端检测该探测信号,用一个波长$\lambda_P \approx 980$nm、功率大于150mW、连续或脉冲模式的标准泵浦激光二极管泵浦被测光纤。$\lambda_S \approx 1060$nm的信号脉冲则通过另一个50mW的激光二极管(法兰克福激光公司,德国)引入光纤。

由光电二极管对单个方波泵浦脉冲或单个信号脉冲的响应得出折射率变化信号(单独或与980nm连续波泵浦光组合)。脉冲宽度和振幅由电子触发器来控制,范围分别为10μs~10ms和0mW~145mW。

引起的相移$\delta\varphi(t)$可以从示波器波形的振幅$U(t)$中读取出来,如式(7.26)所示。

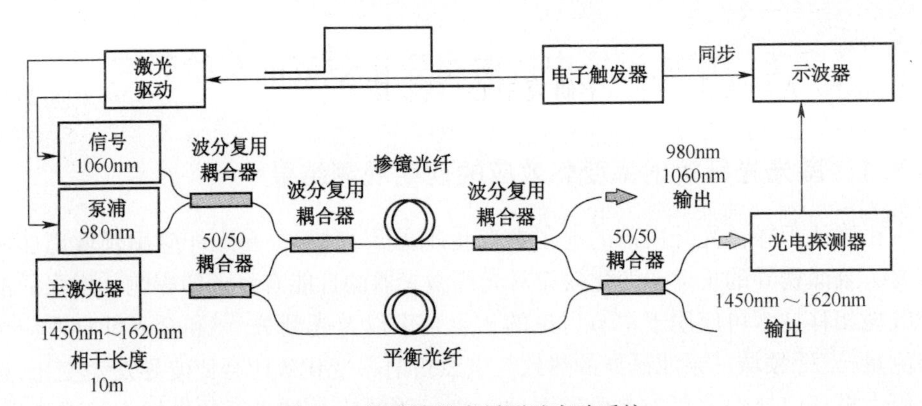

图 7.6　单模掺镱光纤测试实验系统

$$
\begin{cases}
\delta\varphi(t) = \varphi(t) - \varphi(0) \\
\varphi(t) = (-1)^k \arcsin\left(\dfrac{2U(t) - U_{\max} - U_{\min}}{U_{\max} - U_{\min}}\right) + \pi k
\end{cases}
\tag{7.26}
$$

式中，$k = 0,1,2\cdots$，提供连续的相移 $\delta\varphi(t)$。

图 7.7 给出了记录到的示波器波形和相对应的相移的一个典型示例。

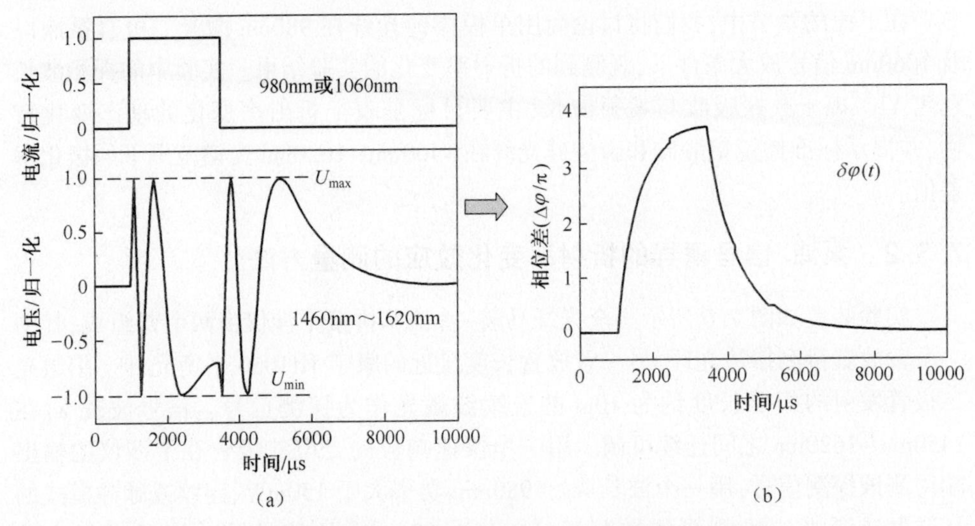

图 7.7　诱导相移 $\delta\varphi(t)$ 的恢复示例。(a)激光驱动电流脉冲分布以及示波器记录的波形；(b)相位波形重构。

7.3.3　不同光纤样品的折射率变化特征

本节描述了在 980nm 光脉冲单独泵浦作用下(即不存在 1060nm 的信号光)铝酸盐玻璃掺镱光纤样品中的折射率变化效应，并测量了四个具有不同长度、折射率

几何分布以及 Yb^{3+}离子浓度的光纤，这里，所有的光纤在泵浦和测试波长处都为单模光纤。光纤 A 由光纤光学研究中心(俄罗斯)制造，横截面为 125mm×125mm 的正方形，光纤 B~D 分别为 Yb-198、Yb-118 以及 Yb-103，由先锋公司(加拿大)制造，横截面直径为 125mm 的圆。在所有光纤中，光纤纤芯中 Yb^{3+}离子掺杂浓度服从高斯分布。其他光纤参数见表 7.2。

表 7.2 测试实验中的单模镱掺杂铝酸盐玻璃光纤

参　数	光纤 A	光纤 B	光纤 C	光纤 D
980nm 处吸收峰值 $\alpha_P/(\mathrm{dB/m})$	900	1073	245	35
λ_s处模场直径 $w/\mu\mathrm{m}$	4.5	3.6	4.5	3.6
截止波长 λ_c/nm	810	870	680	816
等效纤芯半径 $a/\mu\mathrm{m}$	1.6	1.4	1.3	1.3
1550nm 处系数 $K/[\mathrm{rad/(ms\cdot mW)}]$	0.043π	0.056π	0.067π	0.067π

图 7.8 记录到 4π 相移表明，不同振幅泵浦脉冲在光纤 A 中诱导的剧烈的折射率变化效应。在不同泵浦功率作用下，相移有不同的饱和稳态水平。

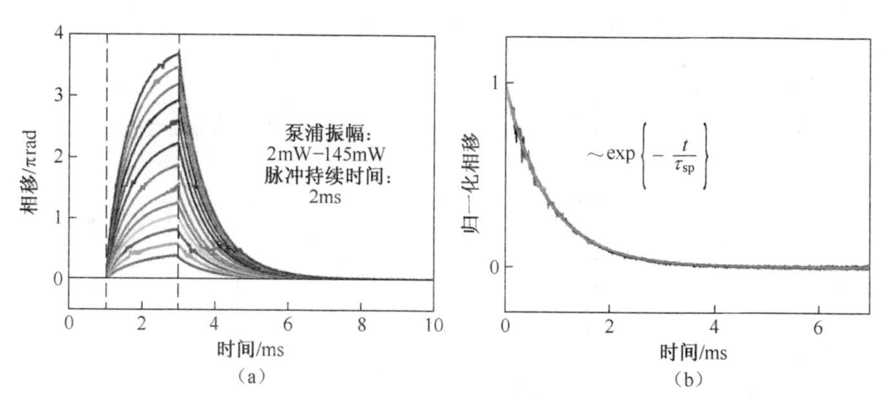

图 7.8 (a)不同振幅脉冲作用下光纤 A 内产生的相移；(b)同一曲线的弛豫部分，用最大值进行归一化，初始时刻为延时时刻。测试波长 1550nm、光纤长度 2m。

一般情况下，饱和度取决于脉冲幅度和脉冲持续时间，或者更为确切地说，取决于脉冲能量。相位波形中的衰减部分是折射率在脉冲激励结束时弛豫的结果，可用一个指数衰减函数 $\phi(t)=\exp(-t/\tau_{sp})$ 对其进行拟合，并获得了完美的拟合效果，得到的弛豫时间常数近似等于镱离子激发态寿命，$\tau_{sp}\approx 850\mu s$，该参数对于所有光纤样品几乎都相同。尽管泵浦条件不同，但图 7.8(b)中归一化延迟曲线的时间刻度是相似的。因此，弛豫行为与式(7.12)预测的电致折射率变化机理一致。实验中没有观察到其他可能产生热致折射率变化现象的因素。

当用矩形脉冲泵浦激励高掺杂光纤时，也就是说，在泵浦功率完全被吸收且忽略较低的自发放大辐射情况下，通过求解式(7.12)我们能够得到：

$$\delta\varphi(t) = K\tau_{sp}\left[1 - \exp\left(-\frac{t}{\tau_{sp}}\right)\right]P_0 \tag{7.27}$$

式中：P_0是泵浦脉冲幅值。在高掺杂光纤样品 A-C 中，泵浦功率在光纤长度范围内完全被吸收。在低泵浦脉冲能量情况下，图 7.9 中所示的实验结果完全再现了式(7.27)的预测结果，即相位按照指数规律增长到稳态(图 7.9(a))，且相位与泵浦脉冲振幅之间满足线性关系(图 7.9(b))。当通道增益和自发放大辐射水平较低时，可以测量出不同幅度脉冲作用下相移的斜率 $\delta\varphi/\delta t|_{t\to0}$ (图 7.9(c))。用线性拟合可以得出系数 $K = 0.056\pi\text{rad/ms}\cdot\text{mW}$，该系数是式(7.12)中唯一一个的未知的、与材料有关的参数。当激励水平较高时，测量得到的波形与式(7.27)模拟结果之间出现误差，且误差会逐渐增大，这是因为自发放大辐射会随功率的增加而增加。

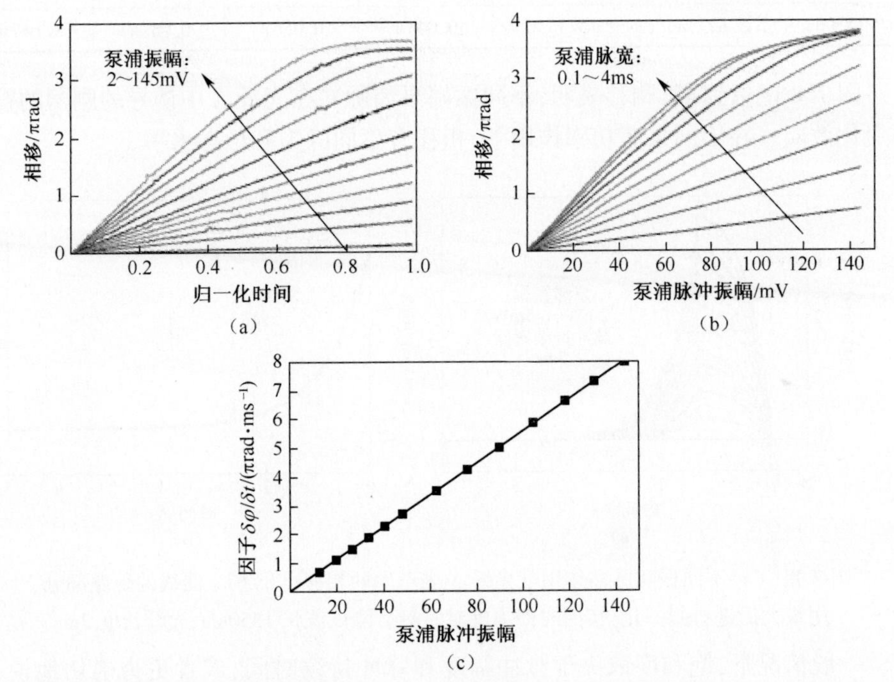

图 7.9 (a)脉冲时间 4ms 矩形脉冲作用下光纤 B 的相移随归一化时间 $\tau = 1 - \exp(-t/\tau_{sp})$ 的变化规律；(b)脉冲时间 4ms 矩形脉冲作用下光纤 B 的相移随脉冲振幅的变化规律；(c)相移斜率 $\delta\varphi/\delta t|_{t\to0}$ 特性随脉冲振幅的变化规律。测试波长 1550nm，光纤长度 2m。

式(7.12)和式(7.27)中的系数 K 是唯一一个模型参数，该参数与特定测试波长下诱导的相移以及泵浦脉冲参数有关。对 2 个长度不同的光纤 C 的相位动态观测实验表明，参数 K 与光纤长度无关(图 7.10(a))。虽然减小光纤长度会降低饱和能量，但并不会影响低能量泵浦脉冲下相位变化的斜率。在相同的实验条件下，不同光纤样品的相移曲线有不同的斜率以及其他相应独特的特征(图 7.10(b))。光纤 D 的镱离子掺杂浓度最低,饱和功率值低于其他光纤,但该光纤的斜率与光纤 C 的斜率几乎相同,均高于光纤 B 和光纤 A 的斜率。式(7.27)给出了不同光纤的因子 K 的近似值,见表 7.2。然而,不同因子之间的互比因子与我们给出的折射率变化模型非常一致,即因子 K 与镱离子浓度无关,而与式(7.10)给出的光纤纤芯有效半径 $\bar{a}$ 的平方成反比。

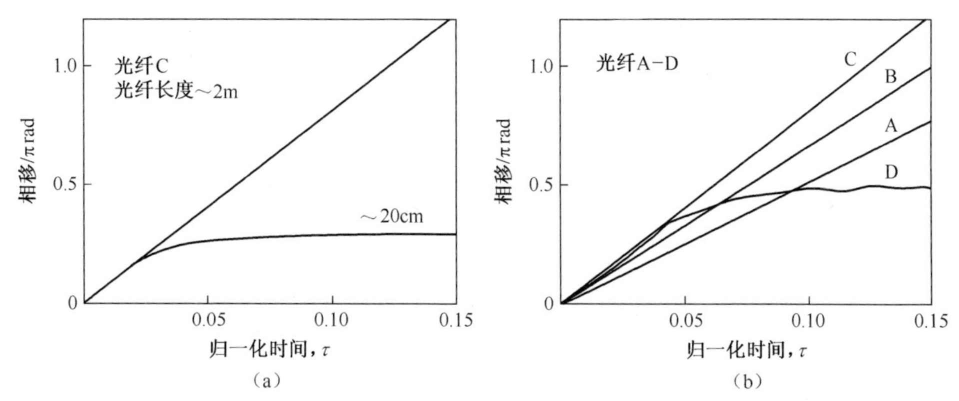

图 7.10　145mW 脉冲在不同光纤样品内产生的相移。(a)同一种光纤在不同长度下的相移;(b)长度 2m 的不同种类光纤的相移。

7.3.4　信号脉冲引起的相移

1060nm 的信号脉冲也会诱导镱掺杂光纤中产生的折射率变化效应,如图 7.11 所示在 1550nm 处记录的相移给出的是不同振幅的 4ms 单一信号脉冲(图 7.11(a)),以及与 980nm 连续泵浦光共同(图 7.11(b))作用下,光纤 A 中产生的正向以及反向折射率变化效应。对于两种情况,脉冲对相移的影响效果相似,即在一定的稳态水平达到饱和,而在激励脉冲结束后出现弛豫。然而,两种情况的相位动力学本质不同。对于第一种情况(图 7.11(a)),相移的产生是由粒子数未发生反转的光纤对 $\lambda_S = 1060\text{nm}$ 的信号功率的吸收而引起的,过程与前一节中报道的折射率变化效应相类似,唯一的区别在于 1060nm 的吸收截面低于 980nm 的吸收截面,则在长度 2m 的光纤中,仅有一小部分信号功率用来使光纤中的镱离子从基态激发,因此,获得的反转粒子数以及正向相移饱和值大小远低于 980nm 泵浦的情景。相移的动力学涉及 1060nm 矩形脉冲在光纤内吸收的动力学。与 980nm 激发相类似,相移的弛豫部分可用指数衰减函数进行完美拟合,时间常数等于 Yb 离子激发态寿命。

对于第二种情况(图 7.11(b)),产生的相移是由于光纤内已被 980nm 连续波辐射所泵浦的 $\lambda_S = 1060\text{nm}$ 的信号功率放大。在放大过程中,信号功率增长的同时消耗泵浦功率,使得已经被连续泵浦光激励的镱离子跃迁至基态,因此相移为负值,并且它们的饱和水平取决于由连续泵浦功率和信号功率所控制的基态与激发态稳态平衡时的粒子数。相移的动力学涉及式(7.12)所描述的1060nm矩形脉冲在光纤内放大的动力学。相移的驰豫部分表明在信号脉冲结束后,光纤内反转粒子数增加由980nm连续波辐射引起。因此在这种情况下,弛豫时间与泵浦有关,并与980nm连续波功率成反比。

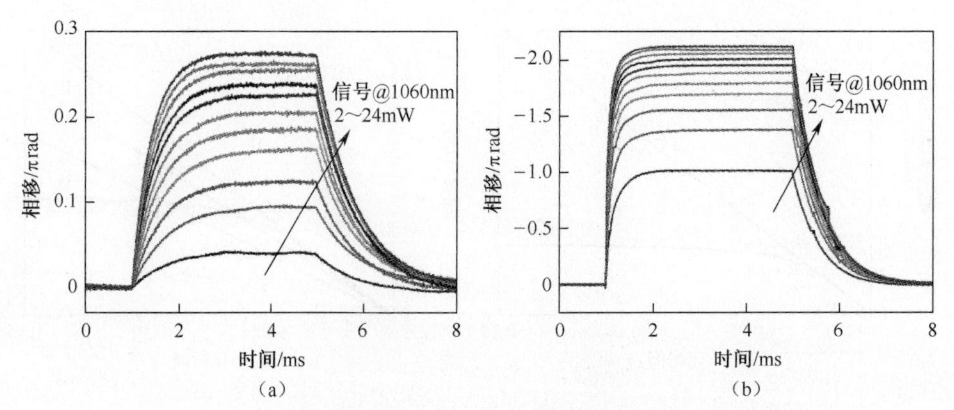

图7.11 (a)脉冲宽度为4ms的1060nm信号脉冲诱导的相移。
(b)信号脉冲与145mW连续波980nm泵浦光共同作用诱导的相移。

图7.12给出了不同振幅的信号脉冲在1060nm处诱导的最大相移。低泵浦功率时获得的正向折射率变化现象与占主导地位的1060nm信号功率吸收相关。在接近放大阈值时(泵浦功率10mW),折射率变化现象完全消失,然后随放大器增益的增长,再次出现折射率变化现象,但方向为负。双波长泵浦引入的总相移见图7.12(b)。

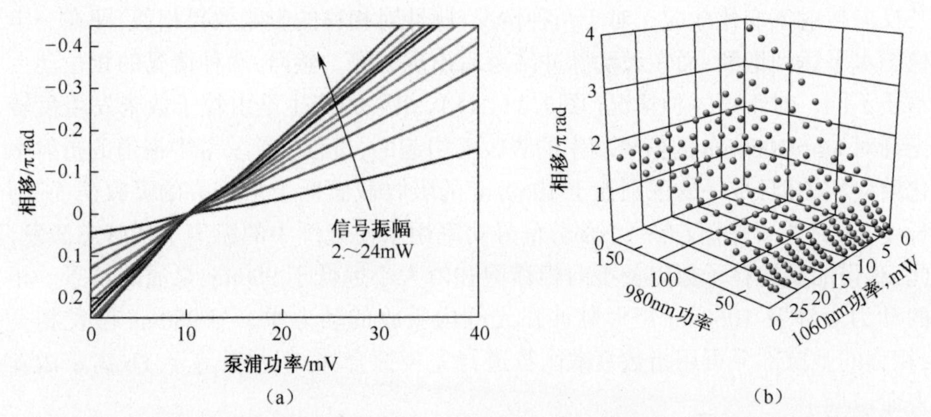

图7.12 (a)4ms的信号脉冲在1060nm处诱导的相移,它是连续泵浦功率以及1060nm脉冲振幅的函数。(b)980nm以及1060nm功率联合诱导的总稳态相移的三维表面。

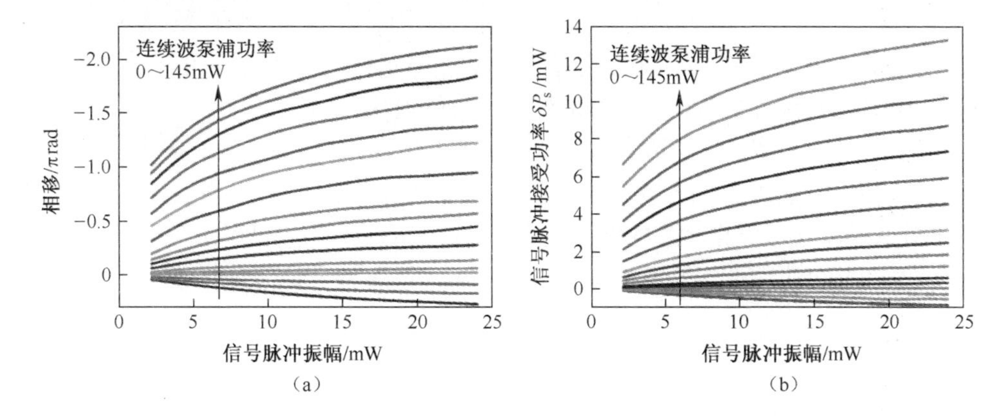

图 7.13 (a)不同连续波泵浦功率水平下,4ms 的信号脉冲在 1060nm 处引起的最大相移随信号脉冲功率的变化关系。(b)接受的最大信号脉冲功率 $\delta P_S = P_{S_{in}} - P_{S_{out}}$ 随信号脉冲功率的变化关系。

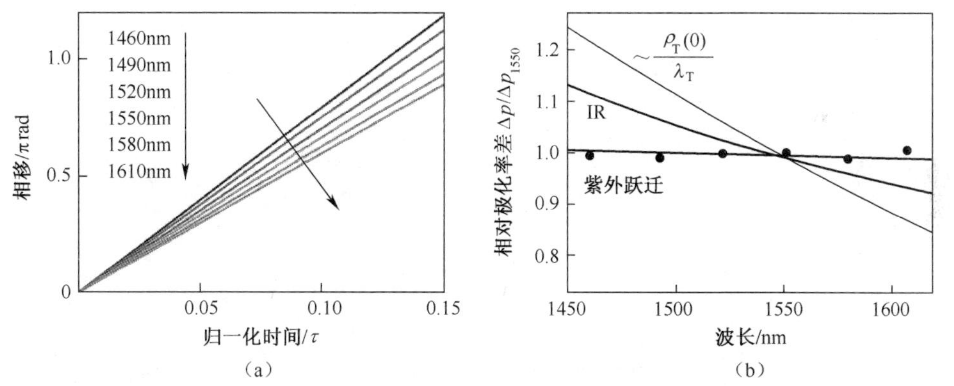

图 7.14 (a)不同测试波长下,145mW 脉冲在光纤 B 中诱导的相移;(b)相对极化率差(点)与波长依赖项——式(7.4)中第一项(共振)和第二项(非共振)以及与 $\rho_T(0)/\lambda_T$ 的比较。

7.3.5 极化率差评估

7.3.3 节中测量出的因子 K 使我们能够估计 1550nm 处的极化率差(定义见式(7.12)),可以发现对于所有被测光纤,该值均相同。对图 7.2 中等效半径为 $\bar{a}$ ($\bar{\eta} \approx 0.85$)、镱离子服从高斯分布的阶跃光纤的 $\bar{\eta}\rho_T(0)$ 进行分析可知,$\Delta p_{1550} \approx 1.2 \times 10^{-26}\mathrm{cm}^3$。由于掺杂面积的不确定性,我们估计该值有 20%的误差。为了测量极化率差在 1450nm~1620nm 的光谱范围内的色散,针对光纤 B,额外测量了其在其他波长 λ_T 下的极化率。图 7.14(a)所示相位波形表明,不同 λ_T 处的相位斜率 $\delta\varphi/\delta\tau$ 存在显著差异。早些时候,对双芯掺镱光纤得到的类似的定性结果进行了报告[21]。然而,在我们的实验中,测量得到的色散系数 $K(\lambda_T)$ 与阶跃折射率分析过程(图 7.14(b))中给出的 $\rho_T(0)/\lambda_T$ 一致,尽管极化率差 $\Delta p(\lambda_T)$ 与 $K^{-1}(\lambda_T)\rho_T(0)/\lambda_T$ 直接成正比,但由于 $K(\lambda_T)$ 和 $\rho_T(0)/\lambda_T$ 的波长依赖性互补,因此在测试波长范围内,极化率差对测试波长的依赖性很小。

这里,需要将实验观察到色散 $\Delta p(\lambda_T)$ 与式(7.4)给出的洛伦兹谱线色散进行对比,以便能分别确定 Yb^{3+}在 1μm 处接近共振的红外跃迁,以及在 0.4μm 处远离共振的紫外跃迁对极化率差的贡献。重构的极化率差分布与紫外波段的线翼相匹配,并且在整个研究波段范围都有相同的数值。

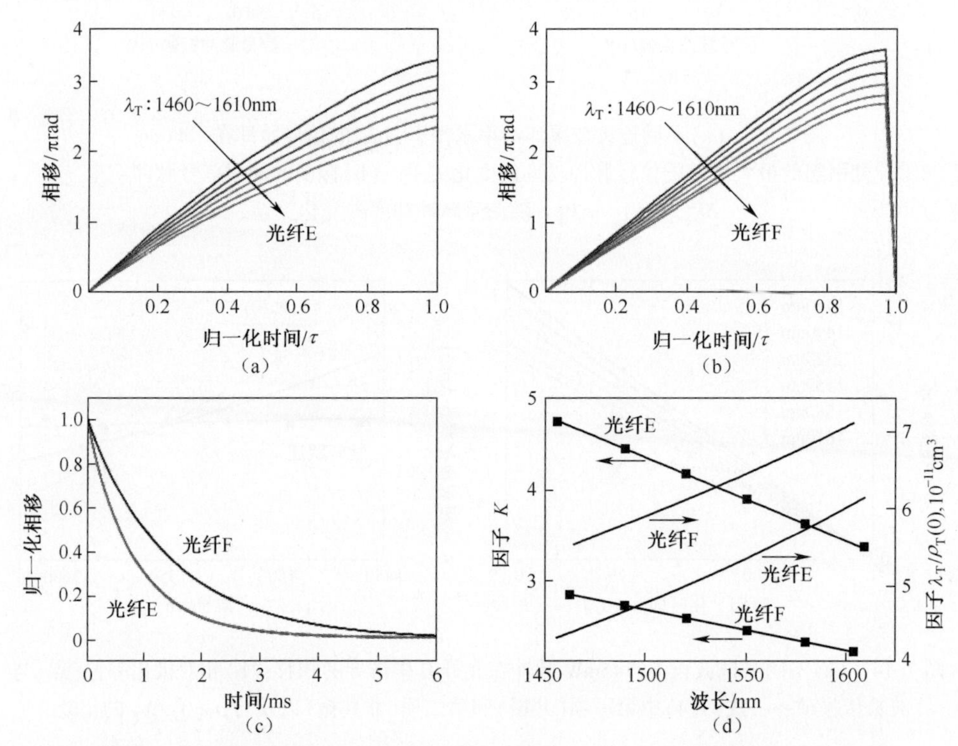

图 7.15 (a)不同探测波长下,120mW 脉冲在铝酸硅掺镱光纤内诱导的相移以及(b)在磷酸硅掺镱光纤内诱导的相移随归一化时间 $\tau = 1 - \exp(-t/\tau_{sp})$ 的变化规律。(c)相移波形中弛豫部分的归一化分布曲线;(d)实验数据中提取的因子 K 与因子 $\lambda_T/\rho_T(0)$ 对极化率差值的影响。

7.3.6 铝酸硅和磷酸硅光纤内折射率变化效应动力学对比

在前面的章节,我们量化了商用铝酸硅光纤的折射率变化效应,在此,我们将比较铝酸硅和磷酸硅掺镱光纤(掺杂物分别为 Al_2O_3 和 P_2O_5)内折射率变化的动力学特征,这两种光纤的镱离子寿命有很大不同,分别为 825μm 和 1460μm。

光纤 E 和光纤 F 的实验结果如图 7.15 所示,两种光纤都由光纤光学研究中心

(俄罗斯)制备,包层为圆形,指标见表7.3。折射率动态变化干涉测试系统中(图7.6),被测光纤都经历同样的实验条件。如图7.15(a)与(b)所示的相位变化表明,120mW脉冲在2种光纤内都会引起强烈的折射率变化现象。不同光纤中镱离子的寿命不同,导致实验结果中动力学行为的步长不同。可以看出,在脉冲光作用下,两种光纤表现出类似的行为,在近乎相同的稳态水平达到饱和,但增长速率有所不同。相位波形的衰减部分表示折射率在脉冲激励结束后的弛豫过程,可以用指数函数 $\phi(t)=\exp(-t/\tau_{sp})$ 做出完美的拟合,弛豫常数对应于各个样品不同的镱离子寿命 τ_{sp}。

表7.3　980nm泵浦脉冲激励下单模掺镱光纤测试结果

参　数	光纤 E	光纤 F
掺杂物	Yb+Al+Ge	Yb+P
980nm处吸收峰值 α_P/(dB/m)	280	160
λ_S处模场直径 w/μm	4.0	5.0
截止波长 λ_c/nm	825	950
寿命 τ_{sp}	830	1460
等效纤芯半径 a/μm	2.0	2.3
系数 K(1550nm)/[rad/(ms · mW)]	0.035π	0.024π

采用前面章节所给出的同样的过程,我们根据斜率 $\delta\varphi/\delta t|_{t\to 0}$ 得出了图7.15(a)与(b)中每一条曲线对应的因子 $K(\lambda_T)=d^{-2}$,然后我们计算了每个光纤的 $\rho_T(0)/\lambda_T$(图7.15(d))。计算结果表明,在整个探测信号波长范围内,重构的极化率差值接近为常量,对于铝酸硅和磷酸硅掺镱光纤,其值分别为 $1.25\times10^{-26}cm^3$ 和 $0.95\times10^{-26}cm^3$(图7.16)。我们可以看出,在这些光纤中,尽管镱离子寿命相差近两倍,但极化率的差值并不大。

最近,类似的测量过程已经应用于 γ 辐射铝酸硅掺镱光纤当中[32],发现 γ 辐照诱导色心硅酸盐玻璃矩阵,在某种程度上也会改变折射率变化效应的响应特性。

7.3.7　总结

我们报道了当在镱离子吸收或增益谱线处进行泵浦时,在1460nm~1620nm波长处存在强烈的折射率变化现象,折射率变化现象体现了典型的受激离子动力学特征,这些现象清楚地阐明了受激与未受激镱离子之间极化率差的电子学机理。确定了铝酸硅和磷酸硅掺镱光纤之间的极化率差值,在这两种情况下,极化率差色散曲线验证了非共振UV跃迁对于极化率差的贡献。在我们的实验中,在远离镱离子共振跃迁波长处,对极化率差直接进行了测量。电介质极化率 $\beta(\lambda)$ 的实部与虚部之比,是一个与光纤放大或吸收带内相移控制过程有关的非常重要的参数,具

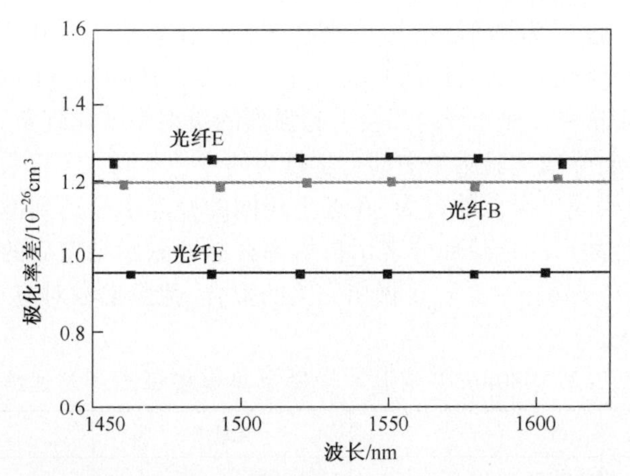

图 7.16 铝酸硅光纤(光纤 E)和磷酸硅(光纤 F)光纤极化率差值测量结果,光纤 B 的结果由前一章节获得,将其显示在图中以作比较。

体如以下公式所示(忽略极化率中的温度敏感项),有

$$\beta(\lambda)=\frac{\Delta\chi_R}{\Delta\chi_{\mathrm{Im}}}=\frac{8\pi^2F_{\mathrm{L}}^2}{n\lambda}\cdot\frac{\Delta p(\lambda)}{\Delta\sigma(\lambda)} \tag{7.28}$$

很明显,在远离共振波长处$\beta(\lambda)$非常大,为了估计共振波长处的$\beta(\lambda)$值,则既要考虑共振波长处的极化率差,也要考虑非共振波长处的极化率差(式(7.4))。需要指出的是,对掺镱放大器的典型工作波长(1030nm~1100nm),处于这一谱段的参数才具有可比性,对于磷酸硅光纤,1064nm 以及 1080nm 波长处,β 的估计值分别为β(1064nm)= 9.8、β(1080nm)= 24.9,对于磷酸硅光纤,1064nm 以及 1080nm 波长处,β 的估计值分别为β(1064nm)= 5.8、β(1080nm)= 7.4。值得一提的是,这些估计值比早期报道的相同参数下,大块激光晶体[33-35]的近共振增益处的数值高一个数量级。因此,在掺镱光纤放大器中,调谐泵浦功率产生的相移远大于对数增益系数。这一事实就为利用泵浦功率直接对掺镱-光纤放大器内 1030nm~1080nm 的信号做相位修正提供了可能,并在近期已经得到了应用,主要用来降低掺镱放大器中相位噪声[36]。

7.4 利用稀土掺杂光纤中的折射率变化效应实现全光纤相干合束

7.4.1 光纤激光器的相干合束:替代技术

受激布里渊散射(SBS)[37-41]造成的非线性效应会限制连续波窄带光纤光源的输出功率水平,单模放大器相干光束合成是突破该限制的一种有效方法。在这

种方法中,每一个单模放大器均工作在受激布里渊散射阈值之下。为了能够在放大之后获得良好的干涉,即将所有通道的输出功率收集到一个单模光纤之内,则光纤放大器之间的相位必须互相匹配[42]。

讨论了实现相位匹配的几种不同方法,其中一个方法是利用以下自组织锁相的优点,如多臂腔[43]、可传递超模的多孔光纤[44]、数字全息术[45]以及受激布利渊散射相位共轭[2,3]等。在每个光纤放大器上附加相位调制器实现主动相位控制[46]是一种直接且可靠的光束合成方法,但由于压电或光电调制器存在寄生谐振,且需要集成体元件和光纤组件,因此并不是一种理想的解决方案。在我们的全光纤解决方案中(图 7.17)[5,47],稀土掺杂光纤放大器由掺镱光纤片段组成,并用作光学相位控制器。工作原理与 7.3 节讨论的原理相同,包括在 980nm 光单独泵浦或者与 1060nm 组合共同泵浦下,致使在掺镱光纤内的折射率发生变化。该方法主要适用于拉曼、布里渊、铵、铒、铥、或钬掺杂光纤放大器[48-51]。

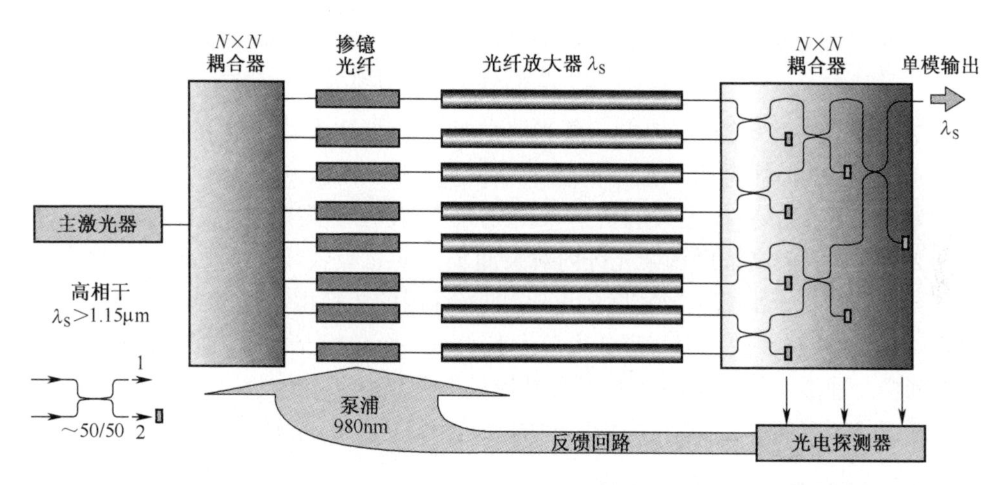

图 7.17　基于掺镱光纤内折射率变化效应的多通道激光相干合束系统。光学放大器的类型可作调整,以确保能工作于掺镱光纤透明波段(1.15μm~2μm)内任意波长 λ_S。

在下一节中,我们给出两个 500mW 的掺镱光纤放大器相干光束合成结果,以验证上述概念的有效性。7.2 节中讨论的两能级折射率变化模型给出了一种简单的算法,能将折射率变化效应自然地引入到主动相位控制环路中,实验证明,该方法的声学相位噪声抑制速度能够达到 2.6π rad/ms(由一个光信号进行控制,波长 980nm),以及大于 2.6π rad/ms (由两个光信号进行控制,波长分别为 980nm 和 1060nm)。

除了将两个放大器引入到干涉仪中之外,实验系统(图 7.18)与前面章节中采用的实验装置没有太大区别。主激光二极管与一个 15dBm 的前置放大器组合,传输波长为 1.55μm、相干长度 10m 的单模辐射,第一个光纤耦合器将激光输出分为两束,然后用 2 个单模掺镱光纤放大器将输出放大至 500mW。在这一功率水平下,没有观察到放大后的辐射光产生光谱展宽现象。掺镱光纤放大器由热电控制器供电,用来消除低频相位噪声。

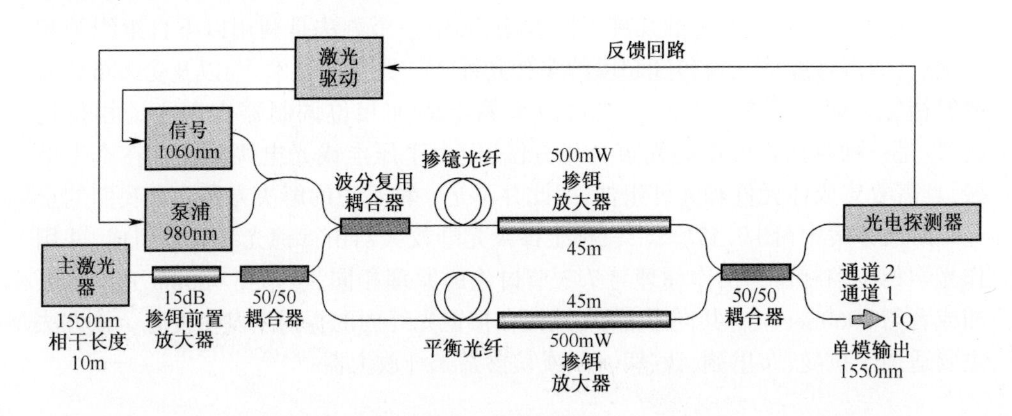

图 7.18 单一路光信号控制(980nm)和两路光信号控制(980nm 与 1060nm)的全光纤相干光束合成实验验证系统。

相位快速调整系统中,其中一条光路包括一个与放大器直接相连的 2m 长的掺镱光纤,掺镱光纤有两个独立的输入端,分别用于输入 980nm 以及 1060nm 激光。为了确保能够获得最大的折射率变化效应,使用了高浓度掺杂的光纤 B(见表 7.2),这是因为高浓度掺杂光纤内对泵浦辐射的总吸收较高。由于折射率变化效应与受激镱离子的离子数密度成正比,即光纤内的相移由激光二极管功率决定,因此,利用这一属性就可以实现 2 束放大光束在一个单模光纤中(通道 1)的相位-匹配耦合。通道 2 辐射出的功率用来操控反馈回路的工作,具体将在以下章节进行讨论,通道 2 的功率与相位失配之间的关系由式(7.26)来确定。

7.4.2 控制算法和仿真结果

相位控制算法的基础是 7.3 节所讨论的电致折射率变化效应的稳态和动态特征。可用相位对不同幅值 P^{980} 的海维赛德(Heaviside)阶跃脉冲的响应,来评估稳态特征 $\varphi=\phi(P^{980})$(图 7.19(a))。通过简单调整激光二极管功率 P^{980},就可以沿着稳态曲线对相位进行调谐,相位的最大可调谐值可达 3.75π rad。例如,将二极管功率从 P_1^{980} 切换至 P_2^{980},就可以将相位从 $\varphi_1=\phi(P_1^{980})$ 切换至 $\varphi_2=\phi(P_2^{980})$,但这一过程需要花费几毫秒的时间。

在稳态曲线 $\varphi=\phi(P^{980})$ 上的某些范围内就可以实现相位的快速动态切换。例如,在如图 7.19(a)所示的 π rad 范围,足以使合成激光光束的输出功率接近最大(图 7.19(b))。单波长(980nm)以及双波长(980nm 与 1060nm)控制过程都可以实现这样的快速切换。

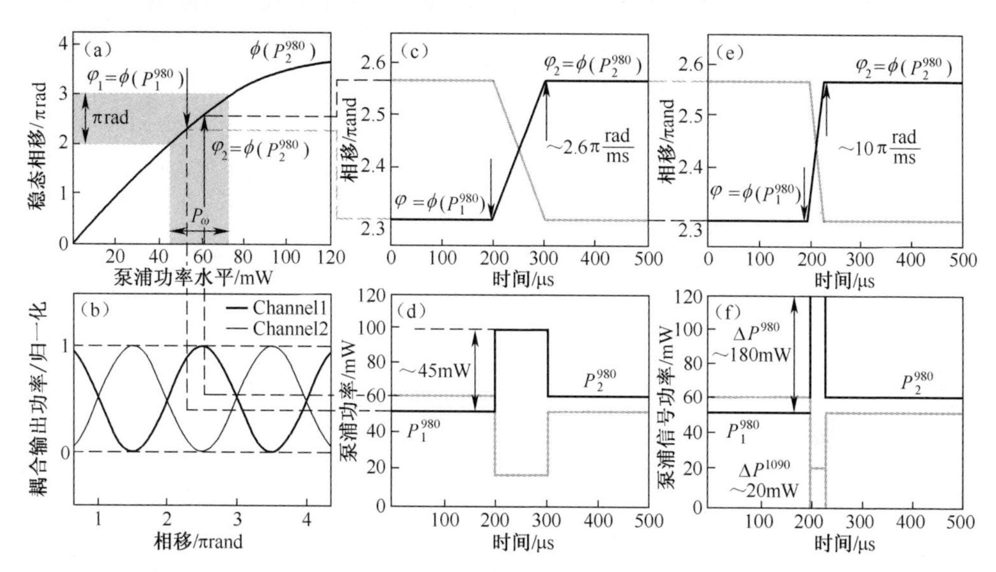

图7.19　稳态(a)与动态(b)相位特征实验。980nm二极管双阶跃功率((d)与(f))对应的相位响应((c)与(e):正向(黑色)与反向(灰色),单独((c)与(d))以及与1060nm脉冲功率组合。

让我们首先考虑对980nm激光二极管单独作调制的信号控制过程。对于泵浦被完全吸收且可忽略自发辐射的一般情况,我们可以将式(7.27)扩展到稳态曲线的整个线性部分,因此相位$\Delta\varphi(t)$相对于二极管功率为ΔP_{980}的单个正向或反向阶跃的响应可写为:

$$\Delta\varphi(t) = K\tau_{sp}\left[1 - \exp\left(-\frac{t}{\tau_{sp}}\right)\right]\Delta P_{980} \tag{7.29}$$

式中:当$\lambda_T \approx 1.55\mu m$时,$K \approx 0.056\pi rad/(ms \cdot mW)$(见表7.2光纤B)。

根据式(7.29),通过连续切换二极管功率可以实现两个稳态相位量值(图7.19(b)和(c))$\varphi_1 = \varphi(P_1^{980})$至$\varphi_2 = \varphi(P_2^{980})$之间的正负相位快速调谐。首先将二极管功率水平从$P_1^{980}$变为$P_1^{980} + \Delta P_{980}$,然后再变到$P_2^{980}$,其中,$\Delta P_{980}$为调谐范围内可获得的正向或负向激光二极管阶跃功率,$|\Delta P_{980}| \gg |P_2 - P_1|$。动态相位变化的切换时间等于激光二极管两个反向阶跃功率的时间间隔τ,对微小的相位变化,可用$\tau = (\phi_2 - \phi_1)/K\Delta P_{980} \ll \tau_{sp}$来表示。$\Delta P_{980}$越高,相位调谐速度越快。对于如图7.19所示的情况,2.6π rad/ms的切换速率对应的泵浦激光正负阶跃的振幅$\Delta P_{980} \approx \pm 45mW$。

我们仅需要通过选用功率更高的激光二极管来获得更高的正向阶跃,就可以大幅度提高正向相位的切换速度。图7.19(e)和(f)给出了用功率$\Delta P_{980} \approx 180mW$与$P_2 - P_1 - \Delta P_{980}$的两个反向980nm激光二极管获得的10π rad/ms的正向相位切换速率。重要的是,这样的调谐与P_1^{980}在稳态曲线上的位置无关,因此,采用类似的脉冲,在整个 π 调谐范围内都可以获得相同的相位调谐速率。

对于从 $\varphi_1=\varphi(P_1^{980})$ 至 $\varphi_2=\varphi(P_2^{980})$ 的快速负向相位调谐,情况变得有所不同。虽然在形式上仍然可以用式(7.29)对这样的快速调谐做出描述,唯一不同的是此时二极管功率阶跃为负,其值不能超过稳态曲线上当前点的绝对功率,即 $|\Delta P_{980}|<P_1$。这意味着在整个调谐范围内,选取的振幅 $|\Delta P_{980}|$ 不能像正向调谐那样高,因为在这种情况下,振幅受限于该调谐范围内所需的激光二极管最低功率。虽然在较小的调谐范围内依旧可以选用较高的负阶跃功率 ΔP_{980},但是调谐范围 π 的选择很重要,这是因为调谐范围必须要考虑并且囊括所有可能的相移。这些局限限制了用单个信号相位控制时,负阶跃的最大相位调谐速率限制为 2.6π rad/ms。

为了提高负向阶跃的相位调谐速率,我们可以采用两个光信号控制的方案。在这种情况下,与980nm激光二极管的负向阶跃功率同步伴生的还有另一个同步引入掺镱光纤的1060nm方波光学信号,如图7.20所示。为了描述这一过程,对于脉冲时间 $\tau\ll\tau_{sp}$ 的情况,将式(7.29)改写为:

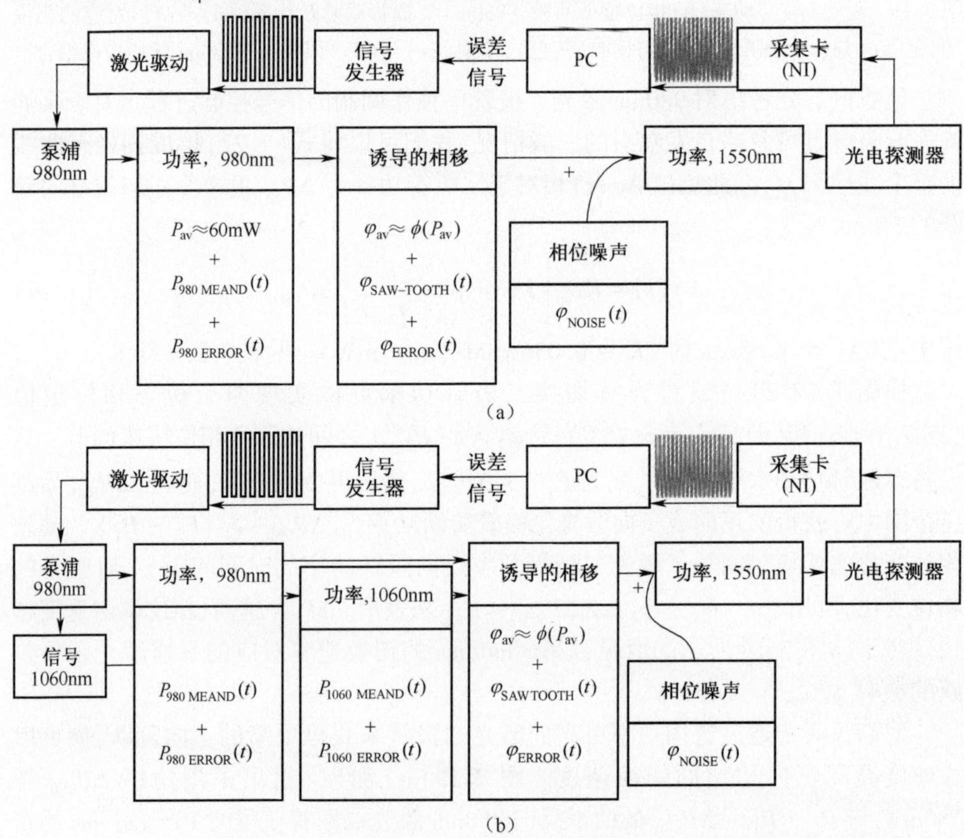

图7.20 反馈回路工作原理图。(a)单波长控制系统。(b)双波长控制系统。

$$\Delta\varphi(t) = K\tau_{\mathrm{sp}}\left[1 - \exp\left(-\frac{\tau}{\tau_{\mathrm{sp}}}\right)\right]\left(\Delta P_{980} - \frac{\lambda_{\mathrm{S}}}{\lambda_{\mathrm{P}}}\delta P_{1060}\right)$$
$$\approx K\left(\Delta P_{980} - \frac{\lambda_{\mathrm{S}}}{\lambda_{\mathrm{P}}}\delta P_{1060}\right)\tau \tag{7.30}$$

式中：$\Delta P_{980} = - P_2$，表示稳态曲线上从当前功率 P_2 变为 0 时泵浦阶跃的振幅，δP_{1060} 是光纤内 1060nm 波长处输出与输入功率之差，可以用短阶跃情况（$\tau \ll \tau_{\mathrm{sp}}$）对其进行估计，得到 $\delta P_{1060} = (g(P_2^{980}) - 1)\Delta P_{1060}$，其中 $g(P_2^{980})$ 是 980nm 功率 P_2 提供给光纤的 1060nm 波长处的总增益，ΔP_{1060} 是 1060nm 的正向阶跃功率。具体而言，这种双脉冲相位响应基本上取决于光纤增益 $g(P_2^{980})$，即 ΔP^{980} 在稳态表面上的初始位置。因此，在固定脉冲宽度 τ 的条件下，当相位在两个稳态点之间切换时，相应的 1060nm 脉冲幅度也需要进行调整，以匹配稳态曲线上的每个点。

我们可以估计出如图 7.19(a) 所示的 π 调谐范围的最低负向相位调谐速率。在调谐范围的下限，980nm 激光的最低功率 $P_{980} \approx 45\mathrm{mW}$，这就决定了在这一点处 980nm 阶跃功率 $\Delta P_{980} = - P_{980} \approx 45\mathrm{mW}$，则所能达到的负向相位调谐速率为 $-2.6\pi\mathrm{rad/ms}$。1080nm 脉冲最大阶跃功率由实验中所采用的激光二极管所能达到的最大功率决定，$\Delta P_{1060} \approx 24\mathrm{mW}$。在稳态 980nm 功率量值为 $P_{980} \approx 45\mathrm{mW}$ 时，其所产生的相位减少速率为 $-7.4\pi\mathrm{rad/ms}$，因此，两个波长的共同作用，将使相位调谐速率加快，达到 $-10\pi\mathrm{rad/ms}$。在 π 调谐范围的上限，即 $P_{980} \approx 75\mathrm{mW}$，980nm 脉冲振幅以及光纤增益 $g(P^{980})$ 都很高。$\Delta P_{980} = - P_{980} \approx 75\mathrm{mW}$ 的 980nm 脉冲阶跃功率与 $\Delta P_{1060} \approx 15\mathrm{mW}$ 的 1060nm 脉冲阶跃功率共产生 $-10\pi\mathrm{rad/ms}$ 的总相位调谐速率，各自的相位调谐速率分别为 $-3.8\pi\mathrm{rad/ms}$ 和 $-6.2\pi\mathrm{rad/ms}$。在 π 调谐范围内，1060nm 脉冲的振幅介于 14~24mW 之间，并与稳态曲线上的每个点都吻合，确保在整个调谐范围内维持相同的、$-10\pi\mathrm{rad/ms}$ 的负向调谐速率。因此，与使用单波长信号控制相比，双波长信号控制的相位调谐速率增加了 4 倍。

反馈回路（图 7.20）面临的任务是确保主系统（通道 1，图 7.18）输出的 1.55μm 的光功率为最大。因此，从第二个控制输出端输出的功率（通道 2）必须保持尽可能低。光电探测器记录的这一功率将被用在反馈回路中。

当用 980nm 信号单独控制时，$\tau = 25\mu\mathrm{s}$ 的数据采样周期需与 2.86MHz 采集卡（美国国家仪器公司，NI PCI6251）的模拟输出（单独或与一个标准的脉冲发生器组合）同步。采集卡驱使激光驱动器辐射出振幅为 $\Delta P_0 = \pm 45\mathrm{mW}$，周期为 50μm 的周期性变化信号以及一个范围在 45mW~75mW（图 7.21(a)）可控的直流功率 P_{av}。受调制的激光二极管功率产生一个快速相位锯齿波调制，其直流电平 $\varphi_{\mathrm{av}} = \varphi(P_{\mathrm{av}})$、波动范围 $\Delta\varphi_0 = K\Delta P_0\tau \approx 0.06\pi$（图 7.21(b)）。这样的相位调制会带来控制输出端输出功率 100%的振幅调制（图 7.21(c) 与 (d)），而主系统中输出的高功率辐射调制可以忽略（1%）。光电探测器获得的信号是相位噪声以及周期性相位调制叠加的结果。当相位得以正确匹配时(相位噪声完全得到补偿),与正负相位变化相关的峰值信号具有相同的振幅(图 7.21(a)),因此该信号是一个完美的锯齿波信号。相反,当存在未补偿的噪声时,信号的峰值会展宽为 2 个峰值。更为重要的是,相位失配 φ_{NOISE} 与 2 相邻峰值之间的差值直接成正比(图 7.21(c))。PC 机通过数据采集系统产生一个误差信号,控制激光二极管的电流,从而控制相位 φ_{av}。为了对相位失配进行补偿,PC 机为 P_{av} 产生一个平滑的校正值 $\delta P_{av} \to -P_{ERROR} = -\varphi_{NOISE}/K\tau$ (图 7.21(a))。

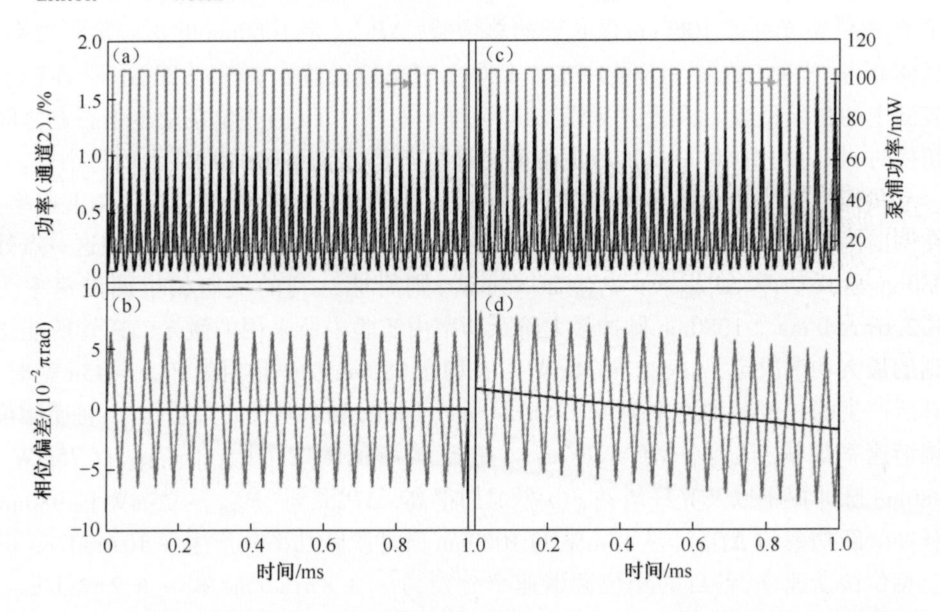

图 7.21 反馈回路工作过程模拟。相位噪声得以补偿(a)和(b)以及未补偿 (c)和(d)的结果:(a)和(c)为激光二极管(灰色)以及通道 2(黑色)功率;(b)与(d)为重构相位偏差(灰色)以及重构误差信号(黑色)。$P_{av} \approx 60$mW。

对于 980nm 和 1060nm 两个信号控制的情况,工作原理相近,但实际实现时却更为复杂,要求反馈回路的运行速度更快。在这种情况下,数据采集的周期需减少至 $\tau = 6\mu s$,两个激光二极管分别发出脉宽 12μs 的 980nm 与 1060nm 相位相反的方波信号,980nm 与 1060nm 激光二极管的振幅 P_0^{980} 和 P_0^{1060} 分别控制在 180mW ~ 225mW 和 14mW ~ 24mW 之间。这样,在整个 π 调谐范围内,组合控制光可确保相位沿着稳态表面 $\varphi_{av} = \phi(P_{av}^{980}, P_{av}^{1060})$ 变化,如图 7.12(b)所示。由当前相位函数确定的脉冲振幅 ΔP_0^{980} 与 ΔP_0^{1060},会产生波动范围 $\Delta\varphi_0 \approx 0.06\pi$rad 的快速锯齿波调制,类似于图 7.21 所示结果,但时间大约缩短 4 倍。当存在未补偿的噪声时,信号峰值出现展宽。与相邻峰值之差成正比的相位失配 φ_{NOISE} 可以产生可附加到 ΔP_0^{980} 与 ΔP_0^{1060} 中的精确误差信号。

7.4.3 光学系统中的环境噪声补偿

在前面章节中描述的相位控制算法已在实验装置中得到了成功应用(图7.18),并显示了可靠的抑制相位噪声能力。

图7.22给出了无主动反馈的激光系统工作过程。记录了当两个放大器都达到热平衡(它们各自以500mW的功率工作2~3min后)后稳态时的相位波形。从中可以看出,存在两种突出的相位波动波形,分别与温度变化(图7.22(a))和环境机械振动(图7.22(b))有关。这两种不同噪声所属时域不同,并且有不同的相位偏移量,必须给予补偿。热致相位噪声波动幅度大,在几秒之内就可达到π rad。要补偿这些波动,并不需要先进的快速处理技术,因为只需将普通的温控器与反馈回路相连接,就能完美地抑制低频热噪声。相反,机械相位噪声主要与机械共振有关,如噪声设备及制冷风扇等,速率1ms、幅度0.01π rad的相位波动占主导地位。由于测量过程是在一个安静的实验室里进行,因此这些参数就应该是伺服回路带宽的最低要求。对于嘈杂的环境,则需要相应地减少反馈回路的时间,但我们已经证实,即使轻击放大器,相位偏移速度0.02π rad/ms时,引起的相位偏差的幅度也不大于0.02π rad。

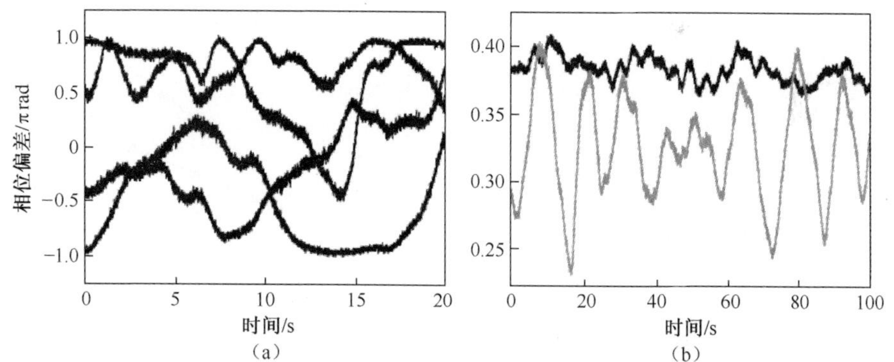

图7.22 放大器相位噪声的典型时序。(a)温度噪声;(b)机械噪声:自然噪声(黑色)以及轻击放大器产生的噪声(灰色)。

这些观察结果给出了用主动相位控制技术补偿两个光纤放大器光束合成系统环境噪声时的目标参数。值得注意的是,根据上述估算,通常要补偿的相位波动速度值要比单信号控制技术的能力低100倍。不过,随着并联放大器数量的增加,相位补偿率也必须成比例增加。通过时分复用技术还可以将此算法扩展应用于多路放大器系统。这将在下面的章节中予以描述。

7.4.4 利用掺镱光纤内折射率变化效应实现两个掺铒放大器的相干合束

本章成功给出了使用980nm信号相位控制技术,实现两个功率为500mW掺铒放大器相干光束合成后产生 1W 功率,并由一个单模光纤输出的实例。通道 2 的典型功率和相位波形(图 7.23(a)和(b))有着与图 7.21(c)和(d)相类似的特征,二者绝对功率波动约为 10~20mW,即约为 2 个放大器发射总功率的 1%~2%。从中还可以看出在给定时间序列中,反馈回路如何补偿由于轻击放大器引起的初始相位失配:最初分离成 2 个系列的峰值在通道 1 内叠加产生相长干涉。光束合成系统的功率特性(图 7.23(d))清楚证明,两个光纤放大器产生的辐射中,超过 95% 辐射可通过单模光纤实现有效耦合输出。

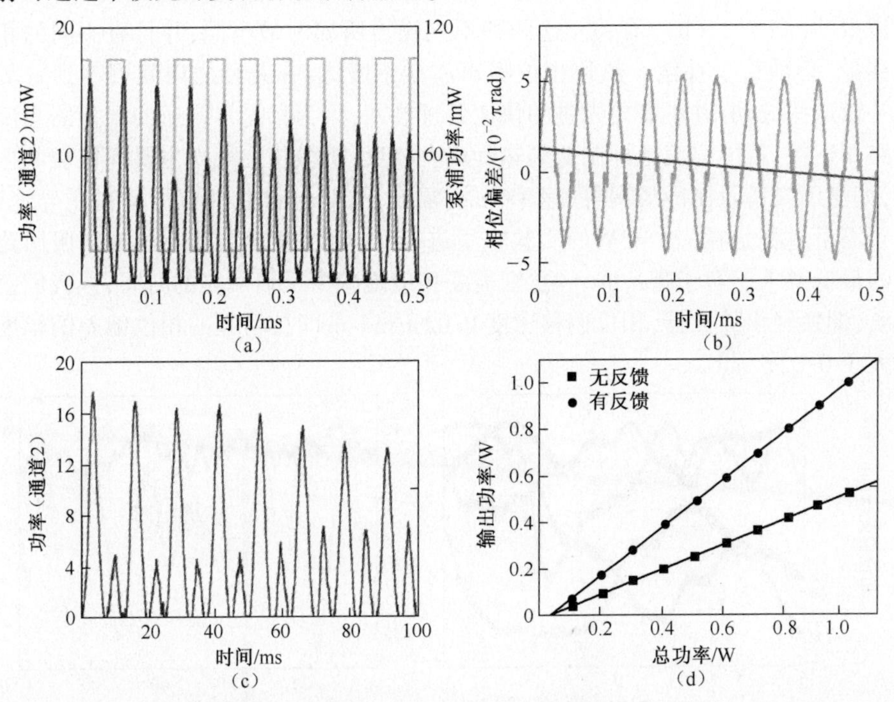

图 7.23 两合束放大器抑制噪声的实验过程。(a)光电探测器信号(980nm 信号相位控制);(b)相位重构(灰色)以及产生的误差信号(黑色);(c)光电探测器信号(980nm 与 1060nm 信号相位控制);(d)激光系统的功率特征,无 980nm 信号相位控制(灰色)与有信号相位控制(黑色)。

用两束光信号进行相位控制的相干光束合成实验验证工作也已完成。掺镱光纤由两个 $2\tau=12\mu s$ 的方波信号泵浦,这两个信号来自相位相反的两个激光二极管,波长分别为 980nm 和 1060nm,激光二极管的脉冲的振幅 P_0^{980} 和 P_0^{1060} 分别调整到 200mW 和和 20mW 左右。调谐这些振幅,将使相移按照以上讨论的关系进行变化。图 7.23(c)给出了在相位产生调谐的这一时刻,光电探测器记录得到的通道 2 的信号。从中可以看到,信号特性与图 7.23(b)所示的单波长实验结果非常接近,即信号峰值被扩展为 2 个峰值,因此信号导致了与相邻峰值之差成正比的未补偿的噪声的出现。然而,由于实验设备的局限性(实验中的采集卡与 PC 机支持的速率为 $\tau=6\mu s$),反馈回路对此并没有有效的抑制措施。

7.4.5　组合运算放大器的扩展算法

虽然在上一节中,相干光束合成概念的有效性只由两个 500mW 掺铒光纤放大器在实验中得到证明,但该技术还可扩展应用至 $N = 2^n$ 个放大器合束。在这里,我们给出了一个简单的算法,可使折射率变化效应自然地引入到主动相位控制回路中。基于相同的技术方案,该算法既可在 980nm 激光二极管单独控制下工作,也可在与 1060nm 信号联合控制下工作,n 个时隙共享的相位噪声抑制速度可分别达到 2.6π rad/ms 和 10π rad/ms。不失一般性,在此仅考虑只有一个波长的控制系统。

让我们考虑 N 个放大器合束的系统。该系统包括 $N \times N$ 个多路复用器,多路复用器由($N - 1$)个 50/50 的光耦合器组成,按照配对关系分为 n 个等级,编号为 m, $m = 1,2,\cdots,n$ 。这里需通过主动相位控制技术来控制每个通过放大器光束的相位,并在($N - 1$)个 50/50 的耦合器中进行成对相干光束合成(图 7.17)。因此,分配给每个相同的掺镱光纤的 $N - 1$ 个工作波长为 980nm 的激光二极管将被用作移相器。为了确认以上讨论的 2 个放大器($N = 2$)的合束结果,我们假定激光二极管驱动时间 $\tau = 25\mu s$。反馈回路需要确保每个耦合器的输出端 1 处发出的功率值达到最大,即从耦合器输出端 2 处测量得到的功率值最小(图 7.17)。图 7.24 给出了时分复用在 $8 = 2^3$ 个放大器中的应用实例(三时隙由不同的台阶表示)。

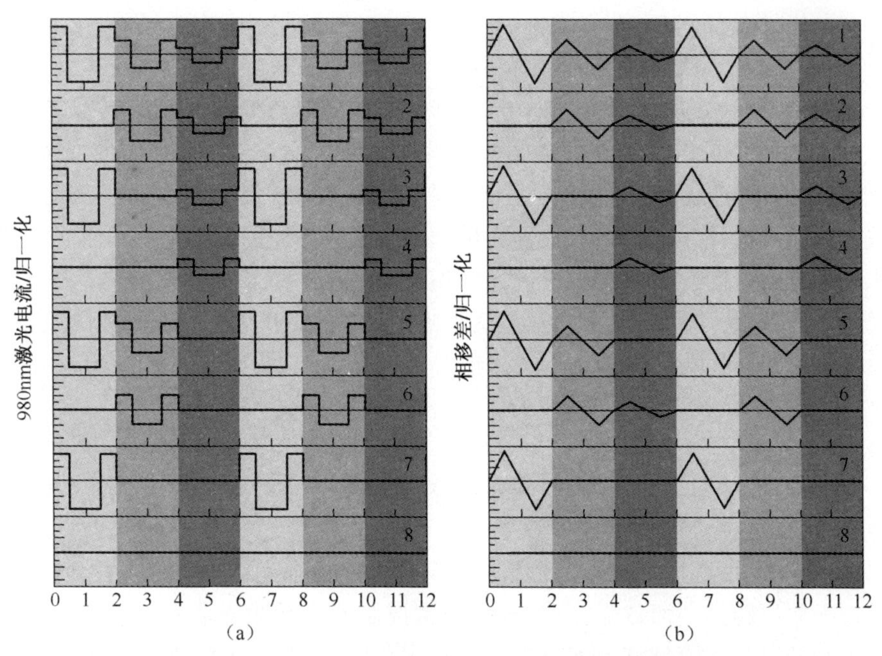

图 7.24　$8 = 2^3$ 个放大器系统中,980nm 激光二极管(a)与通道 2(b)在反馈回路中的功率改变模拟结果。

与第 k 个放大器相连的激光二极管为 m 个时隙在功率 45mW~75mW 范围内辐射一个可控直流功率 P_{av_k}，以及零均展宽的附加信号 $\Delta P_k(t)$，$m=1,2,\cdots,n$，$\Delta P_k(t)=\sum_{m=1\cdots n}\Delta P_{km}(t)$，其中，$k=1,2,\cdots,N$，$\Delta P_{km}(t)$ 为 0 或 ±45/m mW，当位于第 m 个时隙之内时，该值为 0，当位于第 m 个时隙之外的任意点时，其值 ±45/m mW。非零调制功率 $\Delta P_{km}(t)$ 在第 k 个放大器的第 m 个时隙中，产生直流电压为 $\phi_{av_k}=\phi(P_{av_k})$ 的正负相位三角调制，导致相位正负波动范围为 $\Delta\varphi_{0_{km}}=K\Delta P_0\tau\approx 0.06\pi\mathrm{rad}$。而高功率辐射在输出端 1 处的调制可以忽略不计。这种相位调制会在控制耦合器输出端的第 m 个时隙中产生 100% 的功率振幅调制，光电探测器获得的第 m 个时隙中的功率大小 m，是相位噪声以及每个放大器内周期性相位调制叠加的结果。当相位得以正确匹配时（相位噪声完全得到补偿），与正负相位变化相关的峰值信号同属一个时隙，具有相同的振幅。当存在未补偿的噪声时，属于同一时隙的信号峰值会展宽为 2 个峰值，每个耦合器的相位失配 $\varphi_{\mathrm{MIS,p}}$ 直接与这些峰值之差 Δ_p 成正比。PC 机利用这些数据系列值 $\{\Delta_p\}$ 来重构相位失配 $\{\varphi_{\mathrm{MIS,p}}\}$，同时将生成一组 980nm 校正功率 $\{\delta P_{av,k}\}$ 添加到每个放大器通道中。

因此，n 个时隙的时分复用技术可以应用在 (2^n-1) 个 50/50 耦合器合束中，并能够为每个耦合器提供最大为 $2.6\mathrm{n}^{-1}\pi\mathrm{rad/ms}$ 的相位补偿率。该算法可以很方便地扩展到 2 波长控制系统。

7.4.6 结论

总之，本章报道的结果为我们发展如图 7.17 所示的多通道系统提供了工作基础。该方法对于 980nm 单光波控制信号来说，具备 2.6π rad/ms 的噪声抑制能力，对于 980nm 和 1060nm 双波长控制信号来说，具备 10π rad/ms 的噪声抑制能力。该技术还有望应用于数百个放大器光束合成系统当中，并得到如图 7.22 所示的噪声水平。同时，该技术展现出，掺镱光纤相位控制技术与各种稀土掺杂光纤放大器以及拉曼光纤放大器结合，特别是与基于极大模场光纤的光纤放大器相结合，具备产生高功率、窄带宽、近红外辐射的潜能。这些光源最吸引人的特征在于它们的紧凑性、可靠性和全光纤集成模式。

7.5 总结和最新进展

在本章中，由共振泵浦以及信号放大导致的镱掺杂光纤折射率变化效应，被认为是粒子数反转的负面效应，这一现象通常控制着光纤激光器和放大器的工作机理。用两能级激光模型解释了折射率变化现象的机理，以及详细描述了折射率的动态变化效应。商用铝酸硅和磷酸硅光纤的实验量化结果表明，折射率变化的动力学与受激/未受激粒子数变化以及一个与各自极化率差成比例的因子有关。本章测量了这些光纤的极化率差值。

我们提出了稀土掺杂光纤放大器相干光束合成的一个简单的解决方案,将折射率变化效应应用于全光纤拼接结构中的主动相位控制中,给出了基于电致折射率变化效应模型的简单模型,可以将折射率变化效应直接施加于反馈回路中。演示了两个500mW掺铒放大器在一个单模光纤中的光束合成实验,其中低功率半导体激光器被当作光学控制器。实验中的光学回路能够抑制 π 的声学相位噪声,在用980nm光信号单独控制以及980nm与1060nm两个光信号联合控制的控制回路中,相位噪声抑制速率可分别达到 2.6π rad/ms 与 10π rad/ms。对将此过程扩展至 N 个放大器系统的应用也进行了考虑。

最近,也有采用类似的干涉技术研究热致以及电致 Er^{3+}/Yb^{3+} 掺杂光纤[19,52,53]和 Er^{3+} 与 Yb^{3+} 组合掺杂光纤[54,55]内的折射率变化现象。对于 Yb^{3+} 掺杂光纤,利用光谱干涉仪[56]得到电致折射率变化值约为 5×10^{-6}(掺杂浓度 $3\times10^{25}/m^3$)。讨论了泵浦诱导的折射率变化对光纤放大器的噪声以及模场稳定性的影响[56]。折射率变化的光学控制技术(由于泵浦控制着粒子数的变化)也已应用于掺镱光纤放大器相干光束合成系统[36]。这些演示结果表明,全光学相干控制技术在多通道光纤放大器系统中有很好的应用前景。

参考文献

[1] Richardson,D. J. ,Nilsson,J. ,and Clarkson,W. A. (2010) High power fiber lasers: current status and future perspectives. J. Opt. Soc. Am. B,27,63-92.

[2] Kuzin,E. A. ,Petrov,M. P. ,and Fotiadi,A. A. (1994) Phase conjugation by SMBS in optical fibers,in Optical Phase Conjugation (eds M. Gower and D. Proch),Springer,pp. 74-96.

[3] Ostermeyer,M. ,Kong,H. J. ,Kovalev,V. I. ,Harrison,R. G. ,Fotiadi,A. A. ,M_egret,P. ,Kalal,M. ,Slezak,O. ,Yoon,J. W. ,Shin,J. S. ,Beak,D. H. ,Lee,S. K. ,Lü,Z. ,Wang,S. ,Lin,D. ,Knight,J. C. ,Kotova,N. E. ,Sträßer,A. ,Scheikh-Obeid,A. ,Riesbeck,T. ,Meister,S. ,Eichler,H. J. ,Wang,Y. ,He,W. ,Yoshida,H. ,Fujita,H. ,Nakatsuka,M. ,Hatae,T. ,Park,H. ,Lim,C. ,Omatsu,T. ,Nawata,K. ,Shiba,N. ,Antipov,O. L. ,Kuznetsov,M. S. ,and Zakharov,N. G. (2008). Trends in stimulated Brillouin scattering and optical phase conjugation. Laser Part. Beams,26,297-362.

[4] Fotiadi,A. A. ,Antipov,O. L. ,and M_egret,P. (2008) Dynamics of pump-induced refractive index changes in single-mode Yb-doped optical fibers. Opt. Express,16,12658-12663.

[5] Fotiadi,A. A. ,Zakharov,N. G. ,Antipov,O. L. ,and M_egret,P. (2009) All-fiber coherent combining of Er-doped amplifiers through refractive index control in Yb-doped fibers. Opt. Lett. ,34,3574-3576.

[6] Brown,D. and Hoffman,H. (2001) Thermal,stress,and thermo-optic effects in high average power double-clad silicafiber lasers. IEEE J. Quantum Electron. ,37,207-217.

[7] Davis,M. ,Digonnet,M. ,and Pantell,R. (1998) Thermal effects in doped fibers. J. Lightwave Technol. ,16,1013-1023.

[8] Jansen,F. ,Stutzki,F. ,Otto,H. -J. ,Eidam,T. ,Liem,A. ,Jauregui,C. ,Limpert,J. ,and Tünnermann,A. (2012) Thermally induced waveguide changes in active fibers. Opt. Express,20,3997-4008.

[9] Digonnet, M. J. F., Sadowski, R. W., Shaw, H. J., and Pantell, R. H. (1997) Resonantly enhanced nonlinearity in doped fibers for low-power all-optical switching: a review. Opt. Fiber Technol., 3, 44-64. References j227

[10] Antipov, O. L., Eremeykin, O. N., Savikin, A. P., Vorob'ev, V. A., Bredikhin, D. V., and Kuznetsov, M. S. (2003) Electronic changes of refractive index in intensively pumped Nd:YAG laser crystals. IEEE J. Quantum Electron., 39, 910-918.

[11] Paschotta, R., Nilsson, J., Tropper, A. C., and Hanna, D. C. (1997) Ytterbium-doped fiber amplifiers. IEEE J. Sel. Top. Quantum Electron., 33, 1049-1056.

[12] Snyder, W. and Love, J. D. (1983) Optical Waveguide Theory, Chapman & Hall, London.

[13] Jeunhomme, L. (1983) Single-Mode Fiber Optics, Marcel Dekker, New York.

[14] Bass, M., Van Stryland, E. W., Williams, D. R., and Wolfe, W. L. (1995) Handbook of Optics, 2nd edn, McGraw-Hill, New York.

[15] Privalko, V. P. (1984) Handbook of Physical Chemistry of Polymers, Naukova Dumka, Kiev.

[16] Melkumov, M. A., Bufetov, I. A., Kravtsov, K. S., Shubin, A. V., and Dianov, E. M. (2004) CrossSections of Absorption and Stimulated Emission of Yb^{3+} Ions in Silica Fibers Doped with P_2O_5 and Al_2O_3, GPI RAS, Moscow.

[17] Carslaw, H. S. and Jaeger, J. C. (1964) Conduction of Heat in Solids, Oxford University Press, Moscow.

[18] Fotiadi, A. A., Antipov, O. L., Kuznetsov, M. S., Panajotov, K., and M_egret, P. (2009) Rate equation for the nonlinear phase shift in Yb-doped optical fibers under resonant diode-laser pumping. J. Hologr. Speckle, 5, 299-302.

[19] Gainov, V. V. and Ryabushkin, O. A. (2011) Effect of optical pumping on the refractive index and temperature in the core of active fibre. Quantum Electron., 41, 809-814.

[20] Dawson, J. W., Messerly, M. J., Beach, R. J., Shverdin, M. Y., Stappaerts, E. A., Sridharan, A. K., Pax, P. H., Heebner, J. E., Siders, C. W., and Barty, C. P. J. (2008) Analysis of the scalability of diffraction limited fiber lasers and amplifiers to high average power. Opt. Express, 16, 13240- 13266.

[21] Arkwright, J. W., Elango, P., Atkins, G. R., Whitbread, T., and Digonnet, M. J. F. (1998) Experimental and theoretical analysis of the resonant nonlinearity in ytterbium doped fiber. J. Lightwave Technol., 16, 798-806.

[22] Wu, B., Chu, P. L., and Arkwright, J. W. (1995) Ytterbium-doped silica slab waveguide with large nonlinearity. IEEE Photon. Technol. Lett., 7, 1450-1452.

[23] Stepanov, S. I., Fotiadi, A. A., and M_egret, P. (2007) Effective recording of dynamic phase gratings in Yb-doped fibers with saturable absorption at 1064 nm. Opt. Express, 15, 8832-8837.

[24] Jauregui, C., Eidam, T., Otto, H.-J., Stutzki, F., Jansen, F., Limpert, J., and Tünnermann, A. (2012) Temperature induced index gratings and their impact on mode instabilities in high-power fiber laser systems. Opt. Express, 20, 440-451.

[25] Desurvire, E. (1994) Erbium-Doped Fiber Amplifiers: Principles and Applications, John Willey & Sons, Inc., New York.

[26] Bochove, E. (2004) Nonlinear refractive index of rare-earth-doped fiber laser. Opt. Lett., 29, 2414-2416.

[27] Barmenkov, Yu. O., and Kir'yanov, A. V., and Andres, M. V. (2004) Resonant and thermal changes of refractive index in a heavily doped erbium fiber pumped at wavelength 980 nm. Appl. Phys. Lett., 85, 2466-2468.

[28] Garsia, H., Johnson, A. M., Oguama, F. A., and Trivedi, S. (2005) Pump-induced nonlinear refractive index change in erbium- and ytterbium-doped fibers: theory and experiment. Opt. Lett., 30, 1261-1263.

[29] Antipov, O. L., Bredikhin, D. V., Eremeykin, O. N., Savikin, A. P., Ivakin, E. V., and Sukhadolau, A. V. (2006) Electronic mechanism of refractive index changes in intensively pumped Yb:YAG laser crystals. Opt.

Lett. ,31,763-765.

[30] Margerie,J. ,Moncorg_e,R. ,and Nagtegaele,P. (2006) Spectroscopic investigation of the refractive index variations in the Nd:YAG laser crystal. Phys. Rev. B. ,74,235108-10.

[31] Messias,D. N. ,Catunda,T. ,Myers,J. D. ,and Myers,M. J. (2007) Nonlinear electronic line shape determination in Yb^{3+}-doped phosphate glass. Opt. Lett. ,32,665-667.

[32] Fotiadi,A. A. ,Petukhova,I. ,M_egret,P. ,Shubin,A. V. ,Tomashuk,A. L. ,Novikov,S. G. ,Borisova,C. V. , Zolotovskiy,I. O. ,Antipov,O. L. ,Panajotov,K. ,and Thienpont,H. (2012) Monitoring of gamma-irradiated Yb-doped optical fibers through pump-induced refractive index changes. Proc. SPIE,8439,84390G.

[33] Antipov, O. L. , Belyaev, S. I. , Kuzhelev, A. S. , and Chausov, D. V. (1998) Resonant two wave mixing ofoptical beams by refractive index and gain gratings in inverted Nd: YAG. J. Opt. Soc. Am. B, 15, 2276-2281.

[34] 34 Soulard,R. ,Moncorg_e,R. ,Zinoviev,A. ,Petermann,K. ,Antipov,O. ,and Brignon,A. (2010) Nonlinear spectroscopic properties of Yb^{3+}-doped sesquioxides Lu_2O_3 and Sc_2O_3. Opt. Express,18,11173-80.

[35] Soulard, R. , Brignon, A. , Huignard, J. -P. , and Moncorg_e, R. (2010) Nondegenerate near-resonant two-wave mixing in diode pumped Nd^{3+} and Yb^{3+} doped crystals in presence of athermal refractive index grating. J. Opt. Soc. Am. B,27,2203-2210.

[36] Tünnermann,H. ,Feng,Y. ,Neumann,J. ,Kracht,D. ,and Weßels,P. (2012) All-fiber coherent beam combining with phase stabilization via differential pump power control. Opt. Lett. ,37,1202-1204.

[37] Agrawal,G. P. (2001) Nonlinear Fiber Optics,Third edition Academic Press,Boston,Mass.

[38] Fotiadi,A. A. and Kiyan,R. V. (1998)Cooperative stimulated Brillouin and Rayleigh backscattering process in optical fiber. Opt. Lett. ,23,1805-1807.

[39] Fotiadi, A. A. , Kiyan, R. , Deparis, O. , M_egret, P. , and Blondel, M. (2002) Statistical properties of stimulated Brillouin scattering in singlemode optical fibers above threshold. Opt. Lett. ,27,83-85.

[40] Fotiadi,A. A. ,M_egret,P. ,and Blondel,M. (2004) Dynamics of self-Q-switchedfiber laser with a Rayleigh-stimulated Brillouin scattering ring mirror. Opt. Lett. ,29,1078-1080.

[41] Fotiadi,A. A. and M_egret,P. (2006) Self-Q switched Er-Brillouin fiber source with extra-cavity generation of a Raman supercontinuum in a dispersion shifted fiber. Opt. Lett. ,31,1621-1623.

[42] Fan,T. Y. (2005) Laser beam combining for high-power, high-radiance sources. IEEE J. Sel. Top. Quantum Electron. ,11,567-577.

[43] Bruesselbach, H. , Jones, D. C. , Mangir, M. S. , Minden, M. , and Rogers, J. L. (2005) Self-organized coherence infiber laser arrays. Opt. Lett. ,30,1339-1341.

[44] Huo,Y. and Cheo,P. K. (2005) Analysis of transverse mode competition and selection in multicore fiber lasers. J. Opt. Soc. Am. B,22,2345-2349.

[45] Bellanger,C. ,Brignon,A. ,Colineau,J. ,and Huignard,J. P. (2008) Coherent fiber combining by digital holography. Opt. Lett. ,33,293-295.

[46] Augst,S. J. ,Fan,T. Y. ,and Sanchez,A. (2004) Coherent beam combining and phase noise measurements of Yb fiber amplifiers. Opt. Lett. ,29,474-476.

[47] Fotiadi,A. A. ,Zakharov,N. G. ,Antipov,O. L. ,and Megret,P. (2008) All-fiber coherent combining of Er-doped fiber amplifiers by active resonantly induced refractive index control in Yb-doped fiber. Conference on Lasers and Electro-Optics,San Jose,CA,May 4-9,2008,Paper CWB2.

[48] Bruesselbach,H. ,Wang,S. ,Minden,M. ,Jones,D. C. ,and Mangir,M. (2005) Power scalable phase-compensating fiber-array transceiver for laser communications through the atmosphere. J. Opt. Soc. Am. B,22,347-

353.

[49] Goodno, G. D., Book, L. D., and Rothenberg, J. E. (2009) Low-phase-noise, single-frequency, single-mode 608 W thulium fiber amplifier. Opt. Lett., 34, 1204-1206.

[50] Taylor, L., Feng, Y., and Calia, D. B. (2009) High power narrowband 589 nm frequency doubled fibre laser source. Opt. Express, 17, 14687-14693.

[51] Fotiadi, A. A., Kuzin, E. A., Petrov, M. P., and Ganichev, A. A. (1989) Amplitude-frequency characteristic of an optical-fiber stimulated Brillouin amplifier with pronounced pump depletion. Sov. Tech. Phys. Lett., 15, 434-436.

[52] Gainov, V. V., Shaidullin, R. I., and Ryabushkin, O. A. (2011) Steady-state heating of active fibres under optical pumping. Quantum Electron., 41, 637-643.

[53] Gainov, V. V. and Ryabushkin, O. A. (2012) Kinetics of index change in core of active fibers doped by Yb3t and Er3t ions under optical pumping. Opt. Spectrosc., 112, 510-518.

[54] Schimpf, D. N., Seise, E., Jauregui-Misas, C., Nodop, D., Limpert, J., and Tünnermann, A. (2011) Refractive index changes due to gain/absorption in Yb-doped fibers. SPIE PhotonicsWest 2011, Paper 7914-50.

[55] Tünnermann, H., Neumann, J., Kracht, D., and Wessels, P. (2011) All-fiber phase actuator based on an erbium-doped fiber amplifier for coherent beam combining at 1064 nm. Opt. Lett., 36, 448-450.

[56] Tünnermann, H., Neumann, J., Kracht, D., and Weßels, P. (2012) Gain dynamics and refractive index changes infiber amplifiers: a frequency domain approach. Opt. Express, 20, 13551-13559.

第8章

长脉冲(纳米到微秒)光纤放大器相干光束合成

Laurent Lombard、Julien Le Gouët、Pierre Bourdon、Guillaume Canat

8.1 引　　言

基于主振荡器(MO)和脉冲整形的长脉冲光纤放大器是一种多功能光源。这是因为这种光源的很多参数,如振荡器的光谱纯度脉冲形状以及重复频率等,都可以进行调整或进行切换。这些光源在光子探测和测距方面(光雷达或激光雷达)有很多应用,然而,非线性效应会使该种光源峰值功率的提高变得非常复杂。相干光束合成(CBC)是突破这一限制、提高发射功率的一种方法。

本章主要探讨了长脉冲(纳米到微秒)光纤光源主动相干光束合成的技术问题。回顾了各种相干光束合成技术,并对脉冲条件下各种相干光束合成技术的优劣进行了比较。给出了一个判定相干光束合成技术是否恰当的依据,即光源数量和噪声带宽(BW)判断准则。然后,讨论了脉冲光纤放大器的主要特点和不足,报道了随机相位噪声和脉内确定相位畸变测量结果,并与理论模拟进行了比较。重点讨论了在峰值功率受限于受激布里渊散射(SBS)和受激拉曼散射(SRS)的约束条件下,脉内相位畸变的影响。报道了两个长脉冲光纤放大器相干光束合成实验的结果,相关合成效率达95%。

在过去十年中,高功率光纤激光器在整体性能和各领域应用等方面都得到了巨大发展。

20世纪80年代—90年代,为了满足光通信、超快数据传输的要求,高功率光纤激光器得以开始发展,随着高透光率、高增益以及光学质量优良的激光信号放大介质——稀土掺杂石英光纤的出现,又得到进一步发展[1]。在过去几年中,这些激光光纤及相关部件的制造工艺都有很大改善。

在电信业泡沫破裂后,利用现有的技术,工作在人眼安全波段的光纤激光器在其他可替代应用领域得到了研究和发展,如激光雷达。相干激光雷达系统现已成为一种广泛应用的测速和测距工具,在风场分布测量[2]、振动测量[3,4]、车辆测速[5,6]、高分辨率遥测[7]等领域都有大量应用。

双包层光纤的发明是光纤光源功率提高的重要里程碑,它开启了在稀土掺杂光纤内耦合极高泵浦功率[8,9]技术能力的发展。如今,功率超过20kW的激光都可以在单个连续波(CW)掺镱光纤放大链内进行传输[10,11]。

光纤激光器和放大器具有很多优良特性,使其从固体激光器中脱颖而出,另外光纤激光器热效应也远低于棒状、板条状或盘状激光器。光纤的主要品质在于它同时具有高长度和灵活性,即泵浦吸收和激光增益可以在几米的范围内展开,同时光纤还可以被卷曲并方便地封装在一个很小的体积内。对于高长度掺杂光纤,可以获得很高的激光增益,同时还可获得很高的表面热交换系数。这些特性就使得光纤激光器的热交换更容易控制,从而能够获得非常高效的高功率激光光源。这一较长的激活介质同时也是一个光波导,它可以实现对横模的空间滤波[12],因此光纤光源比其他固体激光器更容易保持光束质量。在光纤激光器(即掺杂光纤位于谐振腔内)中,较长的激活介质也会使光源谱线更窄。最后,相对于其他大多数波长范围在1μm~2μm的光源而言,光纤光源可以集成,即仅包含光纤组件[13]。这样的全光纤系统,一旦将各个组件拼接在一起,就非常坚固且紧凑,就可集成到多种平台上或在不利环境中工作,应用前景非常看好。

然而,虽然稀土掺杂光纤可以制成性能优良的连续光源,但当它们在脉冲模式工作时,它的优点就会成为缺点。事实的确如此,在脉冲条件下,能量积累会导致峰值功率比连续波模式高几个数量级。此外,由于光纤纤芯中的强烈的功率放大限制,光强度会变得非常高,不仅会产生非线性效应,甚至会损伤光纤。

受激布里渊散射(SBS)和受激拉曼散射(SRS)等非线性效应会强烈限制光纤光源,尤其是窄线宽放大器[14]输出峰值功率水平。主要有三种可供选择的方式来减轻这些非线性效应,即增加模场面积、减少作用长度或降低非线性增益,具体将在8.4节中予以详细说明。与之相应的技术也已得到开发,如大模场单模波导光纤(即大纤芯)[15]、高阶模波导[16]、高浓度掺杂复合玻璃光纤[17,18]、声波反引导[19]、温度或应变梯度技术[20]。到目前为止,其中一些技术已将衍射极限掺铒光纤放大器(EDFAs)的输出峰值功率推进到约2kW的水平,脉宽达到100ns[21,22]。对于掺镱光纤,峰值功率可以达到数万瓦[23-25]。

这些最高技术水平光源的一个典型应用实例就是相干激光雷达测量。激光雷达测量依靠的是长相干激光脉冲,其原理是,依据传播时间推断出距离信息,依据多普勒频移推断出速度信息[26,27]。在此应用中,必须采用高能脉冲以提高探测距离并得到尾涡或风切变等大气湍流图像[28]。当飞行器接近机场以低速低空飞行时,尾涡或风切变会引起危险的速度变化。在这种情况下,所需速度分辨率一般为1m/s(5km/h)。对于人眼安全的1.5μm波长激光光源,其速度分辨率对应于1MHz的光谱分辨率,而对于傅里叶极限脉冲波形,则对应于约1ms的脉冲宽度。通常,重复频率5kHz、脉冲能量1mJ的激光,其测距能力超过10km,测量速度能达到 3 扫描层/min,而窄线宽光纤光源能量已经达到数毫焦量级[29,30]。

如果还需要进一步增加峰值功率,则可通过一些缓解技术减小非线性效应,其中相干光束合成是最终解决方案。光谱光束合成是第一个演示成功的合束技术,该技术是一种多波长光束合成技术[31,32]。另一项技术是将多束宽带(即低相干)激光远场叠加。这两种方法都能够给出千瓦级光束合成功率,然而由此产生的宽光谱现象会导致其无法在上述场合中应用。

利用被动技术很容易实现相干光束合成,在这种技术中,工作在同一波长的不同相干光源经过独立的放大介质后,最终在一个公共光耦合元件中混合[33]。但这个耦合器的损伤阈值极大地限制了合束光的功率水平。

主动相位控制相干光束合成是最灵活的一种方法,它要求激光有主振荡功率放大结构。主振荡器被分成多个光路,每条光路都由其各自的放大器进行光放大。然而,需在每一个放大器前端加入有源元件(通常是光电移相器)。测量各放大光路间的相位差以及放大光路与参考光路之间的相位差,并在实际应用中用光电调制器(EOM)引入的适当相移,实现所有功率放大器输出的相位锁定。

主动相位控制可以在光束叠加模式中得以实现。在光束叠加模式中,所有的功率放大器输出端挨个排列在一起(光束叠加)。近场时,激光束在空间上相互分离,但在远场,它们相互重叠产生一个干涉图样。当干涉图中心光斑的强度最大时,所有放大器相位实现最佳锁定。此外,如果近场填充因子足够高(即相邻激光束之间的空白区域最小),则可有效降低旁瓣光斑上的功率损耗。

需要注意的是,光束拼接相干合成能提供更多的可能性。事实上,如果分别控制每个放大器的相位活塞,则相干自适应光学、光束偏转或波前整形等也都唾手可得,环路相位锁定(即远程目标光强度最大)也可以实现。这项技术依赖于远程目标后向散射光信号相位差信息提取技术。

对于连续波信号,2009 年,由 7 个掺镱 YAG 板条放大器通过主动相干合束获得了 105kW 的标志性功率[34];2011 年,用光纤放大器获得了超过 1kW 的功率[35,36]。

脉冲光相干合束的演示非常值得我们重视,本章将作详细介绍。2010 年,主动合束技术(即每个合束激光源的相位均为动态控制)在脉冲光纤放大器相干合束中测试成功,实现了长脉冲(100ns)[37]和短脉冲(100fs)[38]相干合成。

本章主要探讨长脉冲机制下脉冲光纤光源主动相干光束合成的技术问题。8.2 节给出了主动相位控制相干光束合成的现有技术和结构组成。讨论了在脉冲条件下这些结构的激光光源数量限制以及可操作性。8.3 节介绍了光纤介质中的脉冲放大理论,描述了饱和增益对输出脉冲波形的影响。8.4 节介绍了限制光纤光源单脉冲能量的主要非线性效应。8.5 节重点研究了一种可诱导脉冲光纤放大器中相位波动的物理现象,给出了相位噪声和脉内相位失真测量面临的理论注意事项。8.6 节探讨并给出两个长脉冲(100ns)光纤放大器相干合束的实验实例。8.7 节提出了单脉冲能量放大的其他技术。8.8 节给出了更短脉冲(脉宽低于 1ns)相干合束技术实现途径的建议以及更高峰值功率水平操作建议。

8.2 光束合成技术

本节我们讨论基于主振荡光纤功率放大器(MOPFA)结构(连续或脉冲工作)的两个或两个以上光纤放大器主动相干光束合成技术。窄光谱线宽的主振荡器分成多个光路,每条光路都包含有一个相位调制器以及一个或多个光纤放大器。通常是输出端放大后的信号干涉稳定在干涉增强态或干涉减弱态来实现光束相干合成。输出光束的空间(如单模)、光谱(如单频)和偏振(如线性极化率)特性应当与原光束相同,但功率是各个单光束之和。

根据放大器输出合成光束的几何方式,可将相干光束合成技术分为两大类,即光束拼接模式和光束叠加模式。同样,相位锁定技术也可以分为直接锁相和间接锁相两类。在直接锁相技术中,对相位补偿前要对各个光路的相位进行测量,而在间接锁相技术中,在做相位补偿前只使用一个单一的强度检测器(功率桶探测器)进行测量。

8.2.1 拼接和叠加

我们假定要进行相干合束的光都是单模光束,有相同的光斑尺寸和发散角。这些光束可以叠加,从而生成一个与每个独立光束光斑尺寸和发散角都相同的单模光束(叠加模式),或者是将每个独立光束挨个排列在一起形成一个光斑尺寸较大但发散角更小的单模光束(拼接模式)。

在光束叠加模式中,各个光束在一系列分束器或是一个光栅上重叠并形成干涉,因此大部分能量仍是单模光束(图 8.1),由此产生的光束不管在近场还是在远场都是单模光束。当将相位差伺服锁定为零时,光束的输出功率达到最大(干涉仪的其他输出被最小化)。单个放大器的相位信息必须从“重叠”光斑中提取出来。

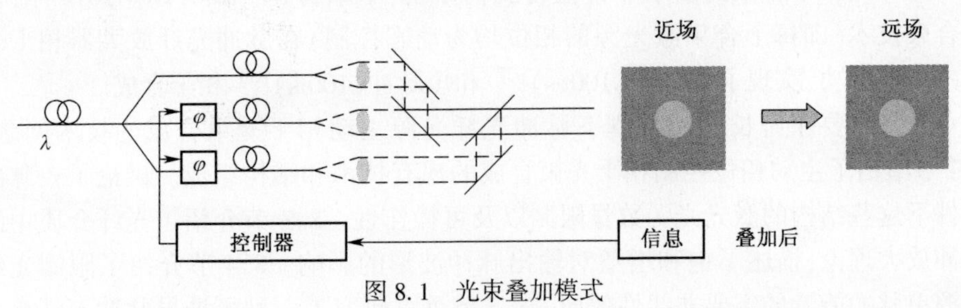

图 8.1 光束叠加模式

在光束拼接模式中,输出光束挨个排列在一起。光束通常在远场而不是在放大器输出端近场处重叠在一起。在图 8.2 所示的例子中,远场光斑是各个光束干涉的结果,也就是近场光斑的傅里叶变换。当合成光束是一方形阵列的高斯光束时,远场光斑由一个中心主瓣和一系列旁瓣组成。当相位锁定时,中心主瓣的功率达到最大而旁瓣的功率达到最小。每个放大器的相位的信息既可以从未重叠的光束(近场)中提取出来,也可以从“重叠”的光束中提取出来(远场)。

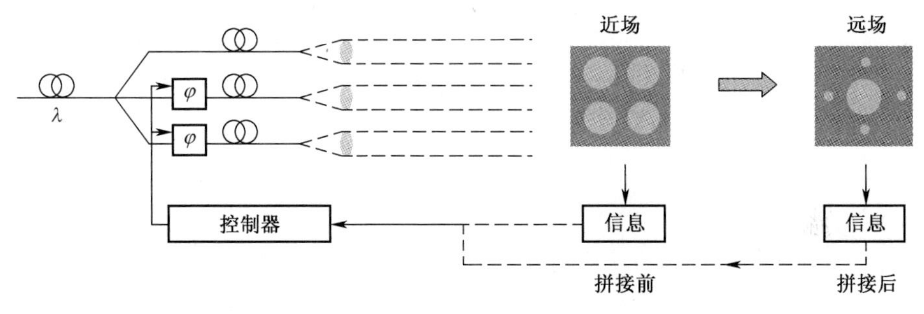

图 8.2　光束拼接模式

拼接模式在改善输出光束质量方面更为有效,但要求最终的重叠元件必须能够承受所有的功率。另一方面,虽然拼接模式简单易行且更容易准直,但却会产生额外的旁瓣现象。

8.2.2　锁相技术

所有的相干光束合成技术,其最终目的都是将不同放大器之间的相位差保持为零,以期最大限度地提高输出光束的功率(光束叠加)或中心光斑(光束拼接)的功率。因此,既可以通过监测不同放大器之间的相位差来实现锁相,也可以通过最大限度地提高全部输出光束或中心光斑的功率来实现锁相。相干光束合成中的锁相技术可以分成两种类型:

(1) 直接测量两个干涉臂之间的相位差,或是增加参考光路,测量两个干涉臂与参考光路之间的相位差。可以把这些技术称为“直接相位锁定技术”。

(2) 相位修正至最优化准则,通常使用总桶中功率探测器。可以将这些技术称为“间接相位锁定技术”。

8.2.2.1　直接相位锁定技术

由于直接锁相技术要求每个臂必须与它的相邻或参考光路相比较,要求各光束在空间上相互分离,从而使相对相位$\{\varphi_1,\cdots,\varphi_n\}$保持为零。图 8.3 给出了直接相位锁定技术中有参考光路和无参考光路时的典型配置。图 8.3(a)所示技术既可以在有相移参考光路[40]也可以在无相移参考光路[41]上实现。

参考光路的频移可由一个声光调制器(AOM)获得。干涉条纹按照声光调制器(AOM)的频率(F_{AOM})进行移动,用一个与相位解调器相关的快速探测器来确定干涉条纹振荡的相位(外差相位测量),其他系统采用无相移参考光路。在这情况下,干涉条纹以放大器诱导的相位噪声频率(范围约为 0.01Hz~1kHz)移动,可用相机来测量(光斑位置)。图 8.3(b)可以视为左图方案的自参考版本,图中,通过测量每一光束与其相邻光束(四波横向剪切干涉仪)之间的双向干涉条纹图样,提取双向相位梯度矩阵,然后进行逆变换以复原各光路之间的相对相位差。在这种条件下,不对总活塞进行测量,因此也无法修正。

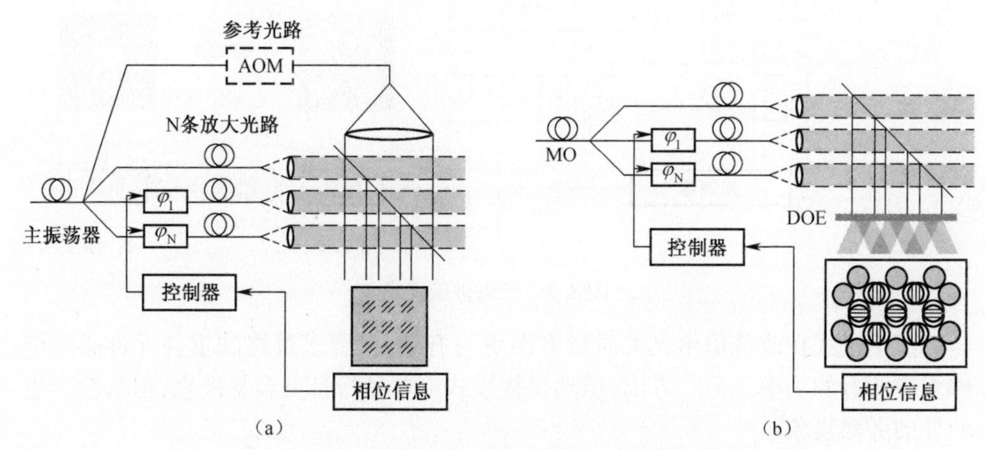

图 8.3 直接锁相技术系统典型组成,图(a)表示有一个参考光路,图(b)表示没有参考光路,DOE 表示衍射光学元件。

在光束拼接结构中应用这些技术非常合适。由于该技术仅使用一台相机,技术复杂性仅与光纤数量有关,因此又被称为"采集"技术。

Hansch-Couillaud 干涉仪是另一种直接锁相技术,该技术利用偏振特性方便地实现相位差测量。然而,这种技术要求在每一个通道都加入偏振分析仪,因而限制了放大器的数量(Hansch-Couillaud 干涉仪)[42]。

8.2.2.2 间接锁相技术

在这种情况中,通常控制器需要将唯一可用的信息——桶中功率密度维持至最大。图 8.4 给出了光束叠加和光束拼接两种模式中,进行间接相位测量时两种典型的孔径取样方法。间接锁相技术虽然对于两种模式都兼容,但需要有更大的调制度和带宽。

通常主要有两种锁相方法,即单探测器电频标记光相干锁相(LOCSET)和随机并行梯度下降法(SPGD)。在这两种情况中,必须从唯一的数据(即透过某一小孔的总功率)中提取出 $N-1$ 个光路相对于参考光路的相对相位这一有用的信息。

在 LOCSET 技术中,通过利用不同光路的频率标记,可对 $N-1$ 个相对相位进行独立测量。对于最简单的两条光路的情况($N=2$),图 8.5 给出了 LOCSET 的基本实现过程:在 1 束光路中施加一频率为 F 的较小的相位调制,则在合束光中就会

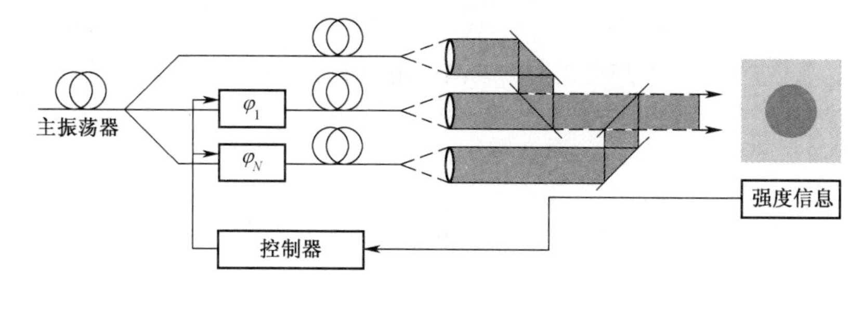

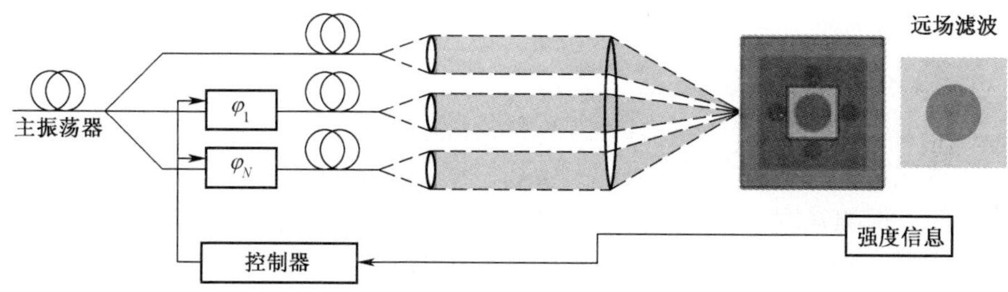

图 8.4　相位间接测量中的可行结构。对于叠加和拼接两种情况，都是利用总输出功率信息实现相位锁定。

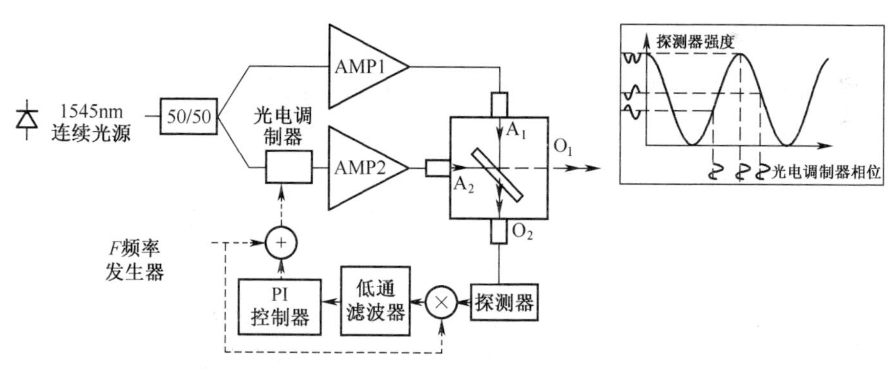

图 8.5　LOCSET 在 2 束光路中的实现过程

产生一较小的强度调制，调制频率 F 远大于最大相位噪声频率，而调制幅度远小于 2π，通常为 $2\pi/50$，可用一个单元光电探测器测量此调制信号。如图 8.5 中的插图所示，当相位差使输出强度最大时，信号的调制频率 F 将转换为频率为 $2F$ 的光电流。如果相位差使信号偏离最大值，或左或右，则光电流将保持调制频率 F，修正符号的正负取决于频率 F 处光电流与调制信号的相位差为 0 还是 π。

低通(LP)滤波器输出的是一个与相位差 $\Delta\varphi$ 成正比的误差信号。用一个简单的比例积分(PI)控制器就可将相位差 $\Delta\varphi$ 锁定至 0，同时将探测器上的干涉信号保持为最大或最小。当有多个放大器时，可使用频率复用技术：每束光路都用一个唯一的频率标记进行控制。此外，也有人提出利用时间复用技术实现相干光束合成[43]。

当存在 N 束光路时，LOCSET 技术需要 1 个探测器、$N-1$ 个频率发生器、$N-1$ 个多路复用器和 PI 控制器。这里，假设控制器为数字 PI 控制器，其循环周期为 T_{PI}、循环频率 $f_{PI}=1/T_{PI}$。通常数字控制器上升时间约占 $\tau_{rise}=3\times T_{PI}$ 的 63%，，且 $f_{-3dB}\sim f_{PI}/10$ 处为 -3dB 的截止频率。因此，使用循环频率 $f_{PI}=10\times f_{-3dB}$ 的控制器就可将 f_{-3dB} 处的噪声限定在低于 3dB。若采用线性滤波器，例如，为了截止高于 $f_{PI}/2$ 的频率，则调制频率 $\{F_n\}_{1\leqslant n\leqslant N-1}$ 应当能被 f_{PI} 整除。此外调制频率还必须限制在一个范围之内，$F_N<2\times F_1$，以避免光强光谱出现重叠。因此，对于 N 束光路，调制频率可选择为 $F_n=(N+n-1)\times f_{PI}$，则有 $F_1=N\times f_{PI}$，$F_{N-1}=(2\times N-2)\times f_{PI}$。

在 SPGD 算法中，可用一个快速控制器直接设置 $N-1$ 相位调制器。算法中的每一次迭代都从 $N-1$ 个相位矢量上施加微小随机扰动开始。新的向量将会产生一个新的可探测强度，如果强度增高则保留此新的向量，否则就去掉此扰动。该算法最终收敛到向量的强度最大处。该算法中，10%～90%的上升时间约为 $\tau_{rise}=10\times N_{fiber}/f_{cycle}$，因此截止频率约为 $f_{SPGD}=10\times N\times f_{-3dB}$。需要注意的是，有些作者[44]证明采用最优化 SPGD 算法可以使上升时间减少两三倍。

8.2.3 各种技术的要求

本节介绍了当相位噪声最大频率为 f_{noise} 时，一个由 N 条光纤组成的简单设备的要求。我们假定驱动器带宽至少能将噪声频率覆盖到 f_{noise}。当直接检测每个独立相位时，需要假定控制器为 PI 控制器，$f_{PI}=10\times f_{noise}$，并且需给出了每种情况下涉及的最大频率 f_{max}，这对于脉冲工作模式时，确定哪些技术可行非常有用。

8.2.3.1 间接锁相技术

表 8.1 中列出了间接锁相技术的要求，给出了所需的调制器数量以及工作频率或带宽，f_{max} 为最高频率。8.2.2.2 节讨论了频率的选择依据。

表 8.1 间接锁相技术的要求

		数量	频率	最大频率 f_{max}
频率标记（LOCSET）	调制器	$N-1$	$F_1=10\times N\times f_{noise}$ $F_{N-1}=10\times(2\times N-2)\times f_{noise}$	$20\times N\times f_{noise}$
	探测器	1	$BW=20\times N\times f_{noise}$	
	控制器	$N-1$	$f_{PI}=10\times f_{noise}$	
强度最佳化（SPGD）	调制器	$N-1$	$BW=10\times N\times f_{noise}$	$10\times N\times f_{noise}$
	探测器	1	$BW=10\times N\times f_{noise}$	
	控制器	1	$F_{SPGD}=10\times N\times f_{noise}$	

表 8.2 给出了一些实例。当合束光纤数目巨大时,所需的调制器频率会随光纤数目的增加而增加,即调制器数量为频率的乘积 N^2。这是这些技术的主要局限性。两种锁相技术对于调制器的要求大致相当,主要差别在于,LOCSET 技术采用多路并行 PI 控制器,而 SPGD 技术则需要一个快速控制器。由此带来的技术上的困难,在单元格内专门用灰色作出了标注。

表 8.2 表 8.1 在不同设置下的数值

		$N=3,f_{noise}=1$kHz		$N=20,f_{noise}=1$kHz		$N=10000,f_{noise}=1$kHz	
		数量	f_{max}/kHz	数量	f_{max}/kHz	数量	f_{max}/kHz
频率标记(LOCSET)	调制器	2	60	19	400	10^4	200000
	探测器	1	60	1	400	1	200000
	发生器、混频器、控制器	2	10	19	10	10^4	10
强度最佳化(SPGD)	调制器	2	30	19	200	10^4	100000
	探测器	1	30	1	200	1	100000
	控制器	1	30	1	200	1	100000
注:灰色的单元格表示由于合束光纤数目增加而带来的技术上的挑战							

8.2.3.2 直接锁相技术

表 8.3 列出了直接锁相技术的要求。采集技术中用到的相机又被称为“矩阵”,表 8.4 给出了一些实例。当光纤数量非常大时,采集技术很有吸引力,但要求有高重频相机。

表 8.3 直接锁相技术要求

技 术	器件	数量	所需带宽或 f_{PI}	最大频率 f_{max}
参考臂频移(F_{AOM})的外差相位测量 $F_{AOM}\gg 10\times f_{noise}$	调制器	N	$10\times f_{noise}$	F_{AOM}
	探测器	N	F_{AOM}	
	混频器及控制器	N	$10\times f_{noise}$	
衍射元件四波横向剪切干涉	调制器	N	$10\times f_{noise}$	$10\times f_{noise}$
	快速相机及成像处理控制器	1 个矩阵	$10\times f_{noise}$	
单参考臂条纹位置 Fringe	调制器	N	$10\times f_{noise}$	$10\times f_{noise}$
	快速相机及成像处理控制器	1 个矩阵	$10\times f_{noise}$	
Hansch-Couillaud 干涉仪	调制器	$N-1$	$10\times f_{noise}$	$10\times f_{noise}$
	HC 干涉仪及探测器	$2\times(N-1)$	$10\times f_{noise}$	
	控制器	$N-1$	$10\times f_{noise}$	
注:F_{AOM} 为外差相位测量中声光调制器的频移				

表 8.4 不同设置下表 8.3 中的数值

		$N=3, f_{noise}=1kHz$		$N=20, f_{noise}=1kHz$		$N=10000, f_{noise}=1kHz$	
		数量	f_{max}(kHz)	数量	f_{max}(kHz)	数量	f_{max}(kHz)
参考臂频移的外差相位测量 F_{AOM} = 40MHz	调制器	3	10	20	10	10^4	10
	探测器	3	40000	20	40000	10^4	40000
	混频器及控制器	3	10	20	10	10^4	10
Hansch - Couillaud 干涉仪	调制器	2	10	20	10	10^4	10
	HC 干涉仪及探测器	4	10	40	10	2×10^4	10
	控制器	2	10	20	10	10^4	10
四波横向剪切干涉仪	调制器	3	10	20	10	10^4	10
	快速相机及成像处理控制器	1	10	1	10	1	10
条纹位置	调制器	3	10	20	10	10^4	10
	快速相机及成像处理控制器	1	10	1	10	1	10
注:灰色单元格表示由于合束光纤数目增加带来的技术上的挑战							

8.2.4 脉冲激光

在脉冲激光的情况下,有几个方面必须考虑:短脉冲同步、脉内相位差以及连续波相位控制技术在脉冲条件中应用时的兼容性。

要使光束相干合成技术得到很好的应用,不同光路之间干涉后一定要能形成很好的对比度。因此,合束放大器之间的相位差应当小于相干长度。在实际中,即使对放大器长度不做特殊要求,我们也可以合理地假设各个光路之间的长度差小于 1m。在窄线宽长脉冲情况下,相干长度通常等于物理脉冲的长度。例如,100ns 脉宽对应 30m 的脉冲长度,该值远大于各光路之间的长度差。相反,对于短脉冲放大器(脉冲持续时间近 1ns 或更低),若要保持良好的干涉对比度,则必须要平衡各放大光路的长度,使其长度差降低至厘米或毫米范围之内。

脉冲光束合成对脉冲(通常低于 10ms)持续时间的随机相位波动也很敏感,控制器很难对这些快速相位波动做出补偿。幸运的是,如果放大器相同,则所有放大器都存在相同的脉冲相位波动,从而可实现自动补偿。然而,量化这些相位波动仍有很多用途,8.5 节给出了测量实验和理论思考。8.5 节讨论更普遍的情况,即光纤放大器的相位噪声补偿,全部特指长脉冲放大器。值得注意的是,如果脉内相位波动是确定的,可以用快速相位调制器对其进行预补偿。例如,Pales 等人利用 40GHz 的相位调制器成功地在多个通道中,在小于 1ns 的时间内获得了 15rad 的相位补偿量[45]。

假设脉冲是同步的,并且脉内相位差是放大器共有相位差,或是已经对相位差做出预补偿,在长脉冲条件下,各种技术都可应用于相干光束合成。可以根据脉冲重复频率(PRF)与 2 倍最大频率 $2\times f_{max}$(香农)之间的关系,分为以下三种情况:

(1) 连续波或高重频脉冲($PRF > 40 \times N \times f_{noise}$):与所有技术(尤其是 LOCSET 与 SPGD 技术)直接兼容。当低通滤波器将频率大于 $2 \times f_{max}$ 以上的频率去除后,则可以考虑采用连续波控制器技术。当 $PRF > 20 \times N \times f_{noise}$ 时,只有 SPGD 技术可用。

(2) $20 \times f_{noise} < PRF < 20 \times N \times f_{noise}$:与直接探测技术兼容。

(3) $PRF < 20 \times f_{noise}$:与连续波技术不能直接兼容。

需要注意的是,除非对脉冲同步有要求,否则脉冲持续时间不影响控制技术的选择。当连续波技术不能直接兼容时,有时仍然可使用这些技术,但附加的测量是必须的,例如需要测量脉内以及脉间相位等。8.6 节给出一个 10kHz 重复频率应用于 $f_{noise} = 3kHz$ 的实例。

8.3　有源光纤中的光脉冲放大

激光放大器虽然可以明显增加入射脉冲的峰值功率,但由于增益损耗、激光谱线宽度和非线性效应等,可能也会影响入射脉冲的时间波形。在此方面,由于光纤激活介质中的反转粒子数分布一般不均匀,因此光纤会表现出一定的特殊性,本节致力于研究光脉冲在光纤内传播的过程中脉冲功率的变化情况。脉冲光纤放大器的一般结构见图 8.6。

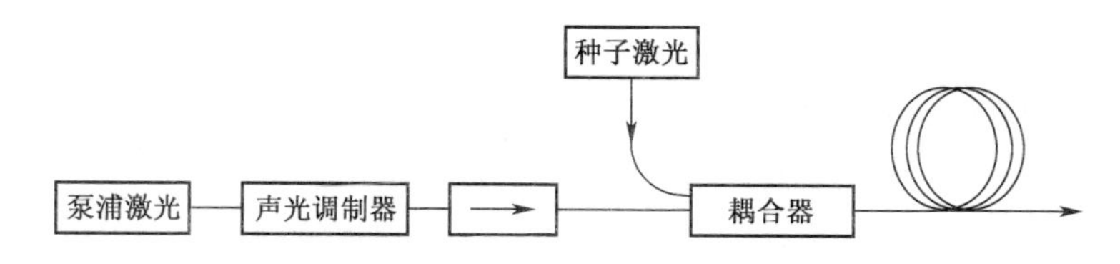

图 8.6　前向脉冲泵浦光纤放大器通用结构。声光调制器(AOM)用于脉冲整形,可对脉冲畸变做出预补偿(见 8.3.4 节)。

在此还将提及光纤放大器的另一个特殊性,即自发放大辐射(ASE),最初各向同性的荧光被引导进入光纤后,也会在光纤中传播时得到放大,从而消耗增益[46]。

8.3.1 计算的近似性和有效性

一般情况下,如果要计算放大或吸收介质对相干光场的响应,就必须求解麦克斯威和光学布拉格方程。在此,我们主要关注光信号和共振介质之间的非相干作用,即泵浦脉冲宽度 τ_p 远大于原子极化率的弛豫时间 T_2。因此,原子极化率会实时“跟随”驱动源场的变化[47]。在这种情况下,粒子数的变化可以用一组来自于能量守恒定律的速率方程来描述,只考虑吸收、受激辐射和自发辐射[48]三个方面的贡献。

另外,我们还考虑光脉冲宽度低于激发态寿命 T_1 的情况。对于其他情况,计算过程仅适用于增益介质已被泵浦光泵浦,且在脉冲传播过程中不发生自发辐射的情况。计算中采用的边界条件为 $T_2 \ll \tau_p \ll T_1$。例如在室温下,铝酸硅光纤中的铒离子辐射寿命 $T_1 = 10\text{ms}$, 平均退相位时间 $T_2 = 100\text{fs}$ [49]。

最后,我们认为在光脉冲所涵盖的光谱范围内,介质的折射率保持恒定,或随光学频率呈线性变化。因此,群速度或增益的色散效应可忽略,不存在脉冲展宽或缩窄。在实际中,这种近似对应于入射光为窄线宽光或者短传播距离光的情况。虽然在本节中,受激布里渊散射、受激拉曼散射或四波混频等其他非线性效应都被忽略,但将在下一节进行讨论。

8.3.2 脉冲在共振介质中的传播

光脉冲在放大介质中的传播过程中,峰值功率会逐渐增大,而可用增益也将逐渐耗尽,导致反转粒子数逐步减少且脉冲后端的增益降低。文献[50,51]对光纤放大器中上能级粒子数密度变化 $N_2(z,t)$ 方程,以及强度变化 $I(z,t)$ 方程作了大量的描述。当脉冲持续时间 $\tau_p \ll T_1$ 时(无反馈以及损耗),方程变为,

$$\frac{\partial I(z,t)}{\partial t} + c\,\frac{\partial I(z,t)}{\partial z} = cI(z,t)\left[\sigma_{\text{em}}N_2(z,t) - \sigma_{\text{abs}}(N_0 - N_2(z,t))\right] \tag{8.1}$$

同时,有

$$\frac{\partial N_2(z,t)}{\partial t} = -\frac{I(z,t)}{h\omega}\left[\sigma_{\text{em}}N_2(z,t) - \sigma_{\text{abs}}(N_0 - N_2(z,t))\right] \tag{8.2}$$

式中:横截面因子 σ_{abs} 以及 σ_{em} 分别为激光频率 ω 处的吸收截面和受激发射截面。这里,我们认为在光纤放大器整个长度上总激活粒子数 N_0 保持不变。

对于一个任意波,耦合式(8.1)及式(8.2)的解相当复杂,具体可参考文献[52]。我们现在考虑相速度为 c 的脉冲功率随时间变化的情况,则这样的包络线中心始终在 $t=0$ 时刻。此时,对于初始反转粒子数为 $\Delta_0(z) = N_2(z, -\infty) - N_0(\sigma_{\text{abs}}/\sigma_{\text{s}})$ 、输入强度为 $I_0(t)$ 的放大器,z 点处的信号由以下公式给出:

$$I(z,t)=\frac{I_0(t)}{1-\left[1-\exp\left(-\sigma_S\int_0^z\Delta_0(z')\mathrm{d}z'\right)\right]\times\exp\left(-\frac{1}{U_{sat}}\int_{-\infty}^{t}I_0(t')\mathrm{d}t'\right)} \tag{8.3}$$

式中：$\sigma_S=\sigma_{em}+\sigma_{abs}$，$U_{sat}=\eta\omega/\Gamma_s\sigma_s$。$U_{sat}$ 是饱和能量密度,定义为以 50%的激发概率将原子从基态能级激发到激发态能级时,单位面积所需能量[53]。掺杂区域(区域 A_{dopant})以及信号模场区域(区域 A_{mode})之间重叠量为 Γ_s，$\Gamma_s=A_{dopant}/A_{mode}$，对于光纤放大器，$\Gamma_s$ 可以显著低于均匀性,从而可提升饱和能量密度。

定义输入脉冲能量为 $U_{in}(t)=\int_{-\infty}^{t}I_0(t')\mathrm{d}t'$，且假设初始增益为 G_0、饱和能量为 U_{sat}、在整个放大介质中都能获得同等的初始增益 G_0，则输出脉冲形状为

$$I(z,t)=\frac{I_0(t)}{1-[1-G_0^{-1}(z)]\times\exp\{-[U_{in}(t)/U_{sat}]\}} \tag{8.4}$$

这一简单的表达式称为 Franz-Nodvik 公式[52]。对于光纤放大器这一特定情况,掺杂光纤上的反转粒子数分布一般不均匀。事实上,它取决于泵浦光是同向传播还是反向传播。光纤输出端的小信号增益为，$G_0(L)=\exp(\sigma_S\int_0^L\Delta_0(z')\mathrm{d}z')$。对于给定泵浦结构,在已知注入脉冲波形的条件下,可以根据式(8.4),通过对输出脉冲进行拟合而推算出光纤增益以及饱和能量密度 U_{sat} 值。

8.3.3　基于连续波条件的输出脉冲实际计算

由式(8.4)可见,从原理上讲,当初始增益值 G_0 已知时,就可以根据输入脉冲波形计算出输出脉冲波形。而在实际中,G_0 取决于脉冲持续过程中的增益损耗,以及脉冲间隔阶段中的粒子数反转的重构情况,所以很难确定 G_0。然而,有 2 种近似情况中的初始增益 G_0 相对容易确定。

当脉冲重复率远低于反转粒子数的衰减率 γ_{pop} 时,在前一个脉冲结束和后一个脉冲到来之前的这一阶段,反转粒子数又可以达到其初始值,因此,输入和输出功率(分别为 P_{in} 和 P_{out})之间的增益 G_0 就是简单的放大器的小信号增益值。相反,当脉冲重复率高于反转粒子数衰减率时,增益无法在被脉冲耗尽之前而快速“建立”,所以反转粒子数达到一个较低的稳定值。此时的增益与连续波放大器增益相同,仅须将连续波放大器中的输入功率 P_{int}^{CW} 替换为脉冲信号的平均功率 $<P_{in}>$ 即可[54]。两种可能增益状态可用下列方程总结

$$\mathrm{PRF}\ll\gamma_{pop}:G_0=\frac{\langle P_{out}\rangle}{\langle P_{in}\rangle},\ \langle P_{in}\rangle\ll P_{sat}=\frac{U_{sat}A_{dopant}}{T_1} \tag{8.5}$$

$$\mathrm{PRF} \gg \gamma_{\mathrm{pop}} : G_0 = \frac{\langle P_{\mathrm{out}}^{\mathrm{cw}} \rangle}{\langle P_{\mathrm{in}}^{\mathrm{cw}} \rangle},\ P_{\mathrm{in/out}}^{\mathrm{cw}} = \frac{1}{T}\int_0^T P_{\mathrm{in/out}}(t)\,\mathrm{d}t \tag{8.6}$$

至于反转粒子数衰减率 γ_{pop}，其值取决于跃迁的饱和度。当反转粒子数较低时，其寿命对应于激发态寿命 T_1。当原子上的共振光子的通量变得高于荧光衰减率 $1/T_1$时，受激辐射的概率增加，因而反转粒子数衰减率也随之增加。反转粒子数衰减率的数值，可以用一个与输入功率和饱和功率之比，以及初始增益有关的函数来表示[54]：

$$\gamma_{\mathrm{pop}} = \frac{1}{T}\left(1 + \frac{P}{P_{\mathrm{sat}}}\frac{G_0 - 1}{\ln G_0}\right) \tag{8.7}$$

该值可以大大高于自发辐射率。例如，在一个光纤芯径 20μm 的掺铒光纤放大器中，饱和功率 $P_{\mathrm{sat}} = U_{\mathrm{sat}}A_{\mathrm{dopant}}/T_1$，约为 60mW。考虑重复率 20kHz、输入峰值功率 30W 和脉宽 1μs 的典型脉冲，则输入平均功率为 600mW。当初始增益 G_0 = 10，饱和迁移会使反转粒子数的衰减率增加约 40 倍。

8.3.4 脉冲波形畸变

脉冲传输中的增益损耗将直接导致放大后的信号与输入脉冲波形相比会产生畸变，这种畸变多出现在高增益或高输入功率的情况之中，在给定输入信号脉冲波形、饱和通量密度 U_{sat} 和初始增益 G_0后，可以用式(8.4)进行计算。如图 8.7 所示，方波脉冲畸变比高斯脉冲畸变更显著。需要注意的是，尽管高斯脉冲似乎到达较早，因而传播更快，但这一特征只对放大倍率相对较高的尖锐边沿有效。

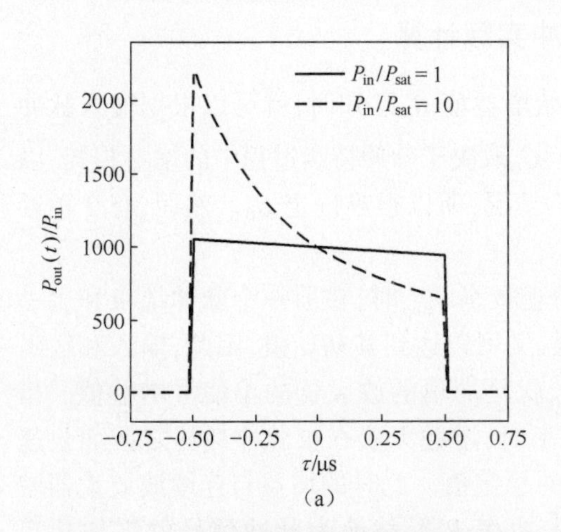

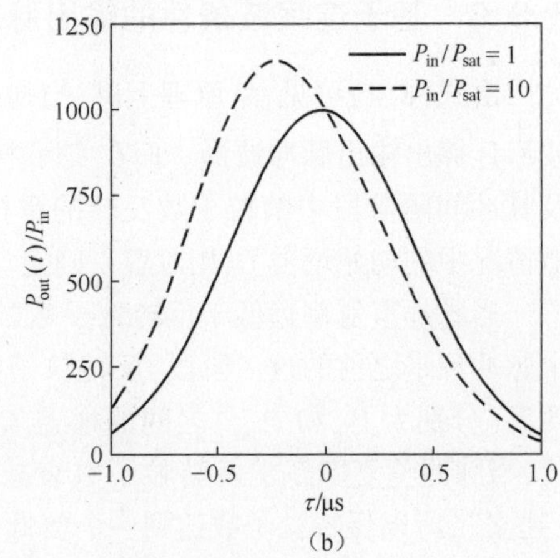

图 8.7 增益饱和对放大器输出脉冲波形的影响。图中，输入脉冲半峰宽为 1μs，(a)为方波；(b)为高斯波。对于两种计算，初始增益 G_0 = 1000，输入功率分别等于饱和功率 P_{sat}(实线)或为饱和功率 P_{sat}的 10 倍(虚线)。

正如从输入脉冲波形可以推断出输出脉冲波形一样,如果能获得任意所需的放大器脉冲波形 $I_{out}(t)$[50],也能预测出输入的脉冲波形,所需的输入脉冲波形由以下公式给出[53]:

$$I_{in}(t) = \frac{I_{out}(t)}{1 + (G_0 - 1) \cdot \exp\{-[U_{out}(t)/U_{sat}]\}} \tag{8.8}$$

式中:$U_{out}(t) = \int_{-\infty}^{t} I_{out}(t')\,dt'$,如前所述,可以通过对一已知输入脉冲波形的放大结果进行拟合,从而得到饱和能量值以及初始增益值[55]。

8.3.5　自发放大辐射的影响

在非线性效应情况下,自发放大辐射会限制从增益介质中提取到的能量。另一方面,如果泵浦脉冲周期比粒子数反转态的辐射寿命大几个量级时,且随着泵浦功率的增加,荧光会不断增加并开始耗尽粒子数反转数。因此,可用增益不再增加,导致泵浦功率效率下降[48]。

光纤放大器在这两方面同时存在着不足,即光纤放大器有较长的增益介质,容易导致自发放大辐射,而且光纤放大器还是荧光的一种波导,更进一步增加了增益耗尽的可能性。因此自发放大辐射是光纤放大器性能的一个限制,尤其是在频率低于 γ_{pop} 的低重频率条件下更是如此。

在脉冲持续时间内,从光纤末端可提取的能量 E_{out},可以通过积分式(8.4)来计算,得到以下表达式:

$$E_{out} = E_{sat}\ln\left(1 + \left[\exp\frac{E_{in}}{E_{out}} - 1\right]E_{sat}\right) \tag{8.9}$$

式中:$E_{in} = U_{in}A_{mode}$,$E_{sat} = U_{sat}A_{dopant}$,当 $E_{in} \ll E_{out}$ 时,以上公式可简化为[51]

$$E_{out} = E_{in} + E_{sat}\ln G_0 \tag{8.10}$$

这是表示输出能量等于输入能量与光纤内反转能级储能之和的另一种表达方式[56],也是所能提取的能量上限。

在光纤放大器中,初始增益 G_0 最大值一般为 20dB~30dB。由于自发放大辐射会使粒子数反转耗尽,因此要突破这一数值,以便在介质中存储更多的能量就变得非常困难,也就是说,任何进一步提高能量存储以及泵浦功率的行为都是无用的。这一限制限定了可以从光纤中所能提取到的最大有用能量值。很显然,如果光纤中的信号约束越低(低数值孔径)或掺杂物质与自发辐射模场之间的重叠度越低,则自发辐射的能量越低且提取到的能量会越高。如果我们忽略 E_{in} 就会发现,输出能量极限约为饱和能量的 5 倍,参考文献[56-58]对此进行了确认。

回顾上面提到的芯径 20μm 的掺铒光纤的例子,饱和能量约 0.6mJ,因此能提取到的能量上限约为 3mJ。然而,这种估计并没有考虑可能发生在光纤内的各种非线性效应,一般只限定了实际中所能获得的最大输出峰值功率值。

8.4 脉冲光纤放大器的功率限制

在短脉冲放大条件下,光纤放大器能够达到的峰值功率最终将受限于光纤内光束与光纤材料相互作用引起的非线性效应。在此,我们主要考虑非线性效应的来源及可能产生的结果,重点关注单频光纤放大器。我们研究的激光束谱线宽度范围为几兆赫到几百兆赫,其具体由不同的应用来确定,相应的脉宽范围为 10ns 至 1ms。

8.4.1 受激布里渊散射的物理原理

正如在 8.1 节中讨论的一样,当作为激光雷达源时,光源的光谱带宽和脉冲持续时间直接与要求得到的速度分辨率相关。在相干激光雷达应用中,脉冲持续时间的典型值为 100ns~1ms。在此范围下,峰值功率主要受限于受激布里渊散射效应。事实上,布里渊增益比任何其他非线性效应高约 2 个数量级,具体内容将在随后作进一步讨论。

受激布里渊散射效应主要限制光纤内传输中的高功率光信号。在光纤中,高功率光信号被限定在很小的区域中,当高强度电场在光纤纤芯内传播时,材料会产生以声速沿着光纤轴向传播的应变(电致伸缩效应)。这种材料密度 ρ 的调制现象会改变介质的折射率,从而形成一个波矢为 q_B 传播的折射率光栅,方向与光波方向相同[59]。这种光栅会对一小部分输入信号生成后向散射(图 8.8),从而降低输出光功率以及总光学效率。此外,一少部分信号光在光纤输出端形成后向散射,该信号在输出端强度达到最大,从而会产生强度很高的后向传播脉冲,降低放大器输入端的组件性能。

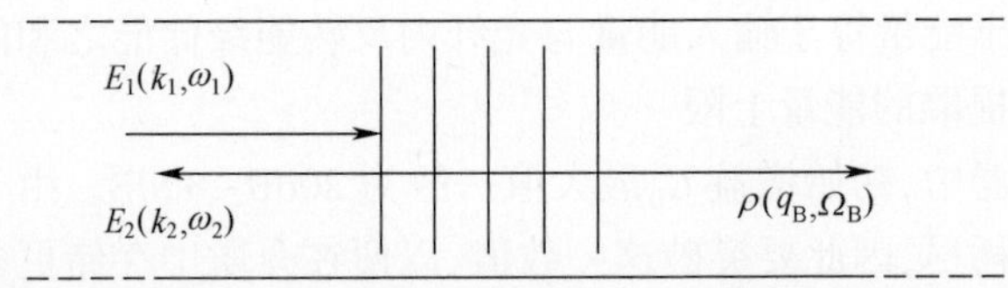

图 8.8 输入和后向散射斯托克斯光波(其波矢分别为向 k_1 和 k 向$_2$,角频率分别为 ω_1 和 ω_2)以及声波(其波矢为 q_B,角频率为 Ω_B)之间相位匹配条件说明。

由于部分输入能量 $\eta\omega_1$ 会转移到介质中从而产生共生声学声子,因此后向散射波是斯托克斯波,其能量 $\eta\omega_2$ 满足 $\eta\omega_2 < \eta\omega_1$, ω_2 的数值取决于输入光场与声波之间的相位匹配度,两种波在光纤介质中均以本征速度传播。如图 8.8 所示。输入波矢 k_1、k_2 与波矢 q_B 分别为斯托克斯波和声波,由动量守恒定律可知

$$k_1 = k_2 + q_B \tag{8.11}$$

经过能量转换,后向散射斯托克斯场的角频率 $\omega_2=\omega_1-\Omega_B$,其中, Ω_B 与声波矢量有关, $|q_B|=\Omega_B/\nu_{ac}$。声波速度 ν_{ac} 、材料密度 ρ 以及绝热体积模量系数 K_S 之间满足牛顿–拉普拉斯公式[59],

$$\nu_{ac}=\sqrt{\frac{K_S}{\rho}} \tag{8.12}$$

声波速度会随材料温度 $T(T>100K)$[60]的升高而增加,依据能量守恒和动量守恒定律,得到布里渊频移为

$$\Omega_B=\frac{2n_{eff}(\nu_{ac}/c)\omega_1}{1+n_{eff}(\nu_{ac}/c)} \tag{8.13}$$

对于光纤光波导,频率 ω_2 处光模场的有效折射率为 n_{eff}。显然,声波速度 v_{ac} 远小于光速 c,因此布里渊频移可简化为

$$\frac{\Omega_B}{2\pi}\approx 2\frac{n_{eff}}{\lambda_1}v_{ac} \tag{8.14}$$

对于熔融石英光纤,在 $\lambda_1=1.55\mu m$ 处, $\nu_{ac}\approx 6\times 10^3 m/s$, $n_{eff}\approx 1.45$ 时, $\Omega_B/2\pi\sim 11GHz$,且频移的改变量通常小于 0.5GHz。

8.4.2　受激布里渊散射增益

受激布里渊散射过程包括,光场频率由 ω_1转换为 ω_2,同时产生频率 $\Omega=\omega_1-\omega_2$ 的声子。该过程的效率可由耦合了光强空间变化的因子 g_B来描述[59,61]。由于传输声波的材料具有黏性,因此受激布里渊散射过程不是瞬时的,导致声子按指数衰减,这意味着受激布里渊散射增益具有洛伦兹形状:

$$g_B(\Omega)=g_0\frac{\Gamma_B^2}{4(\Omega_B-\Omega)^2+\Gamma_B^2} \tag{8.15}$$

式中:线宽半带宽 $\Delta\nu_B=\Gamma_B/2\pi$,对应于声子寿命 T_B的倒数。对于固体硅材料,线宽 $\Delta\nu_B=20MHz$,对应的声子寿命在 10ns 量级。当以频率为 ω_1 和 ω_2 传播的前向和后向传播的光场与布里渊频率 Ω_B 的声子相位匹配时,得到的增益最大,可用以下公式计算。

$$g_0=\frac{\pi n_{eff}^7 p_{12}^2}{c\lambda_1^2\rho_0\nu_{ac}\Delta\nu_B} \tag{8.16}$$

式中: p_{12}为纵向光弹系数, ρ_0为材料平均密度[61]。 g_0的值可以直接从微分增益测量中提取出来,通常对于单模光纤, $g_0\approx 2.5\times 10^{-11}m/W$[62]。可见,受激布里渊散射增益 g_0与声子线宽 Δv_B成反比。

8.4.3　受激布里渊散射输入功率阈值

由于斯托克斯波会返回光纤输入端,因此其幅度会以指数规律放大(前提是输

入信号功率未被耗尽)。受激布里渊散射功率阈值 P_{th}^{SBS} 定义为光纤输入端后向与前向传播的光波具有相等功率时的输入功率。因此,在无源单模光纤中,受激布里渊散射功率阈值由如下表达式表示[61,63]:

$$P_{th}^{SBS} = 21\frac{KA_{eff}}{g_0 L_{eff}} \tag{8.17}$$

式中:A_{eff}为有效模场面积,L_{eff}为有效长度,表示信号较高并足以补偿受激布里渊散射效应的距离。对于增益为 g_a 的线性增益光纤放大器,有效长度定义为 $L_{eff}=\exp(-g_a L)\cdot\int_0^L \exp(g_a z)\,dz$[64]。最后,因子 K 是一个与偏振有关的因子,其值在 1(斯托克斯波和信号波中的水平偏振)与 2(垂直偏振)之间[65]。

按照 8.3 节中的实例对受激布里渊散射的上限进行解释。考虑一个有效面积 $A_{eff}\approx 400\mu m^2$、平均注入功率为 600mW 的铒镱掺杂光纤放大器,可以计算出:当光纤内 1.55μm 处信号吸收为 30dB/m,长度为 7m 时,光纤增益可以达到 $G_0=10$。在这种情况下,对于 976nm 波长而言,20W 泵浦功率的有效长度 $L_{eff}\approx 5m$。因此,受激布里渊散射阈值功率将低于 300W,对于脉宽 1μs 的脉冲,相应的脉冲能量为 0.3mJ。然而,Frantz-Nodvik 计算结果表明,即使存在自发放大辐射,光纤放大器也应能够产生 5mJ 的最大能量。因此,为了能够充分提取最大能量,必须实施有效的受激布里渊散射抑制技术。

8.4.4 受激布里渊散射限制

熔融石英光纤受激布里渊散射增益带宽 $\Gamma_{B,figer/2\pi}$ 大于体材料增益带宽 $\Gamma_{B,bulk/2\pi}$,其体材料增益带宽为 $\Gamma_{B,bulk/2\pi}=20MHz$,而光纤增益带宽 $\Gamma_{B,figer/2\pi}$ 一般在 50MHz~100MHz 之间[61]。事实上,材料的不均匀性会随其长度的增加而增加。由于材料特性存在局部波动,则本征声速以及局部布里渊频率会产生偏离 $\Omega_{B,bulk}$。对于光纤这样的长介质,频移将会大于 $\Gamma_{B,bulk}$,将会导致布里渊增益光谱展宽。根据式(8.16),频移是一个略低于最大受激布里渊散射总增益(整个光纤长度)的数值。

当给材料属性施加人工调制时,会加剧光纤内的天然不均匀性,例如,引入温度[66]或应力调制[67]。另一种扩展受激布里渊散射光谱带宽(等同于降低增益)的方法是改变光纤纤芯直径沿纵向的分布[68,69]。

最后,光纤长度方向的纤芯折射率 n_{core} 或数值孔径,会为受激布里渊散射增益展宽提供一个更高的自由度。事实上,随光纤数值孔径以及接收角的增加,输入光波和斯托克斯光波的角度也会增加。因此,对于更大的带宽,会出现光波波矢和静止纵向声矢 q_B 之间的相位匹配问题,依据参考文献[70]可按照以下公式计算。

$$\Gamma_{B,fiber} = \sqrt{\Gamma_{B,bulk}^2 + \Omega_B^2\frac{NA^4}{4n_{core}^4}} \tag{8.18}$$

当数值孔径大于 0.25 时,修正值会变得非常显著(即大于 20%)。

8.4.5 布里渊散射的优势领域

有许多方法可以降低受激布里渊散射效应对光纤放大器的影响,其都是基于式(8.17)给出的功率阈值。通过提高有效模场面积 A_{eff}、降低受激布里渊散射增益[71,72]或有效长度[22],从而达到提高单模光纤放大器峰值功率的目的。但需要注意的是,这种影响只有当输入信号的谱线宽度远窄于受激布里渊散射增益谱线宽度时才存在。因此,所有的光学元件能看到相同的声子波矢,且声子诱导密度光栅中的后向散射能达到最大。

相反,一旦输入脉冲的线宽 Δv_L 变得比固有受激布里渊散射增益光谱线宽 Δv_B 高几个数量级,其最大值 g_0 就会降低。用具有洛伦兹光谱分布的输入信号可对这一效应做出很好的解释。两种分布的卷积仍服从洛伦兹分布,线宽为 $\Delta\nu_B' = \Delta\nu_B + \Delta\nu_L$,受激布里渊散射增益变为

$$g_0' = \frac{\Delta\nu_B}{\Delta\nu_B + \Delta\nu_L} g_0 \tag{8.19}$$

对于脉冲光纤放大器这一特定情况,该表达式有助于理解当脉冲宽度低于声子寿命时,受激布里渊散射效应消失的原因。后续将计算当脉冲持续时间低于声子寿命的情况,此时制约放大器效率的因素将不再是受激布里渊散射,而变成受激拉曼散射。

8.4.6 受激拉曼散射的物理机理

受激拉曼散射是一种非线性过程,其产生机理是光子在分子上的非弹性散射,在此过程中,会形成一个非线性极化率传播光栅。当分子吸收或释放能量时,对应的散射光子携带能量将分别低于(斯托克斯)或高于入射光子能量(反斯托克斯)[59]。输入光子和散射光子之间的频移值由分子振动能量来确定,具体取决于材料的组成成分。绝大多数光纤是由熔融石英玻璃制备而成,产生的频移约为 13.2THz(或 440cm^{-1}),相当于一个 1.55μm 的泵浦光子会产生 0.1μm 的频移。对于在室温或更低温度下工作的系统,拉曼变换主要是斯托克斯跃迁,所以散射光子频率低于输入光子频率,且波长主要集中在 1.65μm。由于石英玻璃的无定形性质,因此拉曼增益会展宽成一个 8THz 宽的频谱,会使得在非线性转换出现在以 1.65μm 波长为中心、线宽约 60nm 的范围内。

受激拉曼散射效应的影响效果与受激布里渊散射的影响效果相似,从输入信号到斯托克斯波的能量的转变,降低了有效光学频率处放大器的效率。与受激布里渊散射不同的是,受激拉曼散射可以同时产生前向和后向传播的斯托克斯波。对于前向传播斯托克斯波,功率阈值由输入信号功率给定,因此斯托克斯波与传播

的信号波具有相同的功率[63],用以下公式表示。

$$P_{th}^{SRS} = 16\frac{KA_{eff}}{g_R L_{eff}} \tag{8.20}$$

式中:二氧化硅材料的 $g_R \approx 7.10^{-14}$m/W [61],其他参数的数值与式(8.17)给定的参数数值相同或相近。因此,主要区别在于拉曼作用产生的增益要比本征布里渊增益低 2 个数量级。

与布里渊增益不同,g_R值并不受将产生极化率波的信号光谱带宽的影响。从一种限制效应切换为另一种限制效应所对应的脉冲宽度约为 $\tau_p = 10$nm。低于此持续时间,则受激拉曼散射效应占主导地位。在激光雷达等特殊应用情况下,相应的测速分辨率将比典型的待测信号(风速梯度、尾流旋涡等)的速度低得多,因此受激拉曼散射效应的细节将不在这里讨论。

8.4.7 可达到的最大峰值功率

由于受激布里渊散射功率阈值代表了能够提取出的输出功率上限,因此有必要把 Frantz-Nodvik 公式计算出的峰值输出功率 P_{out}^{max} 与受激布里渊散射功率阈值 P_{th}^{SBS} 相比,比较结果将告诉大家能否在实际中最终获得最大峰值输出功率 P_{out}^{max}。

8.5 光纤放大器的相位噪声和失真

现在我们对光纤放大器输出脉冲的相位进行分析。为了对不同光纤放大器输出脉冲的相位进行耦合,必须检查两个方面的内容。首先是相位噪声,相位噪声与光程差有关,通常是由温度波动、机械振动和泵浦二极管的强度噪声引入的,这类噪声的带宽一般为几十千赫左右。其次是脉冲持续过程中引入的确定性相移。确定性相移特指在脉冲条件下非线性相位和增益失真导致的相移。脉冲自身的相位噪声可以忽略不计,因为其维持时间通常远大于脉冲持续时间。

我们首先对一个自制的高功率连续波光纤放大器以及多种商用功率放大器中的相位噪声进行了实验分析。然后,我们报道脉内相位畸变测量结果。这些确定的相位畸变是由增益损耗和克尔效应产生的,因此可以与理论计算结果相比较。

8.5.1 相位噪声测量

主要考虑两种光纤的相位噪声测量,第一种为自制的连续波光纤放大器,设计功率为 100W,第二种为各类平均功率为瓦级的商用光纤放大器,以脉冲方式工作,峰值功率在 100W~200W 的量级。

图 8.9 给出了一个 100W 量级的连续波光纤放大器相位噪声测量系统组成图。放大器是一个主振荡光纤功率放大器,工作波长为 1μm,由两个相连的掺镱光

纤放大器组成。第一级放大器的增益为 20dB,输出功率大于 3W,第二级放大器增益为 15dB,可提供 100W 的功率输出。两级光纤放大器均由波长 975nm 的光后向泵浦,光纤最后的 20mm 悬空在空气中,而主体部分则装夹在两个金属板之间。用一个二向色反射镜将一部分光信号反射至一个光隔离器上,隔离器后端放置挡光板。被采样的光束被耦合到一个光纤内,并在 50/50 耦合器上与一个 80MHz 的移相参考光产生干涉。检测(DET)此干涉信号,再通过 I/Q(同向为 I,正交为 Q)解调器、低通滤波器(LP)和数字处理恢复出干涉信号的相位。

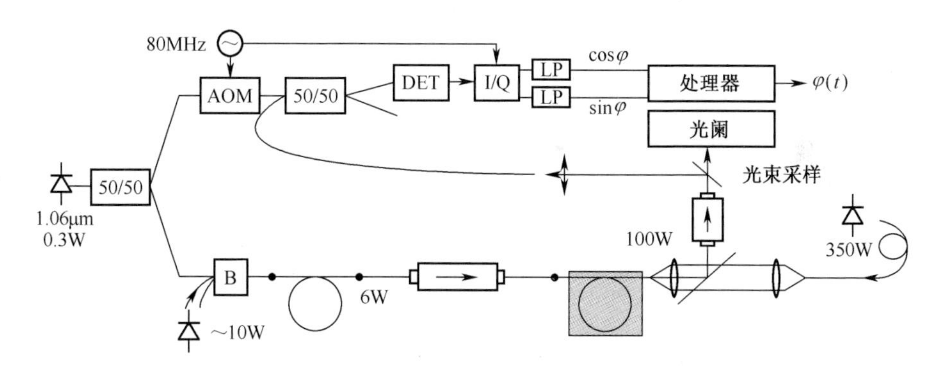

图 8.9　100W 光纤放大器噪声测量

图 8.10 和图 8.11 记录了两种时间坐标尺度下的几个相位测量结果。与预期

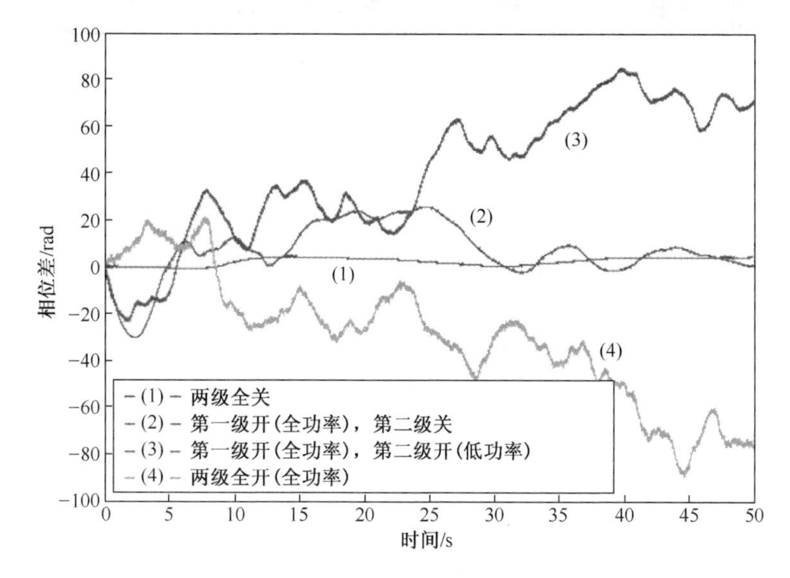

图 8.10　放大器两级全关、第一级开以及两级全开时测量得到的相位差。记录总时长为 50s,采样率分别为 5kHz (两级全关)和 40kHz(第一级开或两级全开)。

相同,泵浦功率较大则相位噪声也较大。表 8.5 中列出了四条曲线相应的实验配置方式。

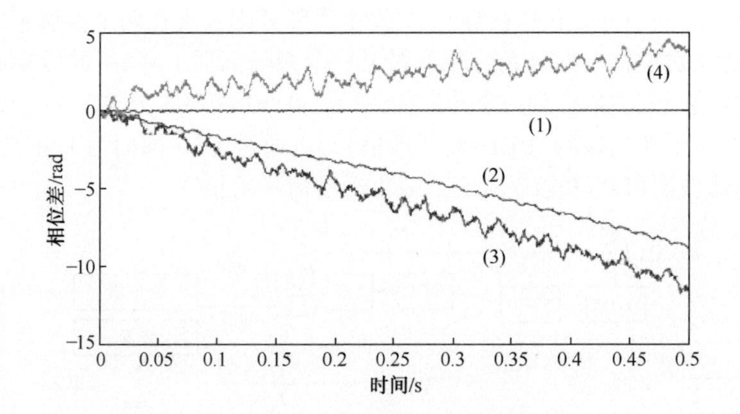

图 8.11 条件与前一图相同,但记录时间为 500ms

表 8.5 相位噪声测量实验设置

情况	第一级	第二级制冷	第二级泵浦
1	关	关	关
2	全功率	关	关
3	全功率	开	低功率
4	全功率	开	全功率

实验结果中的最后 2 种情况表明,泵浦功率的高低并不是造成相位噪声的主要来源,而商用泵浦系统的机械振动才是相位噪声的主要来源。事实上,第二级泵浦源是一个 350W 的光纤耦合二极管,该二极管与一个初级水冷回路和一个二级水冷回路连接在一起。初级水冷回路是一种循环水结构,制冷水在制冷机和二极管之间循环。制冷机组本身用两级电路制冷。尽管该二极管组合泵浦系统与隔振台并没有直接接触,但泵浦引导光纤也可能传递振动,因此阻尼并不理想。有些相位噪声与光纤包装方式有关,在本实验中,第一个放大器中光纤松散地卷曲放置在一个平面上,第二放大器中光纤夹在一个水冷金属板上。

图 8.12 给出了相位噪声的功率谱密度。可以划分成三个范围。

(1) 低于 10Hz——噪声为连续噪声,主要是由光纤与其周围环境之间热交换而产生的(热噪声)。

(2) 介于 10Hz~1kHz 之间——噪声有尖峰,主要是由于声波振动而产生的(风扇、水泵等)。

(3) 高于 1kHz——此时存在电子尖峰噪声,例如,泵浦二极管电流噪声。此噪声可转换为泵浦强度噪声和信号相位噪声,从而产生振幅较低的高频相位噪声。

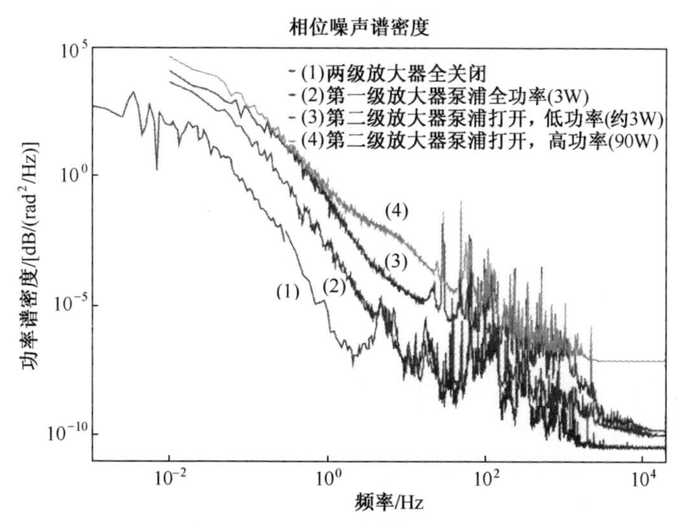

图 8.12　三种情况下测量得到的相位噪声功率谱密度

从图 8.12 中可以得出,第一级放大器主要影响低频热噪声,几乎没有增加振动噪声。相反,当打开第二级泵冷却系统后,所有频段的相位噪声都会明显增加,特别是在声学频率处相位噪声的增加更为显著。然后将第二级放大器的功率从 2W 增加到 90W,在 0Hz~10Hz 的频率范围内,噪声频谱几乎不受影响。当频率高于 1kHz 时,由于探测器光子噪声的增加,会导致本底噪声随之增加。由于金属支架会吸收低频热噪声,因此第二级放大器并没有带来额外的低频(小于 1Hz)噪声。

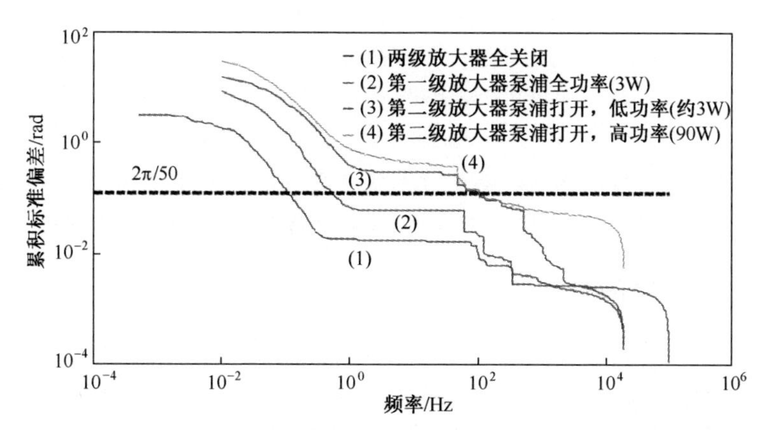

图 8.13　从低频到高频的累积标准偏差,虚线表示极限误差 2π/50

通常用残余相位误差 $\Delta\varphi_{RMS} = 2\pi/N$ 来量化光束合成系统的性能,95%的合束效率一般对应 $\Delta\varphi_{RMS} \sim 2\pi/15$(即 $\lambda/15$),99%的合束效率对应 $\Delta\varphi_{RMS} \sim 2\pi/30$。$\Delta\varphi_{RMS}$ 可由功率谱密度(PSD)的均方根在整个频率范围内的积分计算(图 8.12)得到。

图 8.13 给出了功率谱密度从无穷小频率积分到给定频率处的结果。最低频率处的残余相位误差值是全频率的积分相位误差,它们要比典型的理想残余相位误差值 2π/50(虚线)大得多。假设控制器消除了频率低于给定的频率低频误差,只留下无法触及的高于给定频率的高频误差时,用该图就可以计算出残余相位误差。由这些测量结果可见,对于单级放大器,只要对低于 1Hz 的频率进行修正,就能够获得 2π/50 的目标残余相位误差。对于两级放大器,则需要对 100Hz 以下的频率进行修正。

同样,对三个不同的商用放大器的残余相位误差也进行了测量,曲线如图 8.14 所示。曲线(2)对应的放大器用于传输峰值功率达 200W 的脉冲,用传导法制冷(无风扇)。曲线(3)和(4)对应的放大器传输峰值功率低于 100W 的脉冲,用风扇制冷。对于放大器(3)和(4),大于 100Hz 的反馈回路就可满足要求,而对于放大器(2),1Hz 的反馈回路就足以修正低频噪音。

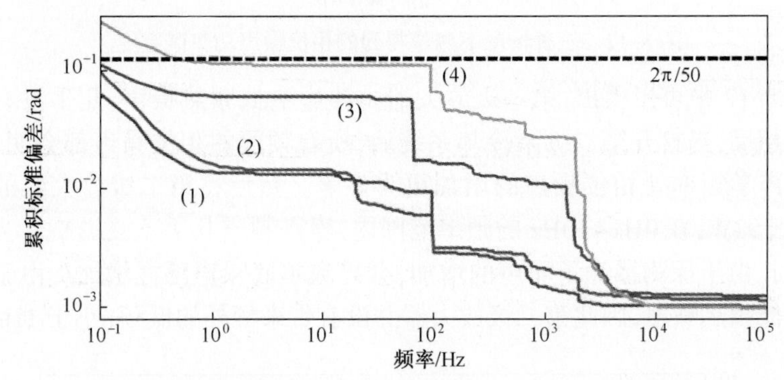

图 8.14 相位噪声累积标准偏差。(1)无放大器;(2)传导(无风扇)散热、峰值功率 200W 放大器;(3)和(4)两峰值功率 100W 的脉冲光纤放大器;放大器(4)的制冷风扇多于放大器(3)。虚线显示为 2π/50 的上限。

这些实验表明,我们必须对整个放大器链进行精心设计,以尽量减少相位噪声源。低频相位噪声源主要为热噪声,中频为振动噪声,高频则为电噪声。

8.5.2 脉内相移测量

我们测量了不同时间范围和不同功率范围条件下的脉内相位差。在脉冲持续过程中相位预计主要受到两个方面的影响:增益变化(通过 K-K 关系)和脉冲强度变化(通过克尔效应)。8.5.2 节给出了微秒脉冲的相位变化实验测量结果,8.5.3 节给出了这些相位变化的理论分析。

测量系统如图 8.15 所示。我们使用 1.5μm 的连续波主振荡器,然后用声光调制器调制信号,再用掺铒光纤放大器放大信号。脉冲放大信号与连续波主振荡器参考信号最终在一个光电探测器上进行干涉,这类似经典的干涉仪设计。

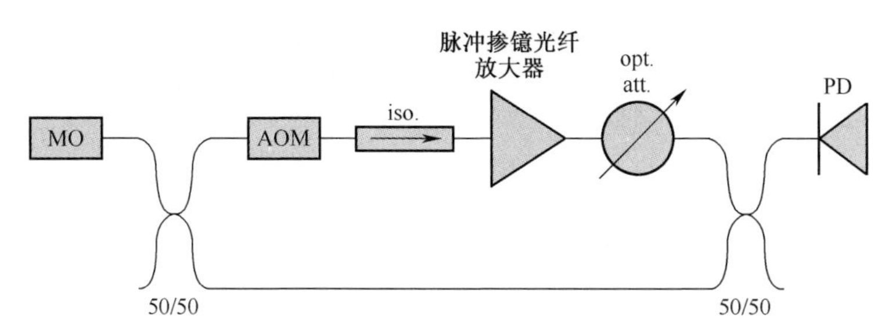

图 8.15　脉内相位涨落测量实验装置。MO:连续波主振荡器;AOM:脉冲发生器的声光调制器;iso:光隔离器;opt. att:光衰减器,平衡两光路的信号水平;PD:光电探测器,测量连续波主振荡器和放大脉冲的干涉信号。

放大后的信号峰值功率由受激布里渊散射效应限定在约 100W 以内,脉冲持续时间 30nm~10μs 可调。输入脉冲的时间波形随声光调制器的调制而改变,以便能以最小峰值功率得到最大输出能量。

图 8.16(a)给出了脉冲持续时间 1μs、重复频率 3kHz 的输入脉冲波形。输出脉冲波形在图中中央位置。正如 8.3.4 节中解释的那样,由于脉冲前端获得增益高于脉冲末端获得增益,因此输出脉冲前端失真大于脉冲末端失真。

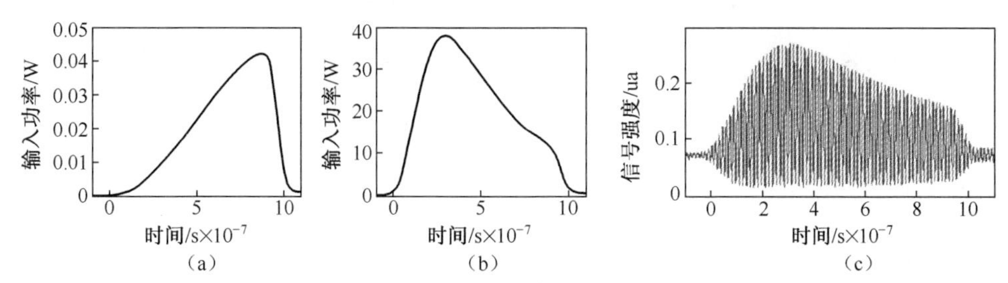

图 8.16　脉冲宽度 1μs、脉冲重复速率 3kHz 的实验结果信号示例。(a)输入脉冲波形;(b)放大输出脉冲波形;(c)干涉信号。

相应的干涉条纹见图 8.16(c),光电探测器上的干涉信号的强度可以写为

$$I(t) = E_{01}^2 + E_{02}(t)^2 + 2E_{01}E_{02}(t)\cos[2\pi \cdot F_{\text{AOM}} \cdot t + \phi_0 + \delta\phi(t)] \tag{8.21}$$

式中:E_{01}是参考光束的电场振幅,E_{02}是放大脉冲光束的电场振幅,F_{AOM}是声光调制器的频移,φ_0 是相位差偏移,$\delta\varphi(t)$ 表示脉冲相位波动。其信号余弦项 $2E_{01}E_{02}(t)\cos[2\pi \cdot F_{\text{AOM}} \cdot t + \phi_0 + \delta\phi(t)]$ 可以用傅里叶变换光谱滤波提取得到。

对于脉宽为 10μs 的输出脉冲波形(图 8.17(a)),图 8.17(b)给出了测量得到的相位差和对数增益随时间的变化过程(图 8.17(c))。这两条曲线的形状非常相似,说明相位差主要是由于 K-K 关系造成的(见 8.5.3 节)。

图 8.18(a)给出了脉冲持续期间相位随增益的变化关系,图 8.18(b)给出了

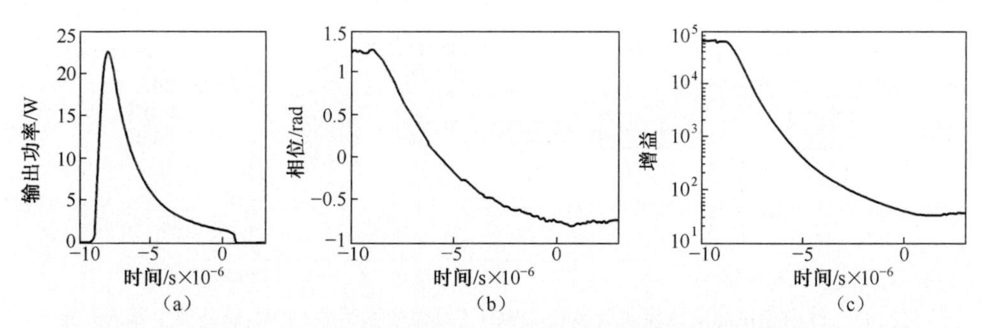

图 8.17 (a)脉宽为 10μs 的输出脉冲;(b)计算出的 70MHz 干涉信号载波的相位差;(c)计算出的净增益,即输入和输出脉冲之比。

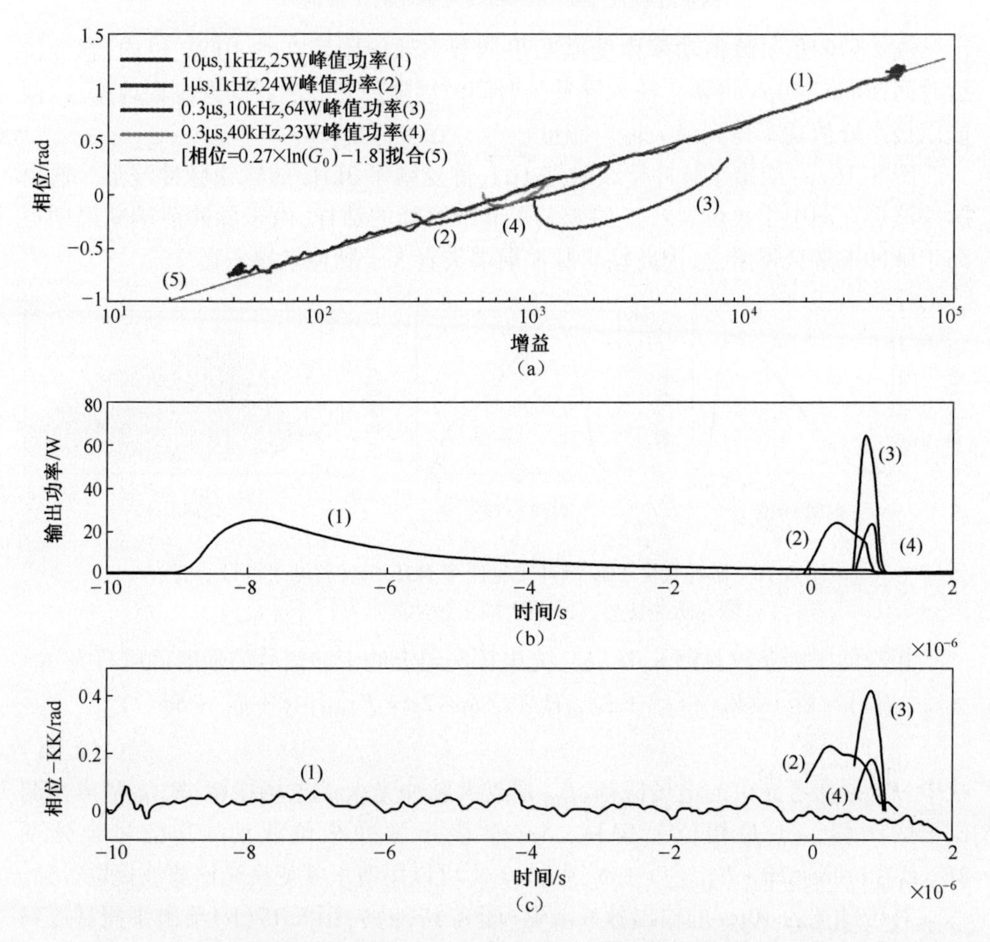

图 8.18 (a)各种脉冲持续时间和重复频率条件下脉冲相位和增益的变化关系。用公式(相位 = $0.27 \times \ln(G_0) - 1.8$)对 10μs 脉冲作拟合;(b)四种情况下的输出脉冲波形;(c)图(a)中去除趋势线后的脉冲相位波动。

相应的输出脉冲波形。对于长脉冲,相位差随对数增益的增加而增加,其线性拟合曲线也在图中绘出,拟合曲线的斜率为 0.27。将此斜率曲线从四个相位曲线中扣除之后得到的结果见图 8.18(c)。可见获得的相位差与输出脉冲强度波形非常相似。

用 K-K 关系可以解释相位与对数增益之间的线性关系,用克尔效应可以解释短脉冲时出现的额外相位差。我们可以看出,测量出的最大相位差约为 2rad。

8.5.3　脉内相移计算

当信号传播到掺杂光纤中时,其复振幅会受到信号光与增益介质相互作用的影响。同时,较大的信号强度和较长的互作用长度会触发非线性效应,如拉曼散射或克尔效应等,即使对于相对较短的光纤,情况依然如此[64]。在研究 K-K 关系对非线性效应的贡献之前,我们将首先讨论克尔效应诱导的非线性效应。克尔效应诱导非线性效应与峰值功率有关,而 K-K 关系诱导的非线性效应与脉冲能量有关。

8.5.3.1　克尔效应引起的相移

当激光脉冲在光纤中传播时,它会受到克尔光学效应诱导的折射率变化效应的影响,折射率变化满足以下关系:

$$n(z,t)=n_0+\Delta n(z,t)=n_0+n_2I(z,t) \tag{8.22}$$

式中:n_0是无光激励时的折射率,n_2是非线性折射率[61]。因此,脉冲达到之前和离开之后的折射率变化量是零,折射率变化量随峰值功率的增加而增加,并且当脉冲峰值功率达到最大时其折射率变化量值也达到最大。当一个峰值功率为 $P(z,t)$(z 为距离,t 为时间)的脉冲在光纤放大器中传播时,在 $z=L$、$t=t_1$时,峰值功率达到最大,$P_{out}(t_1)=P(L,t_1)$。初始时刻 t_0和 t_1之间的脉冲强度差将使光波产生一个频率为 ω 的相移,相移与峰值功率 $P(z,t)$以及基模有效面积有关,满足

$$\Delta\varphi(\omega,t_1)=\frac{\omega}{t}\int_0^L\Delta n\left(z,t_1-\frac{z}{c}\right)\mathrm{d}z=\frac{\omega n_2}{cA_{eff}}\int_0^L P\left(z,t_1-\frac{z}{c}\right)\mathrm{d}z=\frac{\omega n_2}{cA_{eff}}P_{out}(t_1)L_{eff} \tag{8.23}$$

式中:有效长度 L_{eff}表示功率恒定为 $P_{out}(t_1)$的信号的等效作用长度。脉冲波形的变化服从于相位差的变化,将这种效应称为自相位调制(SPM)。

在此我们主要关注激光雷达相干探测中的光纤放大器,在该应用中放大器峰值功率通常受限于受激布里渊散射。受激布里渊散射输出峰值功率阈值 P_{max}由 Smith 关系式(8.17)给出。结合式(8.23)及式(8.17),可计算出峰值功率 P_{max}处的最大相移,即

$$\Delta\varphi(\omega,t)=21\frac{\omega n_2}{cg_B}=42\frac{\pi n_2}{\lambda g_B} \tag{8.24}$$

对于纯硅材质的标准无源光纤，$n_2 = 3 \times 10^{-20} \mathrm{m^2/W}$，测得在 $\lambda = 1.55\mu\mathrm{m}$ 处，$g_B = 2 \times 10^{-11} \mathrm{m/W}$，方程(8.25)给出 $\lambda = 1.55\mu\mathrm{m}$ 处，$\Delta\varphi_{max} = 0.1\mathrm{rad}$。这意味着在此范围内,无论模场面积或光纤长度是多大,最大非线性相移只能达到 $\Delta\varphi_{max}$。

由于铒镱掺杂材料中掺杂浓度更大,通常认为 n_2 的数值是纯石英材料的 2 倍[73]。如果布里渊阈值没有出现在被动拖尾当中,而是出现在放大器本身当中,且假设 g_B 与有源光纤中的数值相等,则最大相移 $\Delta\varphi_{max} = 0.2\mathrm{rad}$。尽管该值仍然很小,但这种变化已经能够测量出来,并已被前面的实验结果所证实。

对于脉冲放大器相干合成,我们只关心几个放大器之间的相对差分相移。假设各个放大器之间的峰值功率和光纤长度存在 10%的偏差,则差分相移约为 $\Delta\varphi_{differential} = \Delta\varphi_{max}/10$ 数量级,相当于 $\lambda/300$。在这种条件下,自发相位调制诱导的相移将不会是一个问题。

若脉冲持续时间小于声子寿命(约 15ns),则受激布里渊散射阈值急剧上升,从而不再制约脉冲峰值功率。在此条件下,峰值功率主要受限制于受激拉曼散射。结合式(8.20)和式(8.23),可以得到,

$$\Delta\varphi(\omega,t) = 16\frac{\omega n_2}{c g_R} = 32\frac{\pi n_2}{\lambda g_R} \tag{8.25}$$

采用前面章节给出的数据,对于 $n_2 = 3 \times 10^{-20} \mathrm{m^2/W}$、$g_R = 7 \times 10^{-14} \mathrm{m/W}$ 的标准无源光纤,在 $\lambda = 1.55\mu\mathrm{m}$ 处,方程(8.25)给出的 $\Delta\varphi_{max} = 28\mathrm{rad}$。这些数字与 Palese[45]等人得到的结果之间有很好的一致性,对于受激拉曼散射峰值功率极限脉冲,Palese 等人测量得到的自相位调制相移为 7 倍波长。同样,考虑到放大器之间的峰值功率和光纤长度有 10%的分散性偏差值,则差分相移的量级为 $\Delta\varphi_{differential} = \Delta\varphi_{max}/10$,相当于 $\lambda/2$。在此条件下,自相位调制引起的相移将成为一个问题,需要更加严格地控制各个放大器之间的色散或者脉间相位差。

8.5.3.2 增益诱导的相移

除了克尔效应诱导的相移之外,掺铒光纤放大器内还存在另一种效应导致的相移,即增益介质内离子与光子相互作用产生的相移。事实上,基态至激发态的跃迁行为会改变光纤内掺杂离子极化率。

对于电极化率 $\chi(\omega) \approx \chi'(\omega) - i\chi''(\omega)$、入射电场为线性响应的放大或吸收介质,时间响应的结果就导致了著名的频率响应实部与虚部之间的 K-K 关系[74]。

当极化率较小时($|\chi(\omega)| \ll 1$),在以波长长度为度量坐标下,光吸收或光放大对入射光场的振幅影响很小。在此近似下,折射率与极化率 $\chi(\omega)$ 的实部有关,即

$$n(\omega) \approx n_0 + \frac{\chi'(\omega)}{2n_0} \tag{8.26}$$

而吸收强度与虚部有关,即

$$\alpha(\omega) \approx -\frac{\omega}{c}\frac{\chi''(\omega)}{n_0} \tag{8.27}$$

因此,极化率的实部$\chi'(\omega)$描述了光学相位变化情况,而虚部$\chi''(\omega)$则决定了是吸收还是放大。根据光纤放大器模型中的截面和饱和参数,可以计算出$\chi''(\omega)$,依据 K-K 关系可计算出$\chi'(\omega)$。同样,利用 K-K 关系可以将脉冲诱导的折射率变化 Δn 与脉冲诱导的吸收率变化 $\Delta\alpha$ 联系起来,依据式(8.26)和式(8.27)得到其满足的关系式,

$$\Delta n(\omega) = \frac{c}{\pi}\mathrm{PV}\int_0^\infty \frac{\Delta\alpha(\omega_1)}{\omega^2 - \omega_1^2}\mathrm{d}\omega_1 \tag{8.28}$$

式中:PV 代表柯西主值。

对于典型的光纤放大器,信号功率足以使跃迁达到饱和状态,其信号增益取决于脉冲能量(8.3.2 节),系统不再是线性系统。这种情况下,对于 K-K 关系是否适用一直存在争议。用 Desurvire 密度矩阵方程计算了每个 Stark 能级跃迁极化率[73],在本章中,我们认为当出现饱和时,K-K 关系不再适用。从数学上讲,由于极化率表达式在上下复平面上只有一个轴,因此建立在 Titchmarsh 理论基础上的 K-K 关系,将不再适用[75,76]。

然而,对于 2 能级饱和系统以及近期出现的光纤放大器,也有人提出了不同的观点[76,77]。根据这些观点,脉冲诱导的饱和对放大脉冲相位的影响,等同于具有相同饱和特性的一个固定扰动的放大器对脉冲相位的影响,这类似于线性过程。对于此等效系统,K-K 关系依旧适用。可以由式(8.28)计算出反转粒子损耗导致的折射率变化值。

现在让我们来考虑一个长度为 L 的掺杂光纤放大器。设光纤长度方向 z 点处微元 dz 处的增益为 $g(z)$,我们假定此增益由一个 2 能级等效离子系统产生,这里定义 $N_1(z)$ 和 $N_2(z)$ 分别是两个能级上的粒子数,在准二能级近似条件下,总粒子数为常数,$N_1(z) + N_2(z) = N_0$。

由脉冲扰动引起的折射率变化 $\Delta n(\omega,z)$ 与增益改变量 $\Delta g(\omega,z)$ 之间满足以下关系:

$$\Delta n(\omega,z) \approx \frac{c}{\pi}\mathrm{PV}\int_0^\infty \frac{\Delta\alpha(\omega_1,z)}{\omega^2 - \omega_1^2}\mathrm{d}\omega_1 = -\frac{c}{\pi}\mathrm{PV}\int_0^\infty \frac{\Delta g(\omega_1,z)}{\omega^2 - \omega_1^2}\mathrm{d}\omega_1 \tag{8.29}$$

在阶跃折射率近似下,光纤上某一微元 dz 处的增益为

$$g(\omega,z) = (\sigma_e(\omega)N_2(z) - \sigma_a(\omega)N_1(z))\Gamma(\omega) \tag{8.30}$$

式中:其中 $\Gamma(\omega)$ 是光学模场和光纤掺杂纤芯之间的重叠因子。在准二能级近似下,增益可改写成激发态上粒子数 N_2 的函数,因而可以将由脉冲引入的增益变化量写为粒子数 N_2 变化量的函数:

$$\Delta g(\omega,z) = [(\sigma_e(\omega) + \sigma_a(\omega))\Delta N_2(z)]\Gamma(\omega) \tag{8.31}$$

图 8.19 给出了折射率变化量的光谱范围,计算所用的光纤材料为铒镱掺杂磷酸硅,$\Delta N_2(z) = N_0$。1530nm 和 1545nm 处对应横截面拐点,其斜率也最陡。1535nm 处对应横截面最大,斜率为 0。

介质中传播后的相移由以下公式来确定:

$$\Delta\varphi(\omega) = \frac{\omega}{c}\int_0^L \Delta n(\omega, z)\,\mathrm{d}z \tag{8.32}$$

因此,利用式(8.29)和式(8.31)可以得到的脉冲持续时间内由增益变化引起的相移,即

$$\Delta\varphi(\omega, \Omega) = -\frac{\omega}{\pi}\int_0^L \Delta N_2(z)\,\mathrm{d}z\,\mathrm{PV}\int_0^\infty \frac{\sigma_\mathrm{a}(\omega_1) + \sigma_\mathrm{e}(\omega_1)}{\omega^2 - \omega_1^2}\Gamma(\omega_1)\,\mathrm{d}\omega_1 \tag{8.33}$$

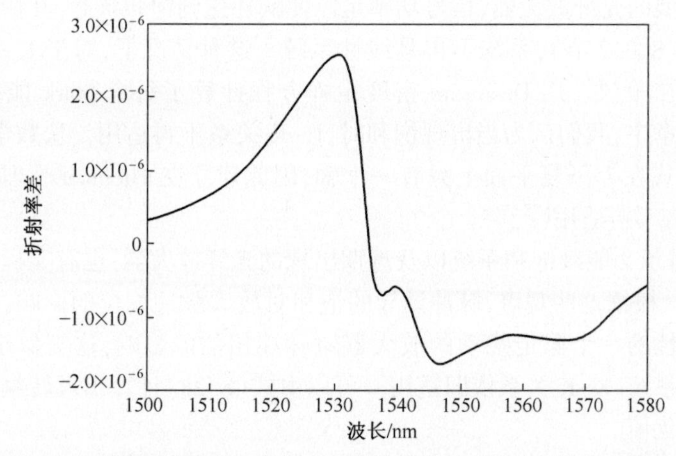

图 8.19 镱铒磷酸硅中极化率改变诱导的折射率随波长的变化现象。1532nm 处吸收率等于 20dB/m。

为了获得相位与增益变化量之间的关系表达式,对于波长 λ_s、即频率为 ω_S 的信号,引入脉冲到来之前 t_i 时刻放大器的初始总增益 G_i,以及脉冲离开后 t_f 时刻的最终总增益 G_f,则有,

$$\Delta\varphi(\omega) = -\omega_\mathrm{S}\frac{\ln(G_\mathrm{f}/G_\mathrm{i})}{\Gamma(\omega_\mathrm{s})\sigma_\mathrm{a}(\omega_\mathrm{s}) + \sigma_\mathrm{e}(\omega_\mathrm{s})]} \cdot \frac{1}{\pi}\mathrm{PV}\int_0^\infty \frac{\sigma_\mathrm{a}(\omega_1) + \sigma_\mathrm{e}(\omega_1)}{\omega^2 - \omega_1^2}\Gamma(\omega_1)\,\mathrm{d}\omega_1 \tag{8.34}$$

按照方程(8.34),可以根据增益的变化量直接计算出相位的变化量,增益本身又是脉冲能量的函数。

最后,我们可以得出这样的结论,相位变化量应当按照横截面之和的 K-K 变换进行计算,并与放大器总增益的对数变量成正比。这就意味着相位的变化量与峰值功率无关而与脉冲能量有关。

我们用式(8.34)计算脉冲开始和结束后产生的相移 $\Delta\varphi$,对于脉冲光纤放大

器中的相移,在 8.5.2 节中已经给予了描述。两级放大器可以承受超过 80W 的峰值功率。脉冲越长则耗尽反转粒子数越强,从而可获得更大的增益差 $\Delta(\ln G)$。使用建立起的光纤放大器模型[51],计算了脉冲宽度 300ns ~ 10ms、脉冲重复频率为 1kHz 的各种条件下的峰值功率和脉冲波形。我们可以用式(8.34)计算出对数增益 $\ln(G_f/G_i)$ 的变化量和相位改变量。图 8.20 表明,测量结果与理论模型之间有良好的一致性。相移改变量与 $\ln(G_f/G_i)$ 之间接近线性关系,斜率为 0.26。

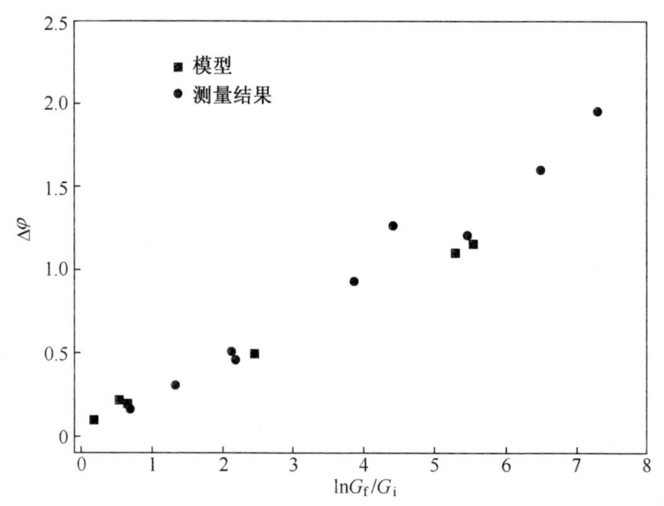

图 8.20　不同条件下(脉冲持续时间范围 300ns ~ 10μs、不同的泵浦功率、脉冲重复频率介于 1kHz 和 10kHz 之间),相移 $\Delta\varphi$ 随对数增益的变化关系。测量结果(圆点)和模拟结果(方块)之间的比较。

对于脉冲放大器相干光束合成,不同放大器之间的增益损耗微分引入的相移会影响到几个放大器之间的相对相移。根据 Frantz 与 Nodvik 式(8.9),初始增益和最终增益与脉冲输出能量及光纤饱和能量相关,由下式给出

$$G_f = 1 + (G_i - 1)\exp\left(-\frac{E_{out}}{E_{sat}}\right) \tag{8.35}$$

当 $G_i \gg 1$ 且 $G_f \gg 1$ 时,有

$$\ln\left(\frac{G_f}{G_i}\right) \sim -\frac{E_{out}}{E_{sat}} \tag{8.36}$$

假设待合束的放大器均由相同的光纤制成,输出能量范围 $E_{out} \sim E_{sat}$,放大器之间的输出能量偏差约为 10%,则微分相移为 $\Delta\varphi \sim 0.026$,即 $\lambda/200$。

另一方面,当合束光由非常不同的放大器组成或当相位失真会影响其应用时,可以引入脉内相位畸变预补偿。对于飞秒量级的脉冲,可以在光谱域利用主动脉冲整形实现脉间啁啾。而对于窄线宽纳秒脉冲,可以在时域利用高速电路和递归结构实现脉冲相位控制。事实上,Palese 等人[45]对一 1ns 的脉冲实现了相位预补

偿，将 15rad 的相位失真降低至 1rad 残余相位波动，这种波动是由脉间能量波动而引入的。然而，该解决方案相当复杂，而且会降低信号。

总之，通过基于对自相位调制所造成的相位扰动的研究，以及基于对脉冲持续过程中反转粒子数耗尽的研究，我们有理由认为，与主要扰动源相比，长脉冲条件下，这两种因素对于相对相位误差的影响可忽略不计。

8.6 脉冲放大器相干光束合成实验装置及结果

本节报道了利用脉冲之间的信号泄漏实现两路脉冲光纤放大器的相干光束合成实验[37]，该放大器脉冲宽度在 100ns 量级。正如 8.2 节中讨论的结果一样，脉冲所包含的信息不足以完成相位校正。事实上，噪声 f_{noise} 的频率在 1kHz 量级，而脉冲重复频率 PRF 在 10kHz 量级，即 PRF $< 20 \times f_{noise}$。因此，我们利用脉冲之间信号泄漏，而非脉冲所包含的信息实现相位稳定。两束受激布里渊散射制约的峰值功率为 100W 的脉冲光合束后，合束效率达到 95%，残余相位误差达到 $\lambda/27$，光束质量并未发生显著退化。

图 8.21 给出了两个脉冲光纤放大器相干光束合成实验装置的组成。首先将一个波长 1.5μm、线宽 15kHz 的连续波种子激光器预放大到 200mW，再用声光调制器对其进行调制，形成脉冲宽度 70ns、频率 10kHz 的脉冲系列，该脉冲系列具有类高斯时间分布和低连续波泄漏功率。然后再由一个 50/50 的耦合器将信号分为两束，每束光路都包含有一个商用脉冲光纤放大器。其中一束光路还包含有相位调制器（铌酸锂光电调制器），该相位调制器以 $F \approx$ 1MHz 的调制频率对放大器施加一个较小的调制。放大后的峰值功率由于放大器的受激布里渊散射效应被限制在 100W[78]。由于两个放大器的光纤长度有所不同，因此受激布里渊散射效应实际的峰值功率极限分别为 95W 和 123W。由于从泄漏信号中提取的能量会降低脉冲的性能并增加噪声，因此信号泄漏功率必须尽可能低。在探测器前应加入第二个声光调制器以抑制脉冲，同时确保只有放大后的泄漏信号才能到达探测器。然后通过利用频率为 F 的调制放大后的泄漏信号完成相位稳定，相位稳定技术与连续波相位稳定技术相同。

图 8.22 所示为 70ns 脉冲信号的光纤放大器的典型性能。峰值功率与平均功率随脉冲重复频率的变化关系见图 8.22(a)。当重复频率低于 10kHz 时，出现了有害的受激布里渊散射效应。图 8.22(b) 给出了脉冲峰值功率和脉间信号功率（自发辐射放大和放大信号泄漏之和）的附加的脉间信号泄露效应与重复频率为 10kHz 的声光调制器消光比的函数关系。消光比低于 40dB 时，对输出峰值功率的影响不是很明显。但为了使脉间平均功率尽可能低，通常将消光比选择为 60dB。脉间平均功率基线为自发放大辐射功率。

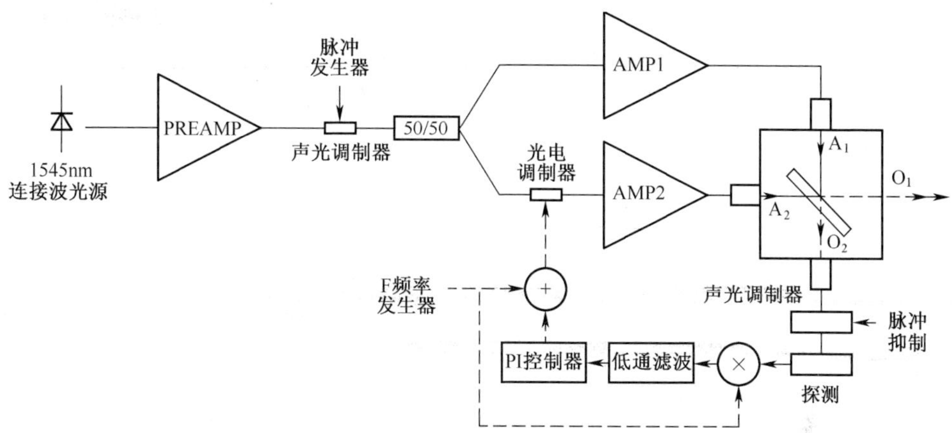

图 8.21　两脉冲光纤放大器相干合束实验装置组成。PREAMP:前置放大器;AMP1 和 AMP2:放大器;A_1 和 A_2:放大器输出;O_1 和 O_2:相干合束输出。

然后,用两个 8mm 的非球面透镜分别对两个放大器的输出(A_1 和 A_2)进行准直,并在一个分束器上合束。这里,通过光束重叠(平移)和边缘光斑消除(角度)的方法实现两束光的空间对准。然后这两个光束分别沿其传播轴传播,并于输出端 O_1 和 O_2 处重合。这里可通过平衡两光路的长度实现两束光的时间同步,以便使两束光在同一时间到达分束器表面(2ns 的延迟时间远小于 70ns 的脉冲宽度)。这种结构相当于一个马赫-森德干涉仪,输出端 O_1 和 O_2 与 A_1 和 A_2 具有相同的空间特性。这里需要注意的是,在全光纤结构中,利用 50/50 的光纤耦合器也可以得到同样的结果,但为了降低由光纤长度增加而引入的受激布里渊散射效应,将峰值功率输出限定在一个较低水平。上述结构可通过层叠分束器进一步扩展升级,方法与文献[10]中方法类似。

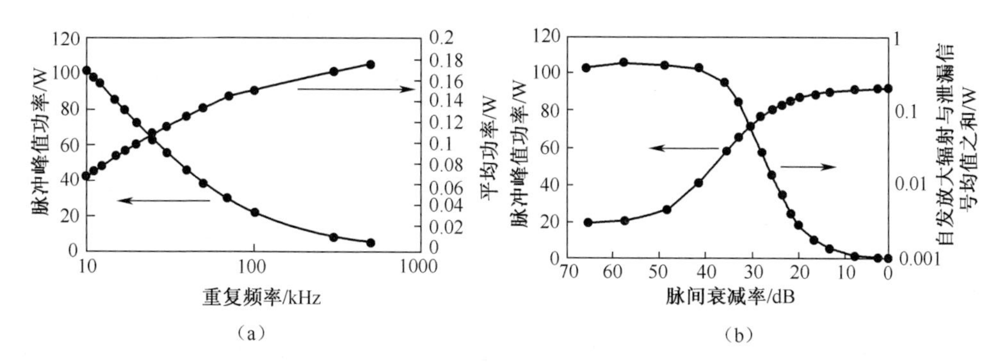

图 8.22　光纤放大器(AMP1 和 AMP2)的典型性能。(a)输出脉冲峰值功率和平均功率随脉冲重复频率的变化关系;(b)脉冲峰值功率和脉间平均功率(自发放大辐射与泄漏信号之和)随声光调制器脉间消光比的变化关系。

图 8.23 给出了由自发放大辐射和信号泄漏组成的脉间功率。相比而言,我们

建议增加高消光比(无泄漏)情况下的脉间功率。积分平均功率比中,1.5%是脉冲自发放大辐射加脉冲泄漏信号功率,98.5%为脉冲信号功率。

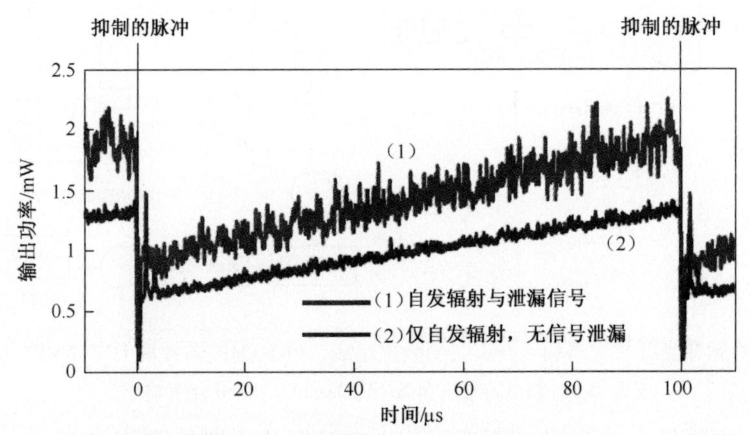

图 8.23 脉冲抑制后输出端 A_2的脉间信号功率,时间周期为 100μs。(1)自发放大辐射加泄漏信号;(2)自发放大辐射(泄漏衰减> 70dB)。

利用连续波相干光束合成中的频率标记控制器技术,一旦脉冲得以抑制,通过使 O_2的泄漏功率达到最小就可以实现脉冲光相干光束合成。输出信号可以是最小值也可以是最大值。对于第一种情况,脉冲在 O_1处合束后信号增强(在输出 O_2处合束后信号减弱)。对于干涉增强和干涉减弱两种情况,在 O_1处测量的平均输出功率分别为 146mW 和 7mW。分束器对于 A_1的实际反射率是 42%(透过率为58%),因而补偿了两个放大器在 O_2输出端处轻微的峰值功率差(见表 8.6)。这就确保了在相干光束合成期间,到达 O_2处的功率非常低,因此在 O_1处就能获得很高的效率。

表 8.6 所用光纤放大器在 70nm 脉冲条件下的性能参数

	平均功率/mW	峰值功率/W	自发放大辐射/%	自发放大辐射加信号泄漏/%	O_1处平均功率/mW	O_2处平均功率/mW
AMP1	67	95	1.0	1.4	28	39
AMP2	86	123	1.1	1.5	50	36

图 8.24(a)给出了不同位置处的脉冲剖面分布图,每个位置的光波剖面都服从高斯状分布,可见光斑形状并没有受到放大器的影响。获得的输出峰值功率为208W(图 8.24 中 O_1),与总功率 218W=95W+123W(A_1和 A_2脉冲振幅之和)相比,平均功率合束效率达到了 95%。少量的损失主要来自时间的非理想性、空间的重叠的非理想性以及残余相位误差。一个触发频率 10kHz 的实时采集卡对每个脉冲采集 100 点,然后通过信号后处理再确定后续脉冲的能量。图 8.24(b)给出了当

控制器打开和关闭时,脉冲能量在10s内的演化过程,由式(8.37)可估算出残余相位误差约 $\lambda/27$,有

$$\Delta\varphi_{\mathrm{RMS}} = 2\sqrt{\frac{\Delta V_{\mathrm{RMS}}}{V_{\mathrm{MAX}}}} \tag{8.37}$$

式中:$V(t)$是脉冲能量随时间的变化情况,V_{MAX}是脉冲能量的最大值,ΔV_{RMS}是脉冲能量的均方根值。我们已观察到,合束光的光束质量与两个独立单模光束AMP1和AMP2相接近,因而光束合成并没有降低光束质量。

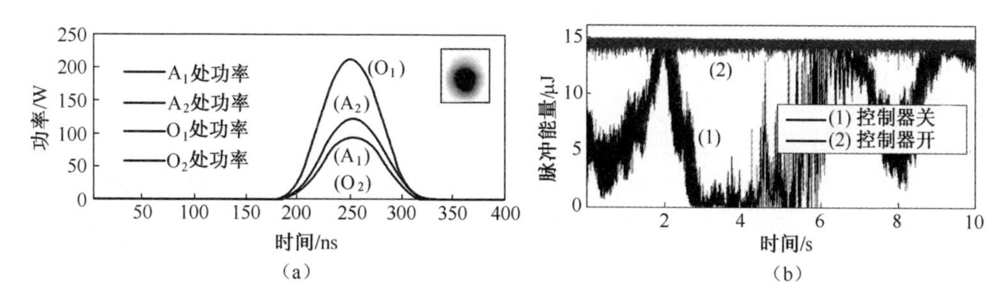

图8.24 (a)合束前后(相干增强以及相干减弱)脉冲分布测量结果,输出光斑分布见图中插图;(b)控制器打开和关闭状态下合束脉冲能量变化过程。

以上实验给出了脉冲宽度在100ns量级条件下,受两个受激布里渊散射约束的光纤放大器相干光束合成的结果。通过频率标记技术,利用脉冲之间的信号泄漏进行相位误差测量和校正。使用峰值功率极限分别为95W和123W的光纤放大器,获得了208W的峰值功率,输出光束质量无明显退化。因此该实验过程实现了95%的功率合成效率以及 $\lambda/27$ 的残余相位误差。

根据脉冲持续状态下的相位波动测量结果可预见到,这些相位差不会降低低峰值功率光纤放大器相干结合效果。采用传统的连续波相干光束合成技术以及光学和电子元件,可以非常有效地实现脉冲光相干光束合成。这种技术也可以扩展应用到光纤数量更大的情况,限制条件仅仅是组件要求(调制器和控制器)和几何光束合成方式,这种限制条件在连续波相干光束合成中同样存在。

8.7 其他脉冲能量放大技术

为了达到放大光纤光源中脉冲能量的目的,人们还提出了其他非相干光束合成技术,并对其进行了广泛研究。所有这些技术,其目的都是提高光纤放大器中有害的非线性阈值和损伤阈值,其具体方法是使用一束光纤或者多个独立的光纤共同承担功率。

除了上述众所周知的受激布里渊散射抑制技术(见8.1节)之外,光束净化和和相位共轭技术等也能提高单模光纤的峰值功率。光束净化技术的原理是,首先

利用一个空间光束质量较差的光束产生一个高能脉冲，然后，引入一个非线性过程，将一个互补的低功率光束的高光束质量转移到高峰值功率光束中[79]。这种技术既可以通过非线性受激布里渊散射[80,81]耦合实现，也可以通过受激拉曼散射耦合实现[82]。相位共轭技术采用双通道激光放大器结构，放大导致的光学畸变会降低输出光束的空间光束质量。由于放大激光束的相位共轭，这些畸变可以从理论上给出完美的补偿。在实际中，相位共轭可以通过非线性波混频和介质受激布里渊散射等技术实现（如非线性晶体或非线性光纤）[83]。

基于非线性波混频技术的主要限制因素来自于其逼近于非线性以及光损伤阈值，这将导致峰值功率只能限定在一个有限的工作范围内。在此还应该提到自适应光学技术，特别是数字全息技术，该技术利用一个空间光调制器来净化激光波前，反馈回路计算速度慢会限制其带宽[84]。

除了主动相位控制技术之外，被动相干光束合成技术也是一种可行的技术。这些技术依靠一个共用设备实现多个激光源的功率耦合。例如，各个激光腔通过一个共用输出反射镜实现光束耦合[85-87]。另一种被动相干合成技术是将各个激光放大器干涉信号的一小部分反馈给激光放大器[88]，该技术的局限性是合束激光或放大器的数量有限。以上所有的结构中，都是一系列激光腔通过自组织找出并共享一个共用腔模。从数学和合束数目上可以证明，这样的自组织结构中激光器数量不会超过几十[89,90]。

使用多芯光纤放大脉冲激光是将功率分配给多个激光介质的另一种方法。通过将功率分散在多个稀土掺杂纤芯上会导致模场面积展宽，相当于展宽了大模场面积光纤的有效面积。

一种可能性是将光纤纤芯分成多个小纤芯，各个小纤芯非常接近足以产生强耦合，这束耦合的纤芯可以用来传导和放大一个超模激光。这样就增加了波导模的有效面积，从而提高了可获取的单脉冲能量水平[29,91]。

另一种可能性是制造较大纤芯和非耦合的多芯光纤。在这种情况下，每一个纤芯都是一个单独的放大介质，这种配置与多个激光通过一个共同的激光谐振腔耦合的情况非常相似。光束在各个光纤纤芯中被分别放大，再用相干光束合成法或光谱光束合成法进行合束，就好像每一个纤芯就是一个独立的激光放大器[92,93]。

除去纤芯大小以及纤芯耦合水平等问题，多芯光纤的制备是最主要的问题。多芯光纤的制备是一个非常苛刻和复杂的多步处理过程，因此这种光纤放大器通常非常昂贵且存在潜在的高损耗。

最后，但依然很重要的一点，光谱光束合成技术在脉冲激光光束合成方面也表现出良好效果。多年来，它们一直是唯一一种脉冲激光合成技术。光谱光束合成技术的原理是不同波长光束的非相干合束。所有光束最终在一个衍射元件上重叠在一起,衍射元件包括衍射光栅[32,36]、体布拉格光栅(VBG)[94]或其他光谱选择分束器[95]。

光谱光束合成的一个显著特点是不需要在每个光束上增加控制系统。光谱合束既可以工作于连续波模式也可以工作在脉冲模式。在脉冲模式下,存在一个额外的困难,即要同步各脉冲的到达时间。光谱光束合成技术的不足在于损伤阈值和衍射元件的热敏感性,以及各波长通道间的串扰[94,96]。此外,光谱合束后的光是宽带光且光谱不连续,导致其无法适应所有的应用场合。

8.8 总　　结

在本章中,我们给出了 N 个脉冲光纤主振荡光纤功率放大器相干光束合成的关键问题。需要特别指出的是,必须将脉冲重复频率与最高相位噪声频率相比较,以决定选择哪一种技术。在高脉冲重复频率($\mathrm{PRF}>40\times N\times f_{\mathrm{noise}}$)条件下,所有的技术都是兼容的;在中等脉冲重复频率($20\times f_{\mathrm{noise}}<\mathrm{PRF}<20\times N\times f_{\mathrm{noise}}$)条件下,只有直接检测技术是兼容的;而对于低脉冲重复频率($\mathrm{PRF}<20\times f_{\mathrm{noise}}$),则需要获得脉冲信号之间的信息(如信号泄漏)。

对于脉冲光纤放大器,输出相位波动由两个主要影响因素组成,即随机相位噪声和固有脉内相位失真。相位噪声和脉内相位失真的测量结果表明,在设计每个放大器之初就应当考虑相干合成的要求。

相位噪声主要来源于背景环境,这与连续波条件下的情况相同。噪声是由热、机械或电气波动带来的,我们的研究结果表明,应该把降低这些噪声放在第一位。

相反,固有脉内相位失真只出现在脉冲工作模式中。窄线宽光纤脉冲放大器的峰值功率通常会受到受激布里渊散射和受激拉曼散射的限制,而在达到这个限制之前,在较低功率时就会发生相位失真,其主要原因是增益损耗和自相位调制。通过使用相同的放大器可以将失真的影响最小化,脉内相位波动测量结果与理论预测吻合得很好。增益损耗引起的相位失真应当对放大器失匹配不敏感,这一点与自相位调制不同,特别是当脉冲峰值功率水平接近受激拉曼散射约束极限时(脉冲持续时间<10ns)更为明显。

最后,我们演示了两束光脉冲的峰值功率在 100W 量级的窄线宽、受激布里渊散射约束的脉冲光纤放大器的相干光束合成。我们的单元探测器电子频率标记光相干锁定技术使用脉冲之间的信号泄漏。

利用相干光束合成放大技术增加窄线宽脉冲峰值功率是一种极大挑战,特别是在峰值功率受激拉曼散射限制的条件(脉冲持续时间<15ns)下更是如此。事实上,在这一条件下,放大器的非理想性会导致不同的自相位调制相位失真和光束合成效率降低。附加脉内快速相位预补偿系统得到了研究并已投入使用,但该技术

系统复杂、效率低。最终的限制条件将是能量波动导致的残余随机自相位调制相位波动。

参考文献

[1] Kanamori, H., Yokota, H., Tanaka, G., Watanabe, M., Ishiguro, Y., Yoshida, I., Kakii, T., Itoh, S., Asano, Y., and Tanaka, S. (1986) Transmission characteristics and reliability of pure-silica-core single-mode fibers. J. Lightwave Technol., LT-4, 1144-1150.

[2] Frehlich, R. G. and Kavaya, M. J. (1991) Coherent laser radar performance for general atmospheric refractive turbulence. Appl. Opt., 30, 5325-5352.

[3] Berni, A. J. (1994) Remote sensing of seismic vibrations by laser Doppler interferometry. Geophysics, 59, 1856-1867.

[4] Shang, J., He, Y., Liu, D., Zang, H., and Chen, W. (2009) Laser Doppler vibrometer for real-time speech-signal acquirement. Chinese Opt. Lett., 7, 732-733.

[5] Paul, D. M. and Jackson, D. A. (1971) Rapid velocity sensor using a static confocal Fabry-Perot and a single frequency argon laser. J. Phys. E, 4, 170-177.

[6] Barker, L. M. and Hollenbach, R. E. (1972) Laser interferometer for measuring high velocities of any reflecting surface. J. Appl. Phys., 43, 4669-4675.

[7] Pillet, G., Morvan, L., Dolfi, D., and Huignard, J. -P. (2008) Wideband dual frequency lidar-radar for high-resolution ranging, profilometry, and Doppler measurement. Proc. SPIE, 7114, 71140.

[8] Kawakami, S. and Nishida, S. (1974) Characteristics of a doubly clad optical fiber with a low-index inner cladding. IEEE J. Quantum Electron., 10, 879-887.

[9] Po, H., Snitzer, E., Tumminelli, L., Hakimi, F., Chu, N. M., and Haw, T. (1989) Doubly clad high brightness Nd fiber laser pumped by GaAlAs phased array. Optical Fiber Communication Conference, Houstan, Texas, Paper PD7.

[10] Shiner, B. (2009) Recent technical and marketing developments in high power fiber lasers. The European Conference on Lasers and Electro-Optics, Munich, Germany, Paper TF1-2.

[11] Thieme, J. (2010) Power scaling of fiber lasers. SPIE PhotonicsWest, Paper 7580-19.

[12] Gapontsev, V., Gapontsev, D., Platonov, N., Shkurikhin, O., Fomin, V., Mashkin, A., Abramovb, M., and Ferin, S. (2005) 2 kW CW ytterbium fiber laser with record diffraction-limited brightness. Proceedings of CLEO Europe, p. 508.

[13] Ehrenreich, T., Leveille, R., Majid, I., Tankala, K., Rines, G. A., and Moulton, P. F. (2010) 1-kW, all-glass Tm:fiber laser. SPIE PhotonicsWest.

[14] Jeong, Y., Nilsson, J., Sahu, J. K., Payne, D. N., Horley, R., Hickey, L. M. B., and Turner, P. W. (2007) Power scaling of singlefrequency ytterbium-doped fiber master oscillator power-amplifier sources up to 500 W. IEEE J. Sel. Top. Quantum Electron., 13, 546-551.

[15] Offerhaus, H. L., Broderick, N. G., Richardson, D. J., Sammut, R., Caplen, J., and Dong, L. (1998) High-energy single transverse- mode Q-switched fiber laser based on a multimode large-mode-area erbium-doped fiber. Opt. Lett., 23, 1683-1685.

[16] Ramachandran, S., Nicholson, J. W., Ghalmi, S., Yan, M. F., Wisk, P., Monberg, E., and Dimarcello, F. V. (2006) Light propagation with ultralarge modal areas in optical fibers. Opt. Lett., 31, 1797-1799.

[17] Shi, W., Petersen, E. B., Leigh, M., Zong, J., Yao, Z., Chavez-Pirson, A., and Peyghambarian, N. (2009)

High SBSthreshold single-mode single-frequency monolithic pulsed fiber laser in the Cband. Opt. Express, 17,8237-8245.

[18] Shi,W. ,Petersen,E. B. ,Nguyen,D. T. ,Yao,Z. ,Chavez-Pirson,A. ,Peyghambarian,N. ,and Yu,J. (2011) 220 mJ monolithic single frequency Q-switched fiber laser at 2 mm by using highly Tm-doped germanate fibers. Opt. Lett. ,36,3575-3577.

[19] Li,M. -J. ,Chen,X. ,Wang,J. ,Gray,S. ,Liu,A. ,Demeritt,J. A. ,Ruffin,A. B. ,Crowley,A. M. ,Walton, D. T. ,and Zenteno,L. A. (2007) Al/Ge co-doped large mode area fiber with high SBS threshold. Opt. Express,15,8290- 8299.

[20] Kovalev, V. I. and Harrison, R. G. (2006) Suppression of stimulated Brillouin scattering in high - power single-frequency fiber amplifiers. Opt. Lett. ,31,161.

[21] Canat, G. , Lombard, L. , Bourdon, P. , Jolivet, V. , Vasseur, O. , Jetschke, S. , Unger, S. , and Kirchhof, J. (2009) Measurement and modeling of Brillouin scattering in a multifilament core fiber. CLEO 2009, Paper JTuB3.

[22] Shi,W. ,Petersen,E. B. ,Yao,Z. ,Nguyen,D. T. ,Zong,J. ,Stephen,M. A. ,Chavez-Pirson,A. ,and Peyghambarian,N. (2010) Kilowatt-level stimulated-Brillouin scattering-threshold monolithic transform limited 100ns pulsed fiber laser at 1530 nm. Opt. Lett. ,35,2418-2420.

[23] Limpert,J. ,Hoffer,S. ,Liem,A. ,Zellmer,H. ,Tünnermann,A. ,Knoke,S. ,and Voelckel,H. (2002) 100-W average-power high-energy nanosecond fiber amplifier. Appl. Phys. B,75,477-479.

[24] Fomin,V. ,Abramov,M. ,Ferin,A. ,Abramov,A. ,Mochalov,D. ,Platonov,N. ,and Gapontsev,V. (2010) 10 kW singlemode fiber laser. Proceedings of 5th International Symposium on High-Power Fiber Lasers and Their Applications.

[25] Engin,D. ,Lu,W. ,Akbulut,M. ,McIntosh,B. ,Verdun,H. ,and Gupta,S. (2011) 1 kW cw Yb-fiber-amplifier with <0. 5 GHz linewidth and near diffraction limited beam-quality,for coherent combining application. Proc. SPIE,7914,791407.

[26] Biernson,G. and Lucy,R. F. (1963) Requirements of a coherent laser pulse-Doppler radar. Proc. IEEE,51, 202-213.

[27] Goodman,J. W. (1966) Comparative performance of optical-radar detection techniques. IEEE Trans. Aerosp. Electron. Syst. ,2,526-535.

[28] Dolfi-Bouteyre, A. , Canat, G. , Valla, M. , Augere, B. , Besson, C. , Goular, D. , Lombard, L. , Cariou, J. , Durecu,A. ,Fleury,D. ,Bricteux,L. ,Brousmiche,S. ,Lugan,S. ,and Macq,B. (2009). Pulsed 1. 5 mm LIDAR for axial aircraft wake vortex detection based on high-brightness large-core fiber amplifier. IEEE J. Sel. Top. Quantum Electron. ,15,441-450.

[29] Canat, G. , Jetschke, S. , Unger, S. , Lombard, L. , Bourdon, P. , Kirchhof, J. , Jolivet, V. , Dolfi, A. , and Vasseur,O. (2008) Multifilament-core fibers for high energy pulse amplification at 1. 5 mm with excellent beam quality. Opt. Lett. ,33,2701-2703.

[30] Akbulut, M. , Hwang, J. , Kimpel, F. , Gupta, S. , and Verdun, H. (2011) Pulsed coherent fiber lidar transceiver for aircraft in-flight turbulence and wake-vortex hazard detection. Proc. SPIE,8037,80370.

[31] Yu, C. X. , Augst, S. J. , Redmond, S. M. , Goldizen, K. C. , Murphy, D. V. , Sanchez, A. , and Fan, T. Y. (2011) Coherent combining of a 4 kW,eight-element fiber amplifier array. Opt. Lett. ,36,2686-2688.

[32] Schmidt,O. ,Klingebiel,S. ,Ortac,B. ,Roser,F. ,Bruckner,F. ,Clausnitzer,T. ,Kley,E. -B. ,Limpert,J. ,and Tünnermann,A. (2008) Spectral combining of pulsed fiber lasers: scaling considerations. Proc. SPIE, 6873,687317.

[33] Shirakawa, A., Saitou, T., Sekiguchi, T., and Ueda, K. -I. (2002) Coherent addition of fiber lasers by use of a fiber coupler. Opt. Express, 10, 1167-1172.

[34] McNaught, S. J., Komine, H., Weiss, S. B., Simpson, R., Johnson, A. M. F., Machan, J., Asman, C. P., Weber, M., Jones, G. C., Valley, M. M., Jankevics, A., Burchman, D., McClellan, M., Sollee, J., Marmo, J., and References j273 Injeyan, H. (2009) 100 kW coherently combined slab MOPAs. CLEO 2009, Paper CThA1.

[35] Flores, A., Shay, T. M., Lu, C. A., Robin, C., Pulford, B., Sanchez, A. D., Hult, D. W., and Rowland, K. B. (2011) Coherent beam combining of fiber amplifiers in a kW regime. CLEO 2009, Paper CFE3.

[36] Schmidt, O., Wirth, C., Tsybin, I., Schreiber, T., Eberhardt, R., Limpert, J., and Tünnermann, A. (2009) Average power of 1.1 kW from spectrally combined, fiber amplified, nanosecond-pulsed sources. Opt. Lett., 34, 1567-1569.

[37] Lombard, L., Azarian, A., Cadoret, K., Bourdon, P., Goular, D., Canat, G., Jolivet, V., Jaouen, Y., and Vasseur, O. (2011) Coherent beam combination of narrow linewidth 1.5 mm fiber amplifiers in a longpulse regime. Opt. Lett., 36, 523-525.

[38] Daniault, L., Hanna, M., Lombard, L., Zaouter, Y., Mottay, E., Goular, D., Bourdon, P., Druon, F., and Georges, P. (2011) Coherent beam combining of two femtosecond fiber chirped-pulse amplifiers. Opt. Lett., 36, 621-623.

[39] Seise, E., Klenke, A., Limpert, J., and Tünnermann, A. (2010) Coherent addition of fiber-amplified ultrashort laser pulses. Opt. Express, 18, 27827-27835.

[40] Demoustier, S., Brignon, A., Lallier, E., Huignard, J. -P., and Primot, J. (2006) Coherent combining of 1.5 mm Er-Yb doped single mode fiber amplifiers. CLEO 2006, Paper CThAA5.

[41] Yu, C. X., Kansky, J. E., Shaw, S. E. J., Murphy, D. V., and Higgs, C. (2006) Coherent beam combining of large number of PM fibres in 2-D fibre array. Electron. Lett., 42, 1024-1025.

[42] Seise, E., Klenke, A., Breitkopf, S., Limpert, J., and Tünnermann, A. (2011) 88W0.5 mJ femtosecond laser pulses from two coherently combined fiber amplifiers. Opt. Lett., 36, 3858-3860.

[43] Ma, Y., Zhou, P., Wang, X., Ma, H., Xu, X., Si, L., Liu, Z., and Zhao, Y. (2011) Active phase locking of fiber amplifiers using sine-cosine single-frequency dithering technique. Appl. Opt., 50, 3330-3336.

[44] Redmond, S. M., Kansky, J. E., Creedon, K. J., Missaggia, L. J., Connors, M. K., Turner, G. W., Fan, T. Y., and Sanchez-Rubio, A. (2011) Active coherent combination of >200 semiconductor amplifiers using a SPGD algorithm. CLEO 2011, Paper CTuV1.

[45] Palese, S., Cheung, E., Goodno, G., Shih, C. -C., Di Teodoro, F., McComb, T., and Weber, M. (2012) Coherent combining of pulsed fiber amplifiers in the nonlinear chirp regime with intra-pulse phase control. Opt. Express, 20, 7422-7435.

[46] Injeyan, H. and Goodno, G. (2011) High Power Laser Handbook, McGraw-Hill.

[47] Kryukov, P. G. and Letokhov, V. S. (1970) Propagation of a light pulse in a resonantly amplifying (absorbing) medium. Sov. Phys. Usp., 12, 641-672.

[48] Koechner, W. (2006) Solid-State Laser Engineering, 6th edn, Springer.

[49] da Silva, V. L., Silberberg, Y., Heritage, J. P., Chase, E. W., Saifi, M. A., and Andrejco, M. J. (1991) Femtosecond accumulated photon echo in Er-doped fibers. Opt. Lett., 16, 1340-1342.

[50] Wang, Y. and Po, H. (2003) Dynamic characteristics of double-clad fiber amplifiers for high-power pulse amplification. J. Lightwave Technol., 21, 2262-2270.

[51] Canat, G., Mollier, J. -C., Bouzinac, J. -P., Williams, G. M., Cole, B., Goldberg, L., Jaouën, Y., and

Kulcsar, G. (2005) Dynamics of high-power erbium-ytterbium fiber amplifiers. J. Opt. Soc. Am. B, 22, 2308-2318.

[52] Frantz, L. M. and Nodvik, J. S. (1963) Theory of pulse propagation in a laser amplifier. J. Appl. Phys., 34, 2346-2349.

[53] Siegman, A. E. (1986) Lasers, University Science Books.

[54] Canat, G. (2006) Conception et réalisation d'une source impulsionnelle à fibre dopée erbium-ytterbium millijoule de grande brillance spectrale, PhD Thesis. École nationale supérieure de l'aéronautique et de l'espace, Toulouse, France.

[55] Schimpf, D. N., Ruchert, C., Nodop, D., Limpert, J., Tünnermann, A., and Salin, F. (2008) Compensation of pulse-distortion in saturated laser amplifiers. Opt. Express, 16, 17637-17646.

[56] Renaud, C. C., Offerhaus, H. L., Alvarez-Chavez, J. A., Nilsson, J., Clarkson, W. A., Turner, P. W., and Richardson, D. J. (2001) 274j 8 Coherent Beam Combining of Pulsed Fiber Amplifiers in the Long-Pulse Regime Characteristics of Q-switched cladding pumped ytterbium-doped fiber lasers with different high-energy fiber designs. IEEE J. Quantum Electron., 37, 199-206.

[57] Sintov, Y., Katz, O., Glick, Y., Acco, S., Nafcha, Y., Englander, A., and Lavi, R. (2006) Extractable energy from ytterbium doped high-energy pulsed fiber amplifiers and lasers. J. Opt. Soc. Am. B, 23, 218-230.

[58] Sintov, Y., Glick, Y., Koplowitch, T., and Nafcha, Y. (2008) Extractable energy from erbium-ytterbium co-doped pulsed fiber amplifiers and lasers. Opt. Commun., 281, 1162-1178.

[59] Boyd, R. (2003) Nonlinear Optics, 2nd edn, Academic Press.

[60] Jagannathan, A. and Orbach, R. (1990) Temperature and frequency dependence of the sound velocity in vitreous silica due to scattering off localized modes. Phys. Rev. B, 41, 3153-3157.

[61] Agrawal, G. P. (2007) Nonlinear Fiber Optics, 4th edn, Academic Press.

[62] Nikles, M., Thevenaz, L., and Robert, P. A. (1997) Brillouin gain spectrum characterization in single-mode optical fibers. J. Lightwave Technol., 15, 1842-1851.

[63] Smith, R. G. (1972) Optical power handling capacity of low loss optical fibers as determined by stimulated Raman and Brillouin scattering. Appl. Opt., 11, 2489- 2494.

[64] Jaouën, Y., Canat, G., Grot, S., and Bordais, S. (2006) Power limitation induced by nonlinear effects in pulsed high- power fiber amplifiers. C. R. Phys., 7, 163-169.

[65] van Deventer, M. O. and Boot, A. J. (1994) Polarization properties of stimulated Brillouin scattering in single-mode fibers. J. Lightwave Technol., 12, 585-590.

[66] Imai, Y. and Shimada, N. (1993) Dependence of stimulated Brillouin scattering on temperature distribution in polarization-maintaining fibers. IEEE Photonics Technol. Lett., 5, 1335-1337.

[67] Horiguchi, T., Kurashima, T., and Tateda, M. (1989) Tensile strain dependence of Brillouin frequency shift in silica optical fibers. IEEE Photon. Technol. Lett., 1, 107-108.

[68] Thomas, P. J., Rowell, N. L., van Driel, H. M., and Stegeman, G. I. (1979) Normal acoustic modes and Brillouin scattering in single-mode optical fibers. Phys. Rev. B, 19, 4986-4998.

[69] Shiraki, K., Ohashi, M., and Tateda, M. (1995) Suppression of stimulated Brillouin scattering in a fibre by changing the core radius. Electron. Lett., 31, 668-669.

[70] Kovalev, V. I. and Harrison, R. G. (2002) Waveguide-induced inhomogeneous spectral broadening of stimulated Brillouin scattering in optical fiber. Opt. Lett., 27, 2022-2024.

[71] Dragic, D., Liu, C. -H., Papen, G. C., and Galvanauskas, A. (2005) Optical fiber with an acoustic guiding layer for stimulated Brillouin scattering suppression. CLEO/ QELS 2005, Paper CThZ3.

[72] Li, M. , Chen, X. , Wang, J. , Gray, S. , Liu, A. , Demeritt, J. , Ruffin, A. , Crowley, A. , Walton, D. , and Zenteno, L. (2007) Al/Ge co-doped large mode area fiber with high SBS threshold. Opt. Express, 15, 8290-8299.

[73] Desurvire, E. (1990) Study of the complex atomic susceptibility of erbium-doped fiber amplifiers. J. Lightwave Technol. , 8, 517-1527.

[74] Hutchings, D. C. , Sheik-Bahae, M. , Hagan, D. J. , and Van Stryland, E. W. (1990) Kramers-Krönig relations in nonlinear optics. Opt. Quantum Electron. , 24, 1-30.

[75] Titchmarsh, E. (1986). Introduction to the Theory of Fourier integrals, 2nd edn, Oxford University, Clarendon Press.

[76] Bisson, J. F. and Kouznetsov, D. (2008) Comments on "Study of the complex atomic susceptibility of erbium-doped fiber amplifiers". J. Light wave Technol. , 26, 457- 459.

[77] Bochove, E. (2004) Nonlinear refractive index of a rare-earth-doped fiber laser. Opt. Lett. , 29, 2414-2416.

[78] Kulcsar, G. , Jaouën, Y. , Canat, G. , Olmedo, E. , and Debarge, G. (2003) Multiple - Stokes stimulated Brillouin scattering generation in pulsed high - power double - cladding Er3t - Yb3t - codoped fiber amplifier. Photonics Technol. Lett. , 15, 801-803.

[79] Lombard, L. , Brignon, A. , Huignard, J. P. , Lallier, E. , Lucas - Leclin, G. , Georges, P. , Pauliat, G. , and Roosen, G. (2004) Diffraction-limited polarized emission from a multimode ytterbium fiber amplifier after a nonlinear beam converter. Opt. Lett. , 29, 989-991.

[80] Lombard, L. , Brignon, A. , Huignard, J. P. , Lallier, E. , and Georges, P. (2006) Beam cleanup in a self-aligned gradient-index Brillouin cavity for high-power multimode fiber amplifiers. Opt. Lett. , 31, 158-160.

[81] Steinhausser, B. , Brignon, A. , Lallier, E. , Huignard, J. -P. , and Georges, P. (2007) High energy, single-mode, narrowlinewidth fiber laser source using stimulated Brillouin scattering beam cleanup. Opt. Express, 15, 6464-6469.

[82] Baek, S. H. and Roh, W. B. (2004) Singlemode Raman fiber laser based on a multimode fiber. Opt. Lett. , 29, 153-155.

[83] Harrison, R. G. , Kovalev, V. I. , Lu, W. , and Yu, D. (1999) SBS self-phase conjugation of CW Nd:YAG laser radiation in an optical fibre. Opt. Commun. , 163, 208-211.

[84] 84 Paurisse, M. , Hanna, M. , Druon, F. , Georges, P. , Bellanger, C. , Brignon, A. , and Huignard, J-P. (2009) Phase and amplitude control of a multimode LMA fiber beam by use of digital holography. Opt. Express, 17, 13000-13008.

[85] Shirakawa, A. , Saitou, T. , Sekiguchi, T. , and Ueda, K. -I. (2002) Coherent addition of fiber lasers by use of a fiber coupler. Opt. Express, 10, 1167-1172.

[86] Sabourdy, D. , Kermene, V. , Desfarges-Berthelemot, A. , Lefort, L. , Barthelemy, A. , Even, P. , and Pureur, D. (2003) Efficient coherent combining of widely tunable fiber lasers. Opt. Express, 11, 87-97.

[87] Wang, B. and Sanchez, A. (2011) All-fiber passive coherent combining of high power lasers. Opt. Eng. , 50, 111606.

[88] Lhermite, J. , Desfarges-Berthelemot, A. , Kermene, V. , and Barthelemy, A. (2007) Passive phase locking of an array of four fiber amplifiers by an all-optical feedback loop. Opt. Lett. , 32, 1842-1844.

[89] Bochove, E. J. and Shakir, S. A. (2009) Analysis of a spatial-filtering passive fiber laser beam combining system. IEEE J. Sel. Top. Quantum Electron. , 15, 320-327.

[90] Chang, W. -Z. , Wu, T. -W. , Winful, H. G. , and Galvanauskas, A. (2010) Array size scalability of passively coherently phased fiber laser arrays. Opt. Express, 18, 9634- 9642.

[91] Michaille, L., Bennett, C. R., Taylor, D. M., Shepherd, T. J., Broeng, J., Simonsen, H. R., and Petersson, A. (2005) Phase locking and supermode selection in multicore photonic crystal fiber lasers with a large doped area. Opt. Lett., 30, 1668–1670.

[92] Hartl, I., Marcinkevicius, A., McKay, H. A., Dong, L., and Fermann, M. E. (2009) Coherent beam combination using multicore leakage–channel fibers. Advanced Solid State Photonics Conference, Paper TuA6.

[93] Lhermite, J., Suran, E., Kermene, V., Louradour, F., Desfarges-Berthelemot, A., and Barth_el_emy, A. (2010) Coherent combining of 49 laser beams from a multiple core optical fiber by a spatial light modulator. Opt. Express, 18, 4783–4789.

[94] Sevian, A., Andrusyak, O., Ciapurin, I., Smirnov, V., Venus, G., and Glebov, L. (2008) Efficient power scaling of laser radiation by spectral beam combining. Opt. Lett., 33, 384–386.

[95] Schmidt, O., Wirth, C., Nodop, D., Limpert, J., Schreiber, T., Peschel, T., Eberhardt, R., and Tünnermann, A. (2009) Spectral beam combination of fiber amplified ns–pulses by means of interference filters. Opt. Express, 17, 22974–22982.

[96] Drachenberg, D., Divliansky, I., Smirnov, V., Venus, G., and Glebov, L. (2011) High power spectral beam combining of fiber lasers with ultra high spectral density by thermal tuning of volume Bragg gratings. Proc. SPIE, 7914, 79141.

第9章

飞秒脉冲光束的相干合成

Marc Hanna, Dimitrios N. Papadopoulos, Louis Daniault,
Frédéric Druon, Patrick Georges, Yoann Zaouter

9.1 引 言

多光束相干合成是目前公认的一种能够突破单个激光器功率上限的有效方法,同时,这种方法还可保证合束光具有单个激光源的光束质量。单激光源功率上限的限制因素有以下几类:对于平均功率受限制的激光源,问题在于高功率泵浦时导致的增益介质的热效应;对于峰值功率受限制的激光源,问题在于高峰值功率时导致的光学损伤和有害的非线性效应。相干光束合成最先应用于连续(CW)激光[1],此时热效应是主要问题。对于连续激光,如果不考虑光谱特性,则也可以用光谱合束等其他方法进行激光合束。后来相干合成很快扩展到脉冲激光合成,首先是纳秒脉冲合成(见第8章)[2,3],随后是飞秒脉冲合成,以放大峰值功率[4,5]。目前已经用光纤放大器做过这些验证,在光纤放大器中,非线性效应是影响合成的主要问题。对于超短脉冲,相干合成是唯一可以保持各合成光束的光束质量和光谱/时域特性的方法。

在本章中,我们以提高激光系统功率为目的,讨论飞秒范畴的相干光束合成原理和特性,同时介绍到目前为止这个领域已经做过的一些实验。这些实验结果多是从脉冲能量为几微焦到几毫焦的光纤放大系统中得到的。虽然没有给出体放大系统的实验结果,但本章并不排除使用体放大系统的飞秒激光光束的相干合成技术。图9.1是典型的啁啾脉冲合成放大系统。当合成后的功率超过脉宽压缩器功率处理能力时,可以将脉宽压缩这个步骤放在合束之前进行。这样,光功率就被分散到N个脉宽压缩器上从而避免功率问题。

在本章的后面几节,我们将延伸讨论飞秒脉冲在不同结构中的相干叠加问题。首先讨论分脉冲放大技术,这种方法利用时分复用技术降低进入放大器光束的峰值功率,并进行时域相干合成。然后给出飞秒范畴的腔增强实验,其中增强的是腔内功率。最后讨论脉冲合成实验,其中,不同光谱的脉冲通过相干合成可以产生脉

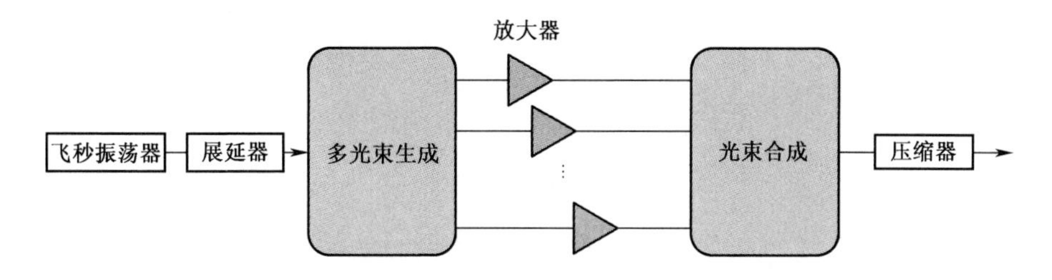

图9.1　普通飞秒脉冲相干合成方案

宽与光学周期相当的脉冲输出。

9.2　宽光谱相干合成综述

在这一节,我们首先讨论超快光学的一些基本概念,以便更好地描述多个超短脉冲的相干合成。然后对脉冲参数对合成效率的影响进行理论分析,举例说明一些参数(例如色散和自相位调制)对合成系统性能的影响。最后简述在实际系统中,每个合成光束的时间特性并不完全相同和一些合成结构会对最后合成的光束造成时空扭曲。这些内容将为在下一节向读者介绍相干合束实验做好准备。

9.2.1　飞秒脉冲的描述与传播

由于超短脉冲相干合成的空间问题与在连续激光合成中相同,这里着重讨论时间/光谱方面的问题。我们将看到,在一些合成结构中会产生时空耦合现象。在时域中,可以用复包络 $E(t)$ 来表示飞秒脉冲,这种表示方式去除了光束的载波频率,具体为:

$$E(t)=\sqrt{I(t)}\exp(-\mathrm{i}\varphi(t)) \tag{9.1}$$

式中:$I(t)$ 为光强,是时间的函数。$\varphi(t)$ 是时域相位。对包络 $E(t)$ 做傅里叶变换,可以在频域获得等价的脉冲表达式:

$$\widetilde{E}(\omega)=\sqrt{S(\omega)}\exp(-\mathrm{i}\phi(\omega)) \tag{9.2}$$

式中:$S(\omega)$ 是功率谱,$\phi(\omega)$ 是光谱相位。飞秒脉冲相干合成与连续激光相干合成的主要区别在于飞秒脉冲相干合成的光谱带宽极宽,$\phi(\omega)$ 在光谱范围内有很大变化,因此不能把它当做一个定值。要对超短脉冲进行有效的相干合成,要求在整个光谱带宽内实现相位匹配,所以要对更多参数进行控制。更具体地说,通常利用泰勒公式可以将光谱相位在中心光学频率处展开,表达式为:

$$\phi(\omega)=\phi_0+\phi_1\omega+\frac{1}{2}\phi_2\omega^2+\cdots\cdots \tag{9.3}$$

式中:ϕ 是绝对相位;ϕ_1 是一阶相位,表示群延迟;ϕ_2 是二阶相位,对应于群延色散或者是线性啁啾。可以看出在超短脉冲合成中，只有当各个脉冲到达合成器件的时间相同时，才能保证群延时 ϕ_1 相同。同时在频域中，在长度为 z 的色散介质中的群速色散 β_2 很容易表达为：

$$\widetilde{E}_{\text{out}}(\omega)=\widetilde{E}_{in}(\omega)\exp\left(-\mathrm{i}\frac{\beta_2}{2}\omega^2 z\right) \tag{9.4}$$

如果只考虑色散，只有在所有参与合成的光束的全部累积色散相同时，才能保证整个光谱范围内的光谱相位匹配。随着脉冲宽度变窄，还需要对 2 阶以上的色散进行分析，但是，在此我们只分析 2 阶光谱相位。

我们还要考虑脉冲在非线性介质中传播时的光谱自相位调制效应（SPM）。如果只讨论啁啾脉冲放大系统（CPA），也就是飞秒脉冲放大中所采用的主要结构[6]，则比较容易分析自相位调制。CPA 通过引入大的群色散延迟，在时域展宽脉冲，进而降低放大器中的脉冲峰值功率。在放大器的输出端引入反常色散来压缩脉冲宽度并增加峰值功率。在这种系统中，由于展宽器引入的高线性啁啾，放大器中传播的脉冲的时间分布与光谱形状相同。此时由于适度的自相位调制（SPM）的影响，非线性对光谱相位的影响与光谱形状成正比[7]。将光谱形状归一化为 1，比例系数可以用展宽脉冲的 B 积分直接表示：

$$B=\int_0^L \gamma P_{\text{peak}}(z)\,\mathrm{d}z \tag{9.5}$$

式中：γ 是非线性系数，$\gamma=(n_2\omega_0)/cA_{\text{eff}}$，$P_{\text{peak}}(z)$ 是光纤 z 处的峰值功率，n_2 是介质的非线性折射率，ω_0 是光学角频率，c 是真空光速，A_{eff} 是光束在介质中传播的有效面积。由于光谱形状在传播过程中没有发生变化，所以非线性对光谱相位的贡献为 B 与光谱形状函数 $\hat{S}(\omega)$ 的乘积，归一化后为

$$\widetilde{E}_{\text{out}}(\omega)=\widetilde{E}_{\text{in}}(\omega)\exp(-\mathrm{i}B\hat{S}(\omega)) \tag{9.6}$$

在实际系统中，非线性对各个合成光束的光谱相位的影响不同，所以容易导致光谱相位失配，进而降低合成效率。光谱形状不同，非线性相位对光谱相位表达式中不同阶的影响就不同，因此高阶相位项在高非线性系统中尤为重要。

9.2.2 宽光谱相干合成

连续激光合成系统中的各种相干合成结构（例如拼接结构和叠加结构）可以直接用于飞秒激光。我们暂且不考虑短脉冲合成的空间问题，而只考虑各个光束的光谱/时间特性。假设一个理想空间合成系统，合成系统输出端的电场刚好是各个参与合成电场的相干叠加。假设有 N 束光参与合成，且每束光的光功率相同，合成的平均功率可以写为：

$$P_{\text{combined}}=\frac{1}{N}\int\left|\sum_n \widetilde{E}_n(\omega)\right|^2\mathrm{d}\omega \tag{9.7}$$

合成效率是合成系统输出端的合成功率与总功率的比值。

$$\eta = \frac{P_{\text{combined}}}{\sum_n \int |\widetilde{E}_n(\omega)|^2 \mathrm{d}\omega} \tag{9.8}$$

上述表达式说明了参与合成的电场间相对光谱相位的重要性。耦合效率是一项基本参数,时间、空间的失配都对合成效率有影响。目前飞秒脉冲合成实验中的典型合成效率是 90%。在空间问题解决得比较好的线性系统中,实验得到的合成效率达到 95%以上[4]。在非线性放大器中,随着非线性效应增加,光谱相位失配问题更难以控制,最终导致合束效率降低。在极端非线性系统中,完全去掉脉冲展宽器让光谱展宽[8],此时就不能再按照上述方法估计 SPM 引入的光谱相位。这种情况下可以使用被动系统进行相干合成[9]。

合束效率 η 是个平均功率量值,不能全面反映合成光束的特性,尤其是当以峰值功率作为主要考察指标时。在这种情况下,最好使用时间量进行评价。时间量的定义是合成光束的峰值功率与各个参与合成光束峰值功率之和的比值。例如,当参与合成的各光路中存在残余随机群速色散时,便会影响二阶相位色散,而这样的二阶相位分布对平均功率的影响和对峰值功率的影响是不同的。峰值功率效率定义为合束峰值功率与入射峰值功率总和的比率。

$$\eta_{\text{peak}} = \frac{\max\left((1/N)\left|\sum_n E_n(t)\right|^2\right)}{\sum_n \max(|E_n(t)|^2)} \tag{9.9}$$

在实践中,这个量更难精确测量,需要一个完整表征超快电场的方法,例如频率分辨光学开关法(FROG)[10]或者光谱相位相干直接电场重构法(SPIDER)[11]。

9.2.3　光谱相位失配对合成效率的影响

为了量化光谱相位失配对合成效率的影响,本节给出了飞秒脉冲相干合成过程的数值模拟结果。据文献报道,在空间方面,可以分析评估出随机倾斜和偏移对合成效率的影响[12]。在时间方面,当失配色散由色散、群延时和 B 积分构成的条件下,可以分析得出失配色散的准确值[13]。在此,我们以空间无失配的 10 个光束组成 CPA 系统为例,利用 9.2.1 节中的公式,使用蒙特卡洛方法分析随机高斯分布群延时、群速色散和 B 积分对平均功率和峰值功率的合成效率的影响。设初始脉宽为 200fs,是典型的高功率掺镱系统的脉宽。结果如图 9.2 所示。

图 9.2(a)给出了非理想主动合成系统的影响。非理想主动合成系统会导致随机零阶相位残差,残差的标准偏差为 $\sigma_{\Delta\varphi}$。同直觉预期一样,非理想主动合成系统对飞秒脉冲合成的影响与对连续激光合成的影响相同。在图 9.2(b)~(d)中,我们认为主动稳定系统已将绝对相位修正至理想状态,不存在零阶相位失配。模拟结果表明群延时必须控制在不到 20%的脉宽水平才能保证对合成效率的影响在

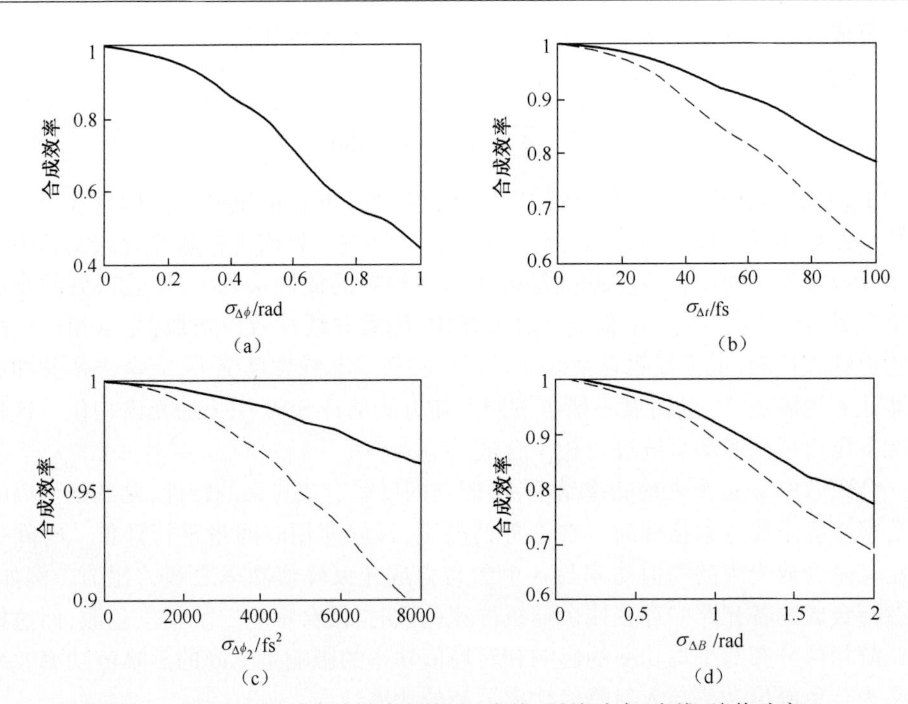

图 9.2 时间不匹配对合成效率的影响(实线:平均功率,虚线:峰值功率)。
(a)绝对相位;(b)群延时;(c)群延时色散;(d)B 积分。所有计算都基于脉冲宽度为 200fs。

10%以内。转化为长度单位,当待合成的脉冲宽度为 200fs 时,要求各个参与合成的激光光路长度相差不超过 10μm。也就是说,对这种脉冲宽度,群速色散不是影响合成效率的主要因素:当色散为 4000fs^2 时,降低的平均功率合成效率仅为 1.5%,相当于脉冲在玻璃中传播了 20cm。图 9.2(d)是 B 积分对合成效率的影响。B 积分依赖于整个系统的非线性水平,对合成效率的影响更加严重。在实际当中,由于 B 积分的大小与功率水平有关,功率波动会导致 B 积分变化,进而严重降低合成效率。在 $B < \pi$ 的低非线性系统中,可以忽略 B 积分的影响,这种情况已经被实验证实。

9.2.4 空间-时间影响

虽然前面一直没有讨论空间问题,但它在设计有效的飞秒合成系统时非常重要。这里我们讨论一个孔径拼接结构的合束系统。假设时间/光谱问题都控制得非常理想,那么由于空间倾斜和偏置导致的损失就和在 CW 系统中一样。但是,当存在时域缺陷时,即便没有空域误差,由于每个待合成的光束都位于合束面的指定位置,会导致空间-时间耦合。

图 9.3 给出了一个 8 路光束的 100fs 飞秒脉冲合成系统示例,拼接的光斑大小为 250μm,间距为 500μm,利用一个焦距 60cm 的镜头汇聚,在焦点处测到群延时

的标准偏差为 100fs。图中第一行是理想系统模拟图,用作参考。众所周知,光束展现出的脉冲前沿倾斜会导致透镜焦点处的空间啁啾[14]。由于存在波长-空间光强分布耦合,此时的空间-时间耦合更加复杂,但是产生的影响相似,即在焦点处产生 0.2nm/μm 的空间啁啾。从应用角度来看,空间-时间耦合是有害的,随着脉宽变窄,尤其是当脉宽小于 100fs 时,空间-时间耦合的影响也越来越严重。

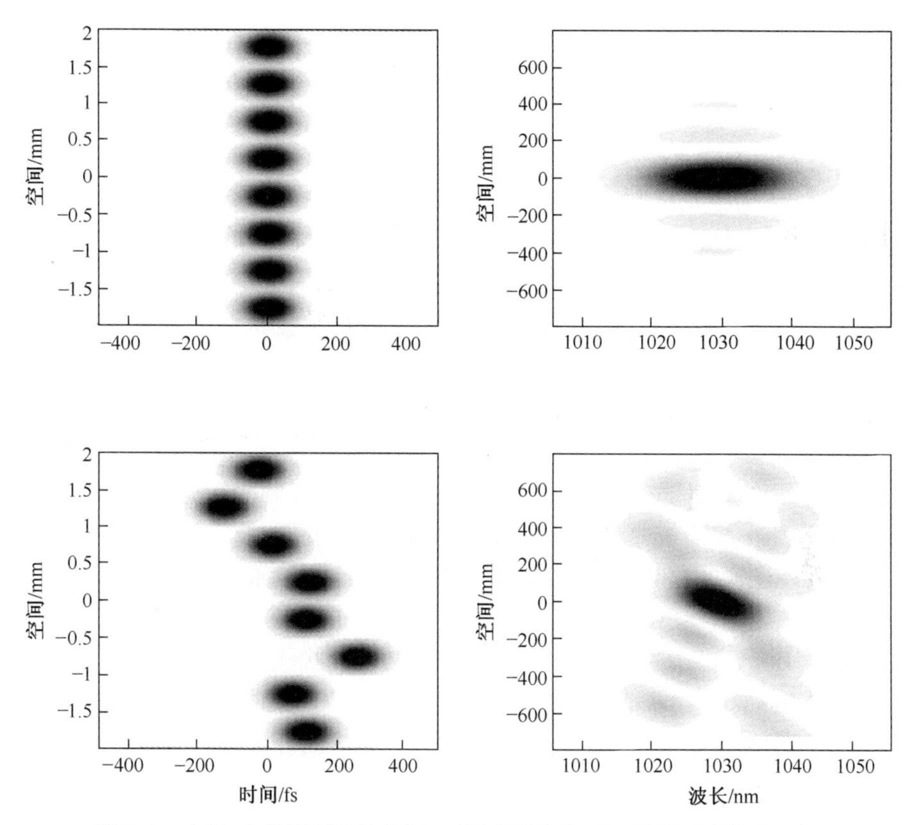

图 9.3　左栏:在拼接面上的空间-时间光强分布(上:无群延时波动,下:存在群延时波动)。右面:焦距 60cm 的透镜焦点处的空间-波长光强分布。

9.3　相同光谱的相干合成:功率/能量放大

本节主要讨论飞秒相干光束合成系统的实验。实验分为两类,第一类系统相当于主动相干合成系统,在该系统中,波束之间的相对零阶相位上有个反馈机制。第二类系统当中,待合成的光束共光路,但通过光路的顺序不同,从而自动消除光路波动。尽管最近密歇根大学首次报道用四个主动稳定光束做了验证[15],但目前用这两类系统进行的大多数验证实验只使用了两束激光。

9.3.1 主动技术

9.3.1.1 实验实现过程

第一个飞秒相干合成验证实验用的是主动相干合成技术[4,5]。在迄今为止的实验中,只实现了零阶相位的主动稳定技术,而其他参数如群延迟和群延迟色散只能以静态方式进行调整。然而,已有研究表明,这种受限反馈对所研究的200fs～1ps的脉冲宽度范围都适合。已经实验验证了两种用于合成/反馈回路的技术。

第一种技术[4]由德国耶拿的弗里德里希·席勒大学实现,使用偏振分束镜(PBS)作为合成元件。待合成的两束光具有相互正交的偏振状态。在不考虑相对相位的情况下,全部光功率都将合成为一束光,并由偏振分束镜输出。然而,合成的线偏振光束仅对应于与偏振分束镜光轴成45°的两束光的分量。反馈系统包括一个输出光束偏振态测量系统和产生误差信号的Hänsch Couillaud系统[16]。反馈系统位于其中一个放大回路的压电反射镜上,用这种技术已经产生了脉冲宽度550fs、能量3mJ的脉冲激光[17]。实验装置示意图如图9.4所示。

该系统包括一个振荡器、两个展宽器、三个放大器和两个声光调制器,整个系统以10kHz的重复频率工作,最终产生足够的平均功率注入到最后一个放大级。在零色散线中插入空间光调制器以实现主动光谱相位控制。在通过最后一级前置放大器后,种子信号光被分入两个通道,两个通道有相同的放大器。其中一个通道中有一个手动设置的延时光路,它可以粗略匹配两路光束的群延迟。该延时光路还包括一个作为反馈元件的压电反射镜,以实现主动光学相位稳定。主动相位稳定带宽为1kHz。合成放大器由两个80cm长的棒状光纤制成,其模场直径为75μm,由915nm激光二极管泵浦。选择该波长的目的是使放大器中的粒子数反转最大化,从而增加饱和能量。两路光束经过放大和再次合束后的输出效率为80%,合成后的光进入光束压缩器。

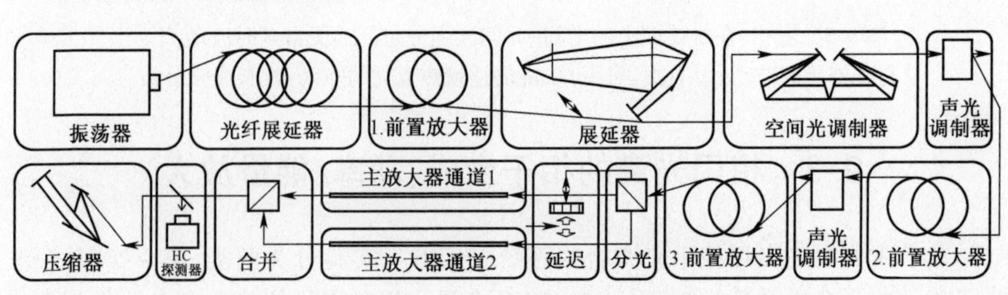

图9.4 基于偏振合成技术的主动合成系统实验布置

获得的实验结果如图9.5所示。两个光路的光谱和合成的光谱几乎相同,并且都在长波侧比较陡峭。产生这种效果的原因是光束提取的能量很高,导致了非常大的增益饱和现象。在CPA结构中,由于最先到达的波长被放大得更多,因此这种增益饱和会使光谱形状发生改变。

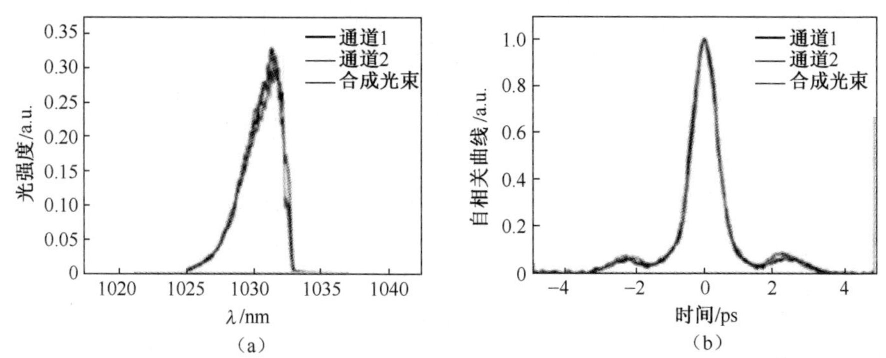

图 9.5　(a)在输出能量为 2.1mJ(重复频率 15kHz)时,两个光路的光谱和合成光束的光谱;(b)在输出能量为 3mJ(重复频率 10kHz)时,两个光路的自相关曲线和合成光束的自相关曲线[17]。

在最大输出能量处(图 9.5(b)),两路光束和合成光束的自相关特性也非常类似,FWHM 为 800fs。该输出能量相当于 B 积分为 9rad,这是一个相当高的值,会产生相当大的基底。实验获得的合成效率在 89%(压缩输出能量为 2.1mJ)到 84%(压缩输出能量为 3mJ)之间。值得注意的是,此能量值是报道过的飞秒脉冲光纤合束系统当中获得的最高值,这意味着相干合成已经是一种可行的技术。这项工作的另一个显着成果是,通过对系统进行细致的屏蔽和温度控制,可将要补偿的相对相位波动维持在一个波长的量级(10min 内的峰-峰值为 2.3rad)。这表明即使对更短的脉冲,也可能不需要群延迟补偿。然而,本工作中使用的偏振合成方法表明,一次仅可以合成两束光,因此在进行多光束合成时需要对系统进行级联。

第二种技术的实验装置是我们研究小组在法国的 Charles Fabry 实验室开发实现的[5],装置原理如图 9.6 所示。装置的整体布局与第一种技术的布局相似,两路放大光束经过马赫泽德干涉仪进行放大合成。主要区别在于主动相位控制系统,在本系统中采用频率标记法(即 LOCSET)进行主动相位控制,该技术曾经在连续波合成系统中得到验证(参见第 2 章)[18]。因此,合成元件是一个 50/50 分束镜。频率标记技术通过给控制信号增加 250kHz 的小电压调制来驱动相位调制器,从而在两束光之间产生一较小的相对相位调制(0.1rad)。在光电二极管的输出端,锁相放大器对微小的幅度调制进行检测,所得到的误差信号与两路光束之间的光学相位差成正比。数字控制单元将误差信号反馈给相位控制元件。在这种情况下,整个反馈环路的带宽为 10kHz。

该实验装置由飞秒 Yb:KYW 振荡器、声光调制器和展宽器组成,振荡器用来以 35MHz 重复频率产生波长 1030nm、脉宽 200fs 的光脉冲,振荡器之后是声光调制器,展宽器将脉冲展宽到 150ps。具有偏振分光作用的半波片把种子激光分为两个输入功率可调的光路。第一个光路中有一个光纤耦合 $LiNbO_3$ 集成相位调制器,

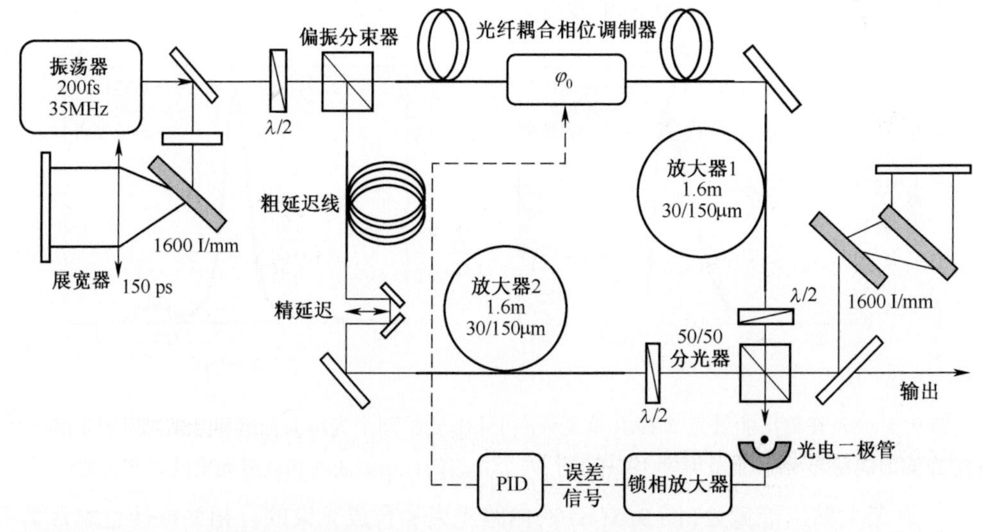

图 9.6 飞秒机制中的双放大器相干合成系统实验装置

它使相位反馈机制发挥作用。其后是 1.6m 的掺镱 30/150μm 大模场(LMA)光纤放大器。第二个光路由一个 2.4m 的单模光纤、一个自由空间延时光路和另一条相同的 1.6m LMA 光纤组成。单模光纤用于匹配两个光路的群速度色散,同时还用作粗延迟匹配元件。分束镜是该系统的光束合成元件,光纤放大器的输出经过准直并在 50/50 分束镜上重合。分束镜的相长合成输出光进入压缩器。未合成的输出光被光电二极管探测器接收,该信号是误差信号,通过检测予以最小化。

对误差信号的分析表明,在忽略信号强度噪声的情况下,锁定工作状态的残余相位噪声均方根值为 $\lambda/40$。几个小时都不需要重新调整延时光路仍可使系统维持在锁定状态,这表明与脉冲持续时间相比群延迟漂移较小。在本实验的实验室环境中,大部分相位噪声频率低于 1kHz。该系统首先在 35MHz 重复频率下以线性方式工作。在压缩前,测量得到 12.5W 的合成输出功率,相当于 92%的合成效率。为了达到这种合成效率,必须对分束镜输出端的光束空间重叠进行仔细优化。波前之间的任何变化(如散焦和倾斜)或是光斑分布的任何变化(例如椭圆率和光束位置)都会导致合成效率急剧降低。两束光和合成光束的 M^2 因子都小于 1.15。在 9.3.1.2 节,将给出合成光束的时间/频谱特征,以及频域中的合成效应的详细测量过程。

9.3.1.2 光谱相位不匹配的测量

现在我们描述一种方法来识别和量化导致非理想合成效率的各种因素,具体是通过测量合成系统的两个光路之间的相对光谱相位进行的。这种技术在精确平衡非线性放大系统中 SPM 效应的同时,还能够区分是光谱因素还是空间因素造成合成效率的非理想性[19]。

如图 9.6 所示,通过将锁相放大器的参考相位改变为 π,就可以改变 50/50 分束镜的输出,从而可以表征合成光束和未合成光束。在输出端,可以测量出光路 1 和光路 2 的光谱以及合成与未合成光束的光谱。输出的光谱强度可以由每个频率分量的标准干涉表达式给出:

$$I(\omega)=\frac{1}{2}[I_1(\omega)+I_2(\omega)]+\sqrt{I_1(\omega)I_2(\omega)}\cos[\Delta\phi(\omega)] \tag{9.10}$$

用该公式可恢复出光谱强度为 $I_1(\omega)$ 和 $I_2(\omega)$ 的入射光束之间的相对光谱相位 $\Delta\phi(\omega)$ 。与单脉冲完整的表征技术(如频域分辨光学开关)不同,这种方法是差分法,包括了相对零阶和一阶相位频谱的影响,因此它非常适合于精确测量光谱相位的不匹配。

在 35MHz 重复频率,即在线性状态下,合成脉冲的自相关函数如图 9.7(a)所示。图 9.7(a)还给出了每个独立通道的自相关函数,二者非常相似。若激光脉冲波形为双曲正割形(sech-square phase),则计算得到的合成脉冲宽度为 230fs。

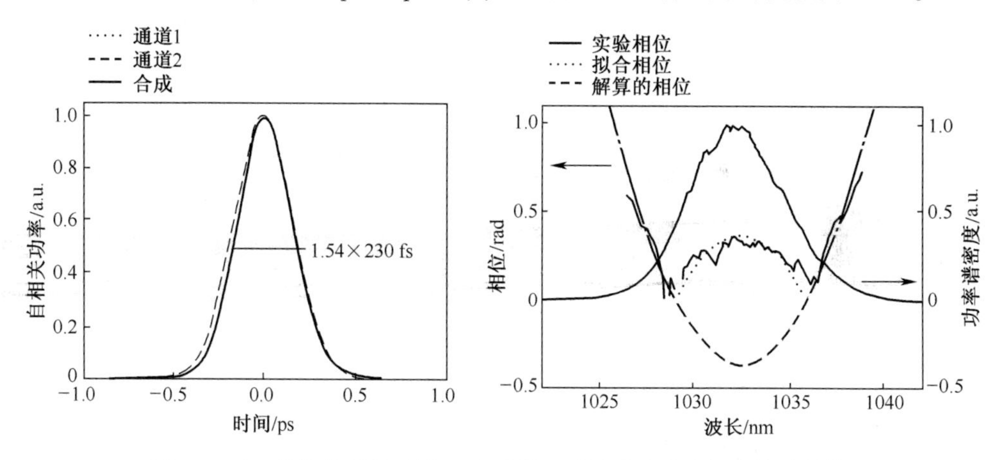

图 9.7　(a)线性状态下,光路 1 和光路 2 以及合成光束的自相关曲线;(b) 线性状态下的输出光谱和差分相位[19]。

为了研究非线性状态,用声光脉冲选择器将重复速率降低到 1MHz。在这种情况下,每个光路前期都经历相同的 SPM 效应,这通常不影响合成效率。在实际中,由于注入方式或泵浦功率不同,累积的非线性相位可能不同,这会导致合成效率显著下降。光谱相位测量法提供了一种评估和补偿这种效应的方法。考虑到非线性效应对差分光谱相位的贡献,拟合表达式修改为

$$\phi(\omega)=\phi_0+\phi_1\omega+\frac{1}{2}\phi_2\omega^2+\Delta BI_{\mathrm{N}}(\omega) \tag{9.11}$$

式中: ΔB 是 B 的积分误差, $I_{\mathrm{N}}(\omega)$ 是其中一个输入光谱的归一化拟合。由该光谱相位可知,可以通过改变注入功率和泵浦功率以及延迟来调节非线性水平[20],以便使非合成光束的功率最小。在这种情况下,放大器不能提供相同的功率,因而使

合成效率损失0.5%。获得的合成激光输出功率为9.2W，合成效率为91%，这意味着非线性状态的合成效率仅比线性状态的合成效率低了不到1%。每个光路和合成光束的自相关函数如图9.8(a)所示。虽然没有任何光谱相位的主动校正，且存在6rad的B积分，入射脉冲和合成脉冲光束具有相同的形状以及相同的压缩点。自相关的FWHM为410fs，产生的脉冲宽度为320fs。合成光谱与相对光谱相位图如图9.8(b)所示。从光谱数据可计算得到合成效率为96%，表明空间重叠导致的合成效率损失仍保持在5%左右。即使平衡非线性会导致输出功率不平衡，对非线性进行平衡也是有益的，因为相位失配对合成效率的影响远大于强度失配对合成效率的影响。

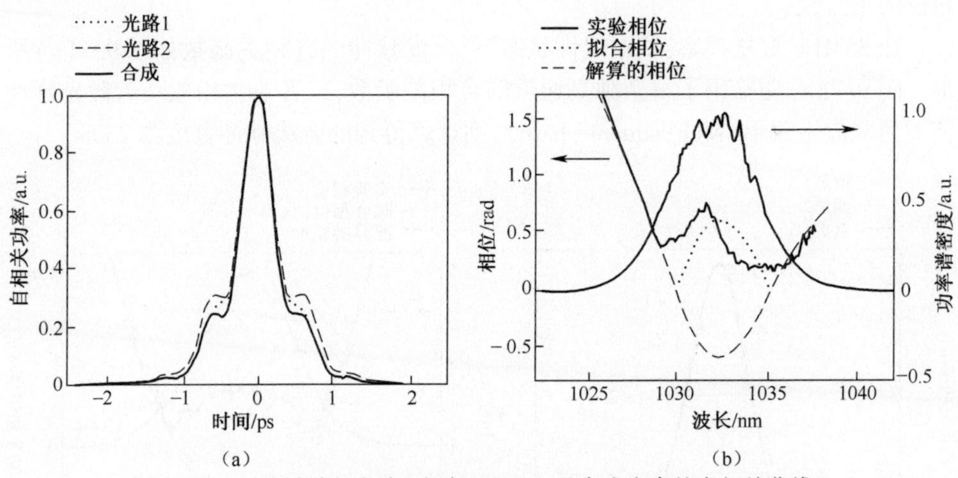

图9.8 (a) 在非线性状态，光路1和2以及合成光束的自相关曲线；(b) 合成光束的光谱及两个光路之间的相对光谱相位[19]。

9.3.2 被动相干合成技术：路径共享网络

9.3.2.1 原理

我们使用术语“被动相干合成”来描述一种特定的相干光束合成结构，在这种结构中，相位稳定性是系统固有的特性。因此，无需使用相位检测单元或主动反馈机制就可以合成N个独立激光放大器的输出光束。虽然激光腔内的被动相干合成已经得到广泛研究(见第10~13章)[21,22]，但是用共用谐振器激励的被动合成放大技术是最近才提出的。从理论上讲，这个概念可直接应用于从单频连续系统到超快飞秒放大器的任何工作模式的任何放大系统。正如随后将表明的，在飞秒放大器情况下，各个光束的相位在所有级次上都自动锁定。

这种合成装置的工作原理相当简单。其基本思想是建立一个放大网络，该网络由任意数量的彼此独立、理想且完全相同的激光放大器组合而成，输入光束在该放大网络中被逐渐分束，且每束光在放大网络中通过完全相同的总光程，但每束光都经历唯一且完全不同的光路。由输入光脉冲复制出来的各个脉冲光束在通过光放大网络后,具有相同的相位和强度,并最终相干合成为一束输出光。实现这种网络的最简单方式自然是两束光合成。虽然我们可以想到许多不同的实现方式,但其中最简单的是 Sagnac 干涉仪型。图 9.9(a)给出了这样一个系统的示意图。

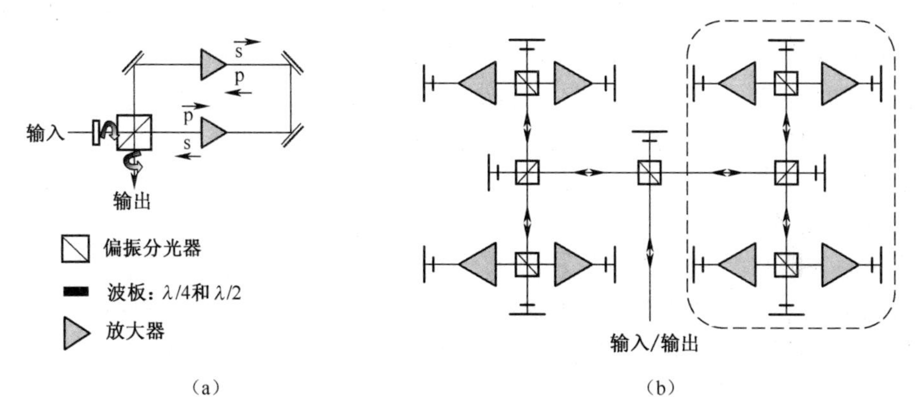

图 9.9　两路(a)和 N 路(b)多通道光放大系统的被动相干合成概念图

在本示例中,我们把偏振光束分光器(PBS)与波片($\lambda/4$ 或 $\lambda/2$)组合,作为输入脉冲的分光元件。在同一放大环路中,输入脉冲的两个偏振态(s 和 p)被迫沿着相反的方向传播。每束光都经过两个放大器放大,到达偏振分光器时具有相同的能量。两个光束被放大到同样水平,并通过相同光程(增加了相同的相位),它们在 PBS 的第二个输出端产生相长干涉,输出光的偏振方向与输入脉冲偏振方向垂直。在这种结构中,放大网络只是两个放大器的普通环路,而光束的分束和合成则是基于初始光束和两个放大光束的偏振态。很明显,在这种结构中,所有的相位级次都能实现自动相位匹配,这对超大带宽超快脉冲放大是一个特别有趣的特性。虽然在本示例中假设放大器是偏振无关的,但是该原理容易扩展到在两个光束方向具有相同偏振态的 Sagnac 干涉仪。在这种情况下,使用光隔离器就能最终提取出重新合成的光束,具体如下文实验所述。

将该想法推广到任意数量的放大器是可能的。图 9.9(b)是一个 $N=8$ 的放大器网络示例图(由四个放大器合成的中间步骤如虚线框内所示)。与之前描述的相类似,每个单元都由两个放大器组成,经过交织形成相当复杂的网络。从中同样可以看出,输入脉冲光束逐渐进入该网络,并且不断被分成两路光束,两路光束经过的总光程相同且通过所有放大器。每个合成光束的放大都以高度有序的方式进行,以保证它们具有相同的放大倍数,直到网络的最终输出端。这意味着当一个光路被第 n 个放大器放大时,该放大器已经放大了 $n-1$ 个其他光路,该光路在放大前后的能量与所有其他光路在其各自的第 n 个放大器放大前后的能量相等。

需要特别注意的是,除了各个放大器相干合成是完全被动的且没有相位检测或反馈稳定电子器件，该实现方式与先前描述的主动合成结构之间还存在另一个本质区别。事实上，共享同一个放大网络，每个放大器现在都成为 N 个通道的多通道放大器的一部分，N 是合成放大器的数量。这个特性不仅有积极的一面，也有消极的一面，特别是当数量较多的放大器合成时更是如此。很显然，这种实现方式用在低增益放大系统中应该更好，因为光路数量的增加对每个放大器的能量提取效率的要求更高。采用这种方法，不仅使 N 个放大器的输出得到相干叠加，而且可以提高每个放大器的工作性能。另一方面也应清楚的是，合成放大器数量的增加意味着总光程的增加，因此增加了系统的复杂性。此外，如果单个放大器就引起高水平的非线性效应，则这种累积是有害的。最后，对 N 个放大器合成，如果我们假设有 N 个分束/合束元件，每个元件的损耗为 L，我们可以大致预测出总能量随放大器数量的变化关系，即总能量与 $N\times(1-L)^N$ 成比例。在这种情况下，当放大器的数量大于 $N_{\max}\geqslant(1-L)/L$ 时，合成系统的能量将不再增加。当 $L=5\%$ 时，$N=19$，而更保守的估算取 $L=10\%$，从合成效率考虑，限定了被动放大网络仅适用于 $N=8$ 个独立放大器的场合。

9.3.2.2 实验验证

到目前为止，只有两个实验实现并确认了用两个独立飞秒掺镱光纤放大器进行被动相干合成的想法。第一个原理验证实验基于标准的 LMA 光纤，实验原理与图 9.6 类似。该实验证明，对脉宽 250fs 的微焦级脉冲，两个放大器的合成十分稳定，合成效率高达 96%，平均功率达 10W[9]。这些实验还第一次证明了在 SPM 造成相对高的非线性的情况下（相当于 B 积分在 15rad 量级），被动合成结构的适用性。

在最近的一次实验中[23]，我们采用被动合成结构和棒状光纤放大器，产生了高时间质量的 300fs 的脉冲序列，重复频率为 92kHz 时，每个脉冲的能量为 650μJ。这相当于 60W 的平均功率和超过 2GW 的峰值功率。此外，还在 2MHz 的重复频率下，测量到压缩前和压缩后的平均功率分别为 135W 和 105W。这些结果清楚地表明该技术在高能量、高功率光纤系统中具有很大潜力。

图 9.10 给出了所使用的实验装置示意图。为了在保持良好的时间脉冲质量的同时得到高能量水平，采用了中等非线性的光纤 CPA，其中非线性的影响可由展宽器色散失配单元和压缩单元进行部分补偿。两个放大器放在 Sagnac 干涉仪内，由前端单元经过隔离器进行注入。该前端单元由被动锁模超快振荡器、脉冲选择器、脉冲展宽器和单模光纤前置放大器组成。通过脉冲选择器可以使重复率 25MHz 的振荡器的频率在 92kHz 到 25MHz 之间变化。展宽比要设计成能使功率放大器在最大增益时保持 600ps 的脉冲。在前端单元之后放置光隔离器，以隔离来自功率放大器的任何光反馈。光隔离器还用于分离被动相干合成放大方案中的合成输出光与未合成输出光。然后，光束被偏振器分成两束，每束光都经由棒状掺

镱光子晶体光纤制成的功率放大器进行功率放大。光纤模场直径为 85μm，泵浦包层直径为 285μm，长度为 1m，以确保足够的泵浦吸收和光学效率。

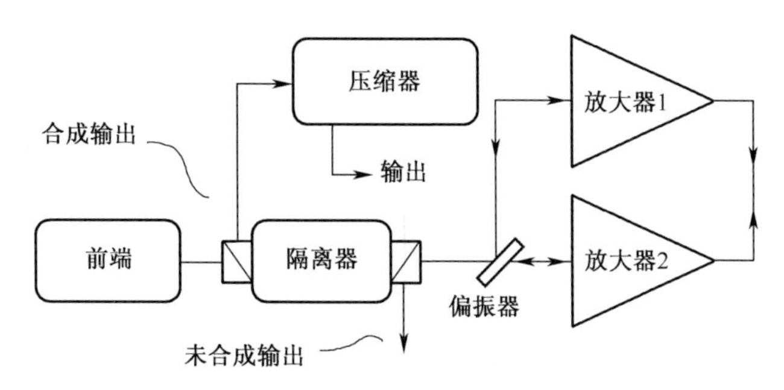

图 9.10　高能被动相干合成掺镱光纤 CPA 放大系统的实验装置示意图[23]

每个放大器的输出彼此连接以使 Sagnac 干涉仪形成闭合回路。然后，两个偏振方向彼此垂直的光束在偏振器上重新合成。如果两个光束同相，它们就合成为一个偏振态为 45°的光束，并传播回隔离器，类似于参考文献[17]中的实验。该光束通过旋转器传输回来，并通过位于隔离器输入端的偏振器输出。光束的未合成部分由位于隔离器输出端的偏振器去除。对两个输出端的平均功率进行测量，可以计算出合成效率。合成效率定义为合成功率与总功率的比值。

在 Sagnac 干涉仪中一次往返的路径长度为 5.5m，使该装置不受所有频率低于 27MHz 的相位噪声影响。这种大带宽基本上消除了所有环境噪声源，比如相对相位的声波动和热波动。为了突出这种结构对相位噪声的鲁棒性，我们测量了最大能量时合成光束的脉冲-脉冲稳定性，其 RMS 为 2%，仅比在前端输出测量的 RMS 值 1.1%略高一些。对建立在未经封闭的光学平台上的非线性 FCPA 来说，脉冲-脉冲间的稳定性降低得非常小，这一点清楚地表明，相位噪声对总的相干合成稳定性的影响即便有也非常小。如果要把被动相干合成结构的激光器用在恶劣环境中，或者如果脉冲-脉冲稳定性对科研或工业应用非常重要的话，则这一点非常重要。最后，相干合成光束送入到透射比为 79%的压缩器中。

图 9.11 给出了在 92 kHz 重复频率下的放大器特性，以及在隔离器的输出端测量的合成光和未合成光的平均功率。在 160W 的最大总泵浦功率下，我们获得了 75W 的被动相干合成功率，即 815μJ，斜率效率接近 60%。尽管每次往返的 B 积分值为 7rad，合成效率仍然超过 90%。

我们还研究了能量最大时放大脉冲的压缩性。图 9.12 给出了在 650μJ 压缩能量（平均功率 60W）处用光强自相关器采集的自相关曲线和用独立的二次谐波发生器 FROG 单独测量的自相关曲线，结果表明 FWHM 都是 400fs。图 9.12 还表明由 FROG 测量结果解算出的脉冲时间曲线的脉冲持续时间为 300fs，对应的时间-带宽乘积（TBP）为 0.75，峰值功率超过 2GW。在最大压缩能量处测量的光谱带

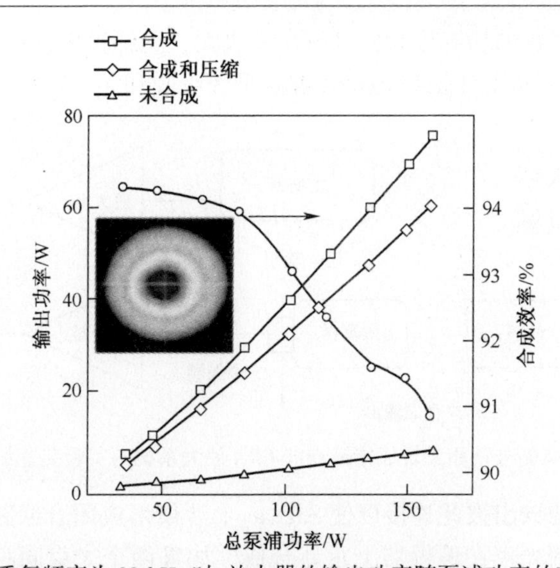

图 9.11 左纵轴：重复频率为 92 kHz 时，放大器的输出功率随泵浦功率的变化关系。右纵轴：合成效率随泵浦功率的变化关系。内插图：系统输出端能量最大时的光斑分布图[23]。

宽为 8.5nm。实验结果表明，压缩后的光束质量没有随着合成平均功率的增加而退化，光束质量因子为常量，其值分别为 $M_x^2 = 1.25$ 和 $M_x^2 = 1.15$。

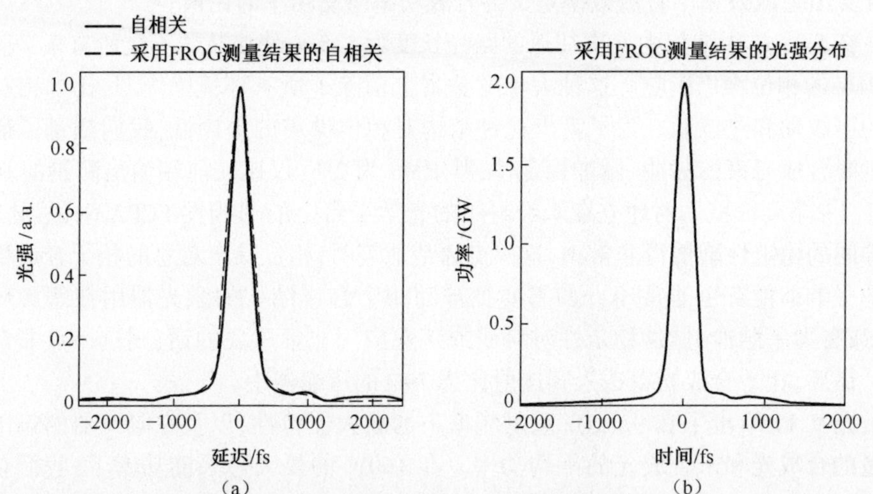

图 9.12 (a)在 650μJ 处测量的自相关轨迹(实线)和采用独立自相关器 FROG 测量的自相关轨迹(虚线)；(b) 由 FROG 测量结果重构的脉冲时间曲线[23]。

用两个以上放大器进行被动合成，进一步提高超快放大系统的输出能量是下一步的研究重点。然而在光纤放大器系统中，正如已经指出的那样，该技术的应用存在局限性，因为随着每个光纤放大器的通过数量的增加，会导致累积的非线性。但是对于其他系统(如基于体介质的多通道放大器系统)，尤其是低增益和仅考虑能量提取能力的系统，该技术有很大的应用前景。

9.4 其他相干合成概念

下面我们简略描述其他几种用于飞秒脉冲相干合成的方法。这些方法不同于用N个相似光束合成一个高功率输出光束的标准光束合成方法。第一种,将一个脉冲在时域上分成几个相似脉冲,然后把它们放大并在输出端重新合成。第二种,在光学谐振腔中对脉冲进行相干合成。第三种,合成多个不同光谱的飞秒脉冲,在输出端形成一个脉宽更窄、功率更大的脉冲。

9.4.1 时分复用:分脉冲放大

分脉冲放大(DPA)结构是美国康奈尔大学于2007年在高功率皮秒脉冲研究中提出的[24]。事实上,由于目前没有设备能通过引入足够色散来展宽如此窄波段的脉冲,CPA的概念很难应用于脉冲宽度大于几个皮秒的场合。为了解决这个问题,在放大前,DPA把输入脉冲在时域中分成几个相同的脉冲,而不是将它们展宽,如图9.13所示。这个过程将脉冲峰值功率平均到各个脉冲中,对每个脉冲进行放大后,需要再将各脉冲合成为一个输出脉冲。因此可以把DPA技术看做一个时分复用结构或者一个时域相干合成系统。因为只有一个空域光束,所以不能严格地称DPA技术为光束合成技术,但它依然可用于避免高功率系统中的非线性和光学损伤问题。

利用光轴之间存在较大群速差的高双折晶体可以实现光束的分束和合束过程。针对脉宽和总脉冲数选择合适的双折射晶体长度,并把N个晶体(例如YVO_4)以45°旋转呈周期性排列,可以很容易地得到一个2^N脉冲串。重要的是,用同样的晶体排列结构可以在放大器输出端把所有脉冲重新合成为一个脉冲。尽管不是一个必要条件,但是到目前为止,在实验验证中都是用独立的晶体序列分离脉冲,并在同一结构中通过反向传播合成脉冲的。

在近期的一个实验中[25],将输入激光脉冲分离成32个脉冲,在LMA掺镱光纤激光放大器中将2.2ps的脉冲放大到了1MW,这是在这个脉冲宽度范围得到过的最高峰值功率。DPA技术用在超短抛物形光纤放大器中很有优势[26],其放大器输出脉冲的典型宽度为几个皮秒,而且这些脉冲的脉冲宽度还可以进一步压缩到小于100fs[27]。DPA技术也可以和CPA技术结合使用[28],但在实际中,因为分脉冲之间的延迟必须要大于脉冲展宽的宽度,双折射晶体很快就不再实用,此时可以使用自由空间延时光路。

9.4.2 被动增强腔

利用光学腔增强激光光源功率的方法很早就提出了,但是近十年才将其应用

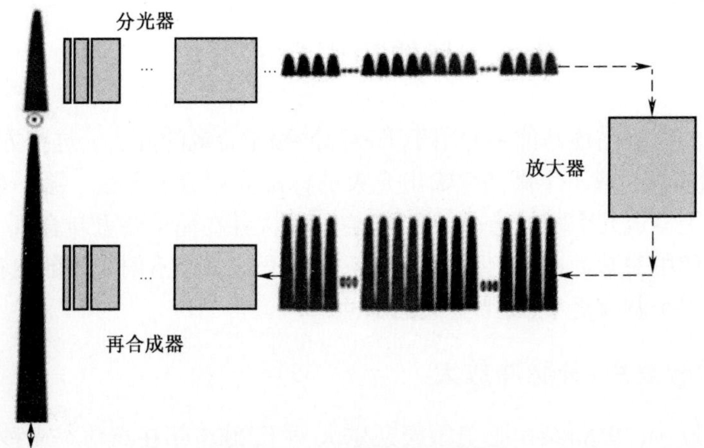

图 9.13 分脉冲放大原理[24]

于超快激光功率放大。图 9.14 给出了光腔增强的原理。激光光束被注入一个光学腔,腔内场和腔外场相干叠加可以形成一个很强的腔内光信号。对单频激光,获得共振增强的唯一要求是让光腔长度是波长的整数倍。对飞秒激光,则要求入射光谱的频率梳必须与光腔决定的频率梳相同。也就是说,必须在大带宽范围内满足相位匹配条件。

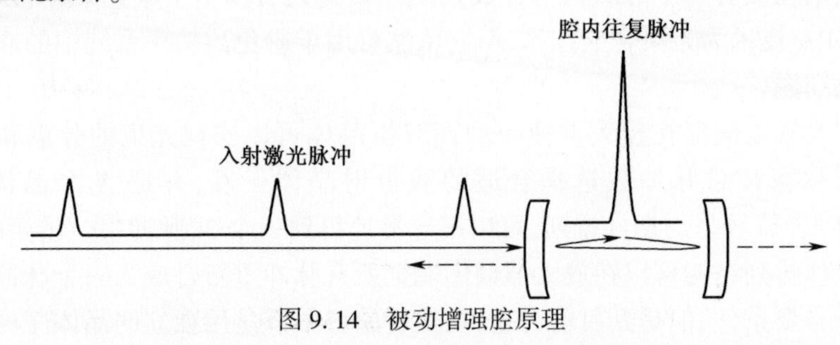

图 9.14 被动增强腔原理

除了零阶相位条件外,腔激发脉冲的周期必须是腔往返时间的整数倍。在频域内,这样的措施可以保证频率梳两个梳齿之间的频率差匹配,这个要求相当于一阶相位(或群延)匹配条件。

注入激光和腔长确立的频率梳的带宽基本由腔内色散决定,容易导致腔内频率梳不均匀,因此会降低腔内功率增强效果,同时会展宽往复脉冲的脉宽。在连续激光中,当满足阻抗匹配条件时,增强效果可以用公式 F/π 表示,其中 F 是腔的精细度。参考文献[29]给出了腔散射对实际往复脉冲的影响。

已经报道了两种采用腔增强概念的实验方法。第一种实验通过在一定往复次数内将多个光脉冲叠加在一起,再通过电-光腔倒空器或者声-光腔倒空器输出合成脉冲[30]。虽然这种方法降低了激光的重复频率,但却增加了脉冲能量,光腔在这里起了一个能量收集器的作用。

第二种实验利用腔内增强的高强激光脉冲与物质进行相互作用。如果相互作用效率很低,那么光功率在腔内的损失很小,仍然可以建立起有效的脉冲。这种实验结构的另一个条件是与物质相互作用时不能影响光束质量,让入射光束和腔之间的空间模式能够匹配。这种结构的潜在应用包括生成高阶谐波[31]和康普顿或者托马斯散射。

对于亚100fs至皮秒范围内的脉冲,曾获得了数值达几百的腔增强系数[32,33],这使得当振荡器重频为几十兆赫兹时,可以直接把腔内峰值功率放大到几百兆瓦。在多次实验当中,在腔内焦点处都获得了$10^{14}W/cm^2$量级的光强,腔内平均功率在1~100kW范围内。但由于腔镜的热光效应、光学损伤和色散控制等影响,功率很难进一步提高。

9.4.3　离散光谱相干合成:超快脉冲合成

早在1990年就曾提出过利用包含不同光谱的超快脉冲合成更窄脉冲的可能性[34]。这种方法要求合成光谱在整个光谱内有相干性,并且初始脉冲之间的相对相位可控。因此,脉冲合成既要求进行相干合成(控制待合成脉冲之间的相位)也要进行光谱合成(能对不同中心波长的脉冲进行空间合成的光学元件)。由于实验室经常使用的锁模激光器能够直接发出几个周期的脉冲,一般利用脉冲合成实现单周期或亚周期脉冲,几乎不考虑功率增高问题。然而在将来,这个技术也可能用于获得超短脉冲和高能脉冲,但由于存在增益变窄现象,这个技术很难用标准光学放大技术实现。

在该领域中,早期曾开展过中心频率为760nm和810nm的两个独立钛宝石振荡器的锁相实验[35]。此时,要求振荡器的载波包络相位和重频稳定同步。在时域中,这可以保证脉冲与脉冲之间的相对光学相位和延迟为常数。在频域中,它相当于产生了一个单一偏置频率和重复频率规定的光频梳。该实验证明了不同光谱成分的脉冲可以相干合成,而且合成的脉冲宽度比原脉冲宽度更窄。

此后,在该研究方向上还利用各种光源(如光学参量振荡器或放大器)进行过许多实验。最近进行过的一次实验将一个掺铒飞秒光纤振荡器作为种子激光源,产生两个超连续光谱[37],通过对这两个光谱分别进行优化、滤波和压缩,产生中心波长分别为1.12μm和1.77μm的两个飞秒脉冲,每个脉冲的光谱范围为几百纳米。由于在这种情况下振荡器是共用的,只需要控制不同光路之间的相对相位波动。在该实验中,并没有将相位波动参数反馈给主动反馈回路,但该自由工作系统稳定性很好,足以表征合成脉冲的特性。该实验输出了一个4.3fs的脉冲,相当于中心波长上的一个单周期脉冲。

最近开展的另一个实验[38]用钛宝石振荡器实现了脉冲合成,该技术将脉冲分为两个并将脉冲分别输入到工作波长为900nm和2.2μm的两个独立的光参量啁啾脉冲放大器(OPCPA)中。因为振荡器是共用的,所以重复频率是自动匹配的。偏置频率(或是载波包络相位)在两个 OPCPA 中都是稳定的。另外,利用一个平衡相关器测量脉冲之间的相对延迟,并将其作为误差信号来调整其中一个光路中的压电反射镜。这个反馈系统把相对延迟稳定在 250as 以内。总之,这个稳定机构可以使合成相干光谱成分扩展至 1.8 倍,并且可以调节每个光路的相位从而控制合成电场的形状。该实验获得了 15μJ 的脉冲,中心波长处的高场变,持续时间为 0.8 个光学周期。

表征这种宽带相干辐射通常很难,测量载波包络相位更加困难,而载波包络相位是几周期级脉冲的一个重要量。另一个困难是脉冲能量低,难以产生光学表征方法所需的非线性过程。参考文献[37,38]提出的方法是利用标准技术(例如 FROG 或者光谱相干测量法)对每个参与合成的光束分别进行完整表征。此后,要完整表征合成脉冲,只需要测量相关相位和延时这两个量即可。如果要测量载波相位,则需要测量延迟和每路光束的相位。无论是哪一种情况,完全表征这么短暂的瞬变光辐射都是一个挑战。

9.5 结 论

目前,使用相干光束合成技术放大超快激光源的平均功率和峰值功率,突破单一放大器的限制,已经得以实现。时间参数(如群延迟色散)对 100fs 量级脉冲的合成效率的影响很小,意味着使用大量放大器进行合束是可行的。在此研究领域,除光学相位技术之外,还在开发新的技术(例如主动群延时稳定)[39]。通过控制多个光谱带的光强和相位,有望将功率放大和脉冲合成[40]结合起来,为激光光束合成开辟了广阔前景。随着可合成脉冲的宽度不断变窄,如仅为几个光学周期,时空分析和表征也将越来越重要。

参考文献

[1] Fan, T. Y. (2005) Laser beam combining for high-power, high-radiance sources. IEEE J. Sel. Top. Quantum Electron., 11, 567-577.

[2] Cheung, E. C., Weber, M., and Rice, R. R. (2008) Phase locking of a pulsed fiber amplifier. Advanced Solid-State Photonics, Nara, Japan, January 2007, Paper WA2.

[3] Lombard, L., Azarian, A., Cadoret, K., Bourdon, P., Goular, D., Canat, G., Jolivet, V., Jaouën, Y., and Vasseur, O. (2011) Coherent beam combination of narrowlinewidth 1.5 mm fiber amplifiers in a longpulse regime. Opt. Lett., 36, 523-525.

[4] Seise, E., Klenke, A., Limpert, J., and Tünnermann, A. (2010) Coherent addition of fiber-amplified ultrashort laser pulses. Opt. Express, 18, 27827-27835.

[5] Daniault, L., Hanna, M., Lombard, L., Zaouter, Y., Mottay, E., Goular, D., Bourdon, P., Druon, F., and Georges, P. (2011) Coherent beam combining of two femtosecond fiber chirped-pulse amplifiers. Opt. Lett.,

36,621-623.

[6] Strickland, D. and Mourou, G. (1985) Compression of amplified chirped optical pulses. Opt. Commun., 56, 219-221.

[7] Galvanauskas, A. (2002) Ultrashort-pulsefiber amplifiers, in Ultrafast Lasers: Technology and Applications (eds M. E. Fermann, A. Galvanauskas, and G. Sucha), CRC Press, p. 209.

[8] Zaouter, Y., Papadopoulos, D. N., Hanna, M., Boullet, J., Huang, L., Aguergaray, C., Druon, F., Mottay, E., Georges, P., and Cormier, E. (2008) Stretcher-free high energy nonlinear amplification of femtosecond pulses in rod-type fibers. Opt. Lett., 33, 107-109.

[9] Daniault, L., Hanna, M., Papadopoulos, D. N., Zaouter, Y., Mottay, E., Druon, F., and Georges, P. (2011) Passive coherent beam combining of two femtosecond fiber chirped-pulse amplifiers. Opt. Lett., 36, 4023-4025.

[10] Kane, D. and Trebino, R. (1993) Characterization of arbitrary femtosecond pulses using frequency-resolved optical gating. IEEE J. Quantum Electron., 29, 571-579.

[11] Iaconis, C. and Walmsley, I. A. (1998) Spectral phase interferometry for direct electric-field reconstruction of ultrashort optical pulses. Opt. Lett., 23, 792-794.

[12] Goodno, G. D., Shih, C.-C., and Rothenberg, J. E. (2010) Perturbative analysis of coherent combining efficiency with mismatched lasers. Opt. Express, 18, 25403-25414.

[13] Klenke, A., Seise, E., Limpert, J., and Tünnermann, A. (2011) Basic considerations on coherent combining of ultrashort laser pulses. Opt. Express, 19, 25379-25387.

[14] Akturk, S., Gu, X., Gabolde, P., and Trebino, R. (2005) The general theory of first-order spatio-temporal distortions of Gaussian pulses and beams. Opt. Express, 13, 8642-8661.

[15] Siiman, L. A., Chang, W.-Z., Zhou, T., and Galvanauskas, A. (2012) Coherent femtosecond pulse combining of multiple parallel chirped pulse fiber amplifiers. Opt. Express, 20, 18097-18116.

[16] Hänsch, T. W. and Couillaud, B. (1980) Laser frequency stabilization by polarization spectroscopy of a reflecting reference cavity. Opt. Commun., 35, 441-444.

[17] Klenke, A., Seise, E., Demmler, S., Rothhardt, J., Breitkopf, S., Limpert, J., and Tünnermann, A. (2011) Coherently combined two channel femtosecond fiber CPA system producing 3mJ pulse energy. Opt. Express, 19, 24280-24285.

[18] Shay, T., Benham, V., Baker, J. T., Sanchez, A. D., Pilkington, D., and Lu, C. A. (2007) Self-synchronous and self-referenced coherent beam combination for large optical arrays. IEEE J. Sel. Top. Quantum Electron., 13, 480-486.

[19] Daniault, L., Hanna, M., Lombard, L., Zaouter, Y., Mottay, E., Goular, D., Bourdon, P., Druon, F., and Georges, P. (2012) Impact of spectral phase mismatch on femtosecond coherent beam combining systems. Opt. Lett., 37, 650-652.

[20] Jiang, S., Hanna, M., Druon, F., and Georges, P. (2010) Impact of self-phase modulation on coherently combinedfiber chirped-pulse amplifiers. Opt. Lett., 35, 1293-1295.

[21] Sabourdy, D., Kermene, V., Desgarges-Berthelemont, A., Lefort, L., Barth_el_emy, A., Mahodaux, C., and Pureru, D. (2002) Power scaling of fibre lasers with all-fibre interferometric cavity. Electron. Lett., 38, 692-693.

[22] Ishaaya, A. A., Davidson, N., and Friesem, A. A. (2009) Passive laser beam combining with intracavity interferometric combiners. IEEE Sel. Top. Quantum Electron., 15, 301-311.

[23] Zaouter, Y., Daniault, L., Hanna, M., Papadopoulos, D., Morin, F., Hönninger, C., Druon, F., Mottay, E., and Georges, P. (2012) Passive coherent combination of two ultrafast rod type fiber chirped pulse amplifiers. Opt.

Lett. ,37,1460-1462.

[24] Zhou,S. ,Wise,F. W. ,and Ouzounov,D. G. (2007) Divided-pulse amplification of ultrashort pulses. Opt. Lett. ,32,871-873.

[25] Kong,L. J. ,Zhao,L. M. ,Lefrancois,S. ,Ouzounov,D. G. ,Yang,C. X. ,and Wise,F. W. (2012) Generation of megawatt peak power picosecond pulses from a divided pulse fiber amplifier. Opt. Lett. ,37,253-255.

[26] Papadopoulos,D. N. ,Zaouter,Y. ,Hanna,M. ,Druon,F. ,Mottay,E. ,Cormier,E. ,and Georges,P. (2007) Generation of 63fs 4. 1MW peak power pulses from a parabolic fiber amplifier operated beyond the gain bandwidth limit. Opt. Lett. ,32,2520-2522.

[27] Daniault,L. ,Hanna,M. ,Papadopoulos,D. N. ,Zaouter,Y. ,Mottay,E. ,Druon,F. ,and Georges,P. (2012) High peak-power stretcher-free femtosecond fiber amplifier using passive spatio-temporal coherent combining. Opt. Express,20,21627-21634.

[28] Zaouter,Y. ,Guichard,F. ,Daniault,L. ,Hanna,M. ,Morin,F. ,Hönninger,C. ,Mottay,E. ,Druon,F. ,and Georges,P. (2013) Femtosecond fiber chirped- and divided-pulse amplification system. Opt. Lett. ,38,106-108.

[29] Petersen,J. and Luiten,A. (2003) Short pulses in optical resonators. Opt. Express,11,2975-2981.

[30] Potma,E. O. ,Evans,C. ,Xie,X. S. ,Jones,R. J. ,and Ye,J. (2003) Picosecond-pulse amplification with an external passive optical cavity. Opt. Lett. ,28,1835-1837.

[31] Jones,R. J. ,Moll,K. D. ,Thorpe,M. J. ,and Ye,J. (2005) Phase-coherent frequency combs in the vacuum ultraviolet via high harmonic generation inside a femtosecond enhancement cavity. Phys. Rev. Lett. ,94,193201.

[32] Pupeza,I. ,Eidam,T. ,Rauschenberger,J. ,Bernhardt,B. ,Ozawa,A. ,Fill,E. ,Apolonski,A. ,Udem,T. ,Limpert,J. ,Alahmed,Z. A. ,Azzeer,A. M. ,Tünnermann,A. ,Hänsch,T. W. ,and Krausz,F. (2010) Power scaling of a high repetition- rate enhancement cavity. Opt. Lett. ,35,2052-2054.

[33] Hartl,I. ,Schibli,T. R. ,Marcinkevicius,A. ,Yost,D. C. ,Hudson,D. D. ,Fermann,M. E. ,and Ye,J. (2007) Cavity-enhanced similariton Yb-fiber laser frequency comb: 3 _ 1014 W/cm2 peak intensity at 136 MHz. Opt. Lett. ,32,2870-2872.

[34] Hänsch,T. W. (1990) A proposed subfemtosecond pulse synthesizer using separate phase-locked laser oscillators. Opt. Commun. ,80,71-75.

[35] Shelton,R. K. ,Ma,L. -S. ,Kapteyn,H. C. ,Murnane,M. M. ,Hall,J. L. ,and Ye,J. (2001) Phase-coherent optical pulse synthesis from separate femtosecond lasers. Science,293,1286-1289.

[36] Sun,J. and Reid,D. T. (2009) Coherent ultrafast pulse synthesis between an optical parametric oscillator and a laser. Opt. Lett. ,34,854-856.

[37] Krausst,G. ,Lohss,S. ,Hanke,T. ,Sell,A. ,Eggert,S. ,Huber,R. ,and Leitenstorfer,A. (2010) Synthesis of a single cycle of light with compact erbium-doped fibre technology. Nat. Photonics,4,33-36.

[38] Huang,S. -W. ,Cirmi,G. ,Moses,J. ,Hong,K. -H. ,Bhardwaj,S. ,Birge,J. R. ,Chen,L. -J. ,Li,E. ,Eggleton,B. ,Cerullo,G. ,and Kärtner,F. X. (2011) High-energy pulse synthesis with sub-cycle waveform control for strong-field physics. Nat. Photonics,5,475-479.

[39] BenjaminWeiss,S. ,Weber,M. E. ,and Goodno,G. D. (2012) Group delay locking of coherently combined broadband lasers. Opt. Lett. ,37,455-457.

[40] Chang,W. -Z. ,Zhou,T. ,Siiman,L. A. ,and Galvanauskas,A. (2013) Femtosecond pulse spectral synthesis in coherently spectrally combined multi-channel fiber chirped pulse amplifiers. Opt. Express,21,3897-3910.

第二部分　被动相位锁定和自组织相位锁定

第10章

基于外腔光束合成的耦合谐振器理论模型

Mercedeh Khajavikhan,James R. Leger

10.1 引　　言

激光器的辐射度定义为单位面积、单位立体角的激光功率,它与激光器的输出功率和光束质量紧密相关。由于激光器的辐射度与激光光束聚焦功率成正比,如口径一定的平行光的远场聚焦功率以及数值孔径一定的透镜的焦平面的聚焦功率,因此在许多应用当中,辐射度是一个备受关注的参数。不幸的是,在实际当中,激光器的辐射度会受到诸如像差、非线性、温度控制和光学损伤等多种因素的限制难以提高。相干光束合成是突破这些限制,提高辐射度的一种潜在的解决办法[1,2]。

通用的相干合束方法可分为三种类型:①振荡功率放大器结构[3,4];②非线性介质光耦合[5];③激光腔耦合[6,7]。本章主要对第三种方法中的几种结构进行具体分析。我们只对激光腔耦合做线性分析,而不考虑特殊强度或者特殊增益的影响,例如光学非线性和增益牵引等。这种简化便于我们利用模型方法描述并深刻理解各种谐振器的特性,这些特性包括允许存在的模式数量、模式的区分、允许模式的振荡频率以及光束合成光学系统对于光程变化的灵敏度等。然而我们还应认识到,在真正的高功率激光系统中,非线性特性扮演着一个重要的角色,需要引入更为完整的模型。

本章首先简单回顾对相干光束合成的要求,然后描述模型分析中的数学框架,并讨论波长变化对光程差的补偿的作用。本章的大部分内容将深入探讨两种耦合腔的模型规律:一种是通过增加单位面积的能量来提高辐射强度(叠加技术),另一种是通过增加单位立体角能量来提高辐射强度(拼接技术)。在进行理论研究的同时,我们将给出一些实验数据来解释根据理论模型预测的一些具有代表性的结构的特性。

10.2 相干光束合成要求

为了正确认识相干光束合成的问题,从辐射理论出发评估光束合成的物理学限制将大有裨益。经典的辐射理论表明,被动光学系统无法提高空间非相干光场的单位面积或者单位立体角内的能量。然而,对于激光器系统,用光模场理论来作分析会更为适当,在光模场理论中,模场是满足一定边界条件的波动方程中的确切解。一般以一个复函数的形式来表示,该复函数描述了光场中各点处的幅值以及模式中各点之间的固定相位关系。在本章的辐射理论中,对于 N 个非相关的光学模式,不能通过任何处于热平衡状态下的光学系统增加每个模式的功率。由于非相干激光场之间的相互相位在时间上是不断变化的,因此多个激光器合束后光束必须用包含多种空间模式的光束来描述,每一个光束对应一个光场。据此我们可以得出,只有使初始激光器之间建立互相干涉度,减少系统的工作模式数量,才能增加辐射度。如果能在各个激光光源之间建立起不随时间变化的相位关系,就能迫使每个激光光源的模式都处于单一的相干状态,从而使辐射度达到最大。需要强调的是,在这种情形下,对激光器的单色性并不做要求(即工作在单频状态)。

我们可以用一些非传统的方法,通过减少模式数量将各个激光器的光能量收集起来。其中一种方法就是将多个激光器作为泵浦源以转换二级增益介质。比如,用二极管泵浦的固体激光器来增加半导体二极管激光器阵列的辐射强度就采用了这种结构。当然,单增益元件的激光器中存在的所有问题和局限性在此依然存在。作为备选,也可将增益介质放置在一个公共腔内,这样就可以在各个激光元件之间进行耦合,从而形成一个耦合振荡器。这种结构的优点是功率可分布于多增益介质之间。一般来说,耦合后的激光光场是耦合阵列的归一化模式相应的超模的线性合成,在我们的计算中,我们认为每一个独立的激光器都以单横模振荡(如高斯分布),用"超模"来表示各个激光模式的相干合成。在此过程中,通过建立与超模相关的腔损耗来实现相干。如果只允许有一个超模可以超过激光发光阈值,那么所有参与超模的激光器的相位将被锁定在相干状态。从这一观点出发,可以将激光耦合简化为产生一个含多个激光器整体的超模。当然,如果允许增加超模数量,就会降低输出激光相干度,如果所有超模都高于激光发光阈值,则可以认为输出光完全非相干,辐射度并没有增加。因此,对于不同的光腔结构,清晰识别超模的能力是一个重要的属性。另外,基超模的损耗或者形状,以及超模的识别力都受到激光器阵列横截面上各点光程差的强烈影响,我们的理论模型将用于揭示这些影响。

上述相干条件能够确保通过增加阵列上发光单元数量就能增加每个模场的功率。但是,这并不能保证单位面积、单位立体角的功率(辐射度的传统定义)在任何情形下都处于最佳状态。为了达到这一点,必须通过巧妙地控制光的强度和相位从而将超模转变为想要的形式。现实的最佳形式只能依据具体的应用来确定。为了使光轴方向的辐射度在远场或透镜焦平面处达到最大值,从有限孔径(包含合成激光光束)发出的光场就必须以最佳的方式耦合成远场的三角函数。由于近场和远场的傅里叶关系,理想的近场分布形式近似于一个包含一定光学口径的平面波。因此,超模应该转换成这样的形状,即光学出口处的振幅和相位都呈均匀分布[1]。另一方面,如果需要模场的 M^2 较低,则光束应该转化为高斯分布[8]。有许多技术通过控制一处或多处光束的相位,在近似无损耗的状态下来实现这种转换[9]。这一步是获得有用的输出和真正的高辐射度的最基本要求。此时,尽管可能已经相干,但是合成过程中的光程差仍然会导致激光器的输出端波面扭曲,以致光波辐射度降低。

10.3　被动激光谐振器的通用数学模型

正如前面章节所提及的,我们的分析都是限定在对光腔的线性描述上,所以我们使用的都是线性系统模型技术。首先假定耦合腔由 N 个互相独立的增益单元组成,而且每一个增益单元仅支持一个空间模式(通常是高斯或准高斯分布)。因此,耦合腔的第 i 个超模可以用 N 维空间的矢量 $\boldsymbol{v}_i$ 表示,此处复矢量的分量就代表了每一个增益单元的振幅和相位。分析的整个目的就是解决在各种工作状态下的光腔超模及其相关损耗。

光腔超模是时空电场分布,在光腔内部一次往返后,除了幅值可能变化外,完全可以自我复制。为了得到这些超模,我们需要解算传播矩阵 $\boldsymbol{M}_{\mathrm{rt}}$。$\boldsymbol{M}_{\mathrm{rt}}$ 表示经过一次往返后,光场矢量分布状态的传输效应。矩阵 $\boldsymbol{M}_{\mathrm{rt}}$ 是光在光腔内传输中对应的光学元件、传输效应以及相位误差矩阵等的乘积。通过求解这一特征方程就能获得这些超模。

$$\boldsymbol{M}_{\mathrm{rt}}\boldsymbol{v}_i=\lambda_i\boldsymbol{v}_i \tag{10.1}$$

式中:$\boldsymbol{v}_i$ 表示第 i 个超模在经过一次往返后的功率损耗,λ_i 是与之对应的复本征值。① 从方程式(10.1)可以很明显地看出 $|\lambda_i|$ 的物理意义,它可以看作是超模 $\boldsymbol{v}_i$ 在光腔中经过一次往返后的振幅衰减因子。因此,$1-|\lambda_i|^2$ 就表示第 i 个超模经过一次往返后的功率衰减。本征值的相位部分则表示在给定波长下,超模在经过一次往返后的相移,这意味着只有相位是 2π 的整数倍对应的波长才能发射激光。我们将在 10.3.2 节中讨论这个本征值相位的影响。

因为矢量 $\boldsymbol{v}_i$ 是正交完备的,所以任何光腔中光场的分布都可以看作是这些矢

① 在本章中,用带有下标的符号 λ_i 表示本征值,在后续章节中,用不带下标的符号 λ 表示光波波长。

量的线性叠加。因此,当激光器增益增加时,就像光腔内光场的建立来自于噪声一样,达到激光发光阈值的第一个激光分布要么是腔内损耗最低,要么是本征值最大$|\lambda_i|$。可以用基超模 $\boldsymbol{v}_i$ 来表示此相干发射激光,从每个增益单元提取的功率与 $\boldsymbol{v}_i$ 中相关分量的平方成正比。系数接近的基超模矢量从整个阵列中获取功率效率更高,而那些在特定增益单元中系数为 0 的基超模矢量将不能参与到相干状态中。在大多数实际状态下,即使我们考虑了非线性度的影响,矢量 $\vec{\boldsymbol{v}}_i$ 也能较为准确地描述基空间超模。然而,对于给定的超模,其损耗将会受到非线性的严重影响,比如增益展宽、空间和光谱的烧孔效应等。这些影响会有助于其中的一些超模的形成而压制另一些超模。更为完整的分析必须将这些非线性因素考虑在内。

10.3.1 简单分束镜的相干光束合成

作为技术分析的一个简单示例,我们对采用一个分束镜或者 3dB 耦合器的相干光束合成进行建模分析(图 10.1)。分光镜和光纤耦合光腔在光学上是等效的,具体选择哪一个可根据实际使用情况来确定。通过时间反转特性可以解释其基本工作原理。如图 10.1 所示,用一单光束从右侧照射分光镜,该分光镜就会产生一个透射光束(向左边传输)和一个反射光束(向下传输)。这两束光在相位上是互相相干的(因为来自一个相同的光源),且相互之间存在唯一的相位关系。因此,时间反转特性意味着通过该分束镜可使两束互相相干的光束合成一束光。事实上这也是分束镜的一个普遍特性,我们可以注意到两束光线之间确切的相位关系反映了每一个出口输出的光量的大小。尽管这一简单解释可以证明分光谐振器的基本工作原理,但是要更为详细地描述谐振器的特性还需要更深入地了解它的模型结构,这一点可以用描述光在谐振器内传输过程的本征方程来得到。

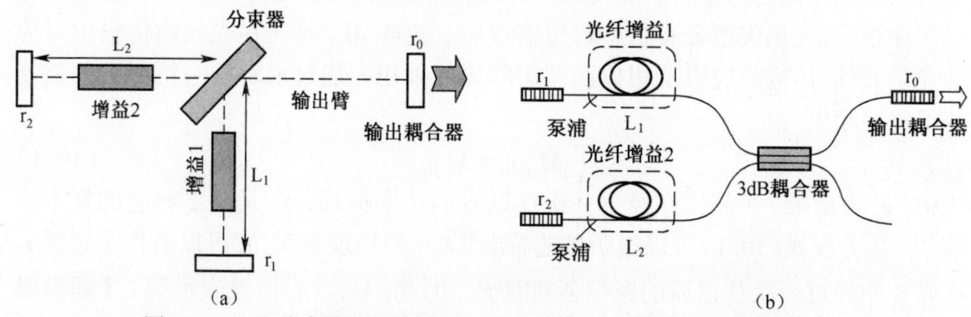

图 10.1 (a)分束镜相干合成;(b)使用 3dB 光纤耦合器的等效结构。

我们可以通过寻找一个能够描述光在光腔内一次往返传输情况的矩阵来获得光腔的本征方程。为了构造一次往返传播矩阵,我们假设光束的起始位置是增益臂中的反射镜。光束沿着增益臂(用矩阵 $\boldsymbol{\Phi}$ 表示)传输过程中,首先获取到一个与光程长度成比例的特定相移,然后光束变为垂直方向,按照分束境的散射矩阵 $\boldsymbol{S}$ 进入的右侧端口。根据散射矩阵的转置矩阵 $\boldsymbol{S}^{\mathrm{T}}$,只有从右侧端口发出的光束被反射回来(通过输出镜面),并且随后被分束镜分束进入左侧和底侧谐振腔臂。这些光束再一次经过增益臂 $\boldsymbol{\Phi}$ 并经过镜面反射后最终回到它们的出发点。一次往返传输矩阵 $\boldsymbol{M}_{\mathrm{rt}}$ 是所有这些矩阵的乘积:

$$\boldsymbol{M}_{\mathrm{rt}} = \boldsymbol{\Phi S}^{\mathrm{T}}\boldsymbol{RS\Phi} \tag{10.2}$$

式中

$$\boldsymbol{\Phi} = \begin{pmatrix} \mathrm{e}^{\mathrm{j}(\phi_1/2)} & 0 \\ 0 & \mathrm{e}^{\mathrm{j}(\phi_2/2)} \end{pmatrix} \tag{10.3}$$

$$\boldsymbol{R} = \begin{pmatrix} r_0 & 0 \\ 0 & 0 \end{pmatrix} \tag{10.4}$$

式中:$\phi_i = 2kL_i$,k 是光纤光波的波数,L_i 是第 i 个增益臂的长度,r_0 是输出反射镜面的振幅反射系数。分光镜无损、对称散射矩阵 $\boldsymbol{S}$ 由下式给出[10]:

$$\boldsymbol{S} = \begin{pmatrix} r & \mathrm{j}t \\ \mathrm{j}t & r \end{pmatrix} \tag{10.5}$$

式中:$r^2 + t^2 = 1$。在此散射矩阵中,r 是分光镜的振幅反射系数,t 是分光镜的振幅传输系数。虽然 r 和 t 的精确值与给定的分束镜有关,但其基本属性决定了矩阵中各个单元之间的关系。例如,可逆性要求散射矩阵有对称性,而无损分束镜则要求矩阵具有归一性[11]。

假设分光镜的功率分光比为 50∶50,$r = t = 1/\sqrt{2}$,则一次往返传输矩阵 $\boldsymbol{M}_{\mathrm{rt}}$ 可简化为

$$\boldsymbol{M}_{\mathrm{rt}} = \begin{pmatrix} \dfrac{1}{2}r_0\mathrm{e}^{\mathrm{j}\phi_1} & \dfrac{\mathrm{j}}{2}r_0\mathrm{e}^{\mathrm{j}[(\phi_1+\phi_2)/2]} \\ \dfrac{\mathrm{j}}{2}r_0\mathrm{e}^{\mathrm{j}[(\phi_1+\phi_2)/2]} & -\dfrac{1}{2}r_0\mathrm{e}^{\mathrm{j}\phi_2} \end{pmatrix} \tag{10.6}$$

可以看出,两列之间存在线性关系,因此矩阵 $\boldsymbol{M}_{\mathrm{rt}}$ 的秩为 1。这意味着它只有一个非零特征值。此结果对应的物理意义是谐振器仅支持一个超模。通过求解矩阵的特征方程,我们就可获取唯一的单特征向量 $\boldsymbol{v}_i$ 和它对应的特征值 λ_1

$$\boldsymbol{v}_1 = \begin{pmatrix} \dfrac{1}{\sqrt{2}} \\ \dfrac{\mathrm{j}}{\sqrt{2}}\mathrm{e}^{\mathrm{j}\Delta\phi/2} \end{pmatrix} \tag{10.7}$$

和

$$\lambda_1 = -\mathrm{j}r_0\mathrm{e}^{\mathrm{j}[(\phi_1+\phi_2)/2]}\sin\left(\frac{\Delta\phi}{2}\right) \tag{10.8}$$

式中:$\Delta\phi = \phi_1 - \phi_2$,式(10.7)表明,两个增益臂上的光场强度相等,从两个增益介质中获取的功率最大。式(10.8)可被用于预测相位差 $\Delta\phi$ 等函数引起的腔损

耗(由光程差 $L_1 - L_2 = \Delta\phi/2k$ 引起的)。相位差(令 $r_0=1$)引起的功率损耗可由 $1-|\lambda_1|^2=\cos^2(\Delta\phi/2)$ 给出。显然,当这两个臂之间的相位差为 π 时,损耗为 0;相反,当相位差 0 时,损耗就变成 1,这意味着从其他光腔发出的功率并没有返回谐振器里面。

10.3.2 多波长效应[12]

前面的讨论已经清楚地说明,为了能获得高效的外腔相干光束合成效率,增益介质之间必须建立正确的相对相位关系。然而很遗憾的是,许多增益介质的物理长度以及折射率是温度、泵浦电流和其他效应的函数,所以无法保证总是能够获得正确的相位态。因此,有时需要在光腔内加入主动反馈系统以确保获得正确的相位态。对于主动相位调节技术,可以回顾一下本书的第一部分。对于被动激光耦合阵列,有时候可以简单地通过改变它们的工作波长来调节它们的相位[13,14]。在这一节我们就讨论一下“多波长”相位调整方法。

在讨论波长变化效应时,用波数 k(等于 2π/波长)来表示波长是一个比较简便的方法。特别是当两个增益臂的长度有较大差异时,波数的微小变化都会在分光镜上引起很大的相对相位变化。为此,可以通过选择适当的波数来获得一定的光程相位差补偿。通过研究本征值随光程差和波数的变化函数,我们就可以用模型来量化这一行为。尽管这是一种比较普遍的现象,我们还是用 10.3.1 节中谐振器示例来解释其基本特性。

为了达到共振,循环光腔的模式必须满足自洽条件,也就是,光场会产生 $2\pi m$ 的相移,这里 m 是整数。因此,激光器会选择能够产生正实数特征值的波数(即所谓的激光器纵模)。当满足自洽条件时,温度波动、谱线宽度增强因子和烧孔机理等都会使光腔内的相位发生变化,进而暂时或永久地改变波数。将自洽条件应用到式(10.8)中,我们注意到在增益臂的光程差($\Delta L = L_2 - L_1$)在比较小和比较大的情况下,会表现出完全不同的属性。为了区别这两种状态,我们把增益臂的光程差分为两个部分:①设计者自主选择的固有光程差 ΔL_0;②加工缺陷或者环境的随机变化等因素引起的很小的随机光程差 δL,量值在几个波长的量级。此外,我们假设激光增益介质的增益带宽为 $2\Delta k_{\max}$,中心波数为 k_i,所以 $k_0-\Delta k_{\max} < k_i < k_0+\Delta k_{\max}$,$k_0$ 是增益带宽的中心频率。对于发光波长为 1.06μm 的典型掺钕光纤激光器,其 $\Delta k_{\max}$ 大约是 1400cm^{-1}。对于发光波长为 1.06μm 的掺钕 YAG 晶体激光光源,其 $\Delta k_{\max}$ 大约是 16cm。

如果我们设定激光光源工作在给定波数 k_i 处,则式(10.8)可以写成

$$\lambda_1 = -\mathrm{j}r_0 \mathrm{e}^{\mathrm{j}(k_0-\Delta k_i)(2L_1+\Delta L_0+\delta L)} \sin\{(k_0-\Delta k_i)(\Delta L_0+\delta L)\} \tag{10.9}$$

式中:$\Delta k_i = k_0 - k_i$,k_i 允许的取值必须满足一致性条件,即 $\mathrm{Arg}\{\lambda_1\}=2\pi m$,$m$ 是整数。我们注意到在这个等式中,$k_0\Delta L_0=\phi_0$ 是一个固定的相移,而且相对于 $k_0\delta L$

来说，$\Delta k_i \delta L$ 很小，以至于可以忽略不计。

用限制条件 $\Delta k_{max}\Delta L_0$ 可以区别两种限制范围，对于 $\Delta k_{max}\Delta L_0 \ll \pi$，本征值为

$$|\lambda_1| \approx r_0 |\sin(k_0\delta L + \phi_0)|, \quad \Delta k_{max}\Delta L_0 \ll \pi \tag{10.10}$$

对于掺钕光纤激光器，其限定范围为 $\Delta L_0 \ll 22\mu m$，对于掺钕 YAG 晶体激光器，$\Delta L_0 \ll 2mm$。很明显在这种情况下，本征值的大小与波长无关（也就是说所有允许的纵模衰减相同）。在这种条件下，空间模式就可完全描述光腔的模型行为，因此我们把这种情况的工作方式称为"纵模主导"。

另一方面，当 $\Delta k_{max}\Delta L_0 \ll \pi$ 时，本征值的大小变为

$$|\lambda_1| \approx r_0 |\sin(k_0\delta L - \Delta k_i\Delta L_0 + \phi_0)|, \quad \Delta k_{max}\Delta L_0 \gg \pi \tag{10.11}$$

对于特定的光程误差 δL，改变纵模（因此改变了激光光波的波数 Δk_i）就会对本征值产生深刻的影响。在这种限定条件中，式（10.11）中修正后的正弦曲线的特性就像是一个周期非常小（$\pi/\Delta L_0$）的波数 Δk_i 的函数，对于一倍光程，一个纵模可能具备较低的损耗（本征值接近 1），而当光程差增加 δL 时，另外一个模的损耗将降低。这样激光器只需要简单地切换纵模，就可以使其本征值最大而相位误差损耗最小。改变 δL 仅使式（10.11）正弦函数产生一定漂移。在图 10.2 中，我们给出了两个光路光程误差允许存在的纵模的本征值的大小。我们将这一约束条件（$\Delta k_{max}\Delta L_0 \gg \pi$）称为"纵模主导"限定条件，因为光腔的工作状态最终是由纵模来确定的。当然，这一分析的基础是假设纵模之间的间距 $2\pi/(L_1 + L_2)$ 很小，则在增益带宽 $2\Delta k_{max}$ 内存在许多发光模场。这种情况在光纤激光器系统中是很常见的，因为每一根光纤的长度（L_1 和 L_2）都在米量级。

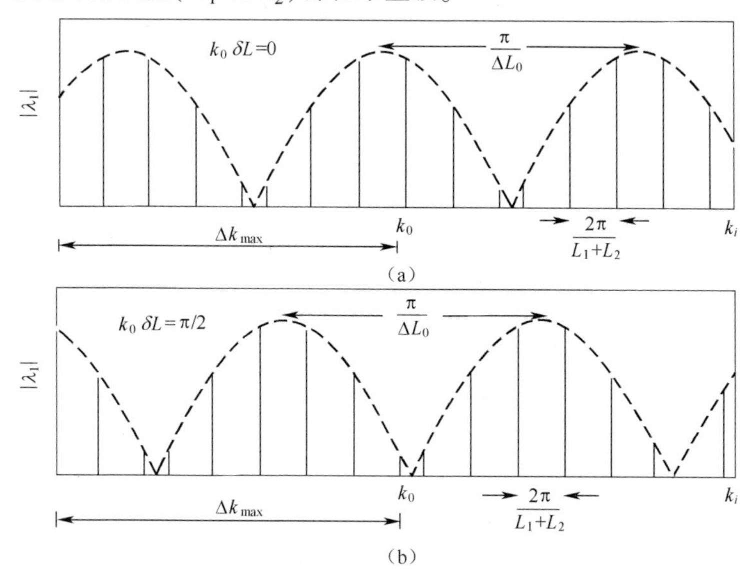

图 10.2　纵模主导限定条件中允许的本征值，垂直实线表示纵模。(a)光程误差 δL 引起的相位误差，$k_0\delta L = 0$；(b)光程误差 δL 引起的相位误差 $k_0\delta L = \pi/2$[12]。

为了验证这一分析的准确性,同时研究光程误差对横模主导和纵模主导($\Delta k_{max}\Delta L_0 \sim \pi$)切换过程中的影响,我们引入了一个试验,即在掺钕 YAG 激光器中用两个耦合偏振模来证明式(10.11)中 ΔL_0 变化的影响[12]。图 10.3 给出了输出功率随光程相位差变化的函数,图中所示分别是归一化光程差(ΔL_0)在 0.0mm(点线)、0.4mm(虚线)和 1.0mm(实线)时的图形。从中可以清楚地看出,随着增益臂之间归一化光程差的增加,输出功率就会减小,而系统从横模主导到纵模主导构架转换过程中,对于随机光程差的敏感度也会降低。让我们回顾一下在纵模主导的情况,即 $\Delta k_{max}\Delta L_0 \gg \pi$ 。假设 1064nm 的掺钕 YAG 激光器阵列的增益带宽为 0.6nm(对应的 Δk_{max} 是 1.6cm^{-1}),0.4mm 和 1.0mm 的光程差对应的 $\Delta k_{max}\Delta L_0$ 的值分别是 0.6rad 和 1.6rad。因此,这种耦合系统并不是完整的纵模主导机制,输出功率在某种程度上还会受光程误差的影响。不过当 $\Delta L_0 = 1\text{mm}$ 时该影响会显著降低,这说明改善光程误差可以部分补偿纵模的多样性。

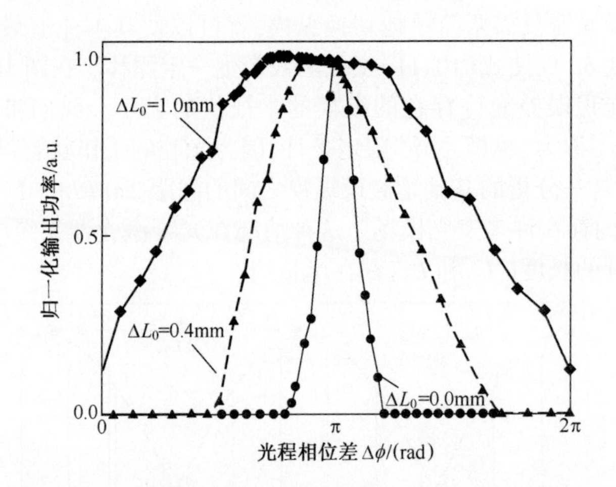

图 10.3 测量得到的两个激光器相干合成的输出总功率随光程误差的变化函数。三条曲线对应了从横模主导机制($\Delta L_0 = 0.0\text{mm}$)到纵模主导机制($\Delta L_0 = 1.0\text{mm}$)的变化过程[12]。

在很多通用的光腔结构中都存在波长多样性,这也是被动相干光束合成最初能够得以成功的原因[13-15]。这一成功主要得益于激活介质的增益带宽、与增益带宽相关的纵模数量以及增益单元数量等。如果只有两个增益单元,且增益带宽(Δk)和光程差(ΔL_0)的积很大时,就很容易找到通用的纵模来修正随机光程误差。但是随着增益单元数量的增加,通过通用纵模来纠正全部光程误差的成功率将相应地降低。全面深入了解外腔的理论模型可以让我们更好地制作这些光腔,并应用于特定的激光器系统。本章其余部分研究不同外腔结构和它们的理论模型。

10.4　基于光束叠加的耦合腔结构

增加单位面积内的功率(保持单位立体角内的功率不变)或者单位立体角内的功率(保持单位面积内的功率不变)都可以提高激光光束的辐射度(即单位面积单位立体角的激光功率)。在本章其余部分,我们按照这两条思路,构建了多种光束合成结构来提高辐射度。第一种结构允许多个激光光束重叠在一个公共区域,籍此来增加单位面积内的总功率。我们把这种类型的激光光束合成方式叫做光束重叠,将在本节对其加以描述。第二种结构中,将多个光束耦合在一个平行结构中(保持单位面积内的功率不变),通过在整个激光器阵列横截面上建立相干来减小有效立体发散角。我们把这种光束合成的形式叫做平行耦合,在 10.5 节和 10.6 节中对这一结构加以举例说明。

10.4.1　通用迈克尔逊谐振器

10.3.1 节描述的分束镜光腔是通用叠加结构(即迈克尔逊谐振器)当中一个最简单的例子。图 10.4 给出了一种更为通用的迈克尔逊谐振器的示例。与图 10.1 中的光腔相比,我们可以看出在开口端前端增加了一个反射镜(叫做循环反射镜)。因此分光/合成单元的所有四个端口一起构成了这个光腔,我们把这种光腔叫扩展的迈克尔逊谐振器。

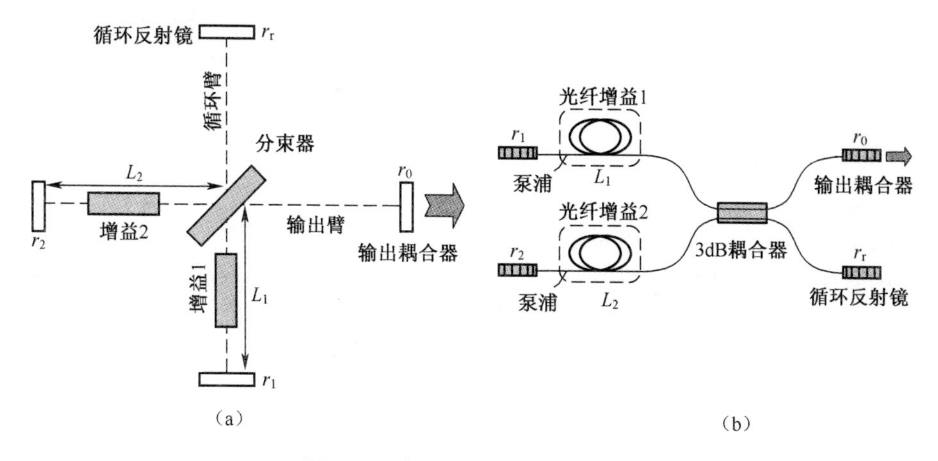

图 10.4　扩展的迈克尔逊谐振器

(a)使用循环反射镜的分束镜结构;(b)使用布拉格反射镜的等价光纤结构。

可以像在 10.3.1 节中那样获得扩展迈克尔逊谐振腔的特征方程,此时需要修正式(10.4)使其表示镜面反射,如式(10.12)所示。其中 r_0 是输出臂上的振幅反射系数, r_r 是循环臂上的振幅反射系数。

$$\boldsymbol{R}=\begin{pmatrix} r_0 & 0 \\ 0 & r_r \end{pmatrix} \tag{10.12}$$

同样,假设分束镜的功率分束比为50∶50, $r=t=1=1/\sqrt{2}$,一次往返传输矩阵 $\boldsymbol{M}_{\mathrm{rt}}$ 可以简化为:

$$\boldsymbol{M}_{\mathrm{rt}}=\begin{pmatrix} \frac{1}{2}(r_0-r_r)\mathrm{e}^{\mathrm{j}\phi_1 1} & \frac{\mathrm{j}}{2}(r_0+r_r)\mathrm{e}^{\mathrm{j}[(\phi_1+\phi_2)/2]} \\ \frac{\mathrm{j}}{2}(r_0+r_r)\mathrm{e}^{\mathrm{j}[(\phi_1+\phi_2)/2]} & \frac{1}{2}(r_r-r_0)\mathrm{e}^{\mathrm{j}\phi_1 2} \end{pmatrix} \tag{10.13}$$

在写出这个矩阵时,我们假定输出臂和循环(返回)臂的光程严格相等。对于更为一般的情况,即允许两光路的光程发生变化,参考文献[16]。修改后的谐振器本征向量和本征值变成下式:

$$\boldsymbol{v}_1=\begin{pmatrix} v_{11} \\ v_{21} \end{pmatrix},\boldsymbol{v}_2=\begin{pmatrix} v_{12} \\ v_{22} \end{pmatrix},\text{其中 } v_{11}=v_{12}=\frac{1}{\sqrt{2}} \tag{10.14}$$

$$\left.\begin{matrix} v_{21} \\ v_{22} \end{matrix}\right\}=\frac{\mathrm{j}}{\sqrt{2}(r_0+r_{\mathrm{r}})}\left[(r_0-r_{\mathrm{r}})\mathrm{e}^{-\mathrm{j}(\Delta\phi/2)}+\mathrm{j}(r_0-r_{\mathrm{r}})\sin\left(\frac{\Delta\phi}{2}\right)\right.$$
$$\left.\pm\mathrm{j}\sqrt{(r_0-r_{\mathrm{r}})^2\sin^2\left(\frac{\Delta\phi}{2}\right)+4r_0r_{\mathrm{r}}}\right] \tag{10.15}$$

和

$$\left.\begin{matrix} \lambda_1 \\ \lambda_2 \end{matrix}\right\}=\frac{-\mathrm{j}}{2}\mathrm{e}^{\mathrm{j}[(\phi_1+\phi_2)/2]}\left\{(r_0-r_{\mathrm{r}})\sin\left(\frac{\Delta\phi}{2}\right)\pm\sqrt{(r_0-r_{\mathrm{r}})^2\sin^2\left(\frac{\Delta\phi}{2}\right)+4r_0r_{\mathrm{r}}}\right\} \tag{10.16}$$

图10.5给出了相位误差损耗($1-|\lambda_i|^2$),首先,我们会注意到,扩展迈克尔逊谐振器不同于简单的分束镜谐振器,它有两个截然不同的超模。显然,在图10.5(a)中通过增加循环反射镜的数量就可以减少光程相位误差 $\Delta\phi=2k(L_2-L_1)$ 所引起的基超模(高本征值)的损耗,这也使得系统对于随机光程差的容忍度大为增强。但是,这一改进的代价是引入了另一个具有竞争性的超模,图10.5(b)给出了两种超模的损耗比较。第二,因为本征向量的归一化,即 $v_{11}=v_{12}=1/\sqrt{2}$,则有 $|v_{21}|=|v_{22}|=1/\sqrt{2}$,这意味着,对于10.3.1节中的单分束镜谐振器,两条传输臂(图10.4中传输臂 L_1 和 L_2)的光强相等,且与两条光路的光程差以及循环反射镜的反射率无关。这一光强分布非常重要,因为如果基超模能在两条臂上最大限度地获得增益,就可以抑制增益从而可以避免更高阶超模的产生。通过将谐振器限制在只产生一个超模,就会在整个阵列上建立起相干。

我们采用复合偏振Nd:YAG激光谐振器实验,测量了单分束镜谐振器和扩展的迈克尔逊谐振器工作特性。准确测量了这两种超模的振幅和相位以及模式功率

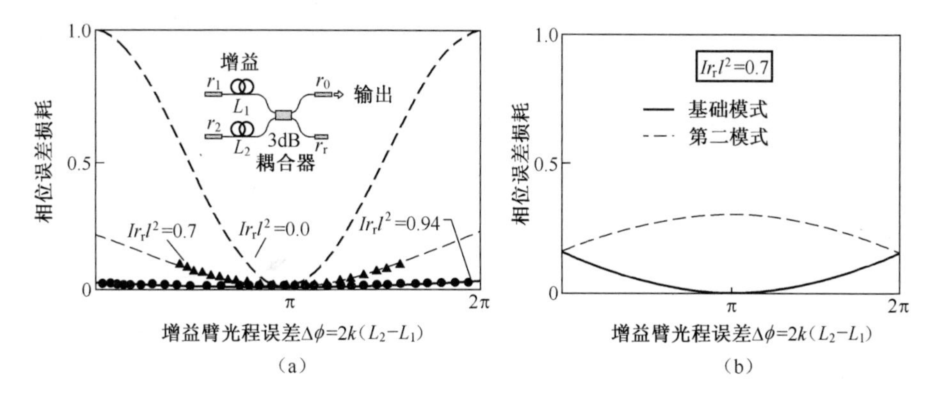

图 10.5　(a)实验测量的基超模功率损耗随增益臂光程误差变化的函数(点线),绘制于理论预测数据的上面。灰度条区域表示对两个超模同时进行观察;(b)循环反射镜的反射率为 $|r_r|^2 = 0.7$ 时[12],理论基超模和第二种超模的损耗随光程差变化的函数。

损耗($1-|\lambda_i|^2$)随光程相位误差变化的情况,详细内容见参考资料[12]。该实验经过专门设计,在横模主导状态(如 10.3.2 节中的定义,$k\Delta L = 2\pi$)工作,其目的是消除波长调谐对光程相位误差的补偿。在整个光程相位误差和循环反射镜的测试中,基超模的两个振幅分量一致(在实验误差范围内)。另外,两个分量的相位关系与式(10.14)和式(10.15)预期的相同。图 10.5(a)给出了由于相位误差(相位误差损耗)引起的模场功率损耗的测量结果,该结果是光程误差 $\Delta\phi = 2k(L_2 - L_1)$ 和循环反射镜反射系数(r_r)的函数。基超模的相位误差损耗与预测损耗 $1 - |\lambda_1|^2$ 一致,其中 λ_1 由式(10.16)给出。需要指出的是,可在光程误差的大部分范围内都观察到单个超模的特性。然而,当光程相位差接近于 2π 的整数倍时,谐振器的相干特性就会消失。在图 10.5a 中,用窄灰色线将 0 和 2π 附近的数据作特别标注。对此的解释由图 10.5(b)给出,图中基超模和第二个超模的理论相位误差都是根据式(10.16)得来的。显然,如果光程相位误差是 2π 的整数倍,则两种超模都会损耗退化,并且在光腔内难以区分。此时,两个超模激光同时发光,相干性会被破坏。

通过一系列方法合成两个以上的增益单元可以进一步扩展迈克尔逊腔。这一点对研究图 10.6 所示的两个直接扩展的 4 增益单元光束合成非常有益。如图 10.6(a)所示,第一种结构是一个双杈树状结构,每一个节点处都放置了一个分束镜。第二种结构如图 10.6(b)所示,它将分束镜组合在一个线性链上。通过计算一次往返传播矩阵 $\boldsymbol{M}_{\text{rt}}$ 的特征向量和特征值就可以得到每一个光腔激光发光的详细特性,一次往返传播矩阵则由光腔内各个独立单元的散射矩阵和传输矩阵经过适当的乘积运算得到。可以看出,这两种结构仅支持一个单一超模。通过调整分束镜的分光比,可使超模在每一条增益臂的光强度相等。双树状结构要求所有的分束比都为 50∶50,而单链结构中的分束比是位置的函数。在每一种结构中,光程误差损耗都是光程误差的函数,同样可以直接计算得出。适当调整光程长度,就有可能使得在附有挡光器的支路上其功率损耗为零。需要注意的是,在合成 N 个增益单元时,两种结构均需要一样数量的反射镜 $(N+1)$、分束镜 $(N-1)$ 和挡光器 $(N-1)$。

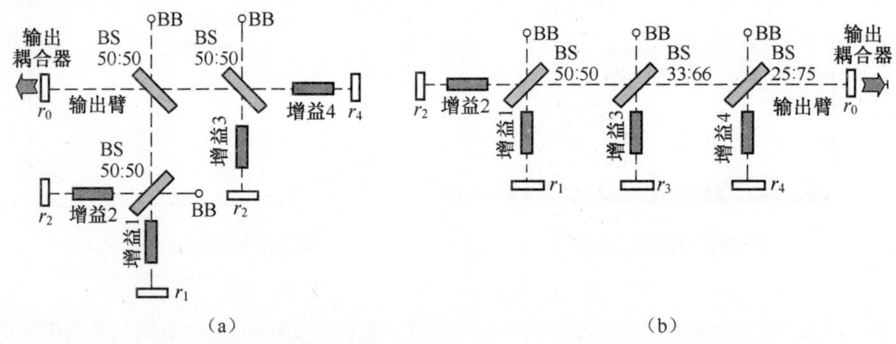

图 10.6 (a)4 增益单元合成的双杈树结构,所有分束镜的光强分光比匀为 50∶50;(b)4 增益单元合成的线性单链结构,分束比因在整条链路的不同位置而不同。BB:光束块;BS:分束镜。

10.4.2 光栅谐振器

在上一节中,我们将 $(N-1)$ 个单分束镜或 3dB 的耦合器排列成双杈树或串联结构,实现了 N 束光合成。但是,分束镜的结构非常麻烦,因为它需要对多个光学元件进行准直。而使用光纤元件等价的 3dB 耦合器不存在准直问题。可是,最终合成的光束必须通过单根光纤,在单根光纤激光器中还存在许多问题,如非线性问题和功率限制的问题。使用多级衍射光栅是解决上述问题的一个可选方法,这种方法利用光栅将一束激光有效地分成 N 个大体相等的输出光束。有一系列的光学器件可以做到这一点,其中一个就是达曼光栅[17],如图 10.7 所示。早期的达曼光栅被设计成周期性的二阶相位结构,每一个周期都包含精心选择的内部结构。由于光栅刻线是周期性的,所以其衍射必然包含着不连续的衍射级次。通过选择恰当的内部结构就可以使 N 个衍射级次的强度相同,同时抑制其他衍射的发生。这种达曼光栅的优点是易于制备。但是有一小部分光往往出现在不想要的衍射序列里,这就降低了光栅的整个效率。随着连续表面起伏制作工艺方法的发展,出现了更多高性能达曼光栅,将光栅设计成具有连续(但呈周期性)的相位模式以提高效率[18, 19]。

图 10.7 给出了将达曼光栅用在普通光腔中从而形成一个达曼谐振器的示例[20]。在这个结构中,达曼光栅的作用就像一个多臂的光束分束镜。与单光束分束镜的情形类似的是,一个单光束从右至左传输,然后被分成 N 个互相干的光束,这些光束两两之间的相位关系固定。与单光束分束镜情形不同的是,有一小部分光进入了不想要的衍射序列中(图 10.7 中没有显示),导致光栅效率 η(定义为 N 个设定衍射级次上的功率的总和与入射光功率之比)小于 1。如果只有 N 个想要的衍射序列的光线改变方向,从左侧(保持正常的相位关系)再次进入光栅,那么

根据可逆性原理可知,光栅就能以相同的效率把各个光束合成一束共轴光束[21]。因此,达曼谐振器包含左侧的 N 个低辐射臂和右侧的 1 个高辐射臂。

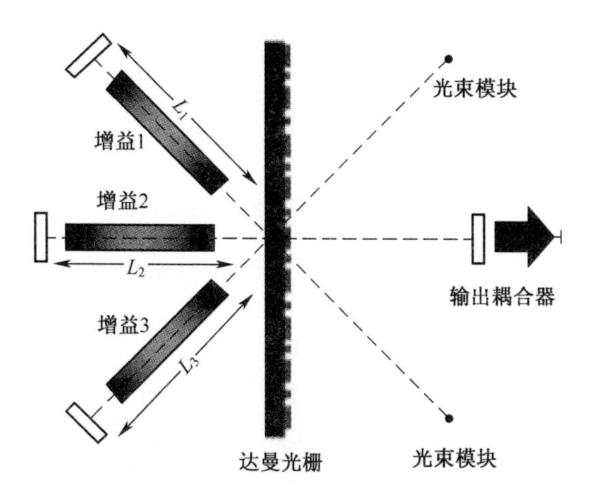

图 10.7　达曼光栅光腔

理想($\eta = 1$)达曼光栅的散射矩阵可以利用无损耗、对称和时间可逆系统的性质推导得出。特别是该矩阵必须同时具有对称性($s_{ij} = s_{ji}$)和归一化特性($SS+=I$),这里符号+表示对矩阵进行厄密共轭变换。下面给出了一个六端口理想达曼光栅(三个输入端和三个输出端)的示例。

$$S = \begin{pmatrix} \dfrac{1}{\sqrt{3}} & \dfrac{1}{\sqrt{3}}e^{j(2\pi/3)} & \dfrac{1}{\sqrt{3}}e^{j(2\pi/3)} \\ \dfrac{1}{\sqrt{3}}e^{j(2\pi/3)} & \dfrac{1}{\sqrt{3}} & \dfrac{1}{\sqrt{3}}e^{j(2\pi/3)} \\ \dfrac{1}{\sqrt{3}}e^{j(2\pi/3)} & \dfrac{1}{\sqrt{3}}e^{j(2\pi/3)} & \dfrac{1}{\sqrt{3}} \end{pmatrix} \tag{10.17}$$

这种理想光栅光腔一次往返的传输矩阵 $\boldsymbol{M}_{rt}$ 由下式给出,

$$\boldsymbol{M}_{rt} = \frac{1}{3}r_0 \begin{pmatrix} e^{j(4\pi/3)}e^{j\phi_1} & e^{j(2\pi/3)}e^{j[(\phi_1+\phi_2)/2]} & e^{j(4\pi/3)}e^{j[(\phi_1+\phi_3)/2]} \\ e^{j(2\pi/3)}e^{j[(\phi_1+\phi_2)/2]} & e^{j\phi_1 2} & e^{j(2\pi/3)}e^{j[(\phi_2+\phi_3)/2]} \\ e^{j(4\pi/3)}e^{j[(\phi_1+\phi_3)/2]} & e^{j(2\pi/3)}e^{j[(\phi_2+\phi_3)/2]} & e^{j(4\pi/3)}e^{j\phi_1 3} \end{pmatrix} \tag{10.18}$$

式中, ϕ_i 的定义与前面相同。研究该矩阵我们可以发现,每一列都是一个复乘积,这标志着该矩阵的秩为 1。因此,对于单分束镜谐振腔,该矩阵仅包含一个特征向量和一个非零特征值,其系统只能使一个空间超模发射激光。与该超模相关的特征向量 $\boldsymbol{v}_1$ 和特征值 λ_1 为

$$\boldsymbol{v}_1=\begin{pmatrix}\dfrac{1}{\sqrt{3}}\mathrm{e}^{\mathrm{j}[(\phi_1-\phi_2)/2]}\mathrm{e}^{\mathrm{j}(2\pi/3)}\\ \dfrac{1}{\sqrt{3}}\\ \dfrac{1}{\sqrt{3}}\mathrm{e}^{\mathrm{j}[(\phi_3-\phi_2)/2]}\mathrm{e}^{\mathrm{j}(2\pi/3)}\end{pmatrix} \tag{10.19}$$

和

$$\lambda_1=\frac{r_0}{3}\mathrm{e}^{\mathrm{j}(4\pi/3)}\mathrm{e}^{\mathrm{j}\phi_1 2}\{\mathrm{e}^{\mathrm{j}(\Delta\phi_1)}+\mathrm{e}^{\mathrm{j}(2\pi/3)}+\mathrm{e}^{\mathrm{j}(\Delta\phi_3)}\},\Delta\phi_i=\phi_i-\phi_2 \tag{10.20}$$

真实的达曼光栅的散射矩阵与光栅的设计有关。但是,真实达曼光栅的光腔依然保持其单模特性。图 10.8(a)给出了从式(10.20)获得的光腔损耗($1-|\lambda_1|^2$)随光程误差的变化关系。从图 10.8(a)的图形轮廓可以看出,在两个元件之间,只有一个相位态的损耗最小(理想状态为 0),有两个相位态的损耗最大(趋近于 1)。图 10.8(b)给出了当传输臂 1 和传输臂 2 的相位都为 π/3rad 时,在传输臂 3 上的相位变化效应,而图 10.8(c)则给出了当传输臂 1 的相位为 π,传输臂 2 的相位为π/3rad时,传输臂 3 上的相位变化效应。这些随光程误差变化的性能和特点,对于任何叠加元都有通用性,比如 N 束达曼光栅。

当不满足相位条件时,光线将从高阶衍射角(没有画出)以及图 10.7(包含挡光器)所示的右侧第二个端口逃逸出光腔,从而造成光损耗。我们注意到,在扩展的迈克尔逊光腔里,可以通过在这些端口增加循环反射镜来部分地解决由于随机光程差引起的相位损耗,进而恢复一些损失的功率。一般来说,此时光腔会包含 N 个超模,因此我们必须依赖激活介质的增益钳制特性来保证只能让一个空间超模发射激光。

达曼分光方法可以很容易地扩展到二维空间,这样就可以在两维空间阵列进行光束合成。阵列的排列方式可以是矩形或者对称六边形。如果应用更普遍的衍射光学技术[19, 22],还可以设计更为复杂的衍射结构,生成具有更多角度的发光阵列。

体布拉格光栅(体全息照相)对生成多点光束分束镜提供了另外一种方法。从理论上讲,利用体衍射效应可将不同衍射级次的光线耦合在一起且耦合效率达100%[23]。我们用单个参考波和多个目标波按照预设的角度(所有光束同时出现并且互相干)对合适的全息材料进行曝光,就能制作一个多端口设备。光栅可以通过一系列的多重曝光而制成,每次曝光中参考波角度相同而目标波角度不同。多元体布拉格光栅的一个显著优点是不同输出光束之间的角度可以由设计者选择,而且会相当通用。无论如何,这一元件的理想散射矩阵与达曼光栅矩阵是一致的,谐振器的模式特性可用本节前面导出的方程予以描述。

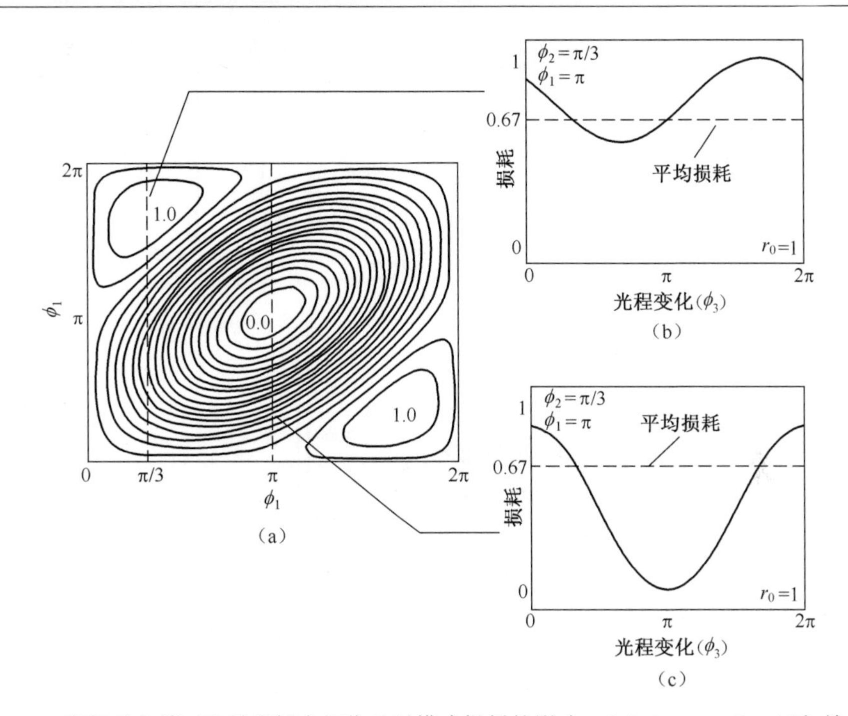

图 10.8　理想的六端口达曼光栅中相位差对模式损耗的影响。(a) $\phi_2=\pi/3$ rad 时,输入臂 1(ϕ_1)和输入臂 3(ϕ_3)的相位差引入的模式损耗曲线;(b) ϕ_1 和 ϕ_2 的值都是 $\pi/3$rad 时,输入臂 3 中模式损耗随相位误差变化的函数;(c) $\phi_1=\pi$ rad 且 $\phi_2=\pi/3$ rad 时,输入臂 3 中模式损耗随相位误差变化的函数[16]。

10.5　基于空间不变光学构架的平行耦合腔

本节我们将讨论一类通用的耦合腔,在这些耦合腔中,从一个增益单元到下一个增益单元之间的耦合一般都发生在局部位置或准局部位置。图 10.9 给出了三个平行耦合腔的示例。在图 10.9(a)中,光纤波导之间的倏逝波耦合会使光波从一个波导耦合进与其相邻的波导当中(也有可能跨越相邻的波导)。波导的空间距离和波导的结构特性决定了耦合的深度,必须用耦合模式理论[24, 25],或者利用有限时域差分(FDTD)以及有限差分方法(FDM)等数学仿真工具,才能对波导之间的能量变化给出恰当的描述[26]。图 10.9(b)给出了空间滤波器图像系统。用一个无限远成像系统和一个单终端反射镜将激光器增强介质输出孔径发出的光成像在自己身上。在进行相邻孔径光的耦合时[27-32],在无焦系统后焦面上出现空间滤波器,会使整个阵列的图像变得模糊不清。图 10.9(c)的最终结构显示了自由空间衍射耦合的激光发光通道。在该光腔中,耦合程度取决于自由空间部分的长度、激光发光孔径的大小和它们的空间位置[33]。

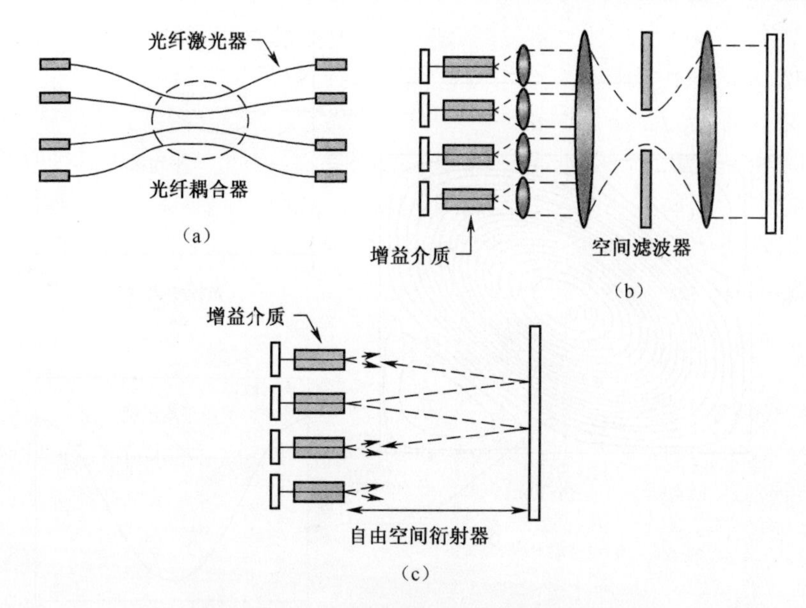

图 10.9　空间不变耦合激光阵列示例
(a)波导倏逝耦合;(b)空间滤波耦合;(c)自由空间衍射耦合。

如果所选的所有单元以及单元之间的间距是一致的,则图 10.9 中的每一个系统都可以设计成空间不变系统。空间不变性意味着增益单元之间的耦合不是分立单元的绝对位置的函数,而仅与两个单元之间的距离有关。例如,图 10.9(c)中第一个增益单元与第三个增益单元的耦合就与第二个单元与第四个单元之间的耦合是一样的,以此类推。

系统矩阵 $\boldsymbol{M}$ 中的系数 m_{ij} 可用来描述任意耦合谐振器的第 i 个增益单元和第 j 个增益单元的耦合光场的振幅和相位。对于图 10.9 中的空间不变谐振器,其系统矩阵 $\boldsymbol{M}$ 的系数 m_{ij} 仅与相关单元($i-j$)之间的距离有关。这进一步使得系统矩阵 $\boldsymbol{M}$ 沿着对角线具有相同的数值。这样的矩阵称为 Toeplitz 矩阵(简称 $\boldsymbol{T}$ 矩阵),它有一些特殊的我们在分析中可以利用的性质。10.5.1 节利用这些特性的优点,分析了弱耦合限制情况下的空间不变光腔。

在得出上述空间不变结论时,我们曾默认在整个阵列横截面上不存在光程相位误差。此时,由于附加相位误差是绝对位置的函数,相位误差将会破坏空间不变性。那么完整的一次往返传输矩阵 $\boldsymbol{M}_{rt}$ 就不再是 Toeplitz 矩阵,需要引入不同的数学方法来得出解析解。在 10.5.2 节,我们将分析图 10.9(b)中的谐振腔的结构,在分析中将引入光程相位误差。为了获得解析解,将分析过程限制在两个激光器耦合的前提下。最后在 10.5.3 节,我们研究图 10.9(c)所示的强耦合限制条件下谐振器的特性。在分析中,我们采用 Talbot 成像理论计算了在指定传播距离上的谐振器的特性。

可以看出,以非均匀方式改变图 10.9(a)中波导的空间位置或者图 10.9(b)和(c)中激光器的孔径尺寸和空间位置,就使我们可以用通用的方法来修改 $\boldsymbol{M}$ 矩阵的系数(满足给定耦合结构的约束条件)。那么耦合强度就变成了绝对位置的函数,而系统响应就对应着空间变化。因为矩阵 $\boldsymbol{M}$ 在很大程度上决定了超模的形式和衰减因子,这些空间变化修正就可以用来改变超模的形状和衰减[6,34]。然而,对于这些更为普遍的情形,无法用分析的方法计算出模式的特性,通常设计时会使用数值计算技术。

10.5.1 具有弱耦合腔的空间不变平行耦合谐振器

通常情况下,很难求出 Toeplitz 矩阵的特征向量和特征值的解析解。因此,对空间不变耦合腔进行完整的分析是不可能的。然而,在弱耦合条件下(远离主对角线的数值的 m_{ij} 都很小),我们可以求出近似解。特别当耦合非常弱,只需考虑最相邻项时,矩阵 $\boldsymbol{M}$ 就变成了三对角矩阵形式:

$$\boldsymbol{M}=\begin{pmatrix} 1 & a & 0 & 0 & \cdots & & \\ a & 1 & a & 0 & & & \\ 0 & a & 1 & a & 0 & & \\ \vdots & & & \ddots & & & \\ & & 0 & a & 1 & a \\ & & 0 & 0 & a & 1 \end{pmatrix} \tag{10.21}$$

式中:a 是光场的复振幅,该场由一个激光器与它最近相邻的激光器耦合而成。我们还假定增益单元阵列的横截面上不存在光程误差或非均匀性,那么一次往返传播矩阵 $\boldsymbol{M}_{\mathrm{rt}}$ 就等于系统矩阵 $\boldsymbol{M}$ 。像前面一样,我们关心的是求解以下方程:

$$M_{\mathrm{rt}}\boldsymbol{v}_i=\lambda_i\boldsymbol{v}_i \tag{10.22}$$

式中:向量 $\boldsymbol{v}_i$ 是矩阵 $\boldsymbol{M}_{\mathrm{rt}}$ 的特征向量,λ_i 是对应的特征值。对于三角 Toeplitz 矩阵,式(10.22)的解为[35]

$$\boldsymbol{v}_i[k]=\frac{\sqrt{2}}{\sqrt{N+1}}\sin\left(\frac{\pi}{N+1}ik\right) \tag{10.23}$$

和

$$\lambda_i=1+2a\cos\left(\frac{\pi i}{N+1}\right) \tag{10.24}$$

从式(10.23)可以明显看出,所有超模的振幅形状都呈正弦曲线分布,其中,第一个超模的形状是一个半正弦波。不一致性表明不能从阵列的所有单元中获得全部的增益。另外,从式(10.24)我们可以看出, a 的实部数值较大(即耦合更强烈且更长久),则模场分辨力较大。需要注意的是,式(10.21)的 Toeplitz 矩阵没有归一化,所以其本征值比式(10.24)中的 1 要大。

只要耦合足够小,以上分析就可以应用于任何空间不变结构(如图 10.9(a)~(c)所示)。尤其是,该分析方法已经用于分析倏逝波耦合半导体激光器阵列的超模(与 10.9(a)类似)[6]。

图 10.10 给出了弱耦合($a=0.2$)且无光程相位误差情况下,从 $N=3$ 的平行耦合腔体的三个特征向量中计算出的超模。图 10.10 还给出了相位耦合效应对特征值的影响。通常情况下,当 a 是正实数时,$i=1$ 的模场对应着同步超模,其特征值最大(该模场是主导模式),其后的模式序列 $i=2$、3、4…特征值无一例外都比较小。相反,当 a 是负值时,$i=N$ 模场对应的非同步的超模具有最大特征值,并且其后的超模序列 $i=N-1$、$N-2$、$N-3$…都只有较小的值。当 a 是纯虚数时,同相或异相特征模式的幅值都会降低,正如第 i 个固有模式和第($N+1-i$)个模式一样,对于所有的 i 都适用。

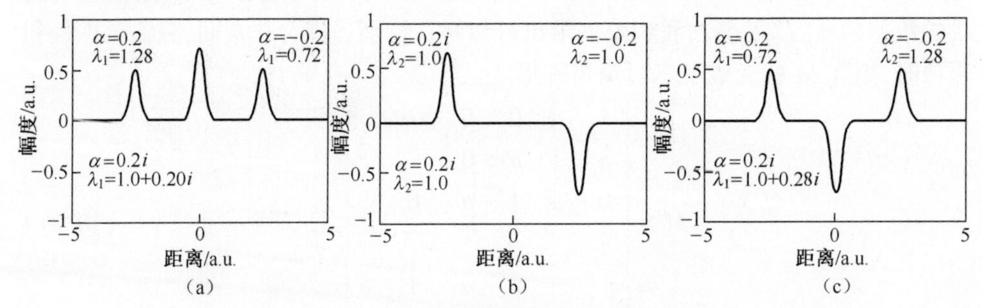

图 10.10 弱耦合条件下,包含三个增益单元的空间不变光腔的固有模场
(a)同步超模;(b)中间超模;(c)异相超模。

10.5.2 空间滤波谐振器以及光程相位误差效应[36]

现在我们开始关注图 10.9(b)所示的空间滤波器结构。通过左侧空间滤波器(图 10.9(b))处的干涉光斑可以对该系统有一个概念性的了解。如果激光器之间不存在互相干,空间滤波器上的光斑图像就是单个增益孔径强度的重叠。然而如果激光器互相干、填充因子为 1(意味着每个输出孔径宽度增益介质的间距相同),且相位也相同,则在空间滤波器上会产生一个较小的光点,就像是从一个相对较大的单个孔径产生的波振面一样。在此相干状态下,滤波器能通过更多的光,且一次往返的总衰减更低。因此,第一个达到激光器发光阈值的超模将包含所有彼此相干和相位互锁的激光。

理论模型会使我们对空间滤波有更为全面的了解。特别是,一次往返传播矩阵的特征向量和特征值决定了不同条件下的超模形状和模式的衰减。由于激光器阵列和空间滤波器位于第一个透镜的傅里叶平面上(即前焦面和后焦面),因此空间滤波器结构在空间上是固定不变的(假设激光器孔径一致,间距一致)。改变空间滤波器的大小和形状会给所有的单元带来相同的影响,系统矩阵 $\boldsymbol{M}$ 保持着 Toeplitz 特性。对于弱耦合和无光程误差的情形,上一节的一些结果依然适用。然而,光程误差会破坏传输矩阵 $\boldsymbol{M}_{rt}$ 的空域不变特性,使得 10.5.1 节的结论不再适用。因此,为了研究光程误差的影响,我们只考虑简单的两个激光器的情形。需要注意的是,在这个分析中,不再需要弱相干的假设,而耦合强度还可以相当强。

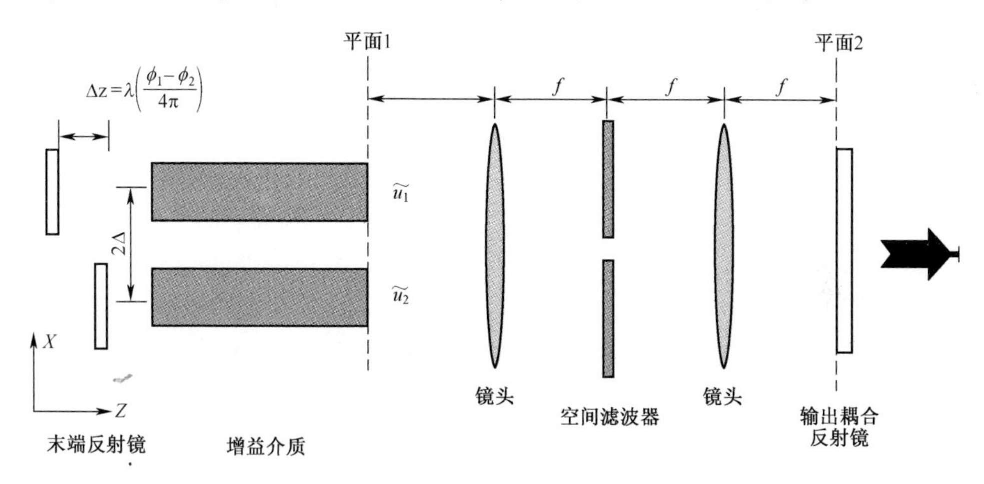

图 10.11　空间滤波器锁定两个增益介质的相位

图 10.11 给出了我们希望分析的通用空间滤波激光腔系统更为详细的结构。该光腔包含两个相互分开且相距 2Δ 的波导增益介质(如稀土掺杂单模光纤),即两个独立的终端反射镜和一个共用的输出反射镜。在无焦成像系统的后焦面上放置一个小孔来实现空间滤波。为了简化数学分析,我们假定该孔径具有高斯传输特性。两个终端反射镜之间存在一定位移 $\Delta z = \lambda(\phi_1 - \phi_2)/(4\pi)$,会在两个通道之间引入相位差,其中 λ 是激光的波长。

由两个光波导发出的初始平面 1 处的光场可以用两个归一化高斯分布来表示,每个光束的束腰为 ω ,有

$$\tilde{u}_1(x) = \sqrt{\frac{1}{\omega}\sqrt{\frac{2}{\pi}}}\exp[-(x-\Delta)^2/\omega^2] \tag{10.25}$$

和

$$\tilde{u}_2(x) = \sqrt{\frac{1}{\omega}\sqrt{\frac{2}{\pi}}}\exp[-(x+\Delta)^2/\omega^2] \tag{10.26}$$

高斯空间滤波器的透射振幅由下式给出:

$$t(x) = \exp\left(\frac{x^2}{a^2}\right) \tag{10.27}$$

式中:a 表示滤波器的大小。

系统一次往返的 A、B、C、D 矩阵(从平面 1 到平面 2 再返回到平面 1)如下式

所示[32]

$$\begin{pmatrix} A & B \\ C & D \end{pmatrix} = \begin{pmatrix} 0 & f \\ -\dfrac{1}{f} & 0 \end{pmatrix} \begin{pmatrix} 1 & 0 \\ -\dfrac{j\lambda}{\pi a^2} & 1 \end{pmatrix} \begin{pmatrix} 0 & f \\ -\dfrac{1}{f} & 0 \end{pmatrix} \begin{pmatrix} 0 & f \\ -\dfrac{1}{f} & 0 \end{pmatrix}$$

$$\begin{pmatrix} 0 & 0 \\ -\dfrac{j\lambda}{\pi a^2} & 0 \end{pmatrix} \begin{pmatrix} 0 & f \\ -\dfrac{1}{f} & 0 \end{pmatrix} = \begin{pmatrix} 1 & j\dfrac{2f^2\lambda}{\pi a^2} \\ 0 & 1 \end{pmatrix} \tag{10.28}$$

该矩阵的系数可用于计算从特定波导发出的初始光分布 $\tilde{u}(x)$ 的衍射模场 $\tilde{v}(x)$，如下式所示

$$\tilde{v}(x) = \int_{-\infty}^{\infty} \tilde{K}(x,\xi)\, \tilde{u}(\xi)\, \mathrm{d}\xi \tag{10.29}$$

式中，

$$\tilde{K}(x,\xi) = \sqrt{\frac{j}{B\lambda}} \exp\left[\frac{-j\pi}{B\lambda}(Ax^2 - 2x\xi + D\xi^2)\right] \tag{10.30}$$

在我们分析的情形中，A、B、C、D 矩阵的四个单元的值分别是：$A=1$，$B=j(2f^2\lambda/\pi a^2)$，$C=0$，$D=1$。

耦合进给定波导的光线是经历一次往返传输后的衍射光斑 $\tilde{v}(x)$ 与原始波导模式 $\tilde{u}(x)$ 之间的重叠积分。我们计算了第 j 个波导发出的原始光场耦合进第 i 个波导中的通用耦合系数 c_{ij}，耦合矩阵的系数由下式给出：

$$c_{ij} = \int_{-\infty}^{\infty} \tilde{u}_i^*(x)\, \tilde{v}_j(x)\, \mathrm{d}x \tag{10.31}$$

总的一次往返传输矩阵 $\boldsymbol{M}_{\mathrm{rt}}$ 必须包含由终端反射镜的物理相移引起的附加光程相位误差，其中相位差用 ϕ_1 和 ϕ_2 来表示：

$$\boldsymbol{M}_{\mathrm{rt}} = \begin{bmatrix} c_{11}\mathrm{e}^{j\phi_1 1} & c_{12}\mathrm{e}^{j\phi_1 1} \\ c_{21}\mathrm{e}^{j\phi_1 2} & c_{22}\mathrm{e}^{j\phi_1 2} \end{bmatrix} \tag{10.32}$$

注意，由于存在光程误差，矩阵 $\boldsymbol{M}_{\mathrm{rt}}$ 一般不再是 Toeplitz 矩阵。

通过求解式(10.32)一次往返传输矩阵的本征值和本征向量，可以得到模型的特性。两个特征值（与超模一次往返传输损耗 L 有关，$L=1-|\lambda_i|^2$）由下式给出：

$$\lambda_{1,2} = \frac{\exp(j\bar{\phi})}{\sqrt{1+\delta/2}}\left[\cos\left(\frac{\phi}{2}\right) \pm \sqrt{\exp\left[-\frac{8\Delta^2}{(2+\delta)\,\omega^2}\right] - \sin^2\left(\frac{\phi}{2}\right)}\right] \tag{10.33}$$

式中，

$$\bar{\phi} = \frac{\phi_1 + \phi_2}{2}, \phi = \phi_1 - \phi_2, \text{和} \delta = \frac{2f^2\lambda^2}{\pi^2\omega^2 a^2}$$

需要注意的是，λ_1 和 λ_2 是本征值，分别对应于方程(10.33)的正负平方根值，其中 λ 是波长，对应的归一化的本征向量是：

$$\begin{cases} v_1 = \left\{\dfrac{R_+}{\sqrt{R_+^2 + 1}}, \dfrac{1}{\sqrt{R_+^2 + 1}}\right\} \\ v_2 = \left\{\dfrac{R_-}{\sqrt{R_-^2 + 1}}, \dfrac{1}{\sqrt{R_-^2 + 1}}\right\} \end{cases} \tag{10.34}$$

式中，

$$R_{+,-} = \left[-\mathrm{j}\sin\left(\frac{\phi}{2}\right) \pm \sqrt{\exp\left[-\frac{8\Delta^2}{(2+\delta)\omega^2} - \sin^2\left(\frac{\phi}{2}\right)\right]}\right] \cdot \exp\left(\frac{\mathrm{j}\phi}{2}\right)\exp\left[\frac{4\Delta^2}{(2+\delta)\omega^2}\right] \tag{10.35}$$

两个本征值和本征向量对应于该光腔支持的两种超模。当没有相位误差时(式(10.35)中 $\phi = 0$)，式(10.34)的两个本征向量分别代表了传统的对称和反对称超模，这在很多耦合振荡器系统中都可以看到。

当满足以下条件时，是一种非常有意义的情况，

$$\sin^2\left(\frac{\phi}{2}\right) \geqslant \exp\left[-\frac{8\Delta^2}{(2+\delta)\omega^2}\right] \tag{10.36}$$

由式(10.33)可知 $|\lambda_1| = |\lambda_2|$。因为超模一次往返传输的损耗为 $L = 1 - |\lambda_i|^2$，在式(10.36)给出的相位误差范围中，两个超模经过一次往返传播后的功率衰减相同。因此，简单的增益钳制不能抑制在这个范围内发生多模震荡。然而，本征值相位和相应的激光发光频率是光程误差的函数，意味着在该约束范围内可以通过频率来区分这两种超模。当光程相位误差远远小于式(10.36)给出的大小时，两个本征值是大小不同的实数，光腔通过增益就可对两种超模进行识别。

利用与 10.4.1 节相类似的一种实验测试装置，测量了空间滤波光腔耦合的模式特性。用干涉法测出了给定超模的振幅和相位，其值与式(10.34)和式(10.35)预计的值相一致。特别是当光程误差为 0 时，可以清楚地看到同相模式和异相模式。当空间滤波器被调整至同相状态时，还定量测量了超模损耗随光程差的变化函数。图 10.12 给出了测量结果，同时还给出了由式(10.33)确定的理论超模损耗 $L = 1 - |\lambda_i|^2$。该曲线的显著特征就是给出了由式(10.36)的理论分析预测的临界点。这个临界点将小光程误差限定条件和大光程误差限定条件区分了开来。当光程误差很小时，两个超模有不同的相位误差损耗，只有损耗较低的超模才能发光。而当光程误差较大时，两个超模有相同的损耗和发光几率。远场光斑图像如图

10.12 中插图所示，在光程误差较小的约束范围中会产生同相超模，在光程误差较大的约束范围中会产生非相干态。图中还给出了当光程误差为 0 时，实验测得的第二个超模的损耗。

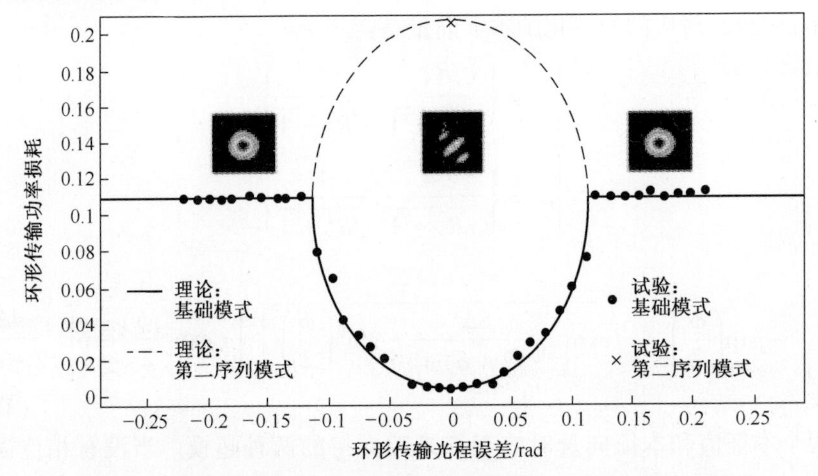

图 10.12 空间滤波双臂光腔的相位误差损耗与光程误差的关系[36]

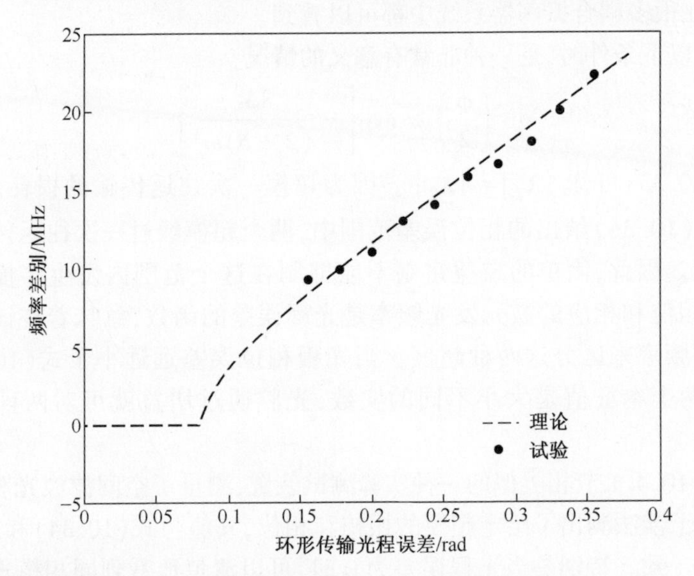

图 10.13 空间滤波的双臂光腔两个超模之间的频率差[36]

像式(10.33)预测的一样，当光程误差很大时(满足式(10.36))，两种超模在经过一次往返传输后的功率损耗相等。然而随着光程误差的增加，它们的频率就开始互相分离。因为在此光程误差范围下，光腔支持的两种超模在频率上只有微小的区别，我们常常用两个超模之间的拍频来测量两种超模在频率上的差导。图 10.13给出了拍率随一次往返传输中光程误差的变化函数，同时给出了由式(10.33)的相位预测的频率误差。

10.5.3　Talbot 谐振器

图 10.9(c)给出了一个自由空间衍射耦合的激光器阵列。由于衍射具有空间不变性,如果各单元间是弱耦合且不存在光程相位误差,那么 10.5.1 节的分析是恰当的(假设增益单元结构形同、空间间隔相等)。本节我们要考虑相反的限制条件,此时自由空间传播耦合扩展到多个增益单元耦合,同时出现光程误差。

我们的分析基于 Talbot 自成像理论[37, 38]。假设均匀介质中的一个近轴相干光场在截面二维方向的 x 轴和 y 轴上都具有周期性(周期性之间满足特殊关系),那么很容易就可得出该光场一定在第三维方向或者 z 轴方向也具有周期性。因此,在传播一个特定距离后,某一特定传播平面处周期性的光场会精确地自我重复,这一距离就叫做 Talbot 距离,也即简单的费涅耳衍射。此问题可以这样理解,即均匀介质中传播的周期性光场能够分解成一组以不同角度传播的离散平面波集(光栅就是一个最简单的例子)。因此,如果传播距离能够使轴上平面波和第一个离轴平面波之间产生 2π 的相位延迟,那么该传播距离就能使高阶平面波产生 2π 的整数倍的相位延迟,其结果是新的平面波与初始平面波之间的相位关系完全一致并具有相同的光场分布。在矩形和六边形周期阵列上都可以得到 Talbot 平面。下面,我们将分析严格限定在一维 Talbot 光腔内,以求简化。

一维阵列的 Talbot 距离可由公式 $Z_T = 2\,(2\Delta)^2/\lambda$ 给出,其中 2Δ 是阵列的周期, λ 是光波波长。如果在 1/2 倍的 Talbot 距离处观察光场,那么形成的光场会形成另外一种图像。但是,这部分 Talbot 光场严格按照 1/2 倍的周期移动。在较小的 Talbot 长度处,可以观察到重复的图像[39]。例如,在 1/4Talbot 长度处,固有图像和移相图像相互重叠(它们之间存在相移),在 1/8Talbot 长度处,将会生成 4 个初始光场的拷贝光场,并且每个光场的间距相等(每个都有自己的相移)[40]。

Talbot 阵列的自我复制特性可用来设计一种称之为 Talbot 光腔的通用光腔结构[41, 42],如图 10.14 所示。如果增益孔径阵列能够产生一个互干涉光场,并且在整个截面上所有孔径具有相同的相位,则当自由空间中一次往返传输距离是 Talbot 距离的整数倍时,将会产生与原始光场严格匹配的光场(形成 Talbot 自成像),光束将有效地耦合进增益孔径内。另一方面,对于非相干合束将不再具有自成像特性,光线将覆盖整个阵列,因此耦合效率降低,激光器发光阈值增加。因此,第一个发光的超模是相干状态,包含了阵列上所有的激光器。由于孔径越小衍射角越大,那么减少孔径尺寸就会增加耦合的范围和数量(孔径空间间距固定)。从 Talbot 成像观点来看,我们可以认为减小孔径的尺寸就可以提升模式识别能力,因为随着激光孔径面积比的降低,非相干激光(覆盖了整个阵列)损耗会相应地增加。相反,相干态(低阶超模)通过 Talbot 成像方式会有效耦合进增益介质,主要损耗来源于阵列边沿 Talbot 成像不理想[40]。我们将在后续分析中对这些情况进行量化。

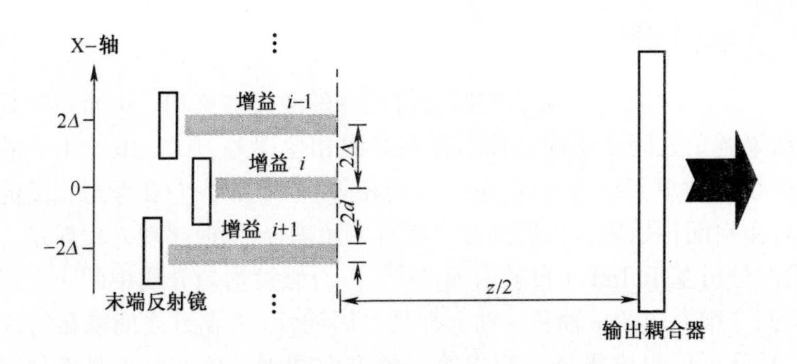

图 10.14 一维 Talbot 光腔的结构示意图。不同长度的矩形增益区代表不同光程的光纤或者半导体激光器光波导

第二种 Talbot 条件毫无意义。如果阵列中每个孔径之间都存在大小为 π 的相移,则阵列不再有相等的相位孔径和周期性,Talbot 条件就会改变,真正的 Talbot 图像出现在 $Z_T/2$ 和 Z_T 这两个距离上[1,43]。因此,我们可以清楚地看到在一次往返传输距离 $z = Z_T$ 的情形下,图 10.14 的光腔将会退化成同步和非同步模式。然而在传播距离 $z = Z_T/2$ 处,这种光腔只有一个低损耗模场(异相模式)。

通过前面几节的模型分析可以更为深入地了解 Talbot 光腔的工作特性。通用的数值解很直接,这将在本节的后面给予探索和研究。然而,为了获得解析解,就必须提出一些假设:①图 10.14 中的每个增益单元都是支持单高斯模式的波导。②增益单元之间没有固有耦合(即光腔内非波导部分通过费涅耳传播,去除了增益单元之间的耦合)。③终端反射镜和输出耦合器镜面足够大,不会产生衍射损耗。

为了找出光腔的一次往返传播矩阵,我们首先假定每个增益单元都包含一个单高斯模式 $u(x)$,$u(x)$ 由下式给出:

$$u(x) = \mathrm{e}^{-\pi(x/d)^2} \tag{10.37}$$

增益介质右侧孔径面处的激光器阵列的光场分布(沿图 10.14 的点线)由下式给出:

$$p(x) = \sum_{n=1}^{N} u(x - (N - 2n + 1)\Delta) \tag{10.38}$$

在此,我们认为 N 个增益单元之间的间距是 2Δ。在光腔内经过一次往返距离 z 后(从增益单元的孔径面到右侧的反射面并再次返回),第 m 个增益单元产生的光场分布如下式所示:

$$q(x - (N - 2m + 1)\Delta) = \frac{\mathrm{e}^{\mathrm{j}kz}}{\mathrm{j}\lambda z}\int u(x - (N - 2m + 1)\Delta)\,\mathrm{e}^{(\mathrm{j}\pi/\lambda z)(x-x')^2}\mathrm{d}x' \tag{10.39}$$

在此,我们假设光波是近轴波传播。为了确定系统矩阵 $\boldsymbol{M}(m,n)$ 的每一个元素,我们计算了由方程式(10.39)中第 m 个增益单元一次往返传播的光场和方程式(10.38)中第 n 个波导模式间的归一化重叠积分。如以下公式所示:

$$M(m,n)=\frac{\int u(x-(N-2n+1)\Delta)q^*(x-(N-2m+1)\Delta)\mathrm{d}x}{\sqrt{\int|u(x-(N-2n+1)\Delta)|^2\mathrm{d}x}\sqrt{\int|q(x-(N-2m+1)\Delta)|^2\mathrm{d}x}} \tag{10.40}$$

为了模拟增益区域内波导间的光程差,我们给每一个波导引入相位误差 ϕ_m 。一次往返传输矩阵的单元如下式所示:

$$\boldsymbol{M}_{\mathrm{rt}}(m,n)=\sqrt{\mathrm{j}2}\,\frac{d\mathrm{e}^{-\mathrm{j}kz}}{\sqrt{\lambda z+\mathrm{j}2d^2}}\mathrm{e}^{-2\pi\frac{(2\Delta)^2d^2(m-n)^2}{4d^4+(\lambda z)^2}}\mathrm{e}^{+\mathrm{j}\pi\frac{\lambda z(2\Delta)^2(m-n)^2}{4d^4+(\lambda z)^2}}\mathrm{e}^{\mathrm{j}(\phi_m+\phi_n)} \tag{10.41}$$

正如前几节描述的,冷光腔对应的模式完全可以通过对一次往返传输矩阵 $\boldsymbol{M}_{\mathrm{rt}}$ 做本征分解来确定。对于 Talbot 光腔,该分析过程有助于我们理解填充因素(d/Δ)、阵列单元数目 N 有限、光腔长度 z(一般来说是任意的,而对于通用光腔则与增益单元之间耦合的自由空间传播有关)和相位误差 ϕ_m 等带来的影响。在此我们研究两种特殊的情况,一种是光腔一次往返传播距离为 Talbot 长度的一半,另一种是整个 Talbot 长度,这两种情况的填充因子($d\ll\Delta$)都很低且单元数目(N)有限。另外为了生成高质量的 Talbot 图像,在处理中我们假设为近轴光场以降低对 d 的限制[40]。

如果 $Nd/\Delta\ll1$,总 Talbot 光腔($z=z_{\mathrm{T}}=(2(2\Delta)^2)/\lambda$)一次往返传播矩阵可以简化为

$$\boldsymbol{M}_{\mathrm{rt}}(m,n)=\sqrt{\mathrm{j}}\,\frac{d\mathrm{e}^{-\mathrm{j}kz}}{2\Delta}\begin{cases}\mathrm{e}^{\mathrm{j}(\phi_m-\phi_n)} & |m-n|:\text{偶}\\ j\mathrm{e}^{\mathrm{j}(\phi_m-\phi_n)} & |m-n|:\text{奇}\end{cases} \tag{10.42}$$

可以很容易地看出,矩阵中只有两行不是线性相关。这意味着矩阵的秩为 2,则这个光腔只能支持两个具有非零特征值的超模。为了计算对应的特征值和特征向量,我们进一步假设光程误差为 0,则该矩阵就变成如下格式

$$M_{\mathrm{rt}}=\sqrt{\mathrm{j}}\,\frac{d\mathrm{e}^{-\mathrm{j}kz}}{2\Delta}\begin{bmatrix}1 & \mathrm{j} & \mathrm{j} & \\ \mathrm{j} & 1 & \mathrm{j} & \cdots\\ 1 & \mathrm{j} & 1 & \\ & \vdots & & \ddots\end{bmatrix} \tag{10.43}$$

当式(10.43)的矩阵的维数 N 是偶数时,就可将该矩阵看成是循环行列式(也就是,后一行是前一行的移位生成的,每一单元都从右侧移出并再从左侧进入(循环))。众所周知,循环行列式矩阵的特征向量可以由离散傅里叶变换的基本函数

形式给出[44]，因而只需对矩阵 $\boldsymbol{M}_{rt}$ 中的一行进行简单的离散傅里叶变换就可以求出本征值。离散傅里叶变换的两个基本函数生成的非零本征值就是常基本函数[1 1 1 1…]和最高频率基本函数[1 −1 1 −1…]。两个本征值可以通过方程(10.43)矩阵 $\boldsymbol{M}_{rt}$ 中一行的两个基本函数的内积计算出来。

$$\lambda_{1,2} \cong \frac{1}{2}\sqrt{\mathrm{j}}\,\frac{d\mathrm{e}^{-\mathrm{j}kz}}{2\Delta}N(1\ \pm \mathrm{j}) \tag{10.44}$$

式中：λ_1 对应正号(常量基本函数)，λ_2 对应负号(振荡基本函数)，N 是整个阵列的单元数量。对应的特征向量可以简单地用两个归一化函数来表示：

$$\boldsymbol{v}_1=\frac{1}{\sqrt{N}}\begin{pmatrix}\vdots\\1\\1\\1\\1\\\vdots\end{pmatrix},\ \boldsymbol{v}_2=\frac{1}{\sqrt{N}}\begin{pmatrix}\vdots\\1\\-1\\1\\-1\\\vdots\end{pmatrix} \tag{10.45}$$

本征模式的解表明，全 Talbot 光腔包含的两种超模分别是同相模式(所有的源具有相同的相位)和异相模式(源的相位在 0 和 π 之间振荡)。式(10.44)中的两个特征值一致，意味着没有附加的空间滤波就不能区别这两个超模，也不可能获得全部干涉。但是如果提供了附加的空间滤波器(如在半 Talbot 平面上)就有可能阻止这种退化[43]。当 N 是奇数时，也可用相同的处理过程来求解式(10.43)中的本征值和本征向量。此时的两个特征值和特征向量为

$$\lambda_{1,2}=\frac{1}{2}\sqrt{\mathrm{j}}\,\frac{d\mathrm{e}^{-\mathrm{j}kz}}{2\Delta}\left(N\ \pm \mathrm{j}\sqrt{N^2-2}\right) \tag{10.46}$$

和

$$\boldsymbol{v}_1=\frac{1}{\sqrt{N-1}}\begin{pmatrix}\vdots\\\dfrac{-\mathrm{j}+\sqrt{N^2-2}}{N+1}\\1\\\dfrac{-\mathrm{j}+\sqrt{N^2-2}}{N+1}\\\vdots\end{pmatrix},\quad \boldsymbol{v}_2=\frac{1}{\sqrt{N-1}}\begin{pmatrix}\vdots\\\dfrac{-\mathrm{j}-\sqrt{N^2-2}}{N+1}\\1\\\dfrac{-\mathrm{j}-\sqrt{N^2-2}}{N+1}\\\vdots\end{pmatrix} \tag{10.47}$$

在同样限制条件 $Nd/\Delta \ll 1$ 下，半 Talbot 光腔($z=z_{\mathrm{T}}/2=(2\Delta)^2/\lambda$)的一次往返传输矩阵 $\boldsymbol{M}_{rt}$ 为

$$M_{rt}(m,n)=\sqrt{2\mathrm{j}}\,\frac{d}{2\Delta}\mathrm{e}^{-\mathrm{j}kz}\begin{cases}\mathrm{e}^{\mathrm{j}(\phi_m+\phi_n)} & |m-n|:偶\\-\,\mathrm{e}^{\mathrm{j}(\phi_m+\phi_n)} & |m-n|:奇\end{cases} \tag{10.48}$$

该矩阵的每一行都是其他各行的线性叠加,因此很容易看出来矩阵的秩为 1。由此可见,该矩阵只能包含一个特征值为非零的超模。一般来说,方矩阵的迹等于其特征值之和,因此对于我们研究的情况,单个非零本征值就可以简单的用式(10.48)中矩阵 $\boldsymbol{M}_{\mathrm{rt}}$ 的迹来表示,或者如下式所示。

$$\lambda_1 = \sqrt{2\mathrm{j}}\,\frac{d}{2\Delta}\mathrm{e}^{-\mathrm{j}kz}\sum_{i=1}^{N}\mathrm{e}^{\mathrm{j}2\phi_i} \tag{10.49}$$

另外,单个本征向量对应的单个非零本征值可以从矩阵 $\boldsymbol{M}_{\mathrm{rt}}$ 的任何一行的(线性相关的)归一化矢量中提取出来,或者表示为

$$\boldsymbol{v}_1 = \frac{1}{\sqrt{N}}\begin{pmatrix} \vdots \\ -\mathrm{e}^{\mathrm{j}\phi_{m-1}} \\ \mathrm{e}^{\mathrm{j}\phi_m} \\ -\mathrm{e}^{\mathrm{j}\phi_{m+1}} \\ \vdots \end{pmatrix} \tag{10.50}$$

式中,相位常数项没有计入。

从最后两个方程可获得以下结论,第一,式(10.49)的本征值是填充因子 d/Δ 的函数,说明往返一次后振幅的减小是由这个因素引起的。由于本征值直接与数量 N 成正比(假设不存在光程相位误差),因此利用包含多个激光器的阵列可以补偿部分衰减。用 Talbot 成像理论可以很容易地理解这两种效应。尽管 Talbot 理论预测成像的正确性与填充因子无关(在近轴限制的条件下),但由于真实的周期函数必须是无限长,因此此处默认阵列无限大。由于阵列大小有限引起的边沿效应,是造成式(10.49)中衰减的主要原因,并且随着填充因子的减少这一现象愈加明显。边沿损耗随着 N 的增加会成比例地变小,因此增加 N 会减少这些边沿效应对整个超模造成的衰减。有关 Talbot 矩阵的边界损耗更为详细的讨论可参考文献[40]。

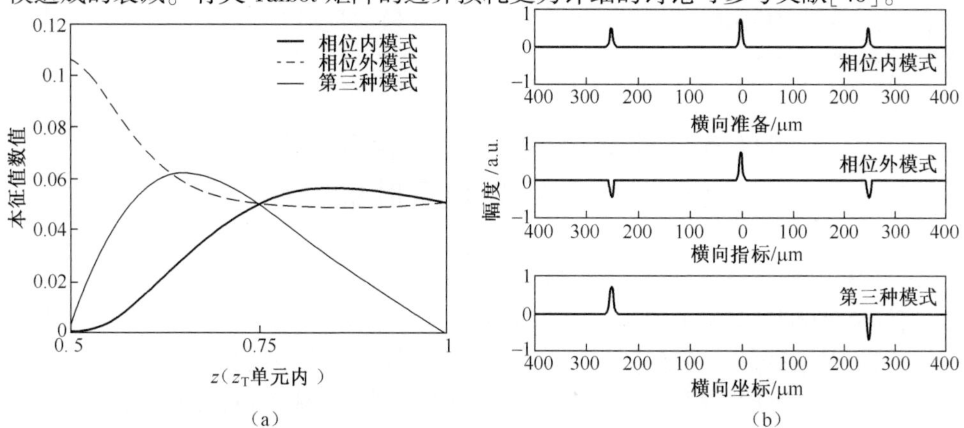

图 10.15　(a)三激光器 Talbot 光腔的本征值的大小,腔长范围是 $z_{\mathrm{T}}/2 < z < z_{\mathrm{T}}$。(b)当 $z = z_{\mathrm{T}}$ 时,三个超模的幅度分布。

观测到的第二个结论是,式(10.50)表明半 Talbot 腔中只可能存在一个振荡的超模,即使出现了光程相位误差,半 Talbot 腔中也能保持其单模运转的特性。然而,经过一次往返传输后,相位误差会显著地削弱这种模式,这与方程(10.49)中随机游走振幅累加有相似之处。所以,尽管这种光腔在存在任意相位误差的情况下,依旧会产生振荡,但是为了得到有效的相干光束合成,仍然会要求有相对较低的相位误差。当然,10.3.2 节描述的波长多样性可以部分地补偿这种相位误差损耗。

图 10.15 给出了填充因子 $d/\Delta = 0.05$ 时三个增益通道的数值解。对应的三个本征值随一次往返传输距离的变化函数如图(a)所示,图中一次往返传输距离的范围是半 Talbot 间距到全 Talbot 间距,此处我们假设所有的相位值为 $\phi_i = 0$。可以发现,半 Talbot 光腔仅有一个超模能够产生振荡,而全 Talbot 光腔能够支持同相和异相超模同时产生振荡。介于二者之间的传输距离允许其他模式产生振荡(这种情况下超模数为 3)。

$Nd/\Delta \ll 1$ 的假设很严格,从式(10.44)、式(10.46)和式(10.49),可以清楚地看到在这种情况下本征值 $\lambda_1 \ll 1$,这说明该光腔对基超模具有高的损耗特性。当所选的填充因子和阵列尺寸的数值在实际中更为通用时,上述分析就不再准确,此时需要采用数值分析的方法进行计算。但无论如何,有一些特性会保持不变。首先,半 Talbot 腔的基超模(本征值最大)是一种异相模式,这一点与前期的预测相同,虽然同相模式的本征值不是零,但其值是所有超模中的最低值。其次,在全 Talbot 腔中,尽管模式不再退化,但基超模依然保持同相和异相模式,其中一个超模具有比其他超模更大的本征值[45]。实际中的 Talbot 光腔也存在一些差别,最引人注意的是,具有较大填充因子的光腔一般包含 N 个超模,并且单超模中功率的分布也不再均匀。从 10.5.1 节可知,当最近相邻的两个耦合是一个纯虚数(如全 Talbot 光腔),对于所有 N 中的 i 来说,第 i 个和第($N+1-i$)个超模包含半退化的本征值。最后,减小填充因子 d/Δ 会增强相邻超模的辨别力,而激光器数量 N 增大时会降低辨别力[46]。

10.6 基于空间变化光学结构的平行耦合谐振器:自傅里叶谐振腔

图 10.19 所示的平行耦合腔,都是基于固有的空间不变的物理现象(倏逝波耦合、空间滤波和自由空间衍射)。现在我们转向一种基于傅里叶变换的空间变化结构:自傅里叶谐振腔。为了表明傅里叶变换描述的系统是空间变化的,只需要关注系统输入端的变化带来的影响。傅里叶变换理论表明,输入函数的空间平移完全不会引起输出空间的变动,但会给输出叠加一个线性相位(相位的斜率与输入漂移成比例)。可以清楚地看出,这个新的输出函数并不是初始输出的平移版本,所以

系统是空间变化的。

自傅里叶谐振腔被设计成对在谐振腔内经过一次往返传播后离开激光器阵列的光束产生两维空间傅里叶变换。自傅里叶函数在进行傅里叶变换时会保持同样的函数形式,在自傅里叶谐振腔中,自傅里叶函数就是一种基超模。典型的自傅里叶函数包括狄拉克三角梳状函数和高斯函数,当然还可以举出无数的这类各不相同的函数[47]。

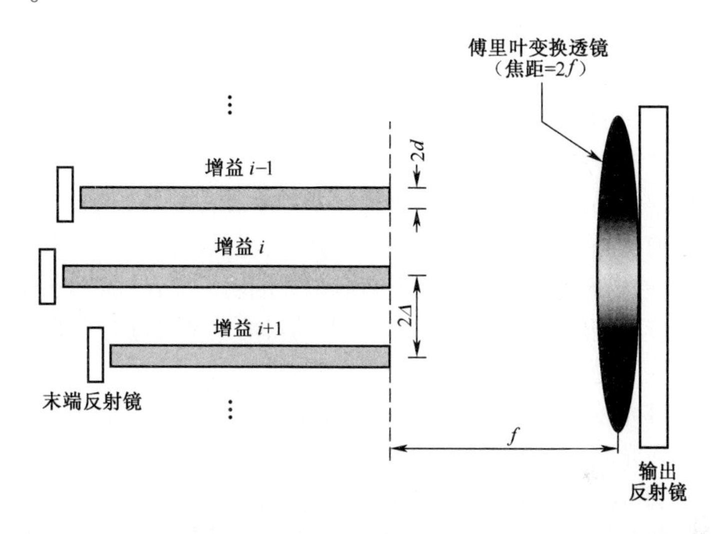

图 10.16　自傅里叶腔。光束离开时的增益孔径位于双通透镜的前焦面,而返回光进入位于后焦面的激光孔径。

图 10.16 给出了一种简单的自傅里叶变换腔原理。将一个焦距为 $2f$ 的透镜与光腔后端的输出反射镜连接在一起。光线进入透镜后先被镜面反射,并再一次通过透镜,透镜-反射镜形成一个有效的焦距为 f 的双通道成像组。增益口径和透镜-反射镜组合之间的距离同样为 f。因此可认为,增益口径位于一个焦距为 f 的等价透镜的前后焦平面里。增益孔径的出射光场 $u(x,y)$ 与经过透镜-反射镜对反射后进入增益孔径的光场 $q(x',y')$ 之间的数学关系由参考文献[48]给出。

$$q(x',y') = \frac{1}{\mathrm{j}\lambda f}\iint u(x,y)\exp\left(-\mathrm{j}2\pi\frac{xx'+yy'}{\lambda f}\right)\mathrm{d}x\mathrm{d}y \tag{10.51}$$

式中:λ 是光波长。如果使 $\xi = x'/\lambda f$、$\eta = y'/\lambda f$,那么式(10.51)就可以看作空间傅里叶变换,其中 ξ 和 η 是傅里叶变量。自傅里叶放大准则(自傅里叶函数在传输前和传输后具有相同的空间尺度)可以很容易地通过将式(10.51)中梳状函数替换为梳状函数 $\mathrm{comb}[(x/2\Delta),(y/2\Delta)]$ 来确定。该梳状函数由位于 x 方向和 y 方向上 2Δ 整数倍位置的无穷排列的三角函数组成,其傅里叶转换为 $\Im\{\mathrm{comb}[(x/2\Delta),(y/2\Delta)]\} = (2\Delta)^2\mathrm{comb}(2\Delta\xi,2\Delta\eta)$,式中,$\xi$ 和 η 是傅里叶域里面的两个独立变量,符号 $\Im$ 表示二维空间傅里叶变换[48]。如果经过傅里叶转换后的三角函数与原始的梳妆函数的空间分布一致,那么梳状函数就成为傅里叶自函数,从而 $1/2\Delta = 2\Delta/\lambda f$,或者

$$2\Delta = \sqrt{\lambda f} \tag{10.52}$$

不同于以上章节的狄拉克三角函数阵列,用空间间隔相同的高斯分布阵列(其中,每个高斯分布都来源于独立的空间模式增益通道)来描述单空间模场波导更为准确。从文献[49, 50]可以看出,如果高斯阵列足够大,将阵列与高斯包络相乘就可以建立起一个自傅里叶函数。10.5 节描述的平行耦合腔中的最强耦合出现在最临近的增益区之间,而自傅里叶光腔中心增益区的耦合最强。这意味着这种光腔是固有空间变化的,一次往返传输矩阵 $\boldsymbol{M}_{\mathrm{rt}}$ 不再是 Toeplitz 矩阵。此外,通过正确的设计可以在整个阵列上建立耦合。

从中可以很容易地得出结论,即该光场是一个真正的自傅里叶光场,是系统的一种超模。然而,还有一些重要的问题没有回答,比如该模场是否为光腔的唯一超模、该模场在光腔中经过一个传输周期后有多大的功率损耗、随机光程差变化对增益单元光腔响应模型的影响有多大等。本节的目的就是通过对光腔作系统的模型分析来回答这些问题。

为了找出该光腔的一次往返传输矩阵 $\boldsymbol{M}_{\mathrm{rt}}$,我们首先建立增益单元 $p(x)$ 右手边原始光场与在光腔 $q(x)$ 经过一次往返传输后同一位置的光场之间的关系。在此分析中,我们假设增益单元支持单模高斯光束,在传输中不存在衍射(比如那些包含在波导中的光场)。为了简化问题,只分析一维情况。N 个增益单元模场分布的振荡强度相同,具体由下式给出,

$$p(x) = \sum_{m-1}^{N} u(x - (N - 2m + 1)\Delta) \tag{10.53}$$

式中:$u(x) = \mathrm{e}^{-\pi[(x/d)]^2}$ 是高斯函数,其束腰为 $d/\sqrt{\pi}$,相邻增益单元之间的距离是 2Δ。

增益阵列的输出孔径位于等效的、焦距为 f 的双通透镜的前焦面,从平面镜反射的光线直接进入该透镜,在增益孔径处形成空间傅里叶变化光场。单增益单元内 $x = (N - 2m + 1)\Delta$ 处的返回光场 $q(x)$ 由下式给出:

$$q(x - (N - 2m + 1)\Delta) = \frac{d}{j\lambda f}\mathrm{e}^{-\pi[(dx/\lambda f)]^2}\mathrm{e}^{-j2\pi[((N-2m+1)\Delta x)/\lambda f]} \tag{10.54}$$

式中:λ 是光波长。需要注意的是,式(10.54)中的高斯项不是此单增益单元(使得系统空间产生变化)原始位置的函数。然而,从方程最后一项可以看到,位置变化会引起相位倾斜。倾斜导致只有一部分光向后耦合到第 n 个增益单元。耦合后的模式数量由归一化模式的重叠积分给出:

$$g(x)=\frac{\int u(x-(N-2n+1)\Delta)q^{*}(x-(N-2m+1)\Delta)\mathrm{d}x}{\sqrt{\int|u(x-(N-2n+1)\Delta)|^{2}\mathrm{d}x}\sqrt{\int|q(x-(N-2m+1)\Delta)|^{2}\mathrm{d}x}}\tag{10.55}$$

一次往返传输矩阵中必须计入与每一个增益臂光程误差成比例的相位项。假设总相位误差为 ϕ_m ,那么一次往返传输矩阵 $\boldsymbol{M}_{\mathrm{rt}}$ 可以表示为:

$$\boldsymbol{M}_{\mathrm{rt}}(m,n)=\frac{d\sqrt{2\lambda f}}{\sqrt{d^4+(\lambda f)^2}}\mathrm{e}^{-\pi\Delta^2d^2[((N-2m+1)^2+(N-2n+1)^2)/(d^4+(\lambda f)^2)]}\times \mathrm{e}^{-\mathrm{j}2\pi[\Delta^2\lambda f(N-2m+1)(N-2n+1)/(d^4+(\lambda f)^2)]}\mathrm{e}^{\mathrm{j}(\phi_m+\phi_n)}\tag{10.56}$$

我们首先假定激光器增益通道为奇数,那么中心增益通道就处在 $x=0$ 的位置,我们将在后面研究通道数是偶数的情况。如果我们使用式(10.52)中的自傅里叶放大规则,并且假定 $\pi d\ll\Delta$(如填充因子很小),第二个指数项的指数数值接近 2π 的整数倍(N 为奇数)。从而,指数项对于所有的数值 m 和 n 总是一致的。随后可以看出合成矩阵的各行是线性相关的,这也意味着一次往返传输矩阵 $\boldsymbol{M}_{\mathrm{rt}}$ 的秩是单一的。所以在这种情况下,该光腔仅支持一种具有非零本征值的超模。通过提取矩阵 $\boldsymbol{M}_{\mathrm{rt}}(i,1)$ 的第一列并对其进行归一化就可计算得出与这个非零本征值对应的本征向量 $\boldsymbol{v}_1$。该本征向量 $\boldsymbol{v}_1$ 的 N 个独立单元 v_i 由下式给出:

$$v_i=\sqrt{\frac{d}{\sqrt{2}\Delta}}\mathrm{e}^{\phi_i}\mathrm{e}^{-\pi d^2[((N-2i+1)^2)/16\Delta^2]}\tag{10.57}$$

可以看出,这个超模的形状是一个高斯函数,与我们的期望相同。

因为矩阵 $\boldsymbol{M}_{\mathrm{rt}}$ 的秩是单一的,很容易算出其非零本征值。像前面一样,我们利用方阵的迹(主对角线上所有单元的和)与其本征值的和相等这一结论。随后可以得出,秩为1的矩阵的非零本征值只有一个,这个单一的本征值与矩阵 $\boldsymbol{M}_{\mathrm{rt}}$ 的迹相等,或者写为

$$\lambda_1=\sum_{m-1}^{N}\boldsymbol{M}_{\mathrm{rt}}(m,m)=\frac{d}{\sqrt{2}\Delta}\sum_{i=(-N+1)/2}^{(N-1)/2}\mathrm{e}^{\mathrm{j}2\phi_i}\mathrm{e}^{-\pi(d^2/2\Delta^2)i^2}\tag{10.58}$$

由于不存在增益介质光程误差(如对所有 i, $\phi_i=0$),当 N 足够大时,其本征值将达到最大,接近1。

应当注意的是当增益单元的数量增加时,激光阵列的填充因子 d/Δ 必须降低。这一点可以从式(10.56)中的高斯分布的包络曲线得出。可以看出,返回的高斯分布的宽度 $m\Delta$ 等于 $\lambda f/d$ 。由于我们要求 $\lambda f=(2\Delta)^2$,则有 $m\Delta=4\Delta^2/d$ 。为了保证光线在整个阵列宽度 $N\Delta$ 上都能获得良好的耦合,我们对阵列填充因子(d/Δ)有如下要求:

$$\frac{d}{\Delta}=\frac{4}{N}\tag{10.59}$$

因此,大阵列一般要求有低的填充因子,后续一般需要光束整形元件。

最后,我们注意到虽然我们假设的增益单元数 N 是奇数,但在一般情况下可不作要求。当 N 是偶数时,式(10.56)中的相位因子包含一个振荡符号。光腔的特性也是一样的,但此时本征向量 $\boldsymbol{v}_1$ 的分量 v_i 变为:

$$v_i = \sqrt{\frac{d}{\sqrt{2}\Delta}} e^{j\phi_1 i} e^{-\pi d^2 [(N-2i+1)^2/16\Delta^2]} \quad (-1)^i \tag{10.60}$$

增益单元的数目是偶数,因而该异相模使高斯分布的傅里叶变化偏移半个周期。

图 10.17 给出了自傅里叶腔 $N = 7, d = 47.8\mu m, 2\Delta = 249\mu m$ 时的超模特性。此时,本征值 $\lambda_1 = 0.98$。

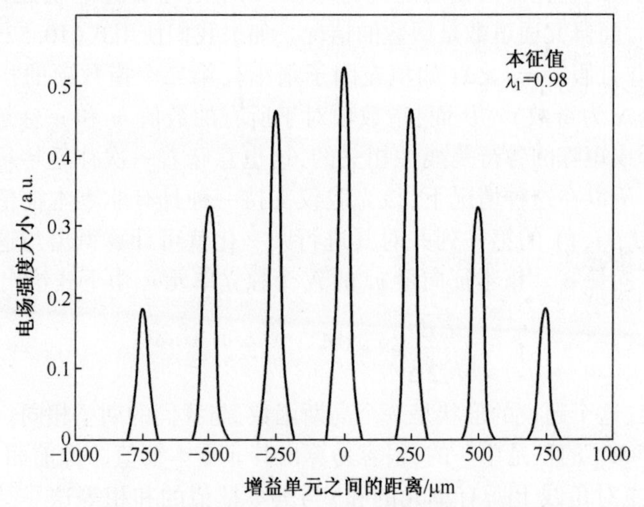

图 10.17 7 个激光器构成的自傅里叶腔的基超模($N = 7$)

表 10.1 相干光束合成结构的比较

	超模数量	基超模形状	基超模损耗	光程误差的影响	超模退化
单分束镜	1	均匀	无	式(10.8)	否
通用迈克尔逊①	2	均匀	无	式(10.16)	单相位误差
达曼/体光栅	1	均匀	约等于零	式(10.20)	否
倏逝波耦合	N	正弦	无	—	否
空间滤波	N	正弦	空间分束镜吸收	式(10.33)②	否
全 Talbot ($Nd/\Delta << 1$)	~2	正弦	边沿损耗	—	是
半 Talbot ($Nd/\Delta << 1$)	~1	正弦	边沿损耗	式(10.49)	否
半 Talbot ($Nd/\Delta \geqslant 1$)	N	正弦	边沿损耗	—	否
自傅里叶③	~1	高斯	约等于零	式(10.58)	否
注:①通用迈克尔逊只包含两个激光器。②方程只对两个激光器有效。③假设填充因子小					

10.7　结　　论

利用模型分析方法系统研究了用于相干光束合成的几种不同的外腔谐振器的特征和优点。得到的一个通用结论就是,用包括大量激光器的阵列进行耦合能够得到更高的模式辨别力。我们特别关注了不同增益通道中,谐振器结构随光程误差变化的特性。

需要再次强调的是,我们的分析严格限制在线性工作状态,当增益介质包含非线性项(已经观察到了相关现象)时情况将更为复杂。另外,分析中认为光腔只能支撑单个固定的波长。我们在 10.3.2 节中说明,如果允许波长改变,就能够降低光程相位误差,进而大大提高光腔的性能。分析这些光腔的目的是对不同结构进行比较,并不意味着这就是实际系统的真实性能。然而无论如何,这些系统性的研究工作已经揭示了外腔的一系列基本特点。这些基础的研究结果总结在表 10.1 中。

致谢

作者特别想感谢已经毕业的学生 Brad Tiffany 和 Chenhao Wan,感谢他们为本章内容做出的贡献。本章内容中的大量工作得到空军科学研究办公室与 Cymer 公司的资金支持。经 IEEE 许可,本章引用了参考文献[12,16]和[36]中的部分内容,在此一并感谢。

参考文献

[1] Leger, J. R. (1993) External methods of phase locking and coherent beam addition, in Surface Emitting Diode Lasers and Arrays (eds G. Evans and J. Hammer), Academic Press, New York.

[2] Fan, T. Y. (2005) Laser beam combining for high-power, high-radiance sources. IEEE J. Sel. Top. Quantum Electron., 11, 567-577.

[3] Andrews, J. R. (1986) Traveling-wave amplifier made from a laser diode array. Appl. Phys. Lett., 48, 1331-1333.

[4] Cheung, E. C., Ho, J. G., Goodno, G. D., Rice, R. R., Rothenberg, J., Thielen, P., Weber, M., and Wickham, M. (2008) Diffractive-optics-based beam combination of a phase-locked fiber laser array. Opt. Lett., 33, 354-356.

[5] Segev, M., Weiss, S., and Fischer, B. (1987) Coupling of diode laser arrays with passive phase conjugate mirrors. Appl. Phys. Lett., 50, 1397-1399.

[6] Botez, D. (1994) Monolithic phase-locked semiconductor laser arrays, in Diode Laser Arrays (eds D. Botez and D. Scifres), Cambridge University Press, Cambridge, UK.

[7] Leger, J. R. (1994) Micro-optical components applied to incoherent and coherent laser arrays, in Diode Laser Arrays (eds D. Botez and D. Scifres), Cambridge University Press, Cambridge, UK.

[8] Siegman, A. E. (1998) How to (maybe) measure laser beam quality, in Diode Pumped Solid State Lasers (DPSS) Lasers: Applications and Issues (ed. M. W. Dowley), Optical Society of America, Washington, DC, pp. 184-199.

[9] Leger, J. R. (1996) Laser beam shaping, in Microoptics (ed. H. P. Herzig), Taylor & Francis, London.

[10] Siegman, A. E. (1986) Lasers, University Science Books, Sausalito, CA.

[11] Haus, H. (1984) Waves and Fields in Optoelectronics, Prentice-Hall, New Jersey.

[12] Khajavikhan, M., John, K., and Leger, J. R. (2010) Experimental demonstration of reduced path length sensitivity in coherent beam combining architectures. IEEE J. Quantum Electron., 46, 1221-1231.

[13] Shirakawa, A., Saitou, T., Sekiguchi, T., and Ueda, K. (2002) Coherent addition of fiber lasers by use of a fiber coupler. Opt. Express, 10, 1167-1172.

[14] Sabourdy, D., Kermene, V., Defarges-Berthelemot, A., Lefort, L., and Berthelemy, A. (2002) Efficient coherent combining of widely tunable fiber lasers. Opt. Express, 11, 87-97.

[15] Rediker, R. H., Rauschenbach, K. A., and Schloss, R. P. (1991) Operation of a coherent ensemble of five diode lasers in an external cavity. IEEE J. Quantum Electron., 27, 1582-1593.

[16] Khajavikhan, M. and Leger, J. (2009) Modal analysis of path length sensitivity in superposition architectures for coherent laser beam combining. IEEE J. Sel. Top. Quantum Electron., 15, 281-290.

[17] Dammann, H. and Klotz, E. (1977) Coherent optical generation and inspection of two-dimensional periodic structures. Opt. Acta, 24, 505-515.

[18] Mait, J. (1996) Fourier array generators, in Microoptics (ed. H. P. Herzig), Taylor & Francis, London.

[19] Sinzinger, S. and Jahns, J. (2003) Microoptics, Wiley-VCH Verlag GmbH, Weinheim, Germany.

[20] Leger, J. R., Swanson, G. J., and Veldkamp, W. B. (1987) Coherent laser addition using binary phase gratings. Appl. Opt., 26, 4391-4399.

[21] Veldkamp, W. B., Leger, J. R., and Swanson, G. J. (1986) Coherent summation of laser beams using binary phase gratings. Opt. Lett., 11, 303-305.

[22] Gerchberg, R. W. and Saxton, W. O. (1972) A practical algorithm for the determination of the phase from image and diffraction plane pictures. Optik, 35, 237-246.

[23] Kogelnik, H. (1969) Coupled-wave theory for thick hologram gratings. Bell Syst. Tech. J., 48, 2909.

[24] Kapon, E., Katz, J., and Yariv, A. (1984) Supermode analysis of phase-locked arrays of semiconductor lasers. Opt. Lett., 9, 125-127.

[25] Butler, J. K., Ackley, D. E., and Botez, D. (1984) Coupled-mode analysis of phase locked injection laser arrays. Appl. Phys. Lett., 44, 293-295.

[26] Cooper, M. L. and Mookherjea, S. (2009) Numerically-assisted coupled-mode theory for silicon waveguide couplers and arrayed waveguides. Opt. Express, 17, 1583-1599.

[27] Philipp-Rutz, E. M. (1975) Single laser beam of spatial coherence from an array of GaAs lasers: free-running mode. J. Appl. Phys., 46, 4551-4556.

[28] Leger, J. R. (1989) Lateral mode control of an AlGaAs laser array in a Talbot cavity. Appl. Phys. Lett., 55, 334-336.

[29] Diadiuk, V., Liau, Z. L., Walpole, J. N., Caunt, J. W., and Willamson, R. C. (1989) External-cavity coherent operation of InGaAsP buried-hetero structure laser array. Appl. Phys. Lett., 55, 2161-2163.

[30] Golubentsev, A. A., Kachurin, O. R., Lebedev, F. V., and Napartovich, A. P. (1990) Use of a spatial filter for phase locking of a laser array. Sov. J. Quantum Electron., 20, 934-938.

[31] Bochove, E. J. and Shakir, S. A. (2009) Analysis of a spatial-filtering passive fiber laser beam combining sys-

tem. IEEE J. Sel. Top. Quantum Electron. , 15, 320-327.

[32] Wan, C. , Tiffany, B. , and Leger, J. R. (2011) Analysis of path length sensitivity in coherent beam combining by spatial filtering. IEEE J. Quantum Electron. , 47, 770-776.

[33] Mehuys, D. , Mitsunaga, K. , Eng, L. ,Marshall, W. K. , and Yariv, A. (1988) Supermode control in diffraction-coupled semiconductor laser arrays. Appl. Phys. Lett. , 53 (13), 1165-1167.

[34] Striefer, W. , Osinski, M. , Scifres, D. R. ,Welch, D. F. , and Cross, P. S. (1986) Phase array lasers with a uniform, stable supermode. Appl. Phys. Lett. , 49, 1496-1498.

[35] Kouachi, S. (2006) Eigenvalues and eigenvectors of tridiagonal matrices. Electron. J. Linear Algebra, 15, 115-133.

[36] Wan, C. and Leger, J. R. (2012) Experimental measurements of path length sensitivity in coherent beam combining by spatial filtering. IEEE J. Quantum Electron. , 48, 1045-1051.

[37] Talbot, H. F. (1836) Facts relating to optical science No. IV. Philos. Mag. , 9, 401-407.

[38] Rayleigh, J. W. S. (1881) On copying diffraction-gratings, and on some phenomenon connected therewith. Philos. Mag. , 11, 196-205.

[39] Winthrop, J. T. and Worthington, C. R. (1965) Theory of Fresnel images: I. Plane periodic objects in monochromatic light. J. Opt. Soc. Am. , 55, 373-381.

[40] Leger, J. R. and Swanson, G. J. (1990) Efficient array illuminator using binary optics phase plates at fractional Talbot planes. Opt. Lett. , 15, 288-290.

[41] Golubentsev, A. A. , Likhanskii, V. V. , and Napartovich, A. P. (1987) Theory of phase locking of an array of lasers. Sov. Phys. JETP, 66, 676-682.

[42] Leger, J. R. , Scott, M. L. , and Veldkamp, W. B. (1988) Coherent addition of AlGaAs lasers using microlenses and diffractive coupling. Appl. Phys. Lett. , 52, 1771-1773.

[43] Leger, J. R. and Griswold, M. P. (1990) Binaryoptics miniature Talbot cavities for laser beam addition. Appl. Phys. Lett. , 56, 4-6.

[44] Gray, R. M. (2000) Toeplitz and Circulant Matrices, Stanford University ISL.

[45] Leger, J. R. , Mowry, G. , and Chen, D. (1994) Modal analysis of a Talbot cavity. Appl. Phys. Lett. , 64, 2937-2939.

[46] Mehuys, D. , Striefer, W. , Waarts, R. G. , and Welch, D. F. (1991) Modal analysis of linear Talbot-cavity semiconductor lasers. Opt. Lett. , 16, 823-825.

[47] Horikis, T. P. and McCallum, M. S. (2006) Self-Fourier functions and self-Fourier operators. J. Opt. Soc. Am. A, 23, 829-834.

[48] Goodman, J. W. (2005) Introduction to Fourier Optics, 3rd edn, Roberts and Company Publishers, Greenwood Village, CO.

[49] Corcoran, C. J. and Pasch, K. (2005) Mod alanalysis of a self-Fourier laser cavity. J. Opt. Soc. Am. A, 7, L1-L7.

[50] Corcoran, C. J. and Durville, F. (2005) Experimental demonstration of a phase-locked laser array using a self-Fourier cavity. Appl. Phys. Lett. , 86, 201118-1-3.

第11章

光纤光束的自组织合成

Vincent Kermène, Agnès Desfarges-Berthelemot, Alain Barthélémy

11.1 引言

在过去的几年中,光纤激光器已经成为一种千瓦级的连续波(CW)光辐射源(10kW 的单模光纤激光器市场有售,www.ipgphotonics.com)。然而,由于纤芯中的高场限制,在高功率时会出现一些缺陷,例如,光纤端面损坏、非线性光学效应(自聚焦、受激散射等)以及散热问题。一旦每根光纤的功率达到其极限,光束合成就成了最后的选择。光束合成是指多个激光源输出光束的相干叠加,或在单束大功率输出光束中叠加,或在相对于激光器阵列出口的远场目标上叠加。迄今为止,在已经研究过的各种实现相干光束合成的技术中,开发出的最简单的方法之一是被动合成。这里所说的被动合成是指自组织合成,是相对于包含光电伺服回路控制在内的主动合成而言的。本章专门研究光纤激光器的被动相干合成。典型的系统中包括一组并置的光纤放大器,每一个放大器都与一个单一复合腔相连。利用不同臂(单路激光)之间的相位耦合,使同相工作时所产生的与相位相关的损耗最小。激光辐射与增益损耗差最大的场相对应,这样也就自然而然地出现了相干合成。光的频谱为自组织过程提供了所需的自由度。不断地调整发射频率,使光束保持同相放大,这样,即使在存在扰动的环境下也能够实现稳定的相干叠加。

在 11.2 节中,通过迈克尔逊型(Michelson-type)激光器这一典型实例说明了这种一般锁相过程的基本原理。在 11.3 节中,从光谱特性、稳定性和动态特性方面分析了被动同相光纤激光器的特性。已经研究过的大多数结构都表现出简单而直观的空间相干性。正如在 11.3.6 节中所讨论的,由于激光束阵列是互注入锁相光源发射的,所以情况就变得更复杂了。在 11.4 节中,讨论了并置放大臂数量的增加与合成效率的变化之间的关系。在 11.5 节中,介绍了脉冲模式下被动相控激光器的特性。结果证明,形成锁相的时间很短,完全能够适应 Q 开关工作方式的快速变化。最后,介绍了能够同时进行空间锁相和光谱锁相的特殊激光器的几何结构。它的基本配置是一对掺杂光纤激光器,还包括一个可饱和吸收镜。通过实验验证了超短脉冲源的相干合成过程。

值得一提的是,本章的目的并不是完整概述光纤激光器的被动相干合成,而是介绍一些基本概念,帮助读者开发被动合成激光器,并给出我们在这方面的一些实验结果。

11.2　光纤激光器被动合成的基本原理

11.2.1　不同的配置方式

光纤激光器被动合成的各种配置(结构)可分为三大类:第一类是由多个独立光纤放大器构成的激光器(有时也称为填充孔径系统),可以发射单路输出光束[1-5];第二类是由一组并置的光纤放大器构成的激光器(有时也称为拼接孔径系统),可以发射相干光束阵列[6-13];第三类是多芯光纤激光器[14-19]。图 11.1 给出了一些典型实例的示意图。大多数时候,我们会尽量在整个激光腔中维持导波的增益。将光纤布拉格光栅(FBG)用作腔镜,通过光纤环路实现偏振控制,并通过光纤耦合器(FC)实现内腔场的叠加和分离。在实际操作时会使用多端口耦合器或者将多个标准 50/50 耦合器相级联。而其他的一些耦合技术则是基于衍射,或通过衍射元件衍射[1],或只是通过自由空间传播衍射[13]。此外,在功率较高时,通常避免使用光纤耦合器,以防出现损伤,取而代之的是标准光束分离器。与光纤相比,在自由空间中偏振的管控比较从容。这就是为什么在大量研究结构中,会发现同时存在波导和自由空间光学结构。即便使用多芯光纤激光器,在不同的纤芯场中,通常也需要自由空间光学结构提供恰当的反馈和耦合[14]。多芯光纤激光器的

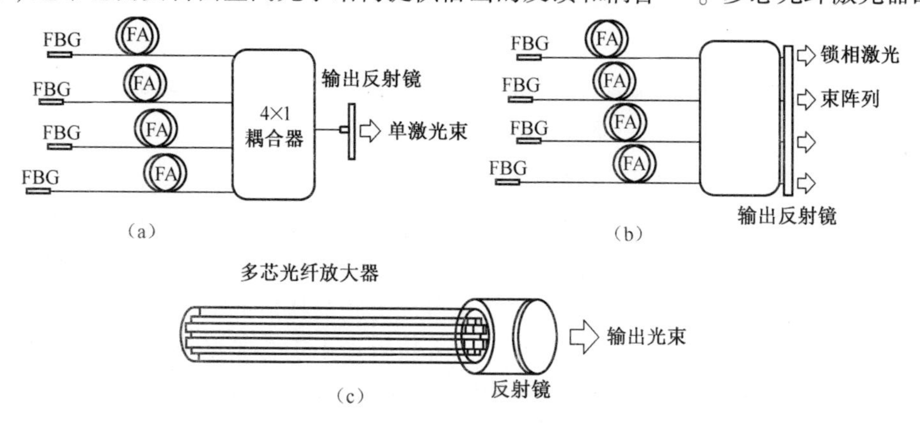

图 11.1　一些常见的被动相干合成光纤激光器腔体示意图。(a)填充孔径结构,输出单光束。(b)拼接孔径结构,输出多光束。(c)多芯光纤。FBG:光纤布拉格光栅反射镜;FA:光纤放大器。输出反射镜表示含有半反射的激光输出耦合器。

情况非常特殊。在多芯光纤激光器中,上述各腔体中的各种臂被多芯光纤的不同超模所取代,多芯光纤的传播常数各不相同。此处,腔体的作用是促成亮度最高的唯一基本超模的振荡。例如,可以通过自成像多模干涉进行滤波[19]。

光纤激光合成的大部分初期工作都属于单路合成输出光束一类。为了提高功率,后来出现了更为合适的输出光束阵列的配置,因为它能缓解热约束问题和损伤风险。为了在拼接光束阵列的填充因子较差时提高光束亮度,可采用合适的相位板[20]。虽然图 11.1 给出的简化腔体方案所表示的是线性腔设置,但是类似的工作原理已经在环形配置中得到了验证[8,19]。

11.2.2 原理

对于激光的相干叠加,主要的要求是所有子激光器要以同一组频率振荡,并且它们的相位关系要相互锁定。在激光被动合成时,干涉型配置的复合腔能够满足这些要求。例如,利用每个臂中含有一台放大器的迈克尔逊干涉仪(图 11.1(a),简化为两个子激光器的配置)可以得到一种福克斯-史密斯(Fox-Smith)型谐振器。内腔分束器(或耦合器)使光波能够共用同一光路,并互换其部分场。由此,激光器通过某种游标效应以两个子腔频率梳共有的一组频率振荡(图 11.2)。

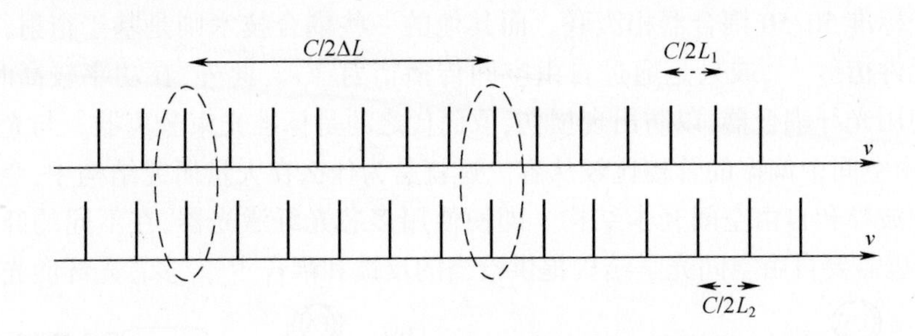

图 11.2 长度分别为 L_1 和 L_2 的两个腔的公共纵模的选择(游标效应)
(虚线部分; $\Delta L = |L_1 - L_2|$)

光谱调制周期 $c/2\Delta L$ (c 为光速)与子腔长度差($\Delta L = |L_1 - L_2|$)成反比,最初用于滤除气体激光器中的单纵模[21]。对于仅有两个放大臂的谐振器,滤波要联系这一实际情况:来自每台放大器的辐射必须在分光器的出口处干涉,以便与被半反镜封闭的公共端口进行相干合成。激光器选择腔损耗最低的纵模,该纵模通过之前介绍过的冷腔计算结果推导而来。该方法也可用于合成多个激光器的腔体,此时拥有多个子腔。用快速光电二极管检波之后,在输出激光信号的射频(RF)频谱中可观察到锁相的特征。

图 11.3 中给出一个例子,比较了 12 个独立激光器在独立工作(上图)和锁相工作(下图)两种状态下的射频频谱。

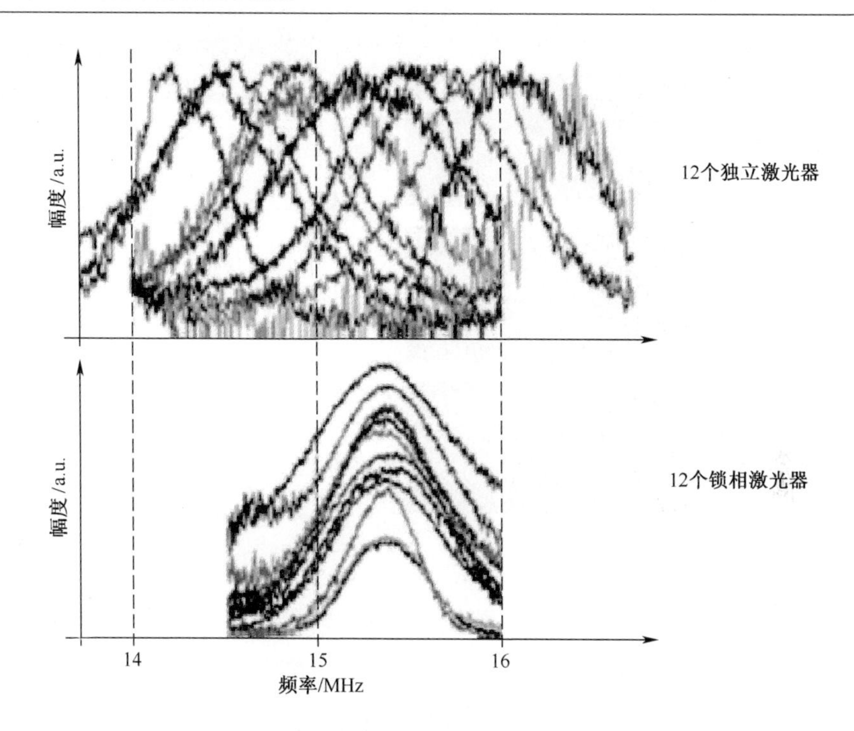

图 11.3　由 12 个并置的光纤放大器(在五次谐波上变倍)构成的复合谐振器发射的 12 光束阵列的射频频谱。上图:腔长不同的激光臂独立工作。下图:以一组共同频率振荡的激光器被动锁相工作。

各激光器独立工作时,每个激光器的射频峰值不同。射频峰值频率与腔往返时间成反比,能够用于各子腔长度的简单测量(本章中的范围为 75m~86m)。一旦调整复合腔使各激光器耦合并相干,那么,所有发射器产生的辐射都有相同射频分量,这表明它们共有同一组谐振频率。这一点也适用于其他类型的配置方式(图 11.1(b)和(c))。随着谐振器变得更加复杂,所有激光臂的共有谐振态(即模式相同)出现的机会也就更少,几乎随激光光路的增加呈指数级衰减。图 11.4 给出了采用掺铒光纤激光器阵列的一些实验数据记录。图 11.4(a)给出了用成像光谱仪记录的图像。这些图的纵轴表示出射光束阵列的平面光谱($N_x = \sin(\theta)/\lambda$,θ 表示角度域,λ 表示波长),横轴表示激光波段。为了方便阅读,在图 11.4(b)中绘制了同一激光光谱的截面。阵列中的激光器数量 N 由 3(上图)到 5(下图)变化。对于 $N=3$ 时以及 $N=4$ 时的一小部分,共模非常密集,光谱仪无法分辨。在这种情况下只测量了激光带宽的包络。

但是,当 $N = 5$ 时,在强调制波谱上,波长滤波清晰可见。同时,阵列规模的增大使远场主峰值下降,说明锁相有效。在放大器数量增加到某个值时,甚至会发现整个基腔组都没有一个共用频率,这就出现了激光损耗的问题。其后果就是功率叠加效率(合成效率)下降,这一点将在后文中讨论。光纤激光相干合成的一个实

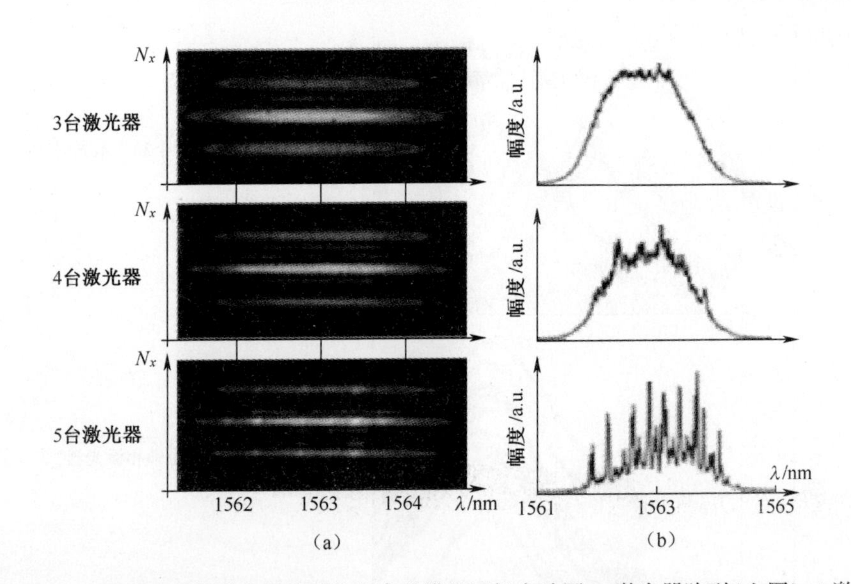

图 11.4 (a)锁相铒光纤激光器阵列的频率分辨的远场实验图,3 激光器阵列(上图)、4 激光器阵列(中图)和 5 激光器阵列(下图)[$N^x = \sin(\theta)/\lambda$, θ 表示角域];(b)相应的光谱强度分布。随着阵列中激光器数量的增加,激光光谱变得更复杂,稀疏分布的尖峰和远场波瓣变得更尖锐。

际困难在于,在一小部分波长中几乎不可能得到光程完全相同的光纤放大器。稀土掺杂光纤放大器的长度通常在数米到数十米之间,这类光纤含有无源元件,例如用于泵浦耦合器和用于加固掺杂光纤的绝缘体。除了将两根光纤切割成正好相等的长度比较困难之外,主要问题还在于光纤对热和机械效应的敏感性。因此,掺杂光纤中放大后的光场相位会随着泵浦功率、噪声、环境振动和放大器增益的变化而发生剧烈变化。所以,一个含有许多光纤放大器的复合激光腔的特点是:有许多长度不同的子腔,这些子腔可能会随着时间的推移随机产生几个波长的变化。下面一节解释了在这些长度变化的条件下,自组织系统中如何保持相干合成的高效性。

11.3 相位耦合特性

11.3.1 功率稳定性

在非保护的环境中,被动相干合成技术利用光谱的自调节保持实时同相发射。激光臂长度的微小变化(甚至比波长还小)就会使单激光器的纵模产生频移。那么,激光光谱中就会有新的谱线取代之前的谱线。新谱线与产生最高合成效率的新纵模组的模式一致性相关。无论环境条件如何,只要在激光增益带宽中保持有若干个谐振模,就得到了最佳的实用配置。各臂之间的光程差较小的情况下,共模之间的间隔会接近或大于增益带宽。不利的结果是,光程变化不理想时,谐振频率可能覆盖增益带宽,或许会落在增益带宽之外,从而导致强烈的功率波动。为了说明这两种激光特性,我们借鉴马赫-曾德尔(Mach-Zehnder)光纤激光器[4],选择了最简单的配置。各组共模之间的周期间隔为 $\Delta\lambda = \lambda_0^2/\Delta L$,其中, λ_0 是平均波长,ΔL 是干涉仪的两路光之间的光程差。如果 $\Delta\lambda$ 大于激光增益带宽 $\Delta\lambda_G$,则预期功率是不稳定的,因为在非保护的环境中,干涉装置可能出现这种情况。相反,如果 $\Delta\lambda$ 远小于 $\Delta\lambda_G$,在环境扰动的情况下,激光带宽中纵模的平均数量会发生微弱变化。不过,尽管缺乏伺服控制,合成功率也是稳定的。这些简单的规则可以用来设计有效而稳定的激光合成,包括复合腔中含有数个光纤放大器的合成配置。图 11.5给出了这种简单方法的实验验证结果。图中绘出了马赫-曾德尔腔(Mach-Zehnder cavity)中合成的一对掺铒光纤激光器的功率波动与 ΔL 之间的关系。此处,用布拉格光栅作为端面镜,使激光带宽和中心波长固定(λ_0 = 1549nm, $\Delta\lambda_G$ = 2nm)。由一个 1GHz 带宽的快速 InGaAs 光电二极管对波动积分 1s。将其曲线与单个标准铒光纤激光器得到的虚线进行比较。当 ΔL 小于 1mm 时,双放大器激光器会出现剧烈的功率波动。该值给出的光谱调制 $\Delta\lambda$ 为 2.4 nm,约等于 $\Delta\lambda_G$,这与先前的规则一致。相反,当 ΔL 较大时($\Delta\lambda \ll \Delta\lambda_G$),能够观察到稳定的相干功率叠加,且没有电子反馈回路,证明该被动技术是有效的。

但是,这仅适用于少数激光器。对于其他激光器,例如 11.4 节所讨论的激光器,合成效率以及功率稳定性会变差。

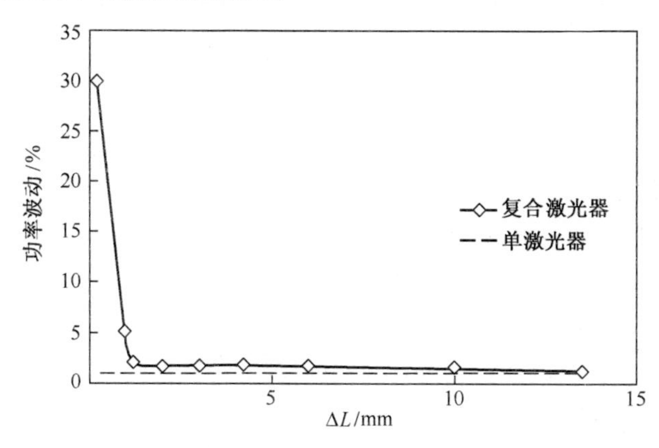

图 11.5　相干合成激光器的功率波动与腔的两个放大臂(掺铒光纤)的光程差之间的关系。虚线:单激光器的功率波动。

11.3.2　建立同相的波动性

光束合成技术的一个重要性质是其同相波动。它与环境扰动之后恢复同相发射所需的时间相关。采用有源法时,得益于在光电反馈回路中不同元器件的时间

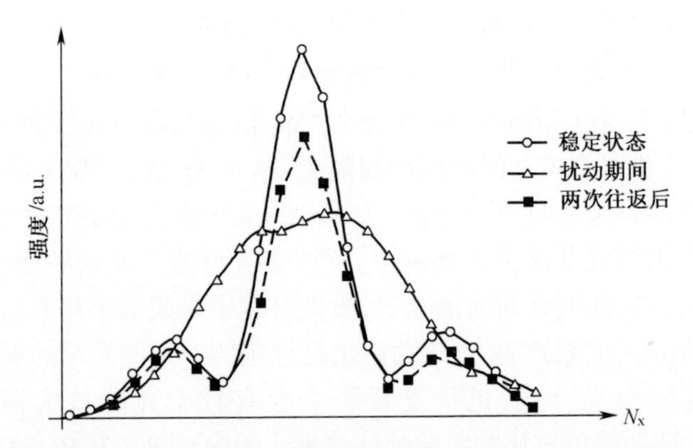

图 11.6 在相位扰动之前、扰动期间和扰动之后,二元光纤激光的远场变化情况
($N_x = \sin\theta/\lambda$, θ 表示角域)。

响应(例如探测器、相位调制器和误差信号测量器件),可以相对容易地估算建立相干的时间。在伺服回路中加上一个阶梯状的误差信号就可以测量达到新稳态所需的时间。而采用无源法时,有可能采用与电子设备中类似的技术。可以通过快速相位变化干扰激光,表征其在环境扰动情况下的波动特性。非线性交叉相位调制法能够使一束激光产生快速相移。将一个脉宽小于光腔光子寿命且波长不同于激光波长的短激励脉冲耦合到激光场传输所在的一个光纤臂中。在高强度激励光束的传播过程中,克尔效应会导致折射率发生变化,激光场会产生相移,相移的持续时间接近于脉冲宽度。我们在一个由两个平行掺镱光纤制成的环形腔中进行了这一实验[22]。激励脉冲来自一个微片 Nd:YAG 激光器,脉宽为 1ns,重复频率为 7.2kHz,峰值功率为 100W。该强脉冲与激光场沿 2m 长的光纤相互作用,所产生的相移高达 5π。通过时间解析分析,可以观察到远场合成光束经过脉冲波动后恢复同相状态的过程。用光电二极管快速扫描远场,其中来自受扰动臂和未受扰动臂的两束光是重叠的。图 11.6 中,圆点曲线是记录的初始稳定状态,作为参照。光轴上强度最大的高对比度条纹表明它是同相发射的。然后,启动微片,在激光场的数次腔内往返时间内,记录远场中光电二极管不同位置的强度。这些数据的处理结果给出了在超短的相位不平衡期间和之后,远场图案的变化情况。

需要注意的是,扰动期间条纹完全消失了。探测脉冲呈高斯瞬时分布,使相位扰动具有时间依赖性。换句话说,所引入的相移随脉宽而改变。光电二极管的时间分辨率不足以测量这些变化。然后,探测器对 0~5π 相移的远场变化作了积分,得到平滑的圆点曲线轮廓。

重要的结果是,产生强相位偏差后,恢复同相只需要很少的几次往返。确实,仅在两次往返之后,远场图案就几乎与初始状态完全相同。本实验研究突出显示了被动相干合成技术在补偿环境扰动方面的鲁棒性和快速响应性。我们测得的超短响应时间与 Wu 等人所做的仿真吻合度非常高[23]。他们通过一个耦合了速率方程和激光场 Schrödinger 方程的模型,说明了激光器阵各臂之间很早就建立了锁相关系,并产生了集体增益波动。有望实现激光器阵列的锁相中,与集体增益波动相关的被动结构的超快响应大有前景,可以在 Q 开关模式下传输激光纳秒脉冲。正如我们将在后文中讨论的,在 Q 开关方式下,光纤激光器被动锁相的几个结果显示,到目前为止,脉冲宽度可以达到 0.5~10μs。通过选择恰当的激光参数(放大光纤长度、泵浦级别以及 Q 开关元件的响应时间),被动锁相激光器阵列有望传输 Q 开关纳秒脉冲。

11.3.3　频率的可调谐性

高功率可调谐激光器在各种应用领域都很受关注,如,生物医学传感和光通信领域。与晶体基质的大型固体激光器不同,大部分光纤激光器都具有很宽的发射频带。光纤激光器能够发射高功率高质量的光束并且能够打入可调谐激光器市场,都与这一特性有很大关系。此外,研究被动合成激光器性能的有趣之处就在于对增益带宽的调谐。激光器在锁相状态下的光谱滤波取决于多臂激光器的不同光程。例如,图 11.7 所示的马赫-曾德尔配置(11.3.1 节中有详细说明),相干合成得到的调制光谱周期为 $\Delta\lambda = \lambda_0^2/\Delta L$,比激光增益带宽小几个数量级。因此,证实了被动合成掺铒光纤激光器的可调谐性[24,25]。带平行放大臂的腔有两个共用反射镜,分别置于 50:50 耦合器的两个端口(C1 和 C2)上。在图 11.7 中,共用的后反镜是一个利特罗(Littrow)配置的衍射光栅,这里的输出耦合器是通过将耦合器的一个输出端口 C2 切分形成的。旋转光栅就可以调谐波长。然后,对光栅在多个方向上进行发射功率的测量(图 11.8)。结果表明,马赫-曾德尔掺铒光纤激光器是可调谐的,可调谐带宽约 60nm,从 1520nm 到 1580nm。耦合器匹配端的总泄漏占总输出功率的 3%。所有结果都证明,有了可调谐激光器,被动相干合成便于应用。换句话说,它是一种替代途径,能够实现宽谱带可调谐的高功率激光源。

然而,这种可调谐性仅局限于少数的合成激光器;否则,模态的不足会使系统不稳定且调谐不连续。

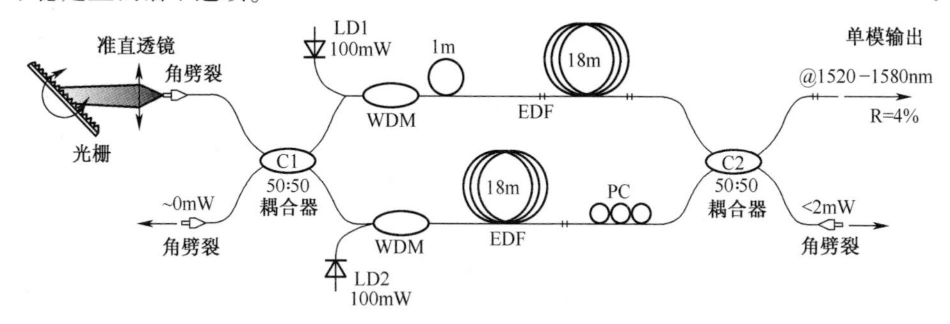

图 11.7　可调谐的马赫-曾德尔光纤激光器。(LD1、LD2:980 nm 泵浦激光二极管;EDF:掺铒光纤;WDM:波分多路复用器;PC:偏振控制器)。

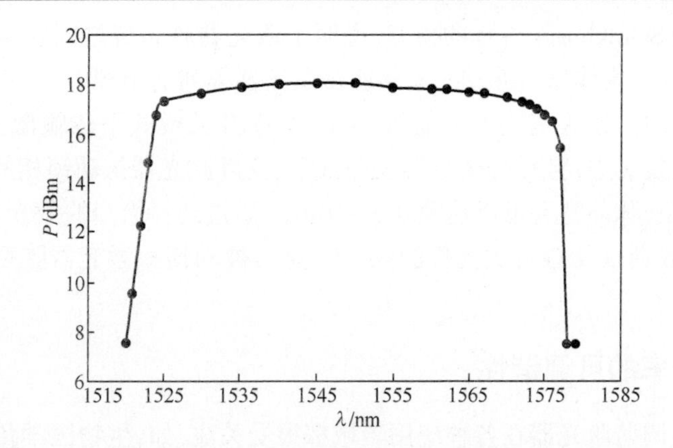

图 11.8 图 11.7 中给出激光器的输出功率与激光波长之间的关系

11.3.4 激光增益失配对合成效率的影响

相干合成技术的另一个有趣的特点是其对功率差异不敏感。确实,由于干涉光束之间存在不同的泵浦级别、插入损耗或偏振状态,可能会使发射功率出现这种差异。为了说明这一点,图 11.9 中给出了功率比 R 不同的两束光相干合成的最简单的情况。结果表明,适度调整两个单激光器之间的功率比,合成效率没有受到明显干扰。例如,如果其中一台激光器的功率是另一台的两倍,合成效率仅降低 3%。之所以有这种表现是由于干涉过程中叠加的是激光场而不是强度。

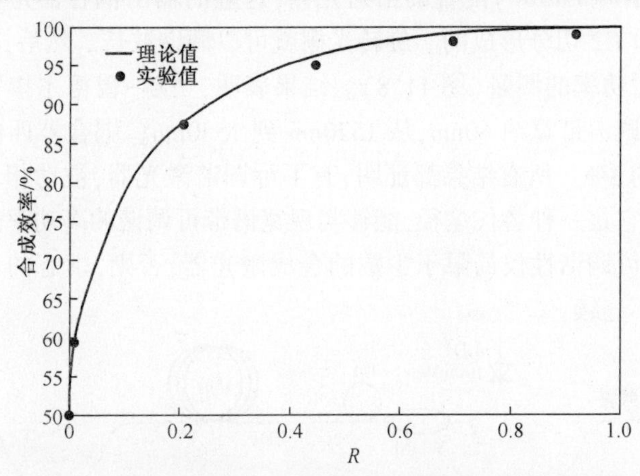

图 11.9 两个激光器的合成效率与其功率比 R 之间的关系

从文献[26]中可以了解更常用的情况和激光器数量更多时的研究结果。

11.3.5 指向的敏捷性

在拼接孔径结构中(图 11.1(b)),发射光是由多路平行输出光束组成的。光束合成发生在激光腔外的远场中。通过光束组的相干叠加得到了结构化的图案(图 11.4(a)中的纵轴)。根据每个子输出光束的数值孔径不同,合成光束由一个包络内的主瓣(阵列瓣)和多个旁瓣组成。远场中主瓣的数量与近场填充率(输出光束的尺寸与其间距之比)成反比。填充率为 30%时,合成光束基本上表现为一个主瓣。旁瓣的数量取决于输出光束的数量及其近场分布。在多个放大器的情况下(图 11.1b),耦合器可以是一个由单模光纤形成的空间滤波器。在环形配置中[8],该光纤将一个公共信号反馈给多台放大器。该光纤输入端面伸入腔内,位于多个输出光束的远场平面中。当光纤的模式与合成光束的主瓣相匹配时,实现锁相。强度为e^{-2}、半径为 ω_0 的 N 束输出光,沿周期为 Λ 的一个轴(一维排列)分布,远场主瓣的束散角为 $\Theta_{ML} = \lambda/(N \times \Lambda)$ 。必须将其与反馈光纤模式之一 $\theta_{FF} = \pm\lambda/(\pi \times \omega_{FF})$ 拟合,其中,ω_{FF} 是反馈光纤模式的半径。合成光束的主瓣位于单模反馈光纤纤芯的中心,以尽量减少进入激光腔的损耗。当纤芯处于合成光束包络的最大值位置时,内腔损耗最小(图 11.10)。在这种情况下,所有的输出光束是同相的。虽然反馈光纤输入可以沿其平面移动,但合成光束的主瓣也会随纤芯在包络内移动。

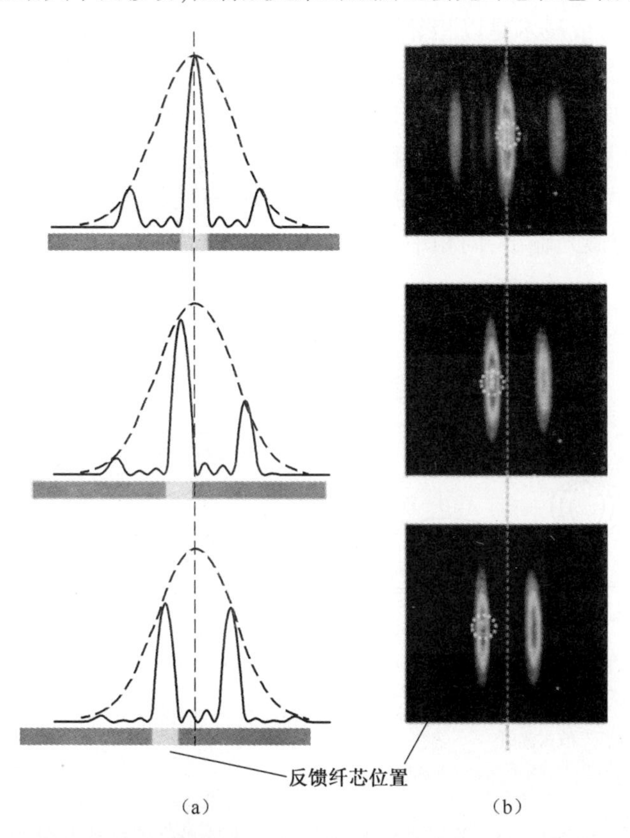

图 11.10　(a)四路锁相光束在反馈纤芯的三个不同位置时(用灰色方块表示)的远场数值分布。(b)反馈纤芯的相同位置处,远场图案的实验测量结果(用白色虚线圈表示)。

主输出光束的指向在其包络内很容易调谐,包络由近场光束的数值孔径 $\theta_{\omega_0} = \pm\lambda/(\pi \times \omega_0)$ 界定。

必须考虑的是,反馈光纤周期性移动($\Theta_{\text{shift}} = \lambda/\Lambda$)会生成一个远场包络,此包络与所有输出光束同相时(远场主瓣居中时)的包络完全相同,只是腔内损耗更高。因此,激光指向的敏捷性 θ_{tune} 在 $\pm\lambda/(2 \times \Lambda)$ 的角度范围内确实有效。这在雷达领域中,也是众所周知的天线阵列的特性。

11.3.6 通过互注入锁相的多束光的相干特性

在拼接孔径结构中(图 11.1(b)),耦合过程可以通过空间和光谱滤波实现,或者通过互注入实现。在第一种情况下,光束重叠于复合腔的共用部分,即滤波平面。在这个共用的特定平面中,很明显光束是共相的,提供多路同步输出。在互注入配置的情况下,相干叠加发生在用于对相邻激光器进行锁相的耦合器上。由于耦合器分布于复合腔中,所以这种配置所产生的相干特性很复杂。下面来说明能够观察到相干光束叠加的外腔区域的预测方法[27]。

这种被动合成技术是以相邻激光器之间的光场共用为基础的,各单激光器通过光纤耦合器相连。图 11.11 所示实例中,光纤激光器由三个通过互注入实现锁相的放大器组成。许多研究已报道过能够展现此类激光器大好前景的实验结果,但同时也提到了其远场图案的不稳定性(对比度的变化和条纹的移动)[11]。事实上,所有光束在腔外的有效干涉位置,取决于激光器的几何特征,而且,与通常的情况不同,对所有激光输出,同相平面不等间距。

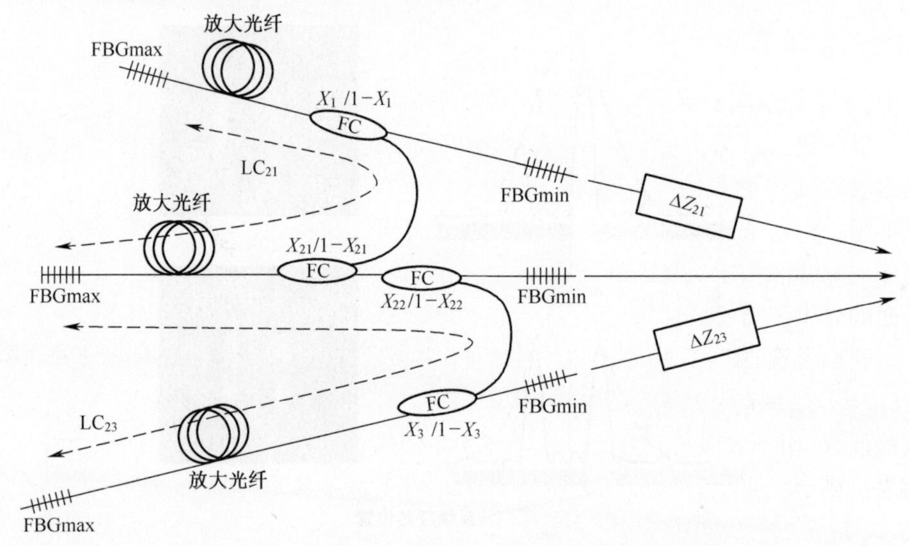

图 11.11 在互注入配置中,三放大器激光器配置方案

(FBG:光纤布拉格光栅;FC:光纤耦合器;$X_i/1-X_i$:交叉耦合系数;LC_{ij} :子腔长度;ΔZ_{ij} :激光腔外的延迟线。)

就图 11.11 中给出的配置而言,组成激光器的三个腔的长度为 $L_i(i \in [1,2,3])$,我们也注意到另外两个长度为 LC_{21} 和 LC_{23} 的子腔。这种复杂耦合系统的相干特征可以通过一种脉冲响应方法来说明。在一个腔臂中发射一个初始脉冲,其持续时间为 δ_τ,与激光器的相干长度 $L_{co} = \lambda^2/\Delta\lambda_G$($\Delta\lambda_G$ 激光增益带宽)的逆变量一样短。该脉冲一直沿着子腔传播,直到从激光器的三个输出端口以脉冲串 $U_i(t)$ 的形式离开激光器,在输出 i 处形成复合场。我们假设了一种对称腔,其中光纤耦合器的分光比为 $X_1 = X_3$ 且 $X_{21} = X_{22} = X_2$(参见图 11.1)。然后,通过下列耦合方程得到脉冲响应:

$$\begin{cases} U_1(t) = U_{1(2L_1)}\, G^2 X_1^2 + U_{2(L_1+LC_{21}+L_2)}\, G^4 X_2^2(1-X_2)\, X_1(1-X_1) \\ \qquad + U_{3(L_1+LC_{21}+LC_{23}+L_3)}\, G^6 X_1^2 (1-X_1)^2 X_2 (1-X_2)^2, \\ U_2(t) = U_{1(2L_2)}\, G^2 X_2^2 + U_{1(L_1+LC_{21}+L_2)}\, G^4 X_1(1-X_1)\, X_2^2(1-X_2) + \\ \qquad U_{3(L_2+LC_{23}+L_3)}\, G^4 X_1(1-X_1)\, X_2^3(1-X_2), \\ U_3(t) = U_{1(2L_3)}\, G^2 X_1^2 + U_{2(L_2+LC_{23}+L_3)}\, G^4 X_1(1-X_1)\, X_2^3(1-X_2) + \\ \qquad U_{1(L_1+LC_{21}+LC_{23}+L_3)}\, G^6 X_1^2 (1-X_1)^2 X_2 (1-X_2)^2 \end{cases} \tag{11.1}$$

式中:$U_{i(L)}$ 表示传播了距离 L 之后的复合场 U_i,G 表示该场每次通过一个放大介质时所产生的恒定增益。

假定各个激光器的输出延迟为 τ_i(输出 i 和 j 之间的延迟 $\Delta\tau_{ij} = \tau_i - \tau_j$),通过计算各对输出脉冲串 $U_i(t)$ 两两之间的相关性乘积,就可以分析互注入配置的相干特性。可以推断出,合成光束的强度图 I_c 与不同的时间延迟 $\Delta\tau_{ij}$ 之间的关系:

$$I_c(x,y,\Delta\tau_{ij}) = \left\langle \left| \sum_{i=1}^{N} U_i(x,y,t+\tau_i) \right|^2 \right\rangle \tag{11.2}$$

式中:x,y 是空间坐标,t 表示时间,$\langle\ \rangle$ 表示时间均值。

以距离 Δz_{ij} 为变量来计算干涉图案的对比度 I_c。Δz_{ij} 与 $U_i(t)$ 和 $U_j(t)$ 之间的延迟时间 $\Delta\tau_{ij}$ 之间的关系为 $\Delta\tau_{ij} = \Delta z_{ij}/c$($c$ 是光速)。图 11.12 中给出了所得的三维图。根据子腔的不同长度,图中出现了几个相干峰,其位置在 $\Delta z_{21} = \Delta z_{23} = 0$ 的任一侧,此时,所有光束的合成应在三路激光输出的等距点处。从输出点到合成平面的光束传播长度相等时,并不会产生稳定而有对比度的干涉图案。

我们发现,图 11.12 中存在一些周期性地依赖于相干峰的特殊延迟,例如 $\Delta L_{21} = LC_{21} - L_1 - L_2$ 和 $\Delta L_{23} = LC_{23} - L_2 - L_3$。其中一些波峰足够高,可以认为对这些设置,相干合成是有效的。采用包层泵浦掺镱光纤作为放大介质,获得了实验结果。耦合比 X_1 和 X_2 分别为 70% 和 80%。激光子腔长度的测量值分别为 $L_1 = 10.2$,$L_2 = 12$,$L_3 = 9.5$,$L_{21} = 22.3$ 以及 $L_{23} = 21.5\text{m}$。三路激光输出分布在三角形的三个顶点,从而在所有光束重叠的合成平面上形成二维的结构化图案。两条延迟线能够调整输出光束之间的光程差。在一般情况下,三路输出光束之间的干涉是无法形成对比的,条纹也会随时间移动。但是,通过调整延迟线,能够观察到不同的干涉对比度和稳定性。图案形成对比的位置与计算推导出的位置一致(图 11.12)。与图 11.12 中 $a-c$ 点相类似的三组特殊延迟 Δz_{ij} 对应的实验干涉图实例在图 11.13 中给出。

因此,通过互注入过程,多束激光辐射可以有效合成。然而,这种技术需要外部延迟线来恢复输出光束之间的相干性。降低激光带宽也可以提高相干峰值。

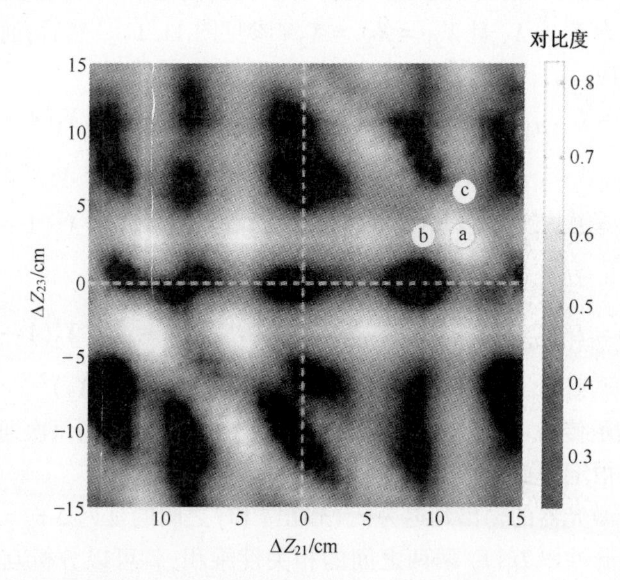

图 11.12 以输出光束 1 和 2(水平轴)之间以及输出光束 2 和 3(垂直轴)之间的延迟线的长度为变量,计算得出的互注入耦合的三放大器激光器的相干图。a~c 点标记出图 11.13 所示的实验测量位置。

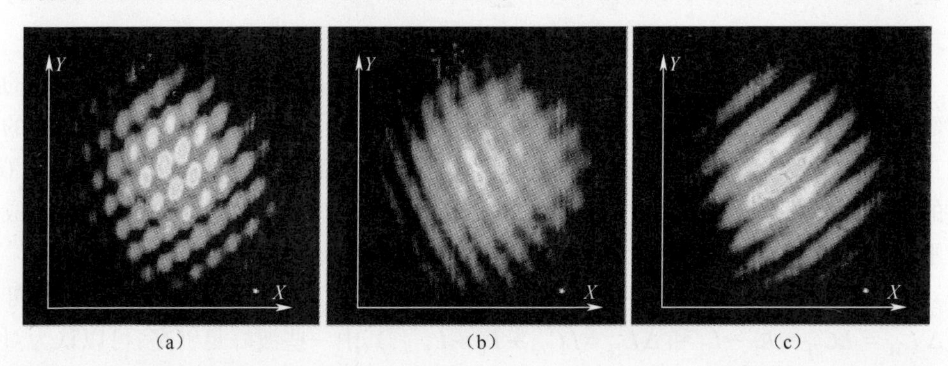

图 11.13 对延迟线的长度进行不同调整所得的三波干涉实验图案。它们与图 11.12 中的数值预期结果完全吻合:(a)相干峰处 $\Delta z_{21}=+11\text{cm}$,$\Delta z_{23}=+4\text{cm}$;(b) $\Delta z_{21}=+9\text{cm}$,$\Delta z_{23}=+4\text{cm}$;(c) $\Delta z_{21}=+11\text{cm}$,$\Delta z_{23}=+6\text{cm}$[①]。

① 译者注:原文数据笔误,已更正。

11.4　耦合激光器数量的增加

11.4.1　定相效率的变化

通过尽可能提升各个单放大器的功率,可以提高耦合激光腔的输出功率。如果腔体中的所有元件都能够承受功率密度的增大和相关的热效应,那么,我们不希望定相效率发生变化。然而,光纤的克尔非线性效应(Kerr nonlinearity)会改变不同谐振臂的光谱特征,因为四波混频(FWM)会使纵模之间产生耦合。正如在实践和仿真中所观察到的一样,这一耦合会导致谐振范围变宽。这些可以认为是超长光纤激光器中的初级光学湍流效应[28]。关于克尔非线性效应对激光锁相和合成效率的影响是正面的还是负面的,仍然存在争议[23,29]。

大多数情况下,功率的提升依赖于合成激光器数量的增加。复合激光器的工作频率是不同子腔的所有轴向谐振所共有的频率。理想的情况是拥有一台激光器,其所有平行臂的长度完全相同,这样,所有子腔以及复合谐振器的纵模就完全相同。在这种情况下,增加单激光器光源的数量不会影响合成效率。但采用光纤放大器不太可能达到这种效果。因此,很明显,随着共用腔中耦合的激光器数量不断增加,找到一个共同频率变得愈加困难。由于游标效应的倍增,滤波会导致谐振不足。当发射带宽内无法找到共模时,激光器的效率开始下降。同时,激光器的合成功率也变得不稳定。仿真结果表明,功率随 N^3 的变化而相对波动,其中, N 表示放大器阵列的大小[30]。

11.4.2　主要影响参数

只有很少的分析方法曾试图去预测相干叠加的效率降低情况,但均没能完全说明实际的演化过程。其中一些方法针对的是定相效率很高的几个激光器的情形[31,32],而另一些方法则针对合成效率很低的大量激光器[33]。根据最小公倍数进行简单推理,可以证明, N 台不同激光器中在给定带宽内找到共有纵模的概率是以 $\exp^{(-N)}$ 为界的。更严谨地说,根据散斑分析中所用的方法,Siegman[31] 通过一台多臂干涉仪证实了损耗概率的一些变化规律,从中我们可以推导出以下等式来表示 N 台激光器的合成效率:

$$\eta = 1 - 4\pi\{M\Gamma[1 + (N - 1)/2]\}^{2/(N-1)} / N^{N/(N-1)} \tag{11.3}$$

式中: M 表示在给定带宽 Δv_G 中可能存在的激光振荡频率的数量。对于平均往返长度为 L 的一组光纤, M 可以近似表示为 $\Delta v_G \cdot L/c$ 。在所有已发表的研究中, M 都是唯一的相关参数。实际上,对于光纤激光器来说,由于长度的均方根偏差 σ_L 大多数时候远低于平均长度 L ,所以,通常更合适的做法是考虑一个实际情况,即:

靠近一个共同谐振,则几个模态几乎同相。正如 Rothenberg 所指出的[33],采用多臂干涉仪进行频率滤波,谐振峰的带宽为 c/σ_L,这一带宽通常大于光纤激光器中的自由光谱范围 c/L。因此,大多数情况下,在等式(11.3)中,用 σ_L 取代的 L 才是更加正确的选择。

然而,正如已经在 11.3.1 节讨论过的,考虑到鲁棒性,从各种理论著作中归纳出的结论是,为了获得最高的定相效率,最好的办法是设计一种激光器,使 $\Delta v_G \cdot L$(或$\Delta v_G \cdot \sigma_L$, 根据情况而定)的乘积最大。

激光器的数值仿真证实了上述结论。根据一组给定的参数,能够直接计算出多臂谐振器的光谱响应,然后用简单的激光器模型就可以推导出预期合成效率。图 11.14 中的曲线确实表明,激光器的数量大约增加到 8 个时,相干叠加的效率开始下降。我们之前采用多达 12 个光纤激光器进行的实验以及 Chang 等人[30]采用多达 16 个激光器进行的实验,都验证了相似的特性。通过增加激光器的带宽以及选择光程差更大的光纤路径都可以提高性能。然而,当激光器的数量很多时,通过增大参数 $\Delta v_G \cdot L$ 获得的增益不再那么明显。与普通迈克尔逊干涉仪中仅有的 $N-1$ 耦合相比,每次腔体往返中耦合器所产生的不同放大通道之间的耦合似乎更有优势[34]。通过加入非线性效应(相位共轭反射镜、耦合非线性腔等),似乎可以克服由于相互谐振不足所带来的限制,这一点仍然有待用光纤激光器来验证。

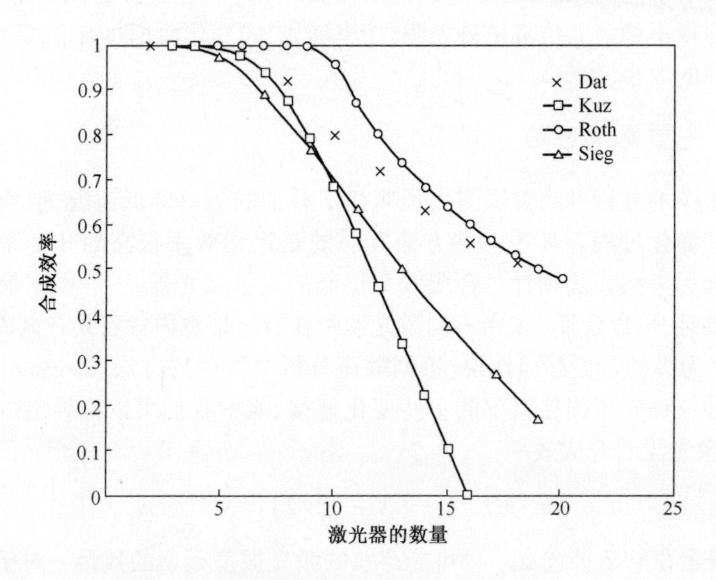

图 11.14 相干合成效率与激光器的数量 N 之间的关系。仿真数据(Dat)与 Kuznetsov(Kuz)[32]、Rothenberg(Roth)[33]以及 Siegman(Sieg)[31]的论文中的多个模型进行比较。

11.5　脉冲激光的被动合成

在过去的十年里,已经对连续波激光器的相干合成技术进行了广泛的研究。对脉冲激光,提出了新的光纤结构,以降低纤芯中较高的峰值功率。然而,在传统的MOPA方案(串行放大)中,光纤放大设计中的多重约束限制了平均输出功率和峰值输出功率。近来,对脉冲激光相干合成技术也进行了探索[35-38]。在这种情况下,主要的困难在于,在整个脉冲持续时间内实时补偿多个并行放大臂输出光束的相位差。因此,主动技术需要使电子反馈环的带宽适应脉宽,反馈环包括相位分析、相位恢复和相位补偿[36]。在某些情况下,根据克莱默-克朗尼格关系(Kramers-Kronig relationship,K-K关系)所述,增益-相位关系可以很牢固,使得在放大的脉宽内有一个明显的相位变化。这种由于强增益损耗造成的快速相位失真很难通过伺服回路控制来补偿。在本节中,我们介绍不同脉冲工作方式下被动相干合成技术的一些特点,包括Q开关方式和锁模方式。

11.5.1　Q开关方式

被动相干合成过程的原理不随激光工作方式的变化而变化。我们曾提到,被动合成以几个并行放大臂组成的单激光腔为基础,这些并行放大臂通过共同的内腔滤波实现锁相。这种激光器结构中加入一个生成脉冲串的调制器很容易。如图11.1(a)所示,虽然有多个放大臂,却可以使用一个调制器,恰当地插入到拼接结构的共用光路中。此外,在一些环形复合腔中,调制器不必承受所有放大光束从激光器输出之前的功率。在光纤激光器中,输出耦合可能非常高,但在腔内功率明显降低,因此能够通过调制器。

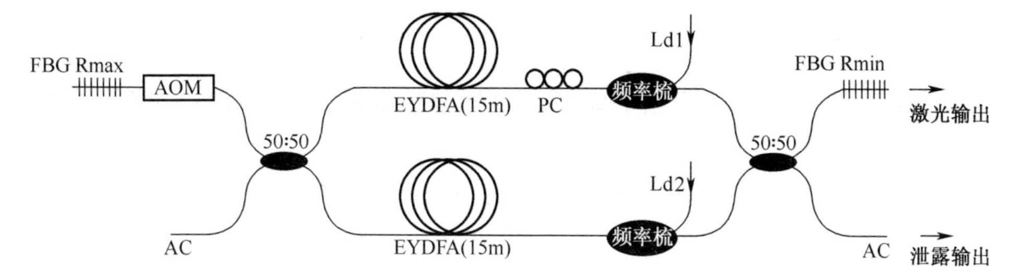

图11.15　由双包层光纤放大器组成的马赫-曾德尔(Mach-Zehnder)干涉激光器。
EYDF:铒镱共掺光纤;Comb:泵浦信号合成器(译者注:原文有误);AOM:声光调制器;50∶50平衡光纤耦合器;LD:激光二极管;PC:偏振控制器;AC:楔形光纤;FBG:光纤布拉格光栅。

我们来看马赫-曾德尔线性干涉光纤激光器的实验装置(图11.15)。激光在一对光纤布拉格光栅之间振荡,在两根平行的共掺光纤(EYDF)之间放大。激光带宽的中心波长是1550nm。声光调制器(AOM)位于后端的激光共用臂中,靠近高反射率的后反镜(FBG R_{max})。声光器件调节腔内损耗,产生频率为10~65kHz的脉冲激光。

脉宽大约是腔内往返时间的三倍,从而生成调制脉冲包络。图11.16(b)所示是一个频率为50 kHz的激光器的主要输出的典型脉冲包络。图11.16(a)所示是仅有一根放大光纤的同一激光器在相同频率下的脉冲包络。将二者作一比较。

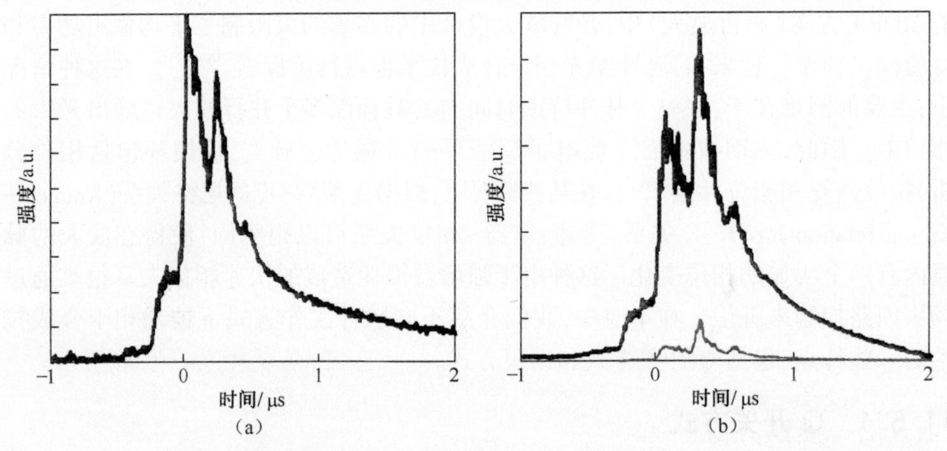

图11.16 50kHz频率下测得的脉冲包络,分别输出于:(a)仅具有一根放大光纤的常规激光器;(b)一台马赫-曾德尔激光器。黑色曲线:主要输出;灰色曲线:泄漏输出。

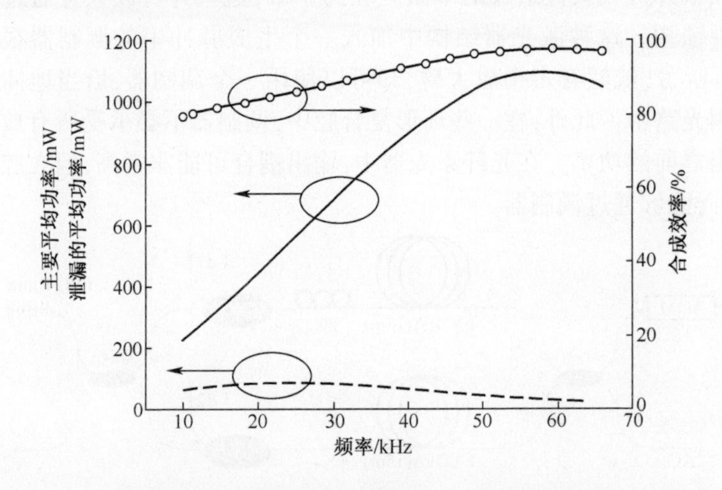

图11.17 马赫-曾德尔激光器的主要输出(实线)和泄漏输出(虚线)的平均功率以及合成效率(带圆圈的曲线)。

由于采用双包层光纤泵浦方式,所以腔体较长。因此,腔内往返时间接近250ns,产生持续时间较长的脉冲。如图11.16所示,在脉冲包络上可见的调制是由腔内往返光程所造成的,与激光器的干涉仪配置无关。当干涉腔的有效长度是两个放大子腔的平均长度时(图11.3),两个激光器的脉冲包络非常相似,表现为相同的调制周期(250ns)和持续时间(半峰宽(FWHM)处,单放大器激光器为360ns,双放大器激光器为400ns)。

干涉激光器的泄漏输出功率与主要输出功率相比非常低。在50kHz频率下,泄漏输出的能量低于1μJ,而在主输出能量达到21μJ,相干合成效率超过95%。

图11.17所示是以脉冲频率为变量的相干合成效率的变化过程。当脉宽较大时(在65kHz时为550ns),(合成效率)在高重复频率处达到最大,当脉宽下降到280ns时,在10kHz处缓慢降低至80%。由于反转粒子数较高,所以脉冲包络的调制对比度增加,瞬态变为常态。合成效率略有下降,但仍保持较高值。

这些结果表明,在马赫-曾德尔激光器两个放大臂的场之间建立相干关系的时间总是要比腔内往返时间更短。相位锁定过程也非常快。但是,当激光臂之间出现一些增益引起的不平衡时,锁相过程也会根据脉宽而略有变化。这种情况仅在低重复频率时会出现,此时,高粒子数反转会导致相位发生明显的变化,并且脉宽变窄。然而,实验表明,Q开关和被动相干合成是兼容的,特别是在高重复频率下,会产生脉宽为130~400ns的脉冲。

11.5.2　锁模方式

如果之前关于Q开关激光器的研究表明,相干合成过程的建立时间约为腔内往返时间,那么这个时间是否足够短,能与锁模方式兼容呢?如前所述,采用干涉激光器进行光谱滤波,并根据其子腔的不同长度产生调制光谱。因此,光谱调制调节着激光发射光束的时间分布。无论是连续波还是脉冲波,干涉激光器都能够根据放大臂之间光程差,产生结构化的瞬时辐射。我们来看两个放大器的情况,例如,两个子腔长度为 L_1 和 L_2 的迈克尔逊或马赫-曾德尔干涉激光器(分别含有放大器1和放大器2),光程差为 $\Delta L = |L_2 - L_1|$。干涉腔的光谱响应 $h(v)$ 由下式给出:

$$h(v) = g_{\Delta v}(v) \cdot [\text{Ш}_{\Delta v_c}(v) \otimes f_{\delta v}(v) \cdot \text{Ш}_{\Delta v_L}(v)] \tag{11.4}$$

式中:⊗表示卷积运算,$g_{\Delta v}(v)$ 是一个函数,用于描述带宽为 Δv 的辐射的光谱包络,$f_{\delta v}(v)$ 拟合一个由腔体干涉结构所确定的带宽为 δv 的光谱调制,$\Delta v_c = c/\Delta L$ 是由腔体干涉配置所决定的调制周期,$\Delta v_L = 2c/(L_1 + L_2)$ 表示干涉激光器的自由光谱范围。

频率梳 $\text{Ш}_i(v)$ 表示为:

$$\text{Ш}_i(v) = \sum_{k \in N} \delta(v - k \cdot i) \tag{11.5}$$

式中:$i = [\Delta v_c, \Delta v_L]$,$\delta$ 是狄拉克函数。(译者注:原文I应为 i,原文有误。)

所有这些特性都在图11.18中给出。

在时域中,相应的函数 $H(t)$ 如下:

$$H(t) = G_{1/\Delta v}(t) \otimes [\text{Ш}_{1/\Delta v_c}(t) \cdot F_{1/\delta v}(t) \otimes \text{Ш}_{1/\Delta v_L}(t)] \tag{11.6}$$

式中：$G_{1/\Delta v}(t)$ 和 $F_{1/\delta v}(t)$ 分别为 $g_{\Delta v}(v)$ 和 $f_{\delta v}(v)$ 函数的傅里叶变换函数，时间梳 $Ш_i(t)$ 表示为

$$Ш_i(t) = \sum_{k \in N} \delta(t - k \cdot i)\text{，其中，}i = [1/\Delta v_c, 1/\Delta v_L] \tag{11.7}$$

如图 11.18 所示，瞬时发射 $H(t)$ 是结构化的，表现为一串脉冲包。包内的脉冲数 N_p 可由等式(11.6)求得，它取决于光谱 $h(v)$ 中的调制策略 F_{mod}，$N_p = \Delta v/\delta v = F_{mod}$。这一策略取决于其中一个干涉腔以及激光增益。

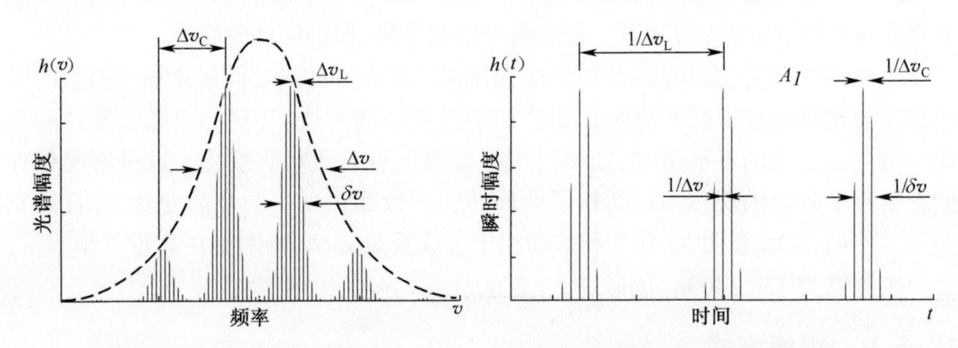

图 11.18　当光谱元件锁相时，双臂干涉激光器的理论光谱包络和瞬时分布。

我们公布了一些实验结果，介绍了这种特定的锁模方式应用于干涉激光器的情形。我们用的是一个单向环形马赫-曾德尔激光器，由两条掺铒光纤组成(图 11.19)。加入一个半导体饱和吸收镜(SESAM)，就得到了锁模工作方式。该元件(工作原理)基于三个辐照 InGaAs/InP 量子阱，恢复时间为 5ps。半导体饱和吸收镜通过一个光学循环器与环形腔相连。该腔的净色散是正常的，在宽脉冲方式下工作时约为-0.013ps/(nm)。激光主要输出的平均功率达到 94mW，此时，腔外耦合的泄漏输出仅有 7.7mW。在这种稳定的锁模方式下，激光器能够获得的相干合成效率超过 92%。它能生成高对比度的调制激光光谱(图 11.20(b))。通过二阶强度自相关测量可以证明，激光器发射的是周期性的脉冲包(图 11.20(a))。

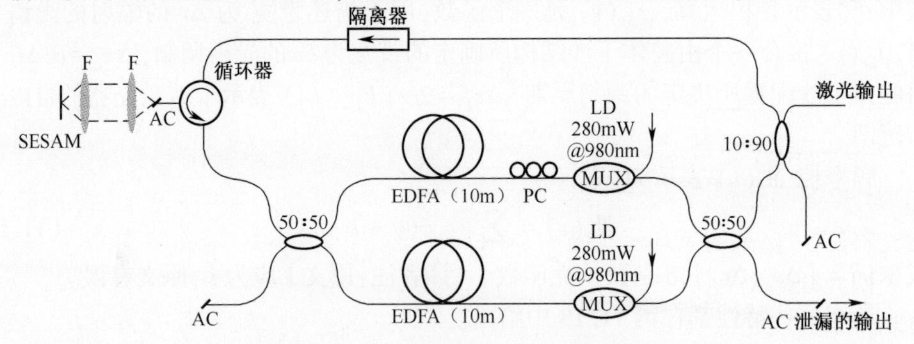

图 11.19　锁模方式下，环形马赫-曾德尔激光器的实验装置。LD：激光二极管；AC：楔形光纤；PC：偏振控制器；EDFA：掺铒光纤放大器。

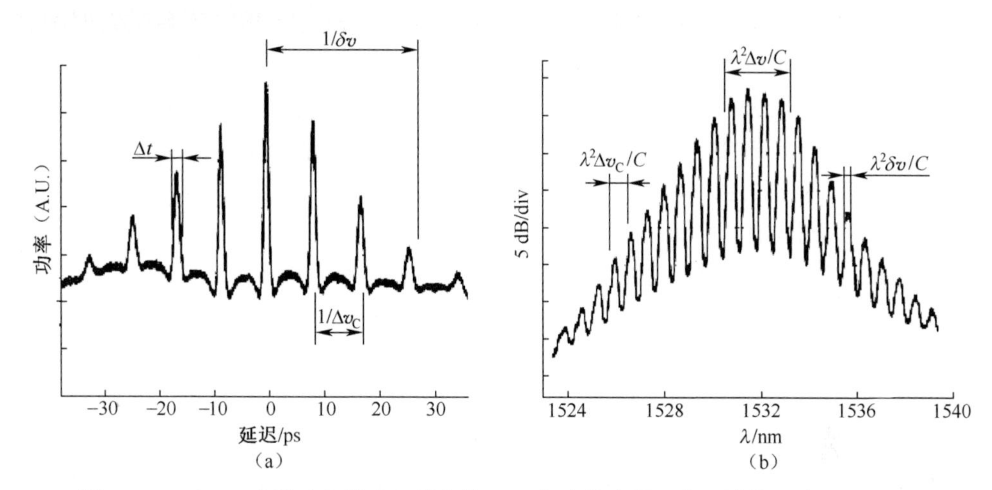

图 11.20　(a)一个脉冲包的自相关包络；(b)相应的光谱。中心波长 λ 为 1532nm。

重复频率为 8.8MHz 的周期性脉冲包，其 Δv_L 值取决于腔体平均长度 $L_{\text{ave}} = (L_2 + L_1)/2(\Delta v_L = c/L_{\text{ave}})$，而各包中的脉冲循环则取决于干涉仪两个臂之间的光程差 $\Delta L = |L_2 - L_1|$。

自相关脉冲峰的宽度 Δt 为 1.4ps，对应的傅里叶变换高斯脉冲宽度为 990fs。当实验光谱包络为 3.2nm（$\lambda^2\Delta v/c$）时，时间–带宽乘积接近 0.4，表明在各包中的脉冲属于准傅里叶变换。在自相关包络中可以看到的 9 个峰表明，每个包中含有间隔规律的 5 个脉冲。在每个包中的脉冲数取决于发射激光光谱的（调制）策略 $F_{\text{mod}} = \Delta v/\delta v$。通过采用干涉腔的（调制）策略可以控制脉冲数，该策略取决于腔体的 Q 因子、干涉耦合器的平衡以及激光增益，而不取决于光程差 ΔL。光程差改变的是各包中脉冲的周期，进而改变整个脉冲包的持续时间。通过改变其中一个干涉腔臂的延迟线，很容易连续调谐各个包中的脉冲频率。频率可以非常高，它仅受限于单个脉冲的持续时间。已通过实验验证了 200GHz 的重复频率[37]。这种激光源在采用光学时分多路复用（OTDM）的光通信网络中会很受关注。

11.6　结　　论

本章简述了被动合成光纤激光器。这些激光器很简单，所以很有吸引力，这也是为什么过去几年做了很多相关工作的原因。我们的目标是找到新的结构来提高激光器的性能、研究其特性并探讨提升激光器数量规模的可能性。2011 年，通过一个四光纤激光器验证了超过 1kW 的功率，它表明，虽然已公开的主要实验是在低功率下完成的，但是却证明了提升功率是可行的。一组多光纤激光器自动同步工作，其背后的物理原理很简单，本章中首次通过二元腔设置提到了该原理。从 20 世纪 70 年代的CO_2激光器到后来的二极管激光器，差不多是同样的物理原理驱动了激光器阵列(合成)特性的研究。多芯光纤激光器与二极管阵列激光器有很多共同之处,但不在本文考虑之列。采用独立的光纤激光器,不同之处在于:只可能在出口端耦合,并且光纤激光器的长度有明显偏差。对同相光纤激光器的一般特征进行了讨论,着重介绍了激光器数量增加时,鲁棒工作的条件和合成效率的变化。基于实验结果,针对被动合成光纤激光器特有的一些特征发表了看法。结果表明,它们是可调谐的,具有能进行 Q 开关调制的快速定相动态,并且能够用于生成超短脉冲串。对于通过互注入方式形成激光束阵列的相干合成结构设置,应当关注阵列的特殊空间相干性。要获得预期的相干叠加,就需要外腔延迟线。由于相干合成过程的干涉属性,偏振极为重要,必须预以处理,所幸的是每个激光臂上都有偏振控制器,但采用保偏光纤更好。从已经完成的各种理论和数值研究以及实验研究中,我们了解到,被动合成中,仅限于 12 个独立激光器以内,光纤激光器的同相才是有效的。超过这一数量后,即使保持相同的亮度增益,合成效率也会下降。克服这种一般趋势的途径,就是设计含有非线性效应的新型激光器。例如,已经证明,使用相位共轭反射镜的多分支激光器,就具有大量增益介质(参见第 14 章),也许可以适用于光纤放大器[39]。针对具有增益依赖型非线性折射率的耦合腔,理论研究也一直在进行[40]。近年来,一种新型的相衬滤波在提高效率方面表现出一些潜力[41]。一些方便而实用的解决方案还正在验证之中,目前该领域研究的重点是,寻求用非线性补偿线性滤波效应的最佳途径,从而增加锁相单元激光器的数量。

除了达到极高的强度范围之外,耦合光纤激光器还可为更基础性课题的研究提供一种很好的框架。特别是在含有大量单激光器的情况下,光纤激光器阵列与所谓的随机激光器具有一些共性。由于它们代表的是一组不同特性的非线性耦合振荡器,所以,也可作为一种灵活的平台,研究谐振器中的异常事件和光学湍流。

参考文献

[1] Morel, J., Woodtli, A., and Dändliker, R. (1993) Coherent coupling of an array of Nd^{3+}-doped single-mode fiber lasers by use of an intracavity phase grating. Opt. Lett., 18, 1520-1522.

[2] Kozlov, V. A., Hernandez-Cordero, J., and Morse, T. F. (1999) All-fiber coherent beam combining of fiber lasers. Opt. Lett., 24, 1814-1816.

[3] Shirakawa, A., Saitou, T., Sekiguchi, T., and Ueda, K. (2002) Coherent addition of fiber lasers by use of a fiber coupler. Opt. Express, 10, 1167-1172.

[4] Sabourdy, D., Kermène, V., Desfarges-Berthelemot, A., Lefort, L., Barthélémy, A., Mahodaux, C., and-Pureur, D. (2002) Power scaling of fibre lasers with all-fibre interferometric cavity. Electron. Lett., 38, 692-693.

[5] Bruesselbach, H., Jones, D. C., Mangir, M. S., Minden, M., and Rogers, J. L. (2005) Self-organized coherence in fiber laser arrays. Opt. Lett., 30, 1339-1341.

[6] Corcoran, C. J. and Durville, F. (2005) Experimental demonstration of a phase-locked laser array using a

self-Fourier cavity. Appl. Phys. Lett., 86, 201118-201121.

[7] Lei, B. and Feng, Y. (2007) Phase locking of an array of three fiber lasers by an all-fiber coupling loop. Opt. Express, 15, 17114-17119.

[8] Lhermite, J., Kermène, V., Desfarges-Berthelemot, A., and Barthélémy, A. (2007) Passive phase locking of an array of four fiber amplifiers by an all-optical feedback loop. Opt. Lett., 32, 1842-1845.

[9] He, B., Lou, Q., Wang, W., Zhou, J., Zheng, Y., Dong, J., Wei, Y., and Chen, W. (2008) Experimental demonstration of phase locking of a two-dimensional fiber laser array using a self-imaging resonator. Appl. Phys. Lett., 92, 251115-251118.

[10] Fridman, M., Eckhouse, V., Luria, E., Krupkin, V., Davidson, N., and Friesem, A. A. (2008) Coherent addition of two dimensional array of fiber lasers. Opt. Commun., 281, 6091-6093.

[11] Cao, J., Lu, Q., Hou, J., and Xu, X. (2010) Effect of mutual injection ways on phase locking of arrays of two mutually injected fiber lasers: theoretical investigation. Appl. Phys. B, 99, 83-93.

[12] Xue, Y.-H., He, B., Zhou, J., Li, Z., Fan, Y.-Y., Qi, Y.-F., Liu, C., Yuan, Z.-J., Zhang,

[13] Ronen, E. and Ishaaya, A. A. (2011) Phase locking a fiber laser array via diffractive coupling. Opt. Express, 19, 1510-1515.

[14] Wrage, M., Glas, P., Fischer, D., Leitner, M., Vysotsky, D. V., and Napartovitch, A. P. (2000) Phase locking in a multicore fiber laser by means of a Talbot resonator. Opt. Lett., 25, 1436-1438.

[15] Bochove, E. J., Cheo, P. K., and King, G. G. (2003) Self-organization in a multicore fiber laser array. Opt. Lett., 28, 1200-1202.

[16] Boullet, J., Sabourdy, D., Desfarges-Berthelemot, A., Kermène, V., Pagnoux, D., and Roy, P. (2005) Coherent combining in an Yb doped double core fiber laser. Opt. Lett., 30, 1962-1964.

[17] Michaille, L., Bennett, C. R., Taylor, D. M., Shepherd, T. J., Broeng, J., Simonsen, H. R., and Petersson, A. (2005) Phase locking and supermode selection in multicore photonic crystal fiber lasers with a large doped area. Opt. Lett., 30, 1668-1670.

[18] Li, L., Schülzgen, A., Chen, S., Temyanko, V. L., Moloney, J. V., and Peyghambarian, N. (2006) Phase locking and in-phase supermode selection in monolithic multicore fiber lasers. Opt. Lett., 31, 2577-2579.

[19] Shalaby, B. M., Kermène, V., Pagnoux, D., Desfarges-Berthelemot, A., Barthélémy, A., Abdou Ahmed, M., Voss, A., and Graf, T. (2009) Quasi-Gaussian beam from a multicore fibre laser by phase lockingof supermodes. Appl. Phys. B, 97, 599-605.

[20] Swanson, G. J., Leger, J. R., and Holz, M. (1987) Aperture filling of phase-locked laser arrays. Opt. Lett., 12, 245-247.

[21] DiDomenico, M., Jr. (1996) Characteristics of a single-frequency Michelson-type He-Ne gas laser. IEEE J. Quantum Electron., QE-2, 311-322.

[22] Guillot, J., Desfarges-Berthelemot, A., Kermène, V., and Barthélémy, A. (2011) Experimental study of cophasing dynamics in passive coherent combining of fiber lasers. Opt. Lett., 36, 2907-2909.

[23] Wu, T., Chang, W., Galvanauskas, A., and Winful, H. (2010) Dynamical, bidirectional model for coherent beam combining in passive fiber laser arrays. Opt. Express, 18, 25873-25886.

[24] Sabourdy, D., Kermène, V., Desfarges-Berthelemot, A., Lefort, L., Barthélémy, A., Even, P., and Pureur, D. (2003) Efficient coherent combining of widely tunable fiber lasers. Opt. Express, 11, 87-97.

[25] Chen, S.-P., Li, Y.-G., and Lu, K.-C. (2005) Branch arm filtered coherent combining of tunable fiber lasers. Opt. Express, 13, 7878-7883.

[26] Fan, T. Y. (2009) The effect of amplitude variations on beam combining efficiency for phased arrays. IEEE J. Quantum Electron., 15, 291-293.

[27] Auroux, S., Kermène, V., Desfarges-Berthelemot, A., and Barthélémy, A. (2009) Coherence properties of two fiber lasers coupled by mutual injection. Opt. Express, 17, 11731-11740.

[28] Babin, S. A., Karalekas, V., Podivilov, E. V., Mezentsev, V. K., Harper, P., Ania-Castanon, J. D., and Turitsyn, S. K. (2008) Turbulent broadening of optical spectra in ultralong Raman fiber lasers. Phys. Rev. A, 77, 033803.

[29] Simpson, T. B., Doft, F., Peterson, P. R., and Gavrielides, A. (2007) Coherent combining of spectrally broadened fiber lasers. Opt. Express, 15, 11731-11740.

[30] Chang, W. -Z., Wu, T., Winful, H. G., and Galvanauskas, A. A. (2010) Array size scalability of passively coherently phased fiber laser arrays. Opt. Express, 18, 9634-9642.

[31] Siegman, A. E. (2004) Resonant modes of linearly coupled multiple fiber laser structures, http://www.stanford.edu/~siegman/coupled_fiber_modes.pdf.

[32] Kuznetsov, D. (2005) Limits of coherent addition of lasers. Opt. Rev., 12, 445-447.

[33] Rothenberg, J. E. (2008) Passive coherent phasing of fiber laser arrays. Proc. SPIE, 6873, 687315.

[34] Fridman, M., Nixon, M., Davidson, N., and Friesem, A. (2010) Passive phase locking of 25 fiber lasers. Opt. Lett., 35, 1434-1436.

[35] Sabourdy, D., Desfarges-Berthelemot, A., Kermène, V., and Barthélémy, A. (2004) Coherent combining of Q-switched fibre lasers. Electron. Lett., 40, 1254-1255.

[36] Lombard, L., Azarian, A., Cadoret, K., Bourdon, P., Goular, D., Canat, G., Jolivet, V., Jaouën, Y., and Vasseur, O. (2011) Coherent beam combination of narrow-linewidth 1.5 mm fiber amplifiers in a long-pulse regime. Opt. Lett., 36, 523-525.

[37] Lhermite, J., Sabourdy, D., Desfarges-Berthelemot, A., Kermène, V., Barthélémy, A., and Oudar, J. -L. (2007) Tunable high-repetition-rate fiber laser for the generation of pulse trains and packets. Opt. Lett., 32, 1734-1736.

[38] Klenke, A., Seise, E., Demmler, S., Rothhar*dt*, J., Breitkopf, S., Limpert, J., and Tünnermann, A. (2011) Coherently-combined two channel femtosecond fiber CPA system producing 3mJ pulse energy. Opt. Express, 19, 24280-24285.

[39] Shardlow, P. C. and Damzen, M. J. (2010) Phase conjugate self-organized coherent beam combination. Opt. Lett., 18, 1082-1084.

[40] Corcoran, C. J. and Durville, F. (2008) Passive phasing in a coherent laser array. IEEE J. Select. Top. Quantum Electron., 15, 294-300.

[41] Jeux, F., Desfarges-Berthelemot, A., Kermène, V., Guillot., J., and Barthélémy, A. (2012) Passive coherent combining of lasers with phase-contrast filtering for enhanced efficiency. Appl. Phys. B, 108, 81-87.

第12章

光纤激光器的相干合成和相位锁定

Moti Fridman, Micha Nixon, Nir Davidson, Asher A. Friesem

12.1 引　　言

光纤激光器一般采用双包层掺杂光纤作为增益介质,采用高反和低反光纤布拉格光栅(FBG)作为反射镜,通常使用多模二极管激光器从后端泵浦,但也可以采用特殊合成器从侧面泵浦。一般来说,光纤激光的带宽取决于布拉格光栅的带宽,其范围在10nm到0.1nm之间。由于光被限制在光纤内部,所以激光器具有非常好的鲁棒性,光纤激光器的电光转换效率可超过50%[1]。但是,正因为光被限制在细小的光纤纤芯中,存在非线性效应以及光纤破损的风险,所以,单个光纤激光器的输出功率会受到限制[2]。

为了克服单个光纤激光器输出功率的限制,可以将几个低功率光纤激光器进行合成。合成方式可以是非相干合成或相干合成。对几束激光的场分布进行非相干合成时,所得光束的质量因子(M^2)相对较差,光学亮度较低。不过,由于采用非相干合成方式能够有效合成的激光器数量相对较大,因此,在这方面有大量工作在积极开展。当场分布以恰当的相位关系相干叠加时,合成后的光束与低功率单激光束的质量因子一样好,但功率却提高了N倍(N为参与合成的激光器的数量)。

对两个或多个光纤激光场进行相干合成时,存在三个主要的难题[3,4]。第一个难题是需要恰当地耦合各单激光场,以便使其相互相干并相对锁相。这种耦合通常会给每个激光场带来额外的损耗,所以就要求非常准确地相对准直。第二个(有些相关的)难题是需要准确地控制不同光纤激光场之间的相对相位和幅度,从而确保其在远场发生相长干涉。由于输出功率对热漂移和声波振动非常敏感,这就需要精确控制相关光学部件之间的距离。第三个难题是需要有效地将多个独立光纤激光器的输出光束合为一束。

为了得到有效的锁相并对固体激光器以及光纤激光器进行合成,在过去十年中,我们广泛研究了对几个激光器进行合成和被动锁相的新方法,包括研发独特的内腔元件和激光器配置方式[5-26]。总体上,我们的研究结果表明,输出功率高、光束质量好、稳定而实用的激光器系统是能够开发的。在此,介绍一些我们在光纤激光器方面的最新研究进展。具体来说,给出了两个以及四个光纤激光器相干合成的配置和研究结果,包括噪声、纵模和延时的影响以及可以进行合成的单激光器的数量。最终的配置结果是实现对多达 25 个光纤激光器的锁相,该配置也可用于研究极值统计。

12.2 小阵列的被动相位锁定和相干合成

本节中给出了配置方式,并介绍了少量光纤激光器被动锁相和相干合成的研究成果[5-13]。最初是对两个光纤激光器进行锁相和相干合成,而后是四个光纤激光器以二维阵列排布。

12.2.1 两个光纤激光器的有效相干合成

利用端面泵浦光纤激光器的两自由空间 Venier-Michelson 腔配置,开展两个激光器的锁相和相干合成研究,基本原理如图 12.1 所示。图 12.1(a)所示是一种内腔配置[5]。每根光纤的一端与高反光纤布拉格光栅相连,另一端的楔角为 8°,以抑制任何反射光返回光纤纤芯,这样,每根光纤本质上就是一个放大器。从两个光纤激光器中出射的激光,通过一个 50%的分束器和一个反射率为 4%的输出耦合器(OC),在自由空间相干叠加。这种配置类似于光纤内配置,只不过合成光束现在仅在自由空间传播。

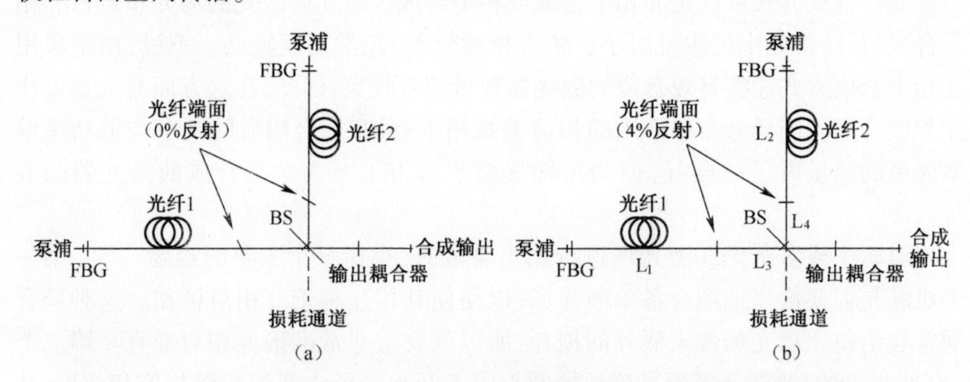

图 12.1 两个光纤激光器相干合成的基本配置。(a)内腔叠加;(b)外腔叠加。
FBG:高反光纤布拉格光栅; BS:50%分束器。

第二种配置如图 12.1(b)所示,是一种外腔配置。每根光纤的一端仍与光纤布拉格光栅(FBG)相连,而另一端楔角为 0°,将 4%的光线反射回光纤纤芯中,这样,每根光纤就可以作为一个独立的光纤激光谐振器。从每个光纤激光器出射的激光,通过与第一种配置中相同的分束器和输出耦合器(OC),在自由空间相干叠加。

在两种配置中,激光的锁相使得在输出光路方向上产生相长干涉,在损耗光路方向上产生相消干涉。但是,要确定哪种配置更胜一筹,可以测量相干合成效率或锁相效率。

图 12.2 中给出了合成输出功率的效率与耦合强度 κ 之间的关系。对结果进行了归一化处理,因此,1 表示效率为 100%,对应于单个光纤激光器输出功率的两倍,测量时没有加分束器。从图 12.2 可以明显看出,即使在耦合强度低至 1%时,两种配置都获得了 90%的效率。这样,仅一小部分激光需要反射回光纤中,光学损伤的风险很低。在低耦合强度条件下,外腔配置的效率明显高于内腔配置的效率。例如,在内腔配置中,耦合强度为 0.6%时,合成输出功率降低到 75%;而在外腔配置中,耦合强度低至 0.2%时,就可达到相同的输出功率。产生这一巨大差异的原因是两种配置方式的耦合效应不同。在外腔配置中,降低耦合强度,每个激光器的功率几乎不变,仅两个激光器的相干合成效率降低。然而,在内腔配置中,降低耦合强度,每个激光器的功率都会降低,而且在相干合成效率下降之前就降低了。

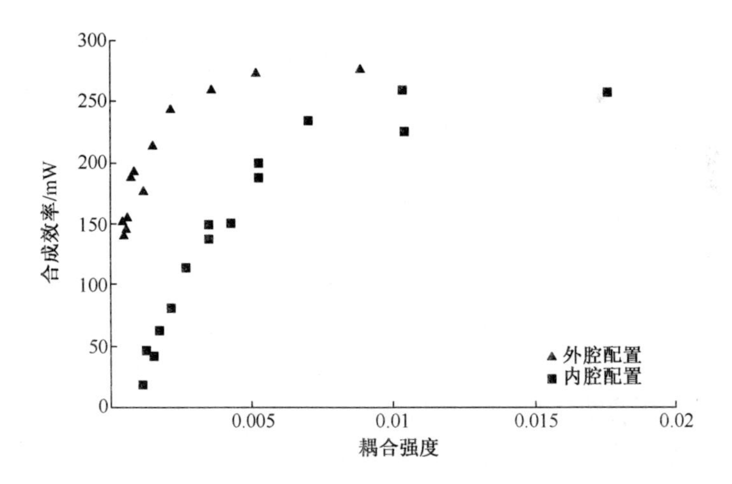

图 12.2　在内腔配置和外腔配置下,以耦合强度为变量的合成效率

另一方面,与外腔配置相比,内腔配置方式下实现锁相时的耦合值低得多。为了确定锁相度,根据等式 $v_{fv}=(I_{max}-I_{min})/(I_{max}+I_{min})$(式中:$I_{max}$ 和 I_{min} 是沿条纹横截面的最高和最低强度)测量了两个激光器输出光线的干涉图案的条纹能见度(见图 12.3 中的插图)。图 12.3 中给出在内腔配置和外腔配置下,以耦合强度为变量的条纹能见度结果。从图中可以明显看出,在内腔配置中,耦合强度明显很低时,条纹能见度达到较高值。具体来说,在内腔配置方式下,从零锁相转变到接近全锁相,耦合强度为 0.001;而外腔配置方式下,同样的转变,耦合强度则

为0.01。

为了获得可与我们的实验结果进行直接比较的条纹能见度真实计算结果,我们在激光方程中增加了一个噪声项。图12.3中给出了结果,其中,实线表示获得的数值结果,虚线表示解析结果[6]。

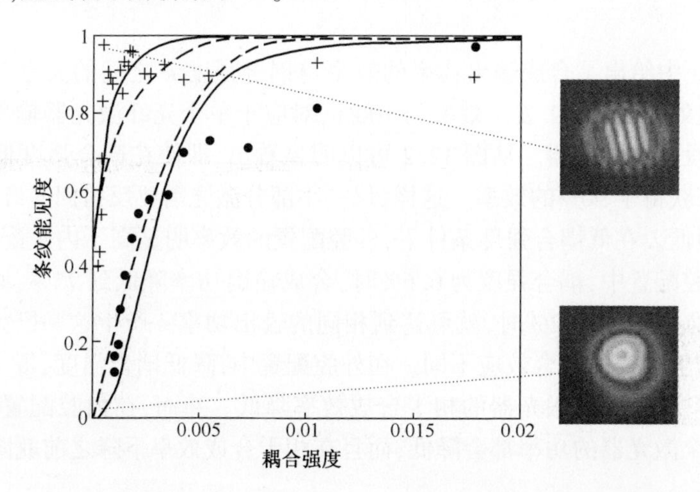

图12.3 以耦合强度为变量的条纹能见度的实验结果和计算结果。星号表示内腔配置下的实验结果,圆点表示外腔配置下的实验结果。实线表示对应的数值计算结果,而虚线表示对应的解析计算结果。

12.2.2 四个光纤激光器的紧凑相干合成

为了获得实用的合成系统,最好采用更紧凑的配置方式。在这些配置中,采用紧凑的干涉合束元件实现的相干合成能够形成一种易于扩大合束激光器规模的整体布局[7-12]。图12.4中给出了第一种配置方式,即内腔配置,用于四个光纤激光器的自由空间相干合成[13]。其中包括四个光纤激光器和两个内腔干涉合成器。每个光纤激光器中都包括:偏振装置、约7m长的掺铒光纤(光纤一端与一个光谱带宽为5nm的高反光纤布拉格光栅相连,作为回反镜;另一端接一个梯析(GRIN)准直透镜,透镜表面镀有减反膜,以防止反射光线进入光纤纤芯)以及一个所有光纤激光器共用的平板输出耦合器(反射率为20%)。每个光纤激光器均采用一个波长为911nm且最大输出功率为5W的二极管激光器泵浦,该激光器叠接在光纤布拉格光栅的后面。每个干涉合成器均为平面基板,前表面的一半镀制减反射膜,另一半镀制50%分光膜;后表面的一半镀制高反膜,另一半镀制减反射膜。当光纤激光器之间实现锁相时,第一个干涉合成器会将四束光变为两束,而第二个干涉合成器再将两束光变为一束近高斯光。

四个光纤激光器的功率均为35mW。第一个干涉合成器将水平方向上的每两

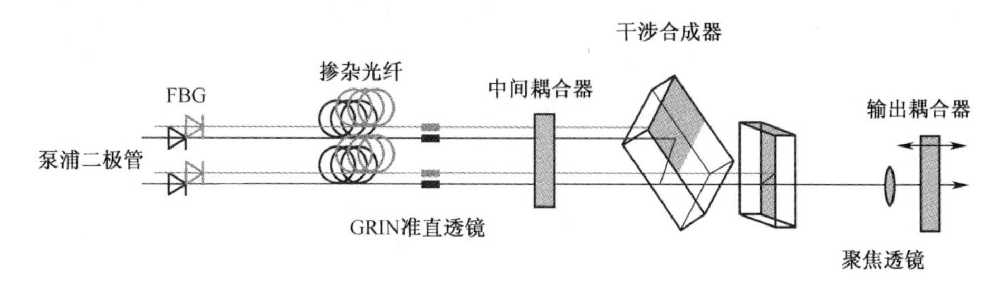

图 12.4　采用两个正交的干涉合成器,对四个光纤激光器进行自由空间相干合成的基本内腔配置

束光相干叠加成一束 66mW 的光,形成垂直排列的两束光,对应的合成效率超过 90%。第二个干涉合成器将垂直方向上的这两束光相干叠加为一束功率为 121mW 的光。总合成效率(即相干合成后的总功率与未合成时的总功率之比)为 86%。我们还放置了 CCD 摄像机,分别监测未经过干涉合成时的强度分布、经过第一个干涉合成器后的强度分布以及经过第二个干涉合成器后的强度分布,结果如图 12.5所示。从图中可以明显看出,最初的四束光经过第一个干涉合成器后相干合成为两束光,经过第二个干涉合成器后成为一束光。

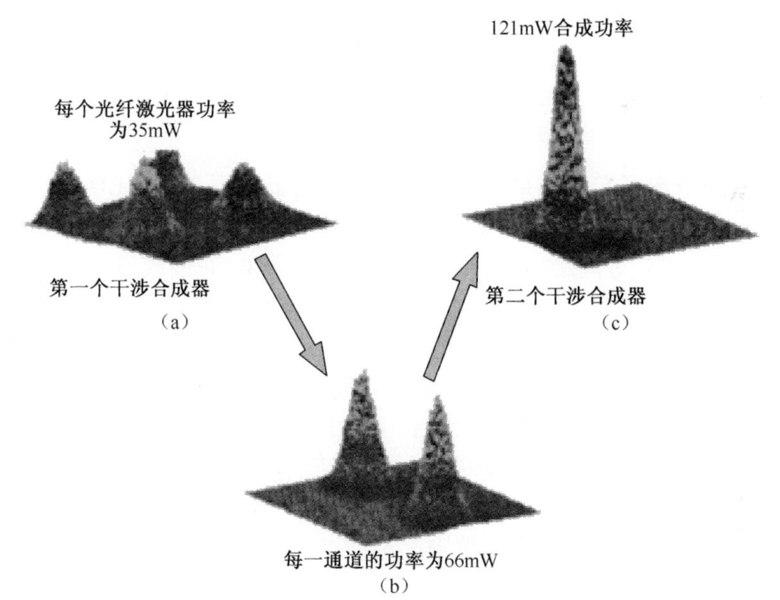

图 12.5　内腔配置方式下的实验强度分布。(a)采用干涉合成器之前;(b)经过第一个干涉合成器之后;(c)经过第二个干涉合成器之后。

12.2.3　波长为 2μm 的四个光纤激光器的相干合成

我们还完成了波长为 2μm 的四光纤激光器被动相干合成实验。实验配置与图 12.4 所示相似,包括四根单模掺铥光纤、两个干涉耦合组件以及一个共用的输出耦合器[13]。每根光纤的后端与一个高反光纤布拉格光栅相连,另一端与一个准直镜连接。该准直镜镀有减反射膜,抑制反射光线进入光纤纤芯,这样,每根光纤本质上是一个放大器。用波长为790nm的二级管激光器通过光纤布拉格光栅对每根光纤进行端面泵浦。为了使四个光纤激光器严格平行,对每一个激光器分别进行了单独校准,使其发出的激光通过阵列前方的单个并置输出耦合器。这样能够确保所有的光纤激光器垂直于同一平面,从而实现相互平行。光纤激光器出射的光束在自由空间通过两个(水平和垂直的)干涉合成器组件实现相干合成。每台干涉合成器组件是由一台50%分光镜和一个与其有适当间距的高反镜组成的。首先要测量各激光器平行度,确保其夹角小于0.5mrad。

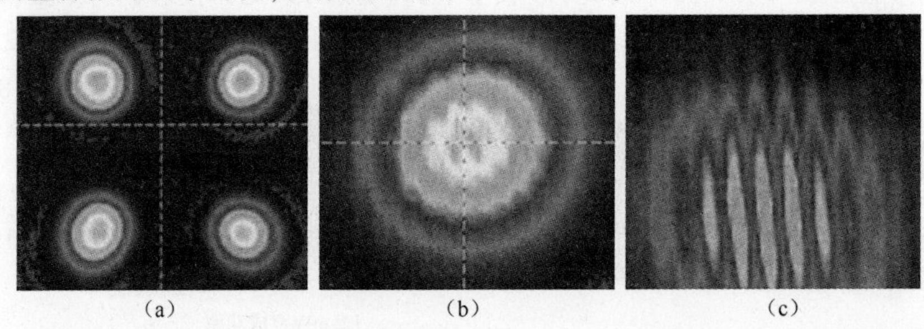

图12.6 波长为2 μm的四个光纤激光器相干合成实验的强度分布。(a)四个单光纤激光器输出的强度分布;(b)合成后的输出光束的强度分布;(c)其中两束耦合光纤激光的高对比度干涉条纹。

图12.6中给出了实验结果。图12.6(a)给出了采用2μm CCD像机监测到的近场光强分布。从图中可以明显看出,四路单光束确实具有高效相干合成的所有特性,即近高斯分布、等间距、几乎相同的尺寸。接下来,我们放置了第一个干涉合成器组件,将四束激光合为两束。然后,再增加第二个干涉合成器,将这两束激光相干合成为一束。合成的输出光束如图12.6(b)所示,它表明,光束合成后还依然保留着单束激光的近高斯分布特性。我们测得的总相干合成效率约为92%,即四束光相干合成为一束后的光效率。最后,我们还将任意两路单激光束以一定角度导入CCD像机,并检测所得的干涉条纹,从而确认了任意两路单光束之间的相干性。结果如图12.6(c)所示。高对比度的干涉条纹对应的是光束之间稳定的强锁相关系,这样才获得了较高的合成效率。

12.3 幅度波动、噪声、纵模和时滞耦合的影响

本节通过两个光纤激光器的锁相和相干合成,介绍了我们在幅度波动、噪声、纵模和时滞耦合的影响方面的研究成果[14-20]。

12.3.1　幅度波动的影响

参考文献[14]中给出了两束弱耦合激光之间的锁相和相干特性。我们将耦合对相位和幅度的影响计算在内,证明了如何能够将两束激光之间的相干度提高近一个数量级。具体来说,即使当耦合强度远低于临界值并且激光之间没有锁相时,两束激光的幅度波动和相位波动中的同步峰值之间的相关性也能够得到条纹能见度为90%的干涉图案。

过去几十年已经广泛研究了耦合激光器的多种不同方案[1-26]。总之,当耦合强度 κ 超过某一临界值时才会出现锁相。总体来说,研究耦合对弱耦合激光间的相干性和锁相的影响的理论模型(即, $\kappa < \kappa_c$,)仅考虑了激光之间的相位差的影响,而忽视了激光幅度对激光相干性和锁相特性的潜在影响。

我们研究了两束弱耦合激光的动态特性,这里, $\kappa < \kappa_c$ 。我们发现,同时考虑激光幅度影响与相位差影响,两束激光之间的相干度就可以提高一个数量级。这种强相干度是幅度波动和相位波动间的相关性带来的直接结果。

为了确定两束耦合激光的动态特性,首先从用于描述多种耦合激光的速率方程开始[16,21,25]:

$$\frac{\mathrm{d}E_{1,2}}{\mathrm{d}t} = \frac{1}{\tau_c}[(G_{1,2} - \alpha_{1,2})E_{1,2} + \kappa E_{2,1}] + i\omega_{1,2}E_{2,1}$$

$$\frac{\mathrm{d}G_{1,2}}{\mathrm{d}t} = \frac{1}{\tau_f}[P_{1,2} - (I_{1,2} - 1)G_{1,2}] \tag{12.1}$$

式中: $E_{1,2}$ 是激光 1 和激光 2 的复合电场, τ_c 是光子空穴往返时间, τ_f 是荧光寿命, $\omega_{1,2}$ 是每束激光相对平均光频率的频率失谐量, κ 是耦合强度;对于每束激光, $\alpha_{1,2}$ 是往返损耗, $G_{1,2}$ 是往返增益, $P_{1,2}$ 是泵浦强度, $I_{1,2}$ 是用饱和强度表示的强度。现在有, $E_{1,2} = A_{1,2}\exp(\mathrm{i}\phi_{1,2})$,将方程分为实部和虚部,可以得到两束耦合激光的幅度和相位关系。实部给出了幅度 A_1 和 A_2 的关系:

$$\frac{\mathrm{d}A_{1,2}}{\mathrm{d}t} = \frac{1}{\tau_c}[(G_{1,2} - \alpha_{1,2})A_{1,2} + \kappa A_{2,1}\cos\varphi] \tag{12.2}$$

虚部给出了相位差 φ 的关系:

$$\frac{\mathrm{d}\varphi}{\mathrm{d}t} = \Omega - \frac{\kappa}{\tau_c}\beta\sin\phi \tag{12.3}$$

$$\beta = \frac{A_1}{A_2} - \frac{A_2}{A_1} \tag{12.4}$$

式中: $\varphi = \varphi_2 - \varphi_1$ 是两束激光之间的相位差, $\Omega = \omega_2 - \omega_1$ 是两束激光之间的频率失谐量。两束激光具有相同泵浦强度和相同的往返损耗时,只有当 $\kappa > \kappa_c = \Omega\tau_c/2$ 时,才能实现锁相[25]。

通常,量化两束激光之间的锁相度,就是确定两束相干激光形成的强度干涉图案的条纹能见度[16,22,25]。这种条纹能见度 v_{fv} 为表示为:

$$v_{fv} = \frac{I_{max} - I_{min}}{I_{max} + I_{min}} \tag{12.5}$$

式中:I_{max} 和 I_{min} 是干涉图案的时间平均强度的最大值和最小值。用激光幅度和激光之间的相对相位差来表示 I_{max} 和 I_{min},则条纹能见度 v_{fv} 的关系式表示为:

$$v_{fv} = \frac{2\sqrt{\langle A_1 A_2 \cos\varphi\rangle^2 + \langle A_1 A_2 \sin\varphi\rangle^2}}{\langle A_1^2\rangle + \langle A_2^2\rangle} \tag{12.6}$$

根据该等式,即使激光幅度相同,条纹能见度仍取决于幅度波动和相位差。这就是说,锁相度不能总是通过条纹能见度来量化。因此,量化锁相更合适的方式是借助一个锁相替代参数,定义为 v_{pl}:

$$v_{pl} = \sqrt{\langle\cos\varphi^2\rangle + \langle\sin\varphi^2\rangle} \tag{12.7}$$

注意,只有当两束激光的幅度相同且它们的波动与 φ 的变化无关时,即,$\langle A_1 A_2 \cos\varphi\rangle = \langle A^2\rangle\langle\cos\varphi\rangle$ 时,才有 $v_{pl} = v_{fv}$。

利用掺镱光纤激光器的典型时间参数:$\tau_c = 30\text{ns}$、$\tau_f = 230\mu\text{s}$、频率失谐 $\Omega = 200\text{kHz}$,进行了耦合激光速率方程的数值求解。图 12.7 中给出了通过临界耦合强度 κ_c 归一化后的耦合强度 κ 与条纹能见度 v_{fv} 和锁相参数 v_{pl} 的关系。如图 12.7 所示,锁相参数随耦合强度单调递增,到 $\kappa = \kappa_c$ 时,该值达到 1。而条纹能见度随耦合强度的增加却呈现出急剧增强和急剧下降的特点。条纹能见度第一次急剧增强是从 A 点的 $v_{fv} \approx 0.1$ 到 B 点的 $v_{fv} \approx 0.86$。图 12.7 的插图中给出了 B 点的条纹能见度对应的仿真强度干涉图。

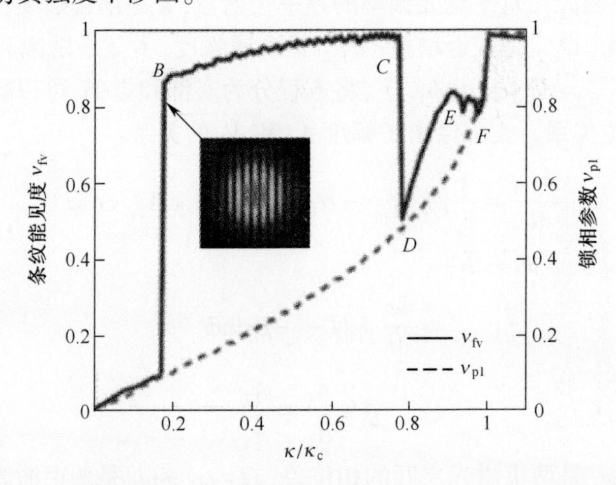

图 12.7　条纹能见度 v_{fv} 和锁相参数 v_{pl} 与临界耦合强度 κ_c 归一化后的耦合强度 κ 之间的关系。图中的小插图:B 点的条纹能见度对应的两束干涉高斯光束的强度图。

为了说明图 12.7 中所示的条纹能见度的异常现象,计算了 A~F 点处的激光幅度和相位差随时间的变化,结果如图 12.8 所示。由于幅度波动相同,所以只给出了其中一束激光的幅度。图 12.8(a)中给出 A 点对应的结果。从图中可以明显看出,激光幅度围绕平均值小幅波动,φ 随时间的推移单调递增。这表明,$v_{pl} = v_{fv}$,条纹能见度欠佳是由于 φ 的不断变化。图 12.8(b)给出了 B 点对应的结果。此处,φ 基本相同,但激光幅度的差异很明显,表现为重复率为 $\Delta\omega$ 的强短脉冲。相邻脉冲之间累积的相位差为 2π,所以耦合激光之间的有效相位差相对恒定,就好像它们一直都处于锁相状态。由于激光器以强短脉冲工作,平均条纹能见度基本与一个脉冲持续时间中的瞬时条纹能见度相同,所以,在 B 点相对较高。

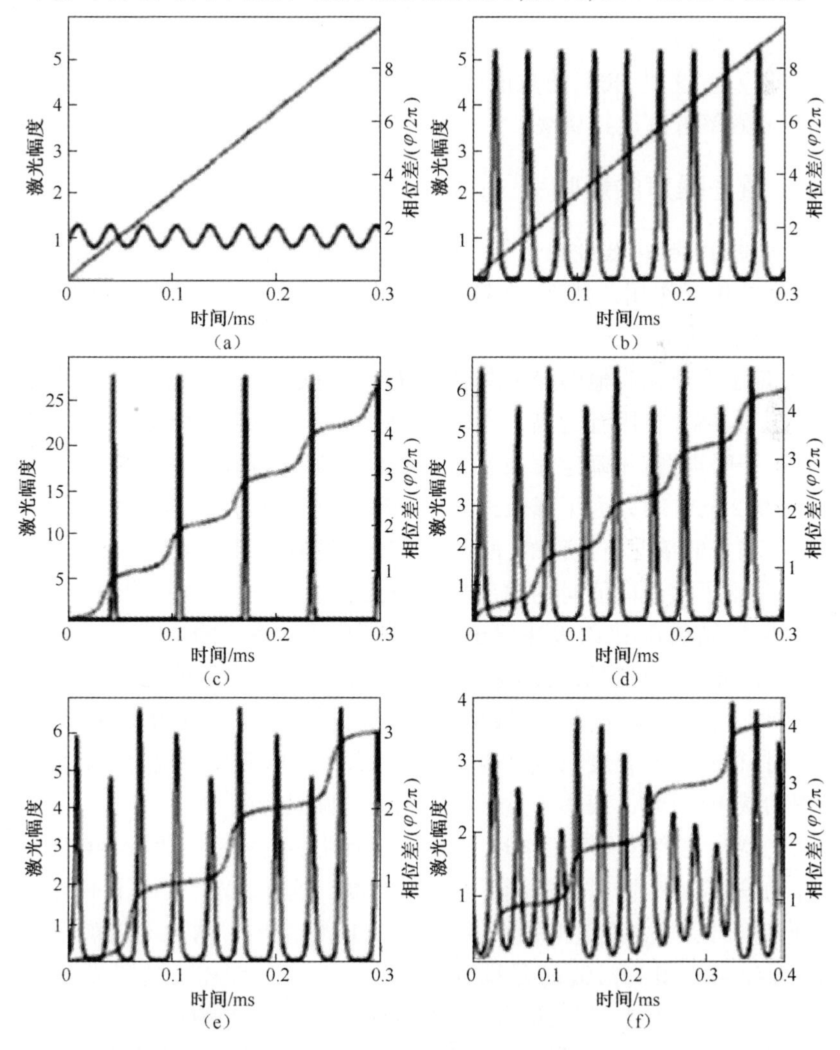

图 12.8　激光幅度和相位差随时间的变化情况,分别与图 12.7 中 A~F 点的不同 κ/κ_c 值相对应。实线表示幅度,虚线表示相位差。

随着耦合强度的增大,脉冲变得更窄更强,如图 12.8(c)所示,v_{fv} 增加至 0.99。κ 再稍微增大一些就会导致脉冲强度的分裂,在每个 2π 相位周期中出现两个较宽的脉冲,如图 12.8(d)所示。这次分裂导致在 D 点处 v_{fv} 急剧下降。随着耦合强度进一步增大,脉冲宽度变窄,能见度增加,然后是脉冲再次分裂,此过程不断重复。具体来说,图 12.8(e)中给出每 2π 相位周期分裂为三个脉冲;图 12.8(f)中给出每 4π 相位周期分裂为 7 个脉冲。随着耦合强度接近其临界值,脉冲分裂就会对变化更敏感,最终导致混乱[14]。

作个小结,我们证明,两束弱耦合非锁相激光之间的相干性因为幅度和相位相关波动而有了大幅提升。其他许多激光性能也同样得以提高,并对参数失配和噪声也表现出了很强的鲁棒性。我们认为,幅度增强型的相干在激光相干合成领域会有潜在的应用,这里,我们的数值计算结果表明,耦合强度低至临界耦合强度的20%时,合成效率可以达到90%。

12.3.2 量子噪声的影响

两台普通的无噪声线性振荡器之间的锁相,完全取决于它们之间的频率失谐和耦合强度的相互作用。然而,在耦合激光振荡器中,还存在影响锁相的其他因素,例如,多模振荡以及噪声[15,16]。

通常,量子噪声比其他的噪声源要弱得多。但是,当激光器非常接近阈值工作时,由于量子噪声存在固有的高自发辐射,所以,量子噪声可能成为主要噪声[15]。为了表征量子噪声,首先确定了每台激光器的阈值出现在泵浦电流为 1.016A、输出功率为 69.28μW 时。为了降低声学噪声和布里渊散射,该阈值的确定是在环境可控且条件稳定的情况下进行的,所以量子噪声是最主要的噪声。然后,在不同泵浦功率下,测得了接近阈值时的输出功率谱,证实了量子噪声的频谱与预期一致,呈洛伦兹线型,结果在图 12.9 中给出。图中给出了功率谱的半峰宽(FWHM)带宽与每个光纤激光器接近阈值时的输出功率之间的关系,同时给出了典型功率谱的代表性结果。将功率谱与洛伦兹线型进行拟合,得到的拟合度为 0.98;而其与高斯线型拟合时,得到的拟合度只有 0.70。从图 12.9 可以明显看出,该带宽随着激光输出功率的减小而增大,表明了量子噪声光谱的典型特征[15]。

当激光器非常接近阈值工作时,输出功率有明显的波动。因此,我们测量了每个激光器的输出功率,同时也检测了条纹能见度。这样,我们获得了不同的耦合强度下以激光输出功率为变量的锁相度。图 12.10 中给出了两种不同耦合强度下的近阈值测量结果。图 12.10(a)是耦合强度为 4.8%时,锁相度随激光输出功率的变化曲线,而图 12.10(b)则是耦合强度为 1.8%时,对应的锁相度随激光输出功率的变化曲线。从图中可以明显看出,锁相度不仅对耦合强度有着公认的依赖性,而且对激光输出功率也有很强的依赖性。应当强调的是,这种依赖性只有在激光器

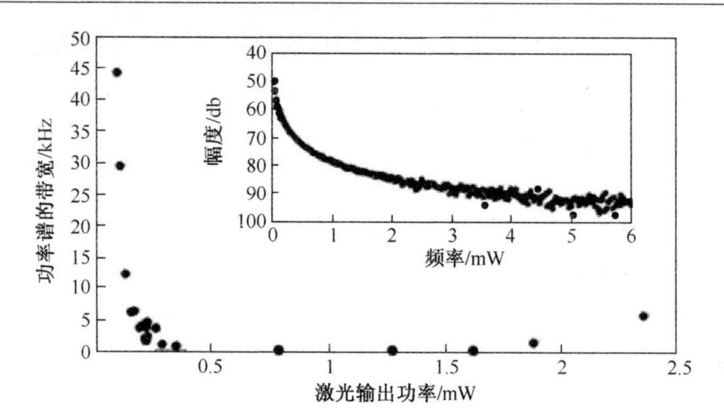

图 12.9　功率谱带宽与单个激光器的输出功率之间的关系。
图中的小插图:激光输出功率为 96.3μW 的一个典型功率谱结果。

非常接近阈值工作时才出现,因此,它支持了一种假设:这是一种量子现象的结果。

激光输出功率与量子噪声之间的关系可以用肖洛-汤斯(Schawlow-Townes)方程来表示,该方程表述的是激光输出功率与其每一纵模带宽之间的关系。我们采用的是三能级激光器,每一纵模的带宽为:

$$\Delta f = \frac{2\pi\hbar\omega\delta\,\omega^2 n}{P_{\text{out}}} \tag{12.8}$$

式中:$\hbar$ 是约化普朗克常数,$\omega = 1780\text{THz}$ 是光频率,$\delta\omega = 50\text{MHz}$ 是冷腔带宽,$n = 17000$ 是纵模的数量,P_{out} 是该激光器振荡的功率水平。在阈值附近,纵模的带宽与自发辐射噪声相对应。因此,现在能够得到条纹能见度(锁相)与量子噪声的直接关系,如图 12.10 所示。

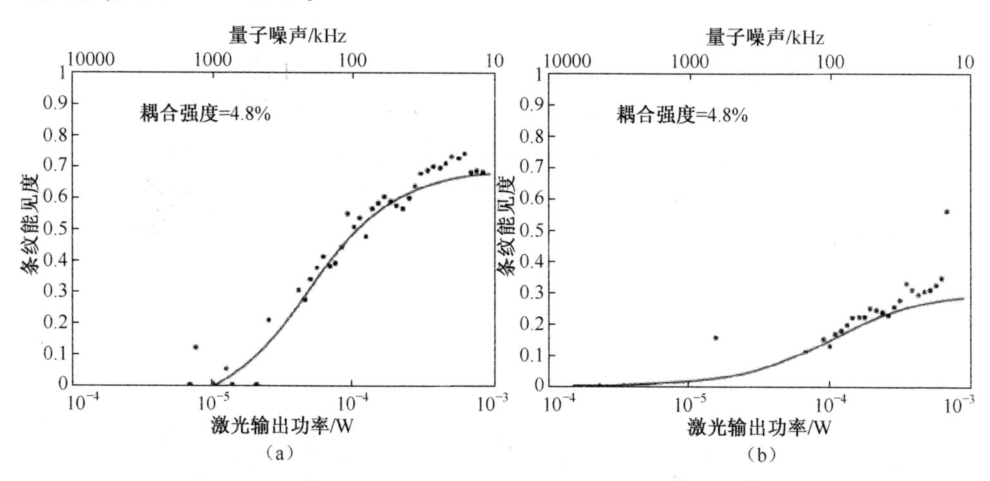

图 12.10　两台光纤激光器之间的干涉条纹能见度与激光输出功率和量子噪声之间的关系曲线。
(a)耦合强度为 4.8%;(b)耦合强度为 1.8%。图中的点表示实验结果,实线表示分析结果。

为了确定锁相与量子噪声的关系,我们在耦合激光器的速率方程中引入了朗之万噪声(Langevin noise)项,得到:

$$\frac{\mathrm{d}\varphi}{\mathrm{d}t} = \Omega + \frac{\kappa}{\tau_c}\left[\frac{A_{2,1}}{A_{1,2}} + \frac{A_{1,2}}{A_{2,1}}\right]\sin\left(\varphi - \frac{\pi}{2}\right) + \sqrt{\varepsilon}\,\eta(t) \tag{12.9}$$

式中:$\sqrt{\varepsilon}\,\eta(t)$ 是与自发辐射相对应的白噪声源,噪声幅度 $\varepsilon = \Delta f, \eta(t_1)\eta(t_2) = \delta(t_2 - t_1)$,其中,$\delta$ 是德尔塔函数。

接下来,我们开发了一种以量子噪声为变量的条纹能见度解析表达式。通过引入一个有效的势函数 U,得到:

$$\frac{\mathrm{d}\varphi}{\mathrm{d}t} = -\frac{\mathrm{d}U(\varphi)}{\mathrm{d}\varphi} + \sqrt{\varepsilon}\,\eta(t) \tag{12.10}$$

因为该方程描述的是一种黏性运动,所以相位 φ 没有惯性,并且由于量子噪声 $\eta(t)$ 具有一个 δ 时间相关函数,φ 的波动仅由 U 和 $\eta(t)$ 的瞬时值支配。如果 $\eta(t)$ 的瞬时值小于某一临界噪声,则系统会锁相。反过来,如果 $\eta(t)$ 的瞬时值更大时,则系统将不锁相。因此,噪声项 $\sqrt{\varepsilon}\,\eta(t)$ 可以与 U 相加,得到随时间变化的随机势函数 $U(t)$:

$$U(\varphi, t) = -\Omega(t)\varphi - \frac{2\kappa}{\tau_c}\cos(\varphi + \frac{\pi}{2}) \tag{12.11}$$

式中:$\Omega(t) = \Omega_0 + \sqrt{\varepsilon}\,\eta(t)$ 是随时间变化的随机失谐。因此:

$$\frac{\mathrm{d}\varphi}{\mathrm{d}t} = -\frac{\mathrm{d}U(\varphi, t)}{\mathrm{d}\varphi} \tag{12.12}$$

这表明,锁相度取决于瞬时势函数 $U(\varphi, t)$。由于瞬时失谐是一个快速变化的随机变量,所以时均化的条纹能见度(在我们的实验中通过慢速 CCD 照相机测得)等于锁相发生的概率。具体来说,当 $\Omega(t)$ 小于临界失谐 $\Omega_c = 2\kappa/\tau_c$ 时,实现锁相。条纹能见度(即对比度 C)可以通过对负临界失谐 $-\Omega_c$ 到正临界失谐 $+\Omega_c$ 的概率进行积分来计算:

$$C = \int_{-\Omega_c}^{\Omega_c} P(\Omega)\,\mathrm{d}\Omega \tag{12.13}$$

式中:$P(\Omega)$ 是失谐的概率分布。假设 $P(\Omega)$ 为洛伦兹分布,带宽为 Δf,得到一个以激光输出功率 P_{out} 为变量的条纹能见度 C:

$$C(P_{\text{out}}) = \frac{\Delta f(P_{\text{out}})}{2\pi}\int_{-\frac{2\kappa}{\tau_c}}^{\frac{2\kappa}{\tau_c}} \frac{\mathrm{d}\Omega'}{(\Omega' + ((\Delta f(P_{\text{out}}))/2)^2)} = \frac{2}{\pi}\arctan\frac{2\kappa P_{\text{out}}}{\pi\hbar\omega\delta\,\omega^2 n\,\tau_c} \tag{12.14}$$

根据这一等式计算的结果在图 12.10 中用实线表示,没有任何拟合参数,并忽略了频率失谐。只要频率失谐比带宽小得多,该结果就基本不受频率失谐的影响。从图中可以明显看出,解析结果与实验结果高度吻合。

我们还研究了当激光器在阈值附近工作时,量子噪声对锁相所需的耦合强度的影响。图 12.11 给出了条纹能见度为最大值 50%时的典型实验和计算结果。正如我们在解析模型中所预测的一样,这些结果都呈现出线性特征,并且耦合强度随量子噪声的增大而增大。

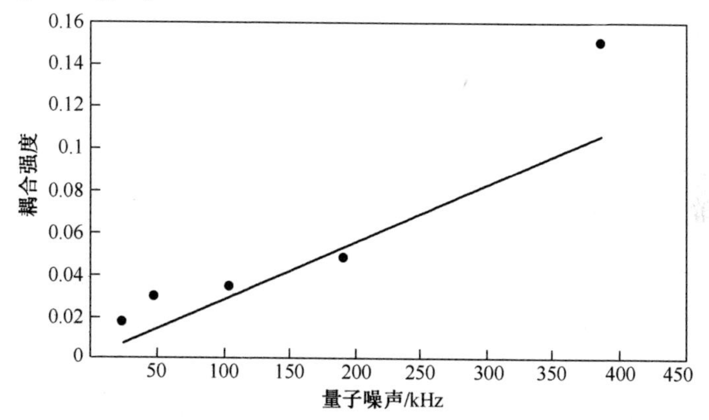

图 12.11　两束光纤激光实现 50%的干涉条纹能见度所需的耦合强度与量子噪声之间的关系。图中,圆点表示实验结果,实线表示解析预测。

12.3.3　多纵模的影响

当试图增加锁相光纤激光器的数量时,遇到了一个限制[16,39,40]。要理解这一限制,我们必须要考虑锁相激光器的光谱特性。要对两束光纤激光进行锁相,两束光在两个腔内必须是同一频率。每个腔都有满足该频率的频率梳(纵模)。该频率梳根据腔的长度来设置,并且每对相邻纵模之间的间隔为 $\Delta\omega = c/2l$,其中, c 是光速, l 是腔的长度。当两腔之间产生耦合后,激光的光谱特性发生变化。此处,我们来证明,两束激光之间的锁相以及它们的纵模频谱是如何随耦合强度的变化而发生变化的[17]。

图 12.12 给出了用于确定两束耦合光纤激光的锁相和纵模频谱与其耦合强度之间的关系的实验配置。每个光纤激光器有一根保偏掺镱光纤,其一端与一个高反光纤布拉格光栅相连作为后反镜,光栅中心波长为 1064nm,带宽约为 1nm;另一端与一个镀减反射膜的准直自聚焦(GRIN)透镜相连,来抑制一切反射光,使其不再回到纤芯,两个激光器共用一个反射率为 20% 的输出耦合器。两束激光都由 300mW 的 915nm 波长二极管激光器从后端穿过光纤布拉格光栅泵浦。在共用输出耦合器前面放置一个方解石光束位移器,使两束光纤激光以正交偏振态工作,两束激光之间的耦合强度通过内腔的四分之一波片(QWP)来控制。一个光纤激光

腔的光程为 10m，而另一个光腔的光程为 11.5m，所以每根光纤在光纤布拉格光栅带宽内有 20000 个纵模。通过一个快速光电探测器检测到合成输出功率约为 200mW。该探测器与一台射频频谱分析仪相连，测量拍频并确定输出的纵模频谱[5]。我们还用 CCD 照相机检测了每束激光的一小部分的干涉情况，并确定条纹能见度，从而测得了两束光纤激光之间的锁相情况[6-10]。首先测量了当 $\theta=0$ ($\kappa=0$) 时的纵模频谱，然后四分之一波片每旋转 1° 测量一次，依次反复测量，直到 $\theta=45°$ ($\kappa=1$)。

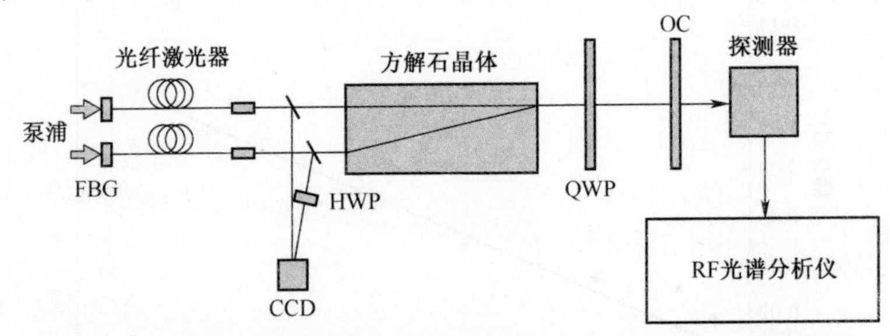

图 12.12 研究两束光纤激光的纵模与耦合强度之间关系的实验配置。
(FBG：高反光纤布拉格光栅；HWP：半波片；QWP：1/4 波片；OC：输出耦合器。
用快速光电探测器和一个射频频谱分析仪检测输出光束，确定每束激光的纵模频谱。
通过一个 4%的半反射镜对每束激光的一小部分进行采样，并在一台 CCD 照相机上干涉，测量两束激光之间的锁相情况。用半波片旋转一束光的偏振，使其平行于另一束光，从而使两束光发生干涉。)

我们开发了一个用于计算两束耦合激光的纵模分布和锁相度的模型。对每一束激光，都自洽计算了其有效自反射率和来自另一束激光的耦合光的有效反射率[11]。然后，再从两束激光的总有效反射率中推导出纵模频谱。我们的模型涵盖了两束激光的所有耦合强度。每束激光耦合到另一束激光的有效反射率可以表示为：

$$R_{1,2}^{\text{eff}}=\left(1-r\left(1-\sqrt{\kappa}\right)-\frac{r^2\kappa \mathrm{e}^{\mathrm{i}l_{2,1}k}}{1-r\left(1-\sqrt{\kappa}\right)\mathrm{e}^{\mathrm{i}l_{2,1}k}}\right)^{-1} \tag{12.15}$$

式中：k 表示光的传输向量，κ 是两束激光之间的耦合强度，$l_{2,1}$ 是每束激光的光程，r 是输出耦合器的反射率。在计算中，我们采用的是 $r=0.55$ 而不是实验值 $r=0.2$，以确保计算纵模宽度与实验纵模宽度相匹配。这样选择是合理的，因为冷腔模型没有考虑增益竞争，而增益竞争往往会使纵模的宽度变窄。然后，对往返传输过程求和，获得每束激光的自洽场：

$$R_j^{\text{eff}}\,\mathrm{e}^{\mathrm{i}kl_j}+(R_j^{\text{eff}}\,\mathrm{e}^{\mathrm{i}kl_j})^2+\cdots=(1-R_j^{\text{eff}}\,\mathrm{e}^{\mathrm{i}kl_j})^{-1} \tag{12.16}$$

式中：$j=1,2$ 是激光器编号。

图 12.13 给出了以耦合强度 κ 为变量的实验纵模谱和计算纵模谱。图 12.13(a) 给出了在 200MHz 范围内，以耦合强度为变量的纵模谱实验结果；图 12.13(b) 给出

了相应的计算结果。图 12.13(c)~(f)中还分别给出了 4 个特定耦合强度下(κ = 0、0.28、0.7、1)的更详细的实验和计算结果。无耦合时(即 $\kappa = 0$),两组独立的频率梳同时存在,一组对应于长度为 10m 的光纤激光器(相邻纵模之间的间隔为 15MHz),而另一组对应于长度为 11.5m 的光纤激光器(相邻纵模之间的间隔为 13 MHz),如图 12.13(c)所示。10m 激光器的第七纵模与另一激光器的第八纵模非常接近,因此,它们基本上是共有的纵模。当 κ 从 0 增加至 0.3 时,非共有纵模根据其失谐程度而逐渐消失,同时通过增益的均匀展宽将其能量转移到其余纵模。失谐较严重的纵模首先消失,而失谐较轻的那些纵模在 κ 值较大时消失,仅剩共有纵模得以保留,如图 12.13(d)所示,表明在这一耦合强度时实现完全锁相。当耦合强度提高到 0.3 以上时,各纵模逐渐再现,如图 12.13(e)所示。失谐较轻的纵模首先再现,失谐较严重的那些在 κ 值较大时重新出现。最后,当 κ 值接近单位 1 时,一束激光的全部光都被传递到另一束激光上,相邻的纵模之间出现了新的纵模,如图 12.13(f)所示,对应于一个合成激光的光腔,其光程为两束激光的光程之和。

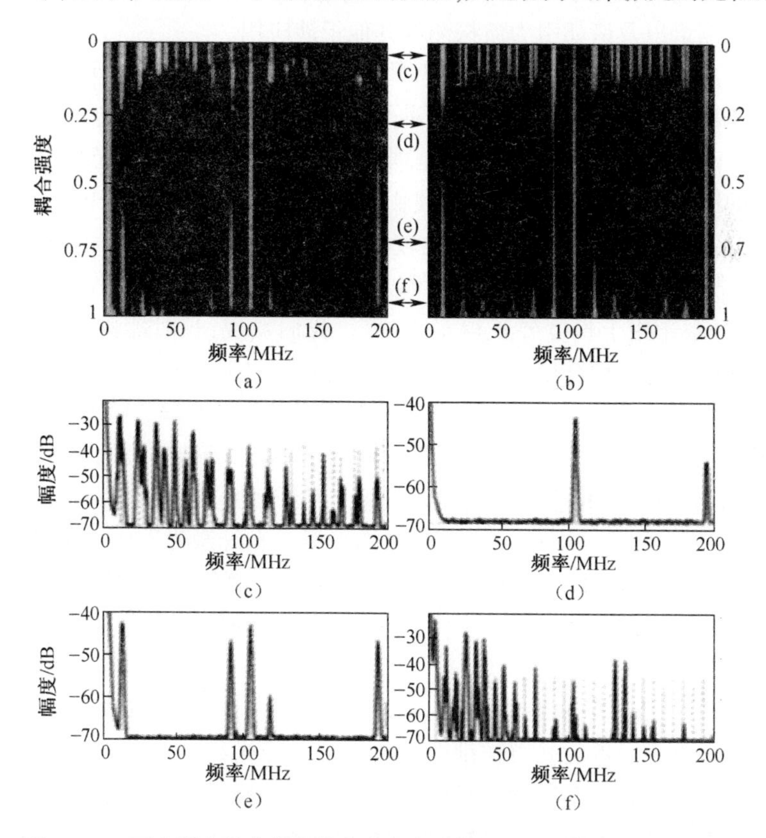

图 12.13　两个耦合激光器的输出功率中纵模拍频的实验分布和计算分布与耦合强度 κ 之间的关系。(a)实验结果;(b)计算结果;(c) $\kappa = 0$;(d) $\kappa = 0.28$;(e) $\kappa = 0.7$;(f) $\kappa = 1$。实线表示实验结果,虚线表示计算结果。

图 12.13 表明,实验结果和计算结果在数量上一致性很高。特别是,随着耦合的增强,能够观察到,非共有纵模逐渐消失,当耦合进一步增强时又逐渐再现,以及最后在耦合强度接近单位 1 时频率梳的翻倍,这些过程都准确地通过我们的模型实现重建。

12.3.4 时滞耦合的影响

众所周知,两束耦合激光能够产生稳定的锁相和同步,此时,它们之间的时滞耦合相对较短[27-30]。然而,也有一些情况,譬如在安全通信方面,就需要长时滞耦合[31,32]。因此,已经有大量有关时滞耦合的理论和实验研究[33-36]。其中大多数将重点放在耦合激光的强度同步上,很少关注长时滞耦合的锁相情况。特别是有了长时滞耦合激光锁相的理论预测之后[34],到目前为止,仍没有相关实验验证报道。当两个远距离激光器需要精确地定义相对相位时,采用长时滞锁相的激光器很有必要,例如:同步光学时钟的标准时间设定、有效孔径较大的光学望远镜的甚长基线干涉测量以及诸如引力波探测等其他干涉应用。

对激光器进行耦合时,有必要考虑耦合光从一个激光器到达另一个激光器的时间。时滞耦合有两种耦合模式。一种是耦合延迟的时间比激光相干时间短,所以即使有延时,影响也很小。另一种是耦合延迟的时间比两束激光相干的时间长,所以延时的影响无法忽略。在这里,我们研究较长耦合延时对两束耦合光纤激光的锁相度的影响。具体来说,我们比较了两种不同的耦合设置,并证明即使有 20μm 的时滞耦合(延迟线为 4km)也可以实现锁相。这种延迟比我们测得的 10cm (0.3ns)光纤激光相干长度要长得多[18-20]。我们发现,长时滞耦合情况下,实现锁相除了需要延迟的耦合信号外,还需要延迟的自反馈信号[18]。

图 12.14 给出了用于研究两台光纤激光器之间的时滞耦合的基本实验装置示意图。图 12.14(a)所示是包含延迟耦合信号和延迟自反馈信号的装置。图 12.14(b)所示是只包含延迟耦合信号的装置。每个光纤激光器中包括一根 10m 长的掺镱双包层保偏光纤,其后端连着光纤布拉格光栅。光纤激光器由二极管激光器通过光纤布拉格光栅进行端面泵浦,光纤的前端呈一定楔角,以抑制任何反射光返回纤芯。在每根光纤的前面放置一个反射率 $R = 20\%$ 的输出耦合器,得到两束独立的激光。

图 12.14(a)所示的装置中,来自两个激光器的光束,经过 50%分束器之后,角度和位置完全重叠。然后光束被耦合到单模长时滞光纤中。在光纤末端,一个共用的输出耦合器将光束反射回时滞光纤中,然后等分到两个激光器中。光束从一个激光器传输到另一个激光器的时间,即耦合延时 τ_{d},近似为 $\tau_{\mathrm{d}} = 2n\, L_{\mathrm{fiber}}/c$,其中,$L_{\mathrm{fiber}}$ 是时滞光纤的长度,n 是折射率,c 是光速。图 12.14(b)所示的设置中,两束激光分别耦合到一根时滞光纤的两端。来自每个激光器的光束经时滞光纤传

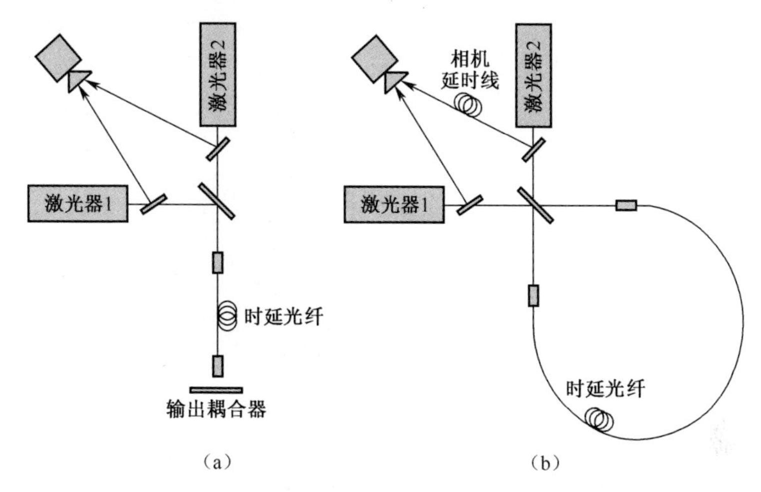

图 12.14　两束时滞耦合的光纤激光的锁相实验装置。
(a)含有延迟自反馈和延迟耦合信号;(b)仅有延迟耦合信号。

输,然后再重新注入到另一个激光器中。在这种装置中,耦合延时近似为 $\tau_d = nL_{\text{fiber}}/c$ 。耦合强度通过改变注入时滞光纤的光量来控制。在这两种设置方式中,激光之间的耦合强度(从一个激光器传输到另一个激光器的能量的相对量)设定为相同值(约 8%)。通过改变时滞光纤的长度(从 60cm 至 2km)来控制延时,从而得到 0.01μs 至 20μs 的延时。将每个激光器的一部分光都导入 CCD 相机。从干涉图案的条纹能见度可以推断锁相度[5-11]。

首先,对第一种设置方式,我们以耦合延时为变量测量了条纹能见度 V 。测量时,确保相机到每个激光器的距离相同。因此,稳定的干涉图案表明,两束激光是等时(在同一时间)锁相。图 12.15 给出以延时为变量的归一化条纹能见度(通过无延时的条纹能见度值进行归一化)的实验结果和数值计算结果。插图中还给出了耦合延时为 20μs 的两束耦合激光的典型实例,20μs 延时对应的时滞光纤长度为 2km。条纹能见度的实验值介于 0.4 到 0.5 之间,而不是(早前在短耦合延时中的)接近 1[18]。这主要是由于在我们目前的实验中,两个激光器的光纤布拉格光栅不同,所以它们的中心波长不同。因此,相机探测到的部分光没有参加实际的锁相,只是充当了一个偏置。尽管如此,条纹能见度和条纹位置在整个延时范围的很长一段时间内仍然保持不变[18-20]。

在第二种设置方式中,条纹能见度极差,表明没有等时(在同一时间)锁相。因此,我们转而采用一种非等时(在不同的时间)锁相,其特点就是来自一个激光器的光束与来自另一激光器的延迟光束所形成稳定的干涉图案。在实验中,可以通过使其中一个激光器到相机的光程比另一激光器到相机的光程长来实现,如图 12.14(b)所示。在我们的实验中,耦合信号的延迟以及探测信号的主要延迟所

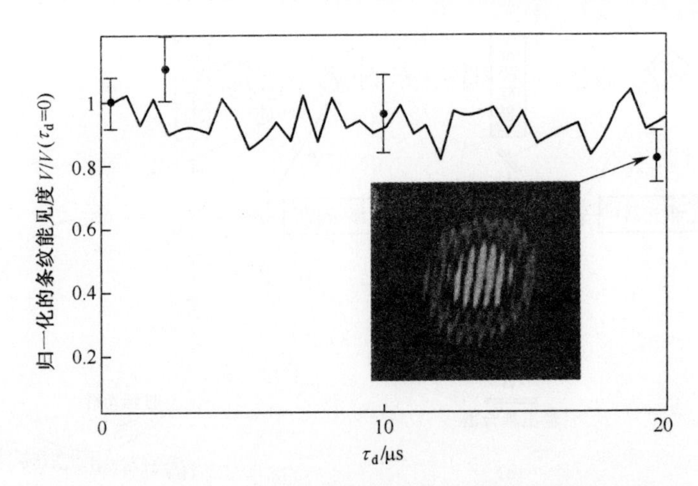

图 12.15 含有自反馈的设置中,以耦合延时为变量的归一化条纹能见度结果。点和短线段表示实验结果,实线曲线表示数值结果。图中的插图:4km 长的延迟线所耦合的两束激光干涉图案。

用的是同一根时滞光纤。

使用长度为L_{delay} = 200m 的长时滞光纤,测量了相机延迟线几个值的条纹能见度。结果在图 12.16 中给出。从图中可以明显看出,出现最大锁相的位置是在 L_{delay} 处,它表示耦合信号传输的总光程。此外,图 12.16 中还可以看出,条纹能见度的衰变宽度为几厘米。条纹能见度的衰变宽度对应于单光纤激光的有限相干长度,借助于迈克尔逊干涉仪对其进行了单独测量,这一相干长度约为 10cm。

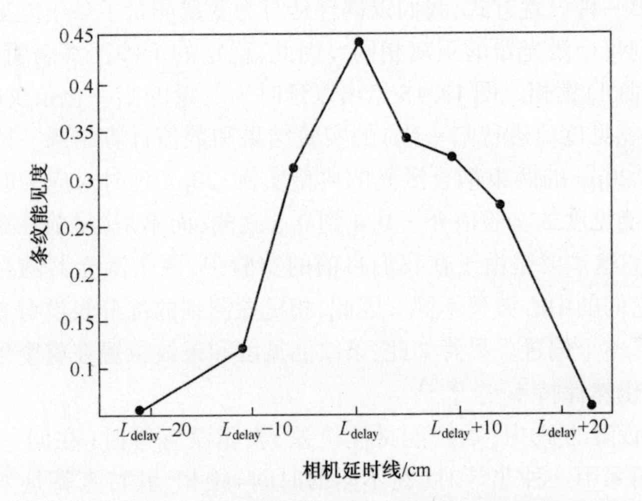

图 12.16 只包含延时耦合的装置中,以相机延迟线为变量的条纹能见度实验结果

12.4　锁相光纤激光器数量的增加

为了使耦合光纤激光锁相,在其各自的增益带宽内必须至少有一个纵模是所有激光共有的。随着耦合激光器数量的增加,具有这种共有纵模的概率呈指数级下降。因此,有一些理论预测,可以实现有效锁相的光纤激光器数量的上限为 8~12 个[16]。尽管如此,实验者们还是在努力超越该上限,但至今没有成功。本节将介绍我们在增加可被动锁相和合成的激光器的数量方面所做的研究及结果。我们先从一种可能使数量显著增加的方法(即同步进行相干合成和光谱合成)开始,然后对 25 个光纤激光器锁相,从而更详细地研究光纤激光器的数量与锁相效率以及它们之间的连接方式之间的关系。针对 25 个光纤激光器的实验结果中有一些对极值统计也有作用。

12.4.1　同步光谱合成与相干合成

要克服能够进行相干合成的光纤激光器的数量限制,一种方法是在相干合成的同时进行光谱合成。光谱合成时,从各个激光器发出的光束,工作波长略有不同,利用线性衍射光栅可进行非相干合成,因此,通常所有激光器必须沿一个方向校准[21]。

这里,我们介绍一种可同时进行光谱合成和相干合成的配置方式,以便对二维光纤激光阵列进行合成。在一个维度中,利用自由空间干涉合成器,可以进行相干合成[7-11];而在另一个维度中,利用一个衍射光栅,可以完成光谱合成[21]。这种同时进行相干合成和光谱合成的方法,给出了一条升级为大型激光器阵列的替代路线,它能够克服单一的光谱合成或相干合成方法所遇到的提升激光器数量的限制。

图 12.17 给出了实验配置示意图。它包含四根端面泵浦单模掺铒连续波光纤,以 2×2 的正方形阵列排布,相邻光纤之间的距离为 3.5mm。每根光纤芯径为 10μm,数值孔径为 0.19,长度约为 7m。每根光纤的一端都与一个作为后反镜的光纤布拉格光栅相连。光纤的另一端与准直仪相连,准直仪镀有减反射膜,从而抑制反射光返回光纤。从光纤准直仪中出射的四束平行光,首先在水平方向上通过一个内腔被动干涉合成器相干叠加,从而获得两束平行光[5]。之后,这两束光通过一个透镜在垂直方向上发生偏转,恰好在每毫米 1200 条刻线的衍射光栅表面上完全重叠,并向一个反射率为 20%的共用平面输出耦合器衍射。每束光的波长都是自选的,从而确保其垂直入射到输出耦合器上并完全自反射回光纤中,以便获得激光辐射[38]。这样,这两束光被光谱叠加为一束单输出光束,它具有先前两束单激光束的高光束质量。

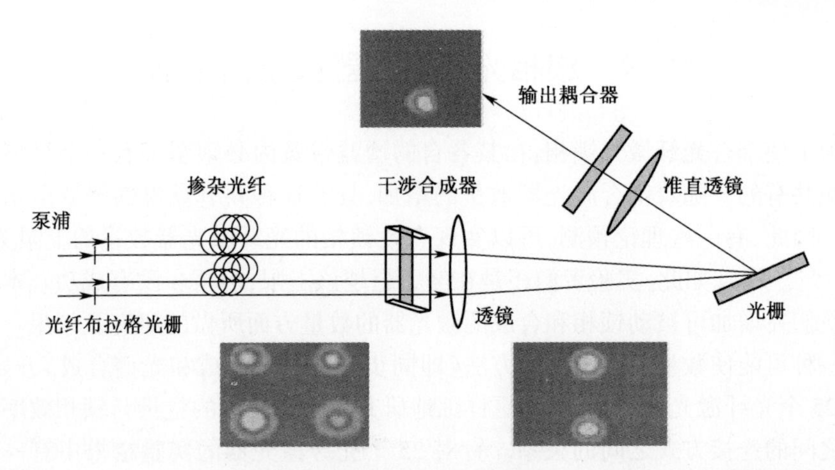

图 12.17 四个光纤激光器叠加的基本配置。在水平方向上,利用干涉合成器进行相干合成;在垂直方向上,利用线性衍射光栅进行光谱叠加。插图分别为:从光纤激光器中发出的四束光、干涉合成后的两束光以及经过光栅后合成的单输出光束。

我们测量了光束质量因子 M^2、合成效率以及单光纤激光器输出光束的光谱和合成光束的光谱。为了确定 M^2,采用两台 CCD 照相机和一台 Spiricon 激光束分析仪探测并表征近场和远场强度分布,之后,按照 $M^2 = \sigma_{nf}\sigma_{ff}(\pi/4)\lambda F$ 计算 M^2,其中,F 是远场探测透镜的焦距,σ_{nf} 和 σ_{ff} 分别是远场和近场的第二时刻。我们发现,对于合成后的输出光束,$M^2 = 1.15$,基本上与单光纤激光器的输出光束质量因子相同。

通过测量有/无干涉合成器时的总光功率并计算其比率可以确定相干合成的合成效率。采用类似方法测量相干合成和光谱叠加后的总合成效率,其结果为82%。效率从100%下降到出现损耗的主要原因,归结为光栅衍射级的不理想以及光纤激光器之间较小的残余失准。

用一台光栅光谱仪来测定光纤激光的光谱与合成输出的光谱。图 12.18 给出了测量结果。图 12.18(a)给出了上面一对光纤激光束相干叠加时的预期单光谱。图 12.18(b)给出了下面一对光纤激光束相干叠加时相应的光谱。从图中可以明显看出,每对激光器工作波长不同,光谱间隔为 1.3nm。最后,图 12.18(c)给出了合成输出光束的光谱。这里,每一对激光各自光谱只是简单叠加,说明它们之间没有相互作用。所以,相干合成和光谱合成同时完成。

12.4.2 25 个光纤激光器的锁相

当试图对长度无法精确控制的光纤激光器进行锁相时,随着光纤激光器数量的增加,具有共同纵模的概率急剧降低[37-40]。尽管如此,为了得到实验验证结果,我们还是对 25 个光纤激光器进行了耦合工作。参考文献[22]对实验配置作了详

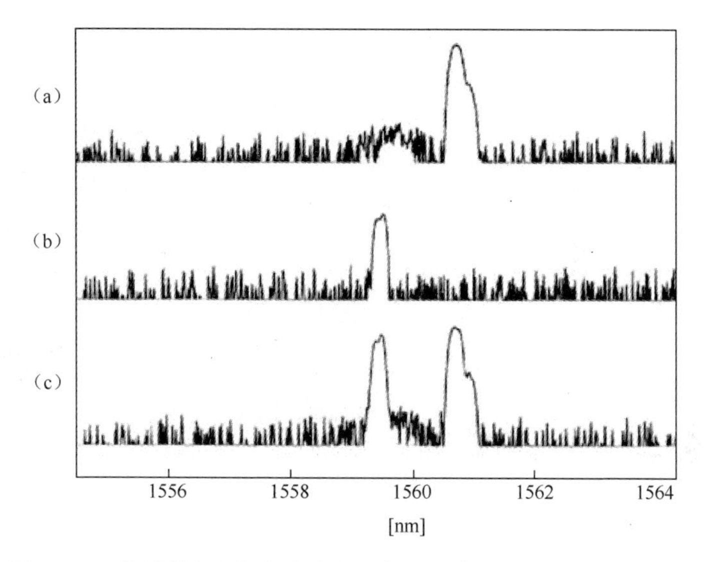

图 12.18　光纤激光器与合成输出光束的光谱,采用 1200 刻线/mm 的衍射光栅进行光谱叠加。(a)上面一对激光束相干叠加的光谱;(b)下面一对激光束相干叠加的光谱;(c)光谱合成后的输出光谱。

细说明。对于不同的连接方式和不同规模的激光器阵列,我们测量了锁相度随时间的变化情况。即,用一个 CCD 相机,连续探测阵列总输出光的远场强度分布,确定强度的最大值和最小值,并计算沿 x 轴方向和 y 轴方向上的平均条纹能见度。条纹能见度能用于直接衡量范围在 0 到 100%之间的锁相度。经过 10h 的测量,获得了约 300000 个测量数据。然后,针对不同的激光器数量和连接方式,再重复进行这些测量工作。我们使用相同的有效反射率模型,来计算最大有效反射率与阵列中激光器数量之间的关系。该模型同时兼顾了来自耦合镜的反射和来自光纤布拉格光栅的反射。然后,重复计算 1000 次,每次随机选择不同的光纤激光光程,并确定其结果的平均值。

图 12.19 中给出了平均锁相度(加号)和最大锁相度(星号)与二维连接阵列中激光器的数量之间的关系。还给出了具有代表性的远场强度分布:2 束光纤激光(插图(a))、具有低平均锁相度的 25 个光纤激光(插图(b))以及具有最大瞬时锁相度的 25 个光纤激光(插图(c))。这些结果表明,正如所预测的一样,随着阵列中激光器数量的增加,出现共有纵模的概率迅速下降。但是,由于热和声学变化,每束光纤激光的光程随机波动(模量 λ),短暂地获得所有光纤激光的共有纵模还是会有一定概率的。我们发现,获得 90%以上锁相度的概率急剧下降。具体来说,12 个激光器的概率是 0.1%,16 个激光器的概率是 0.012%,20 个激光器的概率是 0.004%,25 个激光器的概率是 0.001%。通过对各元件进行更好地校准以及采用更高的功率,这些结果也可因其非线性效应而得以改善[2]。

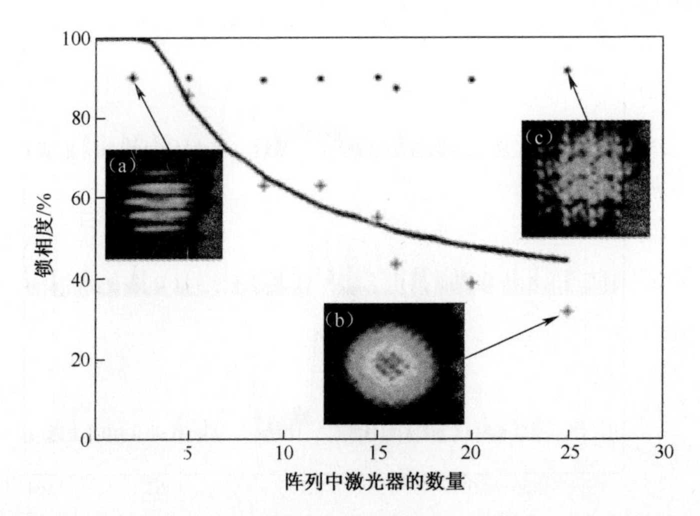

图 12.19 以阵列中的激光器数量为变量的平均锁相度及最大锁相度的实验和计算结果。星号表示最大锁相度,加号表示平均锁相度。实线表示有效反射率模型计算出的平均锁相度。图中的小图:特定数据点对应的远场强度分布。

我们还确定了平均锁相度与阵列中光纤激光器的连接方式之间的关系[23,24]。具体来说,以不同连接方式下每个光纤激光器的相邻耦合激光器的平均数量为变量,我们测量了 25 个光纤激光器组成的阵列的平均锁相度,图 12.20 给出了结果。首先做的是全阵列的一维连接,如左侧插图所示,其中每个光纤激光器的相邻耦合激光器的平均数量仅为 1.9。然后,我们改变了连接方式,增加相邻耦合激光器的平均数量,并测量每一种情况下阵列的平均锁相度;一直增加到二维连接方式,相邻耦合激光器的平均数量为 3.2。从图中可以明显看出,阵列的平均锁相度从 21%单调递增至 29%。这些结果表明,连接方式对锁相度有影响,这与如下预期是一致的:对于所有耦合振荡器,级次参数会随着维度的增加而增大。

另一个有趣的问题是,阵列的总锁相度不是平均的,也随时间发生变化。我们测量了 25 个光纤激光器的远场图案的条纹能见度。条纹能见度能够直接衡量范围在 0 到 1 之间的锁相度。锁相度的相关时间小于 100ms,所以在 10h 内,获得了约 370000 个不相关的条纹能见度测量结果。

图 12.21 给出了条纹能见度随时间变化的代表性实验结果,时间跨度为 10s。插图中给出两种典型的远场强度分布:一种对应于低条纹能见度,另一种对应于高条纹能见度。由于热和声学波动,所以每个光纤激光器的长度及其相应的本征频率会随机快速变化。锁相能够将阵列的损耗最小化,因此模式竞争将对那些在每个时刻都能使锁相光束簇最大化的频率更有利[22]。由于不同频率下的锁相度呈高斯分布,所以,最大锁相度的统计结果应使用 Gumbel 分布函数进行描述。

为了找出可能隐藏在实验结果中的相关项,使用一个单拟合参数 C_1,对锁相

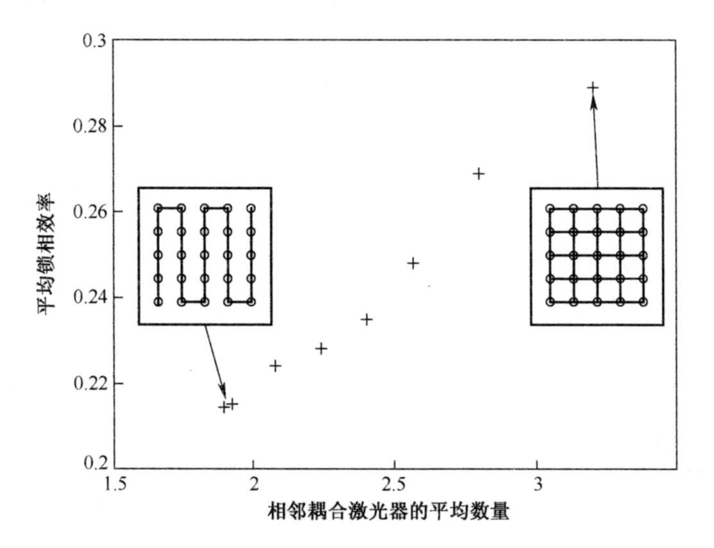

图 12.20　每个激光器的相邻耦合激光器的平均数量与 25 个光纤激光器的锁相度之间的关系的实验结果

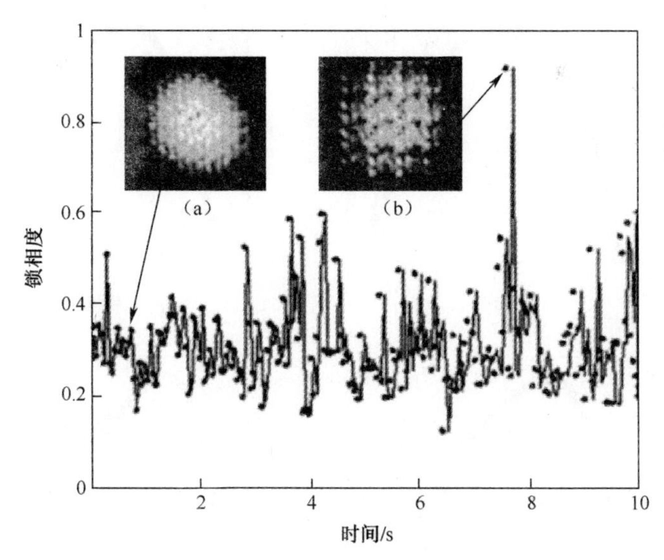

图 12.21　在 10s 的时间跨度上，锁相度随时间的变化情况的典型实验结果。锁相度由输出的远场强度分布来确定。图中的小图是典型的远场强度分布：(a)低锁相度时的低条纹能见度；(b)高锁相度时的高条纹能见度。

度分布和 BHP(Bramwell-Holdsworth-Pinton)分布进行了拟合[39]。对高相关的系统，参数 C_1 接近 $\pi/2$，而对不相关的系统，参数 C_1 是一个整数。特别是，当 $C_1 = 1$ 时，BHP 分布简化为 Gumbel 极值分布。BHP 分布的函数形式由下式给出：

$$P(x) = \mathrm{e}^{C_1\left(\left[\frac{(x-\mu)}{\sigma}\right] - \mathrm{e}^{(x-\mu)/\sigma}\right)} \tag{12.17}$$

式中：μ 表示平均值，σ 是分布的宽度，c 是相关性度量参数。将 25 个光纤激光器的锁相度的实测概率分布与 BHP 分布拟合后，得到 $C_1 = 1.03$，表明这是一个 Gumbel 分布。

将 Gumbel 分布与 12 个、16 个和 20 个光纤激光器的实验结果拟合，结果不如 25 个激光器好。激光器数量少的实验结果分布被限制，这是因为 μ 和 σ 更大，而锁相度分布却限制在 0 和 1 之间。因此，我们采用了广义极值（GEV）分布，其中含有一个额外的参数——形状参数 ξ。当 $\xi = 0$ 时，广义极值分布简化为 Gumbel 分布；但当 $\xi < 0$ 时，广义极值分布被限制并接近 Weibull 分布。广义极值分布由下式表示：

$$P(x) = \frac{1}{\sigma}\left[1 + \xi\left(\frac{x-\mu}{\sigma}\right)\right]^{-(1/\xi)-1} \mathrm{e}^{-[1+\xi((x-\mu)/\sigma)]^{-1/\xi}} \tag{12.18}$$

式中：μ、σ 和 ξ 是采用最大似然参数估计法从实验数据中计算得出的。我们预期，随着阵列中光纤激光器数量从 25 逐渐减少，锁相度的平均值和标准偏差将增大，并且参数 ξ 应从零到负值变化。图 12.22 所示分别是 12 个、16 个、20 个和 25

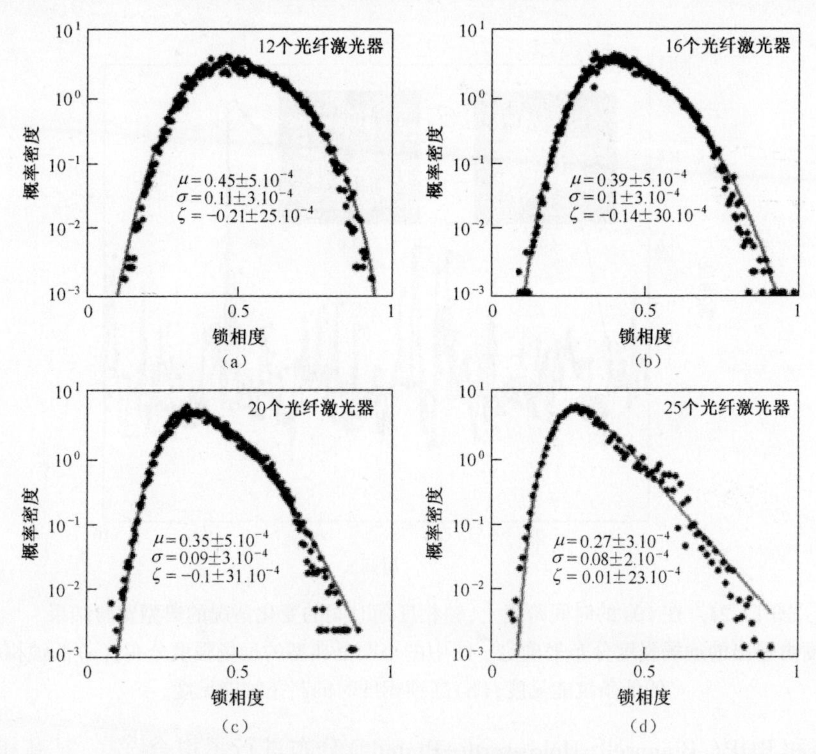

图 12.22 四种规模的光纤激光器阵列的实测锁相度直方图。(a)12 个光纤激光器；(b)16 个光纤激光器；(c)20 个光纤激光器；(d)25 个光纤激光器。曲线表示没有任何拟合参数的相关广义极值分布。采用最大似然参数估算法从数据中直接计算，每个参数给出了 95%置信区间。

个光纤激光器组成的阵列的实测锁相度直方图以及相应的参数广义极值分布(含计算参数,参数置信区间为 95%)。从图中可以明显看出,在三个量级范围内,实验结果和广义极值分布之间具有非常好的一致性。正如预期的一样,随着光纤激光器数量的增加,μ 和 σ 的值下降,参数 ξ 接近 0。对 25 个光纤激光器来说,参数 ξ 达到 0.01,接近预期值 0,这时,广义极值分布简化为 Gumbel 分布。

12.5 结　　论

介绍了光纤激光器被动锁相和相干合成的研究结果,并针对不同波长和各种配置,验证了合成输出光束的高合成效率和良好的光束质量。由于激光之间的相对相位是自调节的,可以使耦合激光器系统的损耗最小化,所以,只要所有光纤激光之间存在共有频率,即使在变化的环境条件下,被动锁相也具有相当好的鲁棒性。这种情况通常在激光器数量小于 10 时出现,激光器数量更多时,就需要对激光的光程有所控制。

感谢 Vardit Eckhouse、Amiel Ishaaya、Liran Shimshi、Eitan Ronen 和 Rami Pugatch 对这项工作的积极支持和贡献。

参考文献

[1] Jeong, Y., Sahu, J., Payne, D., and Nilsson, J. (2004) Ytterbium-doped large-corefiber laser with 1.36 kW continuous-wave output power. Opt. Express, 12, 6088-6092.

[2] Corcoran, C. J. and Durville, F. (2009) Passive phasing in a coherent laser array. IEEE J. Quantum Electron., 15, 294.

[3] Leger, J. R. (1993) External methods of phase locking and coherent beam addition of diode lasers, in Surface Emitting Semicon Ductor Lasers and Arrays (eds G. A. Evans and J. M. Hammer), Academic Press, Boston, MA, pp. 379-433.

[4] Siegman, E. (2000) Laser beams and resonators: beyond the 1960s. IEEE J. Sel. Top. Quantum Electron., 6, 1389-1399.

[5] Friedman, M., Eckhouse, V., Friesem, A. A., and Davidson, N. (2007) Efficient coherent addition of fiber lasers in free space. Opt. Lett., 32, 790-792.

[6] Eckhouse, V., Fridman, M., Davidson, N., and Friesem, A. A. (2008) Loss enhanced phase locking in coupled oscillators. Phys. Rev. Lett., 100, 2.

[7] Ishaaya, A., Shimshi, L., Davidson, N., and Friesem, A. A. (2004) Intra-cavity coherent addition of Gaussian beam distributions using a planar interferometric coupler. Appl. Phys. Lett., 85, 2187.

[8] Ishaaya, A., Shimshi, L., Davidson, N., and Friesem, A. A. (2004) Coherent addition of spatially incoherent laser beams. Opt. Express, 12, 4929.

[9] Ishaaya, A. A., Eckhouse, V., Shimshi, L., Davidson, N., and Friesem, A. A. (2005) Improving the output beam quality of multimode laser resonators. Opt. Express, 13, 2722.

[10] Ishaaya, A. A., Eckhouse, V., Shimshi, L., Davidson, N., and Friesem, A. A. (2005) Intra-cavity co-

herent addition of single high order modes. Opt. Lett. , 230, 1770-1772.

[11] Eckhouse, V. , Ishaaya, A. A. , Shimshi, L. , Davidson, N. , and Friesem, A. A. (2006) Intracavity coherent addition of 16 laser distributions. Opt. Lett. , 31, 50.

[12] Shimshi, L. , Ishaaya, A. A. , Ekhouse, V. , Davidson, N. , and Friesem, A. A. (2006) Passive intra-cavity phase locking of laser channels. Opt. Commun. , 263, 60-64.

[13] Fridman, M. , Eckhouse, V. , Luria, E. , Krupkin, V. , Davidson, N. , and Friesem, A. A. (2008) Coherent addition of two dimensional array of fiber lasers. Opt. Commun. , 281, 6091.

[14] Nixon, M. , Fridman, M. , Friesem, A. A. , and Davidson, N. (2011) Enhanced coherence of weakly coupled lasers. Opt. Lett. , 36, 1320.

[15] Fridman, M. , Eckhouse, V. , Davidson, N. , and Friesem, A. A. (2008) The effect of quantum noise on coupled laser oscillators. Phys. Rev. A, 77, 061803(R).

[16] Rothenberg, J. E. (2009) Optical Fiber Communication Conference, OSA Technical Digest (CD), Optical Society of America, Paper OTuP3.

[17] Fridman, M. , Nixon, M. , Ronen, E. , Friesem, A. A. , and Davidson, N. (2010) Phase locking of two coupled lasers with many longitudinal modes. Opt. Lett. , 35, 526.

[18] Nixon, M. , Fridman, M. , Ronen, E. , Friesem, A. A. , and Davidson, N. (2009) Phase locking of two fiber lasers with timedelayed coupling. Opt. Lett. , 34, 1864.

[19] Nixon, M. , Fridman, M. , Ronen, E. , Friesem, A. A. , Davidson, N. , and Kanter, I. (2011) Synchronized cluster formation in coupled laser networks. Phys. Rev. Lett. , 106, 22.

[20] Eckhouse, V. , Nixon, M. , Fridman, M. , Friesem, A. A. , and Davidson, N. (2010) Synchronization of chaotic fiber lasers with reduced external coupling. IEEE J. Quantum Electron. , 46, 1821.

[21] Fridman, M. , Eckhouse, V. , Davidson, N. , and Friesem, A. A. (2008) Simultaneous coherent and spectral addition of fiber lasers. Opt. Lett. , 33, 648.

[22] Fridman, M. , Nixon, M. , Ronen, E. , Friesem, A. A. , and Davidson, N. (2010) Passive phase locking of 25 fiber lasers. Opt. Lett. , 35, 1434.

[23] Fridman, M. , Pugatch, R. , Nixon, M. , Friesem, A. A. , and Davidson, N. (2012) Measuringmaximal eigenvalue distribution of Wishart random matrices with coupled lasers. Phys. Rev. E, 85, 020101(R).

[24] Fridman, M. , Pugatch, R. , Nixon, M. , Friesem, A. A. , and Davidson, N. (2012) Phase locking level statistics of coupled random fiber lasers. Phys. Rev. E, 86, 041142.

[25] Eckhouse, V. , Fridman, M. , Davidson, N. , and Friesem, A. A. (2008) Phase locking and coherent combining of high-order-mode fiber lasers. Opt. Lett. , 33, 2134.

[26] Ronen, E. , Fridman, M. , Nixon, M. , Friesem, A. A. , and Davidson, N. (2008) Phase locking of lasers with intracavity polarization elements. Opt. Lett. , 33, 2305.

[27] Fabiny, L. , Collet, P. , Roy, R. , and Lenstra, D. (1993) Coherence and phase dynamics of spatially coupled solid-state lasers. Phys. Rev. A, 47, 4287-4296.

[28] Thornburg, K. S. , Mueller, M. , Roy, R. , Carr, T. W. , Li, R. D. , and Erneux, T. (1997) Chaos and coherence in coupled lasers. Phys. Rev. E, 55, 3865.

[29] Roy, R. and Thornburg, K. S. (1994) Experimental synchronization of chaotic lasers. Phys. Rev. Lett. , 72, 2009.

[30] Argyris, A. , Syvridis, D. , Larger, L. , Annovazzi-Lodi, V. , Colet, P. , Fischer, I. , Garcia Ojalvo, J. , Mirasso, C. R. , Pesquera, L. , and Shore, K. A. (2005) Chaos-based communications at high bit rates using commercial fibre-optic links. Nature, 438, 343-346.

[31] Klein, E., Gross, N., Rosenbluh, M., Kinzel, W., Khaykovich, L., and Kanter, I. (2006) Stable isochronal synchronization of mutually coupled chaotic lasers. Phys. Rev. E, 73, 066214.

[32] Tang, S. and Liu, J. M. (2003) Experimental verification of anticipated and retarded synchronization in chaotic semiconDuctor lasers. Phys. Rev. Lett., 90, 194101.

[33] Tang, S., Vicente, R., Chiang, M., Mirasso, C., and Liu, J.-M. (2004) Nonlinear dynamics of semicon*d*Uctor lasers with mutual optoelectronic coupling. IEEE J. Sel. Top. Quantum Electron., 10, 936.

[34] Rosenblum, M. G., Pikovsky, A. S., and Kurths, J. (1997) From phase to lag synchronization in coupled chaotic oscillators. Phys. Rev. Lett., 78, 4193.

[35] Kozyreff, G., Vladimirov, A. G., and Mandel, P. (2000) Global coupling with time delay in an array of semiconductor lasers. Phys. Rev. Lett., 85, 3809.

[36] Kim, S., Lee, B., and Kim, D. H. (2001) Experiments on chaos synchronization in two separate erbium-doped fiber lasers. IEEE Photon. Technol. Lett., 13, 290.

[37] Fan, T. Y. (2005) Laser beam combining for high-power, high-radiance sources. IEEE J. Quantum Electron., 11, 567.

[38] Ishaaya, A. A., Davidson, N., and Friesem, A. A. (2009) Passive laser beam combining with intracavity interferometric combiners. IEEE J. Sel. Top. Quantum Electron., 15, 301.

[39] Cheung, E. C., Ho, J. G., Goodno, G. D., Rice, R. R., Rothenberg, J., Thielen, P., Weber, M., and Wickham, M. (2008) Diffractive-optics-based beam combination of a phase-locked fiber laser array. Opt. Lett., 33, 354.

[40] D'Amato, F. X., Siebert, E. T., and Roychoudhuri, C. (1989) Coherent operation of an array of diode lasers using a spatial filter in a Talbot cavity. Appl. Phys. Lett., 55, 816.

第13章

量子级联激光器的腔内合成

Guillaume Bloom，Christian Larat，Eric Lallier，Mathieu Carras，Xavier Marcadet

13.1 引 言

目前，科学、工业、医疗、国防等多个应用领域都在研究中红外（MIR，3～5μm）波谱范围。这些应用领域中，大多数都需要光源的输出功率达数十瓦并具有很好的光束质量。迄今为止，在3～5μm波段中，大功率光源主要基于非线性光学材料。采用基于$ZnGeP_2$（ZGP）非线性晶体的光参量振荡器（OPO），能够获得平均输出功率为14W（波长为4.5μm）且光束质量很高的光源[1,2]。然而，最近，量子级联激光器（QCL）性能的相关研究成果[3]使其展现出了广阔的发展前景。

量子级联激光器是一种半导体激光器，它利用导带内的子带之间的光跃迁产生激光，而传统的半导体激光器利用的是导带内的光跃迁，这意味着量子级联激光器与传统的半导体激光器存在根本的物理差异。它的发射波长不再由所采用的半导体材料的能带隙决定，仅取决于量子级联激光器有源区域的复杂半导体异质结构的设计。因此，采用众所周知的Ⅲ～Ⅴ族半导体材料，通过有源区适当的“量子工程”就有可能获得3μm[4]到远红外波段的光学辐射[5]。量子级联激光器是中红外波段最有前景的辐射源之一，自1994年由贝尔实验室首次成功验证以来[3]，人们在提高其性能方面已经做了大量的努力。到目前为止，在室温（RT）下，连续波（CW）量子级联激光器很容易达到瓦级。在参考文献[6]中，作者公布了在室温下采用波长约为4.9μm的铝铟砷/铟镓砷/磷化铟（AlInAs/GaInAs/InP）异质结构获得了输出功率为5.1W的连续波。与光学参量振荡器的复杂结构相比，量子级联激光器利用了电泵浦半导体激光器简单和紧凑的优势。为了更进一步提高输出功率等级，提出了几种基于量子级联激光器的非相干光束叠加的方法。这些技术包括偏振合束[7]或光谱合束[8,9]。

本章旨在介绍几个独立的量子级联激光器的被动相干合束（CBC），在提高有效功率的同时保持近衍射的光束质量。两个激光器高效相干合成的一种简单的方法是迈克尔逊腔结构。我们最近开发了一种迈克尔逊外腔结构来实现两个量子级联激光器的相干合束,合束效率达 85%,光束质量良好[10]。为了对更多发射器进行合成,设计了一种含有 $N-1$ 合束器的 N 臂外腔。通过这种结构已经实现了六个铝镓砷(GaAlAs)激光二极管的相干光束叠加[11]。此处,开发了一种采用内腔合束器的五臂谐振器来验证 5 个发射波长为 4.6μm 的连续波量子级联激光器在室温下的相干合成。

在 13.2 节中介绍了激光器在 N 臂外腔中被动相干叠加的原理。基于既往对这种腔的理论研究,开发了一种简易模型来估算采用这种方法能够获得的合成效率。在 13.3 节中给出了各独立量子级联激光器在五臂腔中进行的相干光束合成的实验验证情况和结果,该五臂腔中将二元相位光栅(或达曼光栅,DG)作为内腔合束器。为了提高这种方法的输出功率,在 13.4 节中,我们将证明可以用更复杂的合束器替代达曼光栅得到更高的合成效率。

13.2　外腔被动相干合束

光束合成技术可以分为两类:叠加不同光强光束的非相干合成(例如,偏振合束或光谱合束)和叠加不同振幅光束的相干合成(例如,倏逝耦合或外腔耦合)。已经有一些采用中波红外量子级联激光器实现这些方法的实例。在参考文献[8]中,作者介绍了 6 个波长为 4.6μm 的脉冲量子级联激光器进行的光谱光束合成情况,合成效率达到 50%。在参考文献[9]中,验证了 28 个波长约为 9μm 的分布式反馈量子级联激光器的光谱合束,合成效率达到 55%。至于相干合束,奥地利的一个团队研究了采用单片树型阵列结构对波长约为 10μm 的脉冲量子级联激光器进行合成。在参考文献[12]中给出了采用六杈树阵列结构的验证实验。令人遗憾是,这种单腔的实际合成效率并不高(<16%)。在参考文献[10]中,作者开发了一种迈克尔逊外腔来验证两个量子级联激光器的被动相干合束,获得的合成效率为 85%,光束质量良好。

13.2.1　激光器结构

此处,我们关注的是在外腔中采用一个 $N-1$ 耦合器进行的被动相干合成,其一般结构如图 13.1 所示。量子级联激光器的输出腔面镀有减反射膜(AR),能够防止自振荡,并有助于外腔中的锁相。在我们提出的结构中,N 个发射器共用同一个腔。它们被放置在外腔内部安装的一个 $N-1$ 合束器的 N 个输入口处。共用腔中有唯一的一个输出耦合器(镜面反射率为 30%),放置在合束器的中心输出臂(共用臂)上。合束器的其他输出臂(图 13.1 中的虚线)是共用腔的损耗输出。最后,由量子级联激光器的 N 个镀有强反射膜(HR)的后腔面和输出耦合器构成 N 臂腔。因为这个 $N-1$ 耦合器放置在腔内,所以它既被用于合成来自 N 个发射器

的 N 束光,同时还被用于将输出耦合器返回的唯一光束分为 N 束,这 N 束光随后将重新注入 N 个量子级联激光器。

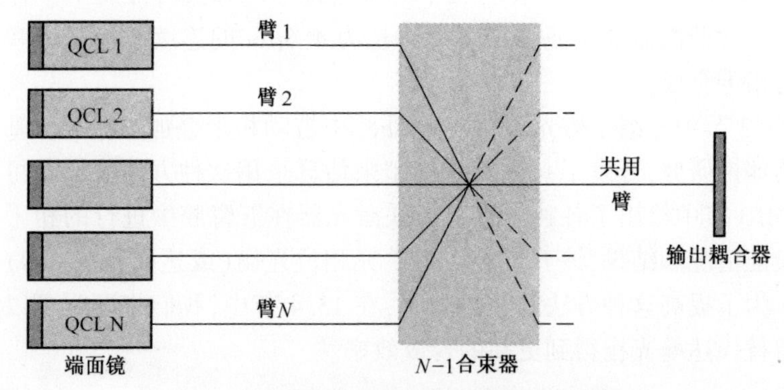

图 13.1 外腔被动相干光束合成的一般结构

N 臂谐振器中的相干合束是以损耗的最小化为基础的:整个腔体将以损耗最低的某种模式振荡。因此,为了确保该合束器能够有效地将 N 个臂耦合到共用臂中,整个腔体将对 N 个发射器进行强制锁相,并且在 N 束光之间选择正确的相对相位关系,从而使共用臂中出现相长干涉(并且在其他输出臂中出现相消干涉)。这样,这个 $N-1$ 耦合器的合成效率实现了最大化,并且整个腔体内的损耗最小。这种自组织现象是被动的,因为它仅以 N 臂激光腔的损耗最小化为基础。最后,共用腔选择与发射器的最小损耗和最大增益相对应的纵模,并将其锁定。但是,也有可能在量子级联激光器的增益带宽范围内不存在与共用臂中理想的相长干涉相对应的整腔谐振。在这种情况下,该系统将仍然选择损耗最低的纵模。但是,所选的纵模将无法使 $N-1$ 耦合器以其最高的合成效率工作。因此, N 个发射器的部分有效功率将被耦合到损耗输出臂中,这样,合成光束的功率将降低。在后面的章节中,将介绍参考文献[13,14]中的一种模型。该模型能够量化合成效率因腔体的几何参数和增益光谱带宽的变化而产生的降低幅度。

13.2.2 外腔相干合束的建模

用来说明外腔中的相干合束和自组织现象的模型是以循环场理论为基础的[14]。此处,我们的目标是计算 N 臂谐振器对增益介质的光谱带宽 B 范围内(在量子级联激光器中, B 约为 100nm)所有波长 λ 的光谱响应或有效折射率 $R_{\mathrm{eq,cav}}(\lambda)$。根据循环场理论能够确定带宽 B 中任何波长的损耗。只有合成效率较高的纵模能够在整个腔体中有效放大。

13.2.2.1 迈克尔逊腔

首先,给出一个迈克尔逊腔中的简单计算实例,然后将其推广到 N 臂结构设置中。假定一个波长为 λ 的一维场 E_{in}，从整个腔体的外侧入射到输出耦合器中(见图 13.2)。然后，使该场在腔内循环，计算反射场强 E_{out}。该腔体的总有效反射率定义为：

$$R_{eq,cav}(\lambda) = \left| \frac{E_{out}}{E_{in}} \right|^2 \tag{13.1}$$

迈克尔逊腔是一个由反射镜 M_0(反射率为 30%的输出耦合器)、M_1 和 M_2(量子级联激光器的两个镀有减反射膜的后腔面)构成的三反射镜谐振器，各自的振幅反射率为 r_0、r_1 和 r_2(在本案例中，$r_1 = r_2 = r$)。谐振器的两个臂(光程长为 L_1 和 L_2)耦合到一个光程长为 L_0 的共用臂中。该二合一耦合器是一个 50/50 分束器。

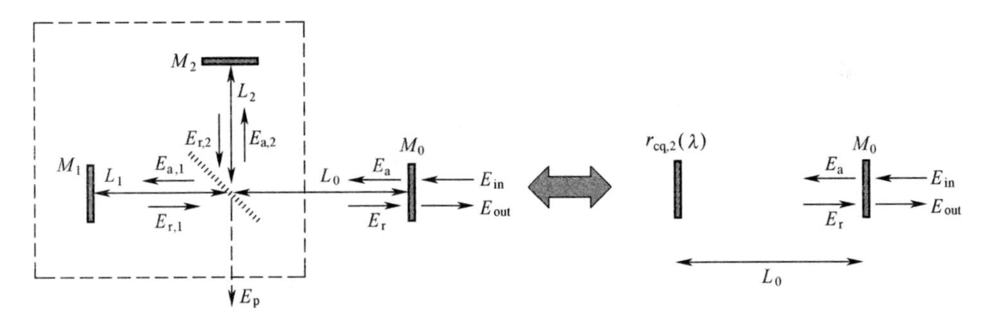

图 13.2　循环场方法应用于迈克尔逊腔中的结构和标识符号。
虚线框：迈克尔逊腔的“干涉”区。

根据循环场论，可以证明：

$$E_r = \frac{r}{2}(e^{j(2\pi/\lambda)2L_1} + e^{j(2\pi/\lambda)2L_2}) E_a \tag{13.2}$$

式中：场强 E_r 和 E_a 的定义在图 13.2 中给出。然后，定义腔体“干涉”区的有效反射率 $R_{eq,2}(\lambda)$ 和振幅有效反射率 $r_{eq,2}(\lambda)$(参见图 13.2 的虚线)：

$$\begin{cases} r_{eq,2}(\lambda) = \dfrac{E_r}{E_a} = \dfrac{r}{2}(e^{j(2\pi/\lambda)2L_1} + e^{j(2\pi/\lambda)2L_2}) \\ R_{eq,2}(\lambda) = |r_{eq,2}(\lambda)|^2 = \dfrac{r^2}{2}\left(1 + \cos\left(\dfrac{2\pi}{\lambda}2\Delta L\right)\right) \end{cases} \tag{13.3}$$

式中：$\Delta L = L_2 - L_1$ 是臂 1 和臂 2 之间的长度差。$R_{eq,2}(\lambda)$ 是周期函数，周期为 $\Delta\lambda$。

$$\Delta\lambda = \frac{\lambda^2}{2|L_2 - L_1|} \tag{13.4}$$

若 $R_{eq,2}(\lambda) = r^2$，$E_r = E_a$，$E_p = 0$，则来自臂 1 和臂 2 的分束器场强将完全耦合到共用臂中，损耗达到最小。

为了计算整个光腔的光谱响应 $R_{eq,cav}(\lambda)$，可以将整个光腔等效为一个含有一个输出反射镜 M_0 和一个“有效”后反镜的简单 Fabry-P′erot 谐振腔，其振幅反射

率为 $r_{eq,2}(\lambda)$。然后,可以推导出有效反射率 $R_{eq,cav}(\lambda)$:

$$R_{eq,cav}(\lambda)=\left|\frac{E_{out}}{E_{in}}\right|^2=\left|\frac{r_0+r_{eq,2}(\lambda)\,e^{j(2\pi/\lambda)2L_0}}{1+r_0r_{eq,2}(\lambda)\,e^{j(2\pi/\lambda)2L_0}}\right|^2 \tag{13.5}$$

设 $L_{tot}=L_1+L_2+2L_0$,可以证明:

$$R_{eq,cav}(\lambda)=\frac{r_0^2+r^2\cos^2((2\pi/\lambda)\Delta L)+2r\,r_0\cos((2\pi/\lambda)\Delta L)\cos((2\pi/\lambda)L_{tot})}{1+r_0^2r^2\cos^2((2\pi/\lambda)\Delta L)+2r\,r_0\cos((2\pi/\lambda)\Delta L)\cos((2\pi/\lambda)L_{tot})} \tag{13.6}$$

图 13.3 中给出了在 $r^2=1$、$r_0^2=0.3$、$L_1=300\text{mm}$、$L_2=320\text{mm}$、$L_0=5\text{mm}$ 的特定情况下,计算 $R_{eq,2}(\lambda)$ 和 $R_{eq,cav}(\lambda)$ 的例子。$R_{eq,cav}(\lambda)$ 具有两种周期性:一个与合成效率 η 的周期同为 $\Delta\lambda$ 的包络和一个周期为 $\delta\lambda$ 的调制:

$$\delta\lambda=\frac{\lambda^2}{2L_{moy}} \tag{13.7}$$

式中:$L_{moy}=L_{tot}/2=(L_1+L_2)/2+L_0$ 是迈克尔逊腔的平均长度。当 $R_{eq,cav}(\lambda)$ 最大时,该波长下共用腔内的损耗最小。在本章所述的 $r^2=1$ 的特定情况下,对于满足 $R_{eq,cav}(\lambda)=1$ 的波长来说,共用腔中的损耗为零。但是,在 $r^2=1$ 的特定情况下,从图 13.3 可以看出,$R_{eq,cav}(\lambda)$ 的最大值对应于 $R_{eq,2}(\lambda)$ 的最大值。相反,当 $R_{eq,2}(\lambda)=0$ 时,迈克尔逊腔中没有场振荡,并且 $R_{eq,cav}(\lambda)$ 等于输出耦合器的反射率,即 $R_{eq,2}(\lambda)=r_0^2=0.3$。

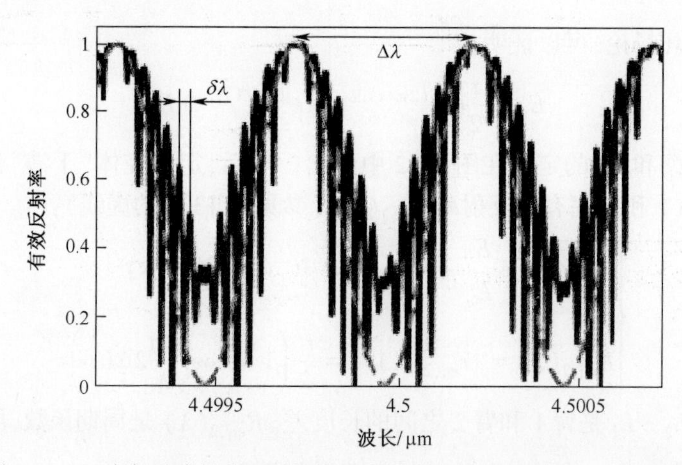

图 13.3 迈克尔逊腔的共用腔的有效反射率计算结果 $R_{eq,cav}$(实线)和"干涉"区的有效反射率计算结果 $R_{eq,2}$(虚线)。

与 $R_{eq,2}(\lambda)$ 相比,总有效反射率是一个描述迈克尔逊腔的更全面的工具,因为它考虑到了整腔的共振。但是,腔体"干涉"区的有效反射率 $R_{eq,2}(\lambda)$ 的最大值(该值并不总是像本章的实例中一样等于 1)可直接认为是能够从腔体中获得的合

成效率 $\eta = R_{\mathrm{eq},2}^{\max}$ 。因此,我们会更多使用 $R_{\mathrm{eq},2}$ 来表述,因为它是可以直接测量的实验参数。根据 $R_{\mathrm{eq},2}(\lambda)$ 和 $R_{\mathrm{eq,cav}}(\lambda)$ 的周期性特征,可以推断出,通过选择能够满足以下不等式关系的臂长就能确保在发射器的光谱增益带宽 B 中存在至少一个使共用腔损耗最小化的波长。

$$\Delta L \gtrsim \frac{\lambda^2}{2B} \tag{13.8}$$

但是,在带宽 B 范围内仅有一个谐振的腔体是非常不稳定的,在存在环境扰动的情况下不够稳健。在这种情况下,腔臂的光程长将会随时间变化,这是因为很多参数会随温度的变化而改变,例如,增益介质中的光学折射率会因温度变化而变化。为了使系统更加稳健,一种解决方案是保证增益带宽中存在多个整腔纵模。对于这一点,我们只需要选择不同臂长,使得 $\delta\lambda < \Delta\lambda \ll B$ 即可。这种情况与图 13.3中给出的 $B = 100\mathrm{nm}$ 的情形时相对应。因此,即使在非保护环境中,该系统也总能够找到一个与耦合腔中的低损耗和高量子级联激光器增益相对应的波长。

13.2.2.2 一般情况:*N* 臂腔

现在,通过一个 $N-1$ 合束器将长度为 L_p ($p=1,2,\cdots,N$)的 N 个臂耦合到长度 L_0 的共用臂中。设输出耦合器中 M_0 的反射率为 r_0 ($r_0^2=0.3$),则端面镜的反射率r_p ($P=1$、2、……N)应满足 $r_1^2=r_2^2=\cdots=r_N^2=r^2$ 。根据循环场论,可以将之前的计算结果归纳为 N 臂腔的一般情况[14]。现在,腔体“干涉”区的有效反射率可以表示为:

$$R_{\mathrm{eq},N}(\lambda) = \left|\frac{E_r}{E_\mathrm{a}}\right|^2 = \left|\frac{r}{N}\sum_{p=1}^{N} \mathrm{e}^{\mathrm{j}(2\pi/\lambda)2L_p}\right|^2 \tag{13.9}$$

总有效反射率表示为:

$$R_{\mathrm{eq,cav}}(\lambda) = \left|\frac{r_0 + r(1/N)\sum_{p=1}^{N} \mathrm{e}^{\mathrm{j}(2\pi/\lambda)2(L_\mathrm{p}+L_0)}}{1 + r_0 r(1/N)\sum_{p=1}^{N} \mathrm{e}^{\mathrm{j}(2\pi/\lambda)2(L_\mathrm{p}+L_0)}}\right|^2 \tag{13.10}$$

图 13.4 中给出了一个五臂腔计算实例,其中 $r^2=1$、$r_0^2=0.3$、$L_1=320\mathrm{mm}$、$L_2=322.2\mathrm{mm}$、$L_3=324.3\mathrm{mm}$、$L_4=326.4\mathrm{mm}$、$L_5=328.1\mathrm{mm}$、$L_0=200\mathrm{mm}$ 。这些值与 13.4 节中的实际实验条件接近。N 臂腔的有效反射率是多个调制相叠加的结果,与在简单迈克尔逊腔中的情形不同,它很难确定。我们再次验证了在 $r^2=1$ 的情况下,$R_{\mathrm{eq,cav}}(\lambda)$ 的最大值对应于 $R_{\mathrm{eq},N}(\lambda)$ 的最大值,该值可以确定为合成效率:

$$\eta = R_{\mathrm{eq},N}^{\max} \tag{13.11}$$

N 臂腔将在这些损耗最小的纵模上振荡。如果增益带宽中不存在与 $R_{\mathrm{eq,cav}}(\lambda)=1$ 相对应的纵模,则系统将选择损耗最低的波长,从而实现最高合成效率。这里给出的模型是一种研究 N 臂腔的谐振以及估算合成效率的有效工具。我们将在13.2.3节中利用这一模型来量化实际实验条件下能够获得的合成效率。

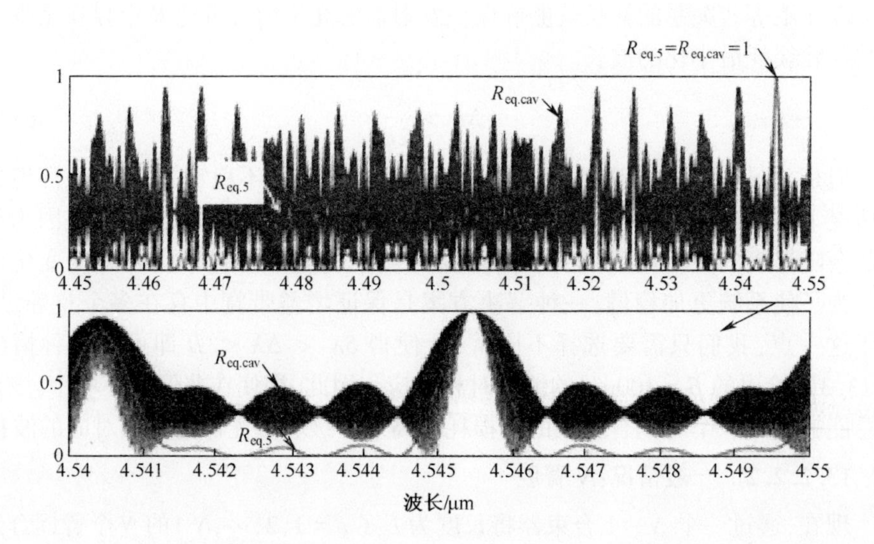

图13.4 五臂腔的共用腔和“干涉”区的有效反射率 $R_{eq,cav}$ 和 $R_{eq,5}$ 的计算实例

13.2.3 真实实验条件下的合成效率

因为存在环境扰动,腔臂的光程长 L_p 会随时间发生波动,例如,温度和膨胀变形或者反射镜及反射镜支架的振动会导致量子级联激光器的光学折射率发生变化。通过对 N 个臂的臂长进行细微的变化可以对这些扰动进行仿真[15]。增加的扰动 $[\delta L_p]_{p=1\cdots N}$ 处于 $-(\delta L_{max}/2) \leqslant \delta L_p \leqslant (\delta L_{max}/2)$ 之间,其中,$\delta L_{max} \sim \lambda_0$ (λ_0 =4.5μm,它是光谱带宽 B 的中心波长)。对于 $[\delta L_p]_{p=1\cdots N}$ 的每一随机集合,计算量子级联激光器光谱带宽范围内的最大有效反射率 $R_{eq,N}^{max}$。重复计算多次(通常为1000次),从而仿真 N 个臂的光程长的随机变化。通过这个统计分布结果,可以推导出一个平均值,该值可以理解为非保护条件下的平均合成效率:

$$\bar{\eta} = \overline{R_{eq,N}^{max}} \tag{13.12}$$

此外,这种统计分布结果的标准偏差 σ 可以理解成之前定义的合成效率的波动。σ 可以用来量化系统的稳定性。

在光纤激光器的相干合束中,Cao等人证明,本章给出的统计方法与实验结果高度吻合[15]。在本章中,对量子级联激光器进行相干合束时,采用了同样的方法。下文的各种不同计算中,光谱范围与量子级联激光器的增益光谱带宽相似,即,带宽 B = 100nm,中心波长为 λ_0。反射镜的反射率是固定的,$r_1^2 = \cdots = r_N^2 = r^2 = 1$,$r_0^2 =$

0.3。为了模拟实际的实验条件，臂长定义为 $L_p = L_1 + (p-1)\Delta L + \delta L_p$，其中 $\Delta L \approx 2\text{mm}$。

13.2.3.1　臂的数量 N 的影响

为了量化在 N 臂腔中能够相干合成的量子级联激光器的最大数量，可以先计算随臂的数量 N 的增长而变化的平均合成效率 $\bar{\eta}$，如图 13.5 所示。随机扰动等级固定为 $\delta L_{\max} \sim \lambda_0 = 4.5\mu\text{m}$。正如已经解释过的，迈克尔逊腔（$N=2$）是一种特殊情况，即使在非保护环境中，也可以通过选择臂长差将效率强制为 $\bar{\eta} = 1$，因此，验证了式(13.8)。此处有，$\Delta L = 2\text{mm} \gg \lambda^2/2B = 100\mu\text{m}$，因此，在光谱带宽 B 中有数百个零损耗的纵模，即使存在随机长度偏差 $\delta L_{\max} \sim \lambda_0$，该腔也有一个稳定性完美（$\sigma = 0$）的理想合成效率。

当 $N > 2$ 时，由于臂长的随机偏差，平均合成效率低于 1，并且平均合成效率随着臂的数量 N 的增加而降低。这是由于：对固定的光谱范围 B，找到损耗最小的波长的概率随着 N 的增加而降低。对于 $N = 5$ 的实验情形，当存在随机臂长扰动时，可以获得合成效率 $\bar{\eta}$ 约为 88%，其标准偏差 $\sigma = 12\%$。这仍是一个合理的合成效率，但对于超过 5 个臂的腔体，采用本章所述的特殊臂长设置，合成效率太低（$\bar{\eta} < 75\%$），该方法不具有吸引力。但值得注意的是，当 $2 < N < 9$ 时，合成效率下降非常快，当 $N > 9$ 时，就没有太大意义了。同样，当臂的数量较少时，合成效率的波动更重要。这一点可以理解为一个均值现象：对于臂的数量较多的腔，增加一个臂对合成效率的影响不那么大。

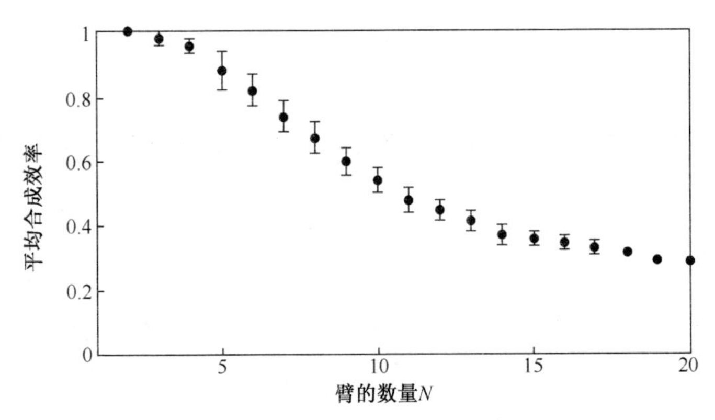

图 13.5　当 ΔL 约为 2mm 时，计算得出的臂的数量 N 与平均合成效率的关系。

13.2.3.2　臂长差 ΔL 的影响

我们已经证明，$N = 2$ 的情形时是一种特殊情况，因为臂长差相对于带宽 B 足够大（见式(13.8)），合成效率是理想的，且不取决于 ΔL。当 $N > 2$ 时，我们使用

“统计”方法来计算平均合成效率的变化与 ΔL 的关系(见图 13.6)。同样将扰动等级固定为 $\delta L_{\max} \sim \lambda_0$。当恒定臂长相等时($\Delta L = 0$),平均合成效率为 20%。在这种情况下,总有效能量中仅有 $1/N$ 被耦合到共用臂中。当 $\Delta L = 0$ 时,随机变化 δL_p 导致系统无法在共用腔中找到谐振。因此,由于存在环境的扰动,N 个臂之间无法相干合成,平均合成效率接近其最小值 $1/N$。当 $\Delta L = 2\text{mm}$ 时,得到的合成效率 η 约为 88%,其标准偏差 $\sigma = 12\%$。如果进一步增大 ΔL,合成效率也随之增大,并且 ΔL 值较大时,几乎达到理想值 1。同样,ΔL 值较大时,σ 几乎 减小为 0。

因此,对于给定的随机长度扰动 $\delta L_{\max}$,只要恒定臂的长度差足够大,则仍有可能趋近理想合成效率。这是由于,臂长差越大,在光谱范围 B 内找到谐振的概率越高。

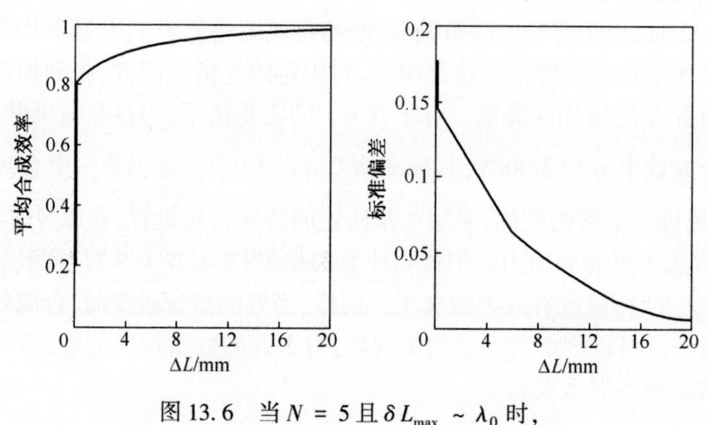

图 13.6 当 $N = 5$ 且 $\delta L_{\max} \sim \lambda_0$ 时,平均合成效率和标准偏差与 ΔL 之间的关系。

13.3 实验的实现过程:含有达曼光栅的五臂腔

13.3.1 达曼光栅

如上文所解释的,采用五臂腔进行量子级联激光器的相干合成需要一个特殊的光学元件,它能够将入射光束分为五束强度相等的光束,且分束效率(定义为五个中心衍射级次的功率与入射功率之比)较高。过去,绝大部分多光束分束器的设计都是基于达曼光栅原理[16,17]。达曼光栅是一种二元相位衍射光学元件(DOE)。采用目前的光刻和蚀刻技术制作达曼光栅相对容易,只需要一个光刻步骤即可。此外,用于设计这种衍射光学元件的理论和仿真工具也很容易开发。

由于量子级联激光器出射的五束光是共平面的,因此,此处只考虑一个维度上的几何结构,即,该结构是由仅在一个方向上具有周期性的蚀刻台阶组成的。达曼光栅在一个周期内的一般相位分布如图 13.7 所示,其中 D 是光栅的周期,该光栅的相位在 M 个临界点中的两个等级(0 和 π)之间变化。坐标经过归一化,满足,$0 = x_1 < x_2 < \cdots < x_{M-1} < x_M = 1$。

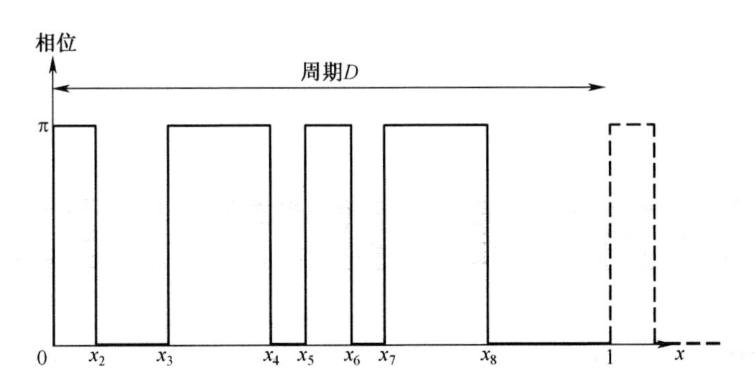

图 13.7　达曼光栅的相位分布图

要制备一个中红外波段衍射光学元件,所选的材料在这一波段必须是透明的。此外,从技术角度来看,这种材料还必须足够成熟,可以蚀刻二元结构。鉴于上述原因,选择了砷化镓(GaAs)材料。砷化镓在 $\lambda = 4.6\mu m$ 波段的折射率 $n_{GaAs} \approx 3.3$,这意味着菲涅耳反射系数约为 30%,因此,必须为该光栅设计减反射膜。根据砷化镓的折射率值和达曼光栅在 0~π 之间的相位分布情况,可获得蚀刻深度 h 如下:

$$h = \frac{\lambda}{2(n_{GaAs} - 1)} \approx 1\mu m \tag{13.13}$$

光栅的周期选择为 $D = 45\mu m$。这一取值是相邻衍射级次之间的角间距 $\Delta\theta = 5.7°$ 和蚀刻台阶的尺寸之间的折中结果。确实,$\Delta\theta$ 必须足够大(所以 D 要足够小,因为 $\Delta\theta \sim \lambda/D$)才能确保在实验系统中能够放置量子级联激光器,并保持合理的臂长(此处约为 32cm)。如果 D 太小,则每个周期内的蚀刻台阶会很难实现,因为,采用常规光学光刻技术,蚀刻台阶的厚度必须大于 1μm。

为了量化衍射光学元件的质量,光栅的合成效率 η 定义如下:

$$\eta = \frac{\sum_{n=-[(N-1)/2]}^{(N-1)/2} I_n}{\sum_n I_n} \tag{13.14}$$

式中:$N = 5$ 表示感兴趣的衍射级数,I_n 是第 n 个衍射级的强度。感兴趣的 N 个中心衍射级次之间的均匀性定义为:

$$U = \left.\frac{\max(I_n) - \min(I_n)}{\max(I_n) + \min(I_n)}\right|_{-\frac{N-1}{2} \leqslant n \leqslant \frac{N-1}{2}} \tag{13.15}$$

式中：U 是变化范围处于 0 和 1 之间的一个参数。最好的情况是，衍射级的强度相等，均匀性 $U=0$。最坏的情况是，5 个中心衍射级中有一个衍射级的强度等于零，非均匀性 $U=1$。采用衍射理论的标量近似法，可以计算这种二元结构的衍射级强度[18]：

$$I_0 = \left|1 - 2\sum_{s=1}^{(N-1)/2} (-1)^s x_s\right|^2 \tag{13.16}$$

$$I_n = \left|\frac{1}{\pi n}\sum_{s=1}^{(N-1)/2} (-1)^s \mathrm{e}^{-2\pi i n x_s}\right|^2 \tag{13.17}$$

然后，优化二元相位分布（即相变坐标 x_i 和相变数量 M），使合成效率 η 最大，且 U 最小。因此，代价函数选为：

$$\mathrm{Err} = \frac{\left(\sum_{n=-[(N-1)/2]}^{(N-1)/2} |I_n - (\eta/N)|^2\right)^P}{\eta^Q} \tag{13.18}$$

式中：P 和 Q 是自由参数，能够优化均匀性或者效率。当 $N=5$ 时，发现 $M=4$ 的结构的合成效率 η 约为 77.5%，U 约为 10^{-9}，如图 13.8 所示。

采用紫外光刻和电感耦合等离子体（ICP）蚀刻方式在砷化镓上制作优化后的相位分布。图 13.9 中给出该结构的扫描电子显微图（SEM）。然后在该光栅的蚀刻面和背面都镀制二氧化硅/二氧化钛双层减反射膜（反射率 $R<2\%$）。通过测量所有透射衍射级次中包含的功率来表征光栅。（与 77.5%的理论值相比）实验获得了约为 75%的分束效率，5 个中心衍射级次的强度之间的均匀性良好（$U\sim3\%$）。

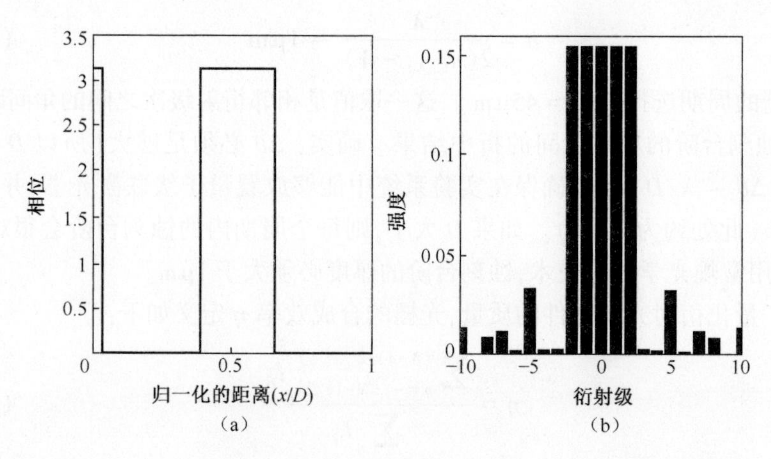

图 13.8 当 $N=5$ 时，优化后的达曼光栅的相位分布(a)和衍射级的强度(b)。

13.3.2 量子级联激光器

所用的量子级联激光器都是在磷化铟（InP）衬底上采用应力平衡的$Ga_{0.3}In_{0.7}$

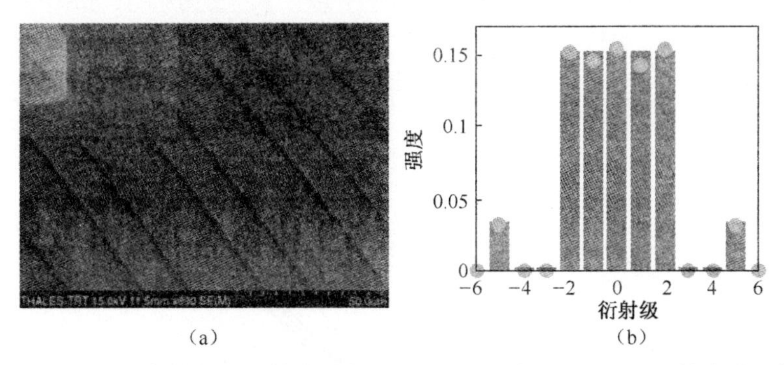

图 13.9　(a)达曼光栅镀制减反射膜之前的扫描电子显微图(SEM);(b)镀有减反射膜的达曼光栅的各衍射级次的强度计算值(柱图)和测量值(点)。

As/$Al_{0.7}In_{0.3}As$ 活性有源区制作的。采用电感耦合等离子体(ICP)蚀刻台阶,并通过金属有机化学气相沉积(MOCVD)再生长将其埋入掺铁的磷化铟(InP)中,从而更好地散热。由于倒装在与金锡焊接的氮化铝(AlN)基板上,热效应也得到了进一步改善。因为有源区与基板直接接触,所以大幅改善了散热问题。量子级联激光器的后腔面镀有高反射(HR)膜,输出面无镀膜($R \sim 30\%$),波导长度为 4mm 的量子级联激光器在连续波模式下的输出功率约为 400mW,阈值密度为 $1.3kA/cm^2$ 。通常,在中心波长约为 4.65μm 时,这些激光器的光谱带宽 $B \approx 100nm$ 。正如前文所解释的,为了促使外腔中出现锁相现象,量子级联激光器的输出面镀有减反射膜(氧化硅/二氧化钛(SiO_2/TiO_2)双层膜, $R_{AR} < 2\%$),后腔面镀有高反射膜。

首先,在单外腔(IEC)中表征量子级联激光器(图 13.10),外臂长度和透镜(准直透镜和聚焦透镜)与腔体的最终设置中所用的臂长和透镜一致。输出耦合器的反射率 $R_0 = 30\%$,为了模拟达曼光栅带来的 25%的单程损耗以及相干合成的损耗(见 13.2 节),在单外腔的外臂中引入一个分束器。通过调谐分束器和振荡光束之间的夹角,可以增加一个介于 $X = 20\%$ 和 $X = 40\%$ 之间的额外单程损耗 X(图 13.11)。因此,可以估算出含有达曼光栅损耗和相干合束损耗时的应得功率。

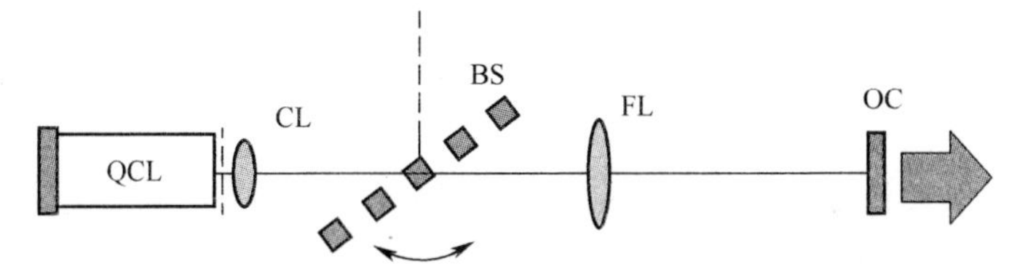

图 13.10　单外腔中镀有减反射膜的量子级联激光器的结构。CL:准直透镜;FL:聚焦透镜;OC:输出耦合器;BS:分束器。

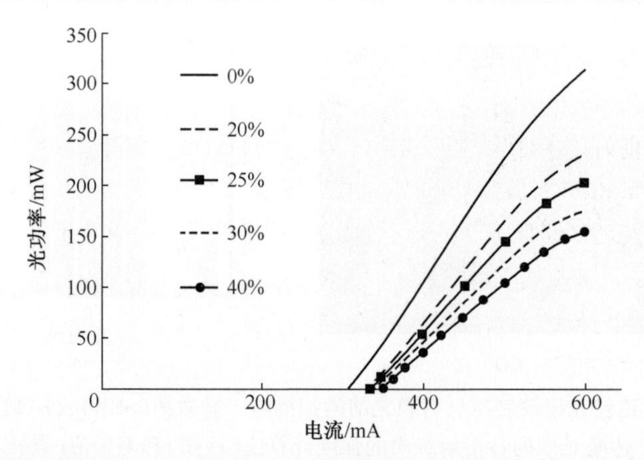

图 13.11　单程内腔损耗不同时,单外腔中量子级联激光器的典型功率随电流变化的曲线图。

13.3.3　五臂外腔

实验装置如图 13.12 所示。由 5 个量子级联激光器的后腔面和 $R_0 = 30\%$ 的输出耦合器构成外腔。将镀有减反射膜的独立准直量子级联激光器加入到与达曼光栅的中心级次相对应的 5 个臂中。另外,每个臂中都加入两个镀金反射镜,使 5 束光与这些衍射级次对准。最后,在共用臂中加入一个聚焦透镜(FL)。正如已经解释过的,整腔中的损耗最小会确保 5 个激光器之间锁相,并且会选择适当的纵模,从而使公共输出端(对应于达曼光栅的中心零级)上出现相长干涉,光栅的其他级上出现相消干涉(图 13.12 虚线表示了其中的一部分)。

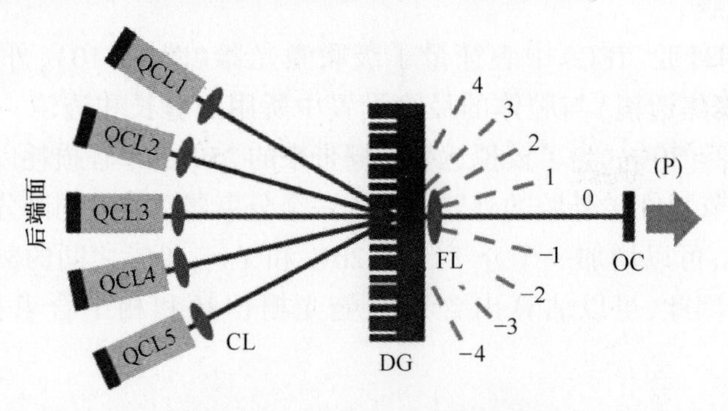

图 13.12　五臂腔的实验设置

QCL_i :高反射-减反射(HR-AR)量子级联激光器;CL:准直透镜;DG:达曼光栅;FL:聚焦透镜;OC:输出耦合器。

式(13.14)中定义的合成效率 η ,可以改写为

$$\eta = \frac{P_0}{\sum_i P_i} \tag{13.19}$$

式中: P_i 是输出级次上的功率。P_0 由输出功率 P_P 推导而得

$$P_0 = \frac{P_P}{1 - R_0} \tag{13.20}$$

为了达到良好的合成效率,设定量子级联激光器的电流,使得每个发射器为五臂腔提供的功率相同。从之前对量子级联激光器的独立表征结果中可以推导出合适的电流大小。将单外腔中单程额外损耗为 $X\%$ 时的 5 个量子级联激光器的总功率定义为 $P_{\text{tot},X}$。从先前对单外腔中内腔损耗可调的量子级联激光器的研究中可以推导出 $P_{\text{tot},X}$。因此,$P_{\text{tot},0}$ 是没有额外损耗时的总有效功率,$P_{\text{tot},25}$ 是将达曼光栅损耗计算在内的总有效功率。这是一种非常有用的工具,有助于理解实验输出功率损耗的不同成因。最后,该系统的总效率 β_0 定义为输出功率 P_P 和与单外腔中量子级联激光器可得的总功率之和的比值,表示如下:

$$\beta_0 = \frac{P_P}{P_{\text{tot},0}} \tag{13.21}$$

研究并比较了腔体的两种设置方式:臂长约为 320mm 的"短"腔(确切值介于 314mm 和 322mm 之间)以及除了中心臂长增加了 100mm 以外其余部分与"短"腔完全相同的"长"腔。确实,13.2 节的结果表明,臂长差越大,系统的合成效率和稳定性就越高。因此,我们证明,当 ΔL_P 的值均匀增加时,五臂腔的合成效率可能达到 100%。现在,我们关注的是能够应用到我们的实验设置中同时又能保持腔体结构紧凑的一种较为简单的情况。此处,我们首先从臂长满足 $L_P = L_1 + (p-1)\Delta L + \delta L_P$ ($\Delta L \sim 2\text{mm}$)的情况开始。我们计算出,当只增加一个臂的长度时,仍然能够提高平均合成效率并降低系统的波动。臂长增加 10cm 会使 $\overline{\eta}$ 从 88% 增加至 93%。下面将通过比较"短"腔和"长"腔结构,验证臂长差对合成效率的影响。

图 13.13 给出了合成光束的输出功率 P_P 与(单程额外损耗为 25% 的)单外腔中每个量子级联激光器的整体输出功率 P_{single} 之间的关系。在该图中,还分别给出了 5 个量子级联激光器在单程额外损耗为 0 和 25% 时的总功率 $P_{\text{tot},0}$ 和 $P_{\text{tot},25}$。

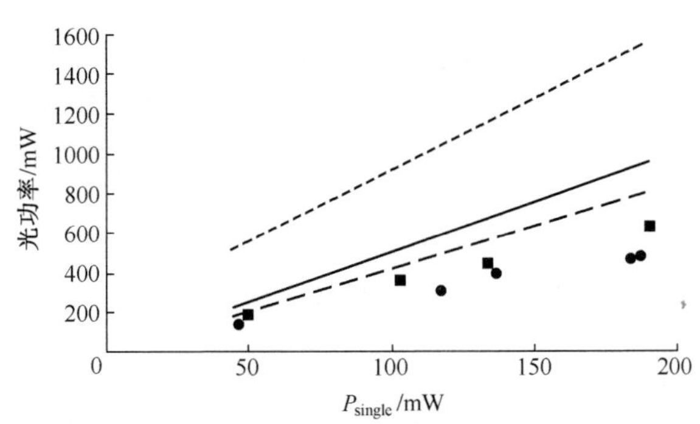

图 13.13 输出功率随 P_{single} 的变化关系。"短"腔(圆点)和"长"腔(小方块)的实验输出功率。单外腔中单程额外损耗为 0%(点线)、25%(实线)和 28%(虚线)时,5 个量子级联激光器中的总功率。

1）长腔

“长”腔中的合成光束的最大输出功率为 $P_P = 0.65\text{W}$。相应的总效率 $\beta_0 = P_P / P_{\text{tot},0}$，约为40%。总效率的降低是由于达曼光栅造成了额外的损耗。抑制达曼光栅损耗会将总效率提高到高达 $\beta_0 == P_P / P_{\text{tot},25} = 67\%$。剩余的33%效率损耗表明，除了达曼光栅损耗外还有其他损耗。正如已经解释的那样，非保护环境下，由于在量子级联激光器的增益光谱带宽内难以找到整腔的谐振，因此，五臂腔合成效率会降低。此处，我们测得的实验合成效率 $\eta_{\text{experimental}}$ 约为70%，该值接近达曼光栅的理论效率 $\eta_{\text{theoretical}} = 75\%$，且满足 $\eta_{\text{experimental}} = 70\% = 93\%\ \eta_{\text{theoretical}}$，如图13.14所示。这与存在环境扰动情况下，光谱增益带宽 B 为100nm时，在“长”腔中计算出的93%的理论值高度吻合（见13.2节）。

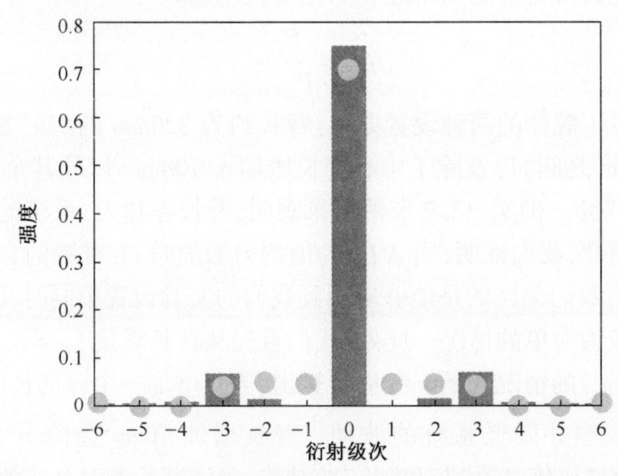

图13.14 柱条：具有适当相对相位关系的五束光照射达曼光栅时，各衍射级的强度计算结果。圆点：实测强度。

在图13.13中，功率 $P_{\text{tot},25}$ 对应于假设 $\eta_{\text{theoretical}} = 75\%$ 时的有效功率。但是，由于合成效率不理想，我们应该考虑用合成效率为70%且分束效率为75%的光栅，对应的单程损耗 $X = 1 - 0.75\sqrt{0.70} \sim 28\%$。图13.13中给出了含这些损耗的量子级联激光器中的相应功率 $P_{\text{tot},28}$。可以看出，由达曼光栅和合成效率的不理想而导致的额外损耗是合成效率 β_0 降低的一个主要原因。输出功率非常稳定，在非保护环境中自由运行1h，测得的最大功率峰值的波动小于±5%。在迈克尔逊腔中研究量子级联激光器的相干合束时，并没有观察到这些功率波动[10]。通过13.2节提出的理论模型，能够很好地理解随着合成光源数量的增多，输出功率的波动随之增大这一现象。

2）短腔

短腔结构中得到的最大输出功率 $P_P = 0.5\text{W}$，比采用长腔获得的最大输出功率更低[19]。短腔结构在合成光束时得到的有效功率 $\beta_{25} == P_P / P_{\text{tot},25} \sim 55\%$，而长腔结构的有效功率为67%。66%的合成效率也比长腔中获得的70%的合成效率低。

因此,与短腔相比,长腔中 η 提高了 6%,这与理论计算所得的提高量 5.5%一致。

如图 13.15 所示,合成光束的质量接近衍射极限,慢轴 $M^2 = 1.2$,快轴 $M^2 = 1.6$。这些值与只有量子级联激光器时的值接近,也和在独立外腔中的量子级联激光器的值接近。

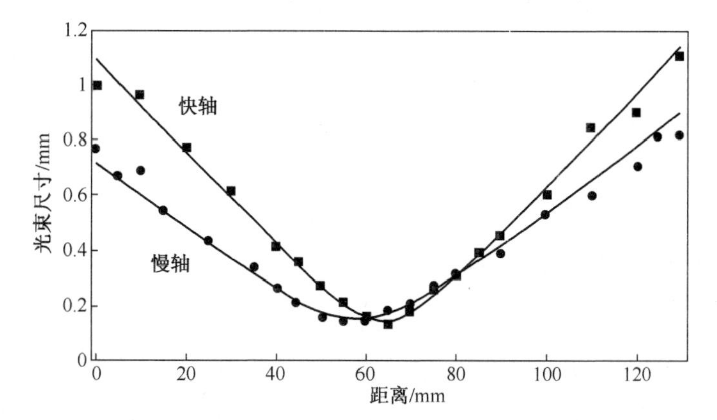

图 13.15　信号光束质量测量结果(圆点:实验结果;实线:拟合结果)

13.4　亚波长光栅

13.4.1　原理

在上一节中,证明了外腔中的五个量子级联激光器相干合束所得到的整体效率降低的一个主要原因是达曼光栅导致的 25%的单程损耗。效率受限是由于周期分布较简单[18]。在本节中将给出另外几种衍射效率较高的光栅来减少内腔的损耗。为了获得典型效率约为 97%的高效 1～N 分束器,一种方法是使用连续相位光栅[19,20]。但是,制作这些光栅仍然非常有挑战性[21]。另一种近似法是将连续相位分布离散成若干个相位级次。实现该离散相位分布最直接的方式是改变蚀刻材料的高度,从而使入射光线照射到该相位。所谓“多高度法”需要多个相位级次才能有效[20]。但是,增加相位级次的数量会增加光刻步骤中掩模板的潜在定位误差。总之,这种方法在理论上是有效的,但在制造中既困难又昂贵。

离散相位级次的另一种方法是保持高度恒定,改变入射光照射处的折射率。通过采用典型尺寸小于波长的结构,即所谓的亚波长结构,能够实现这种折射率变化的光栅。因为高度恒定,所有实现过程仅需要一个光刻和蚀刻步骤,避免了“多高度”方法中对掩模板进行多次精确对准的问题。亚波长光栅以有效介质理论为基础,该理论预测,在精确的条件下,周期性的亚波长结构相当于一种人造均匀电介质,其特征是有效折射率取决于亚波长结构的几何结构[22-24]。然后,通过改变光栅周期内的亚波长元件的尺寸,可以合成折射率介于空气的折射率和基板材料的折射率之间的任何有效的折射率(以及相位级次)。

人造电介质最早出现在 20 世纪 90 年代[24,25],并且在红外波段首先得以实现[26]。这一原理也适用于闪耀光栅[27,28]或衍射光学元件[29,30]的制备。仅制备具有亚波长结构的分束器[31]涉及一个波长为 $\lambda = 633\text{nm}$ 的 1-3 阵列发生器,其实测衍射效率为 74%且光束的均匀性良好(1.7%)。但是,至今尚无该光栅的减反射膜问题的研究。

此处,我们研究了采用亚波长结构实现效率高且均匀性良好的分束器的可行性,给出了这种光栅的设计、优化和制造方法,还研究了在这种折射率具有变化性的结构上沉积减反射膜层时存在的问题。

13.4.2 光栅的设计与制备

此处,我们关注的是二元亚波长光栅的设计,它能够将一束波长为 4.6μm 的入射光线分为 $N=7$ 的共平面光束,且具有良好的衍射效率 η 和均匀性 U。该结构由一种仅在一个方向具有周期性的亚波长蚀刻台阶构成。入射波是一种 TE 偏振平面波,电场平行于光栅蚀刻台阶。设计这种光栅首先要计算一种能够将一束光分成七束强度相等的光束的理想连续相位分布。然后,将这种连续相位分布离散并转为亚波长结构。为了计算这一理想相位分布,Sidick 等人建议可将其看作 N 个虚拟光源的干涉图案[20]。然后,通过优化虚拟光源的相位和振幅,能够强制将所得的全息图作为一个高效而均匀的分束器。采用这种方法,基于标量衍射理论,得到衍射效率 $\eta = 96.9\%$ 且均匀性 $U = 0.83\%$ 的理论连续相位分布结果[20]。

每一相位等级都可以通过一种与有效折射率相对应的亚波长特性实现,该有效折射率取决于用 L_i 和 Λ_i 表示的亚波长元件的几何结构,其中 Λ_i 是采样周期。沿光栅周期 D 改变 L_i 和 Λ_i,就可以改变入射光局部照射处的光学折射率(以及相位)。Λ_i 必须满足几个条件,这样,对入射波来说,亚波长结构在远场相当于均匀介质[32]。这种结构的几何形状如图 13.16 所示,其中 $n_1 = n_{\text{Air}} = 1$ 且 $n_2 = n_{\text{GaAs}} = 3.3$。这些等价条件要求 Λ_i 满足:

$$\Lambda_i < \frac{\lambda}{n_{\text{AsGa}} + \sin(\theta_{\max})} = 1.25\mu\text{m} \tag{13.22}$$

式中:$\theta_{\max}$ 为光栅上的最大入射角。在 N 臂腔中,分束器将被叠加在它的七个中心衍射次上的七束光线照射。当 $N = 7$ 时,光栅的最大入射角表示如下:

$$\theta_{\max} = \sin^{-1}\left(\frac{N-1}{2}\frac{\lambda}{D}\right) = 17.5° \tag{13.23}$$

等价条件还要求光栅的蚀刻深度 h 大于 $\lambda/4$。通过全矢量理论软件和严格耦合波分析(RCWA)[34]及其进一步改进的版本[35-37]计算与亚波长蚀刻槽相关的有效折射率 n_{eff}[33]。严格耦合波分析是在周期性结构的衍射中获得麦克斯韦方程组的精确解的一种知名技术。理论上,通过改变该亚波长蚀刻台阶的尺寸 L_i,使其

满足 $0 \leqslant L_i \leqslant \Lambda_i = 1.25\mu m$，可以得到满足 $n_1 = 1 \leqslant n_{eff} \leqslant n_2 = 3.3$ 的任意有效折射率。但是,考虑到实际技术限制(现有的电子束写入和蚀刻工具),特征尺寸的范围限制为 $300nm \leqslant L_i \leqslant 850nm$ 。光栅的另一个限制是蚀刻深度。从初步的测试来看,可以观察到,在整个光栅周期中,蚀刻深度并不恒定,它与蚀刻槽的宽度成正比。为了避免这种效应,在整个周期中强制蚀刻凹槽的宽度为恒量(此处为 400nm)。

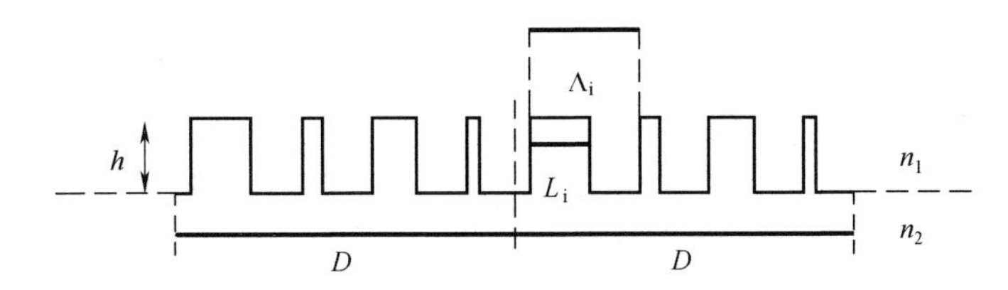

图 13.16　亚波长二元相位光栅的几何结构和标识符号

图 13.17 给出在 TE 波设置下,波长为 4.6μm 时,有效折射率随(凹槽宽固定为 400nm 的)砷化镓亚波长蚀刻台阶尺寸变化的情况。理想的相位分布在 0 到 $\alpha\pi$ 之间变化,其中 $\alpha = 1.22$(图 13.18)。因此,为了获得总相位差 $\alpha\pi$，二元亚波长特性的蚀刻深度调整为:

$$h = \frac{\alpha\lambda}{2(n_{max} - n_{min})} = 4.92\mu m \tag{13.24}$$

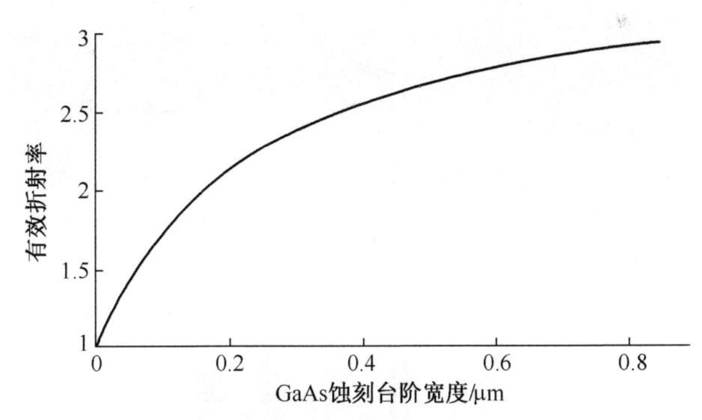

图 13.17　TE 偏振条件下,当蚀刻槽的宽度固定为 400nm 时,有效折射率与亚波长砷化镓蚀刻台阶宽度之间的关系。

式中: n_{max} 和 n_{min} 是通过亚波长特性可得的最大和最小有效折射率(考虑技术限制在内)(图 13.17)。从图 13.17 中得到 n_{eff} 的值后,首先将连续相位分布离散为若干个固定相位级次,然后转换成亚波长光栅(图 13.18)。这种直接转换光栅的效率为 $\eta = 96.7\%$，均匀性为 $U = 5\%$，与之相比,理想的连续相位光栅的性能为 $\eta = 96.9\%$，$U = 0.83\%$ 。通过电子束光刻(其分辨率比达曼光栅中采用的光刻技术的分辨率更高)和电感耦合等离子体(ICP)蚀刻制备了亚波长光栅。其结构如图 13.19所示。光栅的实测效率为 $\eta = 95\%$，均匀性为 $U = 13\%$ 。这些值与理论值呈高度一致(图 13.20)。

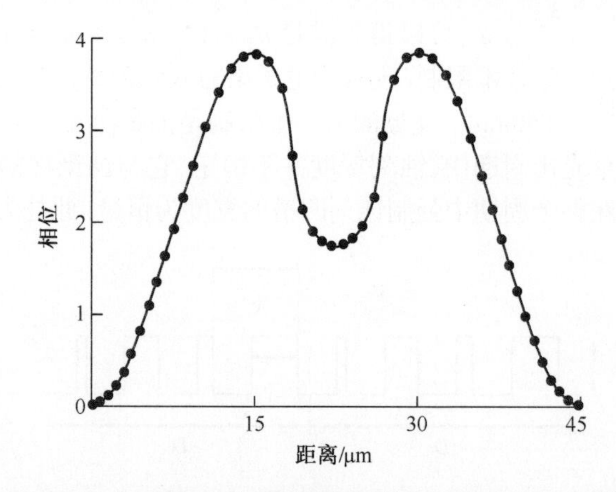

图 13.18 实线:分离七束光的理想连续相位分布的一个周期;
点:离散的相位级次。

图 13.19 电感耦合等离子体(ICP)蚀刻后,亚波长光栅的扫描电子显微图(SEM)。

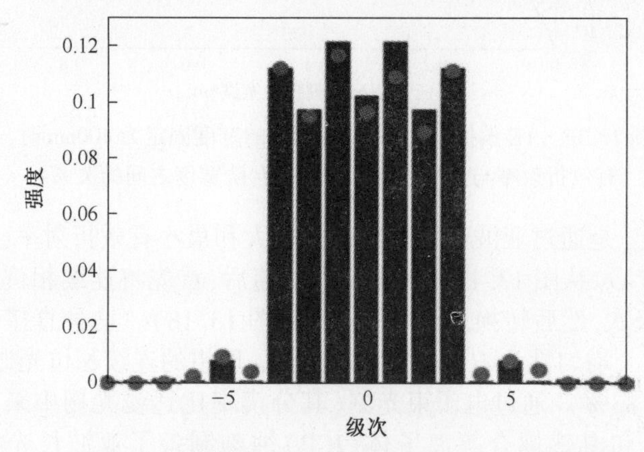

图 13.20 镀制减反射膜层之前,所制作的亚波长光栅衍射级次强度
的计算值(柱图)和实测值(点)。

13.4.3　减反射膜的设计

效率 η 中并没有考虑光栅反射的能量,因为它是用总透射能量归一化的。光栅反射级中包含的能量百分比为 $R = 21\%$ 。由于该结构的光学折射率随周期变化,所以,采用亚波长光栅时,“传统的”多层减反射膜层问题并不简单[38]。为了解决这一问题,可以采用本身就是亚波长结构的减反射膜层,如图 13.21 所示。这种亚波长结构的减反射膜层不仅能够降低反射率 R ,还能够提升整个结构的效率和均匀性。因此,必须同时按照三个质量标准优化整个结构(砷化镓蚀刻台阶的宽度、蚀刻深度以及减反射膜层):R 的最小化、η 的最大化和 U 的最大化。

从第一次减反射膜层测试中可以推断,减反射膜层不会到达蚀刻槽的底部,相反,会聚集在蚀刻台阶的顶部。考虑到这种效应,我们采用了与实验观察到的比较接近的真实的减反射膜层结构(图 13.21)。(译者注:原书有误,已更正。)这里采用的是二氧化钛(TiO_2)单层膜层,因为我们发现,它与二氧化钛/二氧化硅(TiO_2/SiO_2)等传统的多膜层结构一样有效。然后,采用式(13.18)中的代价函数优化了整个结构。优化后的光栅效率为 $\eta = 95.4\%$,均匀性为 $U = 4.4\%$,反射率降低至 $R = 1.7\%$ 。因此,减反射膜层已经将反射的能量从 21%减少到 1.7%,并且保证了初始效率和初始均匀性。

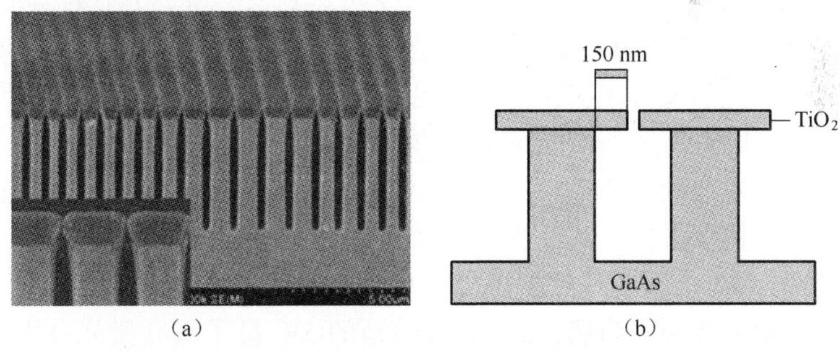

图 13.21　在亚波长结构上沉积减反射膜层的第一次测试扫描电子显微图(SEM)(a)。亚波长光栅上真实的单层减反射膜层模型(b)。

13.4.4　性能计算结果

根据之前的实验数据,可以估算出使用了 13.4.2 节中设计的亚波长光栅后,从七臂腔中能够得到的输出功率。在计算过程中,考虑了在单外腔中采用最大输出功率均为 300mW 的七个完全相同的量子级联激光器。这些 N 臂腔的损耗主要是由于光栅效率和合成效率不理想,因为有限的光谱范围内难以找到腔内谐振。在本章的例子中,已经确定亚波长光栅的效率可以达到 95%,在七臂腔中,可以获得的合成效率为 74%(图 13.5)。此处,所得的总单程损耗为 $1 - \sqrt{0.95\times(0.95\times0.74)} = 18\%$。然后,就可估算出使用亚波长光栅时,七臂腔的输出功率为1.6W。相应的总效率为75%,这比采用达曼光栅的五臂腔所得的40%的效率更有价值。

13.5 结 论

在本章中,研究了在外腔中采用达曼光栅对量子级联激光器进行被动相干合成的问题。首先,开发了一种传统的“冷腔”模型来量化采用该方法能够获得合成效率(考虑环境扰动)。然后,验证了使用达曼光栅在外腔中对五个量子级联激光器进行相干光束叠加。设计了一种达曼光栅,将中红外波段的入射光束分为强度几乎相等的光束,分束效率为75%。在室温下,功率为0.65W的连续波在该腔中对应的合成效率为70%,且总效率为40%。此外,合成光束与单发射器光束具有相同的光束质量($M^2 < 1.6$)。因此,证明了本章介绍的方法是一种提高量子级联激光器亮度的有效方式。但是,我们发现,总效率降低的一个重要原因是达曼光栅导致产生了25%单程损耗。为了降低内腔损耗,本章接着研究了采用亚波长光栅的可行性。这些折射率具有可变性的结构具有远高于达曼光栅的衍射效率。我们采用一种加入了优化程序的严格耦合波分析(RCWA)代码设计了一种镀有减反射膜层的1~7亚波长光栅。优化后的光栅的效率可达到95.4%,衍射级次间的一致性很高,反射率仅为1.7%。制备的第一个光栅性能非常好,因为获得的固有实验衍射效率为95%。然后计算了采用亚波长光栅七臂腔的总效率,有可能达到75%,这比采用达曼光栅的五臂腔的40%的效率更有价值。

我们在引言中提到,目前中波红外应用中的光源一般是基于ZGP或砷化镓非线性晶体的光参量放大器。从这些光源中获得的最大输出功率约为20W。七臂腔的总理论效率为75%,在单外腔中采用功率均为4W的整腔量子级联激光器能够达到这一输出功率等级。当然,采用最近验证的5W量子级联激光器无疑能够获得这一性能[6]。总之,未来,在外腔中用亚波长光栅进行量子级联激光器的相干合成应该是一种替代光参量放大器解决中红外波段光源功率放大问题的更有价值的方案。

参 考 文 献

[1] Budni, P. A., Pomeranz, L. A., Lemons, M. L., Schunemann, P. G., Pollak, T. M., and Chicklis, E. P. (1998) 10W Mid-IR Holmium Pumped ZnGeP2 OPO. Advanced Solid State Lasers, Coeur D'Alene, ID, February 2, Paper FC1.

[2] Cheung, E., Palese, S., Injeyan, H., Hoefer, C., Ho, J., Hilyard, R., Komine, H., Berg, J., and Bosenberg, W. (1999) High power conversion to mid-IR using KTP and ZGP OPOs. Advanced Solid State Lasers, Boston, MA, January 31, Paper WC1.

[3] Faist, J., Capasso, F., Sivco, D. L., Sirtori, C., Hutchinson, A. L., and Cho, A. Y. (1994) Quantum

cascade laser. Science, 264, 553-556.

[4] Bismuto, A. , Beck, M. , and Faist, J. (2011) High power Sb-free quantum cascade laser emitting at 3. 3 mm above 350 K. Appl. Phys. Lett. , 19, 191104.

[5] Scalari, G. , Blaser, S. , and Faist, J. (2004) Terahertz emission from quantum cascade lasers in the quantum hall regime: evidence for many body resonances and localization effects. Phys. Rev. Lett. , 93, 237403.

[6] Bai, Y. , Bandyopadhyay, N. , Tsao, S. , Slivken, S. , and Razeghi, M. (2011) Room temperature quantum cascade lasers with 27% wall plug efficiency. Appl. Phys. Lett. , 98, 181102.

[7] Wagner, J. , Schulz, N. , Rösener, B. , Rattunde, M. , Yang, Q. , Fuchs, F. , Manz, C. , Bronner, W. , Mann, C. , Köhler, K. , Raab, M. , Romasev, E. , and Tholl, H. D. (2008) Infrared semicon*d*Uctor lasers for DIRCM applications. Proc. SPIE, 7115, 71150A. 1-71150A. 11.

[8] Hugger, S. , Aidam, R. , Bronner, W. , Fuchs, F. , Lösch, R. , Yang, Q. , Wagner, J. , Romasew, E. , Raab, M. , Tholl, H. D. , Höfer, B. , and Matthes, A. L. (2010) Power scaling of quantum cascade lasers via multiemitter beam combining. Opt. Eng. , 49, 111111.

[9] Lee, B. , Kansky, J. , Goyal, A. , Pflügl, C. , Diehl, L. , Belkin, M. , Sanchez, A. , and Capasso, F. (2009) Beam combining of quantum cascade laser arrays. Opt. Express, 17, 16216-16224.

[10] Bloom, G. , Larat, C. , Lallier, E. , Carras, M. , and Marcadet, X. (2010) Coherent combining of two quantum-cascade lasers in a Michelson cavity. Opt. Lett. , 35, 1917-1919.

[11] Leger, J. , Swanson, G. , and Vedkamp, W. (1986) Coherent beam addition of GaAlAs lasers by binary phase gratings. Appl. Phys. Lett. , 48, 888-890.

[12] Hoffmann, L. , Klinkmüller, M. , Mujagic, E. , Semtsiv, M. , Schrenk, W. , Masselink, W. , and Strasser, G. (2009) Tree array quantum cascade laser. Opt. Express, 17, 649-657.

[13] Pedersen, C. and Skettrup, T. (1996) Laser modes and threshold conditions in Nmirror resonators. J. Opt. Soc. Am. B, 13, 926-937.

[14] Sabourdy, D. , Kermene, V. , Desfarges-Berthelemot, A. , Lefort, L. , Barthelemy, A. , Even, P. , and Pureur, D. (2003) Efficient coherent combining of widely tunable fiber lasers. Opt. Express, 11, 87-97.

[15] Cao, J. , Hou, J. , Lu, Q. , and Xu, X. (2008) Numerical research on self-organized coherentfiber laser arrays with circulating field theory. J. Opt. Soc. Am. B, 25, 1187-1192.

[16] Dammann, H. and Görtler, K. (1971) High-efficiency in-line multiple imaging by means of multiple phase holograms. Opt. Commun. , 3, 312-315.

[17] Dammann, H. and Klotz, E. (1977) Coherent optical generation and inspection of two-dimensional periodic structures. Opt. Acta, 24, 505-515.

[18] Zhou, C. and Liu, L. (1995) Numerical study of Dammann array illuminators. Appl. Opt. , 34, 5961-5969.

[19] Bloom, G. , Larat, C. , Lallier, E. , Lehoucq, G. , Bansropun, S. , Lee-Bouhours, M. -S. L. , Loiseaux, B. , Carras, M. , Marcadet, X. , Lucas-Leclin, G. , and Georges, P. (2011) Passive coherent beam combining of quantum-cascade lasers with a Dammann grating. Opt. Lett. , 36, 3810-3812.

[20] Sidick, E. , Knoesen, A. , and Mait, J. (1993) Design and rigorous analysis of highefficiency array generators. Appl. Opt. , 32, 2599-2605.

[21] Ehbets, P. , Herzig, H. , and Prongué, D. (1992) High-efficiency continuous surfacerelief gratings for two-dimensional array generation. Opt. Lett. , 17, 908-910.

[22] Bouchitte, G. and Petit, R. (1985) Homogenization techniques as applied in the electromagnetic theory of gratings. Electromagnetics, 5, 17-36.

[23] Lalanne, P. and Lemercier-Lalanne, D. (1996) On the effective medium theory of subwavelength periodic

structures. J. Mod. Opt., 43, 2063-2086.

[24] Farn, M. W. (1992) Binary gratings with increased efficiency. Appl. Opt., 31, 4453-4458.

[25] Stork, W., Streibl, N., Haidner, H., and Kipfer, P. (1991) Artificial distributed-index media fabricated by zero-order gratings. Opt. Lett., 16, 1921-1923.

[26] Haidner, H., Kipfer, P., Sheridan, J. T., Schwider, J., Streibl, N., Collischon, M., Hutfless, J., and Marz, M. (1993) Diffraction grating with rectangular grooves exceeding 80% diffraction efficiency. Infrared Phys., 34, 467-475.

[27] Sauvan, C., Lalanne, P., and Lee, M.-S. L. (2004) Broadband blazing with artificial dielectrics. Opt. Lett., 29, 1593-1595.

[28] Ribot, C., Lalanne, P., Lee, M.-S. L., Loiseaux, B., and Huignard, J.-P. (2007) Analysis of blazed diffractive optical elements formed with artificial dielectrics. J. Opt. Soc. Am. A, 24, 3819-3826.

[29] Lu, F., Sedgwick, F. G., Karagodsky, V., Chase, C., and Chang-Hasnain, C. J. (2010) Planar high-numerical-aperture low-loss focusing reflectors and lenses using subwavelength high contrast gratings. Opt. Express, 18, 12606-12614.

[30] Lee, M.-S. L., Bansropun, S., Huet, O., Cassette, S., Loiseaux, B., Wood, A., Sauvan, C., and Lalanne, P. (2006) Subwavelength structures for broadband diffractive optics, in ICO20: Materials and Nanostructures, vol. 6029 (eds W. Lu and J. Young), Proceedings of the SPIE, pp. 297-303.

[31] Miller, J. M., de Beaucoudrey, N., Chavel, P., Cambril, E., and Launois, H. (1996) Synthesis of a subwavelength-pulsewi*d*th spatially modulated array illuminator for 0.633 mm. Opt. Lett., 21, 1399-1402.

[32] Lalanne, P. and Hutley, M. (2003) Artificial Media Optical Properties: Subwavelength Scale, Marcel Dekker, New York.

[33] Hugonin, J. P. and Lalanne, P. (1995) Reticolo software for grating analysis.

[34] Moharam, M. G., Grann, E. B., Pommet, D. A., and Gaylord, T. K. (1995) Formulation for stable and efficient implementation of the rigorous-coupled wave analysis of binary gratings. J. Opt. Soc. Am. A, 12, 1068-1076.

[35] Lalanne, P. and Morris, G. M. (1996) Highly improved convergence of the coupled-wave method for TM polarization. J. Opt. Soc. Am. A, 13, 779-784.

[36] Granet, G. and Guizal, B. (1996) Efficient implementation of the coupled-wave method for metallic lamellar gratings in TM polarization. J. Opt. Soc. Am. A, 13, 1019-1023.

[37] Li, L. (1997) New formulation of the Fourier modal method for crossed surface-relief gratings. J. Opt. Soc. Am. A, 14, 2758-2767.

[38] Bloom, G., Larat, C., Lallier, E., Lee-Bouhours, M.-S. L., Loiseaux, B., and Huignard, J.-P. (2011) Design and optimization of a high-efficiency array generator in the mid-IR with binary subwavelength grooves. Appl. Opt., 50, 701-709.

第14章

相位共轭自组织相干光束合成

Peter C. Shardlow, Michael J. Damzen

14.1 引　　言

自组织相干光束合成(SOCBC)是被动合成多个激光振荡器的成熟技术[1-3]。在SOCBC系统中,利用分束镜/合束镜把多个激光振荡器的光束耦合到一个单一输出的耦合器(OC)里,其原理如图14.1所示。

这种复合腔含有一系列"损耗"输出和一个腔臂,腔臂上有一个反射率为 r 的输出耦合器。单个共享输出耦合器与损耗通道的组合效果是,输出耦合器的有效反射率(正如从放大器所见)取决于合成光束之间的相位和功率关系。如果所有待合成光束经过调相,使它们在进入输出耦合器通道后形成相长干涉,则返回腔臂的功率会比任何其他相位条件下的功率都高。这种依赖相位的输出耦合器反射率会形成一些腔内往返损耗较低的工作模式,这又让系统形成自组织锁相工作模式,能相干合成为单一输出。

在传统激光腔组件中,要在耦合器中合成光束,则光束的有限相位偏置受腔长和合束镜位置的约束。这导致复合腔的工作波长会自行调节,以便正确调整待合成光束的相位。在单个激光腔中,有一些截然不同的波长会形成驻波,这样就会将工作波长限定为某一个驻波的光谱模式。当多个激光器都锁定在SOCBC系统中时,所有模块都必须找到一个对所有单腔体都通用的单一光谱模式。不幸的是,随着激光模块数量的增加,为高效合成找到共享光谱模式的概率会急剧下降[4-6]。事实上,激光谐振腔内存在的有限光谱模式限制着能合成的激光模块数量。如果能确定一个有较大光谱自由度的激光谐振腔,它就会降低甚至是消除自组织相干合成的扩展限制。

正如本章将阐述的,无预设光谱模式的谐振器可以由一个含相位共轭镜(PCM)的振荡器来实现。相位共轭镜具有一些有趣的特征,如其反射光束的波前是反向的,并沿其原路返回。相位共轭镜通常基于非线性介质内的四波混频(FWM),在这里干涉光束会写入动态光栅(或全息图)形成介质参数,这样不同光

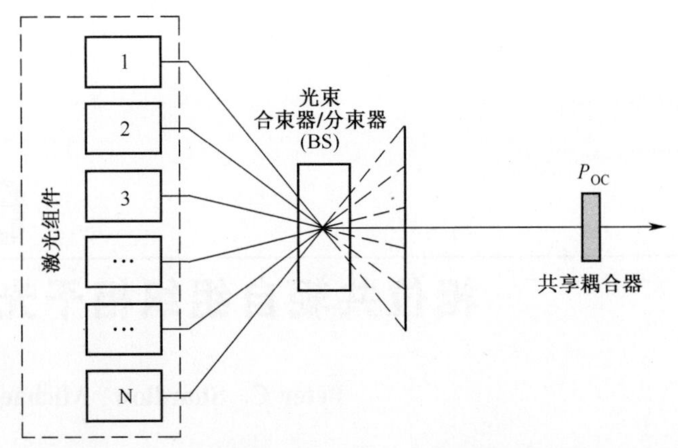

图 14.1 自组织相干光束合成原理图，这里用一个合束镜/分束镜和一个输出耦合器，对各个激光组件锁相，形成单一相干输出 P_{OC} 。

束之间就会出现耦合。

这种情况与画一个全息图相同，由交互光束同时进行读和写。在激光腔里用这样一个全息元件，在全息图形成之前腔体长度还未设定时，可以更灵活地获得输出光谱模式。图 14.2 中的插图是一个用以产生相位共轭输出的自泵浦四波混频谐振器的概念图。透射光栅位于光束 A_1 和 A_3 之间，为非线性介质产生偏振调制。这个光栅构成了一个环形腔，如果环路内有足够增益，就会达到振荡阈值，产生一个相位共轭输出光束。有了足够的增益，并引入一个输出耦合器，就能够使自泵浦相位共轭镜像一个自启动激光振荡器一样工作[7-10]。

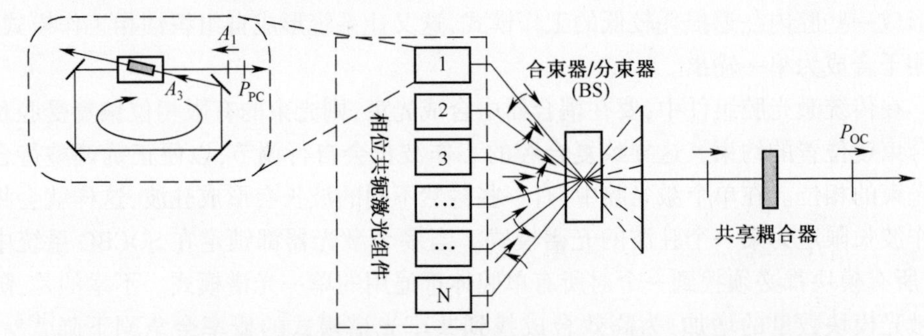

图 14.2 PCSOCBC 系统原理图，这里用一个分束镜/合束镜使多相位组件组合，用一个单输出耦合器对多组件锁相，得到单一相干输出 P_{OC} 。
插图：相位共轭组件，基于增益光栅交互的四波混频。

在相位共轭自组织相干光束合成（PCSOCBC）中，构建了一个类似于 SOCBC 的系统，只是用自启动相位共轭振荡器替代了传统的激光组件[11]。图 14.2 是 PCSOCBC 系统原理图，其中基于四波混频结构的多个自泵浦相位共轭组件耦合到一起。使用相位共轭组件的好处是，光腔无须预设空间和光谱输出模式或限定相位偏置。这使 PCSOCBC 系统的每个组件都能调整输出模式,以便产生正确的相位,从而形成相长干涉,并且与激光组件的数量无关。更进一步说,即便在放大器、振荡器和耦合光学件内部出现热畸变的情况下,全息组件的相位共轭也能校正像差,也能进行相干合成。

本章首先给出相位共轭的基本概念,接着介绍增益全息以及在实验中如何应用这一技术产生无预设模式的自启激光谐振器。然后结合实验验证,讨论如何把这些激光谐振器集成到 PCSOCBC 系统中。最后讨论提升 PCSOCBC 系统功率的可能性。

14.2　相 位 共 轭

正如在一些文献中论述的,相位共轭(或时间反转)是一个非线性光学过程,其反射光束的方向和相位均与入射光束相反[12-24]。这样就可以对光束像差进行双通波前校正。

图 14.3(a)所示是一个传统反射镜对入射平面波的反射。平面波通过一个能产生像差的介质入射到一个标准反射镜上,反射光束垂直于镜面。反射光束再通过像差介质,最终形成一个双倍畸变的波前。对比之下,图 14.3(b)给出一个类似情况,只不过用相位共轭镜取代了传统反射镜。相位共轭镜把入射波矢的所有分量全部反转,反射光束沿入射光束的反方向传播。相位共轭镜反转了波前的相位,使得在第二次通过像差介质时,能重新得到初始平面波。

根据入射波 E_i ,可以得到相位共轭波 E_c 的数学表达式:

$$E_i(v,t)=\frac{1}{2}[\,|A_i(v)|\exp(i(\omega_i t-\boldsymbol{k}_i v+\varphi_i(v)))]+\text{c. c.}\qquad(14.1)$$

$$E_c(v,t)=\frac{1}{2}[\,r_c|A_i(v)|\exp(i(\omega_i t+\boldsymbol{k}_i v-\varphi_i(v)))]+\text{c. c.}\qquad(14.2)$$

式中:$A_i\,v$ 是入射光束的空间幅度, ω_i 是入射频率, k_i 是波矢量, $\varphi(v)$ 是波前相位, r_c 是相位共轭镜的反射率系数。相位共轭光束与原光束空间振幅相同,波矢($k_c=k_i$)和波前($\varphi_c(v)=-\varphi_i(v)$)反向。

要产生一个相位共轭镜,需要一种非线性光敏材料。最常用的材料是那种场致折射率变化材料。当两个或多个相干光束在这种介质中相互作用,所形成的干涉条纹对光敏性进行空间调制,形成一个能耦合多光束的自写光栅[15-19]。这种现象在光折变材料中最常见,干涉条纹会改变介质内的电荷分布。所产生的内部电场,通过电光效应,对折射率进行空间调制,最终形成一个光栅,使写入光束产生衍射。虽然用光折变材料通过四波混频交互作用产生相位共轭输出一直是最常用的方法,但也可以利用其他很多介质材料的非线性改变折射率,如科尔(树脂)或吸

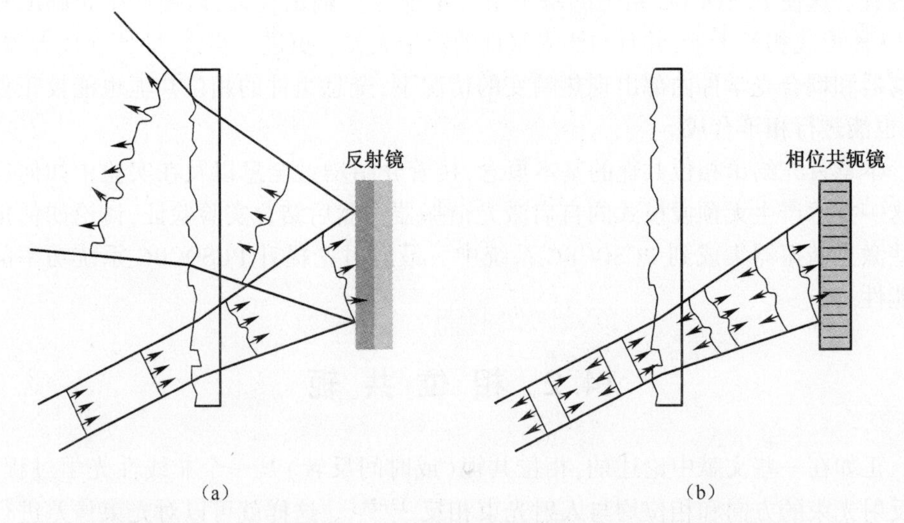

图 14.3 (a) 平面波通过像差板被传统反射镜反射;(b) 平面波通过同一个像差板被相位共轭镜反射,光束反过来再通过像差板后,平面波得以重建。

收介质。

还可以利用饱和增益介质材料的光学交互作用引起受激发射,产生一个相位共轭镜。在多个相干光束在激光活性介质中产生干涉的情况下,会带来粒子数反转的空间调制。这种粒子数反转光栅一直被认为能使多个激光束耦合,并能验证四波混频相位共轭[21]、自泵浦相位共轭[20]、二波混频自适应干涉[21]和自启动自适应激光振荡[22]的一种重要器件。大量研究的重点都放在利用饱和增益介质替代光折变材料上,当相互作用时间很短(约为微秒级)时,现有的固有增益就可导致很高的相位共轭反射率,光栅写入又不需要吸收,这就可以扩展到高功率[8, 16, 17, 20, 22-29]状态。除了介绍 PCSOCBC 系统之外,本章还将重点讨论增益光栅的相互作用,因为利用增益光栅进行光束耦合时,相互作用和放大都在单个元件内实现,因此耦合简单高效。

14.2.1 增益全息

在四能级饱和增益介质中,增益光栅的光辐射放大关键动力学特性由反转密度的速率方程决定。可以用局部增益系数 $\alpha(\boldsymbol{v},t)$ 方便地表示为[13, 30]:

$$\frac{\partial\alpha(\boldsymbol{v},t)}{\partial t}=R(t)-\frac{1}{U_{\mathrm{S}}}I_{\mathrm{T}}(\boldsymbol{v},t)\alpha(\boldsymbol{v},t)-\frac{\alpha(\boldsymbol{v},t)}{\tau_{\lambda}} \tag{14.3}$$

式中:$\alpha(\boldsymbol{v},t)$ 是增益系数,$R(t)$ 是空间独立泵浦速率,$I_{\mathrm{T}}(\boldsymbol{v},t)$ 是光场强度,$U_{\mathrm{S}}=hv/\sigma_{\mathrm{e}}$ 是介质的饱和通量,其中 v 是激光频率,σ_{e} 是受激发射截面积,τ_{λ} 是介质的高能级寿命。

图 14.4 所示是两个相干光束在增益介质中的相互作用。两个角度不同的光束在增益介质中形成干涉条纹 $I(\boldsymbol{v},t)$。光学场可以表示为 $E_i(t) = 1/2\ A_i(t)\ e^{ik_i\cdot v - i\omega t} + \text{c.c.}$。其中，$\boldsymbol{k}_i$ 是每个光束的波矢量；ω 是角频率，表示两个场的衰变；$A_i = |A_i| e^{i\phi_i}$ 是光场的复振幅。对图 14.4 所示的相互作用的几何形式，其中 z 轴是两场方向的平分线，沿 x 轴产生干涉条纹。其结果是一个光学周期内，z 轴的时间平均强度是常数，而在 x 轴上则是正弦调制。

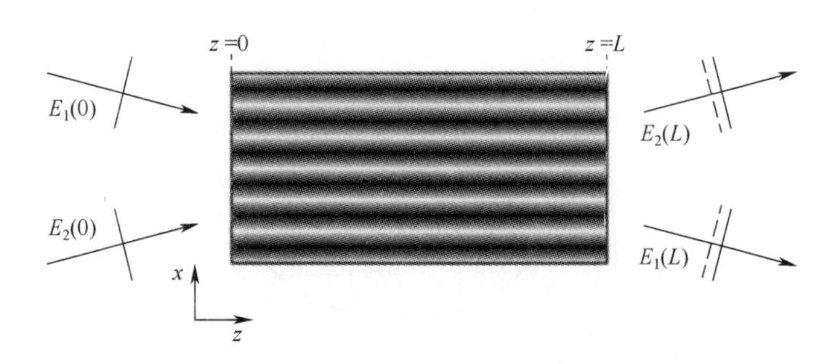

图 14.4　由于写入光束 E_1 和 E_2 相互作用形成的粒子反转透过光栅。从增益介质出射的两个光束[$E_1(L)$ 和 $E_2(L)$] 则含有光束的放大分量和其他光束的衍射分量。

图 14.5(a)给出了振幅相同的两个相干光束入射情况下沿 x 轴的干涉条纹。图 14.5(b)给出了最终的稳态光栅，由三个不同强度的写入光束形成粒子反转(用中等饱和强度 I_S 归一化)。值得注意的是，干涉条纹与增益光栅异相，写入光束强度高的区域正是粒子反转低的区域，这将使衍射光束与写入光束异相。同样，对高强度的写入光束，显然增益光栅是非正弦调制，而不是高阶谐波调制。

在稳态体系中，将周期空间调制系数展开为傅里叶级数，并运用麦克斯韦尔波方程，得到在增益介质中两个光学场相互作用的耦合波方程如下[21, 31]：

$$\frac{\partial A_1}{\partial z} = \gamma A_1 + kA_2 \tag{14.4}$$

$$\frac{\partial A_2}{\partial z} = \gamma A_2 + kA_1 \tag{14.5}$$

式中：$\gamma = \alpha^{(0)}/2$，$|k| e^{i\phi} = (\alpha^{(1)}/4)\ e^{i\phi}$，其中 $\alpha^{(0)}$ 和 $\alpha^{(1)}$ 是空间调制增益系数傅里叶展开式的零阶和一阶系数。在弱饱和中（$I/I_S \ll 1$），它们可以分别近似为 $\alpha^{(0)}(z) = \alpha_0$，和 $\alpha^{(1)}(z) = -(2\alpha_0) \times \{[I_1(0)\ I_2(0)]^{1/2}/ I_S\} \exp(\alpha_0 z)$ [21]。式(14.4)和式(14.5)中，第一项代表每个光束的平均(饱和)增益的放大倍数；第二项是由光束衍射导出，光束从一阶谐波增益调制到其他光束方向。零阶和一阶增益项是其自身光场的函数；于是它就是一个耦合的自相互作用，在这个作用中，写增益光栅的光束同时被同一个光栅的布拉格匹配衍射所修改。

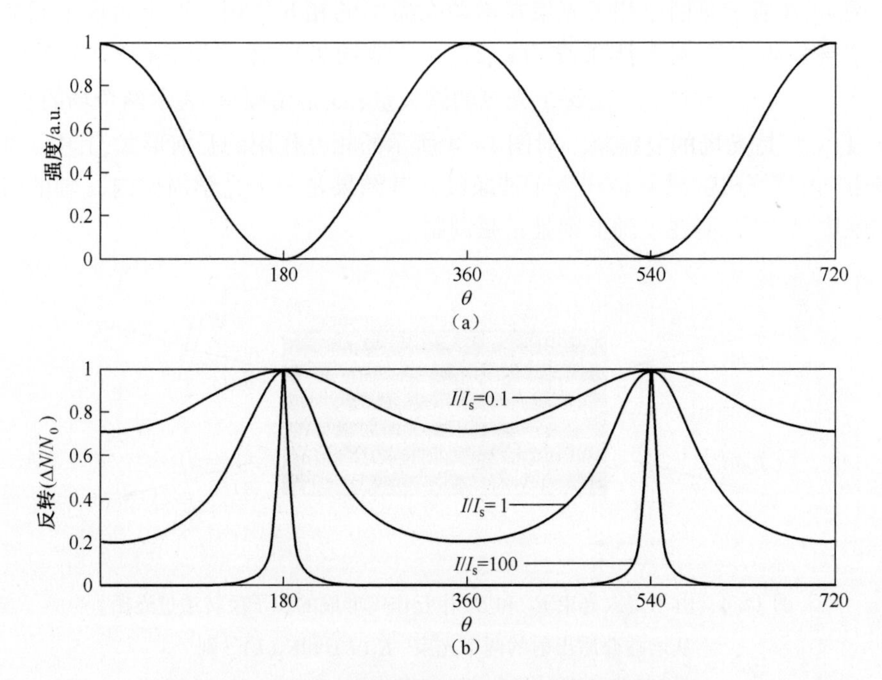

图 14.5 (a)两个振幅相等干涉光束的强度分布曲线；
(b)作为饱和强度函数的粒子反转对应的调制情况。

任意饱和的两个光束耦合的全解可以由耦合方程(14.4)和方程(14.5)的数值积分得到。但是真正有趣的是弱饱和的情况,利用这一近似可以获得参考光束($A_1(L)$)在增益介质中传输 L 后的振幅解析解[21]：

$$A_1(L) = A_1(0) \cdot t_a + A_2(0) \cdot r \tag{14.6}$$

其中,振幅透射系数是:

$$t_a = e^{-\alpha_0 L/2} \tag{14.7}$$

振幅反射(衍射)系数(r)则为:

$$r = -\frac{1}{2}\frac{A_1(0)A_2^*(0)}{I_S}(e^{\alpha_0 L} - 1)e^{\alpha_0 L/2} \tag{14.8}$$

可以看到,输出场是透射场分量和其他场的衍射分量的叠加。这是两个光束在分束镜上相互作用的模拟量,分束镜的幅度透过率为 t_a,反射率为 r。除了这种情况,由于增益介质的放大作用,反射比和透过比之和会大于 1。对于通常的分束镜,要保持能量,还要求反射率高而透过率低。但对于增益光栅相互作用的情况,这一点将不再是约束条件。

可以看出,在谐振振幅反射率前有个负号,因此衍射项($r \cdot A_2(0)$)与透射项($t_a \cdot A_1(0)$)是相消的。如图 14.5 所示,相消干涉的产生是由于增益光栅与强度干涉条纹反相。增益光栅的出现使得稳态输出降低,这也是增益饱和的一般特性,这里的空间烧孔导致在干涉条纹的节点(最暗点)有一个未充分利用的增益区。

14.2.2　饱和增益介质内的四波混频

在二波混频结构中,增益介质的放大输出包含放大分量和其他光束的衍射分量。引入相位与此光栅相位匹配的第三光束,可以通过四波混频产生相位共轭光束[15-17, 27, 32, 33]。

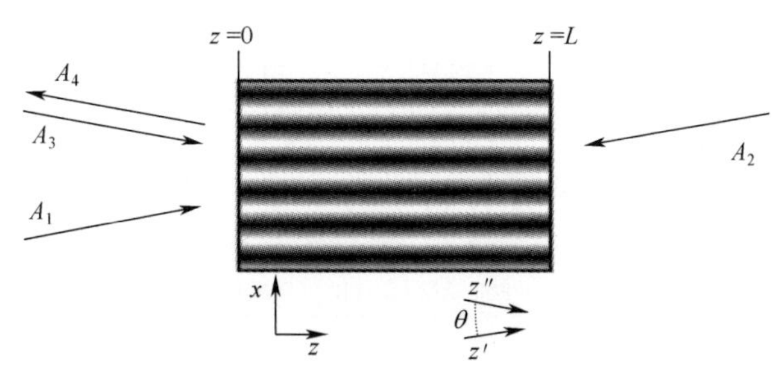

图 14.6　饱和增益介质中的四波混频原理。光束 A_1 和 A_3 写入透过光栅形成增益介质的粒子反转。光束 A_2 通过光栅衍射,相位移动 π 后,形成光束 A_4 ①,相位与写入光束 A_3 共轭 ($A_4 \propto A_3^*$)。

如图 14.6 所示,在饱和增益介质内,光束 A_1 和 A_3 相交形成透过光栅。两束光成 θ 角入射,其传播方向 z' 和 z'' 与方向 z 的夹角相等,导致光栅沿 x 轴形成粒子反转调制。光束 A_2 沿 A_1 的反向传播,正确调制相位后,通过增益光栅衍射形成光束 A_4。如果 A_2 与 A_1 相位共轭,即所谓的四波混频泵浦光束,则所产生的光束与 A_3 相位共轭。在实际中,A_1 和 A_2 通常为大面积(相对于光束 A_3)、高质量激光,因此可近似为平面光,对各种程度和目的的应用而言,相位都是彼此共轭的。

14.2.3　自泵浦相位共轭

能够设计这么一个光学系统,其中四波混频增益光栅的写入光束是自形成的。这样的光学系统,可以通过四波混频相互作用,使入射光束产生相位共轭。图 14.7 所示是这样一个自泵浦相位共轭系统的原理。入射光束 A_1 进入增益介质并被放大。放大后的光束在环路中顺时针折转,然后作为光束 A_3 再进入增益介质。这个自相交的光束写进透过增益光栅,形成介质的粒子反转。这个光栅作为一个衍射元件构成了一个完整的环形腔,并能使光束沿逆时针方向形成自启振荡。

已经表明,在光束 A_2 和 A_4 分别与光束 A_1 和 A_3 相位共轭的条件下,这个环路振荡仅形成一种自相容模式[34]。这就是说,光腔光学元件和增益介质所带来的任何畸变都会被编码进衍射光栅,使输出光束与输入光束 A_1 相位共轭。

---

①　译者译:原文有误,已改正。

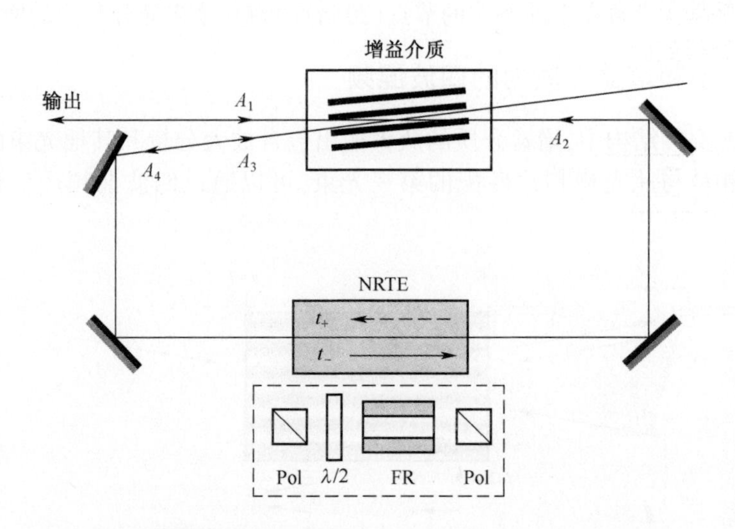

图 14.7 自泵浦相位共轭原理。输入光束 A_1 通过自相交环路结构形成光栅,使光束 A_2 通过该光栅衍射,闭合环路,并产生相位共轭输出。光栅写入光束的强度由一个单向透过元件(NRTE)进行匹配。单向透过元件中有两个偏振器(POL)、一个法拉第转子(FR)和一个半波片(λ/2)。

众所周知,要使增益光栅衍射效率最大化,关键是要有一个高对比度增益光栅。为此,光束 A_1 和 A_3 等功率就很重要。由于 A_3 由 A_1 放大而成,在增益介质内自相交之前必须降低 A_3 的功率。同样重要的是,反方向传播的光束功率还不能降得太多,因为它是环形腔的振荡场。用一个单向透过元件(NRTE)就可以做到这一点,该元件由一个法拉第转子(FR)和一个置于两个正交偏振器中的半波片(λ/2)构成。转动半波片,就可以优化两个方向的透过率。

同样值得注意的是,在自泵浦相位共轭装置中,透过增益光栅是被写入增益介质而形成环形腔的,透射增益光栅的衍射光束 A_4 与光栅的写入光束 A_3 是异相的。这也就是说,在腔内环行,系统不能形成自相容模式。幸运的是,加了一个单向透过元件就能在两个透过方向之间产生 π 的相移,也就形成了自相容模式。

14.2.3.1 种子型自泵浦相位共轭组件

前面的讨论表明,利用自相交环路几何结构,在饱和激光介质中形成的增益光栅能使输入光束产生相位共轭反射。若使增益光栅型自适应相位共轭激光系统能有效工作,其关键因素是要用一个高增益激光放大器,因为这也是驱动相互作用的关键因素。图 14.8 所示是一个种子型自适应激光系统的原理图举例,系统中用了一个二极管泵浦反冲几何 Nd:YVO_4激光放大器[22, 35]。该放大器非常适合应用于此系统,它具有极高的小信号增益(>40dB),在泵浦区域与激光模式匹配良好,从而能够高效工作[35]。虽然本章下面的讨论重点放在 PCSOCBC 应用,但此激光放大器的工作还是要简单地予以说明,激光放大器的结构可以是很多其他自泵浦相位共轭已经得到验证的增益介质,如气体、固态、染料以及其他激光系统。

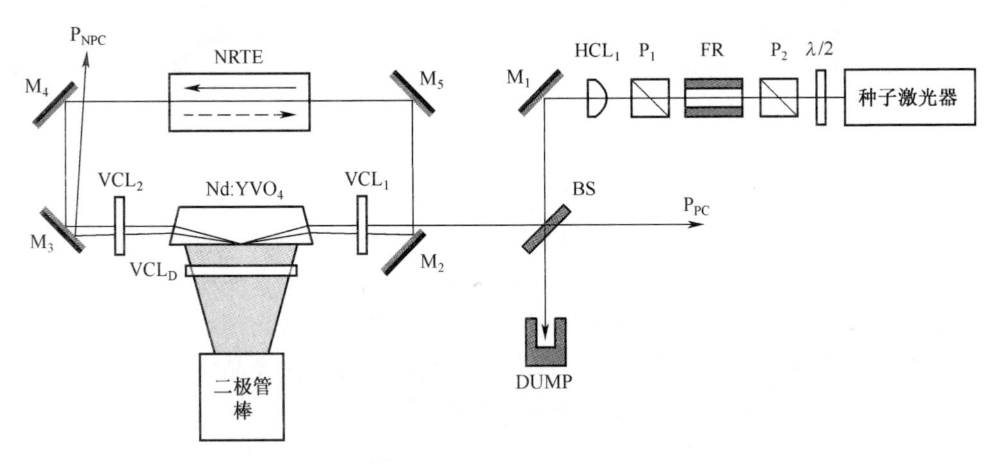

图 14.8　种子型自适应激光器的原理图。1064nm 种子激光入射于自相交环路光腔。自相交环路产生的输出光束与输入种子激光相位共轭。

在图 14.8 所示的系统中,增益介质是掺钕钒酸钇(Nd:YVO_4,掺杂浓度 1.1at.%)激光晶体,由一个 50W 二极管棒提供侧端泵浦。二极管棒垂直聚焦于 20mm×5mm×2mm 片状晶体侧面上。两个 f = 50mm 的垂直聚焦柱面镜(VCL)与放大器晶体的一个面准直后,与增益区腔内光束垂直匹配。一束 1064nm、300mW 的 TEM_{00}种子激光通过法拉第隔离器(该隔离器用于控制功率并阻止反射光回到种子激光器)和准直透镜,然后在低反射率($r \approx 3\%$)分束镜产生一个 8.1±0.1mW 的种子光束,入射到增益介质上。这束放大的种子激光在增益介质内沿环路折转,然后自相交,两光束之夹角约为 2°。环路中含有一个单向透过元件,它由一个 45° 法拉第转子和一个介于两垂直偏振器之间的 λ/2 波片组成。转动半波片可以改变向前和向后的透过方向,使两个增益光栅的写入光束的强度相等,最终使光栅对比度和衍射效率最大。一旦激光增益介质被泵浦到足够使粒子反转的能级,且适当设置单向透过元件使增益光栅产生高衍射效率,就可以形成逆时针环形腔,产生与输入种子光束相位共轭的光束。该验证实验系统的泵浦功率为 47W,相位共轭输出为 11.5W,斜率效率 41%。这表明相位共轭反射率大于 1400。

相位共轭输出与种子激光有相同的空间和光谱特性,且是光束质量很高的 TEM_{00}输出。由于增益光栅是由种子激光写入的,所形成的环形腔的振荡光谱也就与种子激光的光谱模式锁定。值得注意的是,与泵浦传统的外部谐振腔相反,在这种情形下,所形成的环形腔并没有预设它本身的光谱模式。因此,只要在激光激活介质的带宽范围内,则任何光谱模式的种子激光都可以再生。

14.2.3.2 自启动自适应增益光栅激光器

要实施稳定的自组织光束合成方案,必须做到所有单个振荡器所锁定的相位都要对单个组件的振荡有所裨益。在 SOCBC 系统中,这一点是通过来自输出耦合器的相锁依赖性反馈实现的。对一个种子型自泵浦相位共轭系统,情况并不是这样的,但是这样的系统经过简单调整,就会自生种子光束,输出一个功率依赖性种子光束并写入衍射光栅。

自启动自适应激光器取代了与简单低反射率输出耦合器一起工作的种子激光器。在这个系统中,形成自泵浦相位共轭环路的种子光束,纯粹来自激光放大器的自发放大辐射(ASE)。尽管自发放大辐射是低相干的,但还是能构建一个合适的光栅,在启动过程中压窄光谱宽度,产生一个 TEM_{00}单纵模输出[36]。

图 14.9 所示是实现自启动自适应激光系统的原理。激光晶体和泵浦光学件与前面讨论过的种子自适应环路的相同,但种子激光器被一个输出耦合器光楔(反射率 1%)取代。通过在水平向引入一个 4f 成像望远镜(镜头 HCL_1和 HCL_2的焦距分别是 200mm 和 150mm),将环路扩展到约 700mm。4f 成像系统将增益介质一端的像成到另一端,不受热透镜的强度影响。这样有利于改善系统的稳定性,因为它可保证增益光栅对光场进行完全采样,而光场与热透镜强度无关。自相交环路光束最初入射到晶体上,形成约 7°的内反冲角,第二次通过时这个内反冲角降到约 5°。使用两个不同焦距的透镜,可使进入晶体的写入光束在第二次通过时,有一个较小的水平差,补偿由反冲角减小所引起的增益减小。当泵浦功率增加时,增益介质的自发放大辐射足以在放大器内部形成增益光栅,通过增益光栅的衍射,使环路腔体产生振荡。

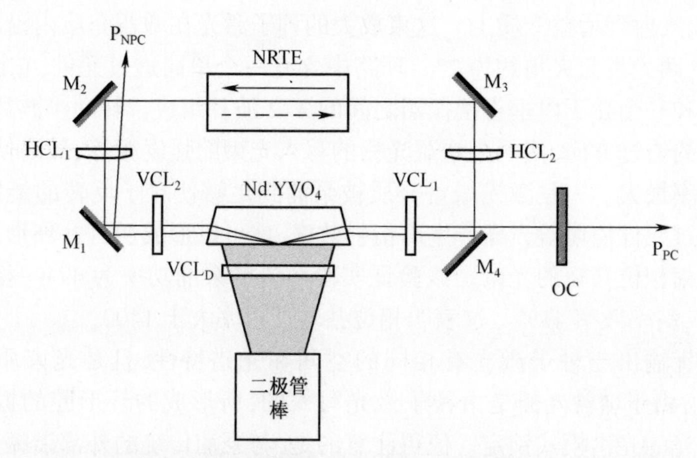

图 14.9 自启动自适应激光器原理,其基础是一个反冲几何激光放大器。用一个 1%反射率的输出耦合器取代了种子激光器,能使系统放大自发辐射自生种子光束。

此验证实验系统在最大泵浦功率 52.5±0.3W 时的输出功率是 15.6±0.2W,非相位共轭(NPC)输出为 0.68±0.01W。这相当于最大光学效率 30±0.5%,斜率效率 54±1%。

有意思的是,要考虑这个激光振荡器预先确定的光谱要求是什么。在具有外部种子的系统中,只要在增益带宽范围内,任何想要的波长都是可能的。在自启动系统中也是如此:在泵浦之前光腔并没有预设的光谱模式。这就允许激光器得以自行组织,以一个光谱模式或多个子模式工作,从而产生最高的衍射效率,增加环形腔内的功率振荡。自启动自适应激光器中的增益光栅常用来压窄光谱,最后达到以单纵模工作的目的[10, 36]。

14.3　相位共轭自组织相干光束合成(PCSOCBC)

在相位共轭自组织相干光束合成(PCSOCBC)系统中,构建了一个类似于自组织相干光束合成(SOCBC)的装置,但用本章前述的自启动相位共轭组件取代了传统激光组件。由 SOCBC 结构可知,组件会自调整其工作参数,以便在输出通道耦合器中产生相长干涉,使内腔模式功率最大。在线性腔组件中,不可能只调整单个组件的有限相位偏置,因为这受制于腔长和合束镜位置。相反,腔体会自调整其工作波长,对光束进行正确的相位调制,最终在合束镜合成光束。随着组件数量的增加,能找到所有光腔之间共享的光谱模式的概率急剧下降[4-6],而光谱模式又是高效合成所必需的条件。使用相位共轭组件的益处是,腔体不需要预设空间和光谱输出模式或有限相位偏置。这使 PCSOCBC 系统中的组件总能适应它的输出模式,正确调制光束相位,获得相长干涉,而且不受组件数量制约。进一步讲,即使放大器组件内部出现热畸变,全息组件相位共轭也照样能进行像差校正和相干合成。

14.3.1　连续波 PCSOCBC 实验

本章前边已经讨论过用自启动自适应组件开展的 PSCOCBC 初步实验研究。这些组件为实验研究打下了很好的基础,因为已经证明其功率大、光束质量高,紧凑而耐用[7, 8, 20, 22, 24, 25]。

利用图 14.10 所示的实验验证装置,完成了两个自适应激光组件的相位共轭自组织相干光束合成[11]。两个组件的技术指标相同,都自启动成像,都有一个在反冲结构中工作的 1.1 at.% Nd：YVO_4激光晶体[37-41]。这些透镜起水平成像中继作用,使自相交光束返回增益介质。

SOCBC 是由两个自适应组件实现的一种威尼尔-迈克尔逊型耦合,一个是 50：50 分束镜,另一个是 1%反射率的普通输出耦合器。将通过输出耦合器的合成光束定义为输出通道(图 14.10 中的 P_{OC}),其他输出被定义为损耗通道(图 14.10 中的 P_{LC})。两个自适应组件内从输出耦合器到放大器晶体的距离大致相当。

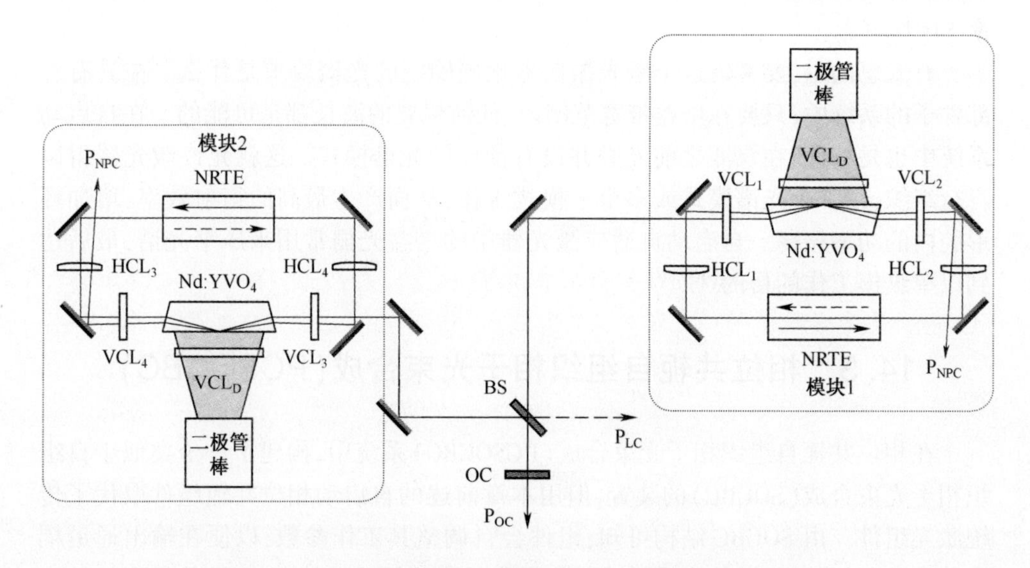

图 14.10 两个自启动自适应激光组件的 PCSOCBC 原理[11]

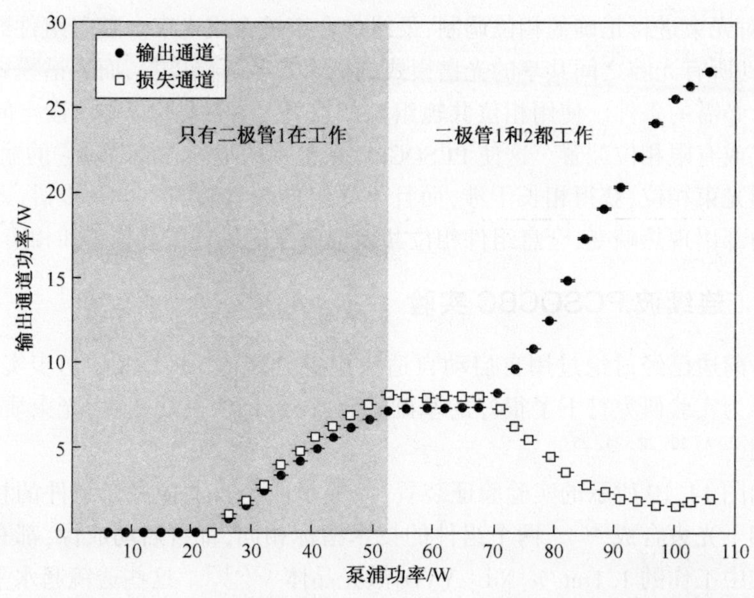

图 14.11 PCSOCBC 验证系统的输出功率。左侧灰色区表示只有一个组件受其二级管泵浦。右侧区域表示第二个组件的二极管也工作,很容易就出现了相干光束合成[11]。

输出通道($P_{OC}P$)和损耗通道($P_{LC}P$)的功率随泵浦条件的变化见图 14.11。灰色区表示只有组件 1 的泵浦二极管工作时,不可能产生相干光束合成。可以看到输出通道的功率稍低一些,这主要是因为分束镜反射率公差和输出耦合器有 1%

反射率的反馈所致。在图 14.11 的右侧,组件 1 在全泵浦功率下工作,组件 2 的泵浦功率在提高。一旦组件 2 达到阈值(约 70W 的总泵浦功率),很容易就出现了相干光束合成,输出通道的功率很快提高。与此同时,损耗通道的功率在下降。在最大泵浦功率 107W(每个组件 53.5W)处,相干合成输出光束是 27W,进入损耗通道的只有 1.75W。这代表合成效率为:

$$\eta = \frac{P_{\mathrm{OC}}}{P_{\mathrm{OC}} + P_{\mathrm{LC}}} = 94\% \tag{14.9}$$

相干合成输出通道的远场光束分布如图 14.12(a)所示。研究了相位共轭自组织相干光束合成机制对光束质量的影响。这里给出了相干合成输出和损耗通道输出的独立组件的光束质量比较。在泵浦功率最大时,独立工作时组件 1(组件 2)的 M^2 测量值在水平和垂直方向上分别是 1.93(2.28)和 1.18(1.38)。两个组件合成后输出通道的 M^2 在水平和垂直方向上分别是 2.05 和 1.27。这表明合成光束质量与独立组件的光束质量接近。损耗通道的光束质量差得多,其 M^2 在水平和垂直方向上分别是 8.5 和 3.4。可以相信,这样的结果是因为独立组件输出的低阶空间分量有更高效的相位锁定,而高阶分量则在损耗通道和输出通道之间平分。这也证明输出通道和损耗通道的光束质量之间存在着很大悬殊。有趣的是,这说明在树状结构中,增加合成组件数量,用更多分束镜还会提高合成效率。随着分束镜结构层级的增加,梳状光束会损失大部分弱匹配的高阶模式分量,只留下相位匹配更好的分量。尽管这里组件的光束质量不是衍射极限的,但这超高的合成效率足以证明 PCSOCBC 技术的鲁棒性。

图 14.12(b)是输出通道的法布里·珀罗光谱。只给出了用分辨率为 60MHz 的法布里·珀罗标准具观测时,带宽小于 575MHz 中的一个光谱分量。这也证明了没有固定腔长的自适应组件的优势。而且有了选择光谱频率分布的自由度,可使输出通道的功率最大化。

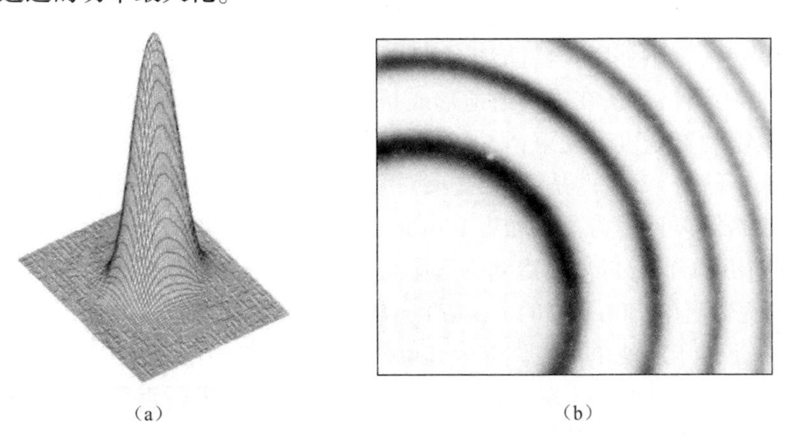

(a)　　　　(b)

图 14.12　(a)图像耦合自适应系统输出通道的远场光束质量;
(b)图像耦合自适应系统的法布里·珀罗光谱[11]。

从组件的相位共轭属性可以证明,这个系统还有一个有趣的特性,就是扰动稳定性。首先可以看出,即使在单个组件准直性急剧变化的情况下,还能够实现有效的光束合成。理论上,只要自相交光束能在增益区自成像,系统就能适应任何外来扰动。显然,有了这个能力,一旦组件校准后,调整透镜和反射镜的位置和角度,对性能都不会有任何不利的影响。其次,当增益光栅的寿命与介质高能态寿命(Nd:YVO_4 约为 90μs)相关联时,扰动稳定性才存在。这就能补偿更长时间的扰动。第三,图 14.11 显示了系统相对于泵浦功率、热敏镜头和各种变化情况的输出功率稳定性。在组件 2 泵浦功率下降 16W(30%)的过程中,合成效率都在 90%以上。这说明系统在泵浦功率波动情况下有极好的稳定性。

14.3.2 理解 PCSOCBC 的工作:讨论

在 14.3.1 节,通过实验验证了 PCSOCBC 系统,但依然存在一个问题:为什么自适应组件要锁相在相长干涉处?在 SOCBC 装置中,很清楚为什么会发生锁相;两个组件的相位匹配,在输出通道形成相长干涉,会增加输出耦合器的有效反射率,降低腔体损耗。这对于谐振器模式是有用的,因为输出耦合器反射率越高,产生的腔内功率就越高,获得的增益就越大。

在自启动自适应组件中,谐振器由四反射镜环路腔和增益全息所产生的衍射形成。激光自适应使增益光栅衍射效率最大化,也使环路中谐振模式功率最大化。但这与输出光束和写入光束的相位条件如何关联还不清楚。

已经表明,自启动自适应激光器内增益光栅的衍射效率与写入光束的强度之间有一个函数关系[15, 16, 27, 42],随着写光束强度提高(相对于饱和强度 I_S),衍射效率也会增加。只是在写入光束强度非常高导致光栅失效时,衍射效率才会下降。从这个趋势可知,写入光束强度较低时,随着写入光束强度增加,谐振器效率会提高。对于输出通道相干光束合成而言,对单个组件有限相位偏置进行正确的相位匹配,能提高写光束强度,也就能提高增益光栅的衍射效率,这也降低了谐振腔损耗,因此能使组件锁相,在输出通道形成相长干涉。这仅适用于低强度写光束,并可进行推论,对高强度写光束,为了使谐振器模式功率最大化,组件会锁相为输出通道的相消干涉。幸运的是,写入光束强度很容易控制,只须选择一个反射率适合的输出耦合器即可,因为写入光束是由此反射形成的。实验中通常选用反射率小于 1%的输出耦合器,以使自启动自适应组件能有效工作,而不损耗太多的功率于非相位共轭输出(图 14.9 中的 $P_{NPC}P$)。输出耦合器的选择要保证写入光束强度很弱,要远远小于能使单个组件有效光束合成丧失的值。

所担心的一个问题是,随着组件数量的增加,锁相效果是否会变差。事实上是会变好的,如果得到了最佳写光束强度(I_{Opt}),使衍射效率达到最大,并选定了输出耦合器,在 N 个组件阵列的最大泵浦功率处进行理想相位调制也就是必然的了。

任何偏离理想相位调制或最大泵浦功率的扰动都会降低衍射效率,都将使激光器产生自适,以使衍射效率再次最大化。依此类推,一个无相位调制的阵列,会有一个小于最优值 N 倍的写入光束强度,这意味着随着组件数量的增加,相位锁定的效益会变大,因此相位锁定机制也就更强了。

在 PCSOCBC 技术中运用自启动自适应组件还有很多其他显著优点。作者已经指出,非光纤系统中,空间模式有一定自由度,由于热透镜的差异和组件间的像差,在光束合成中空间模式结构匹配存在更多问题。在自启动相位共轭组件中,只要自相交写光束能在增益区内完全成像(即增益光栅/全息的写入信息无损),输出光束就与热透镜或像差的强度无关。在 PCSOCBC 系统中所用的自启动自适应组件类型中,相位共轭输出按输入原路径返回,这就保证每个组件返回的每个光束,与其在合束镜上合成时那样,有相同的空间分布。这就可以解决 SOCBC 系统因组件间热透镜不匹配造成合成效率低的问题。

在相干合成方案中,为了有效合成两个以上激光组件的输出,必须在合束镜上匹配多个光束的相位关系,以便在单个输出中产生相长干涉。在大多数激光器中,任意一点的有限相位偏置是由波长和腔长决定的。在标准 SPCBC 结构中,通过改变激光波长,直到在合束镜上出现有正确调相的共享光谱模式,从而保持相长干涉。

在自启动自适应激光器中,相位共轭光束的波长和有限相位偏置都不由腔长。这样,当在 PCSOCBC 装置中考虑多组件相位锁定时,并不清楚有限相位偏置或光谱模式是否适合相干光束合成。主导系统适应性的这两个判据有很多衍变,如果波长合适而有限相位偏置固定,则有效合成的组件的数量限制类似于标准 SOCBC 结构中的限制。所带来的问题是:有限相位偏置是真的自由吗? 或者,它是否由光栅写入光束所定?

研究 PCSOCBC 系统相干合成输出的光谱模式就可对其有深入了解。图 14.12(b)给出了输出光束的带宽,尽管它是单纵模,但明显比标准光腔模式的期望带宽更宽,而且比 SOCBC 系统有效合成所允许的带宽要宽得多。这就说明,需要适应的不是输出光束的波长,而是所有光谱分量的有限相位偏置,如果对它进行正确的相位调制,就可进行相干光束合成。这个假设的前提要求是,每一个组件返回光束的有限相位偏置,可以在 $0 \sim 2\pi$ 之间自由取值,而不由输入光束的某个函数决定。需要研究的是,这个有限相位偏置是由激光器内的自组织所锁定? 还是由增益光栅交互作用的某个固有特性进行锁定? 还是用隔离的外部种子激光取代输出耦合器、建立一个类似于 PCSOCBC 装置的系统进行锁定? 这样可有效建立一个种子型自适应激光器,但威尼尔-迈克尔逊腔是与两个组件耦合在一起的。由于波长由外部种子激光所定,对相位锁定的唯一自由度就是有限相位偏置。取消了输出耦合器也就取消了损耗增强的锁相机制;因此如果观察到有任何相位锁定,它必然与入射光栅的写入光束的有限相位有关。由于这个有限相位偏置随着种子激光器与组件之间的光路大气扰动而变,输出通道和损耗通道之间功率的非稳态平衡,说明有限相位偏置是由写入光束相位来锁定的。另一方面,如果没有观察到相位锁定,则说明自启动增益光栅适应组件在选择输出光束有限相位偏置方面有自由度,使 PCSOCBC 系统可以有大量组件来提升功率。

这一实验证实,如果总是在输出和损耗通道之间均分功率,两个组件之间就不会出现相干合成。这说明:组件之间的有限相位偏置不是由光栅动力学来预设的,这使得在 PCSOCBC 系统中,组件可以用这个自由度进行有效的相位锁定。

14.3.3 功率提升潜力

最初的连续波验证实验,是用含两个组件的 PCSOCBC 系统进行的。自启动自适应激光组件的光谱自由度,为多组件有效被动相干合成提供了一种可能性,从而组件合成数量超过传统自组织相干光束合成的限制。要进一步提高输出功率,可以考虑两种途径:增加组件数量和增加单组件的功率。下面讨论这两种功率提升途径的潜力和限制。

通常认为,所用自适应组件的输入光束是相位共轭的,这就相当于认为是一个环形谐振器模式最大化的系统。人们都知道,激光器自组织本身就能让振荡场功率最大。由于自适应谐振器的振荡场强取决于增益光栅的衍射效率,可以探讨多组件有限相位偏置的锁相机制。

14.3.3.1 组件数量增加

可以认为,PCSOCBC 系统有能力适应所有分组件的有限相位偏置,使相干光束合成发生。如果这是真的,那么能够合成的组件数量应当远大于在 SOCBC 系统中能合成的组件数量。相反可以认为,合成组件数量的限制应该与各组件相位偏置的锁相质量有关。为了估算未来 PCSOCBC 系统的扩展能力,可用数值方法对此进行研究。

通过观察 N 个组件的复合腔对一个入射光束的反射率,Siegman 考察了在 SOCBC 系统中发现共享腔模式的可能性[6]。假如合成光学的有效光程长度、光束相位是随机分布的,就可以计算复合腔体的有效质量。为了确认复合腔体质量的统计分布,用蒙特卡罗仿真法考察了很多光腔。将此与增益介质的光谱工作带宽结合在一起,可以分析对任意数量的阵列组件可能存在的激发模式数量。

与 SOCBC 不同的是,在 PCSOCBC 结构中,有一个连续的可能腔模式,而认为单个组件能够锁相于波长和有限相位偏置而独立合成,理论上,可合成组件的数量是不受限制的。假定 PCSOCBC 系统的限制与相位共轭质量有关,因为这将确定相位调制是否正确,是否能够在光束合成器产生相长干涉。认为相位共轭质量是高的,但它可能是在一个有很多组件的复合系统中,而且各组件之间都有差别。

本节的目的是考查组件间扰动及相位共轭质量对合成效率的影响。要做到这一点,就要考虑多光束合成、且各光束存在着有限相位偏置的随机扰动。通过运行蒙特卡罗仿真,考察系统多次准直的结果,将得到一个合成效率统计分布。在 PC-SOCBC 系统中,由于没有特定的预设光谱模式,只要两个光束相位正确调制,可以选择任何波长并相干合成。覆盖多个激光组件的相位调制自组织本身就可以带来强光栅写入光束、高光栅调制和高衍射效率。

对于一个理想的 PCSOCBC 系统,其中所有组件的有限相位偏置都经过相位修正,所发射光的空间分布和光谱分布都相同,那么可合成的组件数量是不受限制的。偏离这一准则就会减少能合成的组件数量。有限相位偏置和光谱变化有可能是限制可合成组件数量的最主要因素,因为其共同作用在合束镜上会表现为相位失调。通过考察待合成光束偏离理想相位调制的效果,就可以估算 N 组件 PCSOCBC 系统的合成效率。

用与 Siegman 的多阵列蒙特卡罗仿真类似的方法,进行数值考察[6]。

对于一个 $N:1$ 的 PCSOCBC 耦合系统,合成到输出通道的总场强($\boldsymbol{E}_S$)可表示为:

$$\boldsymbol{E}_S(v) = \sum_{n=1}^{N} \boldsymbol{E}_n(v) = \sum_{n=1}^{N} A_n(v)\ \mathrm{e}^{i\varphi(v)} \tag{14.10}$$

式中:$\boldsymbol{E}_n(v)$ 是第 n 个激光模块发出的场强, $A_n(v)$ 是振幅变化, $\varphi(v)$ 是光束的相位波前。取合成场强的一阶近似,得到:

$$\boldsymbol{E}_S(v) = \sum_{n=1}^{N} A_n(0)\ \mathrm{e}^{i\varphi_n(0)} \tag{14.11}$$

这个近似所含各项能够估算相位共轭组件的限制,而不需要知道特定组件空间相位差的特定形式。可以认为,一阶相位矢量分量($\varphi_n(0)$)是返回光束的相位与相长干涉理想相位的偏差。现在可以由相对于理想相位的偏差量,来计算多组件合成的总场强 E_S,对一个特定光腔来说,就能评估 PCSOCBC 系统输出通道的功率。相位共轭系统的质量通常用相位共轭的保真性来确定。这个参数不能很好地衡量 PCSOCBC 系统合成效率,由于它经过归一化,各组件合成相位误差所带来输出功率减小并不降低保真性。所以在此模型的假设条件下,它不是评价合成效率的一个好的参量。当归一化为理想调相条件下的反射率时,可以把 PCSOCBC 结构的有效反射率作为一个更好的评价参数,即:

$$\boldsymbol{r} = \frac{\sum_{n=1}^{N} A_n(0)\mathrm{e}^{i\varphi_n(0)}}{\sum_{n=1}^{N} A_n(0)\mathrm{e}^{0}} \tag{14.12}$$

这里做了一个很敏感的假定,即每个组件的泵浦功率可以很容易调整,以匹配有贡献电场的幅度($A_n(0) \equiv A$)。则归一化的反射率矢量($\boldsymbol{r}$)为

$$\boldsymbol{r} = \frac{1}{N}\sum_{n=1}^{N} \mathrm{e}^{i\varphi_n(0)} \tag{14.13}$$

式中：$\boldsymbol{r}$ 是系统的复振幅反射率。振幅反射率由 $r \equiv |\boldsymbol{r}|$ 给出，功率反射率由 $R \equiv r^2$ 给出。

设所有返回光束的平均相位值为（$\varphi_n(0)$），方程（14.13）给出了一个评价阵列组件输出通道合成效率的参数。如果各合成光束的相位差按统计规律分布，假定各合成模式有一个随机分布的相位误差，而且一般来讲，都符合标准偏差 σ 的高斯分布，就可以估算合成效率。应用蒙特卡罗仿真产生多个复合腔，相位误差呈高斯分布，就可以对合成效率进行统计研究。

图 14.13 给出了蒙特卡罗模型产生的归一化概率密度，振幅反射率为 r，功率反射率为 R，其标准偏差 $\sigma=\pi/10$（相位误差）、阵列规模介于 $N=2$ 和 $N=64$ 之间。

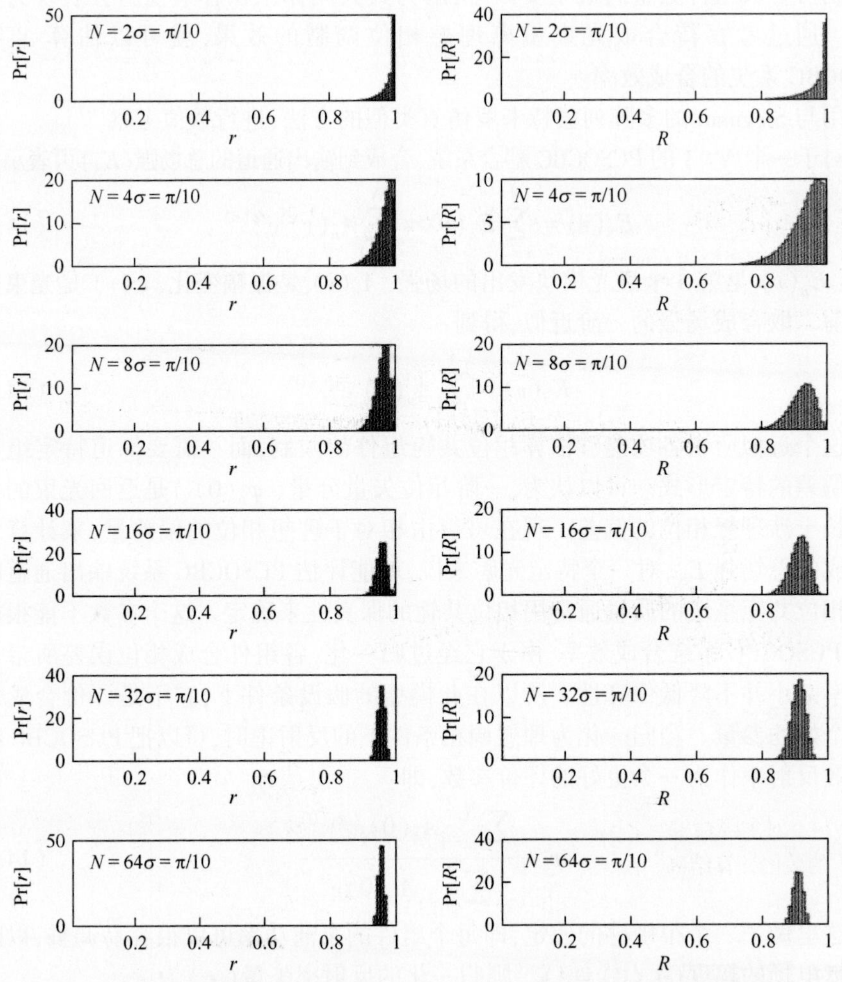

图 14.13 相位畸变的标准偏差 $\sigma = \pi/10$ 时，对各种组件数量的阵列，相位共轭相干光束合成振幅效率和功率效率数值计算结果。

这些图形表示直方图概率密度,子样数 1 千万,格宽 1%。对所有规模的阵列,合成效率平均保持在 90%以上,更大阵列规模的阵列合成效率也没有明显的下降。这在标准 SOCBC 系统中是个很不一样的特性。在标准 SOCBC 系统中,和用同样方法预计的一样,其合成效率会随着阵列规模的增大而快速下降[6]。

图 14.13 也表明,分组件从 8 个增加到 64 个后,平均合成效率略有降低,这与合成效率偏差相关。当分布变为统计平均时,随着组件数量的增加,合成效率总偏差还会继续降低。

可用这个数值模型考察的另一个问题是:相位误差(σ)平均量值对组件数量固定的阵列的合成效率有什么影响?

图 14.14 表明,对 256 个 PCSOCBC 组件的阵列,其数值振幅与功率合成效率是 σ 的函数,σ 是返回相位畸变的标准偏差。这个模型对 10000 个组件进行仿真,计算出了复合腔体的振幅反射率和功率反射率的平均值和标准偏差。合成效率数据表明:相位共轭组件返回光束的低相位畸变处,得到了高合成效率(≈ 100)。而在高畸变处($\sigma \approx \pi$),合成效率降到了很低,其极限接近随机调相阵列 SOCBC 的水平。这说明,只要返回相位误差能保持一个很小的扰动($\sigma<0.25$rad),就可能形成有效合成,但是,如果相位误差变大则合成效率降低。

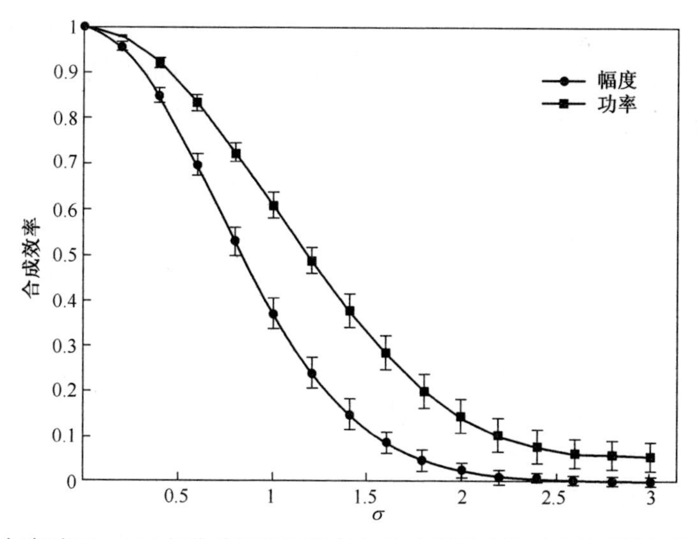

图 14.14　对大阵列($N=256$)相位共轭相干光束合成,振幅效率和功率效率随相位畸变标准偏差的数值计算结果。注意:随着组件数量增加,这些曲线在 σ 值很低时也保持其形状,合成效率不确定度随之降低。

14.3.3.2　高功率组件

在输出耦合器腔臂使用高功率二极管[22]和附加放大器能获得更高功率的单个自启动自适应组件[22, 24]。在一个输出耦合器腔臂有额外放大器的系统中,也验证了能输出 90W 的相位共轭功率[24,43]。在输出耦合器腔臂中,或使用高功率泵浦二极管,或使用附加放大器,都应能大大提高相干合成输出功率(见图 14.15)。

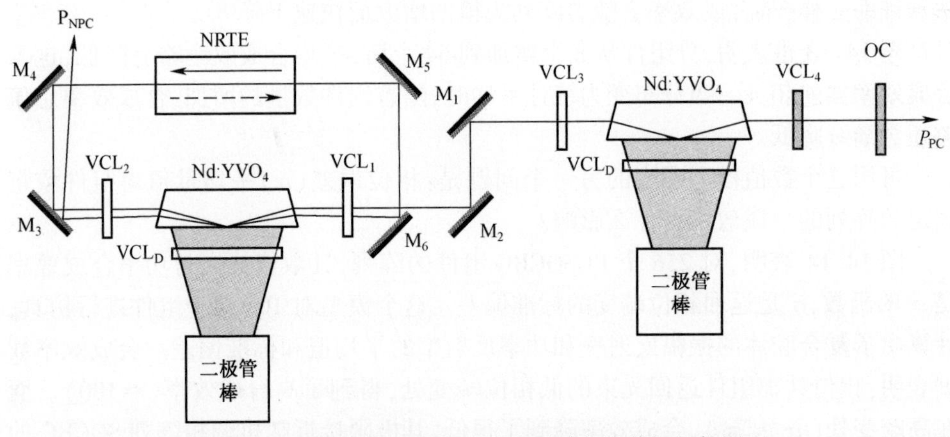

图 14.15 有附加激光放大器的自泵浦相位共轭组件原理

14.3.3.3 脉冲工作

可以有效合成连续波输出的激光器结构已得到证明。而我们更想知道的是,用这种方法是否既能够提高激光输出亮度,又能提高脉冲激光器的峰值功率?

在标准 SOCBC 结构中,对大阵列进行有效相干光束合成的光谱条件,极大地制约着输出光束中的光谱模式数量。由于得不到光谱带宽,这在本质上限制了这些系统的无法适用于短脉冲工作。但在所验证的 PCSOCBC 系统中,却不是这样。已经证明相干光束合成的有效性与激光波长无关,因为有限相位偏置决定着组件是否能相干合成。这可以进一步延伸为,合成激光模式的带宽可以含有多个光谱分量,仅受限于所有单个组件的增益带宽的重叠程度。所以,与标准 SOCBC 相反,PCSOCBC 装置可以对大阵列短脉冲调 Q 激光进行相干光束合成。以前已经验证过,基于二极管泵浦反冲几何的自启动自适应组件,脉冲能量约 0.6mJ,脉宽小于 3ns[8]。由于 PCSOCBC 系统不减少光谱成分,因此可以预期,在每个激光模块中都可以得到类似脉冲能量和脉宽,那么就能合成为单一输出。

利用 PCSOCBC 系统,实现脉冲激光相干合成的初步原理验证工作已经在进行。对与图 14.10 几乎相同的系统做适应性改进,使用两个准连续波驱动泵浦二极管,而二极管由一个准连续波驱动器提供动力。把脉宽 36μs、脉冲能量 2.4mJ 的泵浦脉冲激光注入两个自启动自适应组件,一旦激光放大器达到阈值,就形成增益光栅,发出一束脉宽为 11ns、脉冲能量为 60μJ 的相干合成脉冲激光,合成效率为 85%。这证明 PCSOCBC 可以扩展应用到连续波和脉冲两种激光系统中。

值得注意的是,第一次实际操作遇到了很严重的问题,由于放大器的小信号增益太高,在达到阈值之前,无法存储大能量;如果泵浦脉冲突然增加时,合成激光系统则会产生弛豫振荡和自生脉冲,并持续到稳态出现。考虑到(小信号增益)如此接近阈值,又不能单独调整组件的泵浦功率,依旧获得了高合成效率,预示着 PCSOCBC 应该能相干合成多个激光反冲几何振荡器,性能类似于参考文献[8]验证的结果,即单组件能量大于 0.5mJ,脉宽小于 10ns。这意味着,在那些有更好能量储存的、常见的激光系统的基础上(如早期自启动自适应激光器研究使用的灯泵浦 Nd:YAG 系统),开展自启动自适应组件的研究,应该有扩展到更高峰值功率的潜力[25]。

14.4　结　　论

本章介绍了 PCSOCBC 的新概念,例举了第一个实验验证过程,讨论了未来系统的扩展能力。在 PCSOCBC 系统中,两个以上的自启动自适应组件在威尼尔-迈克尔逊体中进行相干合成。光栅写入过程对强度的依赖性以及所导致的增益光栅的衍射效率,会使所有组件的输出相位锁定,最终实现单一输出通道的相长干涉。

在一个两组件系统中,使用了基于二极管泵浦反冲几何的自启动自适应组件,完成了这个原理的实验验证。获得的总相干合成输出功率为 27W,进入损耗通道的功率是 1.75W,这代表合成效率高达 94%。

对更大的组件阵列,通过对可能获得的合成效率进行数值研究表明:可以合成更大的阵列,条件是单个组件的共轭输出相位误差要小。这在技术上是可实现的,说明用规模更大的阵列也是可行的。

这项技术可进行更大阵列的相干合成,也可以使用功率更高的单个组件,也能以脉冲方式工作。可以确信,PCSOCBC 的初步验证会启动未来更多的研究工作。

参考文献

[1] Sabourdy, D., Kerm_ene, V., Desfarges-Berthelemot, A., Vampouille, M., and Barth_el_emy, A. (2002) Coherent combining of two Nd:YAG lasers in a Vernier-Michelson-type cavity. Appl. Phys. B, 75 (4-5), 503-507.

[2] Wang, B., Mies, E., Minden, M., and Sanchez, A. (2009) All-fi ber 50W coherently combined passive laser array. Opt. Lett., 34 (7), 863-865.

[3] Eckhouse, V., Fridman, M., Davidson, N., and Friesem, A. A. (2008) Loss enhanced phase locking in coupled oscillators. Phys. Rev. Lett., 100 (2), 24102.

[4] Fan, T. Y. (2005) Laser beam combining for high-power, high-radiance sources. IEEE J. Select. Top. Quantum Electron., 11 (3), 567-577.

[5] Kouznetsov, D., Bisson, J.-F., Shirakawa, A., and Ueda, K. (2005) Limits of coherent addition of lasers: simple estimate. Opt. Rev., 12 (6), 445-447.

[6] Siegman, A. E. (2004) Resonant modes of linearly coupled multiple fiber laser structures. Stanford University. Available at http://citeseerx. ist. psu. edu/viewdoc/ download.

[7] Sillard, P., Brignon, A., Huignard, J.-P., and Pocholle, J.-P. (1998) Self-pumped phase-conjugate diode-pumped Nd:YAG loop resonator. Opt. Lett., 23 (14), 1093-1095.

[8] Smith, G. and Damzen, M.J. (2007) Quasi-CW diode-pumped self-starting adaptive laser with self-Q-switched output. Opt. Express, 15 (10), 6458-6463.

[9] Wetter, N.U., Sousa, E.C., Camargo, F.D.A., Ranieri, I.M., and Baldochi, S.L. (2008) Efficient and compact diode-side-pumped Nd:YLF laser operating at 1053nm with high beam quality. J. Opt. A: Pure Appl. Opt., 10 (10), 104013.

[10] Thompson, B.A., Minassian, A., Eason, R.W., and Damzen, M.J. (2002) Efficient operation of a solid-state adaptive laser oscillator. Appl. Opt., 41 (27), 5638-5644.

[11] Shardlow, P.C. and Damzen, M.J. (2010) Phase conjugate self-organized coherent beam combination: a passive technique for laser power scaling. Opt. Lett., 35 (7), 1082-1084.

[12] Yariv, A. (1978) Phase conjugate optics and real-time holography. IEEE J. Quantum Electron., 14 (9), 650-660.

[13] 13 Brignon, A. and Huignard, J-.P. (eds) (2004) Phase Conjugate Laser Optics, John Wiley & Sons, Inc., New York.

[14] Zel'dovich, B.Y., Popovichev, V.I., Ragul'ski, V.V., and Faizullov, F.S. (1972) Connection between the wave fronts of the reflected and excited light in stimulated Mandel'shtam-Brillouin scattering. J. Exp. Theor. Phys. Lett., 15 (160), 109.

[15] Kuroda, K. (ed.) (2002) Progress in Photorefractive Nonlinear Optics, Taylor & Francis.

[16] Green, R.P.M., Crofts, G.J., and Damzen, M.J. (1993) Phase conjugate reflectivity and diffraction efficiency of gain gratings in Nd:YAG. Opt. Commun., 102 (3-4), 288-292.

[17] Sillard, P., Brignon, A., and Huignard, J.P. (1998) Gain-grating analysis of a selfstarting self-pumped phase-conjugate Nd:YAG loop resonator. IEEE J. Quantum Electron., 34 (3), 465-472.

[18] Günter, P. (1982) Holography, coherent light amplification and optical phase conjugation with photorefractive materials. Phys. Rep., 93 (4), 199-299.

[19] Rockwell, D.A. (1988) A review of phaseconjugate solid-state lasers. IEEE J. Quantum Electron., 24 (6), 1124-1140.

[20] Sillard, P., Brignon, A., and Huignard, J.P. (1997) Loop resonators with self-pumped phase-conjugate mirrors in solid-state saturable amplifiers. J. Opt. Soc. Am. B, 14 (8), 2049-2058.

[21] Damzen, M.J., Boyle, A., and Minassian, A. (2005) Adaptive gain interferometry: a new mechanism for optical metrology with speckle beams. Opt. Lett., 30 (17), 2230-2232.

[22] Thompson, B.A., Minassian, A., and Damzen, M.J. (2003) Operation of a 33W, continuous-wave, self-adaptive, solid-state laser oscillator. J. Opt. Soc. Am. B, 20 (5), 857-862.

[23] Ojima, Y. and Omatsu, T. (2005) Phase conjugation of pico-second pulses by four wave mixing in a Nd:YVO4 slab amplifier. Opt. Express, 13 (9), 3506-3512.

[24] Smith, G.R., Minassian, A., and Damzen, M.J. (2006) High power-scaling of selforganising adaptive lasers with gain holography. Conference on Lasers and Electro-Optics/Quantum Electronics and Laser Science Conference and Photonic Applications Systems Technologies, Paper CFM1.

[25] Damzen, M.J., Green, R.P.M., and Syed, K.S. (1995) Self-adaptive solid-state laser oscillator formed by dynamic gain-grating holograms. Opt. Lett., 20 (16), 1704-1706.

[26] Antipov, O.L., Chausov, D.V., and Yarovoy, V.V. (2001) Increase in phase-conjugate reflectivity of a holographic Nd:YAG oscillator due to resonant refractive-index grating. Opt. Commun., 189 (1-3), 143-150.

[27] Syed, K. S. , Crofts, G. J. , Green, R. P. M. , and Damzen, M. J. (1997) Vectorial phase conjugation via four-wave mixing in isotropic saturable-gain media. J. Opt. Soc. Am. B, 14 (8), 2067-2078.

[28] Antipov, O. , Eremeykin, O. , Ievlev, A. , and Savikin, A. (2004) Diode-pumped Nd:YAG laser with reciprocal dynamic holographic cavity. Opt. Express, 12 (18), 4313-4319.

[29] Green, R. P. M. , Crofts, G. J. , and Damzen, M. J. (1994) Holographic laser resonators in Nd:YAG. Opt. Lett. , 19 (6), 393-395.

[30] 30 Shardlow, P. C. , Chard, S. P. , and Damzen, M. J. (2008) Adaptive gain interferometry for optical metrology. 3rd EPS-QEOD Europhoton Conference.

[31] Damzen, M. J. , Matsumoto, Y. , Crofts, G. J. , and Green, R. P. M. (1996) Bragg-selectivity of a volume gain grating. Opt. Commun. , 123 (1-3), 182-188.

[32] Crofts, G. J. , Green, R. P. M. , and Damzen, M. J. (1992) Investigation of multipass geometries for efficient degenerate fourwave mixing in Nd:YAG. Opt. Lett. , 17 (13), 920-922.

[33] Brignon, A. , Feugnet, G. , Huignard, J. -P. , and Pocholle, J. -P. (1995) Multipass degenerate four-wave mixing in a diodepumped Nd:YVO4 saturable amplifier. J. Opt. Soc. Am. B, 12 (7), 1316-1325.

[34] Udaiyan, D. , Crofts, G. J. , Omatsu, T. , and Damzen, M. J. (1998) Self-consistent spatial mode analysis of self-adaptive laser oscillators. J. Opt. Soc. Am. B, 15 (4), 1346-1352.

[35] Minassian, A. , Thompson, B. , and Damzen, M. J. (2003) Ultra high-efficiency {TEM}_{00} diode-side-pumped {N}d: {YVO}_4 laser. Appl. Phys. B, 76, 341-343.

[36] Minassian, A. , Crofts, G. J. , and Damzen, M. J. (2000) Spectral filtering of gain gratings and spectral evolution of holographic laser oscillators. IEEE J. Quantum Electron. , 36 (7), 802-809.

[37] Bernard, J. E. , McCullough, E. , and Alcock, A. J. (1994) High gain, diode-pumped Nd: YVO4 slab amplifier. Opt. Commun. , 109 (1-2), 109-114.

[38] Minassian, A. , Thompson, B. , and Damzen, M. J. (2005) High-power TEM00 grazing-incidence Nd:YVO4 oscillators in single and multiple bounce configurations. Opt. Commun. , 245 (1-6), 295-300.

[39] Ojima, Y. , Nawata, K. , and Omatsu, T. (2005) Over 10-Watt pico-second diffraction-limited output from a Nd:YVO4 slab amplifier with a phase conjugate mirror. Opt. Express, 13 (22), 8993-8998.

[40] Omatsu, T. , Nawata, K. , Okida, M. , and Furuki, K. (2007) MWps pulse generation at sub-MHz repetition rates from a phase conjugate Nd:YVO4 bounce amplifier. Opt. Express, 15 (15), 9123-9128.

[41] He, F. , Huang, L. , Gong, M. , Liu, Q. , and Yan, X. (2007) Stable acousto-optics Qswitched Nd:YVO4 laser at 500kHz. Laser Phys. Lett. , 4 (7), 511-514.

[42] Elsner, R. , Ullmann, R. , Heuer, A. , Menzel, R. , and Ostermeyer, M. (2012) Two dimensional modeling of transient gain gratings in saturable gain media. Opt. Express, 20 (7), 6887-6896.

[43] Damzen, M. J. , Minassian, A. , and Smith, G. (2007) New self-adaptive source and sensor technologies for enhanced remote sensing. 4th EMRS DTC Technical Conference.

第15章

使用相位控制受激布里渊散射相位共轭镜的相干光束合成

Hong J. Kong, Sangwoo Park, Seongwoo Cha, Jin W. Yoon, Seong K. Lee, Ondrej Slezak, Milan Kalal

15.1 引　言

高能和高重频激光系统在很多不同领域里都有应用,如:激光加工、粒子加速器、中子或质子发生器、激光聚变驱动器等。然而,要以高能、高重频工作,激光系统必须排出积累在增益介质中的热量。为了解决热累积问题,人们提出了很多想法,如:激光二极管泵浦、使用高热导率增益介质、使用低温 Yb:YAG 增益介质和相干光束合成等[1-7]。在这些方案中,相干光束合成似乎是实用性最好的技术。特别是利用受激布里渊散射相位共轭镜(SBS-PCM)实现相干光束合成,对该技术的研究已经进行了几十年,如今,Kong 等人已经通过实验验证了用这种技术开发高能、高重频激光系统的可行性[3, 4, 8-18]。

受激布里渊散射(SBS)是非线性光学过程[19-22],能够产生一个后向散射相位共轭波。通过 SBS 过程产生相位共轭波的器件称为 SBS 相位共轭镜(PCM)。SBS-PCM 能够补偿相位误差元件引入的波前畸变,比如激光增益介质。因此这个器件广泛用在高能激光系统中以获得高质量光束。有效散热是一个主要问题,尤其在高重频工作状态下。用小型激光系统进行光束合成不失为一个有效的方法。在使用 SBS-PCM 的各种光束合成系统中,十字型光束合成方案有很多显著优点,如:完全隔离泄漏光束、易于准直和维护等[2, 3]。在实现相干光束合成系统中,SBS 波的相位控制是关键技术,因为 SBS 波来源于热噪声,天生就有的随机相位。Kong 等人提出并开发了自相位控制法[3, 4, 8],这种方法可以通过最简单的方式控制 SBS 波的相位,而且易于准直,合成光束数量不受限制,有极好的相位共轭。而且,用压电变换器(PZT)进行主动相位控制能实现长期相位稳定[23, 24]。这些工作可望大大促进高能量、高功率、高质量光束和高重频激光系统的发展。

15.2　SBS-PCM 原理

光学相位共轭是一个非线性光学现象,可以精确反转入射光束的传播方向和相位变化。产生相位共轭反射的非线性光学器件叫做相位共轭镜(PCM)[9,25]。图 15.1 是 PCM 与传统反射镜的比较。在传统反射镜情况下,光两次穿过像差介质,波前就会发生两次畸变,但在 PCM 情况下却没有出现畸变。因此使用 PCM 能够消除光学系统中的相位畸变[26,27]。例如,在固态激光放大器中,激光晶体的热致折射率变化会产生相位畸变。如果使用 PCM 使入射光束穿过激光晶体两次,这些畸变就会消失。因此,PCM 广泛用在高能激光系统中。

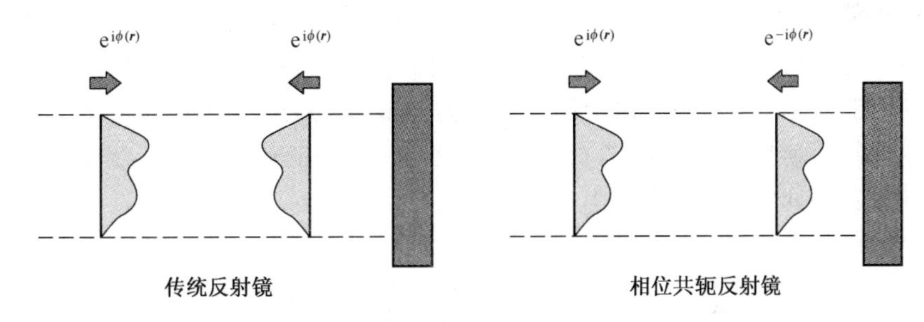

图 15.1　(a)传统反射镜波前反射;(b)相位共轭反射镜波前反射。

产生光学相位共轭最常用的方法就是 SBS(受激布里渊散射)[11,28,29]。只要能将激光束聚焦进 SBS 介质,就可以形成 SBS。介质中,自发声波的散射会产生反向传播的波,此波与入射波干涉,就会感生电致伸缩的密度调制。由于产生的密度调制与初始声波同频同向,就会放大和加强后向散射。由于放大完全依赖于方向,所以相位共轭后向散射部分起着主要作用。其结果是,反射相位共轭信号呈指数上升。驻波好像是一个自适应反射镜,因为其波前与入射光束的波前完全匹配。如果入射波前有任何扰动,就会迅速产生一个自适应的反射镜弯曲,响应时间在纳秒级。此外,根据能量守恒原理,SBS 会将相位共轭波的频率降至声波频率。

15.3　SBS-PCM 的反射率

当泵浦带宽 Δv_P 小于布里渊线宽 Γ (稳态)时,SBS 的反射率基本等于普通反射镜的反射率[28,30]。而许多 SBS-PCM 应用必须使用宽带泵浦 SBS(瞬态),这是由于采用 SBS-PCM 的激光系统通常会有较宽的频谱范围,以获得高输出功率和短脉宽[31,32]。有几项理论和实验研究都报告了用宽带泵浦 SBS 时反射率研究的结果。对于宽带泵浦,SBS 反射率取决四个参数之间的关系:相干长度 l_c;特征相互

作用长度 z_0 ,通常等于瑞利长度;模间距 Ω_m ;布里渊线宽 Γ 。当相干长度大于相互作用长度($l_c > z_0$)时,宽带泵浦 SBS 增益与窄带泵浦相干长度一样高[33-35]。进而,如果泵浦激光模式间距超过了布里渊线宽($\Omega_m > \Gamma$),则无论模结构如何,SBS 增益都与单纵模泵浦的增益相同[33]。再者,即使 $\Omega_m < \Gamma$,由泵浦激光模和其他斯托克斯模之间的差拍所产生非共振声波,在提高增益和反射率方面也会起着重要作用[36, 37]。而在所有之前提到的工作中,对于多模泵浦,只考虑了两个或多个纵模和近乎 SBS 阈值的低泵浦能量的影响。出于此原因,对高能多模泵浦 SBS 反射率特性也做了研究[3,38]。

测量 SBS-PCM 反射率的实验装置见图 15.2。泵浦激光器是调 Q Nd:YAG 激光器,利用其单纵模种子注入,就能以单模或多模工作。激光线宽,在单模工作中约为 0.09GHz,在多模工作中约为 30GHz。这样,多模的线宽,远大于此实验所用液体的布里渊线宽,见表 15.1[30, 39-41]。所用 SBS-PCM 透镜的焦距为 15cm,对应的瑞利范围 z_0 为 0.62mm。相干长度 l_c 约为 1cm,满足 $l_c \gg z_0$ 的条件。时间脉宽和空间脉宽分别是 8ns 和 2.4m。在这两种情况下,泵浦能量波动都小于 1%,泵浦能量是以 10Hz 持续约 30s 测得的。

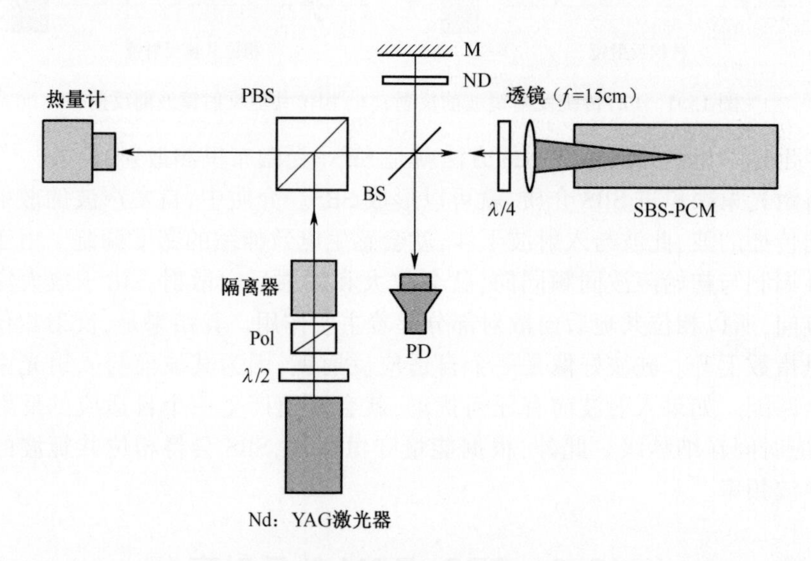

图 15.2 测量 SBS 反射率的实验装置

λ/2—半波片;Pol—偏振片;M—反射镜;ND—中性滤波片;λ/4—1/4 波片;
PBS—偏振分光镜;BS—分光镜;PD—光电二极管。

实验所用 SBS 材料是氟化液 FC-75 、四氯化碳(CCl_4)、丙酮、二硫化碳(CS_2)。每种液体的 SBS 特性和非线性折射率 n_2 都列在表 15.1。每种液体都有不同的布里渊线宽,分布在 50~528MHz 范围内。各液体的击穿阈值 E_b ,是在 SBS 池内出现亮闪烁点时测得的,也列在表 15.1 中。

表 15.1　用于反射率实验的液体特性：Γ，布里渊线宽，g_B：稳态 SBS 增益；n_2，非线性折射率；P_c，自聚焦临界功率(计算值)；E_b，击穿阈值能量(测量值)。

液体	Γ/MHz	g_B/(cm/GW)	n_2/($10^{-22}m^2/V^2$)	P_c/MW	E_b/mJ
氟化液 FC-75	350	4.5-5	0.34	7.0	6
四氯化碳(CCl_4)	528	3.8	5.9	0.4	1.7
丙酮	119	15.8	8.6	0.28	1.5
二硫化碳(CS_2)	50	68	122	0.02	0.1

图 15.3(a)和(b)显示在单模和多模两种情况下 CCl_4 和氟化液 FC-75 的 SBS 反射率随泵浦能量变化的函数关系[42]。注意，CCl_4 和 FC-75 有非常相似的 SBS 增益和布里渊线宽(见表 15.1)，这导致单模泵浦时，二者具有相似的、典型的非线性反射率曲线。对于多模泵浦，各液体的 SBS 反射率大不相同。CCl_4 的峰值反射率最高达到 30%，FC-75 的峰值反射率则大于 65%，反射率都随着泵浦能量增加而下降。还要注意的是，尽管单模泵浦通常有更高的 SBS 增益[43, 44]，但是对于 CCl_4，多模泵浦的 SBS 反射率却比单模泵浦 SBS 阈值附近的反射率略高。另一方面，对于 FC-75，其特性则完全相反。

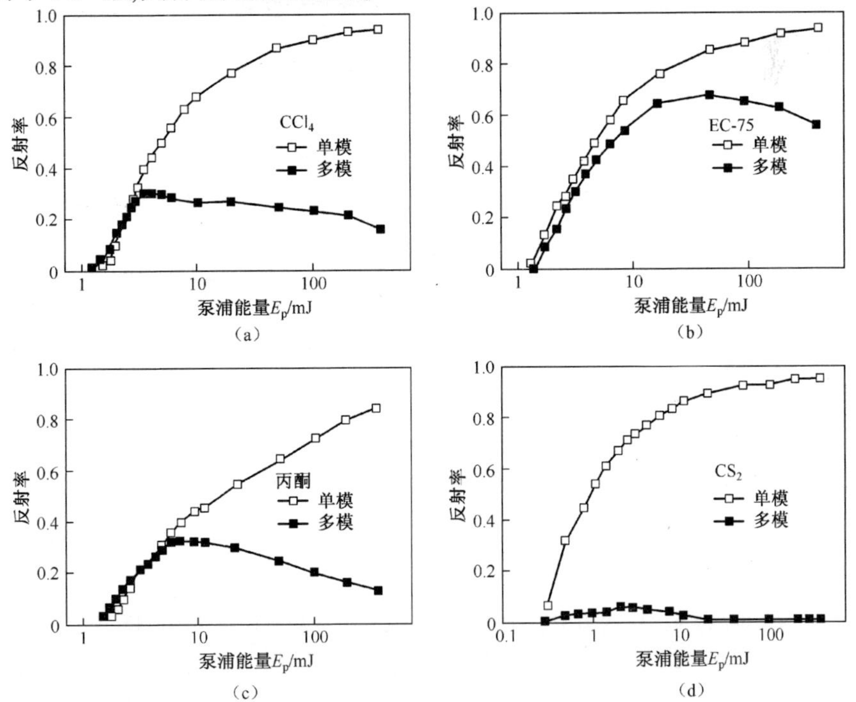

图 15.3　对各种激活介质，在单模和多模情况下，SBS 反射率与泵浦能量的关系。(a) CCl_4；(b) FC-75；(c) 丙酮；(d) CS_2。

引起多模泵浦反射率变化的因素有几个。我们可以用多模脉冲的瞬态强度尖峰来解释多模泵浦 SBS 反射率,这在单模脉冲是不存在的。在大量纵模之间的一个差拍就会导致脉冲强度尖峰上升,以致强度尖峰的功率足以引起非线性效应,譬如自聚焦和光致击穿。由强度尖峰引起的自聚焦,可能会给 CCl_4 SBS 阈值附近的多模泵浦带来反常的高反射率。自聚焦的临界功率由下式给出:

$$P_c = \frac{\pi \varepsilon_0 c^3}{n_2 \omega^2} \tag{15.1}$$

式中:ε_0 是真空腔的介电常数,ω 是光场的角频率,c 是光速[45]。根据式(15.1),CCl_4的临界功率 P_c,是 0.4MW,FC-75 的是 7 MW。单模泵浦时 CCl_4的临界功率 0.4MW,略大于脉冲能量约为 1.8mJ 时的 SBS 阈值功率(约 5% 的反射能量)0.26MW。但是,由于强度尖峰的高峰值功率可能超过临界功率 P_c,所以在 CCl_4的 SBS 阈值之下,多模脉冲也能产生瞬间和局部自聚焦。如果稳态 SBS 阈值的近似关系可以很好地保持在 $I_{th}g_B l = 25 \sim 30$(这里,I_{th}是 SBS 阈值强度,g_B是 SBS 增益,l 是相互作用长度),自聚焦会增加焦点范围内的泵浦光束强度,这样就可以降低 SBS 阈值能量[32]。如图 15.3(a)所示,自聚焦的结果会导致 CCl_4较低的 SBS 阈值和 SBS 阈值附近有稍高的反射率。图 15.4 所示是泵浦脉冲和斯托克斯脉冲的瞬态形状,当 $E_P = 1.5$mJ 的泵浦光束聚焦在 CCl_4池中时,两类脉冲(译者注:原文有误,已改正。)有不同的能量级。正如预期的一样,多模脉冲有一个很大的强度尖峰,而单模脉冲却没有。另一方面,由于 FC-75 的临界功率比 CCl_4的临界功率大 18 倍,FC-75 的 SBS 反射率不受 SBS 阈值附近自聚焦的影响。结果自然是在 SBS 阈值附近,多模泵浦的 SBS 反射率要低于单模泵浦的 SBS 反射率。

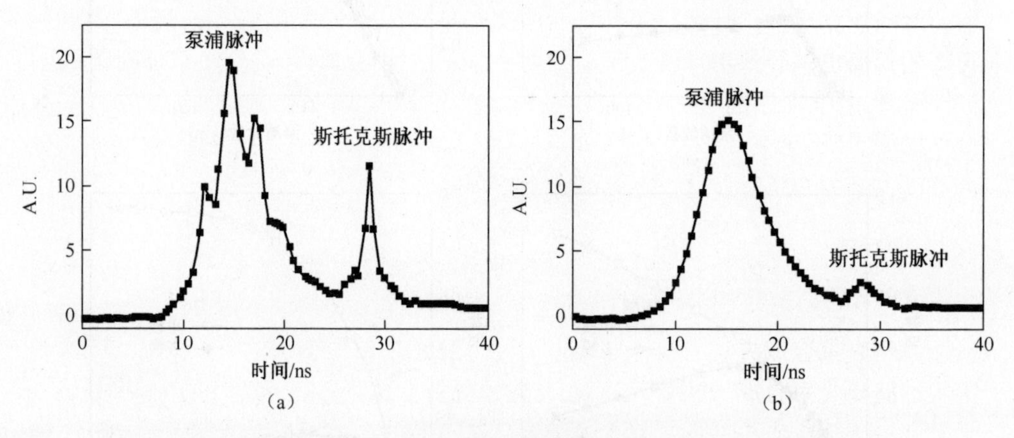

图 15.4 E_P约为 1.5mJ 时,CCl_4中泵浦脉冲和反射脉冲的形状。
(a)多模;(b)单模。

自聚焦似乎对 SBS 是有害的,因为它能强化光致击穿。表 15.1 所列的实验数据确认，CCl_4光致击穿阈值 E_P约为 1.7mJ，FC-75 光致击穿阈值 E_P约为 6mJ。我们观察到,击穿在接近击穿阈值时的焦点周围出现,当泵浦能量增加,击穿变得更加严重,产生灯丝状的明亮火花。击穿会干扰声子的产生。除了因自聚焦产生击穿以外,强度尖峰因其有非常陡峭的上升沿,也容易产生自击穿。要生成有效的 SBS,泵浦中的瞬态波动必须低于声子寿命。如果相对于声频声子的寿命,瞬态波动很快,就没有足够的时间来建立声波。这样,具有陡峭上升沿和超过击穿阈值能量水平的强度尖峰,会到达焦面且不损失其能量,形成后向反射。因此即使能量很低,它们也可以产生光致击穿,降低 SBS 反射率。对单模情况，SBS 反射区在泵浦脉冲的相反方向快速移动;泵浦脉冲在焦平面前端的区域就已经发生反射,由于这个区域的光强太小,而不足以引起光致击穿[46]。这样即使泵浦能量大,对单模泵浦也不会产生光致击穿。

丙酮的 SBS 反射率如图 15.3(c)所示。多模泵浦的反射率高于 SBS 阈值附近单模泵浦的反射率,这与 CCl_4的结果很类似。表 15.1 的数据说明丙酮的非线性折射率也与 CCl_4的大致相同。由此可知,因高强度尖峰所致的自聚焦,对多纵模泵浦的 SBS 反射率会有极大的影响。在泵浦能量上升到 6mJ 之前,多模泵浦反射率一直在增加,随后由于击穿的加剧则急剧下降;相比之下,单模泵浦反射率却是单调增加。图 15.3(d)是测量的 CS_2反射率。在所考查的四种液体中,对于单模泵浦，CS_2有最低的 SBS 阈值能量(约 0.3mJ)和最高的反射率(约为 95%),因为它有最高的稳态 SBS 增益(见表 15.1)。另一方面,对于多模泵浦,(CS_2的)SBS 反射率最低,全区间内几乎为零。自聚焦的临界功率(20kW)约为 SBS 阈值(40kW)的一半。进而发现,CS_2是所用液体中声子寿命最长的一种(6ns)[40],此寿命可与泵浦光束的脉宽相提并论。如前所述,如果泵浦脉冲的瞬态波动比声子寿命快时,则没有足够的时间建立声波。其结果是,CS_2的击穿阈值(约 0.1mJ)低于 SBS 阈值,而这一很低的阈值也是导致出现反射率近乎零的原因。我们观察到,即使泵浦能量弱到 SBS 阈值,光学击穿也产生了灯丝状亮闪。注意,受激喇曼散射(SRS)同样会导致低反射率。CS_2有高 SRS 增益。SRS 过程响应时间极短(10^{-11}s),意味着对多模脉冲强度尖峰的 SRS 响应要优于 SBS 过程的响应[47]。

15.4 光束合成结构

并列光束合成方法有:光束拼接相干光束合成、光束叠加相干光束合成、串联实施的波长光束合成、并联实施的波长光束合成。所有这些方法可归为两类:相干光束合成和波长光束合成。波长光束合成和并列光束合成都能获得高能量,但当需要相干光束时,应当使用相干光束合成。在用 SBS-PCM 进行的相干光束合成中,Kong 等人提出了一种波前分割系统和一种振幅分割相干合束系统。

波前分割结构如图 15.5(a)所示。主光束被分成许多子光束以便单独放大;

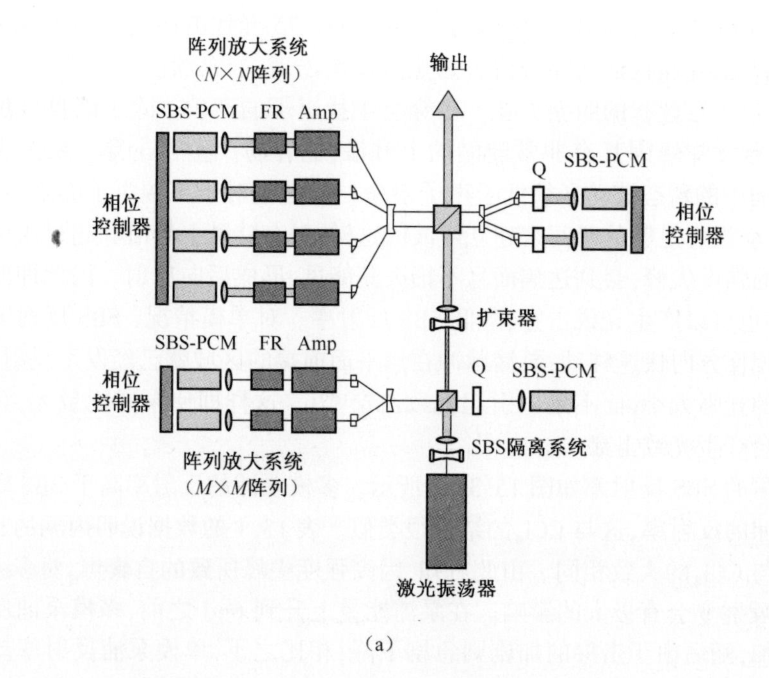

（a）

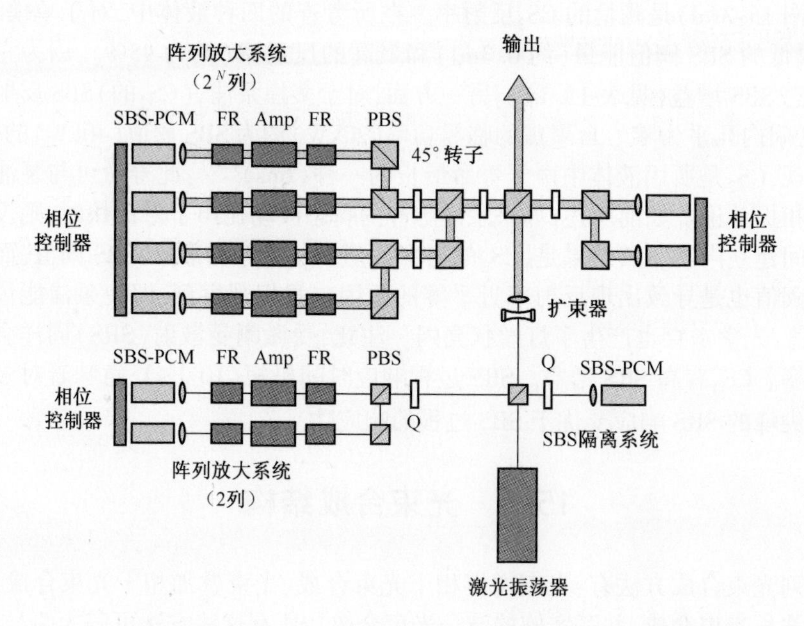

（b）

图 15.5 激光聚变驱动器使用的可扩展光束合成激光系统原理图。
(a)分波前方案;(b)分振幅方案。QWP:四分之一波片;SBS-PCM:受激布里渊散射相位共轭镜;FR:法拉第转子;Amp:光学放大器。

光束由棱镜分束的系统为波前分割方案,这是光束拼接相干光束合成。在这种方法中,汇聚光束的行为完全一致,因此这是一种有前景的方法,能构建一个高重频、高能量相干光束合成系统。第二个结构如图 15.5(b)所示。主光束由偏振分束器分光。在这种情况下,系统为振幅分割方案。这是光束叠加相干光束合成。在这种方案中,需要在合束后扩展孔径,以防损伤光学元件。

15.5　相位控制理论

自相位控制法是自控制 SBS-PCM 相干光束合成的关键技术。本节用 Kong 等人(2008)[48]和 Slezak 等人(2010)[49]提出的理论模型解释自相位控制原理。

图 15.6 所示是 N 个 SBS-PCM 组成的光束合成系统的框图。可以认为所有波($E_{ij}, i=1,2,\cdots,3, j=1,2,\cdots,N$)都是线性偏振单色平面波的相应分量,均在 $t=0$ 时间点出射,振幅恒定。事实上,光束是由一个凹面反射镜汇聚的,所以 E_{2j} 变成高斯光束,进行进一步简化时,可只考虑接近反射镜焦面的瑞利区。在这个区,镜子所反射的电磁波可以近似为平面波,而且泵浦光束截面半径 r_P 还远远小于凹面反射镜曲率半径 $R_m(r_P \leqslant R_m)$。此反射波的振幅还要乘一个因子 μ , μ 表示因聚焦所致的振幅的增量。

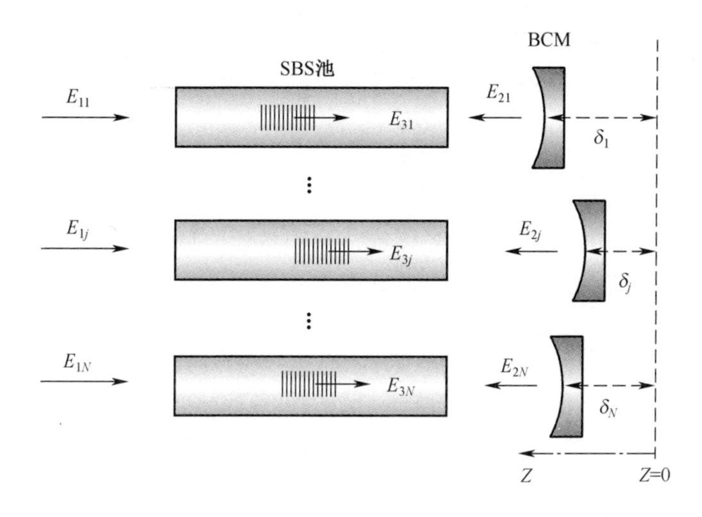

图 15.6　N 个带后向种子凹面镜(BCM)同步工作的 SBS-PCM。第 j 个 SBS-PCM 的入射泵浦光束 E_{1j} ,无焦通过 SBS 池,被第 j 个凹面镜反射并作为 E_{2j} ,在 SBS 池中聚焦。SBS 反射斯托克斯光波为 E_{3j} 。由 δ_j 给出第 j 个 BCM 的 z 位置。

在这些条件下,所考虑的系统中的任何光波都可表示为:

$$E_{ij} = \frac{1}{2}A_{ij}\exp[\mathrm{i}(k_{ij}z - \omega_{ij}t + \phi_{ij})] + \mathrm{c.c.} \tag{15.2}$$

式中:A_{ij}、k_{ij}、ω_{ij} 和 ϕ_{ij} 分别表示第 ij 个波的振幅、波数、频率和相位。由于反射镜的反射波反向传播,所以 $k_{2j} = -k_{1j} \equiv k_j$ 。反射镜反射不改变波的频率 $\omega_{2j} \equiv \omega_{1j} \equiv \omega_j$ 。反射后的相位则表示为 $\phi_{2j} \equiv \phi_{1j} + \pi + (k_{1j} - k_{2j})\delta_j$,替换掉 k_{2j} 则得到 $\phi_{2j} \equiv \phi_{1j} + \pi + 2k_j\delta_j$ 。反射后的振幅则表示为 $A_{2j} = \mu_j A_{1j} \equiv \mu_j A_j$ 。用这些公式,就能够导出 SBS-PCM 的强度干涉条纹近似,其形式为:

$$\langle E_j^2(z,t)\rangle = (E_{1j} + E_{2j})(E_{1j} + E_{2j})x^* = \frac{1}{4}|A_j|^2\left[\frac{1}{2}(1 + \mu_j^2) - \mu_j\exp[2\mathrm{i}kj(z - \delta_j)]\right] \tag{15.3}$$

应当注意的是:强度干涉条纹节点位置并不取决于泵浦光束相位 ϕ_{1j},它完全取决于实际反射镜位置 δ_j 。

由电致伸缩驱动的声波方程右侧可表示为:

$$g_j(z,t) = -\frac{\gamma}{8\pi}\frac{\partial^2}{\partial z^2}\langle E_j^2(z,t)\rangle \tag{15.4}$$

式中引入了电致伸缩耦合常数 γ 。将式(15.3)代入式(15.4)得:

$$g_j(z,t) = -\frac{\gamma\mu_j}{4\pi}|A_j|^2k_j^2\exp[2\mathrm{i}kj(z - \delta_j)] + \mathrm{c.c.} \tag{15.5}$$

SBS 介质中的声波 $\rho_j(z,t)$ 是声波方程的解(为简化起见,没有考虑阻尼)

$$\frac{\partial^2\rho_j}{\partial t^2} - v^2\frac{\partial^2\rho_j}{\partial z^2} = -\frac{\gamma\mu_j}{4\pi}|A_j|^2k_j^2\exp[2\mathrm{i}k_j(z - \delta_j)] \tag{15.6}$$

式中:v 代表 SBS 介质中的声速。

由于声噪声波相位的随机性,需要确定初始条件。只考虑 SBS 相位匹配的波,并表示为 $q_j \equiv 2k_j$ 和 $\Omega_j \equiv q_{jv}$,这些初始条件可表示为:

$$\rho_j(z,0) = \frac{1}{2}S_j\{\exp[\mathrm{i}(q_jz + \varphi_j^-)] + \exp[\mathrm{i}(q_jz + \varphi_j^+)]\} + \mathrm{c.c.}$$

$$\frac{\partial\rho_j}{\partial t}(z,0) = \frac{1}{2}\mathrm{i}S_j\Omega_j\{-\exp[\mathrm{i}(q_jz + \varphi_j^-)] + \exp[\mathrm{i}(q_jz + \varphi_j^+)]\} + \mathrm{c.c.} \tag{15.7}$$

式中:S_j是噪声振幅,取决于几何、温度、材料参数和频率[1],$\varphi_j^\pm$ 表示热噪声随机相位。

式(15.5)和式(15.6)的通解可以为以下形式:

$$\rho_j(z,t) = \rho_0 - \left\{ \begin{aligned} & \frac{\gamma\mu_j}{32\pi v^2} |A_j|^2 \exp[-iq(z-\delta_j)] \\ & + \frac{1}{2}\left(\frac{\gamma\mu_j}{32\pi v^2} |A_j|^2 \exp[-iq_j\delta_j] + S_j \exp[i\varphi_j^-]\right) \exp[i(q_j z - \Omega_j t)] \\ & + \frac{1}{2}\left(\frac{\gamma\mu_j}{32\pi v^2} |A_j|^2 \exp[-iq_j\delta_j] + S_j \exp[i\varphi_j^+]\right) \exp[i(q_j z - \Omega_j t)] \end{aligned} \right\} + \text{c.c.} \tag{15.8}$$

这个解包含三个截然不同的分量。第一个分量(ρ_0)表示介质的平均密度值。第二个分量(大括号内的第一行)代表静态密度调制。第二行和第三行这些项,代表由两个反向传播声波叠加的驻声波。这些波的其中之一与 SBS 波严格匹配。

再者,来自于热噪声背景的声波,在其相位接近于 $\phi_j^{\pm} = - q_j\,\delta_j$ 时,在干涉场驱动波的作用下实现相长干涉,变成噪声背景中的主要成分。这种波最可能成为 SBS 种子。但是在 $\gamma\mu_j/(32\pi v^2\ |A_j|^2 \gg S_j)$ 的情况下,与驻波相比,热噪声背景是可以忽略的。从式(15.8)显然可知,任何 SBS 池之间的相对相位差都可通过改变参数 δ_j 这个参数进行调整。

图 15.7 所示是自相位控制法概念。由于电磁驻波的电致伸缩,在焦点处产生弱周期性密度调制,电磁驻波则因主光束 E_p 与低强度反向传播光束 rE_p 之间的干涉而产生。在所提出的理论模型中,假定来自于驻波的弱密度调制是触发布里渊光栅的一个标志。这样,初始位置 z_0 不再是随机的,而是固定在密度调制的一个节点上。然而,在瑞利区内有很多备选节点,因为瑞利长度 l_R 远远大于静态密度调制的周期 $\lambda_p/2$(λ_p 是泵浦波的波长)。因为有 $k_a \approx 2k_p = 4\pi/\lambda_p$ 的关系,在不同节点产生的声波之间的相位差为: $\Delta\phi_a = k_a(\lambda_p/2)N \cong 2\pi N$ (N 取整数)。由此可知,相位不确定度 $2\pi N$ 并不影响相位精度。

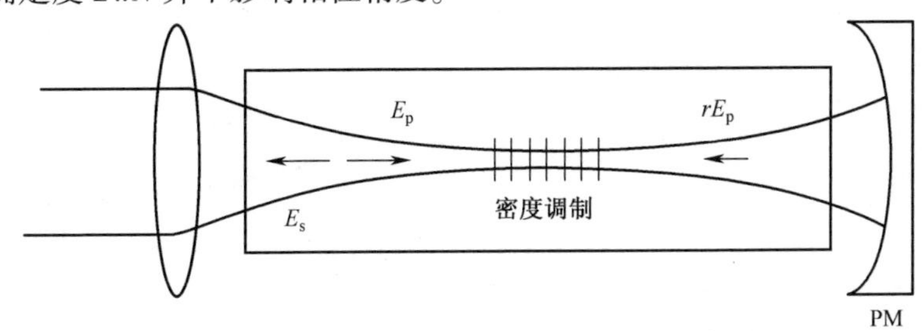

图 15.7　用自生密度调制法进行 SBS 波相位控制的方案。PM 是部分反射凹面镜,反射率为 r。E_p 和 E_s 分别表示泵浦波和 SBS 波。

在声波已定时,应当知道初始时间 t_0 。在关于如何保持 SBS 波形的研究中[50],发现泵浦能量的前一部分,在产生 SBS 声学布里渊光栅过程中被消耗掉了。这个耗掉的能量被视作 SBS 阈值能量。当 SBS 启动时,临界时间 t_c 由下式决定:

$$E_{\mathrm{th}} = \int_0^{t_c} P(t)\,\mathrm{d}t \tag{15.9}$$

式中:E_{th}是 SBS 介质的 SBS 阈值能量,$P(t)$是泵浦功率。由于 SBS 波和对应的声波是同时产生的,则假定 t_0 等于 t_c。式(15.9)说明,在恒定脉宽条件下,如果由 $E_0 = \int_0^{\infty} P(t)\,\mathrm{d}t$ 给出的泵浦脉冲总能量发生变化,则声波的初始触发时间 t_0 也变化。在这个模型中,临界时间 t_c 随着总能量 E_0变化而变化。于是,作为能量波动 ΔE_0 的结果,初始相位 $\Delta\phi_0$ 出现的变化可以表示为:

$$\Delta\phi_0 = \Omega\Delta t_c = \Omega \frac{\Delta t_c}{\Delta E_0}\frac{\Delta E_0}{E_0}E_0 \tag{15.10}$$

如果我们假定 z_0不变,那么对于 FC-75, $\Delta\phi_0$ 是可以数值计算出来的,这里声波频率为 1.34GHz,对于脉宽为 10ns 的脉冲,SBS 阈值约为 2.5mJ。假定泵浦脉冲 $P(t)$ 以下式给出:

$$P(t) = \frac{4E_0}{\alpha^3\sqrt{\pi}}t^2\exp[-(t/a)^2] \quad (a = 8.66\mathrm{ns}) \tag{15.11}$$

图 15.8 表示计算的 $\Delta\phi_0$ 和临界时间 t_c,都是泵浦能量的函数。图中,泵浦能量的范围从 FC-75 的 SBS 阈值(2.5mJ)到 100mJ,泵浦光束的能量稳定性 $\Delta E_0/E_0$ 分别为 1%、2%和 5%。注意,t_c 和 $\Delta\phi_0$ 都与泵浦能量成反比。而且,在泵浦能量稳定性从 5%提高到 1%时,$\Delta\phi_0$ 在不断减小。随着泵浦能量的增加,反向 SBS 波的相位趋于稳定。

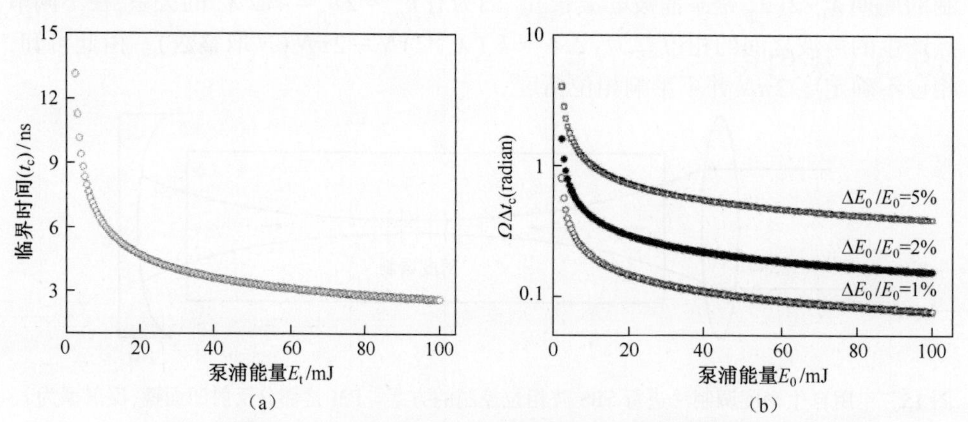

图 15.8 (a)临界时间 t_c 随泵浦能量变化的函数,
E_t 是 SBS 介质的 SBS 阈值能量;(b)SBS 波的初始相位变化 $\phi_0 = \Omega\Delta t_c$,
是泵浦能量的函数,取决于泵浦能量稳定性($\Delta E_0/E_0$ = 1%、2%和 5%),
E_0 是输入脉冲的总能量。

实验结果和式(15.10)的计算结果见图 15.9,实验研究进行的条件是,光束 2 的泵浦能量 $E_2 \approx 3$、3.5、4、4.5、5、10、15、20 和 25mJ,光束 1 的泵浦能量 $E_1 \approx 5$mJ,泵浦激光能量稳定性约为 2%。在图 15.9(a)所示的实验中,光束 1 和光束 2 之间的相对相位差 $\Delta\phi$,是针对 160~220 个串列脉冲测得的。图 15.9(b)中的实验数据是每一能量情况下,相对相位差的标准偏差。理论计算采用的是与式(15.10)相同的能量条件。注意,在理论计算曲线中,在 E_2 接近 E_1 时,$\Delta\phi$ 是下降的。如图 15.9(b)所示,这个预计与实验结果高度一致。

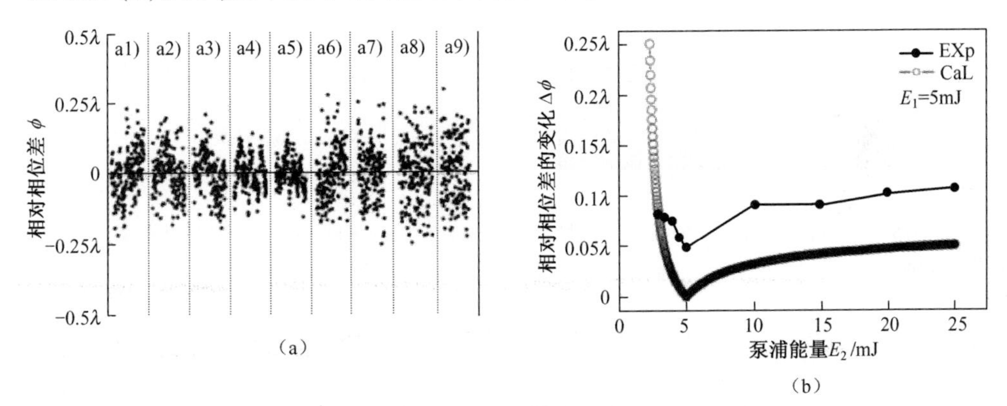

图 15.9 (a)各能量情况下相对相位差的实验数据,$E_2 \approx$ 3mJ(a1)、3.5mJ(a2)、4mJ(a3)、4.5mJ(a4)、5mJ(a5)、10mJ(a6)、15mJ(a7)、20mJ(a8)和 25mJ(a9),$E_1 \approx$ 5mJ;(b)相对相位差的变化的实验值和理论模型计算值,是泵浦能量的函数。图中实验数据代表(a)中各泵浦能量下的标准偏差。

15.6 采用相位稳定 SBS-PCM 的相干光束合成激光系统

15.6.1 常规的 SBS-PCM 相位波动

当 SBS-PCM 用于光束合成激光器时,由于统计噪声使 SBS 随机发生,反射光束的相位也是随机变化的。在数倍于声子寿命的时间里,这些现象波动不定;其结果是,各光束线之间会出现相位往复误差。图 15.10 所示是常规 SBS 波动条件下的实验方案框图和实验结果[3]。图 15.10(c)① 中的每个点代表 160 个激光脉冲之一。正如所料,对每个激光脉冲,$\Delta\phi$ 都是随机值。图 15.10(b)② 所示是从每个干涉条纹图中选出来的 160 条水平线的强度分布。这个分布同样也是随机波动的。

①、②译者注:原文有误,已改正。

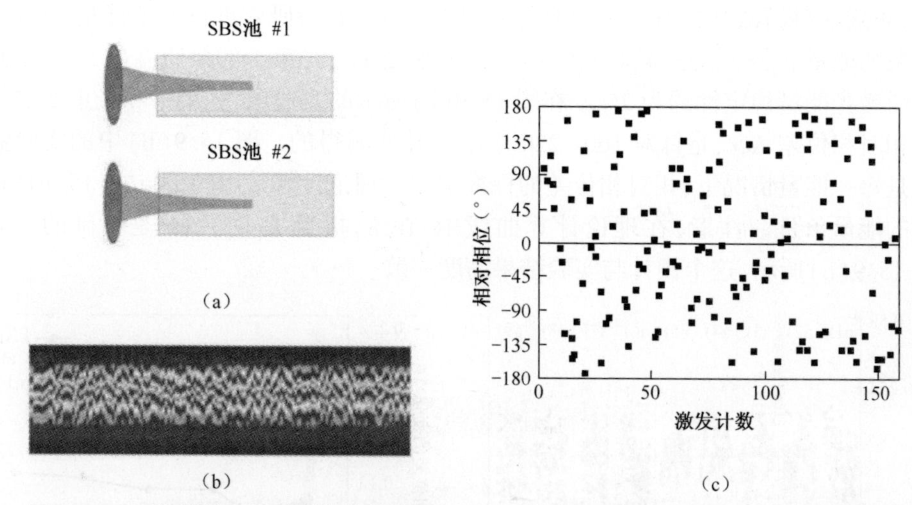

图 15.10 无相锁情况下的系统实验结果。(a)方案;(b)选自 160 个干涉条纹水平方向的强度分布;(c)160 个激光脉冲中,两个光束之间的相对相位差。

如图 15.10 所示,很难用传统 SBS-PCM 构建出相干光束合成系统。在研究 SBS 波锁相的历史上,科学家们提出了几种成功的方法[5-7]。尽管这些方法都取得了良好的相锁效果,但在多光束合成的实际应用方面,仍有一些问题。D. A. Rockwell 在 1986 年提出了重叠法[5]。在这种方法中,所有光束都聚焦于同一点。因此,由于要避免光致击穿,能量提升受到限制,而且光学准直也是个难题。R. H. Moyer 在 1988 年提出了后向种子法[7]。该方法将一个斯托克斯光束用作后向种子光束。然而,利用后向种子光束法,如果注入的斯托克斯光束不完全相关,则相位共轭就不完整。1998 年,M. W. Bowers 和 R. W. Boyd 提出了布里渊增强四波混频法(BEFWM)[51]。这种方法需要很复杂的光学结构,并且合成光束的数量也会受到限制。

15.6.2 无 PZT 控制的相位波动

Kong 等人[3,4,8-18]提出了一个新的相位控制技术,涉及自生密度调制。这种方法可简称为自相位控制法。该方法用了一个简单的光学装置,在 SBS 池后面放一个凹面反射镜,而且每个光束的相位都容易单独控制,还不破坏相位共轭。此相位控制法对能量提升也没有任何结构限制。

波前分割方案是对光束作空间分割。在第一次实验中,用它来验证自相位控制法的相位控制效果[3,4,8]。实验方案见图 15.11(a)。用 1064nm Nd:YAG 激光作为泵浦光束产生 SBS,脉宽 7~8ns,重频 10Hz。来自振荡器的激光束通过 2 倍柱状望远镜后,由棱镜分光成两部分。棱镜镀有高反膜,入射角 45°。两部分光束通过各自的光楔,在 SBS-PCM 内汇聚。光楔将反回的斯托克斯光束部分反射,使两束反射光在 CCD 摄像机上重叠,在此产生干涉条纹。通过测量干涉条纹峰值的运动,可定量分析两个 SBS 波之间相对相位差的波动程度。

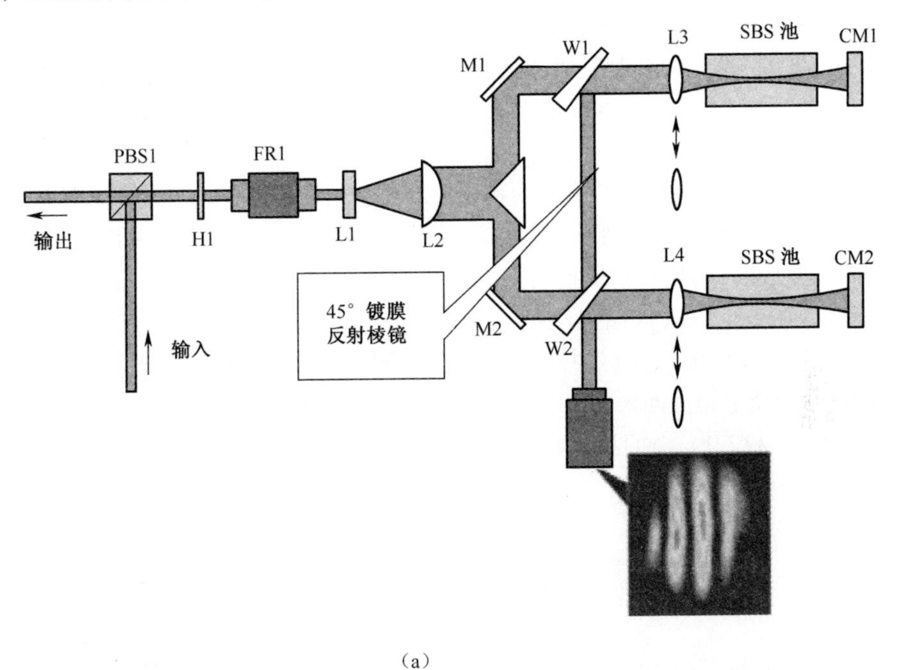

(a)

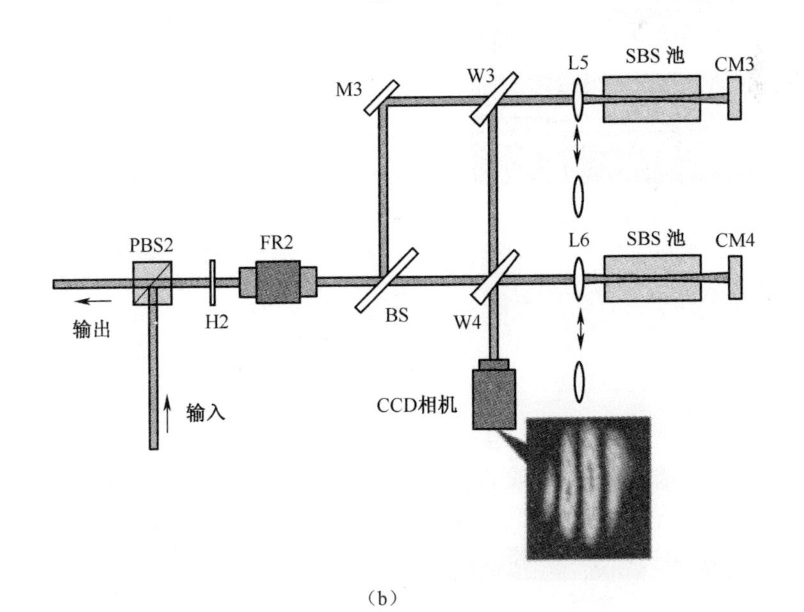

(b)

图 15.11　利用自生密度调制实现 SBS 波相位控制的实验装置

(a)波前分割方案;(b)振幅分割方案。

M1、M2 和 M3:反射镜;W1、W2、W3 和 W4:光楔;L1 和 L2:柱面透镜;L3、L4、L5 和 L6:聚焦透镜;CM1、CM2、CM3 和 CM4:凹面反射镜;H1 和 H2:半波片;PBS1 和 PBS2:偏振分束器;FR1 和 FR2:法拉第转子。

在波前分割方案情况下,由于激光源的光束指向作用,每触发一次,子光束就获得一个波动能量;因为 SBS 波的相位取决于泵浦能量,在 SBS 波之间产生相对相位差的波动。采用振幅分割法可以克服光束指向问题,其中子光束的能量几乎一样[38]。振幅分割方案的实验方案见图 15.11(b)。在幅度分割方案中,来自振荡器的激光束被分束器分成两个子光束。

图 15.12 所示是波前分割方案的相位控制实验结果。图 15.12(a)是共轴型自相位控制的实验原理框图和实验结果。少量的泵浦脉冲被一个无镀膜凹面镜反射,再注入 SBS 池。测得的相对相位差的标准偏差约为 0.17λ(=λ/5.9)。而且 88%的数据点都落在±0.25λ(=λ/4)的范围内。这些结果表明,自生密度调制能够固定反向 SBS 波的相位。图 15.12(b)是共焦型自相位控制的实验框图和实验结果。这里泵浦光束通过凹面反射镜反向聚焦,反射镜镀有高反膜。测得的相对相位差的标准偏差约为 0.14λ(=λ/7.1)。而且 96%的数据点都落在±0.25λ(=λ/4)的范围内。

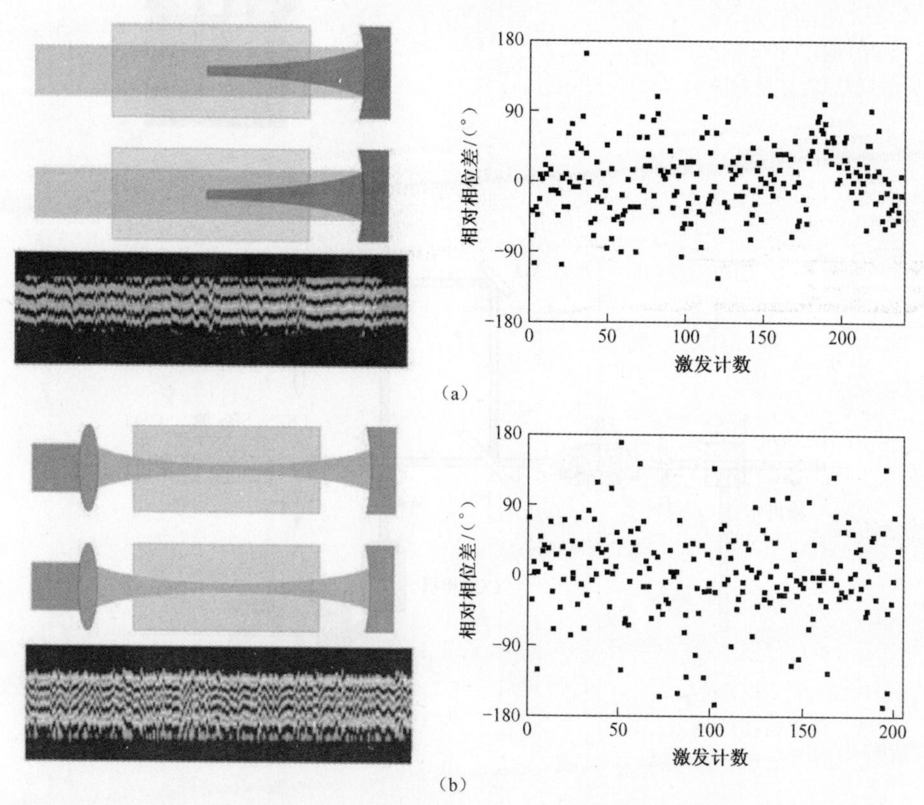

图 15.12 波前分割方案的相位控制实验结果。(a)共轴型自相位控制(左上为方案,左下为干涉条纹水平方向的强度分布,右为以 203 个激光脉冲统计的两光束之间的相对相位差)。(b)共焦型自相位控制(左上为方案,左下为干涉条纹水平线的强度分布,右为以 238 个激光脉冲统计的两光束之间的相对相位差)。

振幅分割方案获得的相位控制实验结果见图 15. 13[12]。图 15. 13(a)是共轴型自相位控制的实验原理框图和实验结果。测得的相对相位差的标准偏差约为 0. 037λ(=λ/27)。图 15. 13(b)是共焦型自相位控制的实验原理图和实验结果。测得的相对相位差的标准偏差约为 0. 028λ(=λ/36)。与运用波前分割方案相比,运用振幅分割方案,相对相位差的稳定性显著提高。

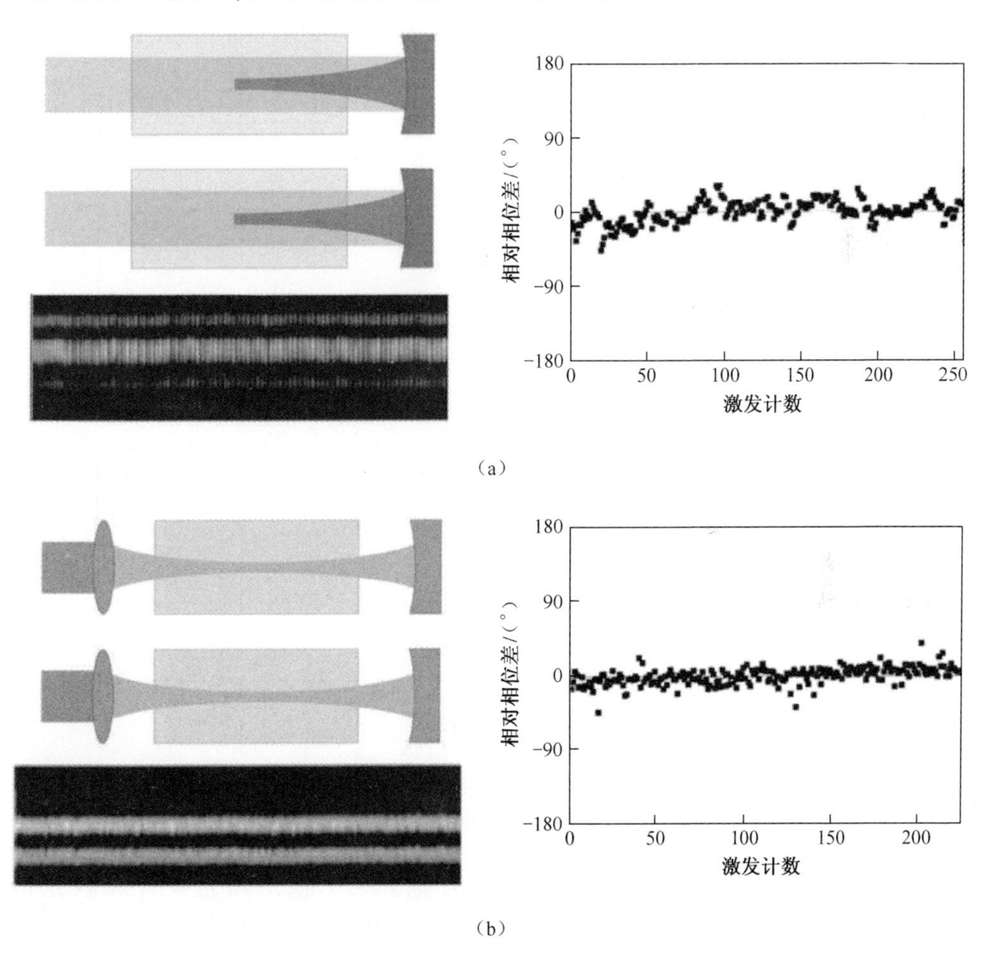

图 15. 13 振幅分割方案相位控制实验结果。(a)共轴型自相位控制(左上为方案,左下为干涉条纹水方向的强度分布,右为以 256 个激光脉冲统计的两光束之间的相对相位差);(b)共焦型自相位控制(左上为方案,左下为干涉条纹水平线的强度分布,右为以 220 个激光脉冲统计的两光束之间的相对相位差)。

15. 6. 3 有 PZT 控制的相位波动

自相位控制法可以保证,经数百次触发,SBS 波都相当稳定。但是当激光触发数增加时,就会出现热致长期相位波动[23,24],这种慢变的相位波动很容易补偿,办法是在 SBS-PCM 的凹面反射镜上附加一个能主动控制的 PZT。图 15.14 和图 15.15分别给出了两光束合成系统中,有和没有 PZT 控制的相位控制实验结果。相位差和输出能量的测量条件是:激光触发 2500 次(250s),光束 1 和光束 2 的泵浦能量 $E_{1,2} \approx 50$mJ。没有 PZT 控制时显示出长期相位和能量波动。有 PZT 控制时,SBS 光束之间相位差相当稳定,波动标准偏差为 0.021λ(=λ/47);输出能量稳定,只有 4.7%的波动。

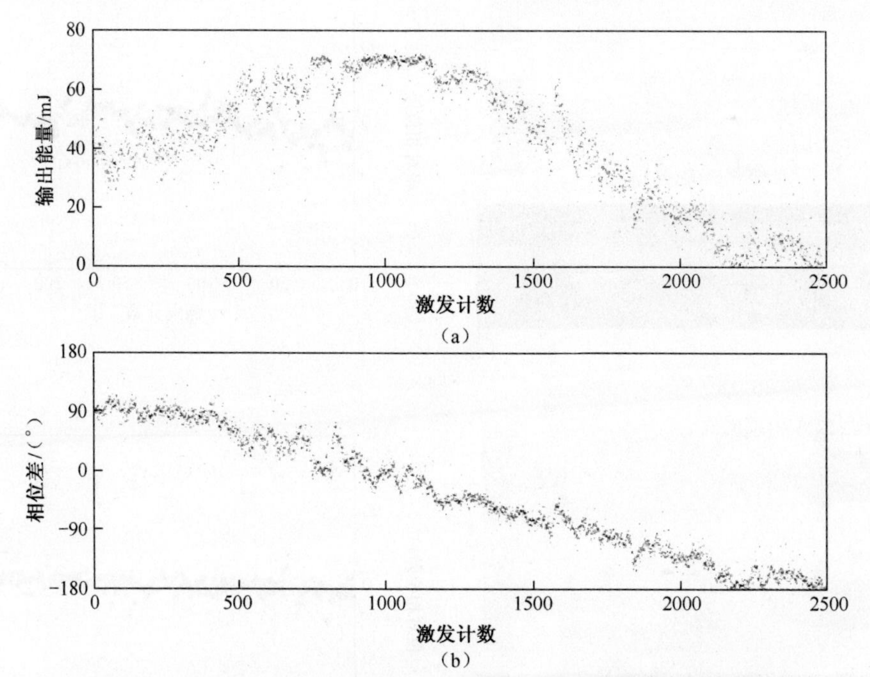

图 15.14 没有 PZT 控制情况下的实验结果:(a)两 SBS 光束的输出能量和(b)两 SBS 光束的相位差。激光触发 2500 次(250s),泵浦能量 $E_{1,2} \approx 50$mJ。

在这些结果的基础上,为这项研究构建了一个相干四光束合成激光系统[52,53]。图 15.16 所示是一个使用共焦型 SBS-PCM 的四光束合成激光系统。激光源是 Nd:YAG 激光振荡器,激光是 P-偏振光。扩束器透镜焦距为 -200mm 和 -50mm。扩束器将激光束扩束四倍。通过一个四光束圆形孔径后,扩展光束被分成四个子光束 1、2、3 和 4。子光束的路径是由棱镜和反射镜来分割的。每一个子光束都通过放大器和法拉第转子,子光束的偏振方向为 45°。子光束由 SBS-PCM 反射后再次通过放大器和法拉第转子。这时子光束的偏振方向变成 S-偏振。子光束在偏振分束器 PBS1 合成并反射,半波片 HWP2 使合成光束的偏振方向发生偏转。PBS2 分割光束并最终反射输出光束。光楔平分光束 1,扩束器将光束 1 的一部分光扩展四倍。将此扩展过的光束作为参考光束。合成输出光束的一部分

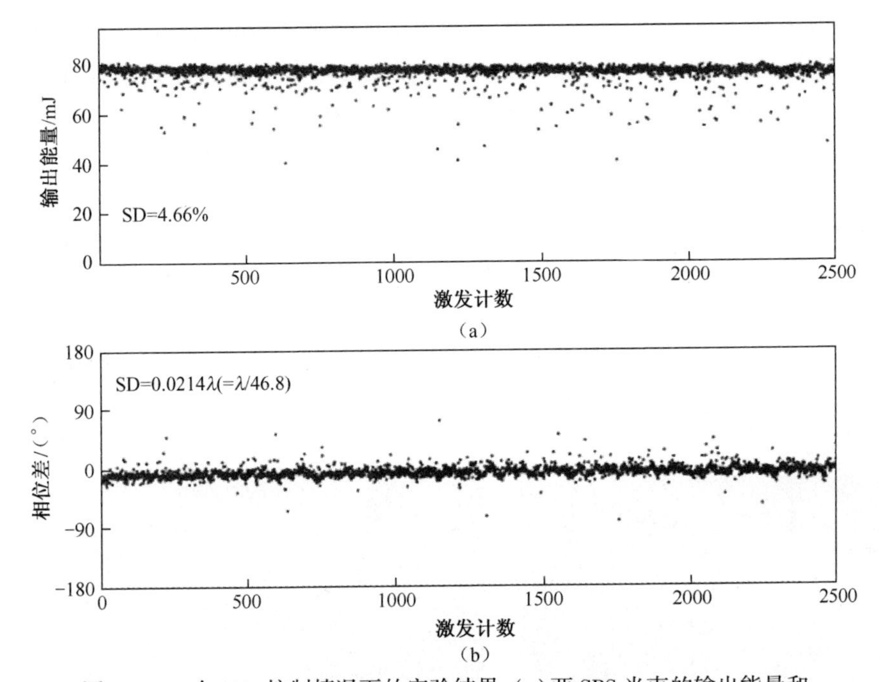

图 15.15 有 PZT 控制情况下的实验结果:(a)两 SBS 光束的输出能量和(b)两 SBS 光束的相位差。激光触发 2500 次(250s),泵浦能量 $E_{1,2} \approx 50\mathrm{mJ}$。SD:标准偏差。

和参考光束产生干涉条纹,用于测量子光束间的相对相位。相位控制电子元件用所测得的相对相位来控制 PZT,从而调整子光束间的相对相位。

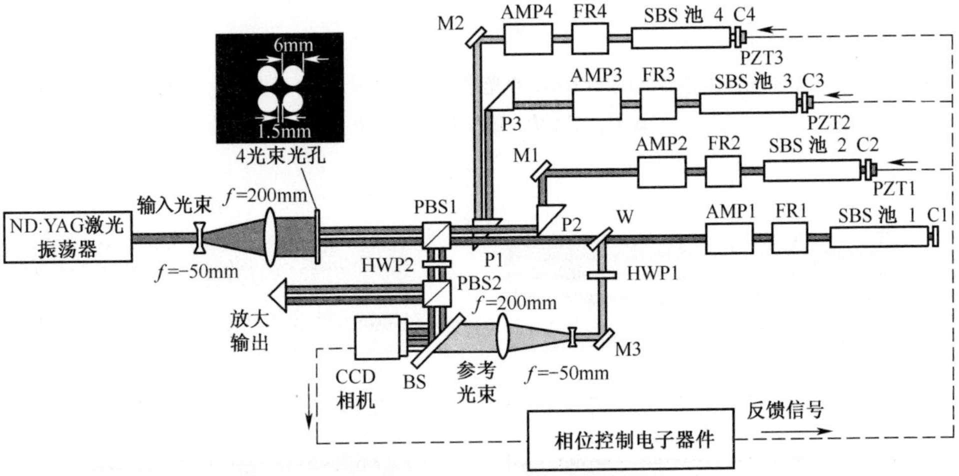

图 15.16 采用共焦型 SBS-PCM 的四光束合成激光系统。HWP:半波片;PBS:偏振分束器;BS:分束器;P:棱镜;M:反射镜;AMP:放大器;FR:法拉第转子;C:凹面反射镜;PZT:压电传感器;W:光楔。

图 15. 17 所示,是合成光束以及参考光束与合成光束的干涉图。合成光束所成的像和干涉图见图 15. 17。如图 15. 17(a)所示,四光束成功合成。图 15. 17(b)所示是参考光束与每个子光束的干涉图。参考光束与四个子光束之间的相对相位分别表示为:$\Delta\Phi_{01}$、$\Delta\Phi_{02}$、$\Delta\Phi_{03}$和$\Delta\Phi_{04}$。针对 2500 次触发所测得的相位波动见图 15. 18。光束的输入能量是 32. 2±0. 3mJ,放大光束的输出能量是 169±6mJ。相对相位小于 0. 038λ(=λ/26)。可以认为这些光束是一个光束。因此,自相位控制法能够控制 SBS 波的相位,合成光束的特性等效于单光束的特性。特别是,由于输出光束是一个相位共轭波,因此输出光束的 M^2 因子接近于 1。这种光束合成激光器可以很容易地扩展,条件是:输入到 SBS-PCM 的脉冲能量不小于 50mJ,脉宽在 1ns 和 10ns 之间,种子脉冲是单纵模。

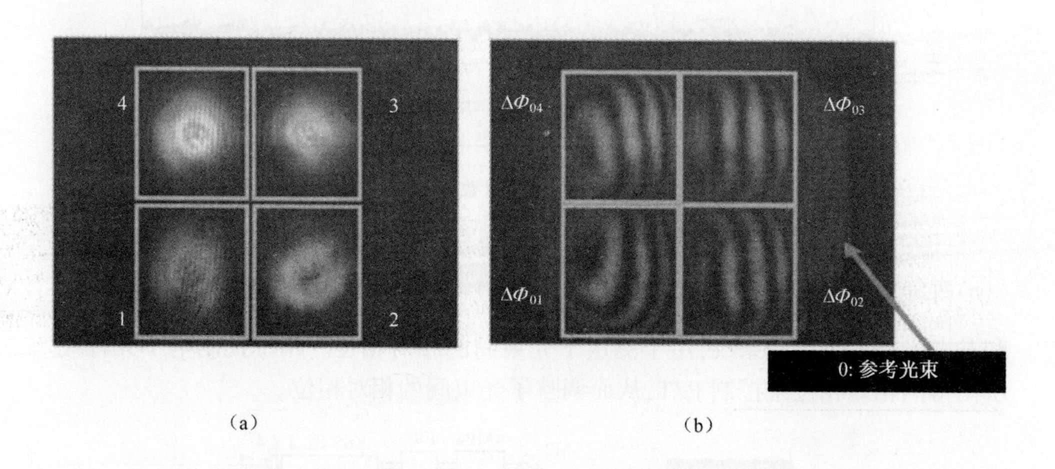

图 15. 17 (a)合成光束所成的像;(b)参考光束与每个子光束的干涉图。相对相位表示为:$\Delta\Phi_{01}$、$\Delta\Phi_{02}$、$\Delta\Phi_{03}$和$\Delta\Phi_{04}$。

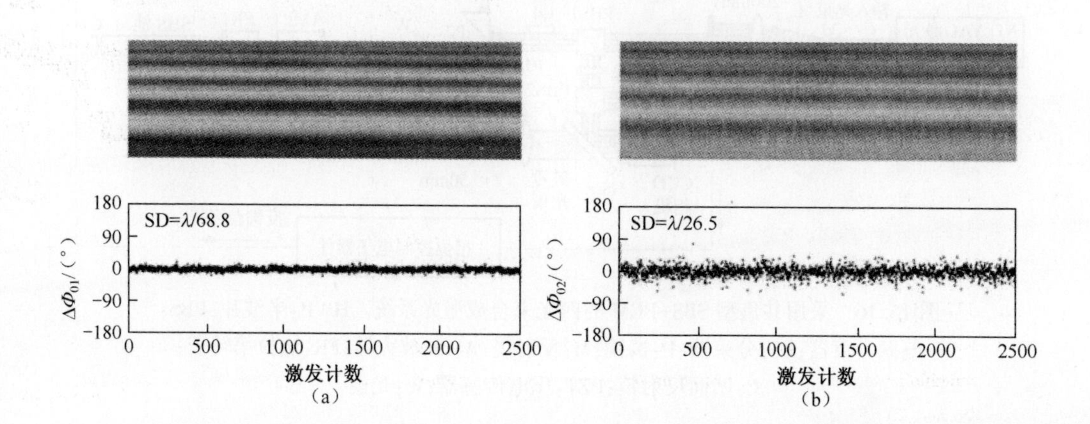

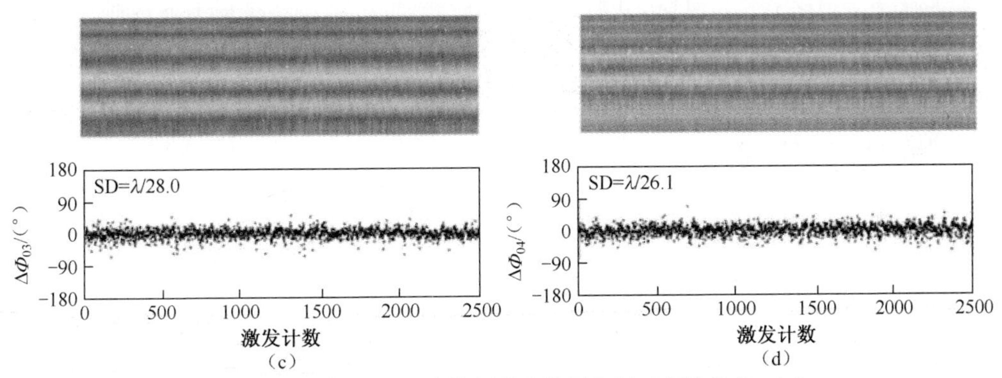

图 15.18　激光触发 2500 次期间的点阵图和相对相位分布：$\Delta\Phi_{01}$、$\Delta\Phi_{02}$、$\Delta\Phi_{03}$ 和 $\Delta\Phi_{04}$。SD：标准偏差。

15.7　结　　论

本章介绍了采用 SBS-PCM 的高能、高功率相干光束合成系统。要获得合成光束的相干输出，作者提出了一种 SBS 波的相位控制法，这里称作“自密度调制法”，并介绍了成功的实验验证。针对波前分割方案和振幅分割方案，对自相位控制法的原理进行了实验测试。提出了 SBS 波相位控制的理论模型，还介绍了长期相位波动的主动控制及其实验验证。除此之外，还成功验证了四光束相干合成激光系统。得出的结果可应用于多光束（$N\times N$ 阵列）、高重频、高输出能量的相干光束合成激光系统。

有了这个系统，在不久的将来，实现 10Hz、100J 相干光束合成的激光组件就会得到验证。有了这个组件的成功开发，我们将能用 5×5 的相干光束合成，实现激光组件的提升，达到 10Hz、2. 5kJ，这是惯性聚变能量的基本光束线。采用 SBS-PCM 的光束合成激光器，可望成为实现惯性聚变能量的未来激光器的关键技术。

参 考 文 献

[1] Lu, J. , Murai, T. , Takaichi, K. , Uematsu, T. , Xu, J. , Ueda, K. , Yagi, H. , Yanagitani, T. , and Kaminskii, A. A. (2002) 36-W diode pumped continuous-wave 1319-nm Nd:YAG ceramic laser. Opt. Lett. , 27, 1120-1122.

[2] Kong, H. J. , Lee, J. Y. , Shin, Y. S. , Byun, J. O. , Park, H. S. , and Kim, H. (1997) Beam recombination characteristics in array laser amplification using stimulated Brillouin scattering phase conjugation. Opt. Rev. , 4, 277-283.

[3] Kong, H. J. , Lee, S. K. , and Lee, D. W. (2005) Beam combined laser fusion driver with high power and high repetition rate using stimulated Brillouin scattering phase conjugation mirrors and self-phase locking. Laser Part. Beams, 23, 55-59.

[4] Kong, H. J., Lee, S. K., and Lee, D. W. (2005) Highly repetitive high energy/power beam combination laser: IFE laser driver using independent phase control of stimulated Brillouin scattering phase conjugate mirrors and pre-pulse technique. Laser Part. Beams, 23, 107-111.

[5] Rockwell, D. A. and Giuliano, C. R. (1986) Coherent coupling of laser gain media using phase conjugation. Opt. Lett., 11, 147-149.

[6] Loree, T. R., Watkins, D. E., Johnson, T. M., Kurnit, N. A., and Fisher, R. A. (1987) Phase locking two beams by means of seeded Brillouin scattering. Opt. Lett., 12, 178-180.

[7] Moyer, R. H., Valley, M., and Cimolino, M. C. (1988) Beam combination through stimulated Brillouin scattering. J. Opt. Soc. Am. B, 5, 2473-2489.

[8] Kong, H. J., Lee, S. K., Lee, D. W., and Guo, H. (2005) Phase control of a stimulated Brillouin scattering phase conjugate mirror by a self-generated density modulation. Appl. Phys. Lett., 86, 051111.

[9] Kong, H. J., Shin, J. S., Beak, D. H., and Park, S. W. (2010) Current trends in laser fusion driver and beam combination laser systems using stimulated Brillouin scattering phase conjugate mirrors for a fusion driver. J. Korean Phys. Soc., 56, 177-183.

[10] Kong, H. J., Shin, J. S., Yoon, J. W., and Beak, D. H. (2009) Wave-front dividing beam combined laser fusion driver using stimulated Brillouin scattering phase conjugation mirrors. Nucl. Fusion, 49, 125002.

[11] Kong, H. J., Shin, J. S., Yoon, J. W., and Beak, D. H. (2009) Phase stabilization of the amplitude dividing four-beam combined laser system using stimulated Brillouin scattering phase conjugate mirrors. Laser Part. Beams, 27, 179-184.

[12] Kong, H. J., Yoon, J. W., Beak, D. H., Shin, J. S., Lee, S. K., and Lee, D. W. (2007) Laser fusion driver using stimulated Brillouin scattering phase conjugate mirrors by a self-density modulation. Laser Part. Beams, 25, 225-238.

[13] Lee, S. K., Kong, H. J., Yoon, J. W., Nakatsuka, M., Ko, D. K., and Lee, J. (2006) Beam combined IFE driver using phase controlled stimulated Brillouin scattering phase conjugation mirrors. J. Phys. IV, 133, 621.

[14] Kong, H. J., Yoon, J. W., Lee, D. W., Lee, S. K., and Nakatsuka, M. (2006) Beam combination using stimulated Brillouin scattering phase conjugate mirror for laser fusion driver. J. Korean Phys. Soc., 49, S39-S42.

[15] Kong, H. J., Yoon, J. W., Shin, J. S., Beak, D. H., and Lee, B. J. (2006) Long term stabilization of the beam combination laser with a phase controlled stimulated Brillouin scattering phase conjugation mirrors for the laser fusion driver. Laser Part. Beams, 24, 519-523.

[16] Kong, H. J., Lee, S. K., Yoon, J. W., and Beak, D. H. (2006) Beam combination using stimulated Brillouin scattering for the ultimate high power-energy laser system operating at high repetition rate over 10 Hz for laser fusion driver. Opt. Rev., 13, 1-11.

[17] Lee, S. K., Kong, H. J., and Nakatsuka, M. (2005) Great improvement of phase control of the entirely independent stimulated Brillouin scattering phase conjugate mirrors by balancing the pump energies. Appl. Phys. Lett., 87, 161109.

[18] Kong, H. J., Lee, S. K., Lee, D. W., and Guo, H. (2005) Phase control of a stimulated Brillouin scattering phase conjugate mirror. Appl. Phys. Lett., 86, 051111.

[19] Zel'dovich, B. Y., Popovichev, V. I., Ragul'ski, V. V., and Faizullov, F. S. (1972) Connection between the wave fronts of the reflected and excited light in stimulated Mandel'shtam-Brillouin scattering. Zh. Eksp. Teor. Fiz. Pis'ma Red., 15, 160 [English translation: Sov. Phys. JETP 15, 109 (1972)].

[20] Zel'dovich, B. Y. , Pilipetsky, N. F. , and Shkunov, V. V. (1985) Principle of Phase Conjugation, Springer, Berlin.

[21] Damzen, M. J. , Vlad, V. I. , Babin, V. , and Mocofanescu, A. (2003) Stimulated Brillouin Scattering, Institute of Physics Publishing, Bristol.

[22] Brignon, A. and Huignard, J. -P. (2004) Phase Conjugate Laser Optics, John Wiley & Sons, Inc. , Hoboken, NJ.

[23] Kong, H. J. , Yoon, J. W. , Shin, J. S. , Beak, D. H. , and Lee, B. J. (2006) Long term stabilization of the beam combination laser with a phase controlled stimulated Brillouin scattering phase conjugation mirrors for the laser fusion driver. Laser Part. Beams, 24, 519-523.

[24] Kong, H. J. , Yoon, J. W. , Shin, J. S. , and Beak, D. H. (2008) Long-term stabilized two-beam combination laser amplifier with stimulated Brillouin scattering mirrors. Appl. Phys. Lett. , 92, 021120.

[25] Eichler, H. J. and Mehl, O. (2001) Phase conjugate mirrors. J. Nonlinear Opt. Phys. , 10, 43-52.

[26] Andreev, F. , Khazanov, E. , and Pasmanik, G. A. (1992) Applications of Brillouin cells to high repetition rate solid-state lasers. IEEE J. Quantum Electron. , 28, 330-341.

[27] Seidel, S. and Kugler, N. (1997) Nd:YAG 200-W average-power oscillator-amplifier system with stimulated-Brillouin-scattering phase conjugation and depolarization compensation. J. Opt. Soc. Am. B, 14, 1885-1888.

[28] Boyd, R. W. (1992) Nonlinear Optics, Academic Press, San Diego, CA.

[29] Shen, Y. R. (2003) Principles of Nonlinear Optics, John Wiley & Sons, Inc. , New York.

[30] Yoshida, H. , Kmetik, V. , Fujita, H. , Nakatsuka, M. , Yamanaka, T. , and Yoshida, K. (1997) Heavy-fluorocarbon liquids for a phase-conjugated stimulated Brillouin scattering mirror. Appl. Opt. , 36, 3739-3744.

[31] Dane, C. B. , Zapata, L. E. , Neuman, W. A. , Norton, M. A. , and Hackel, L. A. (1995) Design and operation of a 150W near diffraction-limited laser amplifier with SBS wavefront correction. IEEE J. Quantum Electron. , 31, 148-163.

[32] Kr_alikov_a, B. , Sk_ala, J. , Straka, P. , and Tur9ci9cov_a, H. (2000) High-quality phase conjugation even in a highly transient regime of stimulated Brillouin scattering. Appl. Phys. Lett. , 77, 627-629.

[33] Narum, P. , Skeldon, M. D. , and Boyd, R. W. (1986) Effect of laser mode structure on stimulated Brillouin scattering. IEEE J. Quantum Electron. , 22, 2161-2167.

[34] D'yakov, Y. E. (1970) Excitation of stimulated light scattering by broad spectrum pumping. JETP Lett. , 11, 243-246.

[35] Filippo, A. A. and Perrone, M. R. (1992) Experimental study of stimulated Brillouin scattering by broad-band pumping. IEEE J. Quantum Electron. , 28, 1859-1863.

[36] Mullen, R. A. , Lind, R. C. , and Valley, G. C. (1987) Observation of stimulated Brillouin scattering gain with a dual spectral-line pump. Opt. Commun. , 63, 123-128.

[37] Bullock, D. L. , Nguyen-Vo, N. -M. , and Pfeifer, S. J. (1994) Numerical model of stimulated Brillouin scattering excited by a multiline pump. IEEE J. Quantum Electron. , 30, 805-811.

[38] Lee, S. K. , Kong, H. J. , and Nakatsuka, M. (2005) Great improvement of phase controlling of the entirely independent stimulated Brillouin scattering phase conjugate mirrors by balancing the pump energies. Appl. Phys. Lett. , 87, 161109.

[39] Kmetik, V. , Fiedorowicz, H. , Andreev, A. A. , Witte, K. J. , Daido, H. , Fujita, H. , Nakatsuka, M. , and Yamanaka, T. (1998) Reliable stimulated Brillouin scattering compression of Nd:YAG laser pulses with

liquid fluorocarbon for long-time operation at 10 Hz. Appl. Opt. , 37, 7085-7090.

[40] Erokhin, A. I. , Kovalev, V. I. , and Faizullov, F. S. (1986) Determination of the parameters of a nonlinear response of liquids in an acoustic resonance region by the method of nondegenerate four-wave interaction. Sov. J. Quantum Electron. , 16, 872-877.

[41] Sutherland, R. L. (1996) Handbook of Nonlinear Optics, Marcel Dekker, New York.

[42] Lee, S. K. , Lee, D. W. , Kong, H. J. , and Guo, H. (2005) Stimulated Brillouin scattering by a multi-mode pump with a large number of longitudinal modes. J. Korean Phys. Soc. , 46, 443-447.

[43] Valley, G. C. (1986) A review of stimulated Brillouin scattering excited with a broadband pump laser. IEEE J. Quantum Electron. , 22, 704-712.

[44] Arecchi, F. T. and Schulz-dubois, E. O. (1972) Laser Handbook, vol. 2, North- Holland, Amsterdam.

[45] Yariv, A. (1975) Quantum Electronics, John Wiley & Sons, Inc. , New York. 46 Hon, D. T. (1980) Pulse compression by stimulated Brillouin scattering. Opt. Lett. , 5, 516-518.

[46] Linde, D. , Maier, M. , and Kaiser, W. (1969) Quantitative investigations of the stimulated Raman effect using subnanosecond light pulses. Phys. Rev. , 178, 11-15.

[47] Ostermeyer, M. , Kong, H. J. , Kovalev, V. I. , Harrison, R. G. , Fotiadi, A. A. , M_egret, P. , Kalal, M. , Slezak, O. , Yoon, J. W. , Shin, J. S. , Beak, D. H. , Lee, S. K. , Lü, Z. , Wang, S. , Lin, D. , Knight, J. C. , Kotova, N. E. , Sträßer, A. , Scheikh-Obeid, A. , Riesbeck, T. , Meister, S. , Eichler, H. J. , Wang, Y. , He, W. , Yoshida, H. , Fujita, H. , Nakatsuka, M. , Hatae, T. , Park, H. , Lim, C. , Omatsu, T. , Nawata, K. , Shiba, N. , Antipov, O. L. , Kuznetsov, M. S. , and Zakharov, N. G. (2008) Trends in stimulated Brillouin scattering and optical phase conjugation. Laser Part. Beams, 26, 297-362.

[48] Slezak, O. , Kalal, M. , and Kong, H. J. (2010) Phase control of SBS PCM seeding by optical interference pattern clarified: direct applicability for IFE laser driver. J. Phys. : Conf. Ser. , 244, 032026.

[49] Kong, H. J. , Beak, D. H. , Lee, D. W. , and Lee, S. K. (2005) Waveform preservation of the backscattered stimulated Brillouin scattering wave by using a prepulse injection. Opt. Lett. , 30, 3401-3403.

[50] Bowers, M. W. and Boyd, R. W. (1998) Phase locking via Brillouin-enhanced four-wave mixing phase conjugation. IEEE J. Quantum Electron. , 34, 634-644.

[51] Kong, H. J. , Shin, J. S. , and Park, S. W. (2010) Four-beam coherent combination by stimulated Brillouin scattering with wavefront division. J. Korean Phys. Soc. , 57, 316-319.

[52] Shin, J. S. , Park, S. W. , Kong, H. J. , and Yoon, J. W. (2010) Phase stabilization of a wave-front dividing four-beam combined amplifier with stimulated Brillouin scattering phase conjugate mirrors. Appl. Phys. Lett. , 96, 131116.